Christoph Burmann/Jörg Freiling/Michael Hülsmann (Hrsg.)

Management von Ad-hoc-Krisen

Christoph Burmann/Jörg Freiling/
Michael Hülsmann (Hrsg.)

Management von Ad-hoc-Krisen

Grundlagen – Strategien – Erfolgsfaktoren

GABLER

Bibliografische Information Der Deutschen Bibliothek
Die Deutsche Bibliothek verzeichnet diese Publikation in der Deutschen Nationalbibliografie; detaillierte bibliografische Daten sind im Internet über <http://dnb.ddb.de> abrufbar.

Prof. Dr. Christoph Burmann ist Inhaber des Lehrstuhls für innovatives Markenmanagement (LiM) an der Universität Bremen.

Prof. Dr. Jörg Freiling ist Inhaber des Lehrstuhls für Mittelstand, Existenzgründung und Entrepreneurship an der Universität Bremen.

Prof. Dr. Michael Hülsmann ist Inhaber der Juniorprofessur „Management Nachhaltiger Systementwicklung" an der Universität Bremen.

1. Auflage Juni 2005

Lektorat: Ulrike Lörcher / Katharina Harsdorf

Der Gabler Verlag ist ein Unternehmen von Springer Science+Business Media.
www.gabler.de

Umschlaggestaltung: Ulrike Weigel, www.CorporateDesignGroup.de
Druck und buchbinderische Verarbeitung: Wilhelm & Adam, Heusenstamm
Gedruckt auf säurefreiem und chlorfrei gebleichtem Papier
Printed in Germany

ISBN 3-409-12574-4

Vorwort

Kaum ein anderes betriebswirtschaftliches Thema findet derzeit in der Öffentlichkeit eine so breite Beachtung wie das der Unternehmenskrise. Die Fach- und Wirtschaftspresse ist voll von Berichten über Krisen von Unternehmen und über jeweils mehr oder weniger erfolgreiche Versuche, diese Krisen in den Griff zu bekommen. Bei genauerer Betrachtung zeigt sich jedoch: Krise ist nicht gleich Krise. So sind beispielsweise die Probleme des Karstadt-Konzerns oder der Deutschen Bahn Prozesse und Ergebnisse langfristiger Krisenentwicklungen, da sowohl das veränderte Marktverhalten auf der Nachfrageseite über einen längeren Zeitraum absehbar war als auch die Unternehmensstrategien ihre beabsichtigten Wirkungen nicht nur kurzfristig nicht entfalteten. Hingegen musste die Deutsche Lufthansa im Zuge der SARS-Epidemie ob ihres plötzlichen Ausbruchs kurzfristig einen Nachfragerückgang um 80% verkraften. Auch bei Coppenrath & Wiese, einem Hersteller von Fertigkuchen und Backwaren, der sich aufgrund eines Todesfalles bei einem seiner Kunden über Nacht mit dem Vorwurf vermeintlich toxischer Torten konfrontiert sah, handelt es sich um eine plötzlich entstehende Krise.

Dieser zweite, kurzfristig emergent werdende Krisentypus soll als **Ad-hoc-Krise** bezeichnet werden. Sie zeichnet sich im Gegensatz zum „Normaltypus" der Unternehmenskrise nicht durch vorausgehende Entwicklungen und Ereignisse im System und seinen Umwelten ab. Sie tritt unvermittelt ein, so dass die existenzielle Gefährdung und deren Wahrnehmbarkeit zeitlich eng beieinander liegen. Damit ergeben sich kaum Möglichkeiten für ein präventives bzw. proaktives Krisenmanagement – auch wenn die Ad-hoc-Krise gedanklich vielleicht antizipierbar sein mag. Denn Reaktionszeiten und Gestaltungspotenziale palliativer wie ätiologischer Krisenvermeidungs- und Krisenbewältigungsmaßnahmen sind deutlich begrenzter als beim Regelfall der Unternehmenskrise. Aufgrund dieser Eigenschaften muss die Ad-hoc-Krise als spezielle Form von Unternehmenskrisen behandelt werden. Dies ist bislang in der betriebswirtschaftlichen Literatur kaum – und wenn, dann eher implizit – geschehen. Deshalb setzt sich der vorliegende Sammelband die Aufgabe, das Phänomen der Ad-hoc-Krise und mögliche Managementansätze zu deren Vermeidung bzw. Bewältigung systematisch – doch mit klaren Akzenten auf besonders wichtig erscheinenden Aspekten – der betriebswirtschaftlichen Diskussion erschließen zu wollen.

Wir, die Herausgeber, würden uns sehr freuen, wenn dieser Sammelband auf breites Interesse stoßen würde. Es ist unsere Absicht, ManagementpraktikerInnen, ManagementforscherInnen und Managementstudierende für die Problemkreise der Ad-hoc-Krisen zu sensibilisieren und hierzu einen Überblick zu geben. Wir hoffen, dass uns dies gelungen ist und wir mit diesem Reader einen nachhaltigen, fundierten Impuls für die Diskussion über das Management von Ad-hoc-Krisen leisten konnten.

Das vorliegende Werk ist Ergebnis der produktiven Arbeit und des gelungenen Zusammenspiels vieler Beteiligter. Wir danken herzlich allen Autoren für ihre wertvollen Beiträge, die unserer Meinung nach ein facettenreiches, umfassendes und spannendes Bild vom Management der Ad-hoc-Krisen zeichnen. Ohne die vielfältige Unterstützung zahlreicher helfender Hände und Köpfe hätten wir diesen Reader nicht realisieren können. Deshalb sei an erster Stelle Herrn Dipl.-Kfm. (FH) Nils Schulenburg, M.A. für die professionelle redaktionelle Koordination und Bearbeitung bestens gedankt. Unterstützt haben ihn Frau cand. rer. oec. Eva Rohde, Frau cand. rer. oec. Mareike Rautmann und Herr cand. rer. oec. Sven Nordenholz, die sorgfältig das Layouten der Texte übernommen haben, wofür ihnen unser besonderer Dank gilt. Nicht zuletzt möchten wir dem Gabler-Verlag, vertreten durch Frau Ulrike Lörcher, M.A. und Frau Katharina Harsdorf, M.A. für die Betreuung unserer Veröffentlichung unseren freundlichsten Dank aussprechen.

Bremen, im April 2005

Christoph Burmann, Jörg Freiling und Michael Hülsmann

Inhaltsübersicht

I. Ansatz zur Erschließung des Themenfeldes 1
Christoph Burmann / Jörg Freiling / Michael Hülsmann

II. Zur praktischen Relevanz von Ad-hoc-Krisen ... 11
Christoph Burmann

III. Theoretische Grundlagen des Managements von Ad-hoc-Krisen 21

Notwendigkeit, Aufgaben und Entwürfe eines theoretischen Fundaments von Ad-hoc-Krisen - Einige wissenschaftstheoretische Vorüberlegungen 23
Jörg Freiling / Michael Welling

Ad-hoc-Krise - eine begriffliche Annäherung 33
Michael Hülsmann

Ökonomische Theorie der Krise 59
Jörg Freiling

Evolutionstheorie und Ad-hoc-Krise 83
Michael Hülsmann / Nils Schulenburg

Dynamik (und Management) von und Reaktion auf Ad-hoc-Krisen - Eine Analyse aus Sicht der Komplexitätstheorie 115
Christoph Burmann

IV. Informationsgrundlagen des Managements von Ad-hoc-Krisen 141

Informationen und Informationsmanagement zur Verkürzung von Lags im Management von Ad-hoc-Krisen - Einige einführende Bemerkungen ... 143
Jörg Freiling / Michael Welling

Empirische Insolvenzforschung zur Beurteilung der Bestandsfestigkeit von Unternehmen 151
Jörg Baetge / Thomas Ströher

Analyse von „Weak Signals“ für die Vermeidung von Ad-hoc-Krisen 169
Ulrich Krystek

Frühzeitige Krisenwahrnehmung durch Szenarien und anknüpfende Methoden 185
Martin G. Möhrle / Sandra Müller

V. Strategisches Management von Ad-hoc-Krisen 207

Strategisches Management von Ad-hoc-Krisen - Eine Einführung 209
Christoph Burmann

Nachhaltigkeit - ein Ansatz zur strategischen Prävention von Ad-hoc-Krisen? 215
Michael Hülsmann

Herausforderungen an das Nachhaltigkeitsmanagement bei zunehmenden ökologischen Diskontinuitäten 245
Monika Winn / Manfred Kirchgeorg

Prävention und Eindämmung von Ad-hoc-Krisen durch ein strategisches Management von Stoffkreisläufen 269
Manfred Kirchgeorg

Prävention und Eindämmung von Ad-hoc-Krisen durch Aufbau strategischer Flexibilität 291
Christoph Burmann

Prävention und Eindämmung von Ad-hoc-Krisen durch strukturelle Flexibilität 311
Andreas Remer / Tim Snethlage / Stephan Wygoda

Multifokales Sanierungsmanagement - Von der engpassorientierten zur mehrdimensionalen Krisenbewältigung 329
Christoph Rasche

Strategisches Management von Ad-hoc-Krisen durch identitätsbasierte Markenführung 359
Christoph Burmann

Misserfolgsanalyse in der Forschung zum strategischen Management...... 377
Jens Leker

VI. Operatives Management von Ad-hoc-Krisen ...391

Operatives Management von Ad-hoc-Krisen - Eine Einführung.............. 393
Michael Hülsmann / Nils Schulenburg

Dilemmata im Krisenmanagement 401
Michael Hülsmann

Denken und Handeln in Krisensituationen 423
Dietrich Dörner / Ute Rek

„Dominant Logic" als Handlungsbarriere beim Management von Ad-hoc-Krisen... 443
Jörg Freiling

Interne und externe Kommunikation in Ad-hoc-Krisen........................ 461
Christoph Burmann

Investor Relations in Ad-hoc-Krisen 481
Alexander Bassen / Christine Zöllner

Gesellschaftsorientierte Kommunikation in Ad-hoc-Krisen.................. 499
Michael Hülsmann / Adele Berry

Reaktive Krisenbewältigung durch Issue Management 537
Dietrich von der Oelsnitz

Konfliktmanagement in Ad-hoc-Krisen... 555
Alexander Nill

Die Professionalisierung des gemeinnützigen Handelns - Soziale Nachhaltigkeit als Krisenprävention.................................. 573
Georg Müller-Christ

Autorenverzeichnis

Prof. Dr. Dr. h.c. Jörg Baetge
Bis 2002 Ordentlicher Professor für Betriebswirtschaftslehre, Direktor des Instituts für Revisionswesen (IRW) an der Westfälischen Wilhelms-Universität Münster.
www.wiwi.uni-muenster.de/baetge/index_ie.htm

Prof. Dr. Alexander Bassen
Inhaber der Professur für Allgemeine Betriebswirtschaftslehre mit dem Schwerpunkt Finanzierung / Investition an der Hamburger Universität für Wirtschaft und Politik.
www.hwp-hamburg.de/finance/

Dipl.-Kffr. Adele Berry
Wissenschaftliche Mitarbeiterin von Prof. Dr. Michael Hülsmann an der Universität Bremen.
www.wiwi.uni-bremen.de/mh

Prof. Dr. Christoph Burmann
Inhaber des Stiftungslehrstuhls für Allgemeine Betriebswirtschaftslehre, insbesondere Innovatives Markenmanagement, an der Universität Bremen.
www.lim.uni-bremen.de

Prof. Dr. Dietrich Dörner
Leiter des Instituts für Theoretische Psychologie (Allgemeine Psychologie und Methodenlehre) an der Universität Bamberg.
www.uni-bamberg.de/ppp/insttheopsy/

Prof. Dr. Jörg Freiling
Inhaber des Lehrstuhls für Mittelstand, Existenzgründung und Entrepreneurship an der Universität Bremen.
www.lemex.uni-bremen.de

Prof. Dr. Michael Hülsmann
Leiter des Fachgebiets Management Nachhaltiger Systementwicklung an der Universität Bremen.
www.wiwi.uni-bremen.de/mh

Prof. Dr. Manfred Kirchgeorg
Inhaber des Lehrstuhls Marketingmanagement an der HHL – Leipzig Graduate School of Management.
www.hhl.de/index.php?id=41&L=4

Prof. Dr. Ulrich Krystek
Professor für Allgemeine Betriebswirtschaftslehre, insbesondere Rechnungswesen, Unternehmungsplanung, Controlling und Organisation sowie strategische Führung an der Fachhochschule Worms.
www.fh-worms.de/iba/Studieninhalte/cvkryst.html

Prof. Dr. Jens Leker
Leiter des Instituts für betriebswirtschaftliches Management im Fachbereich Chemie und Pharmazie an der Westfälischen Wilhelms-Universität Münster.
www.uni-muenster.de/Chemie.bm/Institut/leker.htm

Prof. Dr. Martin G. Möhrle
Leiter des Lehrstuhls für Innovation und Kompetenztransfer an der Universität Bremen.
www.innovation.uni-bremen.de

Dipl.-Ök. Sandra Müller
Wissenschaftliche Mitarbeiterin von Prof. Dr. Martin G. Möhrle an der Universität Bremen.
www.innovation.uni-bremen.de

Prof. Dr. Georg Müller-Christ
Inhaber der Professur für Betriebswirtschaftslehre, insbesondere Nachhaltiges Prozessmanagement in Handel, Dienstleistung und Industrie an der Universität Bremen.
www.wiwi.uni-bremen.de/gmc

Prof. Alexander Nill, Ph.D.
Professor für Marketing an der Universität von Nevada, Las Vegas.
www.unlv.edu/faculty/nill/

Prof. Dr. Dietrich von der Oelsnitz
Leiter des Fachgebiets Unternehmensführung an der TU Ilmenau.
thales.wirtschaft.tu-ilmenau.de:81/ufue/

Prof. Dr. Christoph Rasche
Leiter des Arbeitsbereichs für Management, Professional Services und Sportökonomie an der Universität Potsdam.
www.uni-potsdam.de/u/soe/rasche.php

Dipl.-Psych. Ute Rek
Mitarbeiterin von Prof. Dr. Dietrich Dörner an der Universität Bamberg.
www.uni-bamberg.de/ppp/insttheopsy/

Prof. Dr. Andreas Remer
Inhaber des Lehrstuhls für Organisation und Management an der Universität Bayreuth.
www.uni-bayreuth.de/departments/rw/lehrstuehle/bwl6/

Dipl.-Kfm.[FH] Nils Schulenburg, M.A.
Mitarbeiter von Prof. Dr. Michael Hülsmann an der Universität Bremen.
www.wiwi.uni-bremen.de/mh

Dr. Tim Snethlage
Wissenschaftlicher Mitarbeiter von Prof. Dr. Andreas Remer an der Universität Bayreuth.
www.uni-bayreuth.de/departments/rw/lehrstuehle/bwl6/

Dipl.-Kfm. Thomas Ströher
Wissenschaftlicher Mitarbeiter von Prof. Dr. Dr. h.c. Jörg Baetge an der Universität Münster.
www.wiwi.uni-muenster.de/baetge/index_ie.htm

Dipl.-Ök. Michael Welling
Wissenschaftlicher Mitarbeiter von Prof. Dr. Jörg Freiling an der Universität Bremen.
www.lemex.uni-bremen.de

Dr. Monika Winn, Ph.D., MBA, M.A.
Associate Professor für Strategisches Management an der University of Victoria in British Columbia, Canada.
www.business.uvic.ca/002_AboutUVicBusi/552.html

Dr. Stephan Wygoda
Wissenschaftlicher Mitarbeiter von Prof. Dr. Andreas Remer an der Universität Bayreuth.
www.uni-bayreuth.de/departments/rw/lehrstuehle/bwl6/

Dipl.-Vw. Christine Zöllner, MBA
Wissenschaftliche Mitarbeiterin von Herrn Prof. Dr. Alexander Bassen an der Hamburger Universität für Wirtschaft und Politik.
www.hwp-hamburg.de/finance/

I. Ansatz zur Erschließung des Themenfeldes

Christoph Burmann / Jörg Freiling /
Michael Hülsmann

Ansatz zur Erschließung des Themenfeldes

Es sind im Grunde genommen drei wesentliche Merkmale einer modernen „real-time-economy", die die Bedeutung von sog. Ad-hoc-Krisen zunehmen lassen und die wirtschaftliche Systeme für sie anfälliger machen: die **zunehmende Vernetzung**, die **wachsende Turbulenz** sowie die **steigende Konkurrenz** um materielle und immaterielle Ressourcen.

So hat etwa die in den letzten Jahren stark gewachsene **Vernetzung der Wirtschaft** auf internationaler Ebene (Globalisierung), nationaler Ebene (Outsourcing, Aufbau von „virtuellen" Unternehmen, Netzwerken, Kooperationen) und regionaler Ebene (standortgebundene Wertschöpfungspartnerschaften) zu einer Multiplikation und gegenseitigen Verstärkung von Risiken in allen Branchen und auf allen Stufen der Wertschöpfungskette geführt. Darüber hinaus haben neue gesetzgeberische Rahmenbedingungen (z.B. KonTraG, Basel II) die Sensibilität der Unternehmen für die Risiken unternehmerischen Handelns und das Management von Ad-hoc-Krisen drastisch erhöht.

Daneben führen beispielsweise immer kürzer werdende Produktlebenszyklen, volatile Marktumfelder und kurzfristigere Präferenz- und Nachfragestrukturänderungen zu einem Risiko steigender **Turbulenz**, dass sich Unternehmen nicht flexibel und schnell genug an veränderte, immer schwerer zu prognostizierende Umfeldbedingungen anpassen. Die Komplexität und Dynamik permanenter externer Veränderungsprozesse in den Anforderungsprofilen der Umwelt und damit korrespondierender interner Anpassungsprozesse in den Leistungs-, Organisations- und Ressourcenprofilen der Unternehmen bergen vielfältige Friktionspotenziale und Krisenrisiken in sich, wie etwa mangelnde Anpassungsgeschwindigkeit, unvollständige, inkonsistente Veränderungsprozesse, defizitäre, invariable Kompetenzprofile.

Zugleich nimmt die **Konkurrenz** in allen Bereichen der marktlichen Beziehungen einer Unternehmung zu. Ressourcen und Märkte, auf denen sie gehandelt werden, werden – etwa durch Phänomene wie Globalisierung induziert und verstärkt – auf Anbieterseite (z.B. FMCG-Märkte) wie auf Nachfragerseite (z.B. Märkte für Venture Capital) immer stärker umkämpft. Der Druck zur profilierten Positionierung und Differenzierung im Marktauftritt steigt bei gleichzeitig – beispielsweise wegen höherer Informationseffizienz der Märkte – prinzipiell schrumpfenden Potenzialen. Damit sinkt die relative Verfügbarkeit von Ressourcen und Zugänglichkeit zu Märkten für das einzelne Unternehmen, das sich infolge einem wachsenden Krisenrisiko gegenüber sieht.

Aufgrund des hohen Vernetzungsgrades, der schnellen Veränderungsgeschwindigkeit und der wachsenden Konkurrenz steigt die Wahrscheinlichkeit, dass sich Krisen nicht mehr über lange Zeiträume in abgestuften Prozessschritten entwickeln, bei denen zunächst dezentrale Systemvariablen aus dem Gleichgewicht geraten. Vielmehr gewinnt die Gefahr von Ad-hoc-Krisen zunehmend an Bedeutung. Dabei soll hier unter einer **Ad-hoc-Krise** ganz allgemein ein spezifischer **Krisentypus** verstanden werden, der durch folgende Merkmale geprägt ist:

- unmittelbares Auftreten: die mit Diskontinuitäten in Verbindung stehenden Krisenursachen sind mittels vorhandener Planungssysteme nicht oder nur unzureichend identifizierbar und ermöglichen der betroffenen Unternehmung weder eine Vermeidung, noch eine spezifische Vorbereitung, sondern lediglich eine allgemeine, ursachenunspezifische Immunisierung;
- manifeste Krise;
- Erfordernis unmittelbaren Handelns der Unternehmung zur Abwendung destruktiver Wirkungen, die somit neben operativen Aktionen den interessanten und in der Literatur – nicht zuletzt aufgrund der häufig fehlerhaften Gleichsetzung von „strategisch“ und „langfristig“ – vernachlässigten Bereich kurzfristiger strategischer Handlungen betonen;
- hohes Bedrohungspotenzial und hohe Intensität destruktiver Wirkungen: signifikante Beeinträchtigung gesetzter Ziele (bis in den Bereich der Erhaltungsziele reichend) und geschaffener Werte;
- kurze Dauer: schnelles Auftreten, schnelle Ergebniswirkung, rasche Erkennbarkeit der Wirksamkeit ergriffener Maßnahmen – somit wird der Zeitfaktor zu einem wesentlichen Charakteristikum für das Spannungsfeld dieses Krisentyps;
- extern wie auch intern bedingt - die SARS-Epidemie ist ein Beispiel externer "Schocks", ein Konglomerat an Managementfehlern eine intern bedingte Ursache.

Ad-hoc-Krisen stellen folglich eine besondere Form von Unternehmens- bzw. Systemkrisen dar. Sie bedürfen deshalb einer separaten Betrachtung. Das sonst so oft beachtete Sanierungs- und Turnaround-Management deckt beispielsweise diesen speziellen Krisenaspekt nicht ab. Ad-hoc-Krisen stellen deshalb eine **thematische Lücke in der Managementliteratur** dar – wobei sie in der Managementpraxis eine ständige und derzeit wieder besonders aktuelle Aufmerksamkeit genießen. Vor diesem Hintergrund erscheint es notwendig, sich vertiefend mit dem erfolgreichen Management von Ad-hoc-Krisen zu beschäftigen. Dies ist Gegenstand des vorliegenden Sammelbandes, der das Themengebiet der Ad-hoc-Krisen für eine umfassende betetriebswirtschaftliche Betrachtung erschließen will. Hiermit verbinden sich folgende **Ziele** für den Sammelband. Es soll:

- ein vernetztes, funktionsbereichsübergreifendes Verständnis des Managements von Ad-hoc Krisen vermittelt werden;
- eine breite, akzentuierte Aufarbeitung der Problemstellung angesichts der noch sehr jungen Ad-hoc-Krisen-Forschung geboten werden;
- eine Sensibilisierung für die Komplexität des Managements von Ad-hoc-Krisen durch eine bewusst überblicksartige, die Interdependenzen betonende Darstellung des Themas erzielt werden;

- Ansätze für die Strukturierung eines zukünftigen Forschungs- und Lehrprogramms für das Fachgebiet „Management von Ad-hoc Krisen" entwickelt werden.

Zur **Realisierung** dieser Ziele verfolgt der Sammelband einen mehrfach integrativen Ansatz. Er versammelt interdisziplinäre Beiträge, die transfunktionale Aspekte des Managements von Ad-hoc-Krisen aus unterschiedlichen Perspektiven untersuchen. Dazu deckt die Darstellung prinzipiell alle funktionalen Bereiche der Betriebswirtschaftslehre ab und beschränkt sich nicht auf ein Thema (z.B. Krisenkommunikation). Es werden sowohl die Prävention wie die Bewältigung von Ad-hoc-Krisen thematisiert. Zugleich werden Erkenntnisse verschiedener Wissenschaften und Bedarfe der einzelnen Lesergruppen (Managementpraktiker, Wissenschaftler, Studierenden) gleichermaßen berücksichtigt. Deshalb setzt sich der vorliegenden Reader den Anspruch, kein ausschließlicher „Praktiker-Leitfaden" oder keine reine Sammlung einzelner Forschungsergebnisse sein zu wollen. Es ist vielmehr Absicht,

- für die **Managementpraxis** ein Handbuch bereitzustellen, das ihr einen Zugang zu den verschiedenen Problemkreisen des Managements von Ad-hoc-Krisen ermöglicht und auf die vielfältigen Fragestellungen dieses besonderen Krisentypus hinweist;
- für die **wissenschaftliche Diskussion** einen systematischen, aber akzentuierten Impuls und Überblick zu leisten, der ein relativ neues Themenfeld für die weitere Forschung erschließt und für die Bearbeitung multiperspektivische, interdisziplinäre, plurifunktionale Ansatzpunkte bietet;
- für die **Studierenden** die Möglichkeit zu eröffnen, sich mit einer Frage umfassend und systematisch zu befassen, die eine hohe Relevanz für die spätere berufliche Karriere besitzt, die aber kaum Gegenstand curricularer Ausbildung ist und für die hier deshalb der aktuelle Wissensstand zusammengestellt werden soll.

Damit ist der Sammelband kein ausschließlicher „Praktiker-Leitfaden", sondern zugleich Darstellung neuester Forschungsergebnisse und Lehrbuch. Hierzu folgt der Reader nachstehender **Gliederung**:

Theoretische Grundlagen des Managements von Ad-hoc-Krisen
Wissenschaftlich fundierte Definition, Ursachen, Wirkungen, Typologie von Ad-hoc-Krisen und ihre praktische Relevanz für die Unternehmensführung

↳ **Informationsgrundlagen des Managements von Ad-hoc-Krisen**
Informationsökonomische Instrumente und themenrelevantes Grundlagenwissen der Krisenforschung bzw. benachbarter Disziplinen

↳ **Strategische Aspekte des Managements von Ad-hoc-Krisen**
Prävention, Vorbereitung und Langfristmaßnahmen eines Managements von Ad-hoc-Krisen durch moderne Konzepte strategischen Managements

↳ **Operative Aspekte des Managements von Ad-hoc-Krisen**
Ansätze, Anforderungen und Problemfelder des Entscheidens, der Kommunikation sowie der Verhaltenssteuerung bei der Bewältigung von Ad-hoc-Krisen

Theoretische Grundlagen des Managements von Ad-hoc-Krisen

Das Phänomen der Ad-hoc-Krise gehört trotz unbestreitbarer empirischer Relevanz (z.B. SARS, BSE) bislang zu den „weißen Flecken" der Krisenforschung. Der Reader tritt mit der Hypothese einer zunehmenden Bedeutung dieses Krisentyps in der überschaubaren Zukunft an und widmet sich im Schwerpunkt folgenden Fragen: Wie erklärt sich die wachsende Bedeutung des Phänomens der Ad-hoc-Krisen? Dynamik und Komplexität der Managementherausforderungen haben vielfach ein Ausmaß erreicht, welches das Management überfordert. Nicht erkannte Gefahren erwachsen schnell zu manifesten Problemen und werden in einer „vernetzten Wirtschaft" mit kurzen Transmissionswegen unmittelbar wichtigen Stakeholdern gegenüber offenbar. Über welche charakteristischen Merkmale verfügen Ad-hoc-Krisen im Vergleich zu anderen Krisenphänomenen? Ad-hoc-Krisen verfügen gemäß Definition über ein spezifisches Profil, welches mit besonderen, bislang unerforschten Herausforderungen für das Krisenmanagement verbunden ist. Welche Theorien eröffnen einen Zugang zum Zwecke eines vertieften Verständnisses von Ad-hoc-Krisen und welche Einsichten lassen sich auf diesem Wege generieren? Die ökonomische Theorie bietet einen breiten und bewährten Bezugsrahmen zum Verständnis von Ad-hoc-Krisen an, welchen es auszuarbeiten gilt. Und dennoch: Ökonomisch-theoretische Erklärungsansätze arbeiten mit zum Teil engen Prämissen, auf deren Basis nicht alle Facetten von Ad-hoc-Krisen erfasst werden können. Das wirft die Frage nach den Möglichkeiten und Grenzen einer perspektivischen Erweiterung durch nicht-ökonomische Ansätze auf. Wie kann vor diesem Hintergrund die praktische Relevanz von Ad-hoc-Krisen erklärt werden? Die zu liefernden Antworten setzen auf den Ergebnissen auf, die im Zusammenhang der Bearbeitung der anderen Fragen generiert worden sind.

Informationsgrundlagen des Managements von Ad-hoc-Krisen

Eine wissenschaftliche Erschließung des „weißen Flecks" eines Managements von Ad-hoc-Krisen auf der Landkarte der Betriebswirtschaftslehre steht nicht vor einem Vakuum mangelnder Erkenntnisse. Vielmehr kann die Exploration in dieses Themengebiet auf zahlreichen Untersuchungen und bisherigen Erkenntnisse der verschiedenen (Management-)Disziplinen aufbauen. Denn in etlichen Arbeitsgebieten der Managementforschung wurden bereits Aspekte aufbereitet, die für die Bearbeitung der unterschiedlichen Ansätze und Anforderungen eines Managements von Ad-hoc-Krisen nutzbar gemacht werden können – sowohl in der wissenschaftlichen Auseinandersetzung wie in der wirtschaftlichen Anwendung. So ist es sinnvoll, den Status quo der Insolvenzforschung aufzuzeigen und hinsichtlich seiner Implikationen beispielsweise für Ansatzmöglichkeiten bei der Entwicklung von Managementtools oder für die methodische Herangehensweise bei der Krisenanalyse kritisch zu reflektieren. Gleiches gilt etwa für den Umgang mit sog. „weak signals", für die Früherkennung von Krisenpotenzialen mithilfe der Szenariotechnik und ihr verwandter Methoden oder etwa für Ergebnisse aus der Misserfolgsforschung – um nur einige zu nennen. Es lassen sich folglich Anleihen aus der bestehenden krisenrelevanten Forschung sowohl für die Entwicklung von Beschreibungsmöglichkeiten des Sonderfalles der Ad-hoc-Krisen sowie für die Erarbeitung von Instrumenten zur Handhabung von Ad-hoc-Krisen nehmen.

Strategische Aspekte des Managements von Ad-hoc-Krisen

Im Sinne einer strategischen Prävention und Eindämmung von Ad-hoc-Krisen ist es hilfreich, zur möglichst frühzeitigen Erkennung einer plötzlich auftretenden Unternehmenskrise bereits über Wissen hinsichtlich intelligenter Systeme der Frühwarnung zu verfügen und es für das besondere Anwendungsgebiet der Ad-hoc-Krisen zu adaptieren. Ad-hoc-Krisen sind oft die Folge einer unzureichenden Integration der betrieblichen Funktionsbereiche und der einseitigen Fokussierung auf kurzfristige Ergebnisse unternehmerischen Handelns. Ein konsequent auf die Nachhaltigkeit der eigenen Führungshandlungen ausgerichtetes Management kann demzufolge die Wahrscheinlichkeit des Auftretens von Ad-hoc-Krisen reduzieren. Dazu gilt es, die Rekursivität im strategischen Entscheidungsverhalten des Managements zu etablieren, um sie für die Identifikation und Bewältigung möglicher Krisenpotenziale zu nutzen. Die (kognitive) Erkenntnis, dass die eigene Zielerreichung und das eigene Überleben auch immer von den Zielen und Bedingungslagen anderer Akteure abhängt und deshalb eine Anpassung an die Umweltanforderungen zwingend zur Existenzsicherung erforderlich ist, setzt gleichsam eine hohe Flexibilität in Strategie, Struktur und Ressourcen voraus. Nur so vermag eine Unternehmung, sich Anpassungspotenziale zu erschließen und sich zugleich das Vertrauen bzw. die Reputation zu verschaffen, die zur strategischen Prävention und Bewältigung von Ad-hoc-Krisen Vorraussetzung sind.

Operative Aspekte des Managements von Ad-hoc-Krisen

Misserfolge beim Management von Ad-hoc-Krisen sind in der Regel auf „Defekte" im Wahrnehmungs- und Entscheidungsverhalten von Führungskräften, der internen und externen Kommunikation oder der Steuerung des Verhaltens der an der Krisenbewältigung beteiligten Personen zurückzuführen. Führungskräfte müssen zunächst lernen, in Krisensituationen vernetzt zu denken und damit das Verhalten des Unternehmens und seiner Umwelt als komplexes System zu verstehen. Sie müssen ferner Denkblockaden durch langjährig etablierte strategische „Spielregeln" überwinden und sich im Management von Widersprüchen üben. Das „richtige" Entscheidungsverhalten ist jedoch nur der erste Schritt zur erfolgreichen Bewältigung von Ad-hoc-Krisen. Ohne die frühzeitige Einbindung aller Mitarbeiter und die ebenso offene wie vertrauensvolle Kommunikation mit Kunden, Lieferanten, Banken, Investoren und gesellschaftlichen Anspruchsgruppen kann ein erfolgreiches Management von Ad-hoc-Krisen nicht gelingen. Parallel hierzu ist innerhalb und außerhalb des Unternehmens über die klassischen Unternehmensgrenzen hinweg das Verhalten aller zur Lösung von Krisensituationen erforderlichen Personen zu koordinieren. Diese Koordinationsaufgabe bezieht sich einerseits auf die Verhaltenssteuerung der eigenen Mitarbeiter, andererseits auf das Verhalten von Kooperationspartnern.

II. Zur praktischen Relevanz von Ad-hoc-Krisen

Christoph Burmann

Zur praktischen Relevanz von Ad-hoc-Krisen

Jeder gute Wissenschaftler weiß, dass sich die Güte eines Forschungsprojektes zunächst anhand von **„relevance and rigor"** bemisst, d.h. der überzeugenden Darlegung der praktischen und theoretischen Relevanz des Forschungsvorhabens und einer ebenso prägnanten wie in sich stimmigen Argumentationskette. Das vorliegende Buch zum Management von Ad-hoc-Krisen ist Ausdruck zahlreicher Forschungsaktivitäten an der Universität Bremen und vielen anderen Universitäten in Deutschland und im Ausland. Deshalb müssen sich auch die hier versammelten Autoren der Beurteilung von „relevance and rigor" ihrer Forschung zum Management von Ad-hoc-Krise stellen.

Zur Sicherung des Kriteriums **„rigor"** haben sich die Herausgeber bemüht, durch die Vorgabe eines knappen Seitenumfangs für jeden einzelnen Beitrag aus diesem Buch eine hohe Prägnanz zu gewährleisten. Der Leser möge selber beurteilen, inwieweit dies den jeweiligen Autoren gelungen ist. Die **theoretische Relevanz** des Managements von Ad-hoc-Krise kann anhand von mindestens vier Indikatoren abgelesen werden. Erstens existiert in den USA ein eigener universitärer Lehrstuhl, der sich in Forschung und Lehre ausschließlich mit Fragen des Managements von Ad-hoc-Krise beschäftigt und seit vielen Jahren erfolgreich von Professor IAN MITROFF geleitet wird. Zweitens kann auf zahlreiche Fachaufsätze und Monographien verwiesen werden, die sich dem Management von Ad-hoc-Krise widmen.[1] Drittens kann mit dem Lehrstuhl von Professor DIETRICH DÖRNER an der Universität Bamberg auf eine längere Theorietradition bei der Erforschung des Wahrnehmungs- und Entscheidungsverhaltens von Individuen in Krisensituationen verwiesen werden. Und viertens kann schließlich auch an Universitäten in Deutschland auf eigenständige Lehrveranstaltungen zum Management von Ad-hoc-Krise, beispielsweise an der Universität Bremen, verwiesen werden.

Wie aber ist es nun mit der **praktischen Relevanz** von Ad-hoc-Krise bestellt? Zunächst kann sie anhand einer bedauerlicherweise großen Zahl an Unternehmen belegt werden, die aufgrund einer Ad-hoc-Krise die **Insolvenz oder den Konkurs** anmelden mussten bzw. zur Vermeidung dessen von anderen Unternehmen übernommen wurden. In den meisten dieser Fälle befanden sich die von der plötzlichen Krise betroffenen Unternehmen ex ante in einem betriebswirtschaftlich guten Zustand.

In diesem Zusammenhang kann beispielsweise auf die traditionsreiche englische Barings Bank verwiesen werden, die nach Fehlspekulationen ihres Wertpapierhändlers Nick Leeson in Singapur zusammenbrach. Ebenso auf die amerikanische Fluggesellschaft ValueJet, die wenige Monate nach dem Absturz eines ihrer Flugzeuge in den Everglade-Sümpfen Floridas ihren Geschäftsbetrieb einstellte. Oder das amerikanische Chemieunternehmen Union Carbide, welches nach einer verheerenden Explosion in seinem Produktionswerk im indischen Bhopal aufgrund von Schadensersatzansprüchen in die Insolvenz geriet. In gleicher Weise ist die Schweizer Fluggesellschaft Swissair zu nennen, die als Folge des Einbruchs des weltweiten Flugverkehrs aufgrund des Terrorangriffs auf das World Trade Center 2001 in New York Insolvenz anmelden musste. Auch der deutsche Sportstättenbauer Balsam, der deutsche Industriegüterproduzent Flowtex, der deutsche Hersteller von Telematik-Endgeräten Com-Road, der deutsche Softwareproduzent Infomatec, der italienische Milchkonzern Parmalat, das amerikanische Informations- und Kommunikationsunternehmen Worldcom oder der amerikanische Energiehändler Enron, die alle sieben aufgrund von Bilanzmanipulationen einzelner Manager, Eigentümer oder Mitarbeiter in der ehedem bekannten Form nicht mehr existieren.

Die praktische Relevanz des Managements von Ad-hoc-Krise kann aber auch anhand der noch wesentlich zahlreicheren Beispiele belegt werden, in denen Unternehmen aufgrund des Ausbruchs einer Ad-hoc-Krise zwar nicht zu existieren aufhörten, aber unter **erheblichen finanziellen Einbußen** zu leiden hatten. Hier können beispielhaft und nur auf die letzten zwei Jahrzehnte blickend die folgenden Fälle angeführt werden:

- Dramatischer Einbruch von Umsatz, Ertrag und Image der Automobilmarke AUDI in den USA in den 80er Jahren aufgrund zahlreicher Unfälle wegen der sog. „unintended acceleration", bei denen der Audi 5000 (weitgehend baugleich mit dem in Deutschland angebotenen Audi 100) mit Automatikgetriebe angeblich ohne entsprechende Aktivität des Fahrers beschleunigte und schwere Unfälle verursachte.
- Umsatz- und Gewinnrückgang bei einer Tochtergesellschaft des amerikanischen Unternehmens Gillette in den 80er Jahren, welches flüssige Korrekturtinte (ähnlich dem in Deutschland angebotenen Produkt „Tipp-Ex") vermarktet. Hier kam es zu einem Missbrauch des Produktes durch Jugendliche, die sich durch das Einatmen des in diesem Produkt enthaltenen Lösungsmittels in einen Rauschzustand versetzten und dadurch gesundheitliche Schäden davontrugen.
- Existenzgefährdung der Weinhandlung Pieroth in den 80er Jahren nach Aufdeckung des sog. „Glycol-Skandals", der Beimischung von Frostschutzmitteln in Weine, die von der Unternehmensgruppe Pieroth vertrieben wurden.
- Existenzgefährdung des deutschen Marktführers für Fertignudeln „Birkel" nach Aufdeckung einer vermeintlichen bakteriellen Verunreinigung von Flüssigei, einem Vorprodukt der industriellen Nudelproduktion, im Jahr 1985.
- Mercedes-Benz: Umsatz- und Gewinneinbruch aufgrund der Folgen des Umfallens der gerade neu in den Markt eingeführten A-Klasse im Rahmen eines Vergleichstests von Automobiljournalisten (sog. „Elch-Test") Ende der 90er Jahre.
- In vergleichbarer Weise verzeichnete auch der japanische Automobilproduzent Suzuki auf dem amerikanischen Markt in den 90er Jahren Umsatz- und Gewinneinbußen aufgrund des Umfallens seines Geländewagens Samurai bei scharfer Kurvenfahrt und nachfolgend mehreren tödlichen Unfällen mit Suzuki Samurais.

- Umsatz- und Gewinneinbrüche der gesamten Frischfisch verarbeitenden Industrie aufgrund von Nematoden-Würmern in industriell hergestellten Fisch-Nahrungsmitteln in den 90er Jahren.
- Umsatz- und Gewinnrückgang beim französischen Mineralwasserproduzenten Perrier Anfang der 90er Jahre aufgrund einer Verunreinigung seines Mineralwassers als Folge technischer Mängel bei der Filterung des Quellwassers vor der Abfüllung in Flaschen.
- Umsatz- und Gewinnrückgang bei der Deutschen Bahn AG in den 90er Jahren aufgrund eines Unfalls ihres Prestigeproduktes ICE „Conrad Röntgen" mit über 100 Toten aufgrund von Schwachstellen bei der Konstruktion und der regelmäßigen Inspektion und Wartung der Räder des Zuges.
- Existenzgefährdung zahlreicher Betriebe der Rindfleisch verarbeitenden Industrie in mehreren Ländern Europas aufgrund der BSE-Seuche bei Rindern ab dem Jahr 2000 und der dadurch beim Menschen ausgelösten Creutzfeld-Jacob-Krankheit mit Todesfolge.
- Existenzgefährdung des deutschen Medienunternehmens EM.TV aus München im Jahr 2001 aufgrund falscher, übertrieben positiver Ad-hoc-Mitteilungen gegenüber Investoren.
- Finanzielle Schieflage des japanischen Automobilproduzenten Mitsubishi und seiner LKW-Tochter Fuso nach dem Bekanntwerden von Konstruktionsfehlern an zahlreichen PKW- und LKW-Modellen und nachfolgend umfassenden, weltweiten Rückrufaktionen der betroffenen Fahrzeuge in den Jahren 2002, 2003 und 2004.
- Umsatz- und Gewinnrückgang beim Hersteller tiefgekühlter Konditoreiwaren, Coppenrath & Wiese im Jahr 2003, nachdem der Tod eines Kindes vorrübergehend und fälschlicherweise auf den Verzehr einer Coppenrath & Wiese Torte zurückgeführt wurde.
- Massiver Umsatz- und Gewinnrückgang in den 90er Jahren beim amerikanischen Unternehmen Odwalla, einem Hersteller frischer und bis dato unbehandelter Fruchtsäfte, nach dem Bekanntwerden einer Verunreinigung mit Colibakterien und nachfolgend mehreren Todesfällen von Odwalla-Kunden nach dem Verzehr von Odwalla-Säften.
- Einbruch des gesamten touristischen und geschäftlichen Reiseverkehrs nach und in Südostasien aufgrund des Ausbruchs einer Seuche bei Vögeln und des Übergreifens dieser Seuche auf den Menschen (SARS-Epidemie) mit über 1.000 Todesfällen weltweit im Jahr 2002.
- Negative Presseberichterstattung von erheblichem Ausmaß über die Deutsche Bank aufgrund des im Gerichtssaal gezeigten „Victory-Zeichens" des Vorstandsvorsitzenden Ackermann zu Beginn des Mannesmann-Prozesses im Jahr 2004.

Ein Vergleich der einzelnen Beispiele dieser selektiven Aufzählung zeigt darüber hinaus, wie breit das **Spektrum der Ursachen für Ad-hoc-Krise** sein kann. Zudem wird deutlich, dass sich Ad-hoc-Krise klar von strukturell bedingten Krisen unterscheiden. Letztere treten einerseits als Folge konjunktureller oder rezessiver Schrumpfungsprozesse ganzer Volkswirtschaften oder aufgrund langjährig falscher strategischer Führungsentscheidungen des Top-Managements eines Unternehmens auf. Die bei strukturellen Krisen notwendigen Konzepte und Gegenmaßnahmen werden dabei zumeist mit den Begriffen Turnaround-Management, Business (Process) Reengineering, Corporate Renewal oder auch Change-Management belegt und sind nicht Gegenstand der weiteren Analysen in diesem Buch.

Die oben aufgeführten Fälle unterstreichen nachdrücklich die ökonomische und außerökonomische Relevanz von Ad-hoc-Krise. Zukünftig wird sich als Folge veränderter rechtlicher Rahmenbedingungen (z.B. Liberalisierung von Märkten), technischer Rahmenbedingungen (z.B. neue Informations- und Kommunikationstechnologien, preiswertere und zugleich leistungsfähigere Logistikkonzepte), gesellschaftlicher Rahmenbedingungen (z.B. zunehmender Geschäfts- und Urlaubsreiseverkehr) und ökonomischer Rahmenbedingungen (z.B. zunehmende Globalisierung) der **Grad der weltweiten Verflechtung** von Unternehmen und Volkswirtschaften weiter erhöhen. Allein aufgrund dieser Entwicklung werden die ökonomischen **Auswirkungen und Schäden von Ad-hoc-Krise wachsen** und damit letztlich auch die Betroffenheit durch solche Krisen auf Seiten der Unternehmen, der Verbraucher, der Politik und anderer Institutionen zunehmen. Auch aus dieser Perspektive kann somit die heute schon hohe und zukünftig noch höhere Relevanz von Ad-hoc-Krise klar belegt werden.

Vor diesem Hintergrund will das vorliegende Buch Ansätze zur Erklärung und zum erfolgreichen Management von Ad-hoc-Krise aufzeigen.

Anmerkungen

1 Vgl. z.B. FINK, S.: Crisis Managmeent [2002]; MITROFF, I. I.: Crisis Management [1987]; MITROFF, I. I. / ANAGOS, G.: CRISES [2001]; TÖPFER, A.: Unternehmenskrisen [1999].

Literatur

FINK, S.: Crisis Management – Planing for the Inevitable; Lincoln, NE: iUniverse, Inc.; 2002.

MITROFF, I. I.: Effective crisis management; in: Academy of Management executive; Nr. 4; 1. Jahrgang; 1987; S. 283 - 292.

MITROFF, I. I. / ANAGOS, G.: Crises – Managing crises before they happen – What every executive and manager needs to know about crises management; New York: Amacom; 2001.

TÖPFER, A.: Plötzliche Unternehmenskrisen – Gefahr oder Chance? - Grundlagen des Krisenmanagement, Praxisfälle, Grundsätze zur Krisenvorsorge; Neuwied: Luchterhand; 1999.

III. Theoretische Grundlagen des Managements von Ad-hoc-Krisen

Jörg Freiling / Michael Welling

Notwendigkeit, Aufgaben und Entwürfe eines theoretischen Fundaments von Ad-hoc-Krisen

Einige wissenschaftstheoretische Vorüberlegungen

Audi, Deutsche Bank, Hoechst-Roussel, Odwalla, Coppenrath & Wiese, Karstadt, Rosneft, Iveco, Suzuki, EM-TV – die Vielzahl der in der ökonomische Realität vorfindbaren und großteils auch in diesem Sammelband zur Illustration verwendeten Beispiele, in denen Unternehmungen völlig unvermittelt in Situationen Existenz gefährdender Natur geraten sind, macht es leicht, Fälle aufzulisten und dadurch den Begriff „Ad-hoc-Krise“ zur Bezeichnung dieser Situationen zu bilden. Gleichzeitig verdeutlichen die Realfälle eindrucksvoll die unbestrittene praktische Relevanz solcher Phänomene in dem Sinne, dass sie als Probleme für das Handeln von Personen wahrgenommen werden.[1]

Trotz dieser Praxisrelevanz von Ad-hoc-Krisen, die BURMANN auch einleitend verdeutlicht, wurden sie als Erfahrungsobjekte von Wissenschaftlern lediglich sehr zögerlich entdeckt. Nach einer ersten Hochzeit der Fokussierung auf Krisen als Reaktion auf die Weltwirtschaftskrise zwischen Erstem und Zweitem Weltkrieg des letzten Jahrhunderts wurde sich dem Phänomen zwar im vergangenen Jahrzehnt zu einem späteren Zeitpunkt wieder verstärkt angenähert, doch muss auch über 20 Jahre nach der kritischen Bestandsaufnahme von MÜLLER-MERBACH noch immer ein Theoriedefizit konstatiert werden.[2] Wenn aber die praktische Relevanz unbestritten ist, sollte es prinzipiell als Aufgabe von Wissenschaft(lern) gesehen werden, Beiträge zu leisten, ein solches Defizit zu beheben, indem aufbauend auf Erklärungen des Phänomens Gestaltungsmöglichkeiten aufgezeigt werden. Angesprochen sind damit vor allem die vier aufeinander aufbauenden Wissenschaftsziele, die CHMIELEWICZ als konstitutiv für Forschungskonzeptionen der (Wirtschafts-)Wissenschaft sieht: Das essentialistische Wissenschaftsziel der Begriffslehre, das theoretische Wissenschaftsziel der (Wirtschafts-) Theorie, das pragmatische Wissenschaftsziel der (Wirtschafts-) Technologie und das normative Wissenschaftsziel der (Wirtschafts-) Philosophie.[3]

Beiträge, die in unterschiedlicher Schwerpunktlegung den verschiedenen Wissenschaftszielen nachgehen, finden sich auch im vorliegenden Sammelband. So wenden sich einige Autoren in ihren Ausführungen aufgrund der Tatsache, dass viele Ad-hoc-Krisen nicht nur ethische Dimensionen besitzen, sondern durch diese teilweise sogar ausgelöst sind, (implizit oder explizit) normativen Fragen des Managements von Ad-hoc-Krisen zu. Mitunter bewegen sie sich dabei im Bereich der Wirtschaftsphilosophie.[4] Wie Ad-hoc-Krisen vor dem Hintergrund bestimmter Zielsetzungen operativ bzw. strategisch gestaltet werden können und welche Informationsgrundlagen für dieses Management notwendig sind, ist explizit Gegenstand der Kapitel III, IV und V, die somit primär eine Technologieorientierung besitzen.

Zuvor müssen in diesem Kapitel aber die notwendigen „wissenschaftlichen Aufräumarbeiten“[5] erledigt werden, von denen KUHN im Kontext der Paradigmaentfaltung spricht. Weil erst diese Aufräumarbeiten eine systematische Erschließung des Problems erlauben, sind sie von jedem Forscher vorab zu leisten, um Normalwissenschaft betreiben zu können. Aufgrund des festgestellten Theoriedefizits kann für die Analyse von (Ad-hoc-)Krisen jedoch noch keine normalwissenschaftliche Phase ausgemacht werden. Eine solche beinhaltet die Auseinandersetzung mit den drei folgenden Aufgaben:

- Bestimmung bedeutender Tatsachen,
- gegenseitige Anpassung von Fakten und Theorie,
- Ausformulierung der Theorie.[6]

Das vorliegende Kapitel dient in Anbetracht der Wissenschaftsziele, die im Kontext der Betrachtung von Ad-hoc-Krisen relevant sind, daher dazu, den Weg für eine solche normalwissenschaftliche Phase zu bereiten. Aufgabe dieses Kapitels ist es deshalb, die begrifflichen und theoretischen Grundlagen für das Management von Ad-hoc-Krisen darzulegen. Diese Grundlagen sind für die anwendungsbezogene Auseinandersetzung alles andere als belanglos, dienen sie doch der notwendigen Verständigung über ein Themengebiet und schaffen erst Klarheit über zu Grunde liegende Ursache-Wirkungs-Beziehungen. Dazu gehören vor allem:

- der Erfüllung deskriptiver Aufgaben, was die begriffliche Grundlegung ebenso wie die Ordnung in Form von Klassifikationen bzw. Typologien betrifft, sowie
- der Erfüllung analytischer Aufgaben, um die Zusammenhänge aufdecken zu können, welche der Entstehung und dem Verlauf von Ad-hoc-Krisen zu Grunde liegen.

Aufgrund des stufenweisen Aufbaus der Wissenschaftsziele und ihrer inneren Verbundenheit sind die Beiträge dieses Kapitels wie folgt gestaffelt:

Ausgangspunkt für die Erforschung eines Realphänomens ist, wie gesehen, die Erarbeitung begrifflicher Grundlagen, um das Erfahrungsobjekt (be-)greifbar zu machen. Ohne eine geeignete und vor allem gemeinsame Sprachregelung erscheint sowohl der Diskurs innerhalb der Wissenschaft, aber auch der Theorie-Praxis-Transfer erarbeiteter Erkenntnisse insgesamt unmöglich. Aus diesem Grunde widmet sich HÜLSMANN in seinem Beitrag „Ad-hoc-Krise – eine begriffliche Annäherung" dieser Aufgabe. Darin zeigt er zunächst die Vielgestaltigkeit der Verwendung des Wortes „Krise" in unterschiedlichen Disziplinen auf. Dadurch gelingt es ihm auch, sich dem Krisenkonstrukt anzunähern, um im Sinne der scholastischen Philosophie anschließend eine Definition per genus proximum et differentiam specificam vorzunehmen, d.h. den Typus der Ad-hoc-Krise als spezielle Ausprägung einer Krise darzustellen. Vor dem Hintergrund systemtheoretischer Überlegungen führt er dazu nach KRYSTEK bzw. MÜLLER sowie WEBER und KRUMMENNACHER mit der „Existenzgefährdung", der „Ambivalenz des Ausgangs", der „Gefährdung dominanter Ziele", dem „Prozesscharakter", der „Steuerungsproblematik" und des „Zeit- und Entscheidungsdrucks" zunächst sechs konstitutive Hauptmerkmale einer Krise an. Anhand der Ausprägungen diesen Hauptmerkmalen zugeordneter Subkriterien stellt er dann beispielsweise heraus, dass eine Ad-hoc-Krise im Gegensatz zu „Nicht-Ad-hoc-Krisen" tendenziell ungeplanter und unvorhergesehener eintritt und ihr Verlauf logisch kürzer ist, dass das Risiko der

Systemvernichtung hingegen stärker ausgeprägt ist oder dass es eine latente (Krisen-)Phase bei Ad-hoc-Krisen aufgrund der Plötzlichkeit ihres Eintretens nicht gebe(n könne). Insbesondere diese „Augenblicklichkeit des Entstehens" ist dabei Ausschlag gebend für die Veränderungen in den Merkmalsausprägungen, die daher das Management von Ad-hoc-Krisen vor besondere Herausforderungen stellen.

Damit diesen Herausforderungen begegnet werden kann, ist es, wie erwähnt, ein weiteres Wissenschaftsziel, einen theoretische Durchdringung des Phänomens in dem Sinne anzustreben, Ursache-Wirkungs-Aussagen abzuleiten. Auf der Basis der Begriffsexplikation von HÜLSMANN widmen sich die weiteren Beiträge dieses Kapitels dieser Aufgabe. FREILING erarbeitet zunächst Grundzüge für eine bislang komplett fehlende „Ökonomische Theorie der Krise", wobei er diese bewusst disziplinär als Gegenentwurf teilweise bestehender interdisziplinärer Zugänge entwirft. Aufbauend auf wissenschaftstheoretischen Beurteilungskriterien einer Theorie und im Hinblick auf die durch die konstitutiven Merkmale einer (Ad-hoc-)Krise gegebenen inhaltlichen Anforderungen bei der Theorieauswahl stellt er die Marktprozesstheorie als Dach verschiedener ökonomischer Teiltheorien (Lehre der Modern Austrian Economics, Lehre von den Unternehmerfunktionen nach SCHNEIDER sowie die kompetenzbasierte Theorie der Unternehmung) als geeignetes Analyseinstrument heraus. Dies kann mit ihren spezifischen Annahmen begründet werden, durch die eine Analyse von Krisen mit spezifischen Merkmalen erst ermöglicht wird. Neben der Rationalitätsannahme, die jeder ökonomischen Theorie inhärent ist, sind dies im Einzelnen die radikale Unsicherheit der Akteure, die Ungleichverteilung (und Unvollständigkeit) von Wissen, Wollen und Können der handelnden Wirtschaftssubjekte und die modellendogene Behandlung dieser Größen, durch die zugleich der gemäßigte Voluntarismus der Marktprozesstheorie verdeutlicht wird. Bei den einzelnen Teiltheorien stellt FREILING heraus, dass die Modern Austrian Economics vor allem wissensbedingte Krisenursachen zu erklären helfen, die aufgrund des Fehlens der Arbitragefähigkeit (mangelnde Findigkeit) bzw. aufgrund des Arbitrageanreizes aus dem Marktprozess selbst, den Merkmalen des Unternehmers oder aus Umwelteinflüssen resultieren. Demgegenüber ist es als Besonderheit der Lehre von den Unternehmerfunktionen zu sehen, dass sowohl die Arbitrageaspekte der Modern Austrian Economics thematisiert werden, durch die Betonung des Einkommensaspekts menschlicher Handlungen darüber hinaus aber auch weitere Erklärungsmöglichkeiten geboten werden. So bietet die Ausprägung der von SCHNEIDER als institutionenbegründende Funktion dargestellten Übernahme von Einkommensunsicherheit die Chance, die Konsequenzen von Krisen in den Mittelpunkt der Analyse zu stellen. Durch deren Ausbalancierung werden zugleich erste Lösungsmöglichkeiten evident. Die Betonung der Funktion einer Durchsetzung von Änderungen (nach innen) erlaubt es des Weiteren, Hinweise für das Management von Ad-hoc-Krisen abzuleiten, da vor allem diejenigen Unternehmungen die negativen Folgen von Krisen abfedern können, denen es gelingt, geeignete Maßnahmen zu ersinnen, diese aber auch gegen (internen) Widerstand umzusetzen. Die interne Koordination als Problemaspekt wird schließlich – neben weiteren – auch in der kompetenzbasierten

Theorie der Unternehmung thematisiert. Krisen werden darin durch mangelnden Kompetenzaufbau oder unzureichende Kompetenzpflege ausgelöst, können anderseits in ihren Konsequenzen zugleich aber auch durch besondere Kompetenzen abgefedert werden. Folglich bietet auch die kompetenzbasierte Sichtweise ein Verständnis der Ursache-Wirkungs-Beziehungen, die zu Krisen führen und die während einer Krise auftreten. In der Gesamtschau ermöglicht die Marktprozesstheorie als evolutorische Ökonomik damit eine erste Grundlage für eine ökonomische Theorie der Krise.

Von der evolutorischen Ökonomik abzugrenzen ist die Evolutionstheorie biologischer Prägung. Dass auch diese nicht-ökonomische Theorie einen Zugang zum Krisenphänomen erlaubt, zeigt der anschließende Beitrag von HÜLSMANN / SCHULENBURG, der mit „Evolutionstheorie und Ad-hoc-Krise" überschrieben ist. Für die Auswahl der Theorie greift er auf eine von WOLF durchgeführte Bewertung von 16 Organisations-, Management- und Unternehmensführungstheorien zurück, die WOLF basierend auf einer (subjektiven) Beurteilung von acht Kriterien durchführt. Da die von WOLF gefundenen Merkmalsausprägungen für die Beschreibung der Evolutionstheorie auch für die Charakterisierung der Ad-hoc-Krise Geltung besitzen, sei diese Theorie als geeignet anzusehen, das Phänomen der Ad-hoc-Krise zu analysieren. Krisen zeichnen sich nach Auffassung von HÜLSMANN / SCHULENBURG durch ein geringes Ausmaß an Rationalität der Akteure[7] aus, besitzen einen subjektiven Charakter, sind durch eine relativ geringe Regelhaftigkeit und Präzision und somit eine ausgeprägten Situationsbezug des Verhaltens der Akteure gekennzeichnet. Für ihre Analyse ist eine starke Einbeziehung des Kontextes ebenso notwendig wie eine sowohl systeminterne als auch -externe Orientierung, und es liegt eine mittlere Ausprägung der Raum-Zeit-Invarianzen vor. Vor diesem Hintergrund ist das Merkmal der Existenzgefährdung von Unternehmungen durch das Auftreten von (Ad-hoc-)Krisen Ausgangspunkt der Argumentation, da sich diese Gefährdung bei unzureichender Reaktion in der faktischen Insolvenz der Unternehmung niederschlägt. Solche Unternehmensinsolvenzen interpretieren HÜLSMANN / SCHULENBURG dann als Selektionsergebnis im Sinne der Evolutionstheorie, die in ihrer betriebswirtschaftlichen Ausprägung die Gründe für Insolvenzen in der Selektionskraft der Umwelt, nicht aber in den Fähigkeiten der Akteure sehe. Aus der Fülle evolutionstheoretischer Ansätze wählen sie dabei den Population-Ecology-Ansatz aus, da dieser gerade die Selektion in den Mittelpunkt stellt. Auf dieser Basis werden dann sechs Hypothesen hinsichtlich der Ursache und der Konsequenzen von Ad-hoc-Krisen deduziert, die anschließend in ein generisches Modell für Krisen überführt werden. Für das Entstehen von Krisen wird dabei die Grundannahme expliziert, dass eine Comp-Pool-Anpassung, verstanden als die Veränderung der Fähigkeiten der Populationsmitglieder, an die Systemumwelt dazu führt, dass die Wahrscheinlichkeit für die Retention, d.h. die Beibehaltung des Comp-Pools steigt. Reichen hingegen die Fähigkeiten nicht aus, sich gegenüber der Umwelt zu behaupten, kommt es zu Krisen und schließlich zur Selektion der Organisation, da sich die Populationen den Umweltbedingungen anpassen.

Im Gegensatz zu den eher disziplinären Zugängen zum Phänomen der Ad-hoc-Krise von FREILING und HÜLSMANN / SCHULENBURG, wählt anschließend BURMANN einen interdisziplinären Ansatz, um das Erfahrungsobjekt zu erklären. Sein „Dynamik (und Management) von und Reaktion auf Ad-hoc-Krisen – Eine Analyse aus Sicht der Komplexitätstheorie" überschriebener Beitrag stellt somit nicht nur eine Ergänzung zu den beiden alternativen Ansätzen dar. Durch die gleichzeitig stattfindende Ableitung von Handlungsempfehlungen leiten die BURMANNschen Ausführungen darüber hinaus zu den technologisch geprägten Kapiteln III, IV und V über. Im Fokus der Komplexitätstheorie stehen dabei komplexe adaptive Systeme, die neben dem auch im Rahmen der Evolutionstheorie thematisierten Überleben explizit weitere Zielgrößen anstreben. Für diese Systeme gilt es, Gesetzmäßigkeiten aufzudecken, „die dem Anpassungsverhalten aller Arten komplexer adaptiver Systeme gegenüber sich plötzlich verändernden Systemumwelten zugrunde liegen"[8]. Damit sind sog., aus dem Interaktionsverhalten resultierende, emergente Fähigkeiten angesprochen. Vor diesem Hintergrund stellen Ad-hoc-Krisen nach BURMANN dann neue emergente Fähigkeiten bzw. Verhaltensweisen dar. Ihre Entstehung lässt sich seines Erachtens durch die Parzellierung komplexer adaptiver Systeme in Teilsysteme erreichen, woraus sich für das Ad-hoc-Krisen vorbeugende Management die Empfehlung ableiten lasse, die (kommunikative) Vernetzung der Stakeholder einer Unternehmung gezielt zu behindern bzw. dieser durch frühzeitige Informationspolitik entgegenzuwirken.

Die Bedeutung von Informationen und deren Verarbeitung für Unternehmungen als komplexe adaptive Systeme wird von BURMANN unter Rückgriff auf Simulationsstudien auch im Hinblick auf deren Anpassungs- und Überlebensfähigkeit in Ad-hoc-Krisen herausgestellt. Je ausgeprägter die Informationsverarbeitungsfähigkeit innerhalb von Unternehmungen ist, desto größer ist die Anpassungs- und somit auch Überlebensfähigkeit. Die Informationsverarbeitungsfähigkeit als Determinante der Anpassungs- bzw. Überlebensfähigkeit ist dabei wiederum abhängig vom sog. Konnektivitätsgrad, der das Ausmaß angibt, in welchem eine Verhaltensabstimmung zwischen einzelnen Akteuren vor dem eigentlichen Verhalten der Handelnden erforderlich ist. Die aus Simulationsstudien abgeleiteten Ergebnisse deuten darauf hin, dass bei einem sehr geringen Konnektivitätsgrad, d.h. wenn kaum Verhaltensabstimmungen und somit keine Informationsaustausche zwischen den Akteuren stattfinden (müssen), Unternehmen zu erstarren drohen: Zwar findet möglicherweise eine Aufnahme von Informationen statt, eine (gemeinsame) Verarbeitung ist aber nicht gegeben. Andererseits ist bei sehr hohen Konnektivitätsgraden eine Informationsverarbeitung aufgrund der aus der starken Verhaltensabstimmung folgenden Informationsdichte kaum mehr möglich, weshalb es zu chaotischen Zuständen kommt, die wiederum Anpassung und Überleben verhindern. Nützlicher ist für Unternehmungen folglich ein mittlerer Konnektivitätsgrad, der die Informationsaufnahme und den Informationsaustausch ermöglicht, weshalb innerhalb von Unternehmungen Team- oder Gruppenstrukturen etabliert werden sollten. In einem ersten im Jahre 1999 vorgenommenen Falsifizierungsversuch dieser aus Simulationsstudien abgeleiteten Hypothese auf Basis von

145 Unternehmungen des TecDax und MDAX konnte dabei die Hypothese nicht verworfen werden. Dieses Ergebnis ist nach BURMANN als erster Indikator dafür zu verwenden, die auf Basis der Komplexitätstheorie für das Management von Ad-hoc-Krisen abgeleiteten Empfehlungen in der Realität umzusetzen.

Insgesamt liefern somit alle vorgestellten Theorien Erkenntnisse für die Erklärung des Zustandekommens und der Besonderheiten von Ad-hoc-Krisen für das Unternehmensgeschehen, wobei – wie in den Beiträgen angesprochen – sicherlich auch weitere Theorien nützlich sein könnten. Ein systematischer Vergleich der Wenn-, vor allem aber der Dann-Komponenten der hier vorgestellten Theorien als Vorstufe eines Theorienwettbewerbs steht aber noch genauso aus wie umfangreiche(re) Versuche, die abgeleiteten Hypothesen empirisch zu falsifizieren. Erst eine (vorläufige) Bewährung der Aussagen an der Realität und der Vergleich der Erklärungskraft lassen dann die Auswahl einer im Sinne eines Theorienpluralismus geeigneten Theorie zu. Auf der Forschungsagenda bleiben somit zahlreiche Aufgaben, die noch zu bewältigen sind, was weitere Auseinandersetzungen auf diesem Gebiet stimulieren sollte.

Anmerkungen

1 Vgl. zur praktischen Relevanz SCHANZ, G.: Wissenschaftsprogramme [1997], S. 58. Zum Aspekt der theoretischen Relevanz daneben auch WITTE, E.: Entwicklungslinien [1998], S. 740. Bezogen auf Ad-hoc-Krisen siehe auch den einleitenden Beitrag von BURMANN in diesem Sammelband.

2 Vgl. MÜLLER-MERBACH, H: Wahrnehmungen [1983], S. 816.

3 Vgl. zur folgenden Systematik grundlegend CHMIELEWICZ, K.: Forschungskonzeption [1994], für die Zweiteilung in ein kognitives, d.h. „erklärendes" und ein praktisches, d.h. „gestaltendes" Wissenschaftsziel auch SCHANZ, G.: Wissenschaftsprogramme [1997], S. 85ff.

4 Dabei kommt es sowohl zu werturteilsfreien Aussagen durch die Einnahme einer Metaperspektive, teilweise aber auch zur Formulierung von Werturteilen, obwohl ein solches Vorgehen aufgrund des fehlenden Wahrheitswertes von Werturteilen umstritten ist und zu MAX WEBERS Forderung der Wertfreiheit im Begründungszusammenhang geführt hat. Dabei war diese Forderung Gegenstand des zweiten Methodenstreites, d.h. dem Werturteilsstreit innerhalb der sog. Privatwirtschaftslehre, vgl. dazu etwa SCHNEIDER, D.: Wirtschaftswissenschaft [2001], S. 308 ff., oder VON FERBER, C. H.: Werturteilsstreit [1965], S. 165 ff. Letzterer argumentiert gegen das Postulat der Werturteilsfreiheit u.a. auch mit der Begründung, dass es aufgrund dessen zur Vermeidung heikler Forschungsthemen komme. Möglicherweise kann dieses Argument als ergänzende Begründung für die lange vermisste Beschäftigung mit dem Erfahrungsobjekt Ad-hoc-Krisen herangezogen werden.
Zu weiteren Argumenten vgl. KRYSTEK, U: Unternehmungskrisen [1987], S. 67.

5 Vgl. KUHN. T. S.: Revolution [1976], S. 38 f.

6 Vgl. KUHN. T. S.: Revolution [1976], S. 47.

7 Hierbei ist zu betonen, dass HÜLSMANN – bedingt durch die Wahl seiner theoretischen Bezugsbasis – einen anderen Rationalitätsbegriff verwendet als er in ökonomischen Theorieansätzen – und so z.B. auch in dem Beitrag von FREILING – Anwendung findet.

8 BURMANN, C.: Dynamik [2005], in diesem Band, S. 115 ff.

Literatur

BURMANN, C.: Dynamik (und Management) von und Reaktion auf Ad-hoc-Krisen – Eine Analyse aus Sicht der Komplexitätstheorie; in: BURMANN, C. / FREILING, J. / HÜLSMANN, M. (Hrsg.): Management von Ad-hoc-Krisen; Wiesbaden: Gabler; 2005.

CHMIELEWICZ, K.: Forschungskonzeptionen der Wirtschaftswissenschaft; Stuttgart: Schäffer-Poeschel; 1994.

KRYSTEK, U.: Unternehmungskrisen – Beschreibung, Vermeidung und Bewältigung überlebenskritischer Prozesse in Unternehmungen; Wiesbaden: Gabler; 1987.

KUHN, T. S.: Die Struktur wissenschaftlicher Revolutionen; Frankfurt am Main: Suhrkamp; 1976.

MÜLLER-MERBACH, H.: Schönheitsfehler der Betriebswirtschaftslehre – Eine subjektive Sammlung subjektiver Wahrnehmungen; in: Zeitschrift für Betriebswirtschaft; Nr. 7; 53. Jahrgang; 1983; S. 811 - 830.

SCHANZ, G.: Wissenschaftsprogramme der Betriebswirtschaftslehre; in: BEA, F. X. / DICHTL, E. / SCHWEITZER, M. (Hrsg.): Allgemeine Betriebswirtschaftslehre; 6. Aufl., Stuttgart 1992; S. 57 - 139.

SCHNEIDER, D.: Betriebswirtschaftslehre, Band 4, Geschichte und Methoden der Wirtschaftswissenschaft; München et al.: Oldenbourg; 2001.

VON FERBER, C. H.: Der Werturteilsstreit 1909/1959; in: TOPITSCH, E. (Hrsg.): Logik der Sozialwissenschaften; Köln: Kiepenheuer & Witsch; 1965; S. 165 - 180.

WITTE, E.: Entwicklungslinien der Betriebswirtschaftslehre – Was hat Bestand?; in: Die Betriebswirtschaft; 58. Jahrgang.; 1998; S. 731 - 746.

Michael Hülsmann

Ad-hoc-Krise - eine begriffliche Annäherung

1 Einleitung ... 35

2 Entwicklung und Diffusion des Krisenkonstrukts ... 36
2.1 Krisenbegriffe im Spiegel nicht-betriebswirtschaftlicher Wissenschaftsdisziplinen ... 36
2.2 Betriebswirtschaftliches Verständnis von Krisen ... 38
2.3 Konstitutive Merkmale von Krisen ... 39

3 Ableitung eines eigenständigen Ad-hoc-Krisen-Verständnisses ... 44

4 Fazit ... 50

1 Einleitung

Dem Begriff der Krise kommt vielfältige, fast schon universelle Verwendung und Bedeutung zu:[1] Seine inhaltliche Bestimmung reicht von der Betrachtung von Individuen (z.B. die Persönlichkeitskrise) bis hin zu organisatorischen und institutionellen Bezügen (z.B. Unternehmenskrise oder Weltwirtschaftskrise). Im 16. Jh. bezeugt, ist seit dem 18. Jh. unter Einfluss des französischen „crise“ ein allgemeiner Gebrauch des Wortes im Sinne einer entscheidenden, schwierigen Situation im deutschen Sprachraum zu beobachten. Es lässt sich auf das griechische „krísis“ zurückführen, das „Entscheidung“, „entscheidende Wendung“ bedeutet. Ein geradezu inflationärer Gebrauch[2] des Terminus der Krise in der Gegenwart führt nicht zu begrifflicher und inhaltlicher Klarheit:[3] Medizin, Psychologie, Rechtswissenschaften, Theologie, Geschichte, Philosophie, Politik u. a. haben jeweils ein eigenes Begriffsverständnis entwickelt und weisen dem Konstrukt der Krise ihre individuellen Inhalte zu.[4] Auch im alltäglichen Sprachgebrauch hat sich der Ausdruck „Krise“ etabliert, wie die zahlreichen Beispiele illustrieren, die POHL anführt (z.B. Störungen in Betriebsprozessen, in Beziehungen zwischen Personen oder Staaten, in Versorgungsabläufen von Gesellschaften).[5] Trotz dieser allgemeinen sprachlichen Verankerung „scheint eine eindeutige Begriffsbestimmung als zeitgenössisches Phänomen nicht ganz einfach zu sein“[6]. Deshalb bedarf es einer expliziten und kritischen Auseinandersetzung mit den bestehenden Definitionskonzepten.[7]

Dies scheint insbesondere für den betriebswirtschaftlichen Kontext erforderlich, da hier eine ebenso eingehende wie umfassende und damit erschöpfende Beschäftigung mit dem Phänomen der Unternehmenskrise bislang noch nicht erkennbar scheint[8] – obwohl es laut SCHREYÖGG für Unternehmen und Management fast schon zu so etwas wie einer Selbstverständlichkeit geworden sei, „sich mit der Möglichkeit von Krisen auseinander zu setzen“[9]. Zwar existiert eine Vielzahl von Einzelabhandlungen zu ausgewählten Phänomenen der Unternehmenskrise[10], jedoch besteht hier – ähnlich wie im Strategischen Management – der Mangel eines „overarching paradigms“. Dies lässt sich auf eine differenzierte, fragmentarische und wenig vernetzte Theoriefundierung der Krisenforschung zurückführen, welche bisher keine übergreifende Integration erfahren hat.[11] So zeigt sich die begrenzte Extensivität der betriebswirtschaftlichen Krisenforschung beispielsweise darin, dass die Frage von Ad-hoc-Krisen i.S.v. kontingent-abrupten Diskontinuitäten bislang kaum Beachtung gefunden hat – ein Beispiel, dass also bei Weitem noch nicht alle Krisenphänomene in Art und Form beschrieben oder gar hinsichtlich ihrer Ursachen-Wirkungs-Zusammenhänge analysiert worden sind. Die noch bestehenden Felder notwendiger Erkenntnisgewinnung in der Intensität der betriebswirtschaftlichen Krisenforschung spiegeln sich etwa dahingehend wider, dass eine zusammenhängende (i.S.v. kombinierter, nicht notwendigerweise integrierter) multitheoretische Erklärung der Entstehung von Krisen auf Basis der unterschiedlichen Organisations- und Managementtheorien (wie z.B. mittels institutionenökonomischer oder verhaltenswissenschaftlicher Ansätze) oder auch eine hinreichende empirische Forschung zur Hypothesenüberprüfung fehlen. Damit korrespondiert ein terminologisches Defizit, das sich auch in einer mangelnden Operationalisierung des Krisenkonstrukts im betriebswirtschaftlichen Kontext niederschlägt: Laut SCHREYÖGG „fehlt es an einem breit akzeptierten Kriteriensystem, das es erlauben würde, eine Situation als Krise zu markieren"[12]. Dies gilt insbesondere auch für das spezielle Phänomen der Ad-hoc-Krise, die bislang so gut wie keine Beachtung in der wissenschaftlichen Diskussion und Begriffsentwicklung gefunden hat – auch wenn einige wenige Autoren wie etwa TÖPFER[13] oder HERMANN[14] auf die Ad-hoc-Charakteristik i.S.v. möglicher Plötzlichkeit bzw. Nicht-Vorhersehbarkeit von Unternehmenskrisen abstellen.

Diese Defizite werfen die Frage auf, was konkret das Krisenkonstrukt kennzeichnet und welche Spezifika Ad-hoc-Krisen wesenseigen sind. Zu deren Beantwortung möchten die folgenden Ausführungen einen Beitrag zur terminologischen Bestimmung des Ad-hoc-Krisen-Phänomens leisten. Hierzu wird zunächst ein allgemeiner Überblick zur Verständnisvielfalt des Krisenbegriffs in verschiedenen Wissenschaftsdisziplinen gegeben, um die gemeinsamen Kerncharakteristika von Krisen herauszuarbeiten. Darauf aufbauend wird der Entwicklung und Verbreitung in der Betriebswirtschaftslehre besondere Beachtung geschenkt, um den wirtschaftlichen Kontext und dessen spezifischen Implikationen für das Krisenkonstrukt zu identifizieren. Dies schließt die Ermittlung der konstitutiven Merkmale von Krisen aus Perspektive der Managementdisziplin mit ein. Vor dem Hintergrund der erkannten Wesenseigenschaften von Krisen, werden die Besonderheiten der Ad-hoc-Krise abgeleitet, um abschließend hierfür eine fundierte und zweckmäßige Definition formulieren zu können.

2 Entwicklung und Diffusion des Krisenkonstrukts

2.1 Krisenbegriffe im Spiegel nicht-betriebswirtschaftlicher Wissenschaftsdisziplinen

Seine erste wissenschaftliche Verwendung findet der Begriff der Krise in der Medizin.[15] Diese Disziplin sowie die Psychologie begreifen Krise als Höhepunkt einer Erkrankung und gleichzeitig Scheidepunkt zwischen Genesung und Tod des Patienten.[16] Die Rechtswissenschaften beschreiben eine Entscheidungssituation zwischen Recht und Unrecht als Krise; in der Theologie wird mit dem Krisenbegriff die Entscheidung zwischen Himmel und Hölle bzw. Heil und Verdammnis erfasst.[17] Ähnlich wie die politische Philosophie beschreibt Krise in den Geschichtswissenschaften eine neue Zeiterfahrung. Gleichzeitig sehen diese Disziplinen Krise als Faktor und Indikator eines epochalen Umbruchs, als Evidenz und Ausdruck neuen Bewusstseins.[18] Diese verschiedenen Verwendungen des Krisenbegriffs zeichnet es als übergreifende Gemeinsamkeit aus, dass sie auf eine Situation abstellen, die einerseits vom Risiko der Existenzgefährdung und andererseits von der Ambivalenz der möglichen Entwicklung charakterisiert ist.[19]

Weitere Konkretisierung erfährt dieses übergreifende Krisenverständnis mit Blick auf die politisch-wissenschaftliche Beschäftigung mit Krisen, die i.e.S. darunter länger anhaltende, extrasystemisch oder intrasystemisch bedingte, existenzbedrohende Störungen der System- oder Sozialintegration eines gesellschaftlichen, wirtschaftlichen oder politischen Systems fassen.[20] In Anlehnung an HABERMAS lassen sich im politischen Verständnis vier Typen von Krisen unterscheiden:

- Ökonomische Krise,
- Rationalitätenkrise,
- Legitimationskrise und
- Motivationskrise.[21]

Unter der Kategorie der ökonomischen Krise sind wirtschaftliche Schwierigkeiten eines sozialen Systems gefasst, die sich in der Lücke von Ressourcenversorgung und Zweckerfüllung niederschlagen. Im politischen Kontext sind Defizite des Staatshaushalts, Dauerinflation, wachsende Disparitäten zwischen öffentlicher Armut und privatem Reichtum Ausdruck dieses Krisentyps.[22] Hingegen ist mit dem Begriff der Rationalitätenkrise das Unvermögen gemeint, den Steuerungsimperativen umgebender Systeme zu entsprechen.[23] So gelingt es beispielsweise Politik und öffentlicher Verwaltung nicht, den ökonomischen Rationalitätsanforderungen (Effizienz und Nachhaltigkeit) gerecht zu werden, da sich deren Entscheidungsverhalten auf die administrative Vernunft reduziert, die beispielsweise auf die Rechtsfestigkeit und den Gleichbehandlungsgrundsatz abstellt.[24] Diese Reduktion ist Ergebnis der Verfolgung wirtschaftlicher Einzelinteressen oder sie fußt auf extrasystemischen Strukturen, die politisch-administrativ hervorgerufen werden, wie etwa durch die demokratisch verfasste Gesellschaft.[25] Die Diskrepanz zwischen den Erwartungen, welche die Stakeholder an ein betreffendes soziales System stellen, und den tatsächlichen Beiträgen, die jenes System zur Befriedigung dieser Erwartungen leistet, wird mit dem Terminus der Legitimationskrise bezeichnet. So führt eine defizitäre Ressourcenausstattung zu einer Untererfüllung der durch die Stakeholder gesetzten Zwecke eines Systems, womit dieses in deren Perspektive nicht mehr zur Funktionserfüllung legitimiert ist.[26] Dies erhöht wiederum das Ressourcendefizit, weil die Stakeholder infolge nicht bereit sind, dem betreffenden System Ressourcen zur Zweckerreichung zur Verfügung zu stellen.[27] Die Motivationskrise bewirkt Störungen von System- und Sozialintegration, indem Motivationsnachfrage des Staats-, Bildungs- sowie Beschäftigungssystems und Motivationsangebot des soziokulturellen Systems auseinander fallen.[28]

Unter methodischen Aspekten kann die politisch-wissenschaftliche Krisenforschung in einen entscheidungsorientierten und einen systemorientierten Ansatz unterschieden werden.[29] Im entscheidungsbezogenen Verständnis wird unter dem Begriff der Krise eine außergewöhnliche, akute Entscheidungssituation verstanden, die sich durch Bedrohung, Überraschung und Zeitdruck auszeichnet.[30] Hiermit ist sogleich die Dynamik von Entscheidungsprozessen angesprochen, die korrespondierend einen Hinweis auf den Prozesscharakter von Krisen gibt und deren Abläufen entsprechend beeinflusst.[31] Hingegen zeichnet sich der systemorientierte Ansatz durch ein Krisenverständnis aus, das auf die situativen Störungen von Systemen abstellt: Ein System oder dessen Subsysteme können zentrale Variablen innerhalb bestimmter Toleranzgrenzen nicht konstant halten, weil es zu abrupten oder unerwarteten Einflüssen kommt, die entsprechende Veränderungen induzieren.[32] Das System oder zentrale Subsysteme werden instabil und ihr Überleben ist nachhaltig bedroht.[33] Dieses Verständnis betont die Situativität von Krisen und basiert auf einer statischen-strukturellen Perspektive der Betrachtung.[34]

Der betriebswirtschaftliche Erklärungs- und Analyseansatz fokussiert ebenfalls auf soziale Systeme, was – unter Berücksichtung der Systemspezifitäten – eine grundsätzliche Übertragbarkeit von Inhalten, Methoden und Problemstellungen zwischen den verschiedenen Systemtypen erlaubt.[35] Wegen der grundsätzlichen Möglichkeit des Austausches zwischen der politisch-wissenschaftlichen und der betriebswirtschaftlichen Disziplin kann das Krisenverständnis politischer Prägung auch in der wirtschaftswissenschaftlichen Auseinandersetzung aufgegriffen werden. Hieraus erklärt sich, weshalb der politisch-wissenschaftliche Krisenbegriff einen erheblichen Einfluss auf die betriebswirtschaftliche Krisenforschung nimmt und von dieser weiterentwickelt wird.[36] Ein Vorteil des betriebswirtschaftlichen Krisenverständnisses besteht in einer weiter gefassten Beschreibung von Krisen und deren Bewältigung. Diese ist eben nicht nur auf den Systemcharakter des Krisenobjektes und auf den Prozesscharakter des Krisenverlaufs beschränkt, sondern greift auch die Zweckorientierung auf und ermöglicht somit die Erarbeitung eines institutionalisierten und ausgestalteten Krisenmanagements.[37] Aus diesem Grunde sei zur weiteren Konkretisierung des Krisenbegriffs auf die betriebswirtschaftliche Sichtweise eingegangen.

2.2 Betriebswirtschaftliches Verständnis von Krisen

Die betriebswirtschaftliche Krisenforschung im deutschsprachigen Raum befasst sich seit den 20er Jahren des vergangenen Jahrhunderts mit dem Phänomen der Unternehmungskrise.[38] Vor dem Hintergrund der damaligen Weltwirtschaftskrise setzen die Überlegungen zur betrieblichen Krisenbetrachtung u.a. von HASENACK, FLEEGE-ALTHOFF, ISAAC und LE COUTRE auf volkswirtschaftlicher Krisentheorie auf. So versucht z. B. LE COUTRE Schwankungen in Absatzentwicklungen mittels konjunktureller Prozesse zu erklären.[39] Eine Wiederbelebung erfährt die betriebswirtschaftliche Diskussion zum Krisenkonstrukt in den 70er[40] und 90er Jahren[41]. Da die wissenschaftliche Auseinandersetzung bislang stets auf Phasen wirtschaftlichen Abschwungs folgte, ist zu vermuten, dass mit Bezug auf die wirtschaftliche Entwicklung der vergangenen Jahre auch derzeit bzw. in naher Zukunft mit einer weiteren Welle an Impulsen der betriebswirtschaftlichen Auseinandersetzung mit dem Phänomen der Krise zu rechnen ist.[42] Wurden in den 70er Jahren mit dem Krisenbegriff ganz generell wirtschaftliche Schwierigkeiten und existenzielle Bedrohung verstanden,[43] sind seitdem zwei grundlegende Auffassungen zu identifizieren:

- Krise als bedrohliche Situation und
- Krise als bedrohlicher Störungsprozess.

Für das Verständnis von Krise als bedrohlicher Situation sei hier exemplarisch die Auffassung von KRUMMENACHER gewählt: Krise sei ein Zustand, der „nach einem abrupten Wechsel einer oder mehrerer Basisvariablen eines Systems entsteht, so dass die Erreichung bisher essenzieller Normen und Ziele gefährdet und damit die Existenz dieses Systems in Frage gestellt wird“[44]. Ähnlich beschreibt STAEHLE Krise als „die unbeabsichtigte und unerwartete nachhaltige Störung eines Systems (Person oder Institution) oder wesentlicher, für dessen Überleben zentraler Teile. Ein erhebliches Abweichen von der geplanten Entwicklung führt zu einer für das System existenzbedrohende Situation“[45]

Hingegen zielt die Interpretation von Krise als Prozess auf den Störungsverlauf in einem System, wie sie sich etwa bei ALBACH,[46] MÜLLER[47] oder KRYSTEK[48] findet.[49] Dieses unterstellt, dass nicht durch ein einmaliges Ereignis die Krise i.S.e. statischen Situation hervorgerufen wird, sondern dass es sich bei Krisen vielmehr um einen dynamischen Entwicklungsprozess handelt, der durch die Kombination von Einflussvariablen in seinem Verlauf geprägt wird. Dabei sind ein Teil der Einflussvariablen durch das Management gestaltbar, ein anderer Teil hingegen fremdbestimmt, so dass es sich nur um eine begrenzt kontrollierbare bzw. beeinflussbare Entwicklung handelt.

2.3 Konstitutive Merkmale von Krisen

Mit diesem prozessualen Verständnis der Krise verbinden sich nach KRYSTEK sechs konstitutive Merkmale. Hierzu zählen:

- Existenzgefährdung,

- Ambivalenz des Ausgangs,
- Gefährdung dominanter Ziele,
- Prozesscharakter sowie
- Steuerungsproblematik.[50]

Ergänzend dazu wird hier – wie es auch KRYSTEK in seinen Überlegungen mit einbezieht – in Anlehnung an WEBER und KRUMMENNACHER das Kriterium des Zeit- und Entscheidungsdrucks als konstitutiv für Krisen angesehen, weil hier auf die Managementperspektive der Krise abgestellt werden soll.[51]

Mit dem Element der Existenzgefährdung ist gemeint, dass einer Krise die Gefahr des Untergangs eines Systems immanent ist. Dies schließt eine ungeplante, ungewollte, unvorhergesehene, substanzielle, temporäre Bedrohung eines Systems ein, die auf dessen Vernichtung hinauslaufen kann.[52] In Anlehnung an die Anreiz-Beitrags-Theorie und die symbiotischen Interaktionsverhältnisse zwischen einem offenen sozio-technischen System (z.B. einer Unternehmung) und seinen Umwelten (z.B. Kapitalgeber, Lieferanten und Kunden) ist ein betreffendes System solange überlebensfähig, wie seine Umsysteme es wegen Zweckerreichung, also seiner Beiträge für seine Umwelten (i.S.v. erfüllten Systemfunktionen) akzeptieren. Ein Umsystem akzeptiert Anreize eines Systems jedoch nur solange, wie dieses seine Zwecke erfüllt, also die Ansprüche der Outputnehmer wirksam (effektiv) und wirtschaftlich (effizient) befriedigt. Als Gegenleistung für die Bereitstellung der Outputs durch das System werden diesem von der Umwelt die zur Zweckerfüllung erforderlichen Ressourcen zur Verfügung gestellt. Dabei setzt die Umwelt den Bedingungsrahmen in Form von Chancen und Risiken für das Gestalten (des Managements) bzw. für die Systemexistenz überhaupt.[53]

Die Ambivalenz des Ausgangs umfasst die Entwicklungsmöglichkeit eines Systems, entweder in seiner Existenz vernichtet zu werden, oder die Krise in ihren Ursachen erfolgreich zu bewältigen.[54] Damit kann die Krise in zweierlei Hinsicht gedeutet werden: optimistisch oder pessimistisch.[55] Im zweiten Fall – der anscheinend in der deutschsprachigen Literatur vorherrschend ist[56] – wird das vitale Risiko der Bedrohung des Systembestandes betont; im ersten Fall stehen die Chancen potenzieller Rekonfiguration des Systems im Vordergrund, das es durch die Krise als Auslöser vermag, seine Leistungs-, Organisations- und Potenzialstrukturen veränderten Anforderungsprofilen der Umwelten anzupassen und somit ein diesbezüglich höheres Systementwicklungsniveau zu erreichen.[57] Stellvertretend sei für diese ambivalente Position auf FINK verwiesen: „A crisis is an unstable time or state of affairs in which a decisive change is impending – either one with the distinct possibility of a highly undesirable outcome or one with the distinct possibility of a highly desirable and extremely positive outcome"[58]. Wenn also eine Krise anhand ihres Ergebnisses beurteilt werden soll, dann ist ex ante nicht sicher, ob eine Krise ex post einen positiven oder einen negativen Nutzenbeitrag für ein Unternehmen leistet. Dies ist allein vom

Erfolg oder Misserfolg der Anstrengungen zur Bewältigung der Krise abhängig, also von deren Situations- und Umweltadäquanz. Infolge erscheint diese dualistische Perspektive der Beurteilung sinnvoll, da ein positives Ergebnis einer Krise (z.B. Neuausrichtung und dauerhafte, substanzielle Steigerung des Unternehmenswertes[59]) einen temporär vornehmlichen negativen Krisenverlauf überkompensieren könnte. Somit kann auch diesbezüglich eine Krise ex ante nicht pauschal positiv oder negativ beurteilt werden.

Anhand der Gefährdung dominanter Ziele wird eine Krise für ein System überhaupt erst als Existenzgefährdung mess- und identifizierbar.[60] Denn Ziele dienen als operationalisierter Referenzmaßstab für den Erfolg eines Systems sowohl bei der Zweckerreichung wie bei der Bestandssicherung. Die Abweichung zwischen realisierten Zielbeiträgen und definierten Zielhöhenpräferenzen weist auf die Existenz einer Krise hin – nicht nur bei den dominanten Zielen, sondern ebenfalls bei allen peripheren Zielvariablen. Die Nicht-Erreichung dominanter Ziele ist jedoch Maß der evidenten Existenzgefährdung, während hingegen die Zielabweichung nicht-zentraler Größen auf latente Krisen hinweisen. BERG / TREFFERT weisen daraufhin, dass „während im ersten Falle die ‚objektive' Krise den meisten Beteiligungen in der Regel auch unmittelbar bewusst, d.h. von ihnen subjektiv erfahren wird, [...] sich im zweiten Falle kritische Variablen schon außerhalb der Toleranzbreite befinden [können], ohne dass diese quasi ‚objektive' Krise von den Betroffenen bereits subjektiv wahrgenommen sein muss"[61]. Folglich sind mit dominanten Systemzielen all jene Ziele gemeint, „die dem Gesamtsystem als limitierende Grundbedingungen bei allen Entscheidungen dienen (Basisziele) sowie deren Nichterfüllung zu Sanktionen gegen das System führen würden"[62]. Deren Gefährdung ist in jedem Falle ein mess- und wahrnehmbarer Hinweis auf die evidente Existenz einer Krise. Die Gefährdung anderer, peripherer Ziele kann zu einer Krise i.S.e. Bedrohung existenzieller Ziele führen, muss jedoch nicht. Dies ergibt sich aus der Ambivalenz der Situation sowie der Komplexität der beeinflussenden Variablen. Infolge besteht wegen der Multidimensionalität von Relationen in einem offenen sozio-technischen System kein eindeutiger kausaler Zusammenhang zwischen nicht-zentraler Zielabweichung und der weiteren Systementwicklung, die lediglich potenziell bzw. latent krisenhaft sein kann. Ähnliches gilt für das Konzept der „weak-signals" von ANSOFF, das einen Ansatz strategischer Frühwarnung vor Krisen in der potenziellen Krisenphase bietet.[63] Die Schwäche der Signale hat dabei zwei Dimensionen: Erstens ist die Amplitude oder Frequenz des einzelnen Signals nicht stark ausgeprägt und deutet damit lediglich eine potenzielle Krise an; zweitens handelt es sich bei den betrachteten Größen nicht um dominante Zielkategorien eines Systems, sondern um Einflussgrößen aus der Systemumwelt und ihrer Einflüsse auf das Zielsystem der Unternehmung.[64] In summa geben beide Kategorien – die weak signals wie die dezentralen Zielabweichungen – zwar Maßstäbe für (mögliche) Krisen; jedoch ist wegen des zwingenden Charakters lediglich die Gefährdung dominanter Ziele konstitutiv für Krisen. Denn die Gefährdung dominanter Ziele schließt die Existenzbedrohung für das betreffende System ein: Werden diese Ziele substanziell und bzw. oder dauerhaft verfehlt, so gilt die oben erwähnte Aussage STAEHLES, dass das Abweichen von den Umsystemen wegen mangelnder Effektivität bzw. Effizienz negativ sanktioniert wird und die Bereitschaft zur Ressourcenüberlassung sinkt, womit dem System die Basis seines Wirtschaftens und seiner Funktionserfüllung entzogen wird.[65] Für periphere Größen gilt dieser Zusammenhang nur möglicherweise, nicht in jedem Falle, und deshalb sind deren Abweichungen nicht konstitutiv für Krisen, lediglich potenziell indizierend.

Der Prozesscharakter stellt Krise als zeitlich begrenzte Entwicklung dar, in deren Ablauf die Krisenbewältigungsanforderungen steigen und die Handlungsmöglichkeiten weniger werden.[66] Exemplarisch sei das „Modell von KRYSTEK vorgestellt, der vier Phasen i.S.e. logisch-analytischen, nicht einer zwingend zeitlichen Ereignisabfolge[67] im Krisenverlauf unterscheidet:

- potenzielle Krisenphase,
- latente Krisenphase,
- akute Krisenphase und
- nachkritische Krisenphase.[68]

Die erste Phase ist die potenzielle Krisenphase. In dieser Phase besitzt eine Krise für ein System noch keinen konkreten, realen Bezug. Das betreffende System befindet sich im Gleichgewicht seiner zentralen Variablen. Ein Ressourcendefizit, ein Legitimationsproblem, Motivationsschwierigkeiten oder Rationalitätendilemmata sind noch nicht entstanden. Aber die Krise kann in diesem Stadium durch antizipative Krisenvorhersage gedanklich zum Zwecke der Krisenprophylaxe vorweggenommen werden. Die latente Krisenphase bildet den zweiten Abschnitt im Krisenverlauf. Die Krise ist bereits verdeckt entstanden. Ihre Ursachen entfalten schon ihre Wirkung. Ein betreffendes System hält bereits jetzt seine peripheren Variablen nicht mehr im Gleichgewicht, ohne dass zentrale Variablen sich schon wahrnehmbar verändern würden.[69] LÖHNEYSEN merkt für die Unternehmenskrise an, dass in der latenten Phase die destruktiven Krisenwirkungen noch nicht im ökonomischen Gesamtergebnis jeweiliger Unternehmen sichtbar würden. Diese Situation kann auch als eine „Noch-nicht-Einschränkung" der Befriedigung von Defizitmotiven beschrieben werden.[70] Bei rechtzeitiger Identifikation der Krisenursachen ist das Maßnahmenpotential zur Korrektur und Stabilisation groß, um die Krise in ihren Ursachen zu überwinden, denn für das jeweilige Management besteht noch die prinzipielle Möglichkeit, durch eine Neu-Ausrichtung die Disparitäten zwischen Leistungs- und Organisationsprofil des Systems und Anforderungsprofil des Umsystems zu beheben.[71] In der dritten Phase, der akuten Krisenphase, werden die Störungen der zentralen Variablen eines soziotechnischen Systems oder seiner vitalen Subsysteme evident. Das Ressourcendefizit ist gravierend. Das Krisenmanagement muss spätestens jetzt ansetzen, um Krisenwirkungen zu mildern und Krisenursachen zu beseitigen. Jedoch sind die Entscheidungsoptionen und Gestaltungsspielräume hierfür schon deutlich eingeschränkt.[72] Zur

Krisenbewältigung notwendige Ressourcen werden ebenso vernichtet, wie überhaupt die zur Weiterführung des Systems erforderlichen Mittel.[73] Die vierte Phase ist die nachkritische Phase. Über die Zukunft des Systems ist entschieden. Entweder ist es im negativen Falle in seiner Existenz vernichtet, weil die Bestands- und Überlebensgrundlagen dem Handeln und Gestalten des Managements entzogen worden sind. Dies manifestiert sich in der Nicht-Verwirklichung überlebensrelevanter Ziele.[74] Oder im positiven Falle ist es dem System gelungen, seine Leistungs-, Organisations- und Ressourcenprofile den Anforderungen der Umwelten wieder anzupassen und die zentralen Variablen eines betreffenden Systems befinden sich wieder im Gleichgewicht. Das System überlebt auf einem höheren systemtheoretischen Niveau.[75]

Mit dem Phasenverlauf eng verbunden, ist die Steuerungsproblematik des Managements in Krisen. Diese bezieht darauf, dass die Einflussnahme- bzw. Gestaltungsmöglichkeiten des Managements während des fortschreitenden Krisenverlaufs zunehmend beschränkt werden. Dies ist auf den z.T. autonomen Ablauf des Krisenprozesses zurückzuführen, bei dem aufgrund der situativen Komplexität sowie der begrenzten Ressourcen, nicht alle Determinanten der Krisenintensität gesteuert und kontrolliert werden können. So lässt sich beispielsweise diese Wahrnehmung durch Dritte – wie ein Blick auf das Kommunikationsmodell SCHULZ VON THUNS veranschaulicht[76] – nur eingeschränkt gestalten. Die offene Struktur eines Systems in der Krise lässt – laut HABERMAS – Eingriffe in den z. T. autonom ablaufenden Krisenprozess grundsätzlich zu. Zugleich sind die Möglichkeiten der Problemlösung begrenzt, da fortlaufend Handlungsalternativen zur Problembewältigung vernichtet werden.[77] Diese Dilemmatik des Krisenmanagements ist Wesensmerkmal der Krise,[78] da sie zugleich dynamisch Gestaltungsbedarfe induziert und Gestaltungsmöglichkeiten reduziert.[79]

Aus der Gleichzeitigkeit von wachsenden Handlungsnotwendigkeiten und sinkenden Handlungsoptionen entsteht wegen asynchroner Dynamiken der jeweiligen Entwicklungen eine zunehmende Intensität destruktiver Krisenwirkungen,[80] die zu einem (exponentiell) zunehmenden Zeit- und Entscheidungsdruck für das Management führen.[81] Im Verlauf der Krise sieht sich das Management einem „Entscheidungs- und Aktionszwang"[82] gegenüber, der bei wachsender Intensität und Diffusion der Gefährdung dominanter Ziele weiter zunimmt und somit wesensbestimmendes Merkmal für das Phänomen der Krise im Prozessverständnis ist.[83] In Konsequenz kann mit DEUTSCH Krise als Entscheidungsprozess unter besonderem Zeitdruck verstanden werden, der sich durch drei Zeitpunkte auszeichnet: der Eintritt der Gefährdung, der Moment der Überraschung sowie die Situation der Ausweglosigkeit. Liegt der Moment der Überraschung vor dem Eintritt der Gefahr, dann bestehen Chancen, dass die Situation der Ausweglosigkeit durch geeignete Entscheidungen vermieden werden kann. Im anderen Falle überwiegt die Wahrscheinlichkeit der Vernichtung von Vermögen und damit einhergehend das Risiko des Untergangs, weil mögliche Gegenmaßnahmen erst nach dem Eintritt der Gefährdung ergriffen werden können.[84] Auch in diesem Verständnis zeigen sich die Ambivalenz des Krisenergebnisses und die enge Verknüpfung zwischen den konstitutiven Merkmalen des Krisenphänomens.

3 Ableitung eines eigenständigen Ad-hoc-Krisen-Verständnisses

Vor dem Hintergrund der Ausführungen zum Begriff der Krise lässt sich ein eigenständiges Verständnis des Spezialfalles der Ad-hoc-Krise entwickeln (vgl. Abbildung 3-1). Dieses Vorgehen liegt auch wegen der allgemeinen Anforderung an Definitionen, dass bei der Bildung von Unterbegriffen nicht gegen die Definitionsfassung des übergeordneten Ausdrucks verstoßen werden darf, da es sonst zu Widersprüchlichkeiten in der Sprachregelung kommen würde, nahe.[85] Die Abgrenzung zwischen der Gesamtmenge aller Erkenntnisobjekte, die sich unter dem Begriff der Krise subsumieren lassen, und der Teilmenge der Ad-hoc-Krise kann aus dem Wortzusatz „Ad-hoc" begründet werden. Darunter ist hier in allgemeiner sprachlicher Sicht „aus dem Augenblick heraus entstanden"[86] zu verstehen. Im Folgenden ist daher das oben entwickelte Krisenverständnis mit Bezug auf die Augenblicklichkeit des Entstehens zu konkretisieren.

Zunächst stellt sich die Frage, ob die Ad-hoc-Krise sich eher gegenüber dem situativen oder dem prozessualen Krisenverständnis anschlussfähig erweist. Mit Blick auf die situationsbezogene Definition von Krise, wie sie etwa KRUMMENACHER vorlegt, zeigt sich wegen der Betonung des „abrupten Wechsels"[87] im Systemgeschehen, aus dem die existenzgefährdende Situation resultiert, die Verknüpfbarkeit von Ad-hoc-Krise und situativem Definitionsansatz. Auch ein Anschluss des Ad-hoc-Aspekts an die Begriffsexplikation von Krise aus Prozessperspektive kann hier begründet werden. Der Prozesscharakter der Krise stellt auf die unterschiedlichen „Aggregatzustände, die Unternehmungskrisen im Laufe ihres Prozesses annehmen können"[88], ab. Die Entstehung der Krise – wie auch der einzelnen Phasen – kann dabei auch plötzlich, augenblicklich hervorgerufen sein, denn die Phaseneinteilung stellt sich als logisches, nicht zwingend zeitliches Konstrukt mit einer festen Reihenfolge dar.[89] KRYSTEK selber nimmt auf diesen Aspekt Bezug, wenn er ausführt, „dass der Krisenprozess nicht alle aufgezeigten Phasen durchlaufen muss"[90]. Dabei weist er darauf hin, dass der Krisenprozess in einer späteren Phase beginnen kann und „im Extremfall sogar (schlagartig) erst in der vierten" [91], womit von KRYSTEK – ohne das Etikett der Ad-hoc-Krise – implizit dieses Phänomen angesprochen wird. Was ein hinlängliches Indiz für die Anschlussfähigkeit von prozessualem Krisenbegriff und Ad-hoc-Aspekt sein dürfte – obwohl das Extrem eines abrupten Eintritts der nachkritischen Krisenphase in seinem Realitätsbezug und Wahrscheinlichkeitskalkül generell zu hinterfragen ist: Kann ein System in einen nachkritischen Zustand gelangen, wenn es zuvor nicht den kritischen Zustand durchlaufen hat?

Eine Entscheidung, welches der beiden Verständnisse von Krise eher oder besser geeignet ist, eine terminologische Basis für die Entwicklung des untergeordneten Ad-hoc-Krisen-Begriffs zu bilden, kann somit hier nicht abschließend getroffen werden, da beide Auffassungen die generelle Möglichkeit zur Verbindung bieten. Zur weiteren Konkretisierung des Ad-hoc-Krisen-Begriffs sei deshalb exemplarisch auf die oben ausgeführten konstitutiven Merkmale von Krisen generell zurückgegriffen, die wegen der generellen Anschlussfähigkeit des Prozessverständnisses hier Verwendung finden dürfen – ohne dass hier der Anspruch erhoben werden würde, dass eine situative Herleitung nicht möglich oder schlechter möglich sei. Diese Diskussion bietet sich auch deshalb nicht an, da – wenn das Phasenkonzept als Abfolge von Situationen verstanden wird – eine generelle Anschlussmöglichkeit zwischen den beiden Perspektiven im Krisenverständnis vermutet werden kann.

Das Merkmal der Existenzgefährdung betrachtend, kann abgeleitet werden, dass sämtliche ihrer Aspekte für beide Phänomene – sowohl für die übergeordnete Gruppe der Krisen wie auch für die Teilmenge der Ad-hoc-Krisen – charakteristisch sind. Unterschiede liegen darin, dass die Ad-hoc-Krise tendenziell ungeplanter und unvorhergesehener eintritt, da ihr die abrupte Veränderung in wesentlichen Basisvariablen eines betreffenden Systems per Bezug auf den Zusatz Ad-hoc zu Eigen ist. In Folge des plötzlichen Eintretens der Krise ist auch insgesamt deren Verlauf und zeitlicher Horizont tendenziell kürzer.

Wird der Fokus auf die Ambivalenz des Ausgangs gelegt, so ist es auch hier evident, dass das Risiko der Systemvernichtung, die Chance der Systemtransformation – i.S.e. Erreichens eines höheren Stabilitätsniveaus – und damit verbunden auch die Ambivalenz der Ex-ante-Bewertung von Krisen ebenfalls beim Subtypus Ad-hoc-Krise vorliegen. Aufgrund des temporär verkürzten Ablaufs einer solchen Krise ist davon auszugehen, dass das Risiko der Systemvernichtung größer ist, als bei „normalen" Krisen, da wegen des plötzlichen unerwarteten Eintritts der Ad-hoc-Krise Hinweise und Zeit für eine Vorbereitung i.S.e. aktiven Krisenmanagements jener Entwicklung sowie die entsprechenden Managementplanungen fehlen. Gleichermaßen sinkt die Chance für eine Anpassung des Systems auf die veränderten bzw. sich ändernden Anforderungen, da die Möglichkeiten zur vorausschauenden Planung eines leistungsfähigen Krisenmanagements nicht gegeben sind. Mithin verschiebt sich die Ambivalenz der Ex-ante-Bewertung von Ad-hoc-Krisen im Vergleich zum Standarttyp tendenziell in Richtung einer Negativbeurteilung, da die Wahrscheinlichkeit positiver Effekte im Vergleich zur Wahrscheinlichkeit negativer Resultate sinkt.

Tabelle 3-1: *Merkmalsvergleich zwischen Krise und Ad-hoc-Krise*
Quelle: Eigene Abbildung.

Merkmal	Krise	Ad-hoc-Krise: Existenz	Ad-hoc-Krise: Tendenzielle relative Ausprägung
Existenzgefährdung			
- Ungeplant	✓	✓	Stärker
- Unvorgesehen	✓	✓	Stärker
- Substanziell	✓	✓	Wie Krise
- Temporär	✓	✓	Kürzer im logischen Ablauf
Ambivalenz des Ausgangs			
- Risiko der System–vernichtung	✓	✓	Größer
- Chance der System–transformation	✓	✓	Geringer
- Ambivalenz der Ex-ante-Bewertung	✓	✓	Infolge Verschiebung zur Negativ-bewertung
Gefährdung dominanter Ziele			
- Wahrnehmbarkeit der Krise durch Gefährdung zentraler Ziele	✓	✓	Wie Krise
- Wahrnehmbarkeit der Krise durch Gefährdung peripherer Ziele	✓	—	Kein dynami-scher Prozess
- Weak signals	✓	✓	Wie Krise

Merkmal	Krise	Ad-hoc-Krise: Existenz	Ad-hoc-Krise: Tendenzielle relative Ausprägung
Prozesscharakter			
- Potenzielle Phase	✓	✓	Wie Krise
- Latente Phase	✓	—	Nicht vorhanden
- Akute Phase	✓	✓	Wie Krise
- Nachkritische Phase	✓	✓	Wie Krise
- Prozessabfolge	✓	(✓)	Ohne vollständigen Phasenverlauf
Steuerungsproblematik			
- Gestaltungsmöglichkeiten	✓	✓	Geringer
- Gestaltungsbedarfe	✓	✓	Höher
- Dilemma	✓	✓	Infolge extremer
Zeit- und Entscheidungsdruck			
- Handlungsdruck	✓	✓	Erst schlagartig, dann ggf. zunehmend
- Eintritt der Gefährdung und Moment der Überraschung	✓	✓	Gefährdung und Überraschung fallen entweder zusammen oder erst Eintritt der Gefährdung
- Situation der Ausweglosigkeit	✓	✓	Wie Krise

Zwischen beiden betrachteten Krisentypen lässt sich keine Diskrepanz bei der Wahrnehmbarkeit durch die Gefährdung zentraler Ziele identifizieren – ein Aspekt der Fragestellung, ob Krise und Ad-hoc-Krise gleichermaßen dominante Ziele einer Unternehmung gefährden – da die Abweichung von geplanten Zielvariablen während der akuten Krisenphase evident wird. Diese Krisenphase ist Bestandteil beider Krisenverläufe, stellt sie doch auch den eigentlichen Verständniskern von Krise dar – nicht nur im prozessualen, sondern auch situativen Begriffsansatz. Ein Unterschied zwischen beiden Phänomenen stellt sich jedoch bei der Fokussierung auf die Wahrnehmbarkeit einer Krise durch die Gefährdung peripherer Ziele dar. Aufgrund des Charakters einer Ad-hoc-Krise als plötzlich eintretendes Ereignis, fehlt naturgemäß die Möglichkeit einer Sukzession, die ihren Anfang zunächst in dezentralen Größen des Systems findet und dann in einem dynamischen Entwicklungsprozess multiplikativ die negativen Einwirkungen auf zentrale bzw. dominante Ziele des betreffenden Systems ausstrahlen lässt. Weak signals dürfte es bei beiden Typen von Krisen geben, da sie auf die gedankliche Vorwegnahme von Krisen abzielen, in der Umfeldeinflüsse auf die Wahrscheinlichkeit einer denkbaren Krise hin bewertet werden. Diese analytisch-spekulative Einschätzung dürfte beim Spezialfall der Ad-hoc-Krise prinzipiell genauso möglich sein wie beim Normalfall.

Bei der Betrachtung prozessualer Eigenschaften können Differenzen lediglich bezogen auf die latente Phase identifiziert werden. Die Plötzlichkeit des Eintretens, welche für die Ad-hoc-Krise per definitionem charakteristisch ist, impliziert, dass keine sukzessive Zunahme der Krisenintensität – vor Eintritt der akuten Krise lediglich messbar durch die Gefährdung peripherer Zielabweichungen – vorliegt. Denn würden zunächst periphere Größen gestört werden, ist es ex definitione nicht möglich, dass die Krise zu diesem Zeitpunkt nicht als latentes Systementwicklungsphänomen wahrnehmbar wäre, denn sie tritt ja nicht mehr überraschend ein: Es gibt wahrnehmbare Indikatoren. Bei dieser Störung dezentraler Größen bestünde die Möglichkeit vorausschauender, aktiver Wahrnehmung der Krise. Die latente Phase muss also bei der Ad-hoc-Krise wegfallen, weil der latenten Phase die Abweichung dezentraler Zielbeiträge immanent ist und eine Frühwarnung i.S.e. aktiven Krisenmanagements prinzipiell möglich ist. Dies widerspricht jedoch dem Charakter der Überraschung und Plötzlichkeit des Kriseneintritts. Folglich kann auf die Prozessabfolge fokussierend ein weiterer Unterschied festgemacht werden: Die Ad-hoc-Krise ist zumeist nicht nur temporär kürzer, sondern auch bezüglich ihrer Phasenstruktur. Damit verbunden ist das Verständnis von Ad-hoc-Krise, dass sie bis zu ihrem tatsächlichen Eintritt nicht wahrnehmbar ist – und nicht, dass sie nicht wahrgenommen wurde, obwohl sie hätte wahrgenommen werden können (Letzteres ist ein Sonderfall der normalen Krise, die alle vier Phasen durchläuft, von der jedoch nur die akute und nachkritische Krisenphasen vom System registriert werden).

Die Phasenbesonderheiten der Ad-hoc-Krise sind eng mit ihrer Steuerungsproblematik verbunden. Während einer normalen Krise steht dem Management potenziell im Gegensatz zur Ad-hoc-Krise zusätzlich die latente Phase zur Verfügung, um – motiviert durch die sichtbare Abweichung peripherer Zielgrößen – die aktive, vorausschauende Kriseneindämmung und -bewältigung zu verfolgen. Diese Möglichkeit bleibt dem Manager der Ad-hoc-Krise verwährt, da ihm die Möglichkeit fehlt, frühzeitig Störungen im System anhand von Abweichung in dezentralen Steuerungs- und Zielgrößen zu erkennen. Die Schlagartigkeit des Kriseneintritts führt weiterhin zu abrupt auftreten Entscheidungs- und Handlungsnotwendigkeiten, die mit einem plötzlichen und eruptiven Druck für die Entscheidungsträger verbunden ist, da sie unerwarteten, ungewollten und substanziellen Ressourcenbedarfen zur Krisenbewältigung gegenübersehen. Einhergehend mit der tendenziell höheren Ungeplantheit des Kriseneintritts führt dies bei der Ad-hoc-Krise zu vergleichbar höheren Gestaltungsbedarfen als beim Standardtypus. Die Folge aus relativ geringeren Gestaltungsmöglichkeiten und relativ höheren Gestaltungsbedarfen ist ein tendenziell extremeres Dilemma. Dies ist auch durch die mangelnde Vorbereitungsmöglichkeit begründet, die sich aus dem Fehlen der latenten Krisenphase für das Management ergibt. Das massivere Dilemma von Gestaltungsbedarfen und Gestaltungsmöglichkeiten der Ad-hoc-Krise ist eng verzahnt mit der größeren Stärke des Dilemmas von Untergang und Transformation bei diesem Krisentyp, da bei beiden das Fehlen der latenten Krisenphase evident und wirksam wird.

Schließlich können Differenzen in Bezug auf den Zeit- und Entscheidungsdruck, die Ergebnis des Gestaltungsdilemmas sein können, ausgemacht werden. Die Schlagartigkeit des Auftretens der Ad-hoc-Krise, verbunden mit einem plötzlichen Eintritt der Notwendigkeit zum Handeln, steht einer sukzessiven Entwicklung der Krise und Zunahme des krisenbewältigenden Handlungsbedarfs beim Normaltyp gegenüber. Im weiteren Krisenverlauf kann bei beiden Phänomenen der Druck gleichermaßen weiter zunehmen.

Die Diskrepanz im Zeit- und Entscheidungsdruck kann weiterhin auch durch den Eintritt der Gefährdung für die Unternehmung induziert werden. So folgt im normalen Krisenfalle die Gefährdung stets auf den Moment der Überraschung, da die latente Krisenphase schon Hinweise auf eine Gefährdung gibt. Bei der Ad-hoc-Krise liegt diese Phase nicht vor, und der Eintritt der Gefährdung fällt somit mit dem Zeitpunkt der Überraschung zusammen bzw. die Gefährdung kommt der Überraschung zuvor. In letzterem Falle sinkt das Risiko einer erfolgreichen Krisenbewältigung, da Maßnahmen erst ergriffen werden können, wenn die Bedrohung bewusst geworden ist. Die grundsätzliche Situation der Ausweglosigkeit, die für beide Arten der Krise Wesensmerkmal ist, tangiert dies jedoch nicht. Wird der Zeit- und Entscheidungsdruck nicht erfolgreich bewältigt, besteht die Gefahr des Untergangs der Unternehmung.

4 Fazit

Die Abgrenzung des Spezialfalls der Ad-hoc-Krise macht deutlich, dass die konstituierenden Merkmale und ihre Charakteristika des betrachteten Phänomens der Krise eng mit einander verzahnt sind. Multikausalitäten und Rückkopplungseffekte zwischen den Charakteristika sind somit Eigenschaft sowohl des Normalfalls der Krise wie auch der Ad-hoc-Krise und beiden wesenstypisch. Im Vergleich der beiden Konstrukte wird ebenfalls sichtbar, dass es keine Widersprüchlichkeit in den jeweiligen Definitionskonstruktionen gibt, da die konstitutiven Merkmale (Existenzgefährdung, Ambivalenz des Ausgangs, Gefährdung dominanter Ziele, Prozesscharakter, Steuerungsproblematik sowie Zeit- und Entscheidungsdruck) beiden zu Eigen sind. Lediglich bestimmte Ausprägungsformen – wie etwa die latente Phase als Ausprägung des Phasenkonzeptes – fehlen. Nur ein Drittel der Eigenschaftsausprägungen ist vom Prinzip her zwischen den beiden Konstrukten identisch. In der Mehrheit der Charakteristika zeigt sich jedoch, dass alle Merkmale vorhanden sind, sie aber zumeist stärker oder schwächer aufgrund des Plötzlichkeitseintritts dieses Phänomens ausgeformt zu sein scheinen.

Anmerkungen

Der Verfasser dankt Herrn Dipl-Kfm. [FH] Nils Schulenburg, M.A. für seine Unterstützung und seine wertvollen Anregungen bei der Anfertigung des vorliegenden Textes.

1 Vgl. WEBER, P.: Krisenmanagement [1980], S. 9.

2 Zum inflationären Gebrauch des Begriffs der Krise merkt LUNEBURG bereits 1970 an: „Crisis has become one of the most overworked words in the language".
LUNEBURG, W. V.: Crisis [1970], S. 7.

3 Vgl. KRYSTEK, U.: Unternehmungskrisen [1987], S. 3.

4 Vgl. GABELE, E.: Management [1981], S. 151.

5 Vgl. POHL, H.: Krisen [1977], S. 2.

6 Schulten, M.: Krisenmanagement [1995], S. 9.

7 Vgl. HÜLSMANN, M.: Kommunale Krisen [2002], S. 11 ff.

8 Schon 1983 weist MÜLLER-MERBACH darauf hin, dass „in der Betriebswirtschaftslehre eine geschlossene Behandlung des Themas ‚Unternehmen in der Krise'" fehle. Dieser Sachverhalt scheint sich bis heute nicht substanziell verändert zu haben. MARR / FRIEDEL-HOWE weisen darauf hin, dass im Gegensatz zur Volkswirtschaftslehre die Betriebswirtschaftslehre zur Definition, Abgrenzung und Analyse eines Krisenbegriffs bislang kaum auf Theoriekonzepte zurückgreifen kann.
Vgl. MÜLLER-MERBACH, H.: Schönheitsfehler [1983], S. 816 und MARR, R. / FRIEDEL-HOWE, H.: Krisenursachenpotentiale [1984], S. 290.

9 SCHREYÖGG, G.: Krisenmanagement [2004], S. 13.

10 Vgl. beispielsweise ALBACH, H.: Operations Research [1989]; BECKER, H.G.: Krisenmanagement [1975]; BERGMANN, H.-B.: Personalaufwendungen[2001]; BERNDT, R.: Management-Qualität [1994].

11 Zum Problem der fragmentarischen und differenzierten Strategischen-Management-Forschung und ihrer forschungskonzeptionellen Systematisierung vgl. SCHENDEL, D. / COOL, K. O.: Development [1988], S. 17 ff.

12 SCHREYÖGG, G.: Krisenmanagement [2004], S. 13.

13 Vgl. TÖPFER, A.: Plötzliche Unternehmenskrisen [1999], S. 16 ff.

14 Vgl. HERMANN, C. F.: Indikatoren [1973], S. 45 ff.

15 Vgl. DROSDOWSKI, G.: Herkunftswörterbuch [1989], S. 388, Sp. 2 und S. 389, Sp. 1.

16 Vgl. POHL, H.: Krisen [1977], S. 28 ff.

17 Vgl. KOSELLECK, R.: Krise [1973], S. 617 ff.

18 Vgl. KOSELLECK, R.: Kritik [1973], S. 132 ff.

19 Vgl. KRYSTEK, U.: Unternehmungskrisen [1987], S. 3.

20 Vgl. SCHMIDT, M. G.: Politik [1995], S. 530, Sp. 2.

21 Vgl. HABERMAS, J.: Legitimationsprobleme [1973], S. 67.

22 Vgl. HABERMAS, J.: Legitimationsprobleme [1973], S. 66 f.

23 Vgl. HÜLSMANN, M.: Orientierungsdilemma [2003], S. 317 ff.

24 Vgl. HÜLSMANN, M.: Verwaltungsmodernisierung [2002], S. 113 ff.

25 Vgl. HABERMAS, J.: Legitimationsprobleme [1973], S. 68 f.

26 Vgl. HABERMAS, J.: Legitimationsprobleme [1973], S. 66 ff.

27 Vgl. STAEHLE, W. H.: Management [1999], S. 903 ff.

28 Vgl. HABERMAS, J.: Legitimationsprobleme [1973], S. 66 ff.

29 Vgl. JÄNICKE, M.: Krise [1973], S. 16.

30 Vgl. HERMANN, C. F.: Indikatoren [1973], S. 51 und LÖHNEYSEN, G. V.: Unternehmungskrisen [1982], S. 13.

31 Vgl. DEUTSCH, K. W.: Krisen [1973], S. 92.

32 Vgl. WEBER, P.: Krisenmanagement [1980], S. 11.

33 Vgl. HERMANN, C. F.: Indikatoren [1973], S. 45 und JÄNICKE, M.: Krise [1973], S. 16.

34 Vgl. EBERWEIN, W.-D.: State of the Art [1975], S. 3.

35 Vgl. REMER, A.: Steuerung [1982], S. 21.

36 Vgl. KRYSTEK, U.: Unternehmungskrisen [1987], S. 5.

37 Vgl. HÜLSMANN, M.: Kommunale Krisen [2002], S. 25

38 Im Folgenden wird der Begriff der Krise nicht weiter auf das spezifische System der Unternehmung bezogen, sondern ganz allgemein auf sozio-technische Systeme und ihre wirtschaftlichen bzw. managementbezogenen Krisenphänomene. Dies dient wegen der damit verbundenen Übertragbarkeit einem höheren Allgemeinheitsanspruch an die Ausführungen zur Ad-hoc-Krisen.

Vgl. zur Allgemeinheit von Aussagen beispielsweise CHMIELEWICZ, K.: Forschungskonzeptionen [1979], S. 123 ff.

39 Vgl. HASENACK, W.: Wirtschaftskrise [1932], S. 705 ff.; ISAAK, A.: Wirtschaftskrise [1932], S. 385 ff. und LE COUTRE, W.: Krisenlehren [1926], S. 63 ff.

40 Vgl. beispielsweise BECKER, H.: Unternehmenskrise [1978], S. 672 und RÜSCHENPÖHLER, H. S.: Krisen-Management [1973], S. 32.

41 Vgl. beispielsweise BERNDT, R.: Management-Qualität [1994]; FELDBAUER-DURSTMÜLLER, B.: Krisenmanagement [1992]; KOCH, H.: Gewinnvorbehalt [1996].

42 Vgl. beispielsweise BICKHOFF, N. / BLATZ, M. / EILENBERGER, G. / HAGHANI, S. / KRAUS, K.-J. (Hrsg): Unternehmenskrise [2004] und DROEGE & COMP.: Rekrutierungsmanagement [2003]; KRYSTEK, U.: Krisenmanagement [2004].

43 Vgl. BAUER, E.: Systemkrisen [1980], S. 269.

44 KRUMMENACHER, A.: Krisenmanagement [1981], S. 8.

45 STAEHLE, W. H.: Management [1991], S. 831.

46 Vgl. beispielsweise ALBACH, H.: Überleben [1979], S. 5 ff. und ALBACH, H. / BOCK, K. / WARNKE, T.: Wachstumskrisen [1984], S. 779 ff.

47 Vgl. beispielsweise MÜLLER, R.: Krisenmanagement [1982], S. 19 ff.

48 Vgl. beispielsweise KRYSTEK, U.: Unternehmungskrisen [1987] , S. 29 ff.

49 In der Literatur wird laut STAEHLE üblicherweise in drei Phasen unterschieden: die latente Phase, die akute Phase und die nachkritische Phase. Auf einige Phasenmodelle sei nachstehend verwiesen. Nicht alle sind in drei Phasen unterteilt. So unterscheiden z. B. RÖTHIG nur zwei Phasen, LÖHNEYSEN und MÜLLER vier Phasen und ALBACH sogar sechs Phasen. Daneben lässt sich eine große Zahl weiterer Definitionen zum Krisenbegriff finden. Diese seien hier jedoch nicht weiter betrachtet, da sie laut BÖTZEL lediglich in der Abgrenzungsgenauigkeit der Einbeziehung bedrohter Objekte, in der Präzision des Zeitbezugs sowie in den Ursachen und Wirkungen unterscheiden. Gemeinsam sie ihnen der Aspekt der Bedrohung eines betreffenden Systems. Eine Systematisierung ausgewählter betriebswirtschaftlicher Definitionsansätze gibt LINDE.
Vgl. STAEHLE, W. H.: Management [1999], S. 903 f.; RÖTHIG, P.: Krisen-Management [1976] zitiert in , S. 13; LÖHNEYSEN, G. V.: Unternehmungskrisen [1982]; MÜLLER, R.: Krisenmanagement [1982], S. 25 ff.; ALBACH, H.: Überleben [1979], S. 18; BÖTZEL, S.: Konzernkrisen [1993], S. 136 und LINDE, F.: Krisenmanagement [1994], S. 9.

50 KRYSTEKs Begriffselemente beruhen z. T. auf Ausführungen von MÜLLER zum Krisenbegriff. Vgl. KRYSTEK, U.: Unternehmungskrisen [1987], S. 6 und MÜLLER, R.: Krisenmanagement [1982], S. 19 ff.

51 Vgl. WEBER, P.: Krisenmanagement [1980], S. 15 und KRUMMENACHER, A.: Krisenmanagement [1981], S. 7.

52 Vgl. KRYSTEK, U.: Unternehmungskrisen, [1987], S. 6.

53 Vgl. STAEHLE, W. H.: Management [1991], S. 904 und HILL, W. / FEHLBAUM, R. / ULRICH, P.: Organisationslehre 1 [1994], S. 154.

54 Vgl. KRYSTEK, U.: Unternehmungskrisen, [1987], S. 6.

55 Vgl. WEBER, P. Krisenmanagement [1980], S. 9.

56 Vgl. SCHULTEN, M.: Krisenmanagement [1995], S. 11 und WEBER, P.: Krisenmanagement [1980], S. 9.

57 Vgl. KRYSTEK, U.: Unternehmungskrisen [1987], S. 31.

58 FINK, S.: Crisis Management [1986], S. 15; [Hervorhebungen im Original].

59 Vgl. hierzu z.B. den Fall der Preussag, die sich durch die Krise auf dem Stahlmarkt als Touristikkonzern TUI neu positionierte.

60 Vgl. MARR, R. / FRIEDEL-HOWE, H.: Krisenursachenpotentiale [1984], S. 291.

61 BERG, C. C. / TREFFERT, J.: Unternehmenskrise [1979], S. 461.

62 KRYSTEK, U.: Unternehmungskrisen, [1987], S. 5 und vgl. RÖTHIG, P.: Krisen-Management [1976], S. 13.

63 Vgl. ANSOFF, H. I.: Managing surprise [1975].

64 Vgl. ANSOFF, H. I.: Managing surprise [1975], S. 21 ff.

65 STAEHLE, W. H.: Management [1991], S. 831.

66 MARR / FRIEDEL-HOWE merken an, dass eine Krise über den subjektiven Eindruck eingeschränkter Handlungsfähigkeit, die objektiv begründet sein könne, aber nicht sein müsse, von den Systemmitgliedern wahrgenommen werde.
Vgl. MARR, R. / FRIEDEL-HOWE, H.: Krisenursachenpotentiale [1984], S. 291.

67 Vgl. LÖHNEYSEN, G. v.: Unternehmungskrisen [1982], S. 102.

68 Vgl. KRYSTEK, U.: Unternehmungskrisen [1987], S. 29.

69 Vgl. KRYSTEK, U.: Unternehmungskrisen [1987], S. 29 ff.

70 Vgl. LÖHNEYSEN, G. v.: Unternehmungskrisen [1982], S. 108 f.

71 Vgl. HÜLSMANN, M.: Kommunale Krisen [2002], S. 43.

72 Vgl. KRYSTEK, U.: Unternehmungskrisen [1987], S. 31.

73 Vgl. ALBACH, H: Überleben [1979], S. 17.

74 Vgl. BRITT, A.: Krisenmanagement [1973], S. 439.

75 Vgl. KRYSTEK, U.: Unternehmungskrisen [1987], S. 31.

76 Vgl. SCHULZ VON THUN, F.: Reden [1981].

77 Vgl. HABERMAS, J.: Legitimationsprobleme [1973], S. 11.

78 Zum Entscheidungs- und Erfolgsproblemproblem des (strategischen) Managements in Dilemmasituationen vgl. beispielsweise HÜLSMANN, M.: Dilemma [2004], S. 144 ff.

79 Vgl. KRYSTEK, U.: Unternehmungskrisen [1987], S. 29 ff.

80 Vgl. HÜLSMANN, M.: Kommunale Krisen [2002], S. 33 ff.

81 Vgl. KRYSTEK, U.: Unternehmungskrisen [1987], S. 6 und MÜLLER, R.: Krisenmanagement [1982], S. 19 ff.

82 RÖTHING, P.: Krisenmanagement [1976], S. 13.

83 Vgl. SCHULTEN, M.: Krisenmanagement [1995], S. 15 f.

84 Vgl. DEUTSCH, K. W.: Krisen [1973], S. 90 ff.

85 Vgl. CHMIELEWICZ, K.: Forschungskonzeptionen [1979], S. 61.

86 Vgl. DROSDOWSKI, G.: Fremdwörterbuch [1990], S. 28.

87 KRUMMENACHER, A.: Krisenmanagement [1981], S. 8.

88 Vgl. KRYSTEK, U.: Unternehmungskrisen [1987], S. 29.

89 Vgl. LÖHNEYSEN, G.V.: Unternehmungskrisen [1982], S. 102.

90 KRYSTEK, U.: Unternehmungskrisen [1987], S. 32.

91 KRYSTEK, U.: Unternehmungskrisen [1987], S. 32.

Literatur

ALBACH, H. / BOCK, K. / WARNKE, T.: Wachstumskrisen von Unternehmen – in: Zeitschrift für betriebswirtschaftliche Forschung; Nr. 10; 36. Jahrgang; 1984; S. 779 - 793.

ALBACH, H.: Kampf ums Überleben – Der Ernstfall als Normalfall für Unternehmen in einer freiheitlichen Wirtschafsordnung; in: PEISL, A. / MOHLER, A.: Frühwarnsysteme; Wiesbaden: Gabler; 1979; S. 9-22.

ALBACH, H.: Operations Research in der Unternehmenskrise – in: KÜNZI, H. P. / KALL, P. / ALBACH, H.: Quantitative Methoden in den Wirtschaftswissenschaften; Berlin et al. : Springer-Verlag; 1989; S. 187 - 193.

ANSOFF, H. I.: Managing strategic surprise by response to weak signals – in: California management review; Nr. 2; 18. Jahrgang; 1975; S. 21 - 33.

BAUER, E.: Das Verhalten von Marketing-Managementsystemen in akuten exogenen Systemkrisen – Ein verhaltenswissenschaftlicher Klassifikations- und Erklärungsversuch; in: Die Unternehmung; Nr. 4; 34. Jahrgang; 1980; S. 263 - 279.

BECKER, H.: Krisenmanagement in konjunkturpolitisch betroffenen Betrieben – in: Der Volks- und Betriebswirt; Nr. 5/6; 45. Jahrgang; 1975; S. 139 - 143.

BECKER, H.: Unternehmenskrise und Krisenmanagement – in: Zeitschrift für Betriebswirtschaft; Nr. 8; 48. Jahrgang; 1978; S. 672 - 685.

BERG, K. C. / TREFFERT, J. C.: Die Unternehmenskrise – Organisatorische Probleme und Ansätze zu ihrer Lösung; in: Zeitschrift für Betriebswirtschaft; Nr. 6; 49. Jahrgang; 1979; S. 459 - 473.

BERGMANN, H.-B.: Die Flexibilität von Personalaufwendungen in der Unternehmenskrise – Frankfurt/Main: Lang; 2001.

BERNDT, R.: Management-Qualität contra Rezession und Krise – Berlin et al.: Springer; 1994.

BICKHOFF, N. / BLAZT, M. / EILENBERGER, G. / HANGHAI, S. / KRAUS, K.-J. (Hrsg.): Die Unternehmenskrise als Chance – Innovative Ansätze zur Sanierung und Restrukturierung; Berlin: Springer; 2004.

BÖTZEL, S.: Diagnose von Konzernkrisen – Köln: O. Schmidt; 1993.

CHMIELEWICZ, K.: Forschungskonzeptionen der Wirtschaftswissenschaft – Stuttgart: Poeschel; 1979.

DEUTSCH, K. W.: Zum Verständnis von Krisen und politischen Revolutionen; in: JÄNICKE, MARTIN: Herrschaft und Krise; Opladen; 1973.

DROEGE & COMP. (Hrsg.): Restrukturierungsmanagement – In der Krise liegt die Chance; Köln: Deutscher Wirtschaftsdienst; 2003.

DROSDOWSKI, G.: Herkunftswörterbuch; Mannheim: Dudenverlag; 1989.

EBERWEIN; W.-D.: The State of the Art – Bericht für das internationale Symposium: Problems of International Crises and Crises Management; Zuriich; 1975.

FELDBAUER-DURSTMÜLLER, B.: Krisenmanagement – Unternehmensfortführung im Konkurs; Wien: VGWÖ; 1992.

FINK, S.: Crisis Management – Planing for the Inevitable; Lincoln, NE: iUniverse, Inc.; 2002.

GABELE, E.: The mangement of change; in: International studies of management and organization; Nr. 1; 11. Jahrgang; 1981.

HABERMAS, J.: Legitimationsprobleme im Spätkapitalismus – Frankfurt am Main: Suhrkamp; 1973.

HASENACK, W.: Die Überwindung der Wirtschaftskrise und das deutsche Unternehmertum; in: ZfB; Nr. 10; 9. Jahrgang; 1932, S. 705 - 722.

HERMANN, C. F.: Crisis in Foreign Policy – A Simulation Analysis; Indianapolis et al.; 1969.

HILL, W. / FEHLBAUM, R. / ULRICH, P.: Ziele, Instrumente und Bedingungen der Organisation sozialer Systeme – Bern et al.: Haupt; 1994.

HÜLSMANN, M.: Kennzahlengestützte Intensitätsmessung kommunaler Krisen; Darmstadt: Sofia; 2002.

HÜLSMANN, M.: Grenzen effizienzorientierter Verwaltungsmodernisierung: eine kritische Analyse des Leitbildes "Dienstleistungsunternehmen Kommune"; Bremen: Universitätsverlag; 2002.

HÜLSMANN, M.: Management im Orientierungsdilemma – Unternehmen zwischen Effizienz und Nachhaltigkeit; Wiesbaden: Deutscher Universitäts Verlag; 2003.

ISAAK, A.: Wirtschaftskrise und Wirtschaftsgesinnung; in: ZfB; Nr.: 2; 9. Jahrgang; 1932; S. 385 - 399.

JÄNICKE, M.: Herrschaft und Krise: Beiträge zur politikwissenschaftlichen Krisenforschung; Opladen: Westdeutscher Verlag; 1973.

KOCH, H.: Theorie des Gewinnvorbehalts – Unternehmenssicherung durch Vorsorge für unerwartete Krisen; Wiesbaden: Gabler; 1996.

KOSELLECK, R.: Kritik und Krise: eine Studie zur Pathogenese der bürgerlichen Welt; Frankfurt am Main: Suhrkamp; 1973.

KRUMMENACHER, A.: Krisenmanagement – Ein systemorientierter Ansatz zur Bewältigung von Unternehmungskrisen; Zürich: Verlag Industrielle Organisation; 1981.

KRYSTEK, U.: Unternehmungskrisen – Beschreibung, Vermeidung und Bewältigung überlebenskritischer Prozesse in Unternehmungen; Wiesbaden: Gabler; 1987.

LE COUTRE, W.: Krisenlehren für die Unternehmensführung; in: Das Geschäft: Monatsschrift für die Kaufmännische Praxis; Nr. 4; 3. Jahrgang; 1926; S. 63 - 65.

LINDE, F.: Krisenmanagement in der Unternehmung – Eine Auseinandersetzung mit den betriebswirtschaftlichen Gestaltungsaussagen zum Krisenmanagement; Berlin: Verlag für Wissenschaft und Forschung; 1994.

LÖHNEYSEN, G. VON: Die rechtzeitige Erkennung von Unternehmungskrisen mit Hilfe von Frühwarnsystemen als Voraussetzung für ein wirksames Krisenmanagement; Göttingen: Universität; 1982.

LUNEBURG, W.V.: The Role of Management in an Atmosphere of Crisis; in: MSU Business Topics; Nr.: 4; 18. Jahrgang; 1970; S. 7 - 17.

MARR, R. / FRIEDEL-HOWE, H.: Krisenursachen- und Krisenbewältigungspotentiale von Mitbestimmung und Partizipation; in: STAEHLE, W. H.: Betriebswirtschaftslehre und ökonomische Krise; Wiesbaden: Gabler; 1984; S. 287 - 306.

MÜLLER, R.: Krisenmanagement in der Unternehmung – Vorgehen, Maßnahmen und Organisation; Frankfurt/Main: Lang; 1987.

MÜLLER-MERBACH, H.: Schönheitsfehler der Betriebswirtschaftslehre – Eine subjektive Sammlung subjektiver Wahrnehmungen; in: Zeitschrift für Betriebswirtschaft; Nr. 7; 53. Jahrgang; 1983; S. 811 - 830.

POHL, H.: Krisen in Organisationen – Eine explorative Untersuchung mit Hilfe empirischer Fallstudien; 1977.

REMER, A.: Instrumente unternehmenspolitischer Steuerung: Unternehmensverfassung, formale Organisation und personale Gestaltung – Berlin et al: de Gruyter; 1982.

RÖTHIG, P.: Organisation und Krisenmanagement – Zur organisatorischen Gestaltung der Unternehmung unter den Bedingungen eines Krisen-Managements; in: Zeitschrift für Organisation; Nr. 1; 1976; S. 13 - 20.

RÜSCHENPÖHLER, H.S.: Die Kunst des Krisenmanagements; in: Plus – Zeitschrift für Führungspraxis; Nr. 6.; 7. Jahrgang; 1973.

SCHENDEL, D. / COOL, K. O.: Development of the Strategic Management Field – Some Accomplishments and Challenges; in: Strategic Management Frontiers; 1998; S. 17 - 33.

SCHMIDT, M. G.: Wörterbuch zur Politik; Reihe: Kröners Taschenausgabe; Band: 404; Stuttgart: 1995.

SCHREYÖGG, G.: Krisenmanagement – Theoretische und praktische Maßnahmen; in: Heintzen, M. / Kruschwitz, L. : Unternehmen in der Krise; Berlin: Duncker & Humblot; 2004; S. 25 - 48.

SCHULTEN, M. F.: Krisenmanagement – Berlin: Verlag für Wissenschaft und Forschung; 1995.

SCHULZ VON THUN, F.: Miteinander reden: Störungen und Klärungen – Psychologie der zwischenmenschlichen Kommunikation; Reinbek bei Hamburg: Rowohlt; 1981.

STAEHLE, W. H. : Management – Eine verhaltenswissenschaftliche Perspektive; München: Vahlen; 1999.

TÖPFER, ARMIN: Plötzliche Unternehmenskrisen – Gefahr oder Chance? - Grundlagen des Krisenmanagement, Praxisfälle, Grundsätze zur Krisenvorsorge; Neuwied: Luchterhand; 1999.

WEBER, PHILIPP: Krisenmanagement – Organisation, Ablauf und Hilfsmittel der Führung in Krisenlagen; Bern et al.: Lang; 1980.

Jörg Freiling

Ökonomische Theorie der Krise

1 Grundlegende Einordnung und Problemstellung 61

2 Wesensmerkmale von Krisen 62

3 Selektion von Ansätzen für eine ökonomische Theorie der Krise 63

4 Ein ökonomisch-theoretisches Grundverständnis der Ad-hoc-Krise 66

4.1 Grundannahmen einer marktprozesstheoretischen Betrachtung von Ad-hoc-Krisen 66

4.2 Unternehmungskrise in der Denkwelt der Modern Austrian Economics 68

4.3 Die SCHNEIDERsche Lehre von den Unternehmerfunktionen im Kontext der Krisenforschung 70

4.4 Ad-hoc-Krisen aus Sicht der kompetenzbasierten Theorie der Unternehmung 72

5 Fazit 76

1 Grundlegende Einordnung und Problemstellung

Die Krisenforschung ist bislang durch eine stark deskriptive Ausrichtung geprägt. Eine derartige Akzentuierung ist für ein Erfahrungsobjekt in einem noch frühen Forschungsstadium nicht nur verständlich, sondern auch sinnvoll, um z.B. terminologische Grundlagen zu schaffen oder auch erste Beobachtungszusammenhänge zu erfassen. Mit zunehmendem Erkenntnisstand ist es erforderlich, ein derartiges Stadium zu verlassen, um durch systematische, konzeptionelle und empirische Erforschung von Ursache- und Wirkungszusammenhängen die Grundlage für fundierte Handlungsempfehlungen zu schaffen. In diesem Zusammenhang stellt sich die bislang vernachlässigte Frage nach den hierzu geeigneten theoretischen Grundlagen, die nur von wenigen Autoren thematisiert worden ist.[1]

Derartige Grundsatzüberlegungen betreffen die Krisenforschung im Allgemeinen und den noch unerforschten Typus der Ad-hoc-Krise im Besonderen. Um einen Einstieg in eine umfassende Theorie der Unternehmungskrise (nicht: Wirtschafts- oder Gesellschaftskrise) zu vollziehen, ergeben sich unterschiedliche Möglichkeiten. Ein Weg besteht darin, möglichst viele Facetten der Krise erfassen zu wollen, was nahezu zwangsläufig interdisziplinäres Arbeiten erfordert. Ein solches Vorgehen ist regelmäßig mit Folgeproblemen verbunden, da der Import von Erkenntnissen aus einer Disziplin in die andere die Ableitung geeigneter Übernahmekriterien erfordert, worüber nicht selten hinweg gegangen wird.[2] Ein anderer Weg ist disziplinär angelegt, wobei mit Blick auf Gestaltungsobjekte wie Krisenmanagement bzw. Management von Ad-hoc-Krisen eine ökonomische Perspektive geboten erscheint.

Im Rahmen des vorliegenden Beitrags wird der Versuch unternommen, ökonomisch-theoretische Zugänge zur Klärung der Grundfragen von Unternehmungskrisen, speziell: Ad-hoc-Krisen, zu identifizieren, sie miteinander zu vergleichen, um darauf aufbauend Rückschlüsse für eine generelle Theorie der Krise auf ökonomischer Basis ziehen zu können. Die Konzentration auf ökonomische Theorien wird vollzogen, weil der Umgang mit Krisen im Rahmen des vorliegenden Sammelbandes primär ökonomisch basiert ist und es somit nahe liegt, aus der hier relevanten Kerndisziplin heraus eine Theoriefundierung zu finden. Dies schließt die Heranziehung nicht-ökonomischer Theorien keineswegs aus. Im Gegenteil ist im Falle von Erklärungsdefiziten dann eine gezieltere Suche nach geeigneten Ansätzen anderer Disziplinen möglich und sinnvoll. Zur Bearbeitung dieser Aufgabe sind folgende Schritte erforderlich:

- Kennzeichnung der Merkmale von Krisen im besonderen Kontext von Ad-hoc-Krisen (Abschnitt 2),
- Selektion geeigneter ökonomischer Theorien für den Zugang zur Krisenforschung (Abschnitt 3),

- Herausstellung wichtiger Erkenntnisse einzelner Theoriezweige, die für eine ökonomische Theorie der Krise belangvoll sind (Abschnitt 4),
- eine zusammenfassende, vergleichende Betrachtung (Abschnitt 5).

Vorgehensweise und Platzumfang implizieren, dass die anzustellenden Überlegungen rein konzeptioneller Natur sein müssen und eine starke Selektion bedingen. So wird z.B. der – allerdings weitaus besser erschlossene – Teil ökonomisch relevanter, aber behavioristisch fundierter Ansätze zur Erfassung von Krisenphänomenen weitestgehend ausgeblendet. Weiterhin kann nur ein grober Überblick gegeben werden, der aber Anknüpfungsmöglichkeiten für weitere Arbeiten im relevanten Themenfeld bieten soll.

2 Wesensmerkmale von Krisen

Nicht jede Zielabweichung oder problematische Situation kann als Krise bezeichnet werden. Dann aber stellt sich die Frage nach den charakteristischen Merkmalen von Krisen im Hinblick auf Organisationen, die eine zumindest halbwegs klare Eingrenzung erlauben. Ohne hierbei eine breite Literaturanalyse vornehmen zu wollen,[3] ist unter Verweis auf den separaten Beitrag von HÜLSMANN in diesem Band auf folgende Punkte abzustellen:[4]

- Eine Krise ist eine unbeabsichtigte, unerwartete und substanzielle Störung eines Systems, hier einer Unternehmung. Die substanzielle Störung ist operationalisierbar in Form einer Einschränkung der Wettbewerbsfähigkeit einer Organisation. Die Einschränkung der Wettbewerbsfähigkeit wiederum beinhaltet in Analogie zur Definition von SCHNEIDER[5] ein Nicht-mehr-bewähren-können gegenüber der Marktgegenseite (vor allem Kunden, aber auch Lieferanten) und/oder ein Nicht-mehr-behaupten-können gegenüber der Konkurrenz und Bedrohungen aus dem Umfeld. Der Status einer eingeschränkten Wettbewerbsfähigkeit ist zeitraumbezogen und so grundsätzlich, dass er existenzbedrohlich ist (Kriterien der **Existenzgefährdung** und der **Gefährdung dominanter (Sub-)Ziele** des Systems im Sinne von HÜLSMANN in diesem Band).
- Ein Krise ist daher ein prozesshaftes Phänomen, welches nur dann umfassend verstanden werden kann, wenn eine integrierte Betrachtung von Entstehungsgeschichte (unter Berücksichtigung eines zumeist multiplen Ursachengeflechts), krisenbedingten Einschränkungen der Handlungsmöglichkeiten in Gegenwart und Zukunft sowie Verlauf der weiteren organisationalen Entwicklung vorgenommen wird (Kriterium des **Prozesscharakters** im Sinne von HÜLSMANN in diesem Band).

- Damit wird ein weiteres Wesensmerkmal der Krise betont: Eine Krise führt zum Verlust organisationaler Handlungsoptionen. Der Gestaltungsmöglichkeit von Innenverhältnissen und Außenwelt sind aus Sicht der betroffenen Unternehmung Grenzen gesetzt. Dieses Merkmal darf aber nicht dahingehend missverstanden werden, dass damit in Anbetracht der Bedrohnug und des ungewissen Erfolgs der Maßnahmen eine deterministische Sicht des Managements von Krisensituationen einhergeht. Vielmehr ist es gerade Aufgabe des Krisenmanagements, auch unter größtem Zeitdruck verlorene Handlungsoptionen wiederherzustellen oder aber neue Optionen zu kreieren (Kriterien der **Steuerungsproblematik,** des **Zeit- und Entscheidungsdrucks** sowie **Ambivalenz des Ausgangs**).

Die im vorliegenden Band im Vordergrund stehenden Ad-hoc-Krisen sind überdies – wie auch bei HÜLSMANN in diesem Band noch eingehender und anhand von sechs Merkmalen dargestellt – dadurch gekennzeichnet, dass eine klare Phasenstruktur der Krisenentstehung und -entwicklung nicht mehr erkennbar ist, sondern in kürzester Zeit der Zustand einer existenzbedrohenden, manifesten Krise eintritt, wobei eher wenige, dafür aber umso stärker wirkende Faktoren die Wettbewerbs- und damit auch die Existenzfähigkeit bedrohen.

3 Selektion von Ansätzen für eine ökonomische Theorie der Krise

Die Selektion ist erstens unter inhaltlichen Gesichtspunkten vorzunehmen und betrifft die Frage, welche der in Betracht kommenden Ansätze am besten das Realphänomen erklären. Zweitens muss die Selektion Gütekriterien zu Grunde legen, um nur diejenigen Ansätze zuzulassen, auf deren Basis sich fundierte Erkenntnisse ableiten lassen. Diese Überlegungen sind in die nachfolgenden Ausführungen eingeflossen.

Die erfolgte Kennzeichnung von Krisen engt den Kreis geeigneter Theorieansätze in Verbindung mit der erfolgten Weichenstellung gemäß Abschnitt 1 in folgender Weise ein:

- Statische Ansätze und Theorien sind ungeeignet, um die prozessuale Dimension von Krisen im Allgemeinen, aber auch von Ad-hoc-Krisen im Besonderen zu erfassen. Ein Beispiel ist die „neoklassische Mikroökonomie", bei der eine Krise bei Abweichen von der Produktionsfunktion (unmittelbar) auftreten würde, was allerdings im Rahmen der Modellannahmen des Konkurrenzgleichgewichts irrational wäre. Der Kontingenzansatz[6] stellt ein anderes Beispiel dar.

- Nicht-ökonomische Theorien sind von ökonomischen zu trennen und auszugrenzen. Wann eine Theorie ökonomisch ist, lässt sich nur in Kenntnis des Gegenstandsbereichs der Ökonomie bestimmen. Wirtschaftliches Handeln wird von SCHNEIDER[7] als dasjenige Handeln beschrieben, welches auf die Entstehung und Verwendung von Einkommen ausgerichtet ist. Auch wenn dies nicht in allen Fällen zu einer trennscharfen und zweifelsfreien Abgrenzung führt, so lässt sich jedoch eine nennenswerte Selektionsleistung erzielen: Die verhaltenswissenschaftliche Theorie der Unternehmung[8] eignet sich in diesem Kontext ebenso wenig wie die Anreiz-/Beitrags-Theorie[9], die Evolutionstheorie[10], die Populationsökologie oder auch der Ressourcenabhängigkeitsansatz[11].

- Theorien sind von Perspektiven zu trennen, welche die Gütekriterien nicht erfüllen, die an eine Theorie gestellt werden. Erneut unter Rückgriff auf SCHNEIDER[12] lassen sich die Strukturmerkmale einer metrisierenden Theorie wie folgt bestimmen und hier analog verwenden:

1. Die **Problemstellung** beinhaltet eine wissenschaftlich relevante Frage, die es durch die Theorie zu beantworten gilt. Die Problemstellung beinhaltet bereits eine Lösungsidee.

2. Der **Strukturkern** einer Theorie greift die in der Problemstellung enthaltene Lösungsidee auf und formuliert sie innerhalb eines Modells aus. Das Modell ist oftmals vereinfachend, verallgemeinernd und abstrahierend.

3. **Musterbeispiele** sind erforderlich, um die Anwendung der Problemlösungsidee aufzuzeigen. Durch sie erfolgt eine Bestätigung oder Widerlegung von Ergebnissen der vorangegangenen Modellbildung.

4. Die **Hypothese** ist schließlich die Verallgemeinerung modellgestützter Musterbeispiele, wobei es das Ziel ist, Gesetzmäßigkeiten aufzuzeigen und auszuformulieren.

Nicht alle Ansätze, die im Bereich der Ökonomie zur Erklärung der Wirklichkeit zur Diskussion stehen, genügen den genannten Kriterien. Durch die Anwendung der Kriterien soll gewährleistet werden, dass zur Betrachtung herangezogene Ansätze über eine hinreichende inhaltliche Reife sowie eine akzeptable Anwendungsnähe verfügen. Der Stakeholder Approach[13] mag als ein Beispiel dienen.

Eine weitere Eingrenzung ergibt sich schließlich durch die Problemstellung einer Theorie im o.g. Sinne. Es sind nur diejenigen Theorien relevant, die sich auf die Wettbewerbs- und Existenzfähigkeit einer Unternehmung beziehen bzw. beziehen lassen. Der auf der Industrieökonomie aufbauende Market-based View im Sinne von PORTER[14] kann als Beispiel für eine theoretische Strömung dienen, die sich im vorliegenden Kontext nicht eignet.

Welche Theorieansätze bleiben vor diesem Hintergrund übrig, um einen Zugang zu einer ökonomischen Theorie der Krise zu erhalten? Lohnenswert wäre eine Betrachtung derjenigen Theorien, die der evolutorischen Ökonomik zuzuordnen sind. Damit wird eine erneute Eingrenzung vorgenommen, bei der auch einige für das Verständnis des Krisenphänomens durchaus weiterführende Ansätze aus Platzgründen ausgeblendet werden müssen.[15] Die Strukturationstheorie im Sinne von GIDDENS[16] wäre trotz interessanter Aussagemöglichkeiten auf Grund ihrer soziologischen Ausrichtung auszugrenzen. Der Neuen Institutionenlehre fehlt es trotz erster Ansätze zu Zwecken einer Erweiterung[17] an einer zeitraumbezogenen Perspektive, obwohl gerade die transaktionskostentheoretische Erkenntnis der Notwendigkeit eines Fit zwischen Koordinationsdesigns und Anforderungen der Außenwelt einen Zugang zum Krisenphänomen ermöglicht. Dies gilt vor allem in Anbetracht der Tatsache, dass in praxi oft ausgeprägte Misfits bestehen.

Im engeren Bereich der evolutorischen Ökonomik ist der Ansatz von SCHUMPETER[18] auszugrenzen, weil seine „Theorie der wirtschaftlichen Entwicklung“ und seine Vorstellungen zur Entfaltung von Innovationen eben das nicht bieten, was eine Theorie im o.g. Sinne bieten muss. SCHNEIDER[19] weist ausführlich nach, wie sich SCHUMPETER in ausweglose Widersprüche verstrickt. Damit bleibt vor allem die Marktprozesstheorie im Blickfeld der weiteren Erörterungen, zumal sie auf Grund ihrer ökonomischen und zugleich prozessbetonten Ausrichtung zahlreiche Erklärungsstränge anbietet, wie ökonomische Krisen zustande kommen. Unter dem Dach der Marktprozesstheorie – als durchaus sinnvoll erweiterbarer, aber auch enger Nukleus einer ökonomischen Theorie der Krise – gruppieren sich mehrere Theorien, die zugleich eine Vielzahl von Aspekten erfassen, die Gegenstand der oben ausgegrenzten Zweige sind. Darüber hinaus erlauben sie im Kontext von Unsicherheit beim Treffen ökonomischer Entscheidungen, krisenbedingte Handlungsrestriktionen ebenso zu erfassen wie die Notwendigkeit, nach Erhaltung, Ausbau und Neugenerierung von Handlungsoptionen Ausschau zu halten. Im Einzelnen sind zu behandeln: die Lehre der Modern Austrian Economics, die Unternehmerfunktionenlehre im Sinne von SCHNEIDER und die kompetenzbasierte Theorie der Unternehmung.

4 Ein ökonomisch-theoretisches Grundverständnis der Ad-hoc-Krise

4.1 Grundannahmen einer marktprozesstheoretischen Betrachtung von Ad-hoc-Krisen

Für eine ökonomische Theorie der Krise auf marktprozesstheoretischer Basis sind die nachfolgend genannten Rahmenbedingungen von Belang, die wie folgt zu skizzieren sind:

1. Entscheidungen werden unter **radikaler Unsicherheit** getroffen, was beinhaltet, dass Entscheider mit dem Zustand konfrontiert sind, dass es entscheidungsrelevantes Wissen gibt, von dem sie selbst nichts wissen.[20] Eine solche Ausgangsbasis ist zum Verständnis der Entstehung von organisationalen Krisen höchst relevant: In oft bevorzugten ökonomischen Theorien wird lediglich von einer so genannten „rationalen Unwissenheit" ausgegangen: Akteure beschaffen bestimmtes Wissen nicht, weil sie nach Abwägung von Kosten und Nutzen zu dem Ergebnis kommen, dass sie zusätzliches Wissen nicht benötigen. Die Welt radikaler Unsicherheit hingegen ist wesentlich komplizierter strukturiert und kann zu erheblichen „Ex-post-Überraschungen" führen, die letztlich Krisenauslöser sein können. Je stärker radikales Unwissen ausgeprägt ist, umso eher geraten davon betroffene Unternehmungen in die Gefahr von Ad-hoc-Krisen: Der Wissensbestand ist so unvollständig, dass eine Vorbereitung auf wichtige Bedrohungen in keinerlei Weise stattgefunden hat. Darüber hinaus besteht im Falle des Eintretens einer Krisensituation auch nicht die Möglichkeit, sich unmittelbar vollständige Transparenz über die Ausgangssituation zu verschaffen. Mit anderen Worten: Wissenslücken werden zu einem zentralen Problem der handelnden Akteure, Wissensmanagement zum Faktor, der wesentlich darüber mitentscheidet, ob und wie stark eine Unternehmung von Ad-hoc-Krisen betroffen wird.

2. **Wissen, Wollen und Können** sind unter den Wirtschaftssubjekten und damit auch unter den Unternehmungen höchst **ungleich verteilt**:[21] Im Sinne der Marktprozesstheorie ist Wettbewerb somit nicht allein, aber durchaus zu wesentlichen Teilen ein Wettbewerb um Wissen, allerdings auch ein Fähigkeits- und Motivationswettbewerb, wobei allerdings motivationale Faktoren ausschließlich ökonomisch und damit zwangsläufig sehr eng interpretiert werden. Krisenrelevant ist die Ungleichverteilung der genannten Faktoren. Im Falle von umfeldbezogenen Krisenursachen werden bei Weitem nicht alle Unternehmungen eines Marktes in gleicher Weise tangiert: Der unter dem Gesichtspunkt des Wissenserwerbs besser Postierte wird sich auf die einwirkenden Bedrohungen besser und frühzeitiger als seine Wettbe-

werber vorbereiten, der Kompetentere ist günstiger positioniert und besser in der Lage, Gefahren zu bewältigen. Im Verhältnis der Unternehmungen zueinander ist derjenige mit Wissens- und Fähigkeitsvorteilen in der Lage, Konkurrenten wirksam zu attackieren und sie möglicherweise sogar in eine existenzbedrohende Situation zu bringen.

3. **Wissen, Wollen und Können** sind variable und von den Akteuren beeinflussbare **(endogene) Größen.**[22] Vor allem Wissen und Können sind – ungeachtet von Prozessen des (intendierten oder unbeabsichtigten) Vergessens und Verlernens – kumulative Größen. Auch diese Weichenstellung ist für das Verständnis von Krisen im Allgemeinen und Ad-hoc-Krisen im Besonderen höchst relevant: Auch ein kurzfristig auf die Unternehmung wirkender und die Existenz bedrohender Schock ist keine unveränderliche Größe. Unter motivationalen Gesichtspunkten besteht die Möglichkeit, „Reserven" zu aktivieren und die Handlungsfähigkeit der Unternehmung sprunghaft zu erhöhen. Wissenslücken können durch kurzfristige Beschaffungsmaßnahmen vor allem dann wirkungsvoll kompensiert werden, wenn das Wissen leicht transferierbar und für unternehmungsinterne Akteure leicht nutzbar ist. Für das so genannte explizite Wissen trifft dies zu, für das tazite Wissen hingegen nicht. Kompetenzlücken können durch gezieltes Hinzuziehen externer Kompetenzträger geschlossen werden. Somit wird deutlich, dass ein Ad-hoc-Krisenbedingter Zustand der existenziellen Bedrohung temporärer Natur sein kann, wenn es gelingt, die Wissens-, Motivations- und Kompetenzlücken durch gezieltes Handeln zu kompensieren. Gleichwohl setzt dies die Kenntnis zielführender Handlungen voraus, so dass erneut die Basis an Wissen und Orientierungsvermögen den Handlungsrahmen bestimmt. Damit wird die **gemäßigt voluntaristische Grundposition** der Marktprozesstheorie deutlich.

4. Menschliches Verhalten ist – wie für ökonomische Theorien üblich – an die Rationalitätsannahme menschlichen Handelns geknüpft, die innerhalb der POPPERschen Situationsanalyse[23] kontextspezifisch zu präzisieren ist. Die Marktprozesstheorie arbeitet speziell – teils explizit,[24] teils implizit – mit dem Bild des „homo agens", der einen pro-aktiv ausgerichteten und mit Gestaltungswillen versehenen Entscheider darstellt.[25] Er nimmt die situative Entscheidungskonstellation nicht als gegeben hin, sondern sucht nach Wegen, um neue Handlungsmöglichkeiten zu finden bzw. gegebenenfalls eigenständig zu generieren. Erneut zeigt sich die Relevanz dieser Grundausrichtung für das Krisenmanagement: Zwar schränkt die eingetretene (Ad-hoc-) Krise die Handlungsmöglichkeiten einer Unternehmung zum Teil drastisch ein. Gleichwohl betont die Marktprozesstheorie einen Kern ökonomischen Denkens und Handelns, nämlich die kreative Erschließung strategischer Handlungsoptionen und deren Nutzung unter schwierigsten Bedingungen, die letztendlich entscheidend sein kann, um die krisenbedingte Existenzgefährdung (nachhaltig) abzuwenden.

Auf dieser Basis kann nun auf Basis unterschiedlicher Zweige der Marktprozesstheorie eine spezifische Interpretation von Krisen und deren Implikationen vorgenommen werden. Diesem Zweck dienen die Abschnitte 4.2. bis 4.4.

4.2 Unternehmungskrise in der Denkwelt der Modern Austrian Economics

Die „Modern Austrian Economics" stellen eine Gruppe von Forschern mit gleicher Grundausrichtung dar, die zugleich einen theoretischen Ansatz im Rahmen der Marktprozesstheorie entwickelt haben. Ihr sind vor allem VON MISES, VON HAYEK und KIRZNER zuzuordnen. Oftmals werden von dieser Gruppe die so genannten „radikalen Subjektivisten" abgegrenzt, zu denen LACHMANN und SHACKLE zu zählen sind. Einen Überblick über die Forschungsrichtung vermitteln z.B. FLIEß[26] und EHRET[27].

Ein wesentlicher Ausgangspunkt für eine Theorie der Krise stellt der Arbitrageansatz dar, den KIRZNER[28] ausformuliert hat. Seinen Überlegungen gemäß ist ökonomisches Handeln auf die Erzielung von Arbitragegewinnen ausgerichtet, die nur im Falle von Diskrepanzen zwischen Angebot und Nachfrage entstehen können.[29] In dieser Denkwelt kommt es permanent zu Krisenerscheinungen:

- Mit zu unvollständigem Wissen ausgestattete Akteure bilden Erwartungen, auf deren Basis sie Angebote schaffen, für die sich keine Nachfrage findet. Lösen die enttäuschten Erwartungen keinen entsprechenden Anpassungsprozess bezüglich der Bildung neuer Erwartungen sowie der Ausformulierung von Wirtschaftsplänen einschließlich der Umsetzung aus oder aber werden mit Blick auf zukünftige Marktprozesse falsche Schlussfolgerungen gezogen, so wird die Stellung zunehmend stärker bedroht. VON MISES bemerkt in diesem Zusammenhang: „Nur der kann Unternehmer werden und Unternehmer bleiben, der sich täglich von Neuem als vollkommenster Vollstrecker der Befehle der Verbraucher bewährt. Wer diese Prüfung nicht besteht, erleidet Verluste und wird, wenn er nicht, dadurch belehrt, sein Verhalten ändert, [...] schließlich ganz aus seiner Unternehmerstellung gedrängt."[30] Damit wird eine Grundlage zur Erklärung von Unternehmungskrisen geschaffen.
- Analog zum absatzmarktlichen Handeln werden in Anlehnung an KIRZNER[31] Krisen auch dadurch begründet, dass in Unkenntnis marktlicher Gegebenheiten unzweckmäßige Beschaffungsentscheidungen getroffen. Leistungen werden entweder überteuert eingekauft oder aber ein notwendiger Beschaffungsvorgang unterbleibt, weil die Zahlungsbereitschaft zu schwach ausgeprägt ist.

In den genannten Fällen hat die Krise wissensbedingte Ursachen. Ferner wird der Prozess der Krise betont: Problematische Entscheidungen müssen offenbar kumulieren, um zu einer Existenzbedrohung zu führen. Die Ad-hoc-Krise wird dadurch jedoch nur bedingt erklärt. Anders gestaltet sich die Situation, wenn der Blick auf die Kompetenzdimension des Arbitrageansatzes gerichtet wird. Unternehmer sind – mitsamt den Unternehmungen, die sie führen – erfolgreich, wenn sie über Findigkeit verfügen. Diese Findigkeit hilft ihnen, attraktive Geschäftspotenziale zu identifizieren und abzuschöpfen. Auf Grund der unternehmerischen Findigkeit wird ein „kreativer Brückenschlag zwischen Angebot und Nachfrage" vollzogen, der dem Unternehmer Arbitragegewinne sichert. Dabei kann der Unternehmer ein reiner Mittler zwischen Produktionsstufen sein oder aber selbst als Produzent auftreten. In beiden Fällen ist er kompetenz- und wissensbedingt in einer gegenüber Wettbewerbern überlegenen Situation.

An dieser Stelle ansetzend, fällt die Erklärung von Ad-hoc-Krisen deutlich leichter: Marktkonstellationen ändern sich permanent und vor dem Hintergrund technologischer und marktlicher Dynamik zunehmend schneller. Vor allem technische Substitute mit überlegenen Effektivitäts- und / oder Effizienzmerkmalen können bestehende Lösungen sprunghaft verdrängen. Dazu bedarf es eines Unternehmers, der die entsprechenden Potenziale erkennt und nutzt. Wenn sich demnach ein bestimmter Unternehmer ein Arbitragepotenzial erschlossen hat, welches durch Substitution bedroht ist, so muss er derjenige sein, der die Substitutionslösung entdeckt und möglichst unmittelbar nutzt. Andernfalls zerstören andere Unternehmer, die ihm zuvorkommen, seine Geschäftsbasis. Sollte die Geschäftsbasis eng sein, tritt in der Tat eine marktliche und zum Teil auch technologisch bedingte Krise des Ad-hoc-Typs ein, deren Ursache die im Wettbewerbsvergleich nicht (mehr) ausreichende Findigkeit des Unternehmers ist. Die Ad-hoc-Krise trifft demnach vor allem denjenigen, der es wissens- und kompetenzbedingt verstanden hat, sich eine dominierende Stellung im Markt zu verschaffen, die – im Wettbewerb um Wissen und Wissensnutzung – zugleich eine Herausforderung und damit ein Angriffspunkt für andere Marktteilnehmer ist.

Die Ad-hoc-Krise findet daher im Sinne der Modern Austrian Economics ihren Ausgangspunkt im Marktprozess. Marktliche Faktoren spielen aber ebenso eine Rolle wie unternehmungsinterne Merkmale des Unternehmers oder auch umweltbezogene Einflüsse wie z.B. eine hohe Technologiedynamik. Dass ein Unternehmer auch im Falle des Eintretens von Ad-hoc-Krisen nicht chancenlos ist, lässt der Ansatz deutlich erkennen. Offenbar liegt eine zentrale Ursache der Ad-hoc-Krise in einer unzureichenden Wahrnehmung der Arbitragefunktion. Hier muss ein Unternehmer im Krisenfall ansetzen und nach neuen Arbitragepotenzialen Ausschau halten. Damit wird das Blickfeld für völlig neue Geschäftsgrundlagen ebenso geöffnet wie für Verbesserungen bestehender Geschäftsmodelle.

Dass die Erklärungskraft des recht chancenorientierten Arbitrageansatzes Grenzen unterliegt, wird durch die recht einschichtige Erfassung unternehmungsinterner Krisenursachen deutlich. Zwar sind komparative Wissens- und Kompetenzdefizite ein gewichtiges Argument, aber sicherlich nicht in der Lage, die Vielzahl interner Problemursachen halbwegs vollständig und trennscharf zu erfassen. Insofern macht es Sinn, nach anderen Theoriezweigen der Marktprozesstheorie Ausschau zu halten, die neben unternehmerischen Chancen vor allem auch Risikopotenziale stärker thematisieren.

4.3 Die SCHNEIDERsche Lehre von den Unternehmerfunktionen im Kontext der Krisenforschung

SCHNEIDER[32] hat einen Bezugsrahmen vorgelegt, der auf Basis der in Abschnitt 4.1. genannten Rahmenbedingungen im Kontext einer arbeitsteiligen Wirtschaft in besonderer Weise auf die Unternehmungserhaltung abstellt. Letztgenannte ist abhängig von Art und Umfang der Wahrnehmung von drei ausgewählten, ineinander greifenden Unternehmerfunktionen. Während im Sinne SCHNEIDERS die Unternehmungsgenese aus der Übernahme von Einkommensunsicherheit resultiert, ist die Erhaltung und damit auch der Niedergang nicht nur von der

- Übernahme (und zweckmäßigen Verteilung) von einkommensbezogener Unsicherheit abhängig, sondern darüber hinaus von der oben erwähnten
- Arbitragefunktion und der
- Durchsetzung von Änderungen in wirtschaftlicher Führerschaft.

Da sich SCHNEIDER bei der Darstellung der Arbitragefunktion explizit auf KIRZNER[33] bezieht, kann auf oben Gesagtes ohne weitere Kommentierung verwiesen werden. Interessant ist am Ansatz SCHNEIDERs, dass er weit über die Argumentation des Arbitrageansatzes hinausgreift. Mit der Übernahme von Einkommensunsicherheit wird ein Themenbereich erfasst, der zum Verständnis der Entstehung von Krisen unerlässlich ist. Umgangssprachlich ragt diese Unternehmerfunktion in die Fragen des Risiko-Managements hinein. SCHNEIDER arbeitet heraus: „Die zeitweise Übernahme der Einkommensunsicherheiten anderer Menschen bietet einen Weg, über den Unternehmer für sich die Voraussetzungen zu planbaren Einkommenserwerb zu schaffen."[34] Hier aus der Perspektive eines abhängig Beschäftigten gedacht, erwähnt SCHNEIDER auch den Fall, dass der den Mitarbeiter einstellende Unternehmer im Gegenzug auch seine Einkommensunsicherheit regulieren kann, es mithin also zu einer Art „Risikoteilung"[35] kommt.

Generell begründen Art und Umfang der Übernahme und Verteilung von Einkommensunsicherheit die Anfälligkeit im Falle von Störungen interner und / oder externer Art. Je mehr der Unternehmer Einkommensunsicherheit übernommen hat, ohne selbst eine entsprechende Absicherung zu betreiben, umso weniger ist er in der Lage, Ex-post-Überraschungen mit destruktiver Wirkung abzufedern. Ein Unternehmer, der im Vertrauen auf die Bonität und Seriosität seiner Geschäftspartner innerhalb von Transaktionen zu erheblichen Vorleistungen bereit ist, kann im Falle der Insolvenz seiner Kunden ebenfalls in eine bedrohliche Situation geraten. Unternehmer, die im Falle erheblicher Investitionen in den Geschäftspartner (z.B. kundenspezifische Produktionsstätte) von langfristigen vertraglichen Absicherungsmöglichkeiten möglicherweise aus akquisitorischen Gesichtspunkten Abstand nehmen, setzen sich der Gefahr aus, dass der Geschäftspartner einen Partnerwechsel vornimmt und bedrohliche Sunk Costs verursacht. Eine übermäßige Übernahme geschäftsbezogener Unsicherheiten kann demnach unmittelbar Krisensituationen herbeiführen. Ähnliches gilt vor allem im Falle erheblicher Wagnisse, denen nur lückenhafte Versicherungen oder vergleichbare Maßnahmen gegenüberstehen. Insofern wird deutlich, dass zahlreiche Ad-hoc-Krisensituationen vor allem deswegen eine destruktive Wirkung in Richtung auf die gefährdete Unternehmung entfalten können, weil ein entsprechendes Netz aus absichernden Maßnahmen ebenso fehlt wie eine stabile Koordinationsgrundlage im Innen- und Außenverhältnis der Unternehmung. Somit stößt die Lehre von den Unternehmerfunktionen in ein zentrales Problem unternehmerischer Tätigkeit schlechthin.

Selten ist jedoch eine Übernahme von Einkommensunsicherheit einseitiger Natur. Die Einstellung von Mitarbeitern bedeutet zwar zunächst eine Übernahme von deren Einkommensunsicherheit zu eigenen Lasten. Allerdings ist die Sichtweise zu eng. Gerade durch den (halbwegs) verlässlichen Zugriff auf Mitarbeiter und deren Abstimmung aufeinander ist es der Unternehmung möglich, zu einer stabilen Geschäftsbasis beizutragen. Auch durch den Aufbau von Geschäftsbeziehungen zu Kunden oder anderen externen Stakeholdergruppen erscheint es möglich, die geschäftliche Grundlage weiter auszubauen. Damit wird zugleich deutlich, was getan werden kann, um Vorsorge vor den destruktiven Wirkungen einer Ad-hoc-Krise zu betreiben: Die Balance der Verteilung von einkommensbezogener Unsicherheit wird zu einer zentralen Stellschraube. Der Umgang mit Unsicherheit stellt sich als ein Geben und Nehmen dar. Gerade das geschickte Nehmen kann zu attraktiven Verlagerungspotenzialen von Unsicherheit werden. Damit erschließt sich eine zentrale krisenrelevante Unternehmerfunktion, die sowohl die Prävention als auch das Management der akuten Krise betrifft. Vor allem nach Eintreten der destruktiven Wirkungen ist es unternehmerische Aufgabe, unsicherheitsbezogene Absorptionsmaßnahmen zu ergreifen, die weit über den intraorganisationalen Bereich hinausgehen müssen, um entsprechende Wirkung zu zeitigen.

Mit der Funktion der Durchsetzung von Änderungen in wirtschaftlicher Führerschaft spricht SCHNEIDER[36] ein primär intraorganisationales Handlungsfeld an. Eine entsprechende, zugleich krisenrelevante Problematik ergibt sich aus zweierlei Gründen: Erstens entsteht intraorganisationaler Änderungsbedarf auf Grund von Entwicklungen, die sich in der Umwelt der Unternehmung oder unternehmungsintern vollzogen haben und die Adaptionen erfordern. Zweitens ist es in den meisten Fällen nicht ohne weiteres möglich, dass die Unternehmungsführung das subjektiv als richtig Erkannte auch ohne weitere Widerstände durchsetzen kann. Mitarbeiter können ebenso widerstrebende Interessen an den Tag legen wie beispielsweise Mitglieder in Entscheidungsgremien. SCHNEIDER weist auf die Komplexität der Unternehmerfunktion hin, indem er betont, dass nicht allein Neuerungen gegen organisationale Widerstände durchzusetzen sind, sondern es zum Teil für Unternehmungen auch wichtig sein kann, bestimmte Neuerungen zu verhindern.

Eine unzureichende Wahrnehmung der Funktion des Durchsetzens von Änderungen ist in mehrfacher Hinsicht krisenrelevant: Erstens läuft durch eine säumige Umsetzung von Änderungen ein zunehmendes Ausmaß an Unstimmigkeit zwischen Umwelt und Unternehmung auf, welches dauerhaft erfolgsbeeinträchtigend sein kann. Zweitens können im Gegensatz zu dieser eher längeren Entwicklung durch eine unzureichende Wahrnehmung der Änderungsfunktion unternehmungsinterne Konflikte entstehen und eskalieren, was die Leistungsfähigkeit der Unternehmung nicht nur einschränkt, sondern mitunter sogar zerstört. Vor allem wenn derartige Prozesse mit einer Zerstörung immaterieller Ressourcen (z.B. Werte, Reputation) einhergehen, entsteht irreversibler Schaden in möglicherweise kürzester Zeit. Da sich derartige Entwicklungen oftmals mit Selbstverstärkungseffekten unter den Stakeholdern einer Unternehmung einhergehen, lässt sich auch ein unmittelbares Eintreten von Krisen auf Basis der beschriebenen Unternehmerfunktion nachvollziehen.

Somit ist zusammenfassend festzustellen, dass jede der Unternehmerfunktionen im Sinne von SCHNEIDER Eignung zur Erfassung von Krisen und speziell Ad-hoc-Krisen aufweist. Ergänzend ist auf die Möglichkeit der Überlagerung von Gründen für das Entstehen von Ad-hoc-Krisen zu verweisen, was eine äußerst schnelle Entfaltung der Krise zu erklären hilft.

4.4 Ad-hoc-Krisen aus Sicht der kompetenzbasierten Theorie der Unternehmung

Ursprünglich ist der Competence-based View als eine Theorie des Wettbewerbsvorteils konzipiert worden.[37] (Miss-) Erfolge werden auf die singuläre Ressourcen- und Kompetenzausstattung von Unternehmungen zurückgeführt, was bereits allein eine Ausgangsbasis zur Erklärung von Krisenerscheinungen bietet. Jüngere Arbeiten gehen in die Richtung einer Weiterentwicklung zu einer Theorie der Unternehmung, die mit Blick auf das Erklärungsziel die Existenz- und Wettbewerbsfähigkeit in den Mittelpunkt rückt.[38] Eine grundsätzliche Kennzeichnung des Ansatzes umfasst folgende Aspekte:

- Kompetenzen werden als zentrales Element zum Zwecke einer sowohl internen als auch externen Koordination gesehen. Sie stellen wiederholbare, nicht auf Zufälligkeiten beruhende, sondern durch Regeln geleitete und wissensbasierte Potenziale zum kollektiven Handeln in einer Unternehmung dar. Kompetenzen steuern die Marktzufuhrtätigkeiten einer Unternehmung sowie ihr Agieren in Marktprozessen in zielorientierter Weise.

- Kompetenzen sind erforderlich, um visionäre Ideen einer Unternehmung umsetzen und somit zu einer Sicherung von Geschäftsgrundlagen in der ferneren Zukunft beitragen zu können. Daneben helfen Kompetenzen, das wertschöpfende System durch Nutzung verfügbarer Ressourcen zu betreiben und durch wachsendes, zunehmend besser verankertes Wissen sowie durch ein besser werdendes Zusammenspiel unter den Mitarbeitern weiterzuentwickeln. Beide Aspekte tragen maßgeblich zu einem Sich-bewähren-können gegenüber der Marktgegenseite bei. Neben dieser Komponente der Wettbewerbsfähigkeit tragen sie auch zu einem Sich-behaupten-können gegenüber der Konkurrenz bei, da mit der Kompetenzentstehung auch gleichzeitig so genannte Isolationsmechanismen[39] etabliert werden, die das spezifische Profil einer Unternehmung nebst seiner Stärken zu konservieren helfen.

- Kompetenzen bedürfen einer besonderen Umgebung, um (weiter-) entwickelt werden zu können. Unternehmungen bieten eine hierzu erforderliche vertraute und gleichzeitig vor unbeabsichtigten Konkurrenzzugriffen abgesicherte Umgebung – zumindest so lange unternehmungsinterne Koordinationsmechanismen intakt sind.

Unter Bezugnahme auf Abbildung 4-1 lässt sich die vermittelnde und handlungsermöglichende Rolle von Kompetenzen erkennen: Durch die Aktivierung von Kompetenzen wird das wertschöpfende System der Unternehmung betrieben, welches sich aus den einzelnen in der Mitte der Abbildung zu findenden Systemelementen zusammensetzt. Kompetenzen dienen darüber hinaus der Teilnahme an Marktprozessen zum Zwecke des Absatzes eigener Leistungen (unterer Teil der Abbildung), der Aufnahme marktlicher Informationen zum Zwecke der Abgleichs mit eigenen Leistungspotenzialen (Rückkoppelungsschleife im linken Teil der Abbildung) sowie der Interaktion mit Außenstehenden. Letztgenannte lassen sich unterteilen in (1) Wertschöpfungspartner, welche der Unternehmung zur Wertschöpfung erforderliche Mittel bereitstellen, die intern nicht oder in nicht hinreichendem Maße vorhanden sind (rechter Teil der Abbildung), sowie in (2) externe Bezugspunkte oder Ratgeber, die eine normative und / oder strategische Reorientierung anstoßen können (oberer Teil der Abbildung). Auch zur Interaktion mit diesen Bezugsgruppen sind Kompetenzen erforderlich.

Abbildung 4-1: *Der „Open System View" im kompetenzbasierten Ansatz*

Quelle: SANCHEZ, R. / HEENE, A.: Competence-based Competition [1996], S. 41.

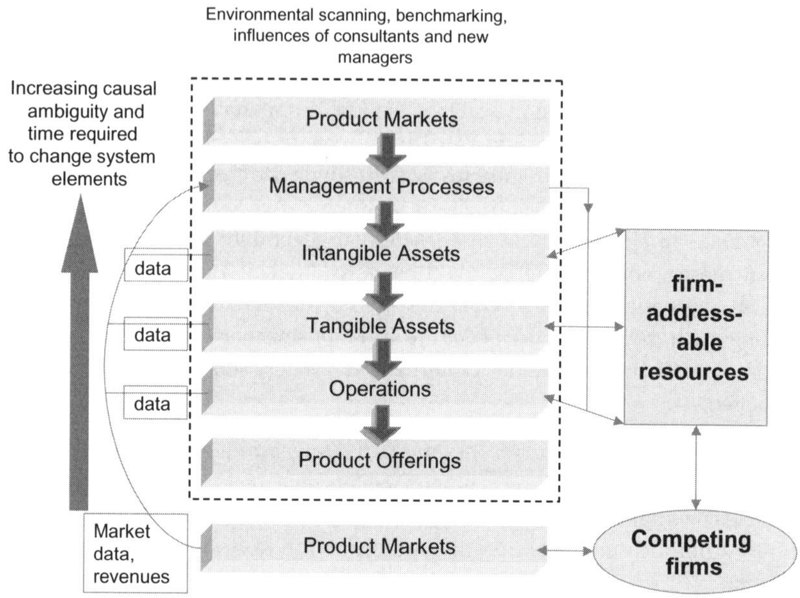

Auf dieser Basis lässt sich ein Verständnis von (Ad-hoc-) Krisen in folgender Weise generieren:

1. Krisenrelevant sind Probleme der internen Koordination. Unternehmungen sind hochgradig arbeitsteilige Systeme. Diese Arbeitsteilung erfordert eine Integration im Sinne einer aufgabenorientierten Bündelung der Arbeiten und somit eine Arbeitsvereinung, wobei sich die Aufgaben direkt oder indirekt aus den marktlichen Anforderungen ergeben. Fehlt es an dieser Zusammenführung, werden Kompetenzen entweder erst gar nicht gebildet oder aber es erfolgt eine Degenration vorhandener Kompetenzen. Interne Konflikte, die eskalieren und nicht mehr bewältigt werden können, bewirken daher nicht nur eine vorübergehende Störung betrieblicher Abläufe, sondern eine möglicherweise nachhaltige Störung des innerbetrieblichen Zusammenhalts. Kollektives Handeln kann auf diese Weise erschwert oder verunmöglicht werden, was effektivitäts- und / oder effizienzwirksam ist. Während im Regelfall derartige Prozesse langsam ablaufen, ist im Extremfall – auch und gerade im Kontext die Wirkung verstärkender externer Probleme – eine recht unmittelbare Wirkung denkbar.

2. Auf andere Weise krisenrelevant sind Koordinationsprobleme zwischen der Unternehmung und der Außenwelt. So treten aus dem Umfeld der Unternehmung Kräfte auf, die den Unternehmungszielen zuwider laufen und damit das in Abbildung 4-1 umrandete wertschöpfende System der Unternehmung bedrohen. Im Einzelnen lassen sich mit Blick auf Abbildung 4-1 folgende Konstellationen unterscheiden, welche die oben bereits erwähnten Schnittstellen zwischen Unternehmung und Markt betreffen:

   - Der Unternehmung gelingt es nicht, die zur Bedienung der Zielmärkte erforderlichen tangiblen und intangiblen Mittel bereitzustellen. Derartige Lücken wirken unmittelbar auf die Möglichkeiten eines Sich-bewähren-könnens gegenüber Marktpartnern sowie eines Sich-behaupten-Könnens gegenüber der Konkurrenz und anderen störenden Kräften aus der Umwelt. Die unzureichende Versorgung mit Finanzmitteln ist nur ein Aspekt unter vielen, der erkennen lässt, wie rasch im Kontext der „Basel II"-Diskussion die geschäftliche Grundlage durch unzureichende Versorgung mit externen Mitteln zerstört werden kann. Kompetenzen zur Pflege der Beziehungen zu wichtigen Mittelgebern sind ebenso erforderlich wie solche, die der Aufnahme und zielgerechten Verwendung der Mittel im wertschöpfenden System dienen.

   - Die Unternehmung kann sich als unfähig erweisen, die vorhandenen Potenziale so zu nutzen, dass sie zu einer Befriedigung der Bedürfnisse von Zielkunden eingesetzt werden. Entsprechend ergibt sich ein Misfit zwischen Unternehmung und Markt, der die Absatzpotenziale der Unternehmung ungenutzt lässt oder sogar zerstört. Vor allem ein unglaubwürdiges Auftreten im Markt oder ein opportunistisches Handeln gegenüber Kunden kann die Reputation in kürzester Zeit zerstören und damit eine Ad-hoc-Krise auslösen.

   - Weniger unmittelbar wirkt ein unzureichendes Lernen im Markt: Hierdurch ergibt sich im Zeitablauf ein Misfit, der allerdings durch Überschreiten bestimmter Toleranzschwellen der Kunden zum Ausbruch der Krise mit dann sehr rasch einsetzenden Wirkungen führen kann.

   - Besonders problematisch ist die schlagartige Entwertung wichtiger Ressourcen und Kompetenzen durch „Schocks", die im Markt oder im marktlichen Umfeld auftreten. Eine neue Technologie, die Konkurrenten nutzen und abschirmen können, führt zu einem nahezu unmittelbaren Nicht-mehr-behaupten-können in Folge ad-hoc erodierter technologischer Kompetenzen und damit in Verbindung stehender Ressourcen.

Der Competence-based View erfasst diese Bedrohungspotenziale und richtet den Blick auf die so genannten „Isolationsmechanismen"[40]. Sie dienen der Veredelung generischer Mittel zu Ressourcen und Kompetenzen, welche die Grundlage zur Aufrechterhaltung der Wettbewerbsfähigkeit sind. Je besser es gelingt, diese Isolationsmechanismen zu aktivieren und zu pflegen, umso geringer sind das Bedrohungspotenzial und die destruktive Wirkung oben genannter Kräfte. In diesem Zusammenhang ist darauf hinzuweisen, dass zu einem Zeitpunkt relevante Kompetenzen – als Resultat langfristiger und fokussierter Bemühungen – über Trägheit verfügen können und somit rasch veränderlichen Ausgangslagen nicht immer angepasst werden können. LEONARD-BARTON[41] spricht in diesem Zusammenhang von „core rigidities". Nichtsdestotrotz gilt es, auf einer Metaebene Kompetenzen aufzubauen, die gerade die rasche Entwertung der vorhandenen Ressourcen- und Kompetenzbasis vermeiden sollen. In diesem Zusammenhang ist auch auf die Rolle der in Abbildung 4-1 oben aufgeführten „strategic logic" zu verweisen, die in einem anderen Beitrag[42] dieses Bandes separat und ausführlicher untersucht wird.

5 Fazit

Unerlässlich für eine ökonomische Theorie der (Ad-hoc-) Krise ist die sorgfältige Erfassung der zeitlichen Dimension, da nur auf diese Weise zwischen rasch und langsam wirkenden Kräften differenziert werden kann, die eine Krise bedingen. Eine marktprozesstheoretische Betrachtung bietet sich in diesem Kontext an, wobei festzuhalten ist:

- Die gelieferten Erklärungen auf Basis der drei marktprozesstheoretischen Ansätze sind in der Sache höchst unterschiedlich. Sie tragen allesamt zu einem umfassenderen Verständnis von Krisen bei, wobei die Perspektive ökonomisch ist, was allein eine Fokussierung auf bestimmte Betrachtungsobjekte bewirkt. Eine zusammenfassende Betrachtung der Ergebnisse ist insofern sinnvoll und möglich, weil die genannten Ansätze auf einer gemeinsamen Grundausrichtung beruhen und – den etwas problematischen Begriff[43] benutzend – einem Paradigma zugeordnet werden können.
- Neben den inhaltlichen Unterschieden fällt insbesondere die divergierende Erklärungsbreite der Ansätze auf. Auf Basis des Unternehmerfunktionenansatzes von SCHNEIDER und des Competence-based View lassen sich deutlich mehr Aspekte erfassen, als dies auf Basis der Lehre der Modern Austrian Economics möglich erscheint. Auch ist die Betonung von Chancen und Risiken des Marktprozesses in allen drei Ansätzen eine andere.
- Auf Basis aller Ansätze lässt sich erkennen, dass es im Falle von Ad-hoc-Krisen trotz deren unbestreitbar bedrohlichen Wirkung zahlreiche Ansatzpunkte für ein pro-aktives, aber auch ein reaktives Krisenmanagement gibt.
- Dass der Erklärungsbereich ökonomischer Theorien nicht allumfassend sein kann, ergibt sich allein durch die spezifische ökonomische Perspektive. Um nicht zu er-

fassende Aspekte zu betonen, ist eine Betrachtung erforderlich, welche die Disziplinengrenzen überschreitet. Eine derartige Perspektive bleibt anderen Beiträgen vorbehalten.

Anmerkungen

Der Verfasser dankt Herrn Dipl-Ök. Michael Welling für seine Unterstützung und seine wertvollen Anregungen bei der Anfertigung des vorliegenden Textes.

1 Vgl. z.B. SCHREYÖGG, G.: Krisenmanagement [2004].

2 Vgl. ELSCHEN, R.: Betriebswirtschaftslehre [1982].

3 Vgl. aber ARGENTI, J.: Corporate Collapse [1976]; POHL, H: Krisen [1977]; BILLINGS, R. S. / MILBURN, T. W. / SCHAALMAN, M. L.: Crisis Perception [1980]; WITTE, E.: Unternehmenskrise [1981]; LÖHNEYSEN, G.: Unternehmenskrisen [1982]; MILBURN, T. W. / SCHULER, R. S. / WATMAN, K. H.: Organizational Crisis [1983]; TÖPFER, A.: Insolvenzursachen [1985]; KRYSTEK, U.: Unternehmenskrisen [1987]; VOGELSANG, G.: Unternehmenskrisen [1988]; EMMRICH, V.: Unternehmenskrisen [2002].

4 Vgl. STAEHLE, W.: Krisenmanagement [1993].

5 Vgl. SCHNEIDER, D.: Theorie der Unternehmung [1997], S. 68.

6 Vgl. KIESER, A. / KUBICEK, H.: Organisation [1992].

7 Vgl. SCHNEIDER, D.: Grundlagen [1995].

8 Vgl. SIMON, H.: Behavior [1957]; CYERT, R. M. / MARCH, J. G.: Theory of the Firm [1963].

9 Vgl. BARNARD, C. I.: Executive [1938].

10 Vgl. NELSON; R. R. / WINTER , S. G.: Economic Change [1982].

11 Vgl. PFEFFER, J. / SALANCIK, G. S.: External Control [1978].

12 Vgl. SCHNEIDER, D.: Grundlagen [1995], S. 209 ff.

13 Vgl. FREEMAN, R. E.: Strategic Management [1984].

14 Vgl. PORTER, M. E.: Wettbewerbsstrategie [1985].

15 Vgl. zu einem Überblick über die weite Spanne grundsätzlich betrachtenswerter Ansätze: WOLF, J.: Organisation [2003].

16 Vgl. GIDDENS, A.: Society [1984].

17 Vgl. LANGLOIS, R. N. / ROBERTSON, P. L.: Institution [1995].

18 Vgl. SCHUMPETER, J. A.: Entwicklung [1912].

19 Vgl. SCHNEIDER, D.: Wirtschaftswissenschaft [2001], S. 521 ff.

20 Vgl. RESE, M.: Anbietergruppen [2000], S. 70.

21 Vgl. SCHNEIDER, D.: Grundlagen [1995], S. 7.

22 Vgl. SCHNEIDER, D.: Theorie der Unternehmung [1997], S. 42 ff.

23 Vgl. POPPER, K. R.: Society [1966].

24 Vgl. VON MISES, L.: Nationalökonomie [1940].

[25] Vgl. RESE, M.: Anbietergruppen [2000], S. 67 f.

[26] Vgl. FLIEß, S.: Dienstleistungsmanagement [2002].

[27] Vgl. EHRET, M.: Kapitalnutzung [2000].

[28] Vgl. KIRZNER, I. M.: Wettbewerb [1987].

[29] Vgl. VON HAYEK, F. A.: Individualismus [1952].

[30] VON MISES, L.: Nationalökonomie [1940], S. 271.

[31] Vgl. KIRZNER, I. M.: Wettbewerb [1987].

[32] Vgl. SCHNEIDER, D.: Grundlagen [1995]und SCHNEIDER, D.: Theorie der Unternehmung [1997].

[33] Vgl. KIRZNER, I. M.: Wettbewerb [1987].

[34] SCHNEIDER, D.: Grundlagen [1995], S. 33.

[35] Vgl. SCHNEIDER, D.: Grundlagen [1995], S. 34.

[36] Vgl. SCHNEIDER, D.: Grundlagen [1995], S. 39 ff.

[37] Vgl. z.B. PRAHALAD, C. K. / HAMEL, G.: Core Competencies [1990].

[38] Vgl. FREILING, J.: Resource-based View [2001] und FREILING, J.: Competence-based View [2004].

[39] Vgl. RUMELT, R. P.: Theory of the Firm [1984].

[40] Vgl. RUMELT, R. P.: Theory of the Firm [1984].

[41] Vgl. LEONARD-BARTON, D.: Core Capabilities [1992].

[42] Vgl. den Beitrag von „Dominant Logic" als Handlungsbarriere beim Management von Adhoc-Krisen von FREILING in diesem Band.

[43] Vgl. SCHNEIDER, D.: Paradigmavorstellung [1982]; KUHN, T. S.: Scientific Revolutions [1962].

Literatur

ARGENTI, J.: Corporate Collapse, the Causes and Symptoms; London et al.: McGraw-Hill; 1976.

BARNARD, C. I.: The Functions of the Executive, Cambridge: Harvard University Press; 1938.

BILLINGS, R. S. / MILBURN, T. W. / SCHAALMAN, M. L.: A Model of Crisis Perception – A Theoretical and Empirical Analysis; in: Administrative Science Quarterly, 25. Jahrgang; 1980; S. 300 - 316.

CYERT, R. M. / MARCH, J. G.: A Behavioral Theory of the Firm; Englewood Cliffs: Prentice-Hall; 1936.

EHRET, M.: Innovative Kapitalnutzung; Wiesbaden: Deutscher Universitäts-Verlag; 2000.

ELSCHEN, R.: Betriebswirtschaftslehre und Verhaltenswissenschaften; Frankfurt/M.: Deutsch; 1982.

EMMRICH, V.: Unternehmenskrisen im Mittelstand, München: o. V.; 2002.

FLIEß, S.: Dienstleistungsmanagement I – Theoretische Grundlagen des Dienstleistungsmanagement, Hagen: o. V.; 2002.

FREEMAN, R. E.: Strategic Management – A Stakeholder Approach; Boston: Pitman; 1984.

FREILING, J.: Resource-based View und ökonomische Theorie; Wiesbaden: Deutscher Universitäts-Verlag; 2001.

FREILING, J.: Competence-based View of the Firm; in: Management Revue; Nr. 1; 15. Jahrgang; 2004; S. 27 - 52.

GIDDENS, A.: The Constitution of Society; Cambridge et al.: Polity Press; 1984.

KIESER, A. / Kubicek, H.: Organisation; Berlin: de Gruyter; 1992.

KIRZNER, I. M.: Wettbewerb und Unternehmertum; Tübingen: Mohr; 1978.

KUHN, T. S.: The Structure of Scientific Revolutions; Chicago: University of Chicago Press; 1962.

KRYSTEK, U.: Unternehmenskrisen; Wiesbaden: Gabler; 1987.

LANGLOIS, R. N. / ROBERTSON, P. L.: Firms, Markets and Economic Change – A Dynamic Theory of Business Institutions; London et al.: Routledge; 1995.

LEONARD-BARTON, D.: Core Capabilities and Core Rigidities – A Paradox in Managing New Product Development; in: Strategic Management Journal; 13. Jahrgang; 1992; S. 111 - 125.

LÖHNEYSEN, G. von: Die rechtzeitige Erkennung von Unternehmenskrisen mit Hilfe von Frühwarnsystemen als Voraussetzung für ein wirksames Krisenmanagement; Göttingen; Dissertation; 1982.

MILBURN, T. W. / SCHULER, R. S. / WATMAN, K. H.: Organizational Crisis, Part I – Definition and Conceptualization; in: Human Relations; 36. Jahrgang.; 1983; S. 1141 - 1160.

NELSON, R. R. / WINTER, S. G.: An Evolutionary Theory of Economic Change, Cambridge et al.: The Belknap Press of Harvard Univ. Press; 1982.

PFEFFER, J. / SALANCIK, G. S.: The External Control of Organizations – A Resource Dependence Perspective; New York: Harper and Row; 1978.

POHL, H.: Krisen in Organisationen; Mannheim; Dissertation; 1977.

POPPER, K. R.: The Open Society and its Enemies, Vol. II – The High Tide of Prophecy; London: Routledge; 1966.

PORTER, M. E.: Wettbewerbsstrategie; Frankfurt/M.: Campus-Verlag; 1985.

PRAHALAD, C. K. / HAMEL, G.: The Core Competencies of the Corporation; in: Harvard Business Review; Nr. 3; 68. Jahrgang; 1990; S. 79 - 91.

RESE, M. (2000): Anbietergruppen in Märkten – Eine ökonomische Analyse; Tübingen: Mohr Siebeck.

RUMELT, R. P.: Towards a Strategic Theory of the Firm; in: LAMB, R. B. (Hrsg.): Competitive Strategic Management; Englewood Cliffs: Prentice-Hall; 1984; S. 556 - 570.

SANCHEZ, R. / HEENE, A.: A Systems View of the Firm in Competence-based Competition; in: SANCHEZ, R. / HEENE, A. / THOMAS, H. (Hrsg.): Dynamics of Competence-based Competition – Theory and Practice in the New Strategic Management; Oxford et al.: Pergamon; 1996; S. 39 - 62.

SCHNEIDER, D.: Das Versagen der Paradigmavorstellung für die Betriebswirtschaftslehre; in: ZfbF; 34. Jahrgang; 1982; S. 849 - 869.

SCHNEIDER, D.: Betriebswirtschaftslehre, Band 1 – Grundlagen; München et al.: Oldenbourg; 1995.

SCHNEIDER, D.: Betriebswirtschaftslehre; Band 3 – Theorie der Unternehmung; München et al.: Oldenbourg; 1997.

SCHNEIDER, D.: Betriebswirtschaftslehre, Band 4 – Geschichte und Methoden der Wirtschaftswissenschaft; München et al.: Oldenbourg; 2001.

SCHREYÖGG, G.: Krisenmanagement – Theoretische Grundlagen und praktische Maßnahmen; in: HEINTZEN, M. / KRUSCHWITZ, L. (Hrsg.): Unternehmen in der Krise; Berlin: Dunker & Humblot; 2004; S. 13 - 36.

SCHUMPETER, J. A.: Theorie der wirtschaftlichen Entwicklung; Berlin: Dunker & Humblot; 1912.

SIMON, H.: Administrative Behavior; New York: Free Press; 1957.

STAEHLE, W.: Krisenmanagement; in: WITTMANN, W. / KERN, R. / KÖHLER, H.-U. / KÜPPER, K. / WYSOCKI, K. von (Hrsg.): Handwörterbuch der Betriebswirtschaft; Stuttgart: Schäffer-Poeschel; 1993; Sp. 2452 - 2466.

TÖPFER, A.: Analyse von Insolvenzursachen; in: SCHIMKE E. / TÖPFER A. (Hrsg.): Krisenmanagement und Sanierungsstrategien; Landsberg am Lech: Verlag Moderne Industrie; 1985; S. 158 - 171.

VOGELSANG, G.: Unternehmenskrisen – Hauptursachen und Wege zu ihrer Überwindung; in: ZfbF, 40. Jahrgang; 1988; S. 100.

VON HAYEK, F. A.: Individualismus und wirtschaftliche Ordnung; Erlenbach et al.: Rentsch; 1952.

VON MISES, L.: Nationalökonomie; München: Philosophia-Verlag; 1940.

WITTE, E.: Die Unternehmenskrise; in: BRATSCHITSCH, R. / SCHNELLINGER, W. (Hrsg.): Unternehmenskrisen; Stuttgart: Poeschel; 1981; S. 7 - 24.

WOLF, J.: Organisation, Management, Unternehmensführung; Wiesbaden: Gabler; 2003.

Michael Hülsmann / Nils Schulenburg

Evolutionstheorie und Ad-hoc-Krise

1 Einleitung ... 85

2 Theorieidentifikation und Darstellung von Kernaussagen ... 87
2.1 Identifikation einer geeigneten Theoriebasis zur Beschreibung von Ad-hoc-Krisen ... 87
2.2 Kernaussagen der Evolutionstheorie aus betriebswirtschaftlicher Perspektive ... 94
2.3 Grenzen der Evolutionstheorie für die betriebswirtschaftliche Forschung ... 97

3 Ad-hoc-Krisen – ein evolutionstheoretischer Erklärungsversuch ... 98
3.1 Hypothesen über die Entstehung und Entwicklung von Ad-hoc-Krisen ... 98
3.2 Ein allgemeines Konstrukt ... 102

4 Fazit ... 104

1 Einleitung

Ein Maß für die Verbreitung von Unternehmenskrisen ist die Zahl der Insolvenzen, laut KRYSTEK ihre „extremste Ausprägungsform"[1]. Im Jahr 2003 waren 39.320 Unternehmen betroffen – 4,6 % mehr als im Vorjahr[2] und 37,5 % mehr als im Durchschnitt der letzten 10 Jahre[3], der ca. 28.600 Insolvenzen betrug.[4]

Um Insolvenzen zu verhindern, werden in der Literatur Maßnahmen und Handlungsempfehlungen zur Krisenvermeidung bzw. zum Turnaround – häufig unter dem Begriff des Krisenmanagements – angeboten.[5] Diese entstammen oftmals einer pragmatischen Perspektive und sind aus Einzelfällen erfolgreicher Krisenbewältigung entwickelt worden.[6] Wissenschaftstheoretisch ist die Ableitung solcher Handlungsempfehlungen jedoch problematisch, da der Generierung von Gestaltungsvorschlägen die Begriffsbildung- bzw. Bestimmung, Beschreibung, Erklärung und Prognose als Stufen in der Theoriebildung vorgeschaltet werden müssten.[7] Denn mit der einzelfallbezogenen Ableitung von Handlungsempfehlungen aus realen Krisenfällen – unabhängig davon, ob die Krise erfolgreich bewältigt wurde oder nicht – geht die Problematik der Induktion einher.[8] Zwar können Lehren aus realen Krisenfällen generell zur Generierung von Hypothesen hilfreich sein,[9] eine generelle Validität der getroffenen Aussagen kann jedoch daraus nicht begründet werden. Denn per Induktion ist die Ermittlung von Regelmäßigkeiten bzw. Gesetzmäßigkeiten von Ursachen-Wirkungs-Zusammenhängen wegen mangelnder empirischer Repräsentativität bzw. Allgemeinheit der Aussagen nicht möglich. Somit kann da der Erfolg einer Maßnahme in einem Fall aufgrund ihrer Einbindung in einen situativen Gesamtkontext von Bedingungen und Abhängigkeiten für einen anderen Fall nicht abgeleitet werden kann. Es fehlt an generell gültigen Kausalzusammenhängen, die kontextindifferent ihre Erklärungskraft entfalten und somit Zweck-Mittel-Kombinationen bereitstellen, die für unterschiedliche Anwendungsfälle erfolgsversprechende Handlungsoptionen bieten.[10] Somit ist die Existenz einer ausreichend umfassenden und spezifischen Theorie der Krise notwendige Voraussetzung für die Ableitung von Handlungsalternativen zu deren Vermeidung bzw. Bekämpfung.

Eine solche Erklärungskonzeption, die zugleich

- Ursachen-Wirkungs-Zusammenhänge betrachtet, bei denen die Krise als abhängige Variable gesehen wird (Entstehung und Verlauf von Krisen),
- wie Ursachen-Wirkungs-Zusammenhänge, bei denen die Krise die unabhängige Variable bildet (Vermeidung und Bewältigung von Krisen),

fehlt bislang. Laut FREILING scheine der Forschungszweig des Krisenmanagements allerdings noch nicht in einem solchen fortgeschrittenen Stadium angelangt zu sein. Er merkt an, dass die „Krisenforschung bislang durch eine stark deskriptive Ausrichtung geprägt"[11] sei und noch nicht das Stadium erreicht habe, das sich durch empirisch bewährte Erklärungsansätze auszeichne, die kausale Ursachen-Wirkungs-Zusammenhänge für die Krise und das Krisenmanagement widerspiegeln. Ein Beispiel hierfür ist SCHNEIDERs Kritik an der empirisch entwickelten Insolvenzprognose von BAETGE.[12]

Das Theoriedefizit betriebswirtschaftlicher Krisenforschung besteht trotz ihrer relativ langen Tradition auch im deutschsprachigen Raum, die ihren Anfang zu Zeiten der Weltwirtschaftskrise Ende der 20er und Anfang der 30er Jahre nahm und die die Analyse einzelwirtschaftlicher Diskontinuitäten in den Fokus der Betrachtung rückte.[13] Die Gründe für den kaum elaborierten Theoriestand, bei dem selbst das terminologische Beschreibungssystem laut SCHREYÖGG unvollständig, wenig akzeptiert und begrenzt diskriminant ausfalle, sind vielfältig.[14] Neben dem schwierigen empirischen Zugang, der u.a. in beiden Extremfällen des Krisenverlaufs durch die Nichtexistenz des zu betrachtenden Objektes so gut wie unmöglich wird (die potenzielle Krise ist noch nicht evident und nur eine denkbare – die nachkritische Krise ist entweder wiederum eine potenzielle Krisenphase oder der Betrachtungsgegenstand existiert nicht mehr infolge des Untergangs des betreffenden sozio-technischen Systems), liegt ein Hauptgrund für die Theoriedefizite in der Komplexität und Heterogenität von Krisen[15] und ihren Ursachen sowie den damit verbundenen Interdependenzen im Kontext situativer Bedingungslagen.[16]

Insbesondere im Fall der Ad-hoc-Krise kommt dem Defizit theoretischer Fundierung eine besondere Bedeutung zu, da ihr das Fehlen von Frühwarnindikatoren immanent ist,[17] die gängige pragmatisch orientierte Literatur zum Krisenmanagement jedoch häufig auf Frühwarnindikatoren als Referenzvariable abstellt.[18] Dabei unterscheiden sich die „normale" Unternehmenskrise und der Sonderfall der Ad-hoc-Krise – also der plötzlich eintretenden, nicht antizipierbaren Krise – hinsichtlich des Theoriestandes nur dahingehend, dass die Erforschung des Phänomens der Ad-hoc-Krise explizit nicht einmal ein deskriptives und kaum ein terminologisches Niveau erreicht hat.[19]

Diesen Defiziten in der Krisenforschung widmet sich – mit besonderem Bezug zur Ad-hoc-Krise – der vorliegende Sammelband. Deshalb soll im Folgenden vor dem Hintergrund der Ad-hoc-Krise als Spezialfall der Unternehmenskrise pars pro toto ein Beitrag zur theoriegeleiteten Erklärung von Krisenphänomenen geleistet werden. Ziel ist es, Hypothesen für die Beschreibung des Krisenphänomens – hier am Beispiel der Ad-hoc-Krise – zu erarbeiten, die zu überprüfende Orientierungspunkte für eine weitere Analyse bieten. Weil die hohe Heterogenität und Komplexität des Erkenntnisobjektes der Krise sowie deren schwierige empirische Zugänglichkeit einen Erklärungsansatz aus dem empirisch-repräsentativen Abbild des Krisenkonstrukts so gut wie unmöglich machen, wird hier nicht eine Analyse aus empirischer Perspektive versucht. Vielmehr sollen Hypothesen zum Konstrukt der Krise aus der Theorie der Unternehmung abgeleitet werden. Dieser Zugang ist deshalb möglich, da die Unternehmung der strukturelle Träger des situativen[20] bzw. prozessualen[21] Phänomens der Krise ist: Die Krise ist eine besondere Konstruktion in der Entwicklung der Unternehmung.[22] Deshalb kann die Unternehmung in ihrer theoriegeleiteten Beschreibung und Erklärung zum Referenzobjekt für die Analyse des Krisenphänomens werden.

Hierzu identifiziert der Beitrag zunächst eine tragfähige Theoriebasis, deren Erklärungscharakteristika für die Beschreibung von Unternehmen den plausiblen Schluss zulassen, dass sie auch für die Analyse des Krisenkonstrukts geeignet zu sein scheinen. Dieser Schritt ist erforderlich, da sich aufgrund der hohen Komplexität von Unternehmen eine Vielzahl von parallel existierenden (teilweise komplementär – teilweise konkurrierenden) Teiltheorien entwickelt hat.[23] Diese vermögen jeweils selektiv unterschiedliche Problembereiche der Unternehmung zu erklären. Eine umfassende, allgemein akzeptierte Beschreibung des Gesamtphänomens der Unternehmung steht bislang aus, vielmehr wird eine Erklärung vor dem Hintergrund eines spezifischen situativen Kontextes geleistet.[24] Deshalb gilt es, eine Partialtheorie der Unternehmung zu finden, deren Analysekonzeption eine möglichst große Annäherung an die Eigenschaften von Ad-hoc-Krisen vermuten lässt, um auf einer aussagefähigen Beschreibungsbasis aufsetzen zu können. Im Anschluss daran werden für die ausgewählte Theoriebasis die zentralen Aussagen dargelegt, um ein einheitliches Verständnis des Erklärungsansatzes zu gewährleisten. Diese Kernaussagen der betreffenden Theorie werden danach zum Zwecke der theoriegeleiteten Beschreibung von Ad-hoc-Krisen auf das Krisenkonstrukt übertragen, um Hypothesen zu dessen Eigenschaften ableiten zu können. Abschließend werden diese Hypothesen in einem Beschreibungskonstrukt zusammengeführt, um nicht nur Teilaspekte der Krise erfasst zu haben, sondern um einen allgemeinen, umfassenden und theoriebasierten Ansatz zur Deskription von Ad-hoc-Krisen zu weiteren Diskussion stellen zu können.

2 Theorieidentifikation und Darstellung von Kernaussagen

2.1 Identifikation einer geeigneten Theoriebasis zur Beschreibung von Ad-hoc-Krisen

Die hohe Komplexität des Erkenntnisobjektes „Unternehmen" bildet einen Grund für die Existenz einer Vielzahl von Theorien, die dessen Existenz und Evidenz zu erklären versuchen.[25] So kann die Unternehmung beispielsweise klassisch-ökonomischer Perspektive als fremdbedarfsdeckendes Zweckgebilde[26], als sozio-technisches System[27] und als Institution[28] begriffen werden, was jeweils andere Erklärungsansätze für dessen konstitutive Wesensmerkmale, Funktionsweise und Gestaltungsbedarfe bedingt.[29] Eng damit verbunden, ist ein weiterer Grund, den WOLF nennt, wenn er auf den hohen

Abstraktionsgrad von Organisationen abstellt. Dieser Abstraktionsgrad begünstige die Theorievielfalt, weil die Unternehmung als pluriperspektivisch zu beschreibendes Phänomen in hohem Maße interpretationsbedürftig sei.[30]

Da ein grundlegender Versuch zur Bestimmung des Begriffs der Ad-hoc-Krise bereits in einem anderen Beitrag vorgenommen wurde,[31] stellt hier die Identifikation einer möglichst geeigneten Theorie aus dem breiten Angebot den ersten Schritt im Prozess der Erkenntnisgewinnung i. S. e. deskriptiv-analytischen Auseinandersetzung[32] mit dem Phänomen der plötzlichen Krise dar. Denn soll der Wissenszuwachs über den Transfer und die Anpassung von Erkenntnissen erfolgen, muss zunächst die Referenzbasis festgelegt werden.

Eine mögliche Hilfe zur Auswahl einer Referenztheorie bietet ebenfalls WOLF. Er vergleicht 16 ausgewählte Organisations-, Management- und Unternehmensführungstheorien anhand eines selbstentwickelten Kriterienkatalogs, ohne dass für die einzelnen Kriterien eine explizite ausführliche Begründung geliefert wird.[33] Dabei werden die einzelnen Theorien anhand folgender Aspekte beurteilt:

- Vermutetes Ausmaß der Rationalität der Akteure,
- Objektivismus vs. Subjektivismus,
- Ausmaß der im Theorieentwurf vorgesehenen Regelhaftigkeit und Präzision,
- Ausmaß der Universalität (Einheitlichkeit) des Verhaltens der Akteure,
- Ausmaß der Einbeziehung des Kontexts in den Theorieentwurf,
- systeminterne vs. systemexterne Orientierung (Organisationsorientierung vs. Umweltorientierung),
- Ausmaß der vermuteten Raum-Zeit-Invarianzen von Zusammenhängen und
- normativer Anspruch.[34]

Jedes Kriterium bewertet er auf einer Skala zwischen 1 und 5, wobei 1 entweder für eine schwache Ausprägung eines Merkmals oder für ein Extrem im Falle der Nennung von Gegensatzpaaren und vice versa steht.[35] Eine Begründung und Diskussion für die Wahl seiner Skalierung oder die Angabe eines Referenzmaßes, das eine Interpretation der Ausprägungsabstände zulässt, fehlen leider. Es bleibt bei einer subjektiv gewählten Ordinalskala, die lediglich eine Einordnung in ein Spektrum von „tendenziell besser / stärker" bzw. „tendenziell schlechter / schwächer" zulässt. Anhand dieser Maßstäbe bewertet WOLF eine Reihe von Organisationstheorien, wie beispielsweise die Systemtheorie, die Interaktionstheorie, die Neue Institutionenökonomik, den Interpretationsansatz u.v.a.m. Leider fehlt auch hier eine umfassende Darstellung der Begründung für die einzelnen Ausprägungen der Merkmale für die jeweiligen Theorien.[36]

Bei der Betrachtung von WOLFs Klassifizierung unterschiedlicher Theorien soll zunächst kritisch auf die Inkommensurabilitätsdiskussion in der Organisationstheorie – von KUHN initiiert – eingegangen werden. KUHN erklärt, dass „man nicht objektiv zwischen konkurrierenden Theorien entscheiden kann, wenn diese in unterschiedlichen Paradigmen entwickelt wurden"[37]. KUHN konnte empirisch nachweisen, dass wissenschaftlicher Fortschritt oftmals erst durch einen Paradigmenwechsel erzielt werden konnte. Eine Vergleichbarkeit konkurrierender Theorien, die anhand unterschiedlicher wissenschaftstheoretischer Prämissen generiert wurden, sei somit logischerweise ausgeschlossen, da gar keine Vergleichbarkeit gegeben sei.[38] An dieser Stelle sei jedoch in Anlehnung an GIOIA / PITRE und MORGAN die Auffassung vertreten, dass die Erzielung wissenschaftlichen Fortschritts lediglich durch den Dialog über unterschiedliche Paradigmen hinweg stattfinden kann.[39] Da es Aufgabe der Wissenschaft sei, multiple Erklärungen bezüglich realer Phänomene zu generieren, sei es essenziell, verschiedene Paradigmen in bei der Wahrheitssuche zu berücksichtigen. Nur so könnten „soziale Phänomene umfassend erklärt werden"[40].

Die verschiedenen, zuvor skizzierten Problematiken des Theorievergleichs berücksichtigend, soll hier dennoch die Ad-hoc-Krise zur Identifikation einer Referenztheorie vor dem Hintergrund des WOLFschen Kriteriensystems betrachtet werden. Da das Bewertungsschema von WOLF lediglich in seiner Tendenz der Einordnung, aber nicht in seiner absoluten Zuordnung der fünf Ausprägungsmöglichkeiten nachvollziehbar ist, sei hier nur eine dreistufige Skala für die Ausprägungen der von WOLF angeführten Merkmale für die Ad-hoc-Krise gewählt. Denn es geht nicht gar so sehr um die Stärke der Ausprägung, als vielmehr um die generelle Richtung, damit mögliche Theorien und Charakteristika der Ad-hoc-Krise vergleichbar sind – mit allen daraus sich ergebenden Anfechtungsmöglichkeiten, Unschärfen und Vorbehalten, die nicht zuletzt auf die den fehlenden Referenzpunkt, die fehlende Methodentransparenz sowie die erforderliche Skalentransformation zurückgeführt werden können.

Die Basis für den Vergleich bietet also zum einen das Bewertungsschema von WOLF. Zum anderen sei auf die Definition von Ad-hoc-Krisen zurückgegriffen, wie sie HÜLSMANN zuvor schon entwickelt hat.[41] Unter Ad-hoc-Krise kann hier eine stark ungeplante, unvorhergesehene, substanzielle, temporäre Existenzbedrohung für ein soziales System mit ambivalentem Ausgang verstanden werden. D.h., es bestehen zugleich das Risiko des Untergangs sowie die Chance zur Systemtransformation auf ein höheres Entwicklungsniveau, ohne dass dies ex ante bestimmbar wäre. Damit ist die Gefährdung dominanter Systemziele verbunden, ohne dass dies durch eine Abweichung in der Erreichung peripherer Ziele erkennbar wäre – auch wenn sich die Ad-hoc-Krise gedanklich durch das Screening und Monitoring der Systemumwelten und durch die Identifikation von weak signals vorwegnehmen lässt. Korrespondierend lässt sich der Prozesscharakter von Ad-hoc-Krisen zeigen; jedoch fehlt hier die latente Krisenphase aufgrund des plötzlichen Kriseneintritts und der unverzüglichen Gefährdung dominanter Ziele, so dass dieser spezifische Krisenablauf die potenzielle, die akute sowie die nachkritische Krisenphase kennt. Damit verbunden ist das im Vergleich zur „normalen" Krise größere Dilemma zwischen abnehmenden Gestaltungsmöglichkeiten und zunehmenden Gestaltungsbedarfen für die Systemsteuerung in Ad-hoc-Krisen. Hieraus resultiert ein schlagartig einsetzender, dann exponentiell zunehmender Handlungs-, Entscheidungs- und Zeitdruck für das Management in einer solchen Krise, denn entweder fallen Gefährdung und Überraschung zeitlich zusammen oder die Gefährdung liegt bereits vor, bevor das Management durch die Krisenerkennung überrascht wird, so dass sich vermeintlich eine Situation der Ausweglosigkeit ergibt.

Aus diesen Wesensmerkmalen lassen sich die Ausprägungen für die Kriterien ableiten, die von WOLF zur Theoriecharakterisierung genutzt werden und diesen gegenüberstellen.

Managemententscheidungen beinhalten nach THOMAE immer eine rationale Wahlentscheidung, ohne die es sich bei Entscheidungen nicht um willentliche, auf ein Ziel hin orientierte Festlegungen für eine Alternativenauswahl handeln würde.[42] So werden auch zur Vermeidung oder zur Bewältigung von Ad-hoc-Krisen Wahlentscheidungen vom Management getroffen,[43] bei denen „eine zweckvolle Zuordnung von alternativen Mitteln angestrebt wird".[44] Diese bedarf einer rationalen Wahl: „The culture of planning cannot dispense with the need for rationality."[45] Rationalität wird dabei als objektives Prädikat verstanden[46] und beschreibt als rational das, „was mit dem Anspruch auf intersubjektive Einsicht und Geltung auftreten und mit guten Gründen gerechtfertigt werden kann"[47]. Rationalität objektiviert Entscheidungen in genereller Perspektive:[48] „If something makes good rational senese, it must be possible in principle for anyone and everybody to see that this is so"[49]. Zur Rationalität als Merkmale der Ad-hoc-Krise ist anzumerken, dass aufgrund der Ambivalenz des Ausgangs – Systemtransformation oder Systemuntergang – der Bedarf an rationalen Entscheidungen groß ist. Jedoch machen die Plötzlichkeit des Eintritts, der Druck aus der existenziellen Gefährdung dominanter Ziele, der verkürzte Prozesscharakter sowie die exponentielle Vernichtung von Handlungsalternativen, korrespondierend mit dem extrem wachsenden Gestaltungsbedarf, und der übermäßige Entscheidungsdruck[50] eine vollständig rationale Entscheidung in einer Ad-hoc-Krise so gut wie unmöglich. Denn diese verlangt eine Vollständigkeit relevanter Informationen. Dies scheitert zum einen an der sinkenden Zugänglichkeit bzw. Verfügbarkeit einerseits und an den wegen des Drucks mangelnden Informationsverarbeitungskapazitäten andererseits. Die destruktiven Krisenwirkungen, die Handlungsoptionen für das Management vernichten, verstärken noch die Einschränkung zur rationalen Entscheidung. Insgesamt dürfte also die Ad-hoc-Krise eine Managementsituation kennzeichnen, die durch eine geringe Rationalität charakterisiert ist.

Eng damit verknüpft ist die mangelnde intersubjektive Nachvollziehbarkeit der Entscheidungen in Ad-hoc-Krisen. Da die Chance zur vollständig rationalen Entscheidung wegen einer mangelbehafteten Informationslage bzw. -verarbeitung gering ist, können nur subjektive Auswahlentscheidungen getroffen werden, die sich einer allgemeinen Logik entziehen, da sie sich aus dem individuell empfundenen

Bedrohungs-, Entscheidungs- und Handlungsdruck erklären, der eine Priorisierung von Managementalternativen anhand einer übergeordneten Logik der Entscheidung durch eine Priorisierung anhand der subjektiven Krisenwahrnehmung ersetzt. Damit ist auch die Objektivität gering.

Weil es sich dabei um subjektiv-individuelle Entscheidungen handelt, kann in Ad-hoc-Krisen nur von einer geringen Regelhaftigkeit bzw. Präzision und damit von einer geringen Einheitlichkeit des Verhaltens ausgegangen werden. Dies zeigt sich auch darin, dass Krisen häufig als Phasen-Phänomene dargestellt werden – wobei keine Einigkeit über Art, Anzahl und Ausprägung der Phase besteht.[51] Vielmehr weist z.B. KRYSTEK darauf hin, dass keine „zwingende zeitliche Reihenfolge"[52] der einzelnen Phase gäbe – ein Indiz für eine geringe Regelhaftigkeit des Krisenphänomens. Dafür spricht ebenfalls, dass unter den Begriff der Krise – das Verständnis der Ad-hoc-Krise eingeschlossen – eine Vielzahl von Situationen und Entwicklungen subsumiert werden – gemein ist ihnen zumeist lediglich eine existenzgefährdende Wirkung.[53] Somit kann von einer relativ geringen Regelhaftigkeit und Präzision (Kriterium drei) des theoretischen Konstrukts der Ad-hoc-Krise ausgegangen werden.

Als Folge der geringen Regelhaftigkeit kann eine hohe Situativität des Verhaltens der Akteure bei Ad-hoc-Krisen erwartet werden. Sie scheint nötig, damit den Akteuren ein ausreichendes Maßnahmenportfolio, i. S. v. ausreichender Flexibilität, zur Krisenbekämpfung zur Verfügung steht. Das bedeutet, dass bei Ad-hoc-Krisen aufgrund ihrer Wesensmerkmale zudem von einer geringen Einheitlichkeit des Verhaltens auszugehen ist. Jede Krise hat ihre eigenen Ursachenkombinationen, Ablaufspezifika, Reaktionsmuster des Krisenmanagements, so dass etwa keine Einigkeit über Art, Anzahl und Ausprägungen der Phasen im Krisenprozess besteht[54] und selbst der Prozesscharakter nicht von allen Autoren geteilt wird.[55] Deshalb erschließt sie sich nur schwerlich der systematischen Klassifizierung, deren Mangel an anderer Stelle ja bereits festgestellt wurde.[56] Unter dem Begriff der Krise werden vielfältige Situationen und Entwicklungen subsumiert, denen zumeist nur die Existenzgefährdung gemeinsam ist.[57] Von einer Einheitlichkeit des Verhaltens – WOLFs viertes Kriterium – kann also nicht ausgegangen werden.

Bei der Untersuchung des Phänomens Ad-hoc-Krise scheint die Einbindung des betreffenden Systems und seiner Systemumwelt essenziell. Denn sowohl ursachen- wie wirkungsseitig zeigen Krisen – aufgrund des offenen Systemcharakters der betrachteten Organisationen (z.B. Unternehmen), der sich aus den wechselseitigen Relationen zwischen Umsystemen und System ergibt[58] – externe Effekte. Alle realen Systeme können als offene Systeme bezeichnet werden, da sie in den Kontext der Wirklichkeit eingebettet sind und damit in Beziehungen zu Elementen anderer, sie umgebender Systeme stehen.[59] Reale Systeme können sich nicht vollständig gegenüber ihrer Umwelt abschließen,[60] sondern nehmen von ihr Inputs (Materie, Energie, Informationen) auf und geben Outputs an sie ab. Deshalb sind die Bedingungen der Umwelt auch immer Bedingungen für ein System. Aus diesem Grund entstehen Krisen in einer multirelationalen, inter- und intrasystemischen Verflechtung – und folglich wirken Krisen eines Systems auch immer in diesen Relationsgebilden auf andere Systeme. So können sowohl systeminterne als auch -externe Krisenursachen identifiziert werden.[61] Gleiches gilt für Krisenwirkungen, die binnensystemische wie extrasystemische Konsequenzen hervorrufen.[62] Die Einbeziehung des Kontexts – im systemtheoretischen Sinn die Unternehmensumwelten – scheint bei der Analyse der Ad-hoc-Krise folglich wichtig zu sein, was zu einer hohen Ausprägung dieses fünften Merkmals von WOLF führt.

Das Kriterium der systeminternen bzw. -externen Orientierung (sechstes Merkmal), das eng mit dem vorangegangenen Kriterium der Kontexteinbindung verbunden ist, verweist auf die Frage, ob Krisenursachen und -wirkungen eher intern oder extern lokalisiert werden können. Diese Frage ist nicht ohne weiteres zur beantworten, wie SCHULTEN, der sich mit der Vermeidung von Krisen befasst, zeigt. Er weist darauf hin, dass sowohl interne als auch externe Variablen bei der Krisenprävention zu berücksichtigen seien.[63] Besonderes Augenmerk legt er dabei jedoch auf die Offenheit eines Unternehmens aus systemtheoretischer Perspektive.[64] Diese Offenheit zwinge ein Unternehmen im Rahmen der Krisenprävention zur Herstellung eines Gleichgewichts zwischen sich und seinen Umsystemen, um Austauschbeziehungen zu harmonisieren und so das Krisenentwicklungspotenzial zu minimieren.[65] Da die Systemumwelt immer komplexer ist als das System, das sie umgibt, lässt sich folgern, dass der Umwelt eine erhöhte Aufmerksamkeit gelten müsse. TÖPFER stellt auf die Reduktion der Komplexität ab, wenn er rät, „möglichst alle wichtigen Variablen – systemtheoretisch argumentiert – zu endogenisieren“[66]. Dieses Vorgehen weist auf die Wichtigkeit einer externen Orientierung bei der Krisenprävention hin. Diese lässt sich auch mit dem Krisenmechanismus begründen, den STAEHLE skizziert. Demnach entsteht eine Krise dadurch, dass ein System nicht mehr überlebensfähig ist, weil die Umsysteme wegen mangelnder Zweckerreichung, also fehlender Beiträge des Systems zur Problemlösung für seine Umwelten, es nicht mehr akzeptieren. Infolge werden keine Ressourcen mehr zur Verfügung gestellt, die für die Zweckerfüllung und für den Bestand des betreffenden Systems erforderlich wären. Damit sind sowohl die Funktion wie die Substanz des Systems deshalb gefährdet, weil seine Umsysteme es wegen mangelnder Wirksamkeit und bzw. oder Wirtschaftlichkeit negativ sanktionieren.[67] Damit ist die Reflexion auf die Umwelt, also die systemexterne Orientierung, für die Krise und das Krisenmanagement von hoher Bedeutung.

Als siebtes Merkmal führt WOLF das Ausmaß der vermuteten Raum-Zeit-Invarianzen an. Auf die Ad-hoc-Krise übertragen ließe sich die Frage stellen: Sind die im Krisenkonstrukt enthaltenen Zusammenhänge zeitlich und räumlich konstant? Auf der einen Seite gelten die Ausführungen, die bereits zuvor zu Regelhaftigkeit und Präzision sowie zur Einheitlichkeit des Verhaltens gemacht wurden: Hier gilt, dass eine geringe Konstanz vermutet werden kann. Zugleich lassen sich einige Grundprinzipien und konstitutive Merkmale für Krisen und ihren Verlauf ausmachen – so wie es etwa die Ausführungen zur Annäherung an den Begriff der Ad-hoc-Krise dargelegt haben.[68]

Dieses vermeintlich widersprüchliche Bild der Ad-hoc-Krise führt zu der Annahme, dass sich sowohl stabile Grundzüge wie situativ-spezifische Ausprägungen als wesentlich für Krisen erweisen. Deshalb wird beim Merkmal der Raum-Zeit-Invarianz eine mittlere Ausprägung unterstellt.

Als letztes Merkmal benennt WOLF den normativen Anspruch einer Theorie. Da es sich bei dem vorliegenden Versuch, Krisenphänomene theoriegestützt zu erfassen, um eine deskriptiv-analytische Aufgabe handelt, die keinen Gestaltungs- oder Verhaltensanspruch postuliert, sondern das Phänomen der Ad-hoc-Krise zu beschreiben und in seinen Zusammenhängen zu erklären versucht, ist der normative Anspruch als gering auszuweisen.

Abbildung 2-1: *Vergleich von Organisationstheorien*

Quelle: Eigene Abbildung in Anlehnung an WOLF, J.: Organisation [2003], S. 442 f.

Theorien	Rationalität	Objektivismus	Regelhaftigkeit und Präzision	Einheitlichkeit des Verhaltens	Einbeziehung des Kontexts	System-externe Orientierung	Raum-Zeit-Invarianzen	Normativer Anspruch	Übereinstimmungen mit Krise
Bürokratiemodell	5	5	5	5	1	1	(5)	5	0
Scientific Management	5	5	5	5	1	1	(5)	5	0
Andministrations-theorie	4	4	3	4	2	2	(5)	4	0
Präskriptive Entscheidungstheorie	5	2	4	2	4	(3)	5	5	3
Systemtheorie	(2)	(2)	2	2	4 (Umwelt-zustände)	4	1	1	7
Situations- und Interaktionstheorie	4	4	(3)	1	5	3	5	4	2
Verhaltens-wissenschaftliche Organisationstheorie	1	1	2	1	2	2	3	2	5
Machttheoretischer Ansatz	2	2	2	2	1	2	3 (keine Zusammen-hangsaussagen)	3	5
Informations-verarbeitungsansatz	4	3 (je nach Strang)	(3)	(2)	4	3	4	4	2
Neue Institutionen-ökonomie	4	2	(3)	2	3	3	4	4	2
Evolutionstheorie	**2**	**2**	**2**	**2**	**5**	**5**	**3**	**1**	**8**
Selbstorganisations-theorie	2	2	1	1	4	2	2	3	5
Gestaltansatz	(3)	(3)	(3)	3 (da begrenzte Anzahl von Gestalten)	5	3	4	4	1
Interpretationsansatz	2	1	2	2	4	3	2	2	6
Institutionalistischer Ansatz	3	3	4	3	3	4	(2)	2	2
Ressourcenbasierter Ansatz	3	3	4	3	3	4	(2)	4	1
Ad-hoc-Krise	Gering	Gering	Gering	Gering	Hoch	Hoch	Mittel	Gering	

Abbildung 2-1 beinhaltet den WOLFschen Theorievergleich, erweitert um das Phänomen Ad-hoc-Krise. Zur Identifikation einer Referenztheorie werden die Merkmalsausprägungen der Ad-hoc-Krise mit denen der Organisationstheorien verglichen. Die höchste Übereinstimmung (alle acht Merkmalsausprägungen stimmen überein) ergibt sich mit der Evolutionstheorie. Es gibt keine andere Theorie, die das gleiche Maß der Übereinstimmung zeigt. Deshalb sei an dieser Stelle die Evolutionstheorie als Erklärungsbasis favorisiert. Dies schließt nicht andere Theorien als Erklärungsmöglichkeiten aus, sondern legt lediglich eine Prioritätenreihenfolge fest und begründet hier die letztlich doch subjektive Auswahl der Evolutionstheorie als eine erste Erklärungsbasis.

2.2 Kernaussagen der Evolutionstheorie aus betriebswirtschaftlicher Perspektive

Die biologische Evolutionstheorie basiert auf dem von DARWIN eingeführten Mechanismus von Variation, Selektion und Retention. Variation steht dabei für die zufällige Veränderung von Erbanlagen bei deren Weitergabe von einer Generation an die nächste.[69] Selektion bedeutet „Auslese der im Rahmen der Variation aufgetretenen Streuungen“[70]. Retention bezeichnet die Erhaltung und Stabilisierung des vorteilhaften Erbgutes im Genpool eines Systems.[71] Beständige Veränderungen des Genpools können sich folglich einstellen, wenn Mutationen des Erbgutes auftreten und sich beständig durchsetzen. „Diejenige Erbinformation, deren Trägerindividuen für sich die Wachstumsgrenzen am weitesten hinauszuschieben vermögen, [...] ist mit der Zeit zunehmend in der Population vertreten“[72]. Dieser dreistufige Mechanismus sorgt makroperspektivisch dafür, dass permanent eine Anpassung an eine veränderliche Umwelt erfolgen kann. Einzelne schlecht angepasste Individuen können jedoch zu Grunde gehen.

Evolutionstheoretische Ansätze unterscheiden Genotyp und Phänotyp. Für MACHARZINA ist der Genotyp der „innere Bauplan“[73], wohingegen der Phänotyp die „reale, nach außen hin sichtbare Ausprägung des Organismus“[74] darstellt. WOLF weist darauf hin, dass Phänotyp und Genotyp sich nicht notwendigerweise entsprechen müssen, da die Systemumwelt lediglich auf den Phänotyp, nicht aber auf den ihm zu Grunde liegenden Genotyp einwirken kann.[75] Dies habe zur Folge, dass sich Umwelteinflüsse zwar im Phänotyp niederschlagen, jedoch nicht weiter vererbt werden könnten.[76] Für KUMBARTZKI liegt der essenzielle Unterschied von Genotyp zu Phänotyp zusätzlich darin, dass der Phänotyp durch die Verschmelzung der Genotypen der Vorgängergeneration zustande komme. Im Phänotyp seien die beteiligten Erbinformationen zwar integriert, im Genotyp hingegen nicht, da dieser aus zwei Bestandteilen – den Allelen – bestehe.[77]

Die Evolutionstheorie kann als Amalgam aus unterschiedlichen Varianten betrachtet werden.[78] „MAYR hat darauf aufmerksam gemacht, dass selbst DARWINS Evolutionstheorie aus einem ganzen Bündel verschiedener Theorien besteht"[79]. Zur Abgrenzung verwenden beispielsweise SCHOPPE et al. in ihren Ausführungen nicht den Ausdruck Evolutionstheorie, sondern die Umschreibung „biologisch orientierte Wachstumsmodelle"[80], auch wenn sie sich auf das gleiche Phänomen wie beispielsweise KIESER beziehen.[81]

Im Folgenden soll der Terminus Evolutionstheorie oder Evolutionstheoretischer Ansatz – wie in der gängigen Literatur üblich[82] – aus betriebswirtschaftlicher Perspektive verwendet werden, um die „Ursache für die empirisch vorfindbare Vielfalt von Organisationen, für Überleben oder Untergang von Organisationspopulationen, mit der Selektionskraft der Umwelt und gerade nicht mit der Anpassungsleistung der Organisation bzw. ihres Managements"[83] zu erklären.

Grundannahme der Evolutionstheorie ist, dass Unternehmen die Möglichkeit zur Reproduktion im Sinne der Gründung von Tochterunternehmen, Kooperationen o.ä. bzw. im Sinne einer kontinuierlichen Reproduktion besitzen.[84] Variation steht für die Veränderbarkeit von Unternehmen, die sowohl gewollt, als auch zufällig (i. S. e. Mutation) vor sich gehen kann.[85] Gewollte Variationen entstünden dabei im Rahmen eines koordinierten F&E-Prozesses oder bei Nachahmungsversuchen von Wettbewerbsstrategien, zufällige z.B. bei der Verschmelzung von Unternehmen.[86] Die Selektion ist abhängig vom Selektionsdruck[87], der als Maß für die Angepasstheit an die Unternehmensumwelt gesehen werden kann.[88] Zur Beschreibung des Selektionsdrucks kann z.B. das Five-Forces-Modell von PORTER herangezogen werden. Es zeigt auf, welche unternehmensexternen Variablen der Marktrivalität bei der Unternehmensplanung berücksichtigt werden müssen, um ein langfristiges Überlegen auf einem Markt zu sichern und um die geeigneten Strategien zur Marktbearbeitung auswählen zu können.[89] Die Retention nicht selektierter Handlungsmuster wird innerhalb von Organisation durch „Regeln, Dokumente, Verfahrensrichtlinien und Strukturen"[90] gesichert.

Die evolutionstheoretischen Ansätze lassen sich in zwei wesentliche Strömungen unterteilen: Die populationsökologischen Ansätze und die evolutionären Ansätze. Zur ersten Gruppe gehören die Forschungen etwa von ALDRICH, HANNAN / FREEMAN, MCKELVEY;[91] zur zweiten Gruppen zählen u.a. die Arbeiten von NELSON / WINTER und WEICK.[92] In der Betriebswirtschaftslehre wird der populationsökologische Ansatz als der vorherrschende Zweig der Evolutionstheorie betrachtet.[93] Dieser befasst sich „zum einen mit dem Wandel, zum anderen mit der Diversität von Organisationen"[94]. Es soll in diesem Beitrag als Basis der Argumentation dienen, da er explizit die Selektion, also den Untergang, einzelner Organisationen berücksichtigt[95] und somit Anknüpfungspunkte für das Phänomen Krise gegeben sind. Diese besondere Eigenschaft bieten alternative Theorien, wie zum Beispiel die Ansätze zur Erklärung von Evolutionsprozessen auf der intraorganisationalen Entscheidungsebene oder die Evolutorische Ökonomik[96] nicht.[97]

Folgende Besonderheiten sind dem Population-Ecology-Ansatz zu Eigen:[98]

- Betrachtungsobjekt sind neben einzelne Organisationen Populationen von Organisationen, die KIESER mit Branchen gleichsetzt. Die Anpassung einzelner Unternehmen an veränderte Umweltbedingungen ist wegen des Phänomens der strukturellen Trägheit von Organisationen nur bedingt möglich. Folglich können sich Organisationen nur in einem relativ engen Rahmen wandeln. Maßgeblich ist also der Wandel der gesamten Population, der sich durch die Selektion einzelner Organisationen ergibt.

- Populationen lassen sich durch sog. Comps voneinander abgrenzen. Comps bilden die Analogie zum biologischen Genotyp und umfassen alle Fähigkeiten, die inhaltliches und methodisches Wissen wie auch Fertigkeiten mit diesem Wissen zu arbeiten, beinhalten. Comps werden nur innerhalb einer Population weitergegeben. Zwischen ihnen werden Comps nicht ausgetauscht, da andere Populationen sie weder gebrauchen noch leicht erlernen können.

- Variationen treten innerhalb von Populationen bei Abspaltungen oder Neugründungen auf. Beide werden populationsintern entweder vorgenommen, um bestehende Systeme zu nachzuahmen oder um strukturelle Verbesserungen zur Effizienzsteigerung zu implementieren. Dem Streben nach struktureller Verbesserung ist die Variation (bezogen auf das Referenzobjekt) immanent. Bei der Nachahmung kann es zu Kopierfehlern kommen, die dann als Variation betrachtet werden können. Innerhalb von Organisationen können Comps durch Mutation (z.B. durch Versuch und Irrtum) oder Rekombination variieren. Aufgrund der strukturellen Trägheit von Organisationen wird die Variation auf Populationsebene als die bedeutendere betrachtet.

- Die Selektion zielt auf ganze Organisationen ab. Einzelne Organisationsteilnehmer werden nicht betrachtet. Entscheidend für die Selektion ist die Gesamtheit der Comps in Interaktion mit der Systemumwelt (Phänotyp). Nicht nur ökonomische Kriterien, sondern ebenfalls politische, soziale, kulturelle oder institutionelle können eine Selektion begründen. Daher führt die Evolution nicht zwingend zu einer Höherentwicklung im ökonomischen Sinn.

- Analog zur Selektion entscheiden die Comps über eine Retention: Je hochwertiger der Comppool in Bezug auf die Unternehmensumwelt, desto höher die Wahrscheinlichkeit, dass er retendiert wird. Die Speicherung der Comps folgt formal durch Normen und Routinen.

2.3 Grenzen der Evolutionstheorie für die betriebswirtschaftliche Forschung

Eine zusammenfassende Kritik zum evolutionstheoretischen Ansatz in der Betriebswirtschaftslehre liefert u.a. KIESER.[99] Er problematisiert die starke Fokussierung auf Neugründungen im Zusammenhang mit Variationen, die Selektion ganzer Organisationen, die Vernachlässigung gezielter Variationsfähigkeit, die Möglichkeit der Abgrenzung von Organisationspopulationen sowie das Fehlen relevanter Selektionskriterien. Weiterhin seien Begriffe nicht genügend definiert und operationalisiert. Obwohl substanziell, führt diese Kritik nicht zu einer Ablehnung des Ansatzes durch KIESER. Vielmehr scheint eine Weiterentwicklung der einzelnen Ansätze sinnvoll, wenn verlässliche Handlungsempfehlungen abgeleitet werden sollen. Bezüglich der Verwendung der Evolutionstheorie – insbesondere des Population-Ecology-Ansatzes – zur Erklärung von Ad-hoc-Krisen ist die geschilderte Kritik wenig schädlich, da sie sich hauptsächlich auf die Ableitung von Hahndungsempfehlungen bezieht. Ihre Erklärungskraft für die Beschreibung von Entwicklungsphänomenen im Lebenszyklus von Organisationen scheint dadurch nicht geschmälert. Die vorliegende Arbeit fokussiert auf eine systematische Beschreibung des Phänomens, die im folgenden Abschnitt vorgenommen werden soll, so dass die Kritik der Evolutionstheorie bedacht wird, aber hier nicht zu einem grundsätzlichen Ausschluss der evolutionären Ansätze als Deskriptionsbasis führt.

In einem zweiten Schritt stellt sich die Frage nach der forschungskonzeptionellen Eignung evolutionstheoretischer Erkenntnisse zur Beschreibung bzw. Erklärung ökonomischer Zusammenhänge. MÜLLER bezweifelt eine generelle Eignung, wenn er schreibt, die Evolutionstheorie diene „weniger zur Erklärung von spezifischen empirischen Phänomenen […] als zur Thematisierung einer spezifischen Sichtweise der dynamischen Beziehung zwischen einer Einheit und ihrer Umwelt"[100]. Diese Meinung führt er auf die Problematik der Erkenntnisübertragung von biologischen auf soziale Systeme zurück, die er mit Größe der Unterschiede zwischen beiden Welten begründet.[101] Diese Kritik soll nicht ignoriert werden. Sie manifestiert sich unter anderem in der Schwierigkeit, eindeutige Analogien zu bilden. Die Abgrenzung des Phänotyps vom Genotyp ökonomischer Zusammenhänge sei hier nur ein Beispiel. Da es jedoch darum geht, einen Systematisierungsansatz zu finden, der die Entstehung und Entwicklung von Ad-hoc-Krisen beschreibt und weniger eine kausale Erklärung für die Existenz von Ad-hoc-Krisen liefert, kann das Argument von MÜLLER hier nicht seine volle Wirkung entfalten. Es ist jedoch wieder zu berücksichtigen, wenn die Theoriebildung das deskriptive Niveau und die Frage der (terminologischen) Analyserasterbildung verlässt und sich der Erklärung kausaler Ursache-Wirkungs-Zusammenhänge für die Ad-hoc-Krisen zuwendet und sich an einer evolutionstheoretischen Analogie versucht. Die Analogiebildung setzt eine (erneute) Prüfung der Analogiefähigkeit des gewählten Theoriekonzepts als Erklärungsbasis voraus.

3 Ad-hoc-Krisen - ein evolutionstheoretischer Erklärungsversuch

3.1 Hypothesen über die Entstehung und Entwicklung von Ad-hoc-Krisen

Die folgenden Hypothesen basieren auf den Grundprinzipien der Evolutionstheorie. Sie werden insbesondere vor dem Hintergrund des Population-Ecology-Ansatzes wegen dessen allgemeiner betriebswirtschaftlicher Bedeutung betrachtet. Dabei wird untersucht, inwiefern die Grundprinzipien der Evolutionstheorie das Phänomen einer Ad-hoc-Krise beschreiben können.

Der Population-Ecology-Ansatz betrachtet im Rahmen der Variation vornehmlich Spin-Offs oder Unternehmensneugründungen.[102] KRYSTEK weist darauf hin, dass besonders jungen Unternehmen als krisenanfällig einzuschätzen seien.[103] Ein Grund könnte in der Qualität des Comppools in Bezug auf seine Umweltanforderung liegen, da junge Unternehmen wegen der kurzen Zeit ihrer marktlichen Aktivitäten noch keine Lerneffekte – economies of scale gleichsam wie economies of scope – hinsichtlich der Anpassung und Konfiguration ihres Comppools realisieren können. Dabei ist jedoch diskussionswürdig, ob die Compdefizite auch kurzfristige, plötzliche Krisen auslösen können oder ob hier eher eine Quelle für die „normale" Entwicklung von Krisen vorliegt. Ein Grund, der gegen Compdefizite als Ad-hoc-Krisen-Inpulse spricht, liegt u.a. darin, dass neu gegründeten Unternehmen zunächst ein Verlustspielraum eingeräumt wird, da nicht unmittelbar nach Gründung mit Gewinnen gerechnet werden kann.[104] Ein anderer Grund, der dafür spricht, dass Compdefizite zu Ad-hoc-Krisen führen können, ist die mangelnde Potenzialvorsorge junger Unternehmen, die ihnen eine flexible Reaktion auf plötzliche Änderungen im Anforderungsumfeld (z.B. veränderte Zinssätze in der Kreditfinanzierung oder neue Covernants) ermöglichen würde. Zumeist sind gerade in Startphasen die hierzu erforderlichen Reserven (an Kapital, Personal, Zeit usw.) nicht vorhanden, da noch keine Rücklagen (etwa in Form von Zusatz- oder Zuwachskapital) gebildet werden konnten. Daraus lässt sich ganz grundsätzlich die **Hypothese I** ableiten: Wenn die Comps von (jungen) Unternehmen nicht mit den Anforderungen von deren Umwelten übereinstimmen, dann können die sog. Compdefizite Ad-hoc-Krisen auslösen.

Die Variation innerhalb von Unternehmen wird im Rahmen des Population-Ecology-Ansatzes als weniger bedeutend angesehen, als die Variation ganzer Organisation.[105] Die intraorganisationale Variation birgt jedoch erhebliches (Ad-hoc-)Krisenpotenzial. Kommt es zu einer abrupten Änderung des Comppools eines Systems – z.B. durch den Verlust vom Comps wenn etwa größere Personengruppen das Unternehmen wechseln – kann dies, sofern es sich um solche Comps handelt, die das Erreichen dominanter

Zielgrößen einer Organisation unmittelbar tangieren, zu einer Ad-hoc-Krise führen.[106] In der Praxis traten solche Fälle von Compverlusten in der Vergangenheit bei Investmentbanken während des Booms von High-Tech-Aktien auf, als teilweise alle Mitarbeiter einer Abteilung eine Bank zu einer Wettbewerbsbank verließen.[107] Zu diesem Beispiel finden wir in der Biologie einen Ansatzpunkt beim Konzept der Symbiose.[108] Eine Symbiose ergibt sich, wenn ein Symbiont und ein Wirt eine Gemeinschaft bilden. Dabei nutzt der Symbiont immer eine bestimmte Eigenschaft des Wirts und erzeugt für diesen somit Kosten, wohingegen der Symbiont im Gegenzug nicht zwingend einen Nutzen für den Wirt generieren muss. Stiftet der Symbiont Nutzen wird er als Mutualist bezeichnet, sonst als Parasit.[109] Bezogen auf das sozio-technische System Unternehmung kann das Unternehmen selbst als Wirt gesehen werden, die angestellten Mitarbeiter als Mutualisten.[110] Unter der Annahme, dass ein Symbiont ein Nutzenmaximierer ist, dürfte dieser die Symbiose aufgeben, wenn einen andere Gemeinschaft ihm einen höheren Nutzen verspricht. Die Abwanderung in ein anders System kann dann zu einer Ad-hoc-Krise führen, wenn die Leistung des Mutualisten (Mitarbeiter) für den Wirt (Unternehmung) vital ist.[111] **Hypothese II** lautet folglich: Wenn der Comppool als Summe aller spezifischen, umweltorientierten und überlebensrelevanten Handlungsmuster und Fähigkeiten einer Organisation durch interorganisationale oder intraorganisationale Impulse kritisch verändert wird (Variation), dann kann dies Ad-hoc-Krisen auslösen, da Umweltanforderungen und Leistungsfähigkeit des Comppools auseinander fallen.

Neben dem Verlust essenzieller Comps – evolutionstheoretisch mit dominanten Genen gleichzusetzen[112] – können auch solche Comps verloren gehen, die zwar zum Zeitpunkt ihrer Abwanderung noch nicht essenziell sind, sich aber bei veränderten Umweltbedingungen als essenziell herausstellen könnten und somit wertvoll i. S. e. Option sind. Der Verlust essenzieller Comps kann also mit einem Verlust an organisationalen Gestaltungsoptionen einhergehen. Exemplarische Ursachen können dafür vergangene Rationalisierungsmaßnahmen mit entsprechendem Personalabbau oder falsch fokussiertes Outsourcing sein, bei dem aktuell manifest existenzunkritische, aber latent existenzielle Comps aus dem Unternehmen ausscheiden. Daraus folgt **Hypothese III**: Wenn potenziell kritische Comps für eine Organisation verloren gehen, dann können diese bei einer plötzlichen, nicht vorhergesehenen Veränderung der Umfeldsituation existenz- bzw. erfolgsrelevant werden und eine Ad-hoc-Krise auslösen, weil den Umweltanforderungen mangels erforderlicher Comps nicht entsprochen werden kann.

Weiteres Potenzial für die Entstehung einer Ad-hoc-Krise bildet eine Änderung der Umweltanforderungen an ein System. STABER spricht in diesem Zusammenhang vom „Selektionsdruck"[113]. Wie zuvor gezeigt lässt sich dieser z.B. über das Five-Forces-Modell von PORTER erklären.[114] Lieferanten, Kunden, bestehende und neue Wettbewerber sowie Ersatzprodukte generieren einen Druck, der auf eine Population wirkt und die ineffizienten Marktteilnehmer selektiert.[115] Andere Beschreibungsmodelle für die System-Umwelt-Beziehungen wie etwa der Stakeholder-Approach von FREEMAN erlauben ähnliche, ggf. umfassendere, jedoch nicht unbedingt konkretere Ansätze zur Deskription des Selektionsdrucks.[116] Hieraus ergeben sich zwei, nicht voneinander unbedingt separat zu betrachtende Ansatzpunkte für die Initiierung einer Ad-hoc-Krise. Zum einen kann die Ad-hoc-Krise dadurch ausgelöst werden, dass sich der Selektionsdruck quantitativ verändert: Er überspringt durch die Veränderung einzelner oder kombinierter unabhängiger Variablen (z.B. Anzahl potenzieller Wettbewerber und Verhandlungsmacht der Lieferanten steigen) überraschend einen kritischen Schwellenwert, der für ein betreffendes Unternehmen existenzbedrohend wirkt. Die andere Möglichkeit ist, dass die Ad-hoc-Krise dadurch entsteht, dass der Selektionsdruck sich qualitativ verändert: Zwar verharrt der Selektionsdruck auf dem gleichen absoluten Niveau, jedoch verschieben sich die Einflüsse der unabhängigen Variablen so, dass der bisherige Wert des Selektionsdrucks für ein jeweiliges Unternehmen existenzkritisch wird (z.B. im Stakeholder-Approach verschiebt sich aufgrund von politischen Verhandlungen die ökonomische Macht von der bedeutenden Gruppe der Mitarbeiter, deren Ausscheiden aus der Unternehmung nicht direkt zur Insolvenz führt, zu den mehrheitsbeteiligten Eigenkapitalgebern, deren Einfluss auf die Existenz der Unternehmung unmittelbar ist, wenn sie etwa ihr Eigenkapital kündigen). Kombination von quantitativen und qualitativen Veränderungen des Selektionsdrucks dürften wegen der konstruktimmanenten Interdependenzen zwischen den Variablen die Regel sein. Jede einzelne Variable kann in ihrer Vernetzung durch eine Veränderung eine Ad-hoc-Krise induzieren, weil sich damit auch der Selektionsdruck verändert. Betreibt ein Unternehmen single sourcing, kann ein Lieferantenausfall unmittelbar in eine Krise führen. Gleiches gilt für den Wegfall von Schlüsselkunden. Preissenkungen bestehender Wettbewerber können zu einer kritischen Abwanderung von Kunden führen, wenn der Preis kaufentscheidend ist. Neue Wettbewerber können ebenfalls zu Preissenkungstendenzen beitragen, da ein steigendes Angebot ceteris paribus zu Preissenkungen führt. Und schließlich können Ersatzprodukte ein Unternehmen unmittelbar in eine Krise führen, wenn dadurch das eigene Produkt nicht mehr abgesetzt wird. Es ergibt sich folgende **Hypothese IV**: Wenn der Selektionsdruck sich qualitativ und / oder quantitativ verändert, kann dies Ad-hoc-Krisen auslösen, weil der bestehende Comppool des Unternehmens c. p. nicht mehr dem Selektionsdruck qualitativ und / oder quantitativ entspricht.

Umweltanforderungen und der daraus resultierende Selektionsdruck basieren jedoch nicht immer auf ökonomischen Gesichtspunkten, wie etwa der oben genannte Stakeholder-Approach von FREEMAN zeigt. KUMBARTZKI führt zusätzlich politische, soziale, kulturelle und institutionelle Faktoren an.[117] Die mangelnde Akzeptanz der Versenkung der Ölplattform „Brent Spar" in der Nordsee insbesondere durch die deutsche Bevölkerung führte den Energiekonzern Shell 1997 in eine Ad-hoc-Krise, weil die Vernetzung und Abhängigkeiten von öffentlicher Meinung und Nachfrage nicht beachtet und die Öffentlichkeitswirksamkeit der Versenkung unterschätzt wurden.[118] Die Werbekampagne „We, on death row" hatte für Benetton im Jahr 2000 ähnliche Auswirkungen.[119] Der amerikanische Safthersteller „Odwalla" geriet in eine Ad-hoc-

Krise, als er 1996 verdorbenen Apfelsaft auslieferte und ein kleines Mädchen starb.[120] Die Firma Coppenrath & Wiese, Produzent von Tiefkühltorten, geriet in eine unverschuldete Ad-hoc-Krise, da die Medien im Jahr 2003 berichteten, ein kleines Mädchen sei an einer vergifteten Torte des Unternehmens gestorben. Dabei handelte es sich um eine Falschmeldung, die das Unternehmen jedoch in eine tiefe Ad-hoc-Krise stürzte.[121] So können Unternehmen in eine Ad-hoc-Krise geraten, die weder makroökonomisch (z.B. durch konjunkturelle Schwankungen) noch mikroökonomisch (z.B. durch Misswirtschaft) induziert war. **Hypothese V** lautet somit: Wenn eine Abweichung zwischen Umweltanforderung und Systemprofilen (Leistung, Organisation, Ressourcen) besteht, dann muss sie nicht zwingend ökonomisch begründet sein, sondern sie kann dann auch auf Differenzen in politischer, sozialer, kultureller, technologischer, juristischer, institutioneller usw. Dimension beruhen, weil ein System multidimensional in seine Umwelten eingebunden und über vielfältige Relationen mit Elementen anderer Systeme verbunden ist.

Im Rahmen der Evolutionstheorie wird kein unmittelbarer Zusammenhang zwischen Variation des Comppools und Änderung der Umweltanforderungen hergestellt. Ihre vermeintliche Unabhängigkeit führt dazu, dass eine Veränderung beider Faktoren gleichzeitig eintreten kann. Es kann den Selektionsdruck steigen, indem die Umweltanforderungen im Niveau steigen oder sich in ihrer Qualität verändern. Gleichzeitig können davon unabhängig, die Comps innerhalb eines Systems eine Veränderung erfahren. Beides kann losgelöst voneinander zu einer Divergenz zwischen Umwelt und System führen, aus der dann eine Ad-hoc-Krise resultiert. Bei einer Parallelität bzw. Koinzidenz der unterschiedlichen Ursachen für eine Krise, dürften diese verstärkend wirken, wenn sie beide die Distanz zwischen Anforderungen der Umwelt und Leistungen des Systems vergrößern. Parallel ist aufgrund ihrer Unabhängigkeit auch ein kompensatorischer Zusammenhang denkbar. Er liegt dann vor, wenn auf der einen Seite etwa Veränderungen im Selektionsdruck zu dessen Erhöhung führen, aber zugleich im Comppool des Systems unabhängig davon Veränderungen vorgenommen werden, die die Differenz zwischen System und Umwelt wiederum verringern. Die Unabhängigkeit von Variation und Selektionsdruck ist als Annahme prinzipiell zu diskutieren, denn sie vernachlässigt, die Möglichkeit der kausalen Interdependenz (z.B. Anpassungsreaktionen in Form gerichteter Variation), die sich jedoch vor dem Hintergrund anderer Ansätze wie etwa der Neuen Industrie-Ökonomik, des Resource-based-View oder auch des Situationsansatzes begründen ließe. Davon losgelöst und unter der Annahme einer Unabhängigkeit von Variation und Selektionsdruck beinhaltet **Hypothese VI**: Wenn zeitgleich, aber unabhängig Veränderungen im Anforderungsprofil der Umwelt und im Comppool eines Systems evident werden, dann können sie sich bei der Initiierung einer Ad-hoc-Krise komplementär verstärken, kompensieren oder indifferent nebeneinander ablaufen, dies ist abhängig von den konvergenten oder divergenten Orientierungen der jeweiligen Veränderungen.

Die obigen Ausführungen lassen sich insgesamt zu folgender übergeordneter **Hypothese VII** der evolutionstheoretischen Krisenbeschreibung subsumieren: Wenn eine

Ad-hoc-Krise existent wird, dann lässt sie sich auf eine plötzliche existenzkritische Differenz in ökonomischer, sozialer, kultureller, technologischer usw. Dimension zwischen dem Selektionsdruck der Umwelt und dem Comppool eines betreffenden Systems zurückführen, die entweder auf eine Veränderung in Niveau und / oder Qualität des Selektionsdrucks oder auf eine interorganisationale oder intraorganisationale Veränderung im manifesten oder latenten Comppool oder auf beides zurückführen, wobei eine gleichzeitige (aber voneinander unabhängige) Veränderung der Umweltanforderungen und des Comppools die Krisensituation verschärfen oder vermindern kann aber nicht muss.

Damit erschließt sich die Beschreibung und Analyse der Entstehung von Ad-hoc-Krisen einer evolutionstheoretischen Systematik, die es anhand der skizzierten Kriterien erlaubt, Ad-hoc-Krisen in ihren Merkmalen zu klassifizieren. Hierzu sei im Folgenden ein allgemeines Konstrukt entworfen.

3.2 Ein allgemeines Konstrukt

Grundannahme in folgendem Modell ist, dass eine Anpassung des Comppools (C) an die Bedingungen der Systemumwelt mit einer höheren Retentionswahrscheinlichkeit dieses Comppools einhergeht.[122] Kommt es zu einer Variation der Comps, kann eine bessere (Handlungsmuster schafft Überlebensvorteile), eine schlechtere (Handlungsmuster schafft Überlebensnachteile) oder eine unveränderte (verändertes Handlungsmuster ist für Überlebenswahrscheinlichkeit nicht relevant) Anpassung an die Umwelt die Folge sein. Entscheidend für das Überleben des Systems ist dabei die Änderung des Comppools in Bezug zur Änderung der Umwelt ($\Delta C/\Delta U$)[123]. Die Dynamik der Umwelt (ΔU) ist dabei gleichermaßen ausschlaggebend wie die Änderung des Comppools durch Variationen (ΔC). Nach dem Verständnis des Population-Ecology-Ansatzes passt sich die Population den Umweltbedingungen an, da nicht angepasste Organisationen selektiert werden. Reicht der Comppool zum Überleben aus, wird er retendiert. Ein langfristiges Überleben kann allerdings nur dann garantiert werden, wenn eine Annäherung des Comppools an die Systemanforderung stattfindet. Andernfalls dürfte eine Selektion zeitversetzt stattfinden. In Abbildung 2 wird davon ausgegangen, dass sich das dargestellte System in der Ausgangsituation in einer Gleichgewichtssituation (i. S. e. potenziellen Krise) und nicht in einer latenten oder akuten Krise befindet.[124]

Im ersten Fall ($C_X \rightarrow C_{X1}$) findet eine positive (überlebenssteigernde) Variation des Comppools statt. Das System befindet sich dadurch in einem gestärkten Gleichgewicht. Die Überlebenswahrscheinlichkeit wurde gesteigert, da sich die relevanten Systemeigenschaften (der Comppool) den Umweltanforderungen angenähert haben. Die Faktoren, welche die Systemstärkung bewirkt haben werden retendiert, da sie einen Anpassungsvorteil darstellen.

Im zweiten Fall (C_X → C_{X2}) bleibt die System-Umwelt-Diskrepanz konstant, da keine Annäherung an die aber auch keine Entfernung zu den Umweltanforderungen stattgefunden hat. Da in der Ausgangssituation keine latente bzw. akute Krise herrschte, wird diese auch nicht eintreten. Der Comppool reicht aus, um eine Krise zu verhindern, also werden die Comps erfolgreich retendiert.

Abbildung 3-1: *Entwicklung von Krisen im Rahmen der Evolutionstheorie*
Quelle: Eigene Darstellung.

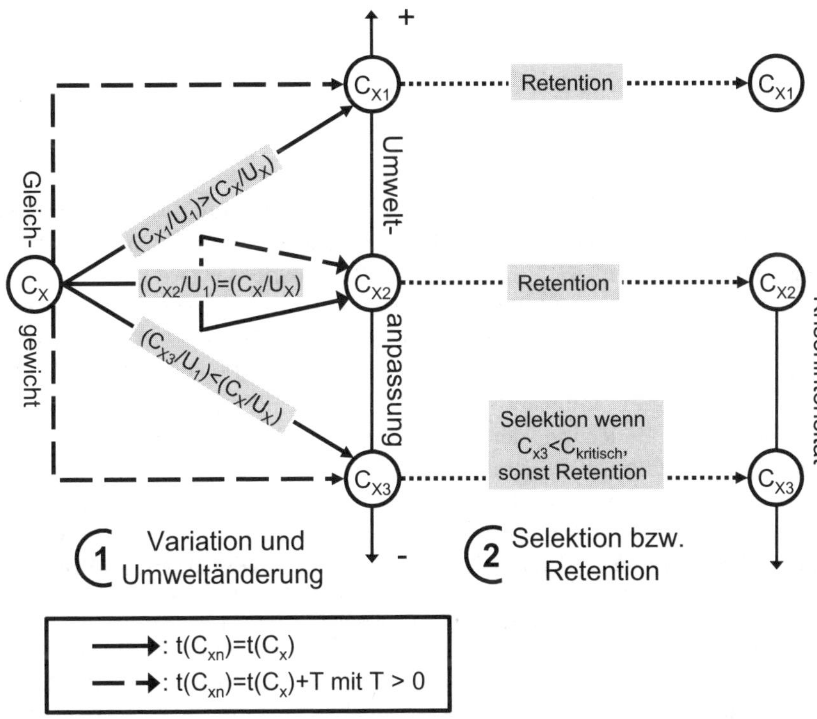

Schließlich kommt es im dritten Fall (C_X → C_{X3}) zu einer Krise, wenn die Diskrepanz zwischen tatsächlichem und erforderlichem Comppool so groß ist, dass das Überleben des Systems akut gefährdet wird. Eine Selektion (Untergang des Systems) findet jedoch in diesem akut kritischen Zustand nur statt, wenn der vorhandene Comppool nicht ausreicht, ein Überleben in der Systemumwelt zu garantieren (der tatsächliche Comppool C_{X3} entspricht nicht dem notwendigen Comppool $C_{kritisch}$).

Das in Abbildung 2 dargestellte Konstrukt unterscheidet generell zwischen zwei zeitlichen Abläufen. Im ersten Fall (dargestellt durch die unterbrochene Linie) findet eine Änderung der System-Umwelt-Verhältnisse entweder durch eine sukzessive Comp- oder ein sukzessive Umweltänderung (oder beides gleichzeitig) statt ($t(C_{xn})=t(C_x)+T$). Eine mögliche Krise (Darstellung $C_X \rightarrow C_{X3}$[125]) kann durch diese Allmählichkeit antizipiert werden. Sie fällt damit nicht unter das Konstrukt der Ad-hoc-Krise. Bei der Ad-hoc-Krise kommt es zu abrupten Änderungen der Variablen Umwelt und bzw. oder Comppool (dargestellt durch die durchgängige Linie mit $t(C_{xn})=t(C_X)$). Dadurch kann die Krise nicht antizipiert werden.

4 Fazit

Bei allen methodologischen und konzeptionellen Schwierigkeiten der Auswahl und Übertragung einer geeigneten Theoriebasis für die Beschreibung und Erklärung von Ad-hoc-Krisen zeigt sich, dass die Evolutionstheorie eine Basis bildet, um für die terminologische und deskriptive Grundlegung einer Theorie der (Ad-hoc-)Krise einen tragfähigen Ausgangspunkt zu bilden. Auf Basis der Grundaussagen des Populationsökologischen Ansatzes konnten erste Hypothesen generiert werden, die ein systematisches Raster für die Ursachenforschung bei Ad-hoc-Krisen vorgeben. Sie lassen – insbesondere durch ihre Zusammenführung in einem allgemeinen Konstrukt – eine analytisch-sequenzielle Zerlegung der komplexen situativen Bedingungsgefüge für Systeme in Ad-hoc-Krisen auf abstrakter Ebene zu. Damit wäre eine generelle Einordnung von Phänomenen und Verhaltensmustern unter dem Aspekt möglich, welche Implikationen sich jeweils daraus im Hinblick auf die Entstehung und Entwicklung von Ad-hoc-Krisen ergeben: Variation vs. Selektionsdruckveränderung als Krisenursachen.

Gleichzeitig wird deutlich, dass nun die zuvor gebildeten Hypothesen einer Konkretisierung bedürfen, wollen sie einen instruktiven Analyse- und Beschreibungsrahmen für die Auseinandersetzung mit Ad-hoc-Krisen bilden. Eine Einordnung einzelner Realphänomene ist hier nur auf abstrakter Ebene möglich, jedoch nicht auf der Ebene konkreter Zusammenhänge. Um Selektionsdruck und Variation messen zu können, muss mit der Konkretisierung der Globalkonstrukte durch Merkmalsbeschreibungen auch eine Indikatorenbildung bzw. Messgrößenableitung zur Operationalisierung erfolgen. Bevor dies alles möglich ist, müssen sich zudem die Annahmen – wie etwa die der Unabhängigkeit von Variation und Selektionsdruck – die zur Aufstellung der Globalhypothesen geführt haben, noch einer eingehenden kritischen Diskussion und empirischer Prüfung stellen. Unbeachtet davon bleibt auch noch zu untersuchen, ob und inwieweit die Analogiebildung zwischen biologischen und sozio-technischen Systemen leistungsfähig und methodologisch statthaft[126] ist.

Anmerkungen

1 KRYSTEK, U.: Unternehmungskrisen [1987], S. 1.

2 Vgl. Statistische Bundesamt: Insolvenzen; Pressemitteilung vom 18.03.2004.

3 Bezogen auf den Zeitraum von 1994 bis 2003.

4 Vgl. Statistisches Bundesamt: Datenreport [2004].

5 Vgl. z.B. WEBER, P.: Krisenmanagement [1980], KRYSTEK, U.: Unternehmungskrisen [1987], SCHULTEN, M.F.: Krisenmanagement [1995], BERGAUER, A.: Krisenmanagement [2001], BERGAUER, A.: Unternehmenskrise [2003].

6 Vgl. z.B. BERGAUER, A.: Unternehmenskrise [2003], S. 15 ff. oder KÖPPEL, R.: Marketing-Turnaround [1994], S. 146 ff.

7 Vgl. z.B. WOLF, J.: Organisation [2003], S. 7 - 9.

8 Vgl. z.B. ANDERSSON, G.: Induktion, S. 153 in: SEIFFERT, H. / RADNITZKY, G.: Wissenschaftstheorie [1992].

9 Vgl. HILL, W. / FEHLBAUM, R. / ULRICH, P. Organisationslehre 1 [1994], S. 44.

10 Vgl. CHALMERS, A.: Wege [2001], S. 35 ff.

11 FREILING, J.: Theorie der Krise [2005], in diesem Band, S. 59 ff.

12 Vgl. SCHNEIDER, D.: Warnung [1985].

13 Vgl. HASENACK, W.: Wirtschaftskrise [1932], S. 705 ff.; FLEGE-ALTHOFF: Notleidende Unternehmung [1930], S. 3; ISAAK, A.: Wirtschaftskrise [1932], S. 385 ff. und LE COUTRE, W.: Krisenlehren [1926], S. 63 ff.

14 Vgl. SCHREYÖGG, G.: Krisenmanagement [2004], S. 13.

15 In der Literatur findet sich eine Vielzahl von Versuchen, Krisen zu typologisieren, ohne dass dabei ein übergreifendes, allgemein anerkanntes terminologisches Klassifizierungssystem entstanden wäre. Beispielsweise seien hier BERG / TREFFERT genannt, die Krisen u.a. nach ihrem lokalen Auftreten in einer Organisation differenzieren. BICKHOFF / EILENBERGER unterscheiden nach strategischen und operativen Krisen. BÖTZEL führt hingegen das Phänomen der Konzernkrise ein und trennt zwischen Krisen der Mutter- und ihren Tochtergesellschaften. SCHMIDT bezieht demgegenüber Krisen auf durch Unternehmenswachstum eingeleitete Prozesse.
Vgl. BERG, K.C. / TREEFFERT , J.C.: Unternehmenskrise [1979], S. 461; Bickhoff, N. / Blazt, M. / Eilenberger, G. / Hanghai, S. / Kraus, K.-J. (Hrsg.): Unternehmenskrise [2004]; BÖTZEL, S.: Diagnose [1993], S. 138 ff. und SCHMID, T.M.: Wachstumskrisen [1993], S. 21 ff.

16 Vgl. KRYSTEK, U.: Unternehmungskrisen [1987], S. 67.

17 Vgl. HÜLSMANN, M.: Ad-hoc-Krise [2005], in diesem Band, S. 33 ff.

18 Vgl. z.B. SCHULTEN, M.F.: Krisenmanagement [1995], S. 89 ff.; TÖPFER, A.: Unternehmenskrisen [1999], S. 58 ff. oder BERGAUER, A.: Unternehmenskrise [2003], S. 15 ff.

19 In der jüngeren Literatur geht lediglich TÖPFER, auf die Ad-hoc-Krise, i.S. seiner Kategorisierung in vorhersehbare und nicht vorhersehbare Krisen ein, wobei er jedoch keine spezifische

Definition für das Konstrukt der Ad-hoc-Krise anbietet. In der älteren Literatur findet eine solche Differenzierung gar nicht statt.

20 Vgl. z.B. WEBER, P.: Krisenmanagement [1980], S. 15.

21 Vgl. z.B. Krystek, U.: Krisenmanagement [1987], S. 6.

22 Vgl. STAEHLE, W.H.: Management [1999], S. 901 ff.

23 Vgl. SCHERER A.,G.: Kritik der Organisation [2002], S. 2 ff.

24 Vgl. WOLF, J.: Organisation [2003], S. 42.

25 Zur Theorie der Unternehmung vgl. beispielsweise SCHOPPE, S. G. ET AL.: Moderne Unternehmenstheorie [1995], S. 1 ff.; MACHARZINA, K.: Unternehmensführung [1995], S. 34 ff.; ALBACH, H.: Theorie der Unternehmung [1999], S. 411 ff.; KRÜSSELBERG, U.: Theorie [1993] und HOLMSTRÖM, B. R. / TIROLE, J.: Theory [1989].

26 Vgl. z.B. GUTENBERG, E.: Betriebswirtschaftslehre [1975], S. 179 ff.; MELLEROWICZ, K.: Unternehmenspolitik 1 [1963], S. 36 ff. und KOSIOL, E.: Unternehmung [1973], S. 301 ff.

27 Vgl. z.B. ULRICH, H.: Unternehmung [1970]; BEER, S.: Cybernetics [1959]; MALIK, F.: Strategie [1992] und BLEICHER, K.: Management-Konzept [1992].

28 Vgl. z.B. ALBACH, H. / ALBACH, R.: Institution [1989].

29 Vgl. HÜLSMANN, M.: Orientierungsdilemma [2003], S. 151 ff.

30 Vgl. WOLF, J.: Organisation [2003], S. 42 ff.

31 Vgl. HÜLSMANN, M.: Ad-hoc-Krise [2005], S. 33 ff.

32 Vgl. Froschungslogik der Sozialwissenschaften z.B. HILL, W. / FEHLBAUM, R. / ULRICH, P. Organisationslehre 1 [1994], S. 39 ff und die dort angegebebenen Quellen.

33 Vgl. WOLF, J.: Organisation [2003], S. 442 ff.

34 Vgl. WOLF, J.: Organisation [2003], S. 442.

35 Da WOLF in seiner Systematisierung nicht nur singuläre, sondern auch diametrale Eigenschaften als Kriterien verwendet, ist eine eindeutige Wertezuordnung zur gewählten Skala nicht möglich. Weiterhin ist die Bewertung der einzelnen Merkmale nicht nachvollziehbar dargestellt. Hier können Kritikpunkte am Vorgehen WOLFs identifiziert werden.
Vgl. WOLF, J.: Organisation [2003], S. 442.

36 Auf dieses Defizit weist WOLF selber hin und nennt zur Begründung lediglich mangelnden Platz.
Vgl. WOLF, J.: Organisation [2003], S. 441.

37 SCHERER, A.G.: Kritik der Organisation [2002], S. 19.
Der Begriff des Paradigmas steht bei SCHERER für unterschiedliche Standards innerhalb einer Wissenschaftlergemeinde.

38 Vgl. SCHERER, A.G.: Kritik der Organisation [2002], S. 19.

39 Vgl. SCHERER, A.G.: Kritik der Organisation [2002], S. 21.

40 SCHERER, A.G.: Kritik der Organisation [2002], S. 21.

41 Vgl. für die folgenden Ausführungen HÜLSMANN, M.: Ad-hoc-Krise [2005], in diesem Band, S. 33 ff.

42 Vgl. THOMAE, H.: Entscheidung [1960], S. 26 ff.

43 HASITSCHKA, W.: Krisenprophylaxe [1988], S. 11.

44 HÜLSMANN, M.: Orientierungsdilemma [2003], S. 243.

45 DYCKMANN, J.W.: Crisis [1979], S. 289.

46 BRENTEL, H.: Soziale Rationalität [1999], S. 25.

47 BRENTEL, H.: Soziale Rationalität [1999], S. 25.

48 Vgl. BÄCKER, A.: Rationalität [1996], S. 18.

49 RESCHER, N.: Rationality [1988], S. 157.

50 Vgl. SCHREYÖGG, G.: Krisenmanagement [2004], S. 14.

51 Vgl. z.B. KRYSTEK, U.: Unternehmungskrisen [1987], S. 10 ff. und die dort angegebenen Quellen.

52 KRYSTEK, U.: Unternehmungskrisen [1987], S. 32.

53 Vgl. z.B. SCHREYÖGG, G.: Krisenmanagement [2004], S. 14 oder KRYSTEK, U.: Unternehmungskrisen [1987], S. 6.

54 Vgl. KRYSTEK, U.: Unternehmungskrisen [1987], S. 10 ff.

55 Vgl. beispielsweise KRUMMENACHER, A.: Krisenmanagement [1981], S. 8 und STAEHLE, W. H.: Management [1991], S. 831.

56 Vgl. HÜLSMANN, M.: Ad-hoc-Krise [2005], S. 33 ff.

57 Vgl. KRYSTEK, U.: Unternehmungskrisen [1987], S. 6.

58 Vgl. HÜLSMANN, M.: Orientierungsdilemma [2003], S. 192.

59 Vgl. MÜLLER-CHRIST, G. : Ressourcenmanagement [2001], S. 113.

60 Vgl. LUHMANN, N.: Soziale Systeme [1994], S. 52 ff.

61 Vgl. TÖPFER, A.: Unternehmenskrisen [1999], S. 162.

62 Vgl. KRYSTEK, U.: Unternehmungskrisen [1987], S. 75 ff.

63 Vgl. SCHULTEN, M.F.: Krisenmanagement [1995], S. 91 ff.

64 Vgl. zur Offenheit aus systemtheoretischer Perspektive auch z.B. HILL, W. / FEHLBAUM, R. / ULRICH, P. Organisationslehre 1 [1994], S. 22 und ULRICH, H.: Unternehmung [1970], S. 112 f.

65 Vgl. SCHULTEN, M.F.: Krisenmanagement [1995], S. 95 ff.

66 TÖPFER, A.: Unternehmenskrisen [1999], S. 67.

67 Vgl. STAEHLE, W. H.: Management [1991], S. 904 und HILL, W. / FEHLBAUM, R. / ULRICH, P.: Organisationslehre 1 [1994], S. 154.

68 Vgl. HÜLSMANN, M.: Ad-hoc-Krise [2005], S. 33 ff.

69 Vgl. MACHARZINA, K.: Unternehmensführung [2003], S. 75.

70 WOLF, J.: Organisation [2003], S. 292.

71 Vgl. WOLF, J.: Organisation [2003], S. 293 f.

72 VOLAND, E.: Soziobiologie [2000] S. 3.

73 MACHARZINA, K.: Unternehmensführung [2003], S. 75.

74 MACHARZINA, K.: Unternehmensführung [2003], S. 75.

75 Vgl. WOLF, J.: Organisation [2003], S. 291.

76 Vgl. MACHARZINA, K.: Unternehmensführung [2003], S. 75.

77 Vgl. KUMBARTZKI, J.: Evolution [2002], S. 37.

78 Vgl. WOLF, J.: Organisation [2003], S. 288 f.

79 JUNKER, T. / HOßFELD, U.: Evolution [2001], S. 17 - 18.

80 SCHOPPE, S. G. ET AL.: Moderne Unternehmenstheorie [1995], S. 30 ff.

81 Vgl. KIESER, A. / WOYWODE, M.: Evolutionstheoretische Ansätze [2002], S. 253 ff.

82 Vgl. z.B. MACHARZINA, K.: Unternehmensführung [2003], S. 75, KIESER, A. / WOYWODE, M.: Evolutionstheoretische Ansätze [2002], S. 253, WOLF, J.: Organisation [2003], S. 287, KUMBARTZKI, J.: Evolution [2002], S. 93 ff.

83 STAEHLE, W.H.: Management [1999], S. 840; Kursivschreibung im Original.

84 Vgl. KIESER, A. / WOYWODE, M.: Evolutionstheoretische Ansätze [2002], S. 254.

85 Vgl. STABER, U.: Der evolutionstheoretische Ansatz [2002], S. 116.

86 Vgl. WOLF, J.: Organisation [2003], S. 291 und STABER, U.: Der evolutionstheoretische Ansatz [2002], S. 116.

87 Vgl. STABER, U.: Der evolutionstheoretische Ansatz [2002], S. 124.

88 Vgl. KUMBARTZKI, J.: Evolution [2002], S. 183.

89 Vgl. PORTER, M.E.: Wettbewerbsstrategie [1990], S 25 ff.

90 STABER, U.: Der evolutionstheoretische Ansatz [2002], S. 117.

91 Vgl. beispielsweise ALDRICH, H.E. Organizations [1979]; HANNAN, M.T. / FREEMAN, J.: Organizational Ecology [1989] und MCKELVEY, B.: Organizational Systematics [1982].

92 Vgl. beispielsweise NELSON, R. R. / WINTER, S. G.: Evolutionary Theory [1982] und WEICK, K.E. Social Psychology [1969].

93 Vgl. KIESER, A. / WOYWODE, M.: Evolutionstheoretische Ansätze [2002], S. 255.

94 KUMBARTZKI, J.: Evolution [2002], S. 143.

95 KUMBARTZKI, J.: Evolution [2002], S. 143.

96 Vgl. WOLF, J.: Organisation [2003], *S. 299.*

97 Vgl. KIESER, A. / WOYWODE, M.: Evolutionstheoretische Ansätze [2002], S. 271.

98 Vgl. im Folgenden KUMBARTZKI, J.: Evolution [2002], S. 143 ff., KIESER, A. / WOYWODE, M.: Evolutionstheoretische Ansätze [2002], S. 255 ff. und STABER, U.: Der evolutionstheoretische Ansatz [2002], S. 116 ff.

99 Vgl. KIESER, A. / WOYWODE, M.: Evolutionstheoretische Ansätze [2002], S. 271 ff.

100 MÜLLER, W.R.: Evolutionstheorie [2002], S. 152.

101 Vgl. MÜLLER, W.R.: Evolutionstheorie [2002], S. 150 f.

102 Vgl. Abschnitt 2.2.

103 Vgl. KRYSTEK, U.: Unternehmungskrisen [1987], S. 41 ff.

104 Vgl. dazu z.B. die Gewinnsituation während der Einführungsphase im Produktlebenszykluskonzept, z.B. bei MEFFERT, H: Marketing [2000], S. 338 ff. Als Praxisbeispiel vgl. die Gewinnentwicklung bei SMART seit Unternehmensgründung.

105 Vgl. Abschnitt 2.2.

106 Vgl. STAEHLE, W.: Management [1999], S. 904 f.

107 Vgl. z.B. Handelsblatt Nr. 86 vom 04.05.2001 S. 14.
Diese Beispiel entspricht zusätzlich einer zentralen Annahme des Population-Ecology-Ansatzes: Comps werden nur innerhalb einer Population (Branche) ausgetauscht. Vgl. Abschnitt 2.2.

108 Vgl. z.B. MAYNARD SMITH, J. / SZATHMÁRY, E.: Evolution [1996], S. 191 ff.

109 Vgl. MAYNARD SMITH, J. / SZATHMÁRY, E.: Evolution [1996], S. 194 ff.

110 Grundsätzlich ist es vorstellbar, dass einzelnen Mitarbeiter parasitäres Verhalten zeigen (vgl. Ausführungen zur Principal-Agent-Theorie, z.B. bei Wolf, J.: Organisation [2003]). Pauschal ist die Klassifizierung von Mitarbeitern als Parasiten im biologischen Sinn nicht möglich, da sie nur beschäftigt und bezahlt werden, weil eine Gegenleistung erwartet wird. Somit soll hier im Zusammenhang der Symbiose auf den Mutualismus abgestellt werden.

111 Die genannte Annahme kann im biologischen Modell der Symbiose so nicht gefunden werden. Für den Symbionten besteht der Nutzen der Symbiose dadurch, dass sie einen ausreichend erfolgreichen Beitrag zur Erhaltung seines Genoms liefert (Fortpflanzung wird gesichert). Solange dies zutrifft, strebt der Symbiont nicht nach einer effizienteren Symbiose, die beispielsweise in höheren Fortpflanzungsraten bestehen könnte. Durchaus realitätsnah ist es jedoch, dass die Leistung des Symbionten für den Wirt vital sein kann, wie das Bespiel der Bestäubung von Blumen durch Insekten zeigt.

112 KUMBARTZKI verweist in diesem Zusammenhang darauf, dass sich der Gene aus zwei Allelen zusammensetzten: einem dominanten und einem rezessiven, wobei nur das dominante den Genotyp bestimmt, das rezessive jedoch erhalten bleibt und zukünftig ggf. zum Einsatz kommen könnte.
Vgl. KUMBARTZKI, J.: Evolution [2002], S. 37 ff. und S. 148 f.

113 STABER, U.: Der evolutionstheoretische Ansatz [2002], S. 115.

114 Vgl. PORTER, M.E.: Wettbewerbsstrategie [1990], S 25 ff.

115 Wird die Population betrachtet, findet sich ein Populationsmitglied potenziell in zwei Rollen wieder: Zum einen in der Rolle des Unternehmens, was durch den Selektionsdruck tangiert wird, zum anderen als ein Unternehmen, dessen Handeln den Selektionsdruck beeinflusst.

116 Vgl. FREEMAN, R.E.: Strategic Management [1984], S. 62 ff.

117 Vgl. KUMBARTZKI, J.: Evolution [2002], S. 149.

118 Vgl. KNÜWER, TH.: Krisenmanagement [1997], S. 16.

119 Vgl. SCHMITT, B.: Mastering Risk [2000], S. 6.

120 Vgl. o.V.: Odwalla [1996], S. 14.

121 Vgl. o.V.: Unterstützung für den Notfall [2003], S. 16.

122 MÜLLER, W.R.: Evolutionstheorie [2002], S. 147.

123 Annahme sei, dass eine Umweltänderung immer durch $\Delta U>0$ ausgedrückt wird, und dass eine Compänderung von $\Delta C>0$ den Anpassungsprozess an die veränderte Umwelt darstellt.

124 Zu den unterschiedlichen Krisenphasen vgl. KRYSTEK, U.: Unternehmungskrisen [1987], S. 16 ff.

125 An dieser Stelle sein nur die kritische Entwicklung erwähnt. Die Argumentation gilt jedoch analog zu $C_X \rightarrow C_{X1}$ und $C_X \rightarrow C_{X2}$.

Literatur

ALBACH, H. / ALBACH R.: Das Unternehmen als Institution – rechtlicher und gesellschaftlicher Rahmen – Eine Einführung; Wiesbaden: Gabler; 1989.

ALBACH, H.: Eine allgemeine Theorie der Unternehmung; in: Zeitschrift für Betriebswirtschaft; Nr. 4; 69. Jahrgang; 1999; S. 411 - 427.

ALDRICH, H. E.: Organizations and environments; Englewood Cliffs, NJ: Prentice-Hall; 1979.

BÄCKER, A.: Rationalität als Grundproblem der strategischen Unternehmensplanung – Ein Beitrag zur Erklärung und Überwindung der Rationalitätskrise in der Planungstheorie; Wiesbaden: Gabler; 1996.

BEER, S.: Cybernetics and Management; London: English University Press; 1959.

BERG, K. C. / TREFFERT, J. C.: Die Unternehmenskrise – Organisatorische Probleme und Ansätze zu ihrer Lösung; in: Zeitschrift für Betriebswirtschaft; Nr. 6; 49. Jahrgang; 1979; S. 459 - 473.

BERGAUER, A.: Erfolgreiches Krisenmanagement in der Unternehmung – Eine empirische Analyse; Berlin: Erich Schmidt; 2001.

BERGAUER, A.: Führen aus der Unternehmenskrise – Leitfaden zur erfolgreichen Sanierung; Berlin: E. Schmidt; 2003.

BICKHOFF, N. / BLAZT, M. / EILENBERGER, G. / HANGHAI, S. / KRAUS, K.-J. (Hrsg.): Die Unternehmenskrise als Chance – Innovative Ansätze zur Sanierung und Restrukturierung; Berlin: Springer; 2004.

BLEICHER, K.: Das Konzept Integriertes Management; Frankfurt et al.: Campus-Verlag; 1999.

BÖTZEL, S.: Diagnose von Konzernkrisen – Köln: O. Schmidt; 1993.

BRENTEL, H.: Soziale Realität – Entwicklungen, Gehalte und Perspektiven von Rationalitätskonzepten in den Sozialwissenschaften; Opladen et al.: Westdeutscher Verlag; 1999.

CHALMERS, A. F.: Wege der Wissenschaft – Einführung in die Wissenschaftstheorie; Berlin et al.: Springer; 2001.

DYCKMANN, J.W.: The Crisis of American Planning; in: BURCHELL, R. W. / STEINLIEB, G. (Hrsg.): Planning Theory in the 1980's – A Search for Future Directions; New Brunswick: Rutgers University; 1979; S. 179 - 195.

FLEGE-ALTHOFF, F.: Die notleidende Unternehmung I – Krankheitserscheinungen und Krankheitsursachen; Stuttgart: Poeschel; 1930.

FREILING, J.: Ökonomische Theorie der Krise; in: BURMANN, CH. / FREILING, J. / HÜLSMANN, M. (Hrsg.): Management von Ad-hoc-Krisen; Wiesbaden: Gabler; 2005.

GUTENBERG, E.: Einführung in die Betriebswirtschaftslehre; Wiesbaden: Gabler; 1975.

HANNAN, M. T. / FREEMAN, J. : Organizational ecology – Cambridge, Mass. et al.: Harvard University Press; 1989.

HASENACK, W.: Die Überwindung der Wirtschaftskrise und das deutsche Unternehmertum; in: ZfB; Nr. 10; 9. Jahrgang; 1932, S. 705 - 722.

HASITSCHKA, W.: Betriebswirtschaftliche Krisenprophylaxe – Theoretische Grundlagen einer Modellierung der Flexiblen Schockabsorption; Stuttgart: Poeschel; 1988.

HILL, W. / FEHLBAUM, R. / ULRICH, P.: Organisationslehre 1 – Ziele, Instrumente und Bedingungen der Organisation sozialer Systeme; Bern et al.: Haupt; 1994.

HOLSTRÖM, H.B. / TIROLE, J.: The Theory of the Firm; in: SCHMALENSEE, R. V. / WILLIG, R. W. (Hrsg.): Handbook of Industrila Organization – Band 1; Amsterdam et al.: North-Holland; 1989.

HÜLSMANN, M.: Ad-hoc-Krise – eine begriffliche Annäherung; in: BURMANN, CH. / FREILING, J. / HÜLSMANN, M. (Hrsg.): Management von Ad-hoc-Krisen; Wiesbaden: Gabler; 2005.

HÜLSMANN, M.: Management im Orientierungsdilemma – Unternehmen zwischen Effizienz und Nachhaltigkeit; Wiesbaden: Deutscher Universitäts Verlag; 2003.

ISAAK, A.: Wirtschaftskrise und Wirtschaftsgesinnung; in: ZfB; Nr.: 2; 9. Jahrgang; 1932; S. 385 - 399.

JUNKER, T. / HOßFELD, U.: Die Entdeckung der Evolution – Eine revolutionäre Theorie und ihre Geschichte; Darmstadt: Wissenschaftliche Buchgesellschaft; 2001.

KIESER, A. / WOYWODE, M.: Evolutionstheoretische Ansätze – in: KIESER, A.: Organisationstheorien; Stuttgart: Kohlhammer; 2002; S. 253 - 285.

KNÜWER, TH.: Krisenmanagement; in: Handelsblatt; Nr. 219; 13.11.1997; S. 16.

KÖPPEL, R.: Marketing-Turnaround – Krisenbewältigung aus Marketingsicht; St. Gallen: Hochschule für Wirtschafts-, Rechts- und Sozialwissenschaften; 1994.

KOSIOL, E.: Unternehmung; in: SEISCHAB, H. / SCHWANTAG K. (Hrsg.): Handwörterbuch der Betriebswirtschaftslehre; Stuttgart: Poeschel; 1962; S. 5540 - 5545.

KRUMMENACHER, A.: Krisenmanagement – Ein systemorientierter Ansatz zur Bewältigung von Unternehmungskrisen; Zürich: Verlag Industrielle Organisation; 1981.

KRÜSSELBERG, U.: Theorie der Unternehmung und Institutionenökonomik – Die Theorie der Unternehmung im Spannungsfeld zwischen neuer Institutionenökonomik, ordnungstheoretischem Institutionalismus und Marktprozesstheorie; Heidelberg: Physica-Verlag; 1993.

KRYSTEK, U.: Krisenbewältigungs-Management und Unternehmensplanung; Wiesbaden: Gabler; 1981.

KUMBARTZKI, J.: Die interne Evolution von Unternehmen; Wiesbaden: Deutscher Universitäts-Verlag; 2002.

LE COUTRE, W.: Krisenlehren für die Unternehmensführung; in: Das Geschäft: Monatsschrift für die Kaufmännische Praxis; Nr. 4; 3. Jahrgang; 1926; S. 63 - 65.

LUHMANN, N.: Soziale Systeme – Grundriss einer allgemeinen Theorie; Frankfurt a. M.: Suhrkamp; 1994.

MACHARZINA, K.: Unternehmensführung – Das internationale Managementwissen; Wiesbaden: Gabler; 2003.

MALIK, F.: Strategie des Managements komplexer Systeme; Bern et al.: Haupt; 1992.

MAYNARD SMITH, J. / SZATHMÁRY, E.: Evolution: Prozesse, Mechanismen, Modelle – Heidelberg et al.: Spektrum; 1996.

MCKELVEY, B.: Organizational systematics – Taxonomy, evolution, classification; Berkeley, Calif. et al.: University of California Press; 1982.

MEFFERT, H.: Marketing – Grundlagen marktorientierter Unternehmensführung – Konzepte – Instrumente – Praxisbeispiele; Wiesbaden: Gabler; 2000.

MELLEROWICZ, K.: Unternehmenspolitik 1; Freiburg im Breisgau: Haufe; 1963.

MÜLLER, W. R.: Evolutionstheorie in der Organisationsforschung – Alltagstheorie, Metatheorie oder Metaphysik? – Kommentar zu Udo Stabers 'Der evolutionstheoretische Ansatz in der Organisationsforschung: Einblicke und Aussichten'; in: SCHREYÖGG, G. / CONRAD, P. : Managementforschung 12 - Theorien des Managements; Wiesbaden: Gabler; 2002; S. 147 - 153.

MÜLLER-CHRIST, G.: Nachhaltiges Ressourcenmanagement – Eine wirtschaftsökologische Fundierung; Marburg: Metropolis; 2001.

NELSON, R. R. / WINTER, S. G.: An evolutionary theory of economic change – Cambridge, Mass. et al.: Belknap Press; 1982.

o.V.: Odwalla; in: Handelsblatt; Nr. 238; 09.12.1996, S. 14.

o.V.: Immer mehr Firmen sichern sich professionelle Unterstützung für den Notfall; in: Handelsblatt; Nr. 10; 15.01.2003, S. 16.

o.V.: Datenreporte 2004; Statistisches Bundesamt; Wiesbaden; 2004.

o.V.: Insolvenzen – Pressemitteilung von 18.03.2004; Statistisches Bundesamt; Wiesbaden; 2004.

PORTER, M.E.: Wettbewerbsstrategie; Frankfurt/Main: Campus; 1990.

RESCHNER, N.: Rationality – A Philosophical Inquiry Into the Natrue and Rationale of Reason; Oxford; 1988.

SCHERER, A. G.: Kritik der Organisation oder Organisation der Kritik? – Wissenschaftstheoretische Bemerkungen zum kritischen Umgang mit Organisationstheorien; in: KIESER, A.: Organisationstheorien; Stuttgart: Kohlhammer; 2002; S. 1 - 37.

SCHMID, T. M.: Wachstumskrisen-Management – Konzeption zur erfolgreichen Bewältigung von Wachstumskrisen; Bern et al.: Lang; 1993.

SCHMITT, B.: Survey – Mastering Risk; in: Financial Times; 13.06.2000; S. 6.

SCHNEIDER, D.: Eine Warnung vor Frühwarnsystemen – Statistische Jahresabschlussanalysen als Prognose zur finanziellen Gefährdung einer Unternehmung; in: Der Betrieb; Nr. 29; 38. Jahrgang; 1985; S. 1489 - 1494.

SCHOPPE, S.: Moderne Theorie der Unternehmung – München et al.: Oldenbourg; 1995.

SCHREYÖGG, G.: Krisenmanagement – Theoretische und praktische Maßnahmen; in: HEINTZEN, M. / KRUSCHWITZ, L.: Unternehmen in der Krise; Berlin: Duncker & Humblot; 2004; S. 25 - 48.

SCHULTEN, M. F.: Krisenmanagement; Berlin: Verlag für Wissenschaft und Forschung; 1995.

SEIFFERT, H. / RADNITZKY, G. (Hrsg.): Handlexikon zur Wissenschaftstheorie; München: DTV; 1992.

STABER, U.: Der evolutionstheoretische Ansatz – Der evolutionstheoretische Ansatz in der Organisationsforschung – Einblicke und Aussichten; in: SCHREYÖGG, G. / CONRAD,

P.: Managementforschung 12 – Theorien des Managements; Wiesbaden: Gabler; 2002; S. 113 - 146.

STAEHLE, W. H. : Management – Eine verhaltenswissenschaftliche Perspektive; München: Vahlen; 1999.

THOMAE, H.: Der Mensch in der Entscheidung; München: Barth; 1960.

TÖPFER, A.: Plötzliche Unternehmenskrisen – Gefahr oder Chance? - Grundlagen des Krisenmanagement, Praxisfälle, Grundsätze zur Krisenvorsorge; Neuwied: Luchterhand; 1999.

ULRICH, H.: Die Unternehmung als produktives soziales System – Grundlagen der allgemeine Unternehmungslehre; Bern et al.: Haupt; 1987.

VOLAND, E.: Grundriss der Soziobiologie; Heidelberg et al.: Spektrum; 2000.

WEBER, P.: Krisenmanagement – Organisation, Ablauf und Hilfsmittel der Führung in Krisenlagen; Bern et al.: Lang; 1980.

WEICK, K. E.: The social psychology of organizing – Reading, Mass. et al.: Addison-Wesley; 1969.

WOLF, J.: Organisation, Management, Unternehmensführung – Theorien und Kritik; Wiesbaden: Gabler; 2003.

Christoph Burmann

Dynamik (und Management) von und Reaktion auf Ad-hoc-Krisen

Eine Analyse aus Sicht der Komplexitätstheorie

1 Problemstellung 117

2 Grundaussagen der Komplexitätstheorie 117

3 Entstehung und Dynamik von Ad-hoc-Krisen 119

4 Aussagen der Komplexitätstheorie zur Anpassungs- und Überlebensfähigkeit von Unternehmen in Ad-hoc-Krisen 122

4.1 Grundlagen 122

4.2 Zelluläre Automaten als Analyseinstrument der Komplexitätstheorie 123

5 Design und Ergebnisse einer empirischen Untersuchung 129

6 Zusammenfassung und Ausblick 132

1 Problemstellung

Angesichts einer zunehmend diskontinuierlichen und turbulenten Entwicklung vieler Märkte, kommt der **Anpassungsfähigkeit** von Unternehmen auf unvorhergesehene Ereignisse eine wachsende Bedeutung zu. Nicht zuletzt die schnelle Diffusion neuer Informations- und Kommunikationstechnologien hat die Vernetzung von Märkten erhöht und damit die Unsicherheit bei der Prognose von Marktentwicklungen gesteigert. Tritt überraschend ein positives Ereignis ein, ermöglicht die Anpassungsfähigkeit die Ausschöpfung neuer Wachstums- und Ertragspotenziale. Im negativen Fall, bei unvermittelt auftretenden Ad-hoc-Krisen, sichert Anpassungsfähigkeit letztlich das Überleben des Unternehmens. In beiden Fällen basiert die Anpassung an neue Verhältnisse auf kollektiven Lernprozessen. Die Analyse und nachfolgend die Steuerung dieser Vorgänge werden im Vergleich zum Lernen eines Individuums, durch die Komplexität des Interaktionsverhaltens innerhalb eines Unternehmens erheblich erschwert. Dieses Problem wächst mit steigender Unternehmensgröße exponentiell.

Die Untersuchung der Anpassungs- und Lernfähigkeit komplexer Systeme steht im Mittelpunkt der noch relativ neuen, interdisziplinär ausgerichteten **Komplexitätstheorie.** Deren Erkenntnisse fanden bislang jedoch erst ansatzweise Eingang in die Betriebswirtschaftslehre. Vom Marketing Science Institute (USA) wurde jüngst eine wissenschaftliche Konferenz durchgeführt, auf der erstmals die Nutzung der Komplexitätstheorie und ihrer Analyseinstrumente für die strategische Unternehmensführung empfohlen wird.[1] Vor diesem Hintergrund ist es das Ziel des vorliegenden Beitrages, die Erkenntnisse der Komplexitätstheorie nutzbar zu machen, um die Dynamik von Ad-hoc-Krisen und vor allem die Überlebensfähigkeit eines Unternehmens nach dem Eintreten einer Ad-hoc-Krise erklären zu können und hierauf aufbauend Handlungsempfehlungen abgeben zu können. Angesichts der Vielzahl an Handlungsparametern der strategischen Unternehmensführung, die Einfluss nehmen auf die Überlebensfähigkeit eines Unternehmens nach dem Eintritt einer Ad-hoc-Krise, beschränkt sich der Beitrag auf die Koordinationsintensität und den Zentralisationsgrad eines Unternehmens als Parameter.

2 Grundaussagen der Komplexitätstheorie

Das Untersuchungsobjekt der neueren Komplexitätstheorie sind sog. komplexe adaptive Systeme (KAS). Während sich die Vertreter der älteren, kybernetisch orientierten Komplexitätstheorie primär mit sozio-technischen Systemen und deren gleichgewichtserhaltender Regulation und Steuerung beschäftigten,[2] geht es den seit Anfang der 80er Jahre vor allem am Santa Fe Institut in New Mexico tätigen Vertretern der neueren Komplexitätstheorie um ein universelleres Systemverständnis. Sie sind an Ungleichgewichtszuständen als Voraussetzung für ein erfolgreiches Anpassungsverhalten von Systemen, die aus einer sehr großen Zahl einzelner Elemente bestehen, interessiert. Komplexität kann dabei als die Länge der kürzesten Beschreibung aller Regelmäßigkeiten eines Systems definiert werden.[3] Unter dem Begriff des komplexen adaptiven Systems werden sehr heterogene Systeme wie z.B. Vogelschwärme und Ameisenkolonien, das menschliche Gehirn und Bewusstsein, das Immunsystem und soziale Systeme (z.B. Städte, Kulturen, Volkswirtschaften) subsumiert.[4] Für natürliche KAS wie z.B. Vogelschwärme stellt die Systemumwelt ein unveränderliches Datum dar. Sie verfolgen ein binäres Systemziel, die Sicherung ihres Überlebens. Demgegenüber können vom Menschen gestaltete KAS wie z.B. Unternehmen ihre Systemumwelt teilweise beeinflussen und verfolgen als Systemziel (neben der Überlebenssicherung) die Optimierung einer Zielfunktion.

Ziel der Komplexitätstheorie ist es, gemeinsame Regeln und Prinzipien aufzudecken, die dem **Anpassungsverhalten** aller Arten komplexer adaptiver Systeme gegenüber sich plötzlich verändernder Systemumwelten zugrunde liegen.[5] Der Physik-Nobelpreisträger GELL-MANN stellt hierzu fest: „Gemeinsam ist all diesen Prozessen, dass jedes komplexe adaptive System Informationen über seine Umwelt und seine eigene Wechselwirkung mit dieser Umwelt aufnimmt, Regelmäßigkeiten in diesen Informationen erkennt, die es zu einem ‚Schema' oder Modell verdichtet, und in der realen Welt gemäß diesem Schema handelt. Es gibt jeweils mehrere konkurrierende Schemata, und die Folgen von Handlungen in der realen Welt wirken auf die Konkurrenz unter diesen Schemata zurück"[6]. KAS können demnach als informationsverarbeitende und lernende Systeme charakterisiert werden. Gemeinsames Merkmal aller KAS ist darüber hinaus die **lokale Wechselwirkung** einer Vielzahl von Systemelementen,[7] die die Veränderung ihres eigenen Verhaltens an den Verhaltensweisen einer begrenzten Zahl räumlich benachbarter Systemelemente ausrichten. Die modellhafte Vorstellung der Funktionsweise komplexer adaptiver Systeme ist geeignet, sowohl die Interaktionen von Mitarbeitern bei der Informationsverarbeitung innerhalb eines Unternehmens als auch die Interaktion verschiedener Arten von Institutionen im Vorfeld des Ausbruchs von Krisen abzubilden. Die Komplexitätstheoretiker gehen von der Prämisse aus, dass ein Vergleich der in ihrer Art sehr unterschiedlichen KAS ebenso zulässig wie zweckmäßig ist.[8] Dementsprechend liegen mittlerweile auch erste Monographien vor, die sich mit der Übertragung der Erkenntnisse der Komplexitätstheorie auf Unternehmen beschäftigen.[9]

Die Komplexitätstheorie bezieht sich zur Erklärung der Anpassungsfähigkeit sozialer Systeme auf die Metaebene sog. emergenter Fähigkeiten, die aus den Interaktionen eines großen Kollektivs entstehen. Die Überlebensfähigkeit eines Unternehmens nach dem Eintritt einer Ad-hoc-Krise wäre demnach ausschließlich anhand des Interaktionsverhaltens der Mitarbeiter zu erklären.

3 Entstehung und Dynamik von Ad-hoc-Krisen

Bevor auf diese Erkenntnis näher eingegangen wird, soll zunächst untersucht werden, welchen Beitrag zur Erklärung der Entstehung und Dynamik von Ad-hoc-Krisen die Komplexitätstheorie leistet.

Plötzlich und unvorhergesehen auftretende Krisen können im Sinne der Komplexitätstheorie als emergente Phänomene interpretiert werden, welche aus der Interaktion einer Vielzahl von autonom handelnden Individuen, beispielsweise in der Gesellschaft, einer Volkswirtschaft oder einer Region, entstehen. Emergenz[10] beschreibt allgemein die Tatsache, dass das Ganze mehr ist als die Summe seiner Teile. Im Rahmen der Komplexitätstheorie beschreibt der Begriff Emergenz die sich in nicht vorhersehbarer Weise entwickelnden vielschichtigen „Verhaltensweisen" eines KAS auf übergeordneter Metaebene, die aus der Wechselwirkung einer Vielzahl von Individuen mit einfachen Verhaltensregeln entstehen. Diese Verhaltensregeln sind vergleichbar mit Handlungsroutinen aus der Organisationstheorie. Sie treten häufig als Heuristiken („Daumenregeln") in Erscheinung, die auf Erfahrung basieren.[11] Ein typisches emergentes Phänomen eines KAS ist beispielsweise das Anpassungsverhalten von Vogelschwärmen vor Hindernissen im Flug. Der Vogelschwarm repräsentiert dabei das KAS, die einzelnen Vögel die „autonom handelnden Agenten". Die Kommunikation der einzelnen Vögel untereinander basiert auf einfachen Verhaltensregeln. Die emergente „Verhaltensweise" auf der Metaebene ist das beobachtbare „Ausweichflugmanöver" des gesamten Schwarms, welches ebenso elegant wie zentral gesteuert erscheint, ohne es zu sein.

Ob und wann emergente Phänomene innerhalb eines KAS auftreten, ist nach der Komplexitätstheorie nicht exakt prognostizierbar. Obwohl die beteiligten Individuen, deren Verhaltensregeln und deren räumliche Interaktionsstruktur als konstitutive Elemente eines KAS im Zeitablauf unverändert bleiben, kommt es plötzlich zur Herausbildung eines „neuen Verhaltensmusters" auf der übergeordneten Ebene des gesamten KAS. Diese emergenten Verhaltensmuster sind zumeist instabile Systemzustände und daher temporäre Phänomene, die sich oft ebenso schnell wieder auflösen, wie sie entstanden sind. Letztlich wird das Entstehen emergenter Phänomene durch die Größe eines KAS, d.h. die Zahl seiner vernetzten Elemente und die Art der Verhaltensabstimmung der Systemelemente untereinander determiniert.

Die neuen, emergenten Verhaltensmuster eines KAS können als Ad-hoc-Krisen interpretiert werden. Analysiert man vor diesem Hintergrund beispielsweise die Entstehung und den Verlauf der BSE-Krise in Europa (vgl. Abb. 3-1), dann zeigen sich interessante Parallelen zu emergenten Phänomenen in der Komplexitätstheorie. Bereits in den 80er Jahren erschienen erste Berichte in den deutschen Medien über die Rinderseuche und deren Verbindung zu der beim Menschen tödlichen Creutzfeld-Jacob-

Krankheit. Über einen Zeitraum von 15 Jahren wurde nur in sehr begrenztem Maße über BSE berichtet, ohne dass es bei den relevanten Marktteilnehmern oder in der Öffentlichkeit zu nennenswerten Verhaltensänderungen kam. Diese Situation änderte sich im November 2000 dramatisch. Die Medienberichterstattung in Deutschland explodierte und der Rindfleischkonsum kollabierte (vgl. Abb. 3-2). Diese dramatische Situation war jedoch nur von kurzer Dauer. Die Medienberichterstattung sank schon im Frühsommer 2001 wieder auf das Niveau vor Ausbruch der Krise und auch der Rindfleischkonsum erholte sich wieder und erreichte das Niveau vor der Krise.

Abbildung 3-1: *Anzahl der Zeitungsartikel in Deutschland über Rinderwahnsinn*
Quelle: Eigene Abbildung.

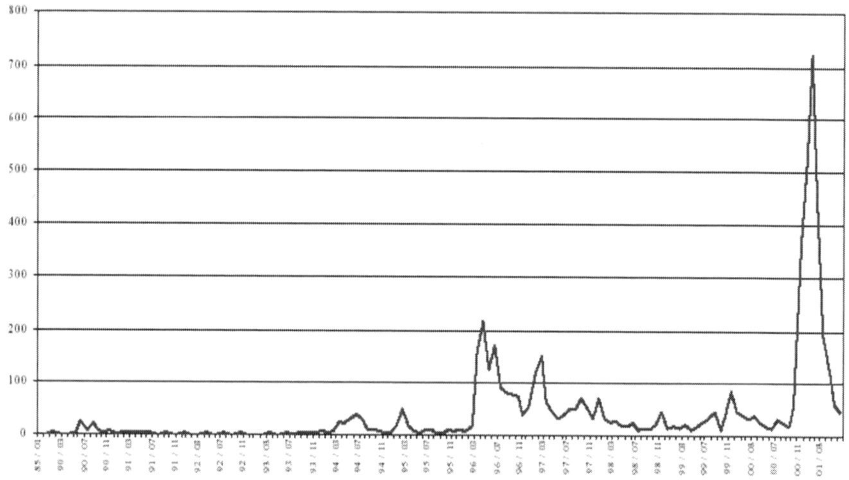

Folgt man der obigen Analogie zwischen Ad-hoc-Krisen und der Komplexitätstheorie, dann ließe sich die Entstehung von Ad-hoc-Krisen durch eine **„Parzellierung"** von KAS in voneinander getrennte Teilsysteme erreichen. Was bedeutet Parzellierung eines KAS für Ad-hoc-Krisen? Die (kommunikative) Vernetzung der zahlreichen Anspruchsgruppen eines Unternehmens zu einem komplexen, schwer vorhersehbar reagierenden Kommunikationssystem sollte durch gezielte Maßnahmen des betroffenen Unternehmens unterbunden oder zumindest geschwächt werden. Hier ist beispielsweise an die ebenso frühzeitige wie proaktive Information von Anspruchsgruppen durch das Unternehmen zu denken. Eine solche krisenvorbeugende Informationspolitik kann nachfolgend die Kommunikation der Anspruchsgruppen untereinander verhindern. Letztlich soll die dezentral vernetzende Kommunikation der Anspruchsgruppen untereinander durch eine unternehmensseitig gesteuerte und damit zentralere Form der Kommunikation ersetzt wird. Dies kann zu einer Entkoppelung der Anspruchsgruppen führen und damit dem emergenten Phänomen einer Ad-hoc-Krise vorbeugen. Im konkreten Fall der BSE-Krise hätte durch eine solche Kommunikationspolitik und Entkoppelung der Umfang der Medienberichterstattung ggf. auf dem Niveau der Jahre 1985 bis 1999 gehalten (vgl. Abb. 3-1) und damit der Ausbruch der Krise verhindert werden können.

Abbildung 3-2: *Rinderwahn Krise („BSE-Krise")*

Quelle: Eigene Abbildung in Anlehnung GfK-Frischepanel.

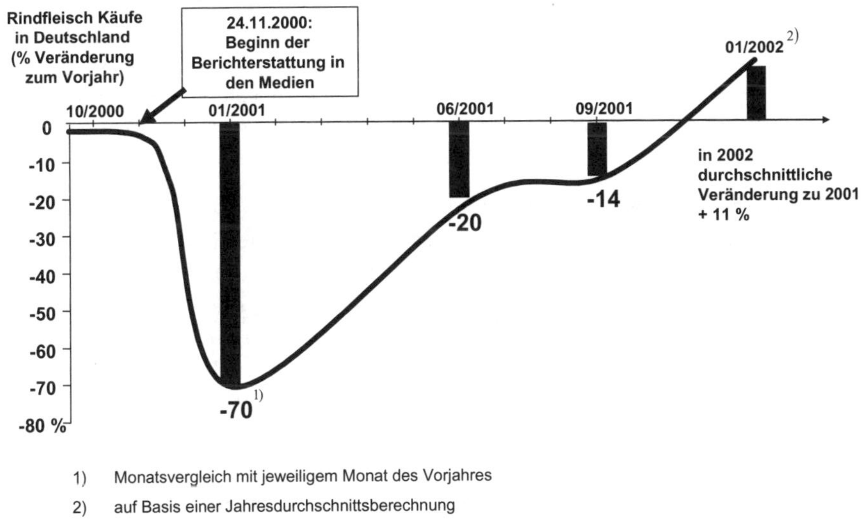

Darüber hinaus lässt sich aus der Komplexitätstheorie aber auch noch eine zweite Schlussfolgerung mit Blick auf Ad-hoc-Krisen ziehen, die sich nicht auf die **Verhinderung** von Ad-hoc-Krisen, sondern auf die geeignete **Reaktion** auf solche Krisen bezieht. Hierauf wird nachfolgend näher eingegangen.

4 Aussagen der Komplexitätstheorie zur Anpassungs- und Überlebensfähigkeit von Unternehmen in Ad-hoc-Krisen

4.1 Grundlagen

Alle Komplexitätstheoretiker gehen davon aus, dass es für natürliche und vom Menschen gestalteten KAS gemeinsame Funktionsprinzipien gibt. Insoweit gehen die Komplexitätstheoretiker von derselben Generalisierungsprämisse aus wie ULRICH in seiner Übertragung der allgemeinen Systemtheorie auf Unternehmen.[12] In der Komplexitätstheorie wird ein relativ breiter Anpassungsbegriff verwendet. HÜBLER / PINES definieren Anpassung in komplexen adaptiven Systemen als „the capacity for modification of goal-oriented individual or collective behavior in response to changes in the environment"[13].

Aus dem Kreis der Komplexitätstheoretiker haben sich vor allem Stuart KAUFFMAN und Christopher LANGTON im Rahmen umfassender Computersimulationen mit Hilfe von Netzwerken BOOLE'scher Funktionen und zellulären Automaten mit dem Anpassungsverhalten verschiedener Arten komplexer adaptiver Systeme beschäftigt. Netzwerke BOOLE'scher Funktionen, auch als zelluläre Automaten bezeichnet, sind Systeme miteinander verbundener binärer Variablen, die jeweils zwei Zustände (Verhaltensweisen) annehmen können. Die binären Variablen sind durch Übergangsfunktionen miteinander verbunden, die die Aktivität einer Variablen in Abhängigkeit des Verhaltens anderer binärer Variablen in der Vorperiode steuern.[14] LANGTON und KAUFFMAN haben in den vergangenen Jahren in verschiedenen Publikationen die Übertragbarkeit ihrer Erkenntnisse auf zahlreiche natürliche und künstliche, vom Menschen gestaltete Systeme zu belegen versucht.[15] Insbesondere KAUFFMAN ist hier hervorzuheben, weil er sich vor zehn Jahren vom Santa Fe Institut trennte, um sich mit einer Unternehmensberatung selbstständig zu machen. Die erwerbswirtschaftliche Verwendung seiner Erkenntnisse über die Anpassungsfähigkeit von KAS zur Problemlösung im betriebswirtschaftlichen Kontext lässt den Generalisierungsanspruch der Komplexitätstheoretiker mit Blick auf das komplexe adaptive System Unternehmung plausibel erscheinen.

Die Komplexitätstheoretiker gehen bei ihren Untersuchungen von der Prämisse aus, dass die Art der Informationsverarbeitung bei KAS deren Anpassungsvermögen (bei lebenden Systemen in der Tier- und Pflanzenwelt) bzw. deren Zielerreichungsgrad (bei vom Menschen gestalteten Systemen) determiniert.[16] Die höchste Anpassungsfähigkeit erreichen KAS gemäß der Komplexitätstheorie im Bereich ihrer maximalen effektiven Komplexität. Effektive Komplexität ist die Länge der kürzesten Beschreibung aller Regelmäßigkeiten eines Systems.[17] Sie wird als Maßstab zur Beurteilung der Informationsverarbeitungskapazität eines Systems verwendet. Demnach besitzen hochgradig anpassungsfähige Systeme eine ausgeprägte Fähigkeit zu einer sehr komplexen Informationsverarbeitung.[18] Analysiert man vor diesem Hintergrund die Situation in Unternehmen, die sich in einer Ad-hoc-Krise befinden, so ist auch hier die Fähigkeit zur Anpassung an die neue Situation und damit das Überleben des Unternehmens von dessen Fähigkeit zur Verarbeitung einer Vielzahl von Informationen bei gleichzeitig oft konfliktären Zielen gekennzeichnet.

Zur Simulation des Anpassungsverhaltens aller Arten von KAS verwenden viele Komplexitätstheoretiker BOOLE'sche Netzwerke und zelluläre Automaten. Maßstab für die als Fitness bezeichnete Anpassungsfähigkeit eines KAS ist dabei die effektive Komplexität, die ein zellulärer Automat zu erzeugen in der Lage ist. An dieser Stelle wird deutlich, dass zur Untersuchung der Anpassungsfähigkeit von KAS in der Komplexitätstheorie ein sehr spezifisches Analyseinstrument und ein ebenso spezifisches Maß für die Güte des Anpassungsverhaltens (Komplexität der Informationsverarbeitung) Verwendung findet. Dennoch soll im Folgenden der Versuch unternommen werden, die Aussagen der Komplexitätstheorie auf die Entstehung neuer kollektiver Handlungsroutinen zur Bewältigung von Ad-hoc-Krisen in Unternehmen zu übertragen.

LANGTON, KAUFFMAN und andere Komplexitätstheoretiker versuchen nachzuweisen, dass die zur Steuerung von zellulären Automaten geeigneten Kontrollparameter **universelle Gültigkeit für die Steuerung aller Arten von komplexen adaptiven Systemen** besitzen. Allerdings ist diesbezüglich festzustellen, dass sich die komplexitätstheoretische Forschung noch in einem sehr frühen Stadium befindet. Bislang wurde mit dem **Konnektivitätsgrad bzw. dem inhaltlich vergleichbaren Lambda oder P-Parameter** erst ein Kontrollparameter zellulärer Automaten identifiziert (vgl. Abb. 4-1). Dieser ist erst für einfache zelluläre Automaten mit begrenzten Parameterkonstellationen untersucht worden. Die Übertragbarkeit und Aussagekraft des Kontrollparameters „Konnektivitätsgrad" für die Anpassungsfähigkeit von Unternehmen in Ad-hoc-Krisen soll im Folgenden analysiert werden.

4.2 Zelluläre Automaten als Analyseinstrument der Komplexitätstheorie

Die Ergebnisse aus Abbildung 3-1 basieren auf Simulationen mit Boole'schen Netzwerken (Teil a) und zellulären Automaten (Teil b). Letztere sind vereinfachte, ein- oder zweidimensionale Varianten eines Netzwerkes BOOLE'scher Funktionen.[19] Zelluläre Automaten (ZA) und Netzwerke aus BOOLE'schen Funktionen verfügen über dieselben Basismerkmale.[20] Zelluläre Automaten wurden in den 60er Jahren von v. NEUMANN[21] entwickelt. Sie bestehen aus einer eindimensionalen Reihe oder einem zweidimensionalen Gitter mit einer diskreten Menge identischer, miteinander wechselwirkender Elemente (Z). Graphisch betrachtet besitzen diese Elemente zumeist die Form rechteckiger, nebeneinander angeordneter Kästchen (vgl. den zweidimensionalen ZA in Abb. 4-2). Sie werden mit Blick auf ihren ursprünglich biologisch orientierten Verwendungszweck bei v. NEUMANN als „Zellen" bezeichnet.[22] Der Begriff des Automaten beschreibt „eine Maschine, die nach logischen Gesetzen Informationen verarbeitet, indem sie von außen kommende Daten aufgrund festgelegter innerer Anweisungen auswertet und daraufhin ein bestimmtes Verhalten erzeugt"[23]. Diese Definition zeigt Parallelen zu den Merkmalen von KAS. Zelluläre Automaten und KAS im Allgemeinen sind durch ein **regelbasiertes**, auf der Verarbeitung von Informationen aus der Systemumwelt beruhendes Verhalten gekennzeichnet. ZA werden daher in den letzten Jahren vermehrt für Simulationen im betriebs- und volkswirtschaftlichen Kontext verwendet. [24]

Jede Zelle in einem ZA-Gitter ist mit einer diskreten Variablen besetzt, die eine endliche Zahl von Zuständen (A) annehmen kann. Die Zustände werden auch als das Verhalten einer Zelle bezeichnet. Dieses verändert sich in diskreten Zeitschritten. Alle Zellen im Gitter[25] steuern ihr Verhalten nach den gleichen Regeln. Diese Regeln werden als Transitions- bzw. Übergangsfunktionen oder auch als BOOLE'sche Funktionen bezeichnet.[26] Die Regeln steuern das Verhalten einer Zelle, indem sie festlegen, welches Verhalten eine Zelle in t_2 in Abhängigkeit von ihrem eigenen Verhalten in t_1 und dem Verhalten in t_1 einer bestimmten Zahl von Zellen aus ihrer räumlichen Nachbarschaft K realisiert (vgl. Abb. 4-2). Die Aktualisierung des Verhaltens aller Zellen eines Gitters von einem Zeitschritt zum nächsten erfolgt simultan. Die Abhängigkeit des eigenen Verhaltens vom Verhalten anderer Zellen wird als lokale Wechselwirkung bezeichnet. Statt von Wechselwirkung könnte auch von Feedback-Schleifen gesprochen werden, weil eine ständige Rückkopplung zwischen dem Verhalten einer einzelnen Zelle und dem Verhalten ihrer Nachbarzellen erfolgt. Die Intensität dieser Rückkopplung wird durch die Größe der Nachbarschaft, mit der eine einzelne Zelle ihr Verhalten abstimmt, determiniert und als **Konnektivitätsgrad** eines ZA oder allgemeiner eines Systems definiert.[27]

Können die Zellen eines zweidimensionalen zellulären Automaten beispielsweise acht verschiedene Zustände bzw. Verhaltensweisen (A) annehmen und bestehen jeweils Wechselwirkungen mit den vier oben, unten, rechts und links direkt angrenzenden Zellen (K = 5), dann kann jede aus fünf Zellen bestehende Nachbarschaft insgesamt $A^K = 8^5 = 32.768$ verschiedene Zustände annehmen. Eine solche ZA-Nachbarschaft mit interagierenden Zellen soll nachfolgend als formales Abbild eines Teams miteinander kommunizierender Mitarbeitern interpretiert werden. Jeder dieser 32.768 verschiedenen Nachbarschafts-Zustände in t_1 kann in wiederum acht unterschiedliche Zustände der mittleren Zelle in t_2 überführt werden, so dass in diesem Fall insgesamt ca. $10^{30.000}$ Übergangsfunktionen oder Regeln zur Steuerung des Zellverhaltens möglich sind.[28] LANGTON hat zur Strukturierung dieses sehr großen Raumes möglicher Verhaltensregeln den Parameter Lambda (λ) eingeführt,[29] den er wie folgt definiert:

(1) $$\lambda = \frac{A^K - n}{A^K}$$ mit

a^R: Willkürlich festgelegter stationärer „Ruhezustand" der mittleren Zelle in t_2

$a^R \in A$; A: Zahl der Zustände einer Zelle

n: Zahl der Übergänge aus t_1, die in t_2 zum Ruhezustand der mittleren Zelle (a^R) führen

$A^K - n$: Zufällig ausgewählte Übergangsfunktionen, die in t_2 zu den Zuständen A ohne a^R führen

$$0 \leq n \leq A^K$$

Bei $n = A^K$ führen alle 32.768 Nachbarschaftszustände in t_1 in der Folgeperiode t_2 zu einem einzigen Zellzustand ($\lambda = 0$). Bei $n = 0$ führt keine Übergangsfunktion zum stationären Ruhezustand a^R ($\lambda = 1$). Sind alle Zellzustände in den 32.768 Übergangsfunktionen gleichmäßig vertreten, erreicht Lambda den Wert $\lambda = 1 - 1/A$[30]. Der Parameter Lambda beschreibt somit gleichzeitig die Varietät eines Systems nach ASHBY.[31]

WOLFRAM hat in seiner umfassenden Forschung über zelluläre Automaten die verschiedenen Arten des dynamischen Verhaltens zellulärer Automaten qualitativ in vier Klassen zusammengefasst, die sich bestimmten Ausprägungen des Parameters Lambda von LANGTON zuordnen lassen (vgl. Teil (b) der Abb. 4-1). In der Klasse 1 sind ZA zusammengefasst, die bereits nach wenigen Zeitschritten nur noch einen Systemzustand zeigen. In der Klasse 2 sind ZA mit einfachem periodischen Verhalten (regelmäßiger Wechsel zwischen wenigen, meist 2 Zuständen), in Klasse 3 hingegen zelluläre Automaten mit chaotischem und in der vierten Klasse schließlich ZA mit komplexem Verhalten zusammengefasst.[32] Anhand der Ergebnisse von LANGTON und WOLFRAM wird deutlich, dass KAS bei Lambda-Werten von ca. 0,3 die größte effektive Komplexität und damit die höchste Informationsverarbeitungskapazität aufweisen.[33]

Im Gegensatz zu LANGTON variiert KAUFFMAN bei Simulationen seiner sog. NK-Modelle nicht den Lambda- bzw. P-Parameter, sondern den Konnektivitätsgrad K. Das zu untersuchende KAS wird dabei grundsätzlich als aus N-Elementen bestehend definiert. Diese Elemente entsprechen den Zellen (Z) in zellulären Automaten. Jedes Element kann eine bestimmte Zahl von Ausprägungen A annehmen, die den Zell-Zuständen bei ZA entsprechen. Inhaltlich bestimmt der Konnektivitätsgrad (K) das Ausmaß, in dem die „Fitness" eines Systems von der Interaktion der Systemelemente abhängt. Ein **hoher Konnektivitätsgrad**, in der ZA-Terminologie eine **große Zellnachbarschaft**, bedeutet, dass der Beitrag eines einzelnen Elementes zur Fitness des gesamten Systems von sehr vielen anderen Elementen, mit denen es durch Rückkopplungsschleifen verbunden ist, beeinflusst wird. Bei $K = 0$ bestehen keinerlei Interdependenzen zwischen den Systemelementen und die Fitnessbeiträge der einzelnen Elemente können zur Gesamtfitness des System addiert werden.[34]

Abbildung 4-1: *Simulationsergebnisse von* LANGTON *und* KAUFFMAN *zur Informationsverarbeitung in komplexen adaptiven Systemen*

Quelle: Eigene Abbildung in Anlehnung an LANGTON, C. G.: Chaos [1990], S. 17 ff.; KAUFFMAN, S. A.: Universe [1995], S. 71 ff.; KAUFFMAN, S. A.: Order [1993], S. 209 ff.

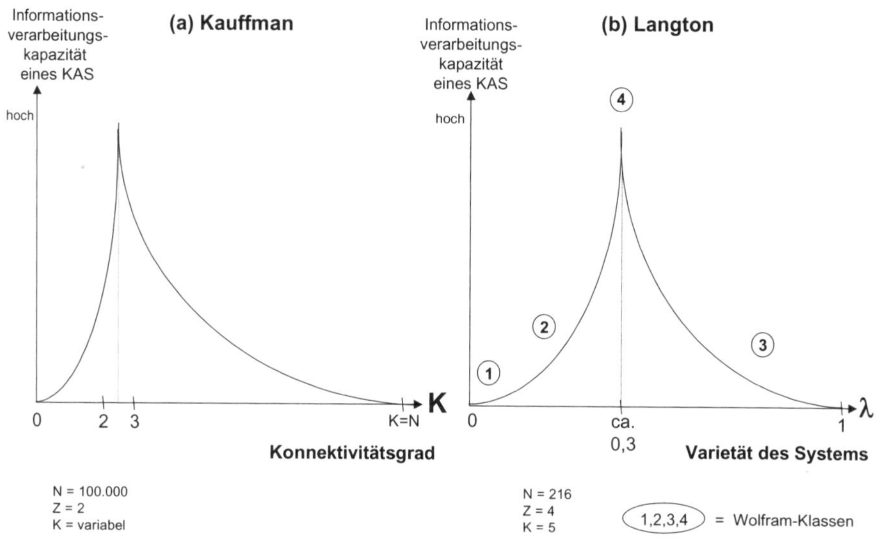

Der von KAUFFMAN geprägte Fitnessbegriff wird von ihm und anderen in Abhängigkeit von der Art des jeweils untersuchten KAS unterschiedlich konkretisiert. Die Fitness wird bei lebenden Systemen beispielsweise als Überlebensfähigkeit, bei Unternehmen dagegen als Wettbewerbsfähigkeit ausgelegt.[35]

KAUFFMAN konnte in seinen Simulationen zeigen, dass KAS bei einem relativ niedrigen Konnektivitätsgrad die höchste Kapazität zur Informationsverarbeitung und damit die höchste Anpassungsfähigkeit besitzen.[36] Bei den auf einen engen Parameterbereich begrenzten Simulationen von KAUFFMAN liegt der Konnektivitätsgrad mit der höchsten Informationsverarbeitungskapazität im Bereich zwischen K = 2 und K = 3[37]. Überträgt man dieses Ergebnis beispielsweise auf das Anpassungsverhalten von Teams, dann entspräche dies einer für die Anpassungsfähigkeit optimalen Gruppengröße von drei bis vier Personen. Das NK-Modell von KAUFFMAN wurde von anderen Autoren auf Unternehmen übertragen.[38] Als Elemente des komplexen adaptiven Systems Unternehmung fungieren dabei Mitarbeiter. Besteht ein Unternehmen z.B. aus N

Mitarbeitern, die jeweils A verschiedene Verhaltensweisen zeigen können, dann zeigt der Konnektivitätsgrad K, wie intensiv sich ein Mitarbeiter mit Kollegen abstimmen muss, bevor er sein eigenes Verhalten festlegt. Je höher der Konnektivitätsgrad ist, desto stärker hängt der Beitrag des einzelnen Mitarbeiters zur Überlebensfähigkeit des Unternehmens von den Beiträgen anderer Mitarbeiter ab.

Die „Zell-Nachbarschaft" K, mit der sich ein Mitarbeiter zur Festlegung seines eigenen Verhaltens abstimmen muss, kann als ein Team, welches einer spezifischen **Handlungsroutine**[39] folgt, interpretiert werden. Die unternehmensweite Koordination der teambasierten Handlungsroutinen folgt dem aus der Organisationstheorie bekannten Prinzip der „Linking-Pins"[40], da im NK-Modell und in ZA jedes Systemelement automatisch Mitglied in mehreren „Nachbarschaften" ist (vgl. Abb. 4-2). Die in ZA und dem NK-Modell zu beobachtende Entstehung neuer Muster könnte in diesem Zusammenhang als die Verknüpfung teambasierter Handlungsroutinen zu einer neuen organisationalen Fähigkeit interpretiert werden.[41] In diesem Sinne hat beispielsweise PADGETT die Bildung und Weiterentwicklung von Handlungsroutinen in Organisationen im Rahmen zellulärer Automaten simuliert.[42]

Alle publizierten Simulationen von KAUFFMAN haben ergeben, dass KAS bei hohen Werten für K, d. h. einer größeren Zahl zu integrierender, eng aufeinander abzustimmender Systemelemente[43] in ein **chaotisches Verhalten** verfallen. Ebenso zeigten die Simulationen, dass sich bei sehr niedrigen K-Werten (z. B. K = 1) der Gesamtzustand eines KAS nicht mehr verändert, sondern höchst unflexibel in lediglich einem Zustand „versteinerte". Bei der Übertragung der Ergebnisse von LANGTON und KAUFFMAN auf das Anpassungsverhalten von Unternehmen in Ad-hoc-Krisen müssen jedoch einige **Einschränkungen** beachtet werden:[44]

- Im Gegensatz zu individuellen und kollektiven Verhaltensweisen in Unternehmen sind in den Simulationen alle möglichen Umweltzustände ex ante vorgegeben.

- Die Zeitdauer bis zur Entwicklung eines neuen Musters bzw. einer neuen Handlungsroutine wird nicht explizit untersucht. Handlungsschnelligkeit spielt somit in den Simulationen keine Rolle.

- Je weniger repetitive Elemente die Informationsaufnahme und -verarbeitung im Unternehmen aufweist, d. h. je weniger von einem regelbasierten Wahrnehmungs- und Entscheidungsverhalten ausgegangen werden kann, desto problematischer wird eine Übertragung der Simulationsergebnisse.

- Eine Veränderung der „Verhaltensregeln" eines Systemelementes aufgrund von Erfahrung wurde in den obigen Simulationen noch nicht berücksichtigt. Da dies jedoch durch Integration **genetischer Algorithmen** grundsätzlich möglich ist,[45] liegen in diesem Bereich noch erhebliche Verbesserungspotenziale für zukünftige Simulationen. Dies auch deshalb, weil durch die Integration genetischer Algorithmen der dritte Kritikpunkt erheblich abgeschwächt wird.

Unbeschadet von diesen Einschränkungen lassen sich aus den komplexitätstheoretischen Analysen von KAUFFMAN und LANGTON interessante Rückschlüsse für das Anpassungsverhalten ableiten. Eine **hohe Anpassungsfähigkeit** wäre angesichts der obigen komplexitätstheoretischen Argumentation nur bei einem relativ **niedrigen Konnektivitätsgrad** der Unternehmung durch kleinere Team- und Gruppenstrukturen zu erreichen. Diese Kleingruppen fördern darüber hinaus die Identifikation der Mitarbeiter mit ihrer Gruppe. Die Identifikation mit einer Bezugsgruppe ist in der „situated learning" Theorie von LAVE / WENGER eine der wichtigsten Determinanten des Lernerfolgs.[46] Zur Sicherung einer ausreichenden organisationalen Anpassungsfähigkeit sollten Unternehmen demnach vor allem auf relativ kleine, sich selbst koordinierende Teams setzen.[47]

Vor dem Hintergrund der obigen Argumentation kann der Konnektivitätsgrad zusammenfassend als Abbild der **Koordinationsintensität** in einem Unternehmen interpretiert werden. Bei sehr zentralistischen Organisationsstrukturen ist die Koordinationsintensität für den einzelnen Mitarbeiter gering und damit der Konnektivitätsgrad niedrig (z. B. $K = 1$ im linken Teil von Abb. 4-2). Mit zunehmender Koordinationsintensität eines Mitarbeiters steigt auch dessen Konnektivitätsgrad. Im Extremfall auf den Maximalwert von $K = N$, wenn zur Festlegung des eigenen Verhaltens zuvor eine Koordination mit allen anderen Mitarbeitern im Unternehmen notwendig ist (rechter Teil von Abb. 4-2)[48]. Die komplexitätstheoretischen Simulationen legen diesbezüglich die Vermutung nahe, dass sich sowohl ein sehr hoher als auch ein sehr geringer Grad der Entscheidungszentralisation negativ auf die Informationsverarbeitungsfähigkeit komplexer adaptiver Systeme auswirkt.[49] (vgl. Abb. 4-1). Vor diesem Hintergrund kann als Untersuchungshypothese formuliert werden:

Sowohl ein sehr hoher als auch ein sehr geringer **Grad der Entscheidungszentralisation** wirkt sich c.p. **signifikant negativ** auf die Anpassungsfähigkeit von Unternehmen aus.

Abbildung 4-2: *Zusammenhang zwischen Konnektivitätsgrad und Koordinationsintensität*
Quelle: Eigene Abbildung.

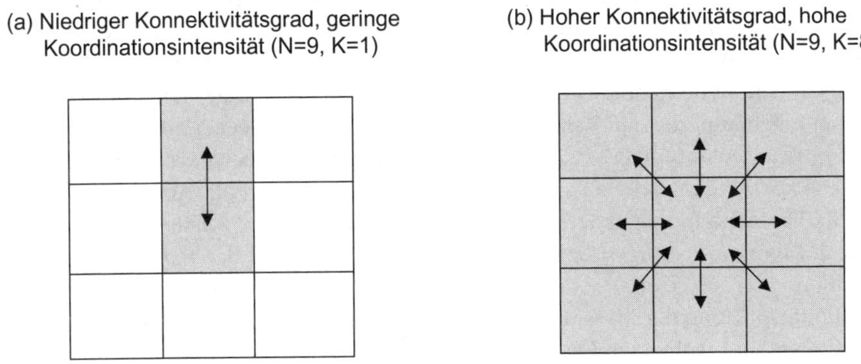

5 Design und Ergebnisse einer empirischen Untersuchung

Zur Überprüfung dieser Hypothese wurden die am ehemaligen Neuen Markt (heute TecDax) und im MDAX gelisteten Aktiengesellschaften einer empirischen Analyse unterzogen. Die am Neuen Markt gehandelten Unternehmen wurden ausgewählt, weil aufgrund der hohen technologischen und strategischen Unsicherheit in jungen Märkten damit zu rechnen ist, dass die Anpassungsfähigkeit bei den Unternehmen des Neuen Marktes, die überwiegend in solchen Märkten tätig sind, eine besondere Bedeutung zukommt. Die zu befragenden Manager sollten vor diesem Hintergrund in besonderer Weise für die Problemstellung der Anpassungsfähigkeit ihrer Unternehmen sensibilisiert sein. Um auch für den Fall geringer Rücklaufquoten noch eine ausreichende Fallzahl für multivariate statistische Analysen sicherzustellen, wurden zusätzlich die im MDAX gelisteten Unternehmen befragt. Alle 257 per 31.12.1999 am Neuen Markt und im MDAX gelisteten Unternehmen aus Deutschland, Österreich und der Schweiz wurden in die Befragung einbezogen. Die schriftliche Befragung der sachlich zuständigen Vorstandsmitglieder fand von November 2000 bis Januar 2001 statt. Verwertbare Fragebögen lagen schließlich von 145 Unternehmen vor (Rücklaufquote 56,4 %).

Die Messung der Anpassungsfähigkeit stellte im Rahmen der empirischen Erhebung ein besonderes Problem dar. Einerseits handelt es sich bei der Anpassungsfähigkeit um ein nicht direkt beobachtbares Konstrukt, so dass zur Messung nicht auf objektive Messindikatoren zurückgegriffen werden konnte. Andererseits liegen m.W. bislang keine validen Operationalisierungsansätze für eine subjektive, fragebogengestützte Messung vor. Aus diesem Grunde wurden vor der schriftlichen Befragung mit 20 ausgewählten Unternehmen vom Neuen Markt mehrstündige Expertengespräche durchgeführt, um die im Rahmen einer Literaturanalyse generierten potenziellen Messindikatoren auf ihre Verständlichkeit und Eignung zu überprüfen. Die als Ergebnis der Expertengespräche ausgewählten Messindikatoren sind in Abbildung 5-1 dargestellt. Der erste Indikator wurde auf einer zehnstufigen, der zweite und dritte Indikator auf einer fünfstufigen Ratingskala gemessen. Der Grad der Entscheidungszentralisation wurde ebenfalls auf einer zehnstufigen Ratingskala gemessen. Die Reliabilitätsprüfung der Messindikatoren der organisationalen Lernfähigkeit führte zu befriedigenden Ergebnissen (vgl. Abb. 5-1).

Abbildung 5-1: *Reliabilitätstest für Messindikatoren der Anpassungsfähigkeit*
Quelle: Eigene Abbildung.

Messindikator	**Corrected Item to Total Correlation**	**Cronbach's Alpha**
1. Wie schnell und bereitwillig stellen sich ihre Mitarbeiter auf neue Aufgaben und organisatorische Rahmenbedingungen ein ?	0,5310	
2. Und wie steht es in Ihrem Unternehmen um die Fähigkeit zur Umsetzung **neuer** Strategien? Inwieweit stimmen Sie folgender Aussage zu: Unsere Fähigkeit zur Umsetzung **neuer** Strategien ist im Wettbewerbsvergleich klar überlegen.	0,5909	**0,7034**
3. Die Quelle unserer hohen Flexibilität ist die sehr hohe Lernfähigkeit unserer Mitarbeiter und der gesamten Organisation.	0,5771	

Zur Überprüfung des nicht-linearen, parabelförmigen Zusammenhangs zwischen dem Zentralisationsgrad und der Anpassungsfähigkeit wurden die Unternehmen aus der Stichprobe zunächst in zwei Gruppen eingeteilt. Auf diese Weise konnte in beiden Teilstichproben die ursprüngliche Untersuchungshypothese in eine lineare Beziehung „transformiert" werden (vgl. Abb. 5-2). Die erste Teilstichprobe umfasst Unternehmen, die auf der zehnstufigen Ratingskala zur Erfassung des Zentralisationsgrades Ausprägungen zwischen 1 und 5 aufwiesen (N = 80), wobei der Wert 1 für ein hohes Maß an Zentralisation steht. Die zweite Teilstichprobe umfasst Unternehmen mit Ausprägungen zwischen 6 und 10 (N = 59).

Abbildung 5-2: *Lineare Approximation der Untersuchungshypothese*
Quelle: Eigene Abbildung.

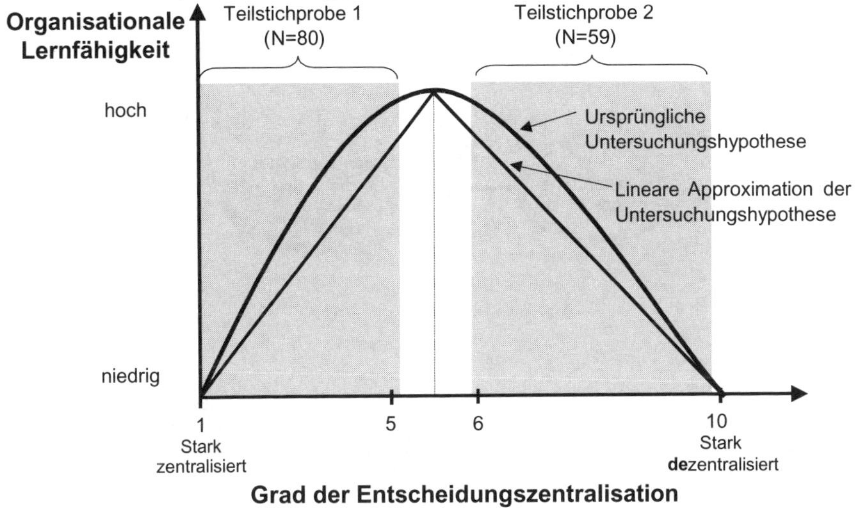

Im nächsten Schritt wurde für beide Teilstichproben ein Kausalmodell mit Hilfe der Auswertungssoftware AMOS[50] und der Maximum Likelihood-Schätzmethode berechnet (vgl. Abb. 5-3). Sofern die komplexitätstheoretisch fundierte Untersuchungshypothese zutrifft, ist damit zu rechnen, dass der Strukturkoeffizient zwischen dem Zentralisierungsgrad und der organisationalen Lernfähigkeit in Teilstichprobe 1 ein negatives Vorzeichen, der Strukturkoeffizient in Teilstichprobe 2 hingegen ein positives Vorzeichen aufweist.[51] Die Ergebnisse aus Abbildung 5-3 zeigen, dass diese Hypothese signifikant bestätigt wird. Auch alle Detail- und Globalkriterien zur Beurteilung der Güte des kausalanalytischen Schätzmodells weisen gute Werte auf.[52] Somit kann festgehalten werden, dass sich sowohl ein sehr hoher als auch ein sehr niedriger **Zentralisationsgrad signifikant negativ** auf die Anpassungsfähigkeit auswirkt. Dieses Ergebnis kann als eine erste Bestätigung der Untersuchungsergebnisse von KAUFFMAN und LANGTON zum Anpassungsverhalten komplexer adaptiver Systeme interpretiert werden.

Abbildung 5-3: *Kausalanalyse zu Überprüfung des Zusammenhangs zwischen Zentralisationsgrad und organisationaler Lernfähigkeit*
Quelle: Eigene Abbildung.

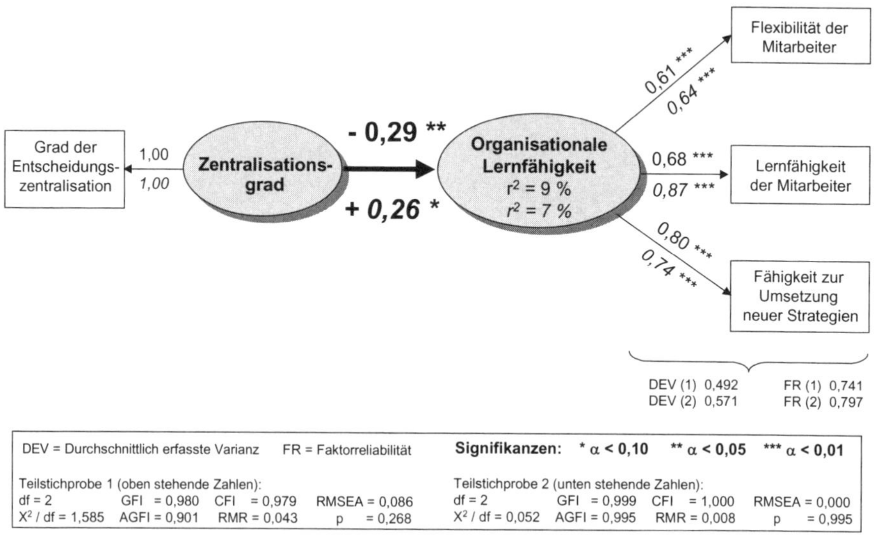

6 Zusammenfassung und Ausblick

Ziel der modernen Komplexitätstheorie ist die Erklärung des Anpassungsverhaltens komplexer adaptiver Systeme gegenüber Veränderungen in der Systemumwelt. Komplexitätstheoretiker suchen nach den gemeinsamen Funktionsprinzipien, die sowohl für komplexe natürliche Systeme (z.B. Vogelschwärme) als auch vom Menschen geschaffene soziale Systeme (z.B. Unternehmen, Volkswirtschaften) Gültigkeit besitzen. Die Anpassung an eine veränderte Systemumwelt und das daraus resultierende Lernen komplexer adaptiver Systeme wird als ein Prozess der Verarbeitung und Speicherung von Informationen modelliert. Dieser Prozess basiert auf der Interaktion einer Vielzahl von Systemelementen, die über sehr einfache, für alle Systemmitglieder gleichen, Regeln gesteuert werden.

Die komplexitätstheoretischen Analysen zeigen, dass die Informationsverarbeitungskapazität in KAS vom Grad der Konnektivität bzw. Interaktionsintensität der Systemelemente abhängt. Mit anderen Worten: Die Koordinationsintensität ihrer einzelnen

Systemmitglieder determiniert die **Anpassungsfähigkeit** komplexer adaptiver Systeme. Die höchste Informationsverarbeitungskapazität und damit die höchste Anpassungsfähigkeit erreichen komplexe adaptive Systeme – das haben vor allem die Experimente von KAUFFMAN und LANGTON gezeigt – bei einem niedrigen bis mittleren Konnektivitätsgrad.

Die Koordinationsintensität der einzelnen Mitarbeiter in einem Unternehmen wird unter anderem durch den Grad der Entscheidungszentralisation determiniert. Gemäß der komplexitätstheoretischen Simulationen müsste die Anpassungsfähigkeit sowohl bei sehr hohem als auch bei sehr niedrigem Zentralisationsgrad – dies entspricht einem sehr hohen bzw. einem sehr niedrigen Konnektivitätsgrad – schwach ausgeprägt sein. Diese Hypothese konnte im Rahmen einer empirischen Untersuchung bei 145 börsennotierten Unternehmen bestätigt werden. Die **Art der Koordination** hat somit nicht nur den aus der Transaktionskostentheorie bekannten Einfluss auf die Effizienz eines Unternehmens, sie determiniert offenkundig auch die Anpassungsfähigkeit eines Unternehmens. Diesbezüglich wäre die Selbstabstimmung in kleinen **Teams von drei bis vier Personen** eine besonders effektive Form der Koordination. Darüber hinaus deuten die oben zitierten komplexitätstheoretischen Erkenntnisse darauf hin, dass dem Koordinationsinstrument der **Unternehmenskultur** als einem für alle Mitarbeiter gleichen Set an Werten und Normen bzw. Verhaltensregeln offenbar eine hohe Bedeutung für die Anpassungsfähigkeit von Unternehmen zukommt.

Vor diesem Hintergrund erscheint es empfehlenswert, sowohl das Argumentationsgerüst als auch das ausgefeilte methodische Instrumentarium der Komplexitätstheorie zukünftig in stärkerem Maße zur Lösung betriebswirtschaftlicher und insbesondere organisationaler Fragestellungen zur Steigerung der Anpassungsfähigkeit von Unternehmen in Ad-hoc-Krisen heranzuziehen.[53]

Anmerkungen

1 Vgl. die Beiträge von LUSCH / TAY und GOLDENBERG / LIBAI / MULLER in der Konferenzdokumentation von MOORMAN / LEHMANN [2004].

2 Vgl. ASHBY, W. R.: Brain [1952].

3 Vgl. GELL-MANN, M.: Das Quark [1996], S. 94.

4 Vgl. zur Abgrenzung von KAS GELL-MANN, M.: Complex Adaptive Systems [1994], S. 18 f.

5 Vgl. für einen Überblick z.B. LEWIN, R.: Komplexitätstheorie [1996]; COVENEY, P. / HIGHFIELD, R.: Complexity [1995].

6 Vgl. GELL-MANN, M.: Das Quark [1996], S.53.

7 Vgl. GOLDENBERG / LIBAI / MULLER [2004] in der Konferenzdokumentation von MOORMAN / LEHMANN [2004].
Diese werden auch als „adaptive agents" bezeichnet. Die auf der Komplexitätstheorie aufbauenden (Simulations-) Modelle werden daher auch als „Agentenmodelle" bezeichnet.

8 Vgl. zu einer Kritik dieser Prämisse HORGAN, J.: Grenzen des Wissens [1997], S. 215 ff. und 312 ff.

9 Vgl. ANDERSON, P. W. / ARROW, K. / PINES, D.: Complex System [1988]; ARTHUR, W. B. / DURLAUF, S. N. / LANE, D. A.: Complex System II [1997a]; BROWN, S. L. / EISENHART, K. M.: Structured Chaos [1997, 1998]; BATTRAM, A.: Navagating Complexity [1998]; NEUMAIR, U. A.: Complexity Theory [1998]; STACEY, R. D.: Komplexität [1997].

10 Vgl. zum Emergenzbegriff HOLLAND, J. H.: Emergence [1998], S. 42 f.; Crutchfield, J. P.: Emergence [1997], S. 515 f.

11 Nach KAUFFMAN ist jede Form von Leben auf unserem Planeten ein emergentes Phänomen: „Wenn dies richtig sein sollte, dann ist das Leben nicht als potentielle Eigenschaft im einzelnen Molekül (...) angelegt, sondern es ist eine kollektive Eigenschaft eines Systems wechselwirkender Moleküle." Vgl. KAUFFMAN, S. A.: Öltropfen [1998], S. 44).
Vgl. ferner HOLLAND, J. H.: Emergence. [1998], S. 42 f., S. 68 f. und S. 141 f.; HOLLAND, J. H.: Complexity [1996], S. 11 und 141 f.

12 Vgl. ULRICH, H.: Unternehmung [1968], S. 42.

13 HÜBLER, A. / PINES, D.: Chaotic Environment [1994], S. 345. Der Prozess dieser Anpassung des individuellen oder kollektiven Verhaltens an veränderte Umweltbedingungen wird als Lernprozess interpretiert.

14 Vgl. zu Netzwerken Boole'scher Funktionen KAUFFMAN, S. A.: Self-Organization [1993], S. 182 ff., zu zellulären Automaten HOPCROFT, J. E. / ULLMAN, J. D.: Automatentheorie [1994].

15 Vgl. LANGTON, C. G.: Artificial Life [1986], Artificial Life [1988], Computation [1990], Life [1992]; KAUFFMAN, S. A.: Evolution [1988], Order [1993], Technology [1995].

16 Vgl. LANGTON, C. G..: Computation [1990], zitiert in LEVY, S.: Künstliches Leben [1996], S. 123 f.; KAUFFMAN, S. A.: Evolution [1993], S. 173 ff.

17 Vgl. GELL-MANN, M.: Das Quark [1996], S. 94.

18 Vgl. KAUFFMAN, S. A.: Evolution [1993], S. 220; LANGTON, C. G..: Artifical Life [1986], S. 120 f.; LANGTON, C. G.: Emergent Computing [1990], S. 12 f.

19 Vgl. KAUFFMAN, S. A.: Evolution [1993], S. 219.

20 Vgl. WOLFRAM, S.: Complexity [1994], S. 5 f.; GERHARDT, M. / SCHUSTER, H.: Universum [1995], S. 18 f. .Beide Begriffe werden im Folgenden daher synonym verwendet.

21 Vgl. v. NEUMANN, J. V.: Self-Reproducing [1966].

22 John V. NEUMANN wollte eine künstliche Maschine entwickeln, die sich selbst reproduziert.

23 Vgl. GERHARDT, M. / SCHUSTER, H.: Universum [1995], S. 18.

24 Vgl. ARTHUR, W. B. et al. : Complex System II [1997]; KIRMAN, A. P.: Interactiv System [1997]; TESFATSION, L.: Alife [1997]; MOORMANN / LEHMANN [2004].

25 Das Gitter, auf dem sich die Zellen befinden ist theoretisch unendlich groß. In Computersimulationen mit zweidimensionalen ZA wird dies durch die Verknüpfung der linken mit der rechten Seite und der oberen mit der unteren Seite des Gitters erreicht.

26 Vgl. WOLFRAM, S.: Complexity Reading [1994], S. 8; HOPCROFT, J. E. / ULLMAN, J. D.: Automatentheorie [1994], S. 16.

27 LEVINTHAL beschreibt den Konnektivitätsgrad K treffend wie folgt: „(...) the value K determines the intensity of interaction effects (...)" LEVINTHAL, D. A.: Complex Worlds [2000], S. 372.

28 Vgl. LANGTON, C. G.: Chaos [1990], S. 14.

29 Vergleichbar mit dem Parameter (λ) bei LANGTON'S zellulären Automaten ist der Parameter (P) von WEISBUCH'S BOOLE'schen Netzwerken. Vgl. WEISBUCH, G.: Complex Systems [1991], S. 130 f.

30 LANGTON und andere gehen in ihren Simulationen i.d.R. von größeren Werten für N und K aus, so daß λ vereinfachend zumeist in einer Bandbreite von 0 bis 1 untersucht wird.

31 Vgl. NEUMAIR, U.: Complexity Theorie [1998], S. 182.

32 Vgl. WOLFRAM, S.: Automata [1984]; WOLFRAM, S.: Complexity Reading [1994], S. 120 f.

33 Vgl. LANGTON, C. G.: Chaos [1992].

34 Im Unterschied zu LANGTON zählt KAUFFMAN bei der Bestimmung der Größe einer Nachbarschaft, d.h. der Festlegung von K das jeweils betrachtete Systemelement nicht mit.

35 Vgl. PASCALE, R. T.: Chaos [1999], S. 85 f.; BEINHOCKER, E. D.: Adaptive Strategies [1999], S. 98 f.

36 Vgl. KAUFFMAN, S. A.: Öltropfen [1998], S. 133 f.

37 Vgl. KAUFFMAN, S. A.: Universe [1995], S. 86.

38 Vgl. HÜBLER, A. / PINES, D.: Chaotic Enironment [1994]; DARLEY, V. M. / KAUFFMAN, S. A.: Rationality [1997]; LEVINTHAL, D. A.: Complex Worlds [2000], S. 370 f.

39 Vgl. zu Handlungsroutinen und regelbasiertem Verhalten in Unternehmen COHEN, M.D. / BURKHART, R. / DOSI, G. / EGIDI, M. / MARENGO, L. / WARGLIEN, M. / WINTER, S.: Organizations [1996].

40 Vgl. z.B. SCHREYÖGG, G.: Organisation [1996], S. 257.

41 Vgl. zu Handlungsroutinen und organisationalen Fähigkeiten BURMANN, C.: Unternehmensflexibilität [2001], S. 176 f.

42 Vgl. PADGETT, J. F.: Skill [1997], S. 216.

43 Die aufeinander abzustimmenden Systemelemente beziehen sich hier nur auf die Elemente innerhalb der durch K determinierten Nachbarschaft.

44 Vgl. hierzu umfassend EGIDI, M.: Accountants [1996], S. 689 f.

45 Vgl. die sog. „Classifier Systeme" auf der Basis genetischer Algorithmen bei HOLLAND, J. H.: Hidden Order [1996].

46 Vgl. KOGUT, B. / ZANDER, U.: Firms [1996], S. 510; LAVE, J. / WENGER, E.: Situated Learning [1991].

47 Vgl. hierzu auch die umfassende Fallstudie bei LOVAS, B. / GHOSHAL, S.: Evolution [1998].

48 Dieser theoretische Maximalwert ist nur in kleinen Unternehmen mit wenigen Mitarbeitern vorstellbar.

49 Vgl. KAUFFMAN, S. A.: Universe [1995], S.129.

50 Vgl. ARBUCKLE, J. L. / WOTHKE, W.: AMOS 4.0 [1999].

51 Bei allen drei Messindikatoren der organisationalen Lernfähigkeit korrespondieren niedrige Skalenwerte mit hoher organisationaler Lernfähigkeit.

52 Vgl. zur Beurteilung der in Abbildung 5-2 angeführten Gütekriterien HOMBURG, C. / BAUMGARTNER, H.: Kausalmodelle [1995].

53 Vgl. hierzu z.B. PRIETULA, M. J. / CARLEY, K. M. / GASSER, L.: Organizations [1998].

Literatur

ANDERSON, P. W. / ARROW, K. / PINES, D.: The Economy as an Evolving Complex System; Reading (Mass.): Addison-Wesley; 1988.

ARBUCKLE, J. L. / WOTHKE, W.: AMOS 4.0 User's Guide; Chicago: SmallWaters Corporation; 1999.

ARGYRIS, C. / SCHÖN, D. A.: Organizational Learning – A Theory of Action Perspective; Reading (Mass.): Addison-Wesley; 1978.

ARGYRIS, C. / SCHÖN, D. A.: Organizational Learning II – Theory, Method, and Practice; Reading (Mass.): Addison-Wesley; 1996.

ARTHUR, W. B. / DURLAUF, S. N. / LANE, D. A.: The Economy as an Evolving Complex System II; Reading (Mass.): Addison-Wesley; 1997.

ARTHUR, W. B. / HOLLAND, J. H. / LEBARON, B. / PALMER R. / TAYLER, P.: Asset Pricing under endogenous expectations in an artificial stock market; in: ARTHUR, B. W. / DURLAUF, S. N. / LANE, D. A. (Hrsg.): The economy as an Evolving complex system II; Reading (Mass.): Addison-Wesley; 1997; S. 15 - 44.

ASHBY, W. R.: Design for a Brain; London: Chapman & Hall; 1952.

BATTRAM, A.: Navigating Complexity – The Essential Guide to Complexity Theory in Business and Management; London: Spiro Press; 1998.

BEINHOCKER, E. D.: Robust Adaptive Strategies; in: Sloan Management Review; Spring; 1999; S. 95 - 106.

BLISS, C.: Management der Komplexität – Ein integrierter, systemtheoretischer Ansatz zur Komplexitätsreduktion Wiesbaden: Gabler; 2000.

BROWN, S. L. / EISENHARDT, K. M.: The Art of Continous Change – Linking Complexity Theory and Time-paced Evolution in Relentlessly Shifting Organizations; in: Administrative Science Quarterly, Nr. 42; 1997; S. 1- 34.

BROWN, S. L. / EISENHART, K. M.: Competing on the Edge – Strategy as Structured Chaos; Boston: Harvard Business School Press; 1998.

BURMANN, C.: Strategische Flexibilität und Strategiewechsel in turbulenten Märkten – Neuere theoretische Ansätze zur Unternehmensflexibilität; in: Die Betriebswirtschaft, Heft 2; 61. Jahrgang; 2001; S. 169 - 188.

COHEN, M. D. / BURKHART, R. / DOSI, G. / EGIDI, M. / MARENGO, L. / WARGLIEN, M. / WINTER, S.: Routines and Other Recurring Action Patterns of Organizations – Contemporary Research Issues; in: Industrial and Corporate Change, Nr. 3; 5. Jahrgang; 1996; S. 653 - 685.

COVENEY, P. / HIGHFIELD, R.: Frontiers of Complexity – The Search for Order in a Chaotic World; New York: Fawcett Columbine; 1995.

CRUTCHFIELD, J. P.: Is anything ever new? – Considering Emergence; in: ARTHUR, B. W. / DURLAUF, S. N. / LANE, D. A. (Hrsg.): The economy as an Evolving complex system II; Reading (Mass.): Perseus Books (Sd); 1997; S. 515 - 537.

D'AVENI, R.: Hyperwettbewerb – Strategien für die neue Dynamik der Märkte; Frankfurt/Main: Campus-Verlag; 1995.

DARLEY, V. M. / KAUFFMAN, S. A.: Natural Rationality; in: ARTHUR, B. W. / DURLAUF, S. N. / LANE, D. A. (Hrsg.): The economy as an Evolving complex system II; Reading (Mass.): Perseus Books (Sd); 1997; S. 45 - 80.

EGIDI, M.: Accountants and Termites – A Longer Comment; in: Industrial and Corporate Change, Nr. 3; 5. Jahrgang; 1996; S. 685 - 698.

GELL-MANN, M.: Complex Adaptive systems; in: COWAN, G. / PINES, D. / MELTZER, D. (Hrsg.): Complexity – Metaphors, Models, and Reality; Reading (Mass.): Addison-Wesley; 1994; S. 17 - 45.

GELL-MANN, M.: Das Quark und der Jaguar – Vom Einfachen zum Komplexen – Die Suche nach einer neuen Erklärung der Welt; München: Piper; 1996.

GERHARDT, M. / SCHUSTER, H.: Das digitale Universum – Zelluläre Automaten als Modelle der Natur; Braunschweig et al: Vieweg; 1995.

HOLLAND, J. H.: Hidden Order – How Adaptation builds Complexity; Reading (Mass.): Addison-Wesley; 1996.

HOLLAND, J. H.: Emergence – From Chaos to Order; Reading (Mass.): Addison-Wesley; 1998.

HOMBURG, C. / BAUMGARTNER, H.: Beurteilung von Kausalmodellen; in: Marketing ZfP; Nr. 3; 17. Jahrgang; 1995; S. 162 - 176.

HOPCROFT, J. E. / ULLMAN, J. D.: Einführung in die Automatentheorie, formale Sprachen und Komplexitätstheorie; Bonn: Addison-Wesley; 1994.

HORGAN, J.: An den Grenzen des Wissens – Siegeszug und Dilemma der Naturwissenschaften; München: Luchterhand; 1997.

HÜBLER, A. / PINES, D.: Prediction and Adaptation in an Evolving Chaotic Environment; in: COWAN, G. / PINES, D. / MELTZER, D. (Hrsg.): Complexity – Metaphors, Models, and Reality; Reading (Mass.): Addison-Wesley; 1994; S. 343 - 382.

JACOB, H.: Flexibilität und ihre Bedeutung für die Betriebspolitik; in: ADAM D. / BACKHAUS, K. / MEFFERT, H. / WAGNER, H., Integration und Flexibilität – Eine Herausforderung für die allgemeine Betriebswirtschaftslehre, Wiesbaden: Gabler; 1989; S. 15 - 60.

KALUZA, B.: Betriebliche Flexibilität; in: WITTMANN, W. et al. (Hrsg.): Handwörterbuch der Betriebswirtschaft; Stuttgart: Schäffer-Poeschel; 1993; Sp. 1173 - 1184.

KAUFFMAN, S. A.: The Evolution of Economic Webs; in: ANDERSON, P. W. / ARROW, K. / PINES, D. (Hrsg.): The Economy as an Evolving Complex System; Reading (Mass.):Addison-Wesley; 1988; S. 125 - 146.

KAUFFMAN, S. A.: The Origins of Order – Self-Organization and Selection in Evolution; New York: Oxford University Press; 1993.

KAUFFMAN, S. A.: 1995, Technology and evolution – Escaping the Red Queen effect; in: McKinsey Quarterly, Nr. 1; S. 118 - 129.

KAUFFMAN, S. A.: 1995, At Home in the Universe. The Search for the Laws of Self-Organization and Complexity; New York: Oxford University Press; 1996.

KAUFFMAN, S.A.: Der Öltropfen im Wasser; München: Piper; 1998.

KIRMAN, A. P.: The economy as an Interactive system, in: ARTHUR, B. W. / DURLAUF, S. N. / LANE, D. A. (Hrsg.): The economy as an Evolving complex system II, Reading (Mass.): Addison-Wesley; 1997; S. 491 - 531.

KOGUT, B. / ZANDER, U.: What Firms Do? – Coordination, Identity, and Learning; in: Organization Science; Nr. 5; 7. Jahrgang; 1996; S. 502 - 516.

LANGTON, C. G.: Studying artificial life with cellular automata; in: Physica D 22, S. 120 - 149; 1986.

LANGTON, C. G.: Artificial Life, Reading (Mass.): Addison-Wesley; 1988.

LANGTON, C. G.: Computation at the edge of chaos – Phase transitions and emergent computation; in: Physica D 42; 1990; S. 12 - 37.

LANGTON, C. G.: Life at the edge of chaos; in: LANGTON, C. G. (Hrsg.): Artificial Life II, Reading (Mass.): Addison-Wesley; 1992; S. 41 - 91.

LAVE, J. / WENGER, E.: Situated learning – Legitimate peripheral participation, Cambridge: Cambridge University Press; 1991.

LEVINTHAL, D. A.: Organizational Capabilities in Complex Worlds; in: DOSI, G. / NELSON, R. R. / WINTER, S. G. (Hrsg.), The Nature and Dynamics of Organizational Capabilities; Oxford et al: Oxford University Press; 2000; S.363 - 379.

LEVY, S.: Künstliches Leben aus dem Computer; München: Droemer-Knaur; 1996.

LEWIN, R.: Die Komplexitätstheorie; München: Droemer Knaur; 1996.

LOVAS, B. / GHOSHAL, S.: Strategy as guided evolution; INSEAD Arbeitspapier Nr. 1/98/37/SM; Fontainebleau; 1998.

NEUMAIR, U.: General Model of Corporate Failure and Survival: A Complexity Theory Approach; St. Gallen: o. V.; 1998.

NEUMANN, J. V.: Theory of Self-Reproducing Automata; Urbana et al: University of Illinois Press; 1966.

PADGETT, J. F.: The Emergence of Simple Ecologies of Skill – A Hypercycle Approach to Economic Organization; in: ARTHUR, B. W. / DURLAUF, S. N. / LANE, D. A. (Hrsg.): The economy as an Evolving complex system II; Reading (Mass.): Addison-Wesley; 1997; S. 199 - 221.

PASCALE, R. T.: Surfing the Edge of Chaos, in: Sloan Management Review, Spring, S. 83 —94; 1999.

PRIETULA, M. J. / CARLEY, K. M. / GASSER, L.: Simulating Organizations – Computational Models of Institutions and Groups; Menlo Park et al: AAAI Press et al; 1998.

SCHREYÖGG, G.: Organisation – Grundlagen moderner Organisationsgestaltung; Wiesbaden: Gabler; 1996.

STACEY, R.D.: Unternehmen am Rande des Chaos – Komplexität und Kreativität in Organisationen; Stuttgart: Schäffer-Poeschel; 1997.

TESFATSION, L.: How Economists can get Alife; in: ARTHUR, B. W. / DURLAUF, S. N. / LANE, D. A. (Hrsg.): The economy as an Evolving complex system II; Reading (Mass.): Addison-Wesley; 1997; S. 533 - 563.

ULRICH, H.: Die Unternehmung als produktives soziales System; Bern: Haupt; 1968.

WEISBUCH, G.: Complex Systems Dynamics – An Introduction to automata networks; Reading (Mass.): Addison-Wesley; 1991.

WOLFRAM, S.: Universality and Complexity in Cellular Automata; in: Physica D, Vol. 1; 1984; S. 1 - 35.

WOLFRAM, S.: Cellular Automata and Complexity, Reading (Mass) et al: Addison-Wesley; 1994.

IV. Informationsgrundlagen des Managements von Ad-hoc-Krisen

Jörg Freiling / Michael Welling

Informationen und Informationsmanagement zur Verkürzung von Lags im Management von Ad-hoc-Krisen

Einige einführende Bemerkungen

Die vorherigen Kapitel, insbesondere das Kapitel zu den begrifflichen und theoretischen Grundlagen des Managements von Ad-hoc-Krisen, haben verdeutlicht, dass „Ad-hoc-Krisen" eine informationsbezogene Ausgangssituation besitzen: Sie treten unvermittelt auf, d.h. sie schlüpfen erst dann durch die Wahrnehmungsfilter der Unternehmung, wenn sich ihre destruktive Wirkung bereits entfaltet hat. Insofern wird die Informationssituation zum kennzeichnenden Merkmal von Ad-hoc-Krisen. Aus diesem Grunde setzen die theoretischen Zugänge, insbesondere der von FREILING gewählte marktprozesstheoretische Ansatz und die von BURMANN vorgestellte komplexitätstheoretische Perspektive für die Erklärung des Entstehens von Ad-hoc-Krisen bei der Informations- bzw. Wissensbasis an, indem Erstgenannter die Informationsunvollkommenheit bzw. die Wissensunterschiede, Letztgenannter die Informationsverarbeitungsfähigkeit als zentrale Größe herausarbeitet.[1] Diese Basisüberlegungen leiten gleichzeitig aber auch dazu über, dass Handlungsempfehlungen an dieser Grundlage anknüpfen müssen: Die Informationssituation darf folglich nicht missverständlich als eine exogene Größe begriffen werden.

Daher setzten die Überlegungen dieses Kapitels genau an dieser Stelle an: Der „Bodensatz" an informationsbezogenen Problemen wird als solcher den Ausführungen zu Grunde gelegt. Darauf aufbauend werden Konzepte entwickelt bzw. Systeme genutzt, um sich in diesem Zustand der Informationsarmut der Bedrohung durch Ad-hoc-Krisen möglichst wirkungsvoll zu stellen. Dabei ist grundsätzlich festzustellen, dass – wie im Falle anderer Krisen auch – präventive Maßnahmen von akuten Handlungen zu unterscheiden sind. Dies mag auf den ersten Blick paradox erscheinen: Wie soll eine Vorbereitung auf Ad-hoc-Krisen erfolgen, wenn ein wesentliches Merkmal deren Unmittelbarkeit und mangelnde Prognostizierbarkeit sind?

Die Antwort muss differenziert ausfallen. Generell ist in der ökonomischen Forschung und vor allem in der Volkswirtschaftslehre oftmals auf so genannte „lags" abgestellt worden. Zumindest drei Lags sind – neben anderen[2] – auch im Kontext der Informationsgrundlagen des Ad-hoc-Krisenmanagements von Bedeutung:

- der Erkennungs-Lag,
- der Handlungs-Lag und
- der Wirkungs-Lag.

Ein **Erkennungs-Lag** als Zeitraum zwischen dem Auftreten der Krisenursache und der Erkennung durch die Unternehmung kann verkürzt werden, indem die Unternehmung die für sie relevante Umwelt beobachtet und in diesem Zusammenhang regelmäßig überprüft, welche Umweltbereiche noch relevant sind bzw. welche Umweltbereiche in jüngerer Zeit Relevanz erlangt haben. Wissensdatenbanken, Szenario-Studien sowie umfassende, operative und strategische Frühwarnsysteme erweisen sich als Mittel, um den Erkennungs-Lag zu verkürzen. Die Darstellung lässt erkennen, dass nicht primär das Quantum an verfügbaren Informationen entscheidend ist, sondern vielmehr die Art der Vorstrukturierung. Gerade hierdurch besteht die Möglichkeit, bestimmte Muster zu erkennen, die auf kritische Ereignisse hindeuten. Durch ein solches proaktives Risikomanagement besteht Aussicht, die destruktive Wirkung von Ad-hoc-Krisen zumindest abzuschwächen.

Damit die destruktive Wirkung abgeschwächt werden kann, ist zugleich ein möglichst frühzeitiges Handeln notwendig. Die zeitliche Distanz zwischen der Erkennung der Ad-hoc-Krise und einem solchen krisenbezogenen Handeln ergibt den **Handlungs-Lag**. Mit Blick auf das spezielle Profil von Ad-hoc-Krisen kann dieser Lag besonders umfangreich ausfallen. Der Grund ist das Überraschungsmoment, welches der Ad-hoc-Krise immanent ist. Durch diese Überraschung ergibt sich ein umfangreicher Bedarf, den Problemkomplex zu erforschen. Hinzu kommt eine außerordentliche mentale Anspannung der Führungskräfte, die mit der Existenzbedrohung einhergeht. Auf dieser Grundlage können paralytische Situationen eintreten, die entsprechend zu einer zeitlichen Ausweitung dieser Lag-Struktur führen. Je besser bereits im Vorfeld markt-, umwelt- und unternehmungsbezogene Wirkungsstrukturen erforscht sind und je besser den Strukturen zielführende Handlungsmuster zugeordnet werden, um so eher kann der Lag verkürzt werden. Aus der Insolvenzforschung lassen sich z.B. zahlreiche Erkenntnisse generieren, wie bestimmte Wirkungen mit Ursachen verknüpft sind. Insofern ist es möglich, auch den auf dieses Lag bezogenen Vorbereitungsgrad zu erhöhen.

Die Notwendigkeit eines möglichst frühzeitigen Handelns wird zudem durch die Existenz des **Wirkungs-Lag** deutlich. Dieser ergibt sich aus der Diskrepanz zwischen ergriffenem Maßnahmenpaket und dem Einfluss auf den Ursachenkomplex der Ad-hoc-Krise. Eine Verkürzung dieses Zeitraums ist erforderlich, weil bei schnell wirkenden Krisen ein an sich wirkungsvolles Handlungspaket zu spät kommen kann. Dementsprechend sind auch in diesem Bereich die Spezifika von Ad-hoc-Krisen bereits in der Wahl der Handlungsalternative zu berücksichtigen, was implizieren kann, primär schnell wirkende Instrumentenbündel einzusetzen. Darüber hinaus kann die Unternehmung die Wirkung von Maßnahmen durch gezielte Eingriffe erhöhen. Dies setzt ebenfalls die Existenz informationsbezogener Grundlagen voraus.

Auch wenn durch die Verkürzung von Lags nur marginal Zeit eingespart werden kann und die Plötzlichkeit der Ad-hoc-Krise nicht gänzlich zu vermeiden ist, so sind die Auswirkungen auf den Erfolg des Ad-hoc-Krisenmanagements dennoch zum Teil erheblich: Eine schnelle und gezielte Reaktion auf den Ursachenkomplex von Ad-hoc-Krisen kann mit Blick auf das Existenzziel den entscheidenden Unterschied ausmachen. Besonders wichtig ist, dass die Betriebsführung unter einem enormen Zeitdruck und unter ungünstigsten Bedingungen die Orientierung nicht verliert. Diese Orientierungsleistung hängt aber zu ganz wesentlichen Teilen von den informations- und wissensbezogenen Grundlagen ab. Insofern lässt sich unmittelbar erkennen, welcher Stellenwert der Informationswirtschaft zufällt. Daher werden im vorliegenden Kapitel die Informationsgrundlagen für das Management von Ad-hoc-Krisen geschaffen, wobei aus dem Gesagten die nachfolgend genannte Bearbeitungsstruktur abzuleiten ist:

Einleitend diskutieren BAETGE und STRÖHER die **„Empirische Insolvenzforschung zur Beurteilung der Bestandsfestigkeit von Unternehmen"**, wobei diese mathematisch-statistisch geprägte Forschungsrichtung ihren Ursprung in den 60er Jahren des vergangenen Jahrhunderts in den USA genommen hat und seit Mitte der 80er Jahre auch in Deutschland Anhänger findet. Ausgangspunkt (und notwendige Basis für die analysierten Daten) ist dabei die Feststellung immer weiter steigender Unternehmensinsolvenzen, die 2003 in Deutschland mit 39.700 Fällen einen vorläufigen Höchststand erreicht hat. Die Insolvenzforschung versucht dabei, auf Basis der vorhandenen Informationen Kennzahlen zu bilden, die als Mittel dienen, frühzeitig die Existenzgefährdung anzuzeigen. Eine solche Analyse dient im Rahmen des Managements von Ad-hoc-Krisen insbesondere dazu, den Erkennungs-Lag zu verkürzen, sofern eine regelmäßig und vor allem systematische Durchführung erfolgt. Im Mittelpunkt des Beitrags von BAETGE und STRÖHER stehen dabei die Möglichkeiten der Jahresabschlussanalyse, die durch die Anwendung multivariater statistischer Verfahren wichtige Hinweise ermöglicht. Als Instrument des Managements von (Ad-hoc-) Krisen dient die Jahresabschlussanalyse dabei weniger dem publizierenden Unternehmen selbst, sondern vor allem denjenigen Wirtschaftssubjekten, die – insbesondere als Lieferanten oder Kapitalgeber – zu dessen Stakeholdern gehören. Durch die Analyse der im Jahresabschluss publizierten Informationen wird es analysierenden Unternehmungen ermöglicht, die Gefahren einer zukünftigen Zahlungsunfähigkeit ihrer Geschäftsbeziehungspartner zu identifizieren, die wiederum zu einer (Ad-hoc-) Krise des eigenen Unternehmens führen könnte. Die von BAETGE und STRÖHER vorgestellten „modernen" Verfahren der Jahresabschlussanalyse vermitteln durch die Nutzung von Kennzahlensystemen dabei ein objektives Gesamturteil. Eine solche Objektivität wird vor allem dadurch erreicht, dass zuvor eine möglichst hohe Zahl gesunder, d.h. bestandsfester, und ungesunder, d.h. bestandsgefährdeter bzw. später insolventer Unternehmungen der Jahresabschlussanalyse zu unterschiedlichen Zeitpunkten unterzogen wird. Durch die Anwendung multivariater Verfahren werden dann diejenigen signifikanten Kennzahlen(-ausprägungen) ermittelt, die eine Trennung der beiden Gruppen erlauben und so zukünftige, singuläre Analyseergebnisse als Prognoseinstrument nutzbar machen. Zur Anwendung kommen vorwiegend die multivariate Diskriminanzanalyse, die logistische Regression und die – teilweise mit wissensbasierten Fuzzy-Regelsystemen erweiterte – Analyse künstlicher neuronaler Netze. Ein Beispiel eines auf künstlichen neuronalen Netzen basierenden Kennzahlensystems ist das sog. Backprogation-Netz BP 14, das 14 Kennzahlen und ihre Ausprägungen zu einem Gesamturteil verdichtet. Dieses Gesamturteil gibt dann Aufschluss über die Bestandsfestigkeit analysierter Unternehmen. Als Datenbasis dienten dabei 11.000 Jahresabschlüsse, die hinsichtlich Kapitalbindung und Kapitalbindungsdauer, Fremdkapitalquote und -struktur, Eigenkapitalquote, Finanzkraft, Anlagendeckung, Umsatzrentabilität, Cashflow-ROI und Personalaufwandsquote analysiert wurden. Die Ergebnisse erlauben so Rückschlüsse auf die Insolvenzgefahren, die BAETGE und STRÖHER beispielhaft an den Werten des 1999 Insolvenzantrag stellenden Phillip Holzmann Konzerns illustrieren.

Während BAETGE und STRÖHER die Jahresabschlussanalyse vornehmlich als Instrument der Analyse von Geschäftsbeziehungspartnern vorstellen, um auf diese Weise der Krisengefahr vorzubeugen, zeigt KRYSTEK anschließend auf, dass weitere Größen im Sinne sog. „Weak Signals" in (strategische) Früherkennungssysteme der dritten Generation einfließen können. Eine „**Analyse von ‚Weak Signals' für die Vermeidung von Ad-hoc-Krisen**" sieht er dabei trotz der Plötzlichkeit von Ad-hoc-Krisen explizit nicht als Unmöglichkeit an. Allerdings bedarf es dazu einer spezifischen Sensibilisierung des Managements, das „Unvorhersehbarkeit" auch als Chance begreifen und daher Früherkennungssysteme implementieren muss. Solche Frühwarnsysteme zeichnen sich im Gegensatz zu anderen Informationssystemen dadurch aus, dass sie es ermöglichen,

- Entwicklungen in einem frühen Stadium ihres Auftretens zu erkennen und zu analysieren,
- darauf basierend entscheidungsrelevante Informationen an die relevanten Entscheidungsträger weiterzugeben,
- um so einen zeitlichen Vorlauf für die Durchführung von Maßnahmen zu ermöglichen.

Auf diese Weise zielen Früherkennungssysteme darauf ab, insbesondere den Erkennungs-, aber auch den Handlungs-Lag zu verkürzen. Die Adressaten der Analyse schwacher Signale sieht KRYSTEK auf den höheren Unternehmensebenen, die für die Entscheidungsunterstützung auf die Ergebnisse operativer, insbesondere aber auch strategischer Früherkennungssysteme zurückgreifen sollten. Solche strategischen Früherkennungssysteme gehen dabei in ihren Grundzügen auf das Konzept der schwachen Signale zurück, das ANSOFF bereits Anfang der 70er Jahre des vorherigen Jahrhunderts propagierte. Schwache Signale, zu deren Verbreitung und somit Analyse die Diffusionstheorie wichtige Hinweise bietet, sind dabei bestimmte, mit Trendbrüchen einhergehende, allerdings unklar umrissene Botschaften. Diese müssen von der Unternehmensleitung möglichst frühzeitig wahrgenommen und sinnvoll interpretiert werden, um als Basis für die Vermeidung von oder Vorbereitung auf (Ad-hoc-)Krisen zu dienen. Basisaktivitäten eines strategischen Früherkennungssystems mit diesem Ziel sind das Scanning, d.h. die ungerichtete Informationssuche im Unternehmensumfeld, und das Monitoring, das einsetzt, sofern erste schwache Signale wahrgenommen wurden und welches diese Signale vertiefend analysiert. Die Quellen schwacher Signale sind vielgestaltig und reichen von veröffentlichten neutralen Informationen, über Markt- und Trendforschungsergebnissen bis hin zu Expertengesprächen. Aufgabe der Unternehmensleitung ist es, diese Ergebnisse im Hinblick auf ihre Relevanz für die eigenen Zielsetzungen zu deuten und ggfs. Reaktionsstrategien zu formulieren, damit Erkennungs-, Handlungs- und somit hoffentlich auch Wirkungs-Lag im Zusammenhang mit einer (Ad-hoc-)Krise minimiert werden können.

Eine Möglichkeit, die strategischen Früherkennungssysteme sinnvoll zu erweitern, sieht KRYSTEK auch im Einsatz von Szenario-Techniken. Der anschließende Beitrag **„Frühzeitige Krisenwahrnehmung durch Szenarien und anknüpfende Methoden"** von MÖHRLE und MÜLLER stellt somit eine direkte Ergänzung zu den Ausführungen von KRYSTEK dar. Als „Imperative" formulieren MÖHRLE / MÜLLER im Rahmen ihrer Argumentation dabei den harmonischen Dreiklang von „Vordenken", „Querdenken" und „Hineindenken", wobei sie diese Prinzipien auch für die Gliederung nutzen. Die Einsatzmöglichkeiten der Szenario-Technik sehen sie dabei im Rahmen des „Vordenkens" als gegeben an, bei der es darum geht, die Zukunft trotz der inhärenten Unsicherheit vorzustrukturieren, um die Bandbreite möglicher Entwicklungen aufzuzeigen. Durch den vielgestaltigen Möglichkeitenraum des Szenarios als Ergebnis einer Vielzahl vernetzter Einflussfaktoren grenzen sich Szenarien dabei von eindeutigen (Zukunfts-)Prognosen ab. In Anlehnung an GESCHKA und REIBNITZ[3] gliedert sich der Prozess der Szenario-Technik in die sechs Schritte:

1. Festlegung des Untersuchungsfeldes,
2. Umfeldanalyse,
3. Ermittlung von Deskriptoren und Aufstellen von Projektionen,
4. Projektionsbündelung,
5. Szenarienerstellung und
6. Auswirkungsanalyse.

Auf dieser Basis sind dabei vor allem Standard-, d.h. sich ankündigende Krisen zu bewältigen, während es für die Bewältigung von Ad-hoc-Krisen nach Ansicht von MÖHRLE / MÜLLER weiterer Verfahren im Rahmen des „Querdenkens" bedarf. Zum Einsatz kommen dabei sog., nach den Ereigniskarten des Monopoly-Spiels benannte „Wild Cards" als zugleich häufige Ursachen von Ad-hoc-Krisen, die als Entwicklungen bzw. Ereignisse mit einer vergleichsweise geringen Eintrittswahrscheinlichkeit, aber mit potenziell weit reichenden Wirkungen auf die Unternehmensgeschäfte von den Autoren verstanden werden. Als Beispiele solcher Wild Cards auf der Makroebene können der Unfall im Kernkraftwerk Tschernobyl, die Terroranschläge vom 11. September 2001 oder auch das Seebeben im Indischen Ozean genannt werden, das am 26. Dezember 2004 viele Tausende Menschenleben im süd-asiatischen Raum forderte. Durch den Einbau solcher auf der Makro-, aber auch auf der Meso- und Mikroebene anzusiedelnden Wild Cards in Szenarien wird deren Früherkennungspotenzial deutlich gesteigert, wobei im Zusammenhang mit Ad-hoc-Krisen die Aufgaben der Identifikation, der Bewertung, der Vorsorge und der Überwachung von Bedeutung sind. Auf dieser Grundlage erweitern Wild Cards den Wahrnehmungshorizont, sensibilisieren die Akteure für Diskontinuitäten, fördern deren Vorstellungskraft und wirken einem

Wunschdenken entgegen. Sie lassen überdies Alternativen sowie unerwartete Entwicklungspfade erkennen und decken dadurch potenzielle Schwachstellen auf. Dem Bereich des „Hineindenkens" subsumieren die Autoren letztlich diejenigen Aktivitäten, die es erlauben, erste Erfahrungen mit Ad-hoc-Krisen zu machen. Zum Einsatz kommen dabei Krisensimulationen in der Form mental-synektischer Workshops, mentaler Trainings oder computergestützter Simulationen. Krisensimulationen zielen – im Gegensatz zu den Elementen des Voraus- und Querdenkens – weniger darauf ab, den Erkennungs-Lag zu reduzieren. Vielmehr geht es durch die verschiedenen Formen der Simulation insbesondere darum, erstens den durch Neuartigkeit entstehenden Paralysezustand vorwegzunehmen, um ihn in der Realsituation zu vermeiden, zweitens Automatismen für Handlungsmuster zu entwickeln, die den Aktivitätsgrad in der Krisensituation erhöhen. Dadurch wird der Handlungs-Lag verkürzt, der in Verbindung mit der Minimierung des Erkennungs-Lags durch das Vor- und Querdenken möglicherweise den entscheidenden zeitlichen Vorsprung zur Bewältigung von (Ad-hoc-)Krisen schafft, um die Existenzgefährdung abzuwenden.

Anmerkungen

1 Vgl. dazu FREILING, J: Theorie der Krise und BURMANN, CH.: Dynamik; [2005] in diesem Band, S. 59 ff. und 115 ff.

2 So finden sich vor allem disturbance lags, recognition lags, diagnostic lags, decision lags, instrumental lags und operational lags. Die Betrachtung von Lags hat primär im Bereich der Erforschung der Wirkungsverzögerung wirtschaftspolitischer Maßnahmen stattgefunden. Im betriebswirtschaftlichen Bereich sind Lag-Strukturen bislang eher schwach rezipiert.

3 Vgl. GESCHKA, H. / REIBNITZ, U.: Szenario-Technik [1983].

Literatur

GESCHKA, H. / REIBNITZ, U.: Die Szenario-Technik; in: TÖPFER, A. / AFHELDT, H. (Hrsg.): Praxis der strategischen Unternehmensplanung; Frankfurt/M.: Metzner; 1983; S. 125 - 170.

Jörg Baetge / Thomas Ströher

Empirische Insolvenzforschung zur Beurteilung der Bestandsfestigkeit von Unternehmen

1 Einleitung 153

2 Jahresabschlussanalyse als Teilgebiet der Insolvenzforschung 154

3 Moderne Verfahren der Jahresabschlussanalyse 156
3.1 Vorbemerkung 156
3.2 Statistische Verfahren 157
3.3 Künstliche Neuronale Netzanalyse 159

4 Zusammenfassung 164

1 Einleitung

Im Jahr 2003 wurde in Deutschland mit 39.700 Unternehmensinsolvenzen ein neuer Höchststand an Unternehmensinsolvenzen erreicht. Nach dem starken Anstieg im Jahr 2002 um 16,4 % ist die Zahl der Unternehmensinsolvenzen damit erneut um 5,5 % gestiegen.[1] Darüber hinaus verunsichern Zusammenbrüche international tätiger Unternehmen wie Enron, Worldcom und jüngst Parmalat die Öffentlichkeit und erschüttern die Kapitalmärkte. So ist der MSCI-World-Aktienindex in der Phase dieser „großen" Zusammenbrüche binnen zwei Monaten (23. Mai bis 23. Juli 2002) um 25,3 % eingebrochen. Weltweit wurde wohl überwiegend wegen dieser Zusammenbrüche an den Kapitalmärkten ein Dollar-Vermögen in dreistelliger Milliardenhöhe vernichtet.

Die Gesetzgeber und Standardsetter haben die Notwendigkeit der Verbesserung der Rechenschaftsregeln erkannt und erlassen derzeit eine Vielzahl neuer Regelungen. Beispiele sind die Baseler Eigenkapitalrichtlinien zur Eigenkapitalunterlegung bei der Kreditvergabe (kurz Basel II), der Sarbanes-Oxley-Act zur Neustrukturierung des Corporate Governance-Systems und in Deutschland die Regierungsentwürfe des Bilanzrechtsreformgesetzes und des Bilanzkontrollgesetzes, mit denen die Transparenz und die Selbstkontrolle der Unternehmensberichterstattung erhöht und das Vertrauen der Anleger in die Kapitalmärkte zurückgewonnen werden soll.

Ein Gebiet, das sich schon seit langem mit der Analyse von Unternehmenskrisen und -zusammenbrüchen beschäftigt, ist die empirische, mathematisch-statistische Insolvenzforschung. Sie hat ihren Ursprung in den 60er Jahren des vergangenen Jahrhunderts in den USA und wird in Deutschland seit Mitte der 80er Jahre des vergangenen Jahrhunderts betrieben. Ziel der Insolvenzforschung ist es, durch Auswertung der über das Unternehmen verfügbaren Informationen Kennzahlen zu ermitteln, die frühzeitig Insolvenzgefahren anzeigen können.

Ziel dieses Beitrags ist es, darzustellen, wie mit Methoden der empirischen, mathematisch-statistischen Insolvenzforschung Unternehmenskrisen frühzeitig erkannt werden können, so dass auch für plötzlich auftretende Krisen schlecht gerüstete Unternehmen frühzeitig gewarnt werden können. Nachdem im Folgenden kurz auf die Stellung der Jahresabschlussanalyse in Rahmen der Insolvenzforschung eingegangen wird, werden die Diskriminanzanalyse, die logistische Regressionsanalyse und die Künstliche Neuronale Netzanalyse als Methoden der modernen Jahresabschlussanalyse zur Entwicklung von Frühwarnklassifikatoren dargestellt.

2 Jahresabschlussanalyse als Teilgebiet der Insolvenzforschung

Während eine Krise eine außergewöhnliche Situation ist, die die Existenz eines Unternehmens nachhaltig stört oder sogar gefährdet, stellt die Insolvenz die extremste Form, nämlich die Beendigung eines Unternehmens dar. Die Grenzen zwischen Krise und Insolvenz sind allerdings fließend.[2]

Auslöser eines Insolvenzverfahrens kann nach deutschem Gesetz die Zahlungsunfähigkeit, die drohende Zahlungsunfähigkeit oder die Überschuldung (§§ 17 - 19 InsO) sein.[3] Im Rahmen einer auf die Prognose ausgerichteten Insolvenzforschung steht vor allem die künftige Zahlungsunfähigkeit im Mittelpunkt der Betrachtung.

Zur Beurteilung der künftigen Zahlungsfähigkeit wären Finanzpläne des Unternehmens erforderlich. Da im Rahmen der extern betriebenen Insolvenzforschung in der Regel solche unternehmensinternen Informationen nicht zur Verfügung stehen, stellt der Jahresabschluss die zentrale Informationsquelle dar. Für die Verwendung der mit dem Jahresabschluss und dem Lagebericht vermittelten Informationen spricht zudem, dass diese Informationen Gegenstand der Prüfung durch den Abschlussprüfer gemäß §§ 316 - 324 HGB sind und im Vergleich zu anderen, z. T. freiwillig veröffentlichten Informationen, wie Zwischenberichten oder Ad-hoc-Informationen, eine verlässlichere Informationsbasis darstellen. Die (externe) Jahresabschlussanalyse bildet daher den Kern der Insolvenzforschung.

Ziel der Jahresabschlussanalyse ist es, entscheidungsnützliche Informationen über die gegenwärtige Lage und die künftige wirtschaftliche Entwicklung eines Unternehmens zu gewinnen, die ohne Kennzahlenanalyse nicht direkt ersichtlich sind,[4] und anhand dieser Informationen die wirtschaftliche Lage und die künftige wirtschaftliche Entwicklung des Unternehmens zu beurteilen. Dazu lässt sich die Jahresabschlussanalyse sinnvoll in die Analyse der Ertragslage und die Analyse der Vermögens- und Finanzlage gliedern.

Die Jahresabschlussanalyse vollzieht sich in mehreren Schritten anhand von Kennzahlen. Nach Sammlung und Aufbereitung der Daten werden besonders trennfähige Kennzahlen ausgewählt, berechnet, gewichtet und zu einem Gesamturteil über die Bestandsfestigkeit des Unternehmens zusammengefasst. Als besonders trennfähig gelten jene Kennzahlen, die sich gut zur frühzeitigen Identifikation von Insolvenzgefahren eignen. Anschließend werden die Ursachen für den Grad der Bestandsfestigkeit bzw. -gefährdung identifiziert und analysiert.[5]

Da die Unternehmensleitung die im Jahresabschluss abgebildete wirtschaftliche Lage durch Bilanzpolitik und bilanzpolitisch motivierte Sachverhaltsgestaltungen unter Umständen modifiziert hat, sind bei der Jahresabschlussanalyse, vor allem bei der Bildung eines Kennzahlensystems, das Neutralisierungsprinzip, das Ganzheitlichkeitsprinzip und das Objektivierungsprinzip zu beachten.[6] Gemäß dem Neutralisierungsprinzip sind solche Kennzahlen zu bilden und auszuwählen, die die bilanzpolitischen Maßnahmen der Geschäftsleitung neutralisieren (konterkarieren). Dem Ganzheitlichkeitsprinzip zufolge müssen Kennzahlen für jeden Informationsbereich des Jahresabschlusses herangezogen werden. Wenn ein Dritter nach demselben Verfahren zu dem gleichen Gesamturteil kommt, ist das Verfahren objektiv im Sinne von intersubjektiv nachprüfbar und erfüllt das Objektivierungsprinzip.

Ein wichtiger Aspekt der mathematisch-statistischen Jahresabschlussanalyse ist, dass trotz des Vergangenheitsbezuges der zu Grunde liegenden Jahresabschlussdaten Rückschlüsse auf die künftige Entwicklung möglich sind, weil im zu analysierenden Jahresabschluss jene Symptommuster identifiziert werden, die ein Krankheitsbild schon Jahre vor einer Insolvenz kennzeichnen. Häufig werden die Daten der bis zu drei Jahre zurückliegenden Jahresabschlüsse (t-1, t-2 und t-3) von gesunden und später insolvent gewordenen Unternehmen verwendet, wobei der älteste Abschluss mit t-3, der jüngste Abschluss mit t-1 und der Insolvenzzeitpunkt mit t-0 gekennzeichnet ist. So kann in einem zu analysierenden Jahresabschluss für zwei bis drei Jahre im voraus die Insolvenzgefahr erkannt werden, indem dieser Jahresabschluss auf typische Symptome der t-2 bzw. t-3-Jahresbschlüsse geprüft wird. Mit dieser Art der Jahresabschlussanalyse ist es möglich, eine schleichende Krise zu diagnostizieren. Plötzlich auftretende Krisen eines Unternehmens, z. B. ausgelöst durch die plötzliche Insolvenz eines Großkunden, vermag der Bilanzanalytiker indes nicht zu prognostizieren. Allerdings werden gesunde bzw. bestandskräftige Unternehmen weniger stark von akuten Krisen getroffen als kranke bzw. bestandsgefährdete Unternehmen. Insofern ist eine entsprechende Jahresabschlussanalyse geeignet, ein Urteil über die relative Widerstandskraft eines Unternehmens gegenüber akuten Krisen zu ermöglichen.

Im Rahmen der Jahresabschlussanalyse sind verschiedene Kennzahlensysteme entwickelt worden. Sie lassen sich nach dem Grad der Objektivität des ermittelten Gesamturteils in Kennzahlensysteme mit subjektivem, quasi-subjektivem und objektivem Gesamturteil unterscheiden.[7] Die im Folgenden dargestellten „modernen" Verfahren gehören dabei zur dritten Gruppe. Demgegenüber lassen sich die meisten traditionellen Kennzahlensysteme der ersten Gruppe zuordnen. Sie zeichnen sich dadurch aus, dass eine mehr oder weniger große Anzahl von Kennzahlen auf eine transparente, aber subjektive Art und Weise zu einer Spitzenkennzahl aggregiert wird und die Interpretation dieser Spitzenkennzahl dem einzelnen Analytiker üblassen bleibt. Ein solches Vorgehen basiert auf subjektiven Einschätzungen und ist daher nicht Gegenstand der (empirischen) Insolvenzforschung. Im Folgenden werden sie daher nicht behandelt.[8]

3 Moderne Verfahren der Jahresabschlussanalyse

3.1 Vorbemerkung

Im Rahmen der modernen Verfahren der Jahresabschlussanalyse werden mit Hilfe einer großen Zahl repräsentativ ausgewählter gesunder und kranker Beispielunternehmen, deren finanzielles Schicksal bekannt ist und für die Jahresabschlüsse vorliegen, die sog. Frühwarnklassifikatoren entwickelt. Die Frühwarnklassifikatoren stellen Kennzahlenfunktionen dar, die mit Hilfe mathematisch-statistischer Verfahren entwickelt wurden. Sie enthalten die früherkennenden Kennzahlen-Muster, mit denen anhand des jeweiligen Jahresabschlusses objektive Aussagen über die Bestandsfestigkeit von Unternehmen möglich sind.

Die Kennzahlenfunktionen werden entwickelt, indem aus den dem Verfahren präsentierten Daten ermittelt wird, welche Kennzahlen in welcher Gewichtung und Kombination die Unternehmen am besten in die Gruppen „gesund" und „krank" trennen. Die Güte der ermittelten Klassifikatoren wird gemessen mit dem Prozentsatz der richtig bzw. der falsch klassifizierten Unternehmen in einer repräsentativen Validierungsstichprobe. Bei jeder Klassifikation sind zwei Fehlklassifikationen möglich. Zum einen kann nicht völlig vermieden werden, dass kranke Unternehmen fälschlich als „gesund" klassifiziert werden. Dies ist der sog. α-Fehler, der den Anteil der tatsächlich kranken Unternehmen angibt, die vom Klassifikator fälschlich als „gesund" eingestuft wurden. Zum anderen kann nicht völlig verhindert werden, dass tatsächlich gesunde Unternehmen fälschlich als „krank" beurteilt werden. Dies ist der sog. β-Fehler, der den Anteil der tatsächlich gesunden Unternehmen angibt, die vom Klassifikator fälschlich als „krank" eingestuft wurden. Beide Fehler sind unterschiedlich in ihrer Konsequenz für den Beurteilenden. In den meisten Fällen ist der α-Fehler der schwerwiegendere der beiden Fehler.[9]

Voraussetzung für die Entwicklung eines solchen objektiven Frühwarnklassifikators ist ein großer Bestand an Jahresabschlüssen gesunder und kranker Unternehmen sowie ein umfangreicher, kreativ gebildeter Kennzahlenkatalog. Der Bestand an Jahresabschlüssen wird (a) zum Training (Lernen) und (b) zum Testen verwendet. Anhand des Trainingsdatensatzes werden aus dem Kennzahlenkatalog jene Kennzahlen ausgewählt und gewichtet, die zusammengefasst eine zuverlässige Klassifikation von Unternehmen ermöglichen, d. h. es wird die Klassifikationsfunktion ermittelt. Mit dem Testdatensatz wird die Klassifikationsgüte dieser Klassifikationsfunktion ermittelt.

Die konkrete (Anwendung der) Jahresabschlussanalyse verwendet dann nur noch die von dem mathematisch-statistischen Verfahren ermittelten mathematischen Funktionen, die die früherkennenden Kennzahlen enthalten.

3.2 Statistische Verfahren

Eine Möglichkeit zur Entwicklung eines „objektiven" Klassifikators auf Basis von Jahresabschlüssen besteht in der Anwendung statistischer Verfahren. Am häufigsten wird die Multivariate Diskriminanzanalyse, aber auch verschiedene Formen der Regressionsanalyse verwendet.[10]

Die **Multivariate Diskriminanzanalyse**[11] (MDA) ist ein Verfahren, mit dem Gruppenzugehörigkeiten anhand von mehreren Variablen bestimmt werden können und eignet sich daher gut zur Klassifikation von Unternehmen in die Gruppen „krank" und „gesund" anhand von Jahresabschlusskennzahlen.

In einem ersten Schritt der Multivariaten Diskriminanzanalyse wird die Diskriminanzfunktion bestimmt. Dazu wird mit Hilfe der aus den Jahresabschlüssen der Trainings- bzw. Lernstichprobe ermittelten Kennzahlenwerte herausgefunden, welche Kennzahlen (x_i) aus einem großen Kennzahlenkatalog in welcher Gewichtung (a_i) gesunde und kranke Unternehmen am besten trennen. Dies kann z. B. schrittweise erfolgen, indem nach und nach Kennzahlen in die Diskriminanzfunktion aufgenommen werden, die die beiden Gruppen von Unternehmen am besten trennen, bis keine weitere Verbesserung der Klassifikationsleistung erreicht werden kann.

Abbildung 3-1: *Allgemeine Form der linearen Diskriminanzfunktion*
Quelle: Eigene Darstellung.

$$D = a_0 + a_1 \cdot x_1 + a_2 \cdot x_2 + \ldots + a_m \cdot x_m$$

Mit der im Rahmen der MDA ermittelten Diskriminanzfunktion werden anschließend die Unternehmen der Teststichprobe beurteilt[12] und der α- und β-Fehler im Testdatensatz berechnet. Abb. 3-2 stellt beispielhaft die Verteilungen der D-Werte der gesunden und kranken Unternehmen der Teststichprobe als Dichtefunktion dar. Mit der Kennzahlenauswahl wird die „Lage" dieser Dichtefunktionen bestimmt.

Für die Zuordnung eines zu beurteilenden Unternehmens zur Gruppe der „kranken" oder „gesunden" Unternehmen anhand des ermittelten D-Wertes muss als zweiter Schritt der Multivariaten Diskriminanzanalyse ein kritischer Trennwert D_T (Cut-off) bestimmt werden. Alle Unternehmen, deren D-Wert größer als dieser kritische Trennwert ist, werden als „krank" bezeichnet (vgl. Abb. 3-2). Je nach Wahl dieses Trennwertes verändert sich der Anteil der α- und β-Fehler. Wird der α-Fehler z. B. mit 8,75 % festgelegt,[13] dann ergibt sich der zugehörige β-Fehler. Mit diesem Vorgehen lassen sich die Klassifikationsleistungen verschiedener Diskriminanzfunktionen vergleichen.

Abbildung 3-2: *Verteilungen der gesunden und kranken Unternehmen*
Quelle: Eigene Darstellung.

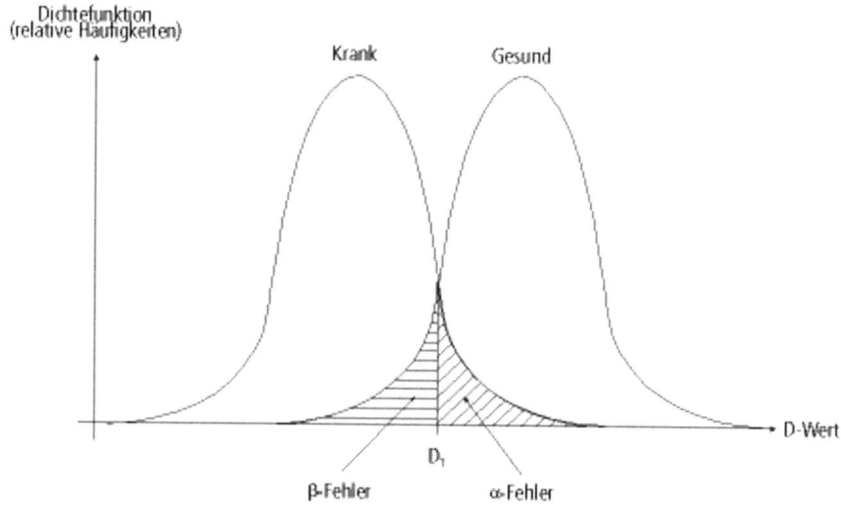

Bisweilen wird auch das Verfahren der **logistischen Regression** zur Entwicklung eines Frühwarnklassifikators anstelle der Diskriminanzanalyse verwendet, da dieses Verfahren besonders gut zur Ermittlung von Ausfallwahrscheinlichkeiten geeignet ist. Während die Diskriminanzanalyse Trennwerte und die Genauigkeit dieser Trennwerte bestimmt (vgl. Abb. 3-2), können mit Hilfe der logistischen Regressionsanalyse Ausfallwahrscheinlichkeiten bestimmt werden, die nicht nur eindimensionale Entscheidungen, wie Kreditvergabe oder keine Kreditvergabe, ermöglichen, sondern auch für die Schätzung eintretender Verluste verwendet werden können.

Bei der logistischen Regression werden ähnlich der Multivariaten Diskriminanzanalyse die Kennzahlenausprägungen des zu analysierenden Unternehmens mit Hilfe der entwickelten linearen Funktion zu einem Wert, dem Z-Wert, aggregiert. Im Gegensatz zur Multivariaten Diskriminanzanalyse wird dieser Wert dann indes nicht bereits zur Klassifikation des Unternehmens verwendet, sondern mit Hilfe einer logistischen Funktion in die jeweilige Ausfallwahrscheinlichkeit transformiert.[14]

Abbildung 3-3: *Verlauf der logistischen Funktion*
Quelle: BACKHAUS, K. / ERICHSON, B. / PLINKE, W. / WEIBER, R.: *Analysemethoden [2003], S.424.*

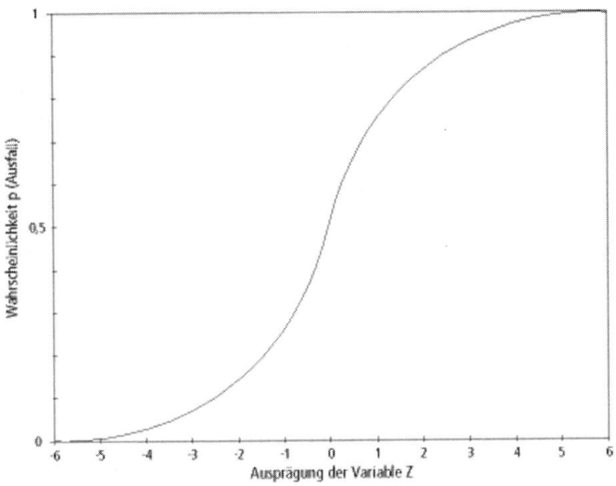

Im Vergleich zu den traditionellen Verfahren sind die mit den statistischen Verfahren erreichten Klassifikationsleistungen wesentlich besser, allerdings erreichen sie nicht ganz die Klassifikationsleistungen, die mit Hilfe Künstlicher Neuronaler Netze erzielt wurden.[15]

3.3 Künstliche Neuronale Netzanalyse

Die Künstliche Neuronale Netz Analyse (KNNA) ist eine Technik der Künstlichen Intelligenz. Sie verwendet zur Analyse Künstliche Neuronale Netze (KNN), die ein Abbild (Modell) von biologischen neuronalen Netzen darstellen. Das KNN bilden dabei ein System zur Informationsverarbeitung. Ähnlich wie ein biologisches neuronales Netz besteht es aus Zellen (Neuronen), die miteinander verbunden sind und Informationen in Form von Signalen empfangen und senden. KNN lassen sich als eine mathematische Formel darstellen, wobei sich die Ergebnisvariable aus den Eingangsvariablen errechnet. KNN werden in unterschiedlichen Disziplinen, z. B. der Biologie, der Medizin, der Psychologie, der Informatik, der Mathematik, der Physik und der Elektrotechnik eingesetzt[16] und bieten sich zur Lösung von Klassifikationsaufgaben auch für betriebliche Fragestellungen, wie die Bonitätsbeurteilung von Unternehmen, an. Ziel der Bonitätsbeurteilung von Unternehmen ist, Unternehmen möglichst zuverlässig in die Gruppen „gesund", d. h. solvent, und „krank", d. h. insolvenzgefährdet, zu klassifizieren. Die Ergebnisvariable ist in diesem Fall der Bonitätsindex, anhand dessen das Unternehmen klassifiziert wird, die Eingangsvariablen stellen die Kennzahlenwerte des Jahresabschlusses des zu klassifizierenden Unternehmens dar.

Welche Kennzahlen in den Bonitätsindex eingehen, lernt das KNN anhand einer großen und möglichst repräsentativen Zahl von historischen Beispielfällen. Die für diese Beispielfälle ermittelten Kennzahlenvektoren werden dem KNN wieder und wieder präsentiert, bis die Klassifikationsleistung sich durch weiteres Lernen gemessen an der Teststichprobe nicht mehr verbessert. Lernregeln schreiben dem Netz dabei vor, wie es lernen soll, aus einer bestimmten Eingabe die gewünschte Ausgabe zu erzeugen. Eine Lernregel, die besonders geeignet ist, Klassifikationsleistungen zu lösen, ist der Backprogagation-Algorithmus.[17] Hierbei werden die zu ermittelnden Verbindungsgewichte rückwärts durch das Netz korrigiert, bis die optimale Klassifikation erreicht ist. Wenn das Lernen beendet ist, ist das KNN aufgrund seiner Generalisierungsfähigkeit in der Lage, auch unbekannte Datensätze erfolgreich zu klassifizieren, was an einer großen neutralen Validierungsstichprobe überprüft werden sollte.[18]

Damit ein KNN die Struktur der Daten der Lernstichprobe nicht auswendig lernt und danach fremde Daten nur schlecht klassifizieren kann (Overtraining),[19] ist die in Abb. 3-4 im rechten Graphen dargestellte maximale Anpassung an die Daten der Lernstichprobe unbedingt zu vermeiden. Die Kennzahlen-Kombinationen (k_1/k_2) der gesunden Unternehmen sind durch weiße, die der kranken Unternehmen durch schwarze Quadrate dargestellt.

Abbildung 3-4: *Overtraining*

Quelle: Eigene Darstellung.

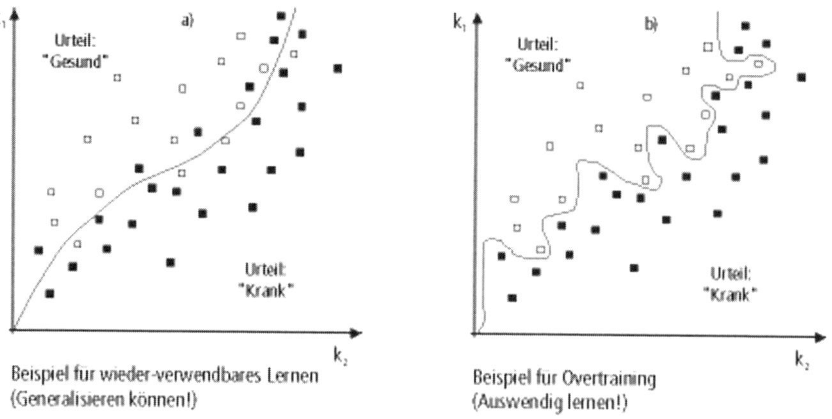

Ein KNN darf nur solange trainiert werden, bis es auch auf der Basis der unbekannten Daten der Teststichprobe gesunde und kranke Unternehmen am besten trennen kann, d. h. das KNN sollte noch fähig sein zu generalisieren, wie im linken Graphen von Abb. 3-4. Steigt der β-Fehler der Teststichprobe bei vorgegebenen α-Fehler wieder, ist das Lernen zu beenden. Die optimale Zahl der Lernschritte ist in Abb. 3-5 bei Z_{opt} erreicht.

Abbildung 3-5: *Optimale Zahl der Lernschritte (bei konstanten α-Fehler)*
Quelle: Eigene Darstellung.

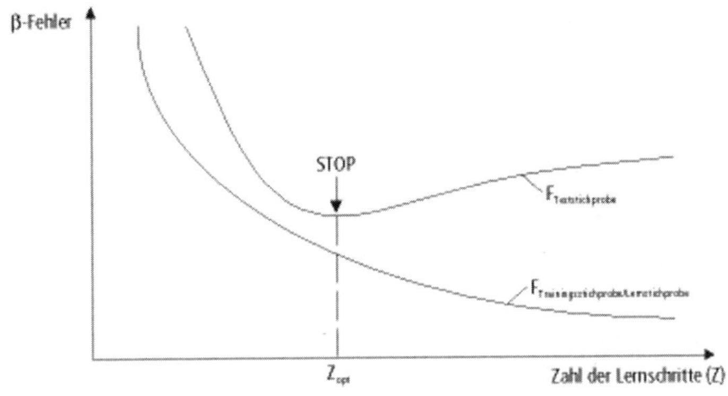

Ein Beispiel für ein fertig entwickeltes, konkretes KNN ist das Bilanzbonitätsrating mit dem Backpropagation-Netz BP-14.[20] Für die Entwicklung des Netzes wurden über 11.000 Jahresabschlüsse von solventen sowie von später insolvent gewordenen Unternehmen verwendet. Das Ergebnis der KNNA lässt sich grafisch wie in Abbildung 3-6 veranschaulichen.

Das BP-14 enthält aus allen von BAETGE / HÜLS / UTHOFF ermittelten acht Informationsbereichen des Jahresabschlusses[21] insgesamt 14 Kennzahlen. Die Informationsbereiche lassen sich der Vermögens-, Finanz- und Ertragslage zuordnen. Die 14 Kennzahlen werden zu einem Gesamturteil, dem sog. N-Wert (Neuronaler Netzwert), verdichtet. Der N-Wert kann Werte zwischen +10 und –10 annehmen. Anhand des ermittelten N-Wertes wird das Unternehmen einer bestimmten Klasse zugeordnet. Für die sechs Güteklassen und die vier Risikoklassen des BP-14 konnten die zugehörigen Insolvenzwahrscheinlichkeiten (Bestandsrisiken in %) ermittelt werden. Der N-Wert ist somit ein Maß für die Bestandsfestigkeit bzw. die Bestandsgefährdung eines Unternehmens.

Abbildung 3-6: *Die Zusammenhänge im Back-Progagation-Netz BP-14-*

Quelle: Eigene Darstellung.

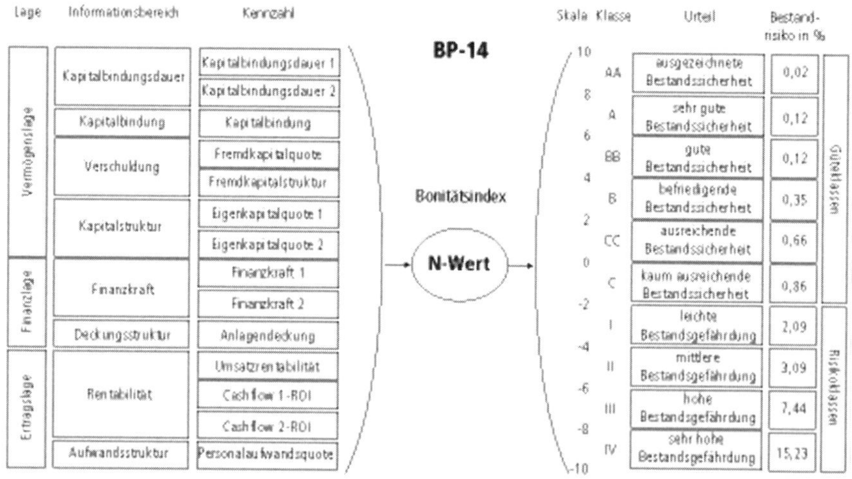

Die Bestandsgefährdung eines Unternehmens soll nicht nur anhand des letzten Jahresabschlusses beurteilt werden, sondern ebenfalls an den Abschlüssen davor liegender Jahre. Durch die Betrachtung der N-Werte im Zeitverlauf kann die wirtschaftliche Lage besser eingeschätzt werden. Schleichende Verschlechterungen, aber auch Turnarounds können so erkannt werden.[22]

Im Folgenden wird die Entwicklung des N-Wertes des Philipp Holzmann Konzerns, der 1999 einen Insolvenzantrag gestellt hat, im Zeitraum von 1994 bis 1998 dargestellt.

Abbildung 3-7: *Entwicklung des N-Wertes des Philipp Holzmann Konzerns von 1994 bis 1998*

Quelle: BAETGE J. / JERSCHENSKY, A.: Bilanz-Bonitätsrating [1996], S. 1589.

Jahr	1994	1995	1996	1997	1998
N-Wert	-0,46	-5,07	-6,36	-6,16	-4,38

Die ermittelten N-Werte zeigen, dass 1994 noch eine (knapp ausreichende) Bestandssicherheit gegeben war. 1995 kam es allerdings zu einer deutlichen Verschlechterung der

Bonität des Philipp Holzmann Konzerns. Der N-Wert hat sich um 4,61 Punkte verringert und betrug nur noch –5,07. Ab 1995 war somit von einer mittleren bis hohen Bestandsgefährdung auszugehen. Die vorübergehende Erhöhung des N-Wertes im Jahr 1998 basiert auf einer durchgeführten Eigenkapitalerhöhung, ohne dass aber die operativen Schwächen des Unternehmens in der Folge abgebaut werden konnten.

Vorteile der KNNA gegenüber klassischen Verfahren der Bilanzanalyse sind, dass durch das KNN auch nicht-lineare Zusammenhänge mit sehr gutem Erfolg abgebildet werden können und dass neben quantitativen Daten auch qualitative Daten, etwa Informationen über rechtliche und wirtschaftliche Rahmenbedingungen des Unternehmens, simultan verarbeitet werden können.[23]

Ein viel versprechender Ansatz zur Weiterentwicklung ist, KNN mit wissensbasierten Fuzzy-Regelsystemen zu sog. Neuro-Fuzzy-Systemen zu verbinden.[24] Wissensbasierte Fuzzy-Regelsysteme sind eine spezielle Art von Expertensystemen. Sie zeichnen sich dadurch aus, dass sie klassische Expertensysteme um die Eigenschaften der Fuzzy-Set-Theorie (Theorie der unscharfen Mengen) erweitern.[25] Ein Expertensystem ist ein Computerprogramm, das zur Nachbildung menschlicher Problemlösungsfähigkeiten entwickelt wird und sich von klassischen DV-Systemen dadurch unterscheidet, dass es in der Lage ist, auch komplexe und schlecht strukturierte Probleme zu lösen. Expertensysteme bestehen aus zwei Komponenten: einer Wissensbasis und einer sog. Inferenzmaschine. Während die Wissensbasis das problembezogene Wissen – häufig in Form von sog. Produktionsregeln (Wenn-Dann-Regeln) – repräsentiert, vereinigt die Inferenzmaschine dieses Wissen und wertet es anhand von Schlussfolgerungen aus, um so Lösungen des zu Grunde liegenden Problems anzubieten.[26]

Ein Beispiel einer Wenn-Dann-Regel (unter Vernachlässigung des Leverage-Theorems) stellt die folgende Regel dar:

Abbildung 3-8: *Beispiel einer Wenn-Dann-Regel*
Quelle: BAETGE, J./ HEITMANN, C.: Credit Standing [2000], S. 325.

Wenn Eigenkapitalrentabilität ist *hoch* UND
Verschuldungsgrad ist *niedrig*,
dann Bestandsfestigkeit ist *gut*.

Klassische Expertensysteme haben indes den Nachteil, dass sie zur Wissensrepräsentation mit Produktionsregeln ausschließlich sprachliche (linguistische) Symbole verwenden, die mathematisch nicht weiter quantifiziert werden.[27] Aus diesem Grund werden seit Mitte der 90er Jahre die klassischen Expertensysteme mit Konzepten der Wahrscheinlichkeitstheorie und der Fuzzy-Set-Theorie erweitert. Vor allem die Fuzzy-

Set-Theorie wird zunehmend zur Modellierung der Unschärfe der menschlichen Sprache in Expertensystemen verwendet.[28] Mit der Fuzzy-Set-Theorie lässt sich das sprachlich unscharfe Wissen eines Experten mathematisch abbilden und quantifizieren.[29]

Durch die Kombination der KNN mit wissensbasierten Regelsystemen wird versucht, die jeweiligen Vorteile der beiden Verfahren in einem System zu vereinen und die Nachteile gleichzeitig weitgehend zu kompensieren.[30] Expertensysteme besitzen die Fähigkeit, externes Wissen explizit abzubilden und geben somit die Möglichkeit, das getroffene Gesamturteil anhand der Produktionsregeln nachzuvollziehen und zu interpretieren, indes sind sie nicht lernfähig, d. h. Auswahl, Gewichtung und Zusammenfassung der Kennzahlen erfolgt subjektiv auf der Basis der Einschätzungen und Entscheidungen der Experten bzw. Systementwickler. KNN hingegen besitzen diese Lernfähigkeit, können indes nur mit zusätzlichen Aufwand, z. B. der von BAETGE entwickelten individuellen Sensitivitätsanalyse[31], interpretiert werden.

4 Zusammenfassung

Festzustellen ist, dass der Jahresabschlussanalytiker nicht in der Lage ist, akute, d. h. plötzlich auftretende Krisen, zu prognostizieren. Indes bietet die empirisch-gestützte, mathematisch-statistische Jahresabschlussanalyse die Möglichkeit, anhand von Krankheitssymptomen jene Unternehmenssituation zu identifizieren, die Insolvenzgefahren frühzeitig anzeigen, und so Unternehmenskrisen früh zu erkennen und entsprechende Gegenmaßnahmen zu ergreifen. Abhängig von dem der Entwicklung des Frühwarnklassifikators zu Grunde liegenden Datenmaterial, nämlich dem Vorliegen der t-3- und t-2-Jahresabschlüsse insolventer Unternehmen in der Lernstichprobe, ist eine Frühwarnung bereits zwei bis drei Jahre im Voraus möglich.

Kennzahlensysteme, die das Neutralisierungsprinzip, das Ganzheitlichkeitsprinzip und das Objektivierungsprinzip erfüllen, eignen sich gut zur Verdichtung der im Jahresabschluss enthaltenen Informationen zu einem Gesamturteil über die Bestandsfestigkeit. Diese Kennzahlensysteme stellen damit ein wertvolles Werkzeug für den Jahresabschlussleser dar, sei es für einen (externen) Anleger oder ein Mitglied des Aufsichtsrates. Vor allem moderne Verfahren der Bilanzanalyse, wie das optimierte KNN des BP-14, eignen sich zur objektiven Beurteilung der Bestandssicherheit eines Unternehmens.

Zur zusätzlichen Interpretation der erzielten Klassifikationsergebnisse können dann Instrumente wie die individuelle Sensitivitätsanalyse, die den Einfluss der Veränderung der einzelnen Kennzahlen gegenüber der Vorperiode auf den Klassifikator analysiert, eingesetzt werden.[32] Aber auch die Neuro-Fuzzy-Systeme als Erweiterung der KNN bieten sich zur Interpretation der ermittelten Urteile an.

Neuro-Fuzzy-Systeme bieten sich als weiterer Forschungsschwerpunkt an. Sie stellen ein viel versprechendes Verfahren im Rahmen der Jahresabschlussanalyse dar. So hat die Untersuchung von HEITMANN ergeben, dass sie sich für die Jahresabschlussanalyse hervorragend eignen und mit ihnen gute Klassifikationsergebnisse erzielen lassen.[33] Weiterer Forschungsbedarf besteht vor allem bei der Festlegung der Wenn-Dann-Regeln. Diese werden bisher meist betriebswirtschaftlich plausibel, aber subjektiv vorgegeben und erst durch die Optimierung der Regelgewichte durch die KNN-Komponente des Systems objektiviert.

Anmerkungen

1 Vgl. Verband der Vereine Creditreform e.V.: Insolvenzen [2004], S. 8.

2 Vgl. WEGMANN, J.: Insolvenzrechtsform [1989], S. 570.

3 Vgl. UHLENBROCK, W.: Insolvenzgründe [1998], S. 17 - 41.

4 Vgl. LEFFSON, U.: Bilanzanalyse [1984], S. VIII.

5 Vgl. zum Prozess der Jahresabschlussanalyse ausführlich BAETGE, J.: Bilanzanalyse [1998], S. 16 - 54.

6 Vgl. BAETGE, J.: Bilanzanalyse [1998], S. 31 - 37.

7 Vgl. BAETGE, J.: Bilanzanalyse [1998], S. 516 - 518.

8 Vgl. ausführlich zu Kennzahlensystemen mit subjektivem und quasi-objektivem Gesamturteil BAETGE, J.: Bilanzanalyse [1998], S. 518 - 559.

9 Vgl. zur Bedeutung der Fehler FEIDICKER, M.: Kreditwürdigkeitsprüfung [1992], S. 212 f.; zum Einfluss der Fehlerkosten vgl. UTHOFF, C.: Kreditwürdigkeitsprüfung [1997], S. 106.

10 Vgl. m. w. N. SCHEWE, G. / LEKER, J.: Insolvenzprognose [2000].

11 Vgl. ausführlich BACKHAUS, K. / ERICHSON, B. / PLINKE, W. / WEIBER, R.: Multivariate Analysemethoden [2003], S. 155 - 227.

12 Zu einer konkretisierten Diskriminanzfunktion vgl. NIEHAUS, H.-J.: Unternehmenskrisen [1987], S. 133 f.

13 Vgl. FEIDICKER, M.: Kreditwürdigkeitsprüfung [1992], S. 212 - 214.

14 Zur Logistischen Regression vgl. BACKHAUS, K. / ERICHSON, B. / PLINKE, W. / WEIBER, R.: Multivariate Analysemethoden [2003], S. 417 - 477.

15 Vgl. BAETGE, J. / BAETGE, K. / KRUSE, A.: Jahresabschlußanalyse [1999a], S. 1374.

16 Vgl. ZELL, A.: Neuronale Netze [1994], S. 23 f.

17 Vgl. KRAUSE, C.: Kreditwürdigkeitsprüfung [1993], S. 210 - 215.

18 Vgl. NAUCK, D. / KLAWONN, F. / KRUSE, R.: Neuronale Netze [1996], S. 30.

19 Vgl. ZIMMERMANN, H. G.: Neuronale Netze [1994], S. 58 f.

20 Vgl. BAETGE, J.: Bilanzanalyse [1998], S. 579 - 596.

21 Vgl. BAETGE, J. / HÜLS, D. / UTHOFF, C.: Bilanzbonitätsanalyse [1994], S. 325.

22 Vgl. BAETGE, J. / JERSCHENSKY, A.: Bilanz-Bonitätsrating [1996], S. 1587 - 1589.

23 Vgl. UTHOFF, C.: Kreditwürdigkeitsprüfung [1997], S. 157 f.

24 Vgl. HEITMANN, C.: Neuro-Fuzzy [2002].

25 Vgl. m. w. N. BAETGE, J. / HEITMANN, C.: Credit Standing [2000], S. 320.

26 Zu Expertensystemen vgl. etwa KURBEL, K.: Expertensysteme [1992].

27 Vgl. ROMMELFANGER, H.: Fuzzy Decision Support-Systeme [1994], S. 155.

28 Zur Fuzzy-Set-Theorie vgl. ZADEH, L. A.: Fuzzy Sets [1965].

29 Vgl. HEITMANN, C.: Neuro-Fuzzy [2002], S. 22; BAETGE, J. / HEITMANN, C.: Credit Standing [2000], S. 321 f.

30 Vgl. HEITMANN, C.: Neuro-Fuzzy [2002], S. 25.

31 Vgl. BAETGE, J.: Bilanzanalyse [1998], S. 599 - 602.

32 Vgl. BAETGE, J.: Bilanzanalyse [1998], S. 599 - 602.

33 Vgl. m. w. N. HEITMANN, C.: Neuro-Fuzzy [2002].

Literatur

BACKHAUS, K. / ERICHSON, B. / PLINKE, W. / WEIBER, R.: Multivariate Analysemethoden – Eine anwendungsorientierte Einführung; Berlin et al.: Springer; 2003.

BAETGE, J.: Bilanzanalyse; Düsseldorf: IDW-Verlag; 1998.

BAETGE, J. / BAETGE, K. / KRUSE, A.: Grundlagen moderner Verfahren der Jahresabschlußanalyse; in: Deutsches Steuerrecht; 1999, S. 1371 - 1376.

BAETGE, J. / BAETGE, K. / KRUSE, A.: Moderne Verfahren der Jahresabschlußanalyse – Das Bilanzrating; in: Deutsches Steuerrecht; 1999, S. 1628 - 1632.

BAETGE, J. / HÜLS, D. / UTHOFF, C.: Bilanzbonitätsanalyse mit Hilfe der Diskriminanzanalyse nach neuem Recht; in: Controlling; Heft 6; 1994; S. 320 - 327.

BAETGE, J. / JERSCHENSKY, A.: Beurteilung der wirtschaftlichen Lage von Unternehmen mit Hilfe von modernen Verfahren der Jahresabschlußanalyse – Bilanzbonitäts-Rating von Unternehmen mit Künstlichen Neuronalen Netzen; in: Der Betrieb; 1996, S. 1581 - 1591.

BAETGE, J. / HEITMANN, C.: Creating a Fuzzy Rule-Based Indicator for the Review of Credit Standing; in: Schmalenbach Business Review; Heft 4; 2000; S. 318 - 343.

FEIDICKER, M.: Kreditwürdigkeitsprüfung – Entwicklung eines Bonitätsindikators; Düsseldorf: IDW-Verlag; 1992.

HEITMANN, C.: Beurteilung der Bestandsfestigkeit von Unternehmen mit Neuro-Fuzzy; Frankfurt am Main et al.: Lang; 2002.

KRAUSE, C.: Kreditwürdigkeitsprüfung mit Neuronalen Netzen; Düsseldorf: IDW-Verlag; 1993.

KURBEL, K.: Entwicklung und Einsatz von Expertensystemen – Eine anwendungsorientierte Einführung in wissensbasierte Systeme; Berlin et al.: Springer; 1992.

LEFFSON, U.: Bilanzanalyse; Stuttgart: Poeschel; 1984.

NAUCK, D. / KLAWONN, F. / KRUSE, R.: Neuronale Netze und Fuzzy-Systeme; Braunschweig et al.: Vieweg; 1996.

NIEHAUS, H.-J.: Früherkennung von Unternehmenskrisen; Düsseldorf: IDW-Verlag; 1987.

ROMMELFANGER, H.: Fuzzy Decision Support-Systeme – Entscheiden bei Unschärfe; Berlin et al: Springer; 1994.

SCHEWE, G. / LEKER, J.: Statistische Insolvenzprognose – Diskriminanzanalyse versus logistische Regression; in: HAUSCHILDT, J. / LEKER, J. (Hrgs.): Krisendiagnose durch Bilanzanalyse; Köln: Schmidt; 2000; S. 168 - 178.

UHLENBROCK, W.: Die Insolvenzgründe (Verfahrensauslöser) nach der Insolvenzordnung – Drohende und eingetretene Zahlungsunfähigkeit sowie Überschuldung (§§ 17 bis 19 InsO); in: BAETGE, J. (Hrgs.): Beiträge zum neuen Insolvenzrecht; Düsseldorf: IDW-Verlag; 1998; S. 17 - 41.

UTHOFF, C: Erfolgsoptimale Kreditwürdigkeitsprüfung auf der Basis von Jahresabschlüssen und Wirtschaftsauskünften mit Künstlichen Neuronalen Netzen; Stuttgart: M & P Verlag für Wissenschaft und Forschung; 1997.

Verband der Vereine Creditreform e.V.: Insolvenzen in Europa 2003/2004; Neuss; 2004.

WEGMANN, J.: Die Bedeutung der Krisen- und Insolvenzforschung für die betriebswirtschaftliche Konkretisierung der Insolvenzrechtsreform; in: Betriebswirtschaftliche Forschung und Praxis; 6. Jahrgang; 1989; S. 566 - 582.

ZADEH, L. A.: Fuzzy Sets; in: Information and Control; Nr. 8; 1965; S. 338 - 353.

ZELL, A.: Simulation Neuronaler Netze; Bonn et al.: Addison-Wesley; 1994.

ZIMMERMANN, H. G.: Neuronale Netze als Entscheidungskalkül; in: v. REHKUGLER H. / ZIMMERMANN, H. G. (Hrgs.): Neuronale Netze in der Ökonomie; München: Vahlen; 1994; S. 1 - 87.

Ulrich Krystek

Analyse von „Weak Signals“ für die Vermeidung von Ad-hoc-Krisen

1 Früherkennung von Ad-hoc-Krisen: Eine offensichtliche Unmöglichkeit? 171

2 Früherkennungssysteme als Instrument der Unternehmungsführung 172
2.1 Zum Konzept einzelwirtschaftlich orientierter Früherkennungssysteme 172
2.2 Operative und strategische Früherkennungssysteme als praxisrelevante Ausprägungen der Früherkennung 173
2.2.1 Operative Früherkennungssysteme 173
2.2.2 Strategische Früherkennungssysteme 173

3 Weak Signals und Aussagen der Diffusionstheorie: Grundlagen strategischer Früherkennung 174
3.1 Das Konzept der Schwachen Signale nach ANSOFF 174
3.2 Erkenntnisse der Diffusionstheorie 175

4 Grundzüge des Aufbaus eines strategischen Früherkennungssystems zur Analyse von Weak Signals 176
4.1 „Scanning“ und „Monitoring“ als Basisaktivitäten 176
4.2 Grundzüge des Umgangs mit Schwachen Signalen 177
4.2.1 Quellen Schwacher Signale 177
4.2.2 Erfassung und Dokumentation Schwacher Signale 177
4.2.3 Interpretation von Trendlandschaften durch die obere Führung 178
4.3 Ansätze zu einem strategischen Früherkennungssystem 179

5 Strategische Früherkennung: Ein Konzept im Umgang mit Ad-hoc-Krisen 181

1 Früherkennung von Ad-hoc-Krisen: Eine offensichtliche Unmöglichkeit?

Nähert man sich dem Begriff „Ad-hoc-Krise", so scheint im Zentrum seines Inhaltes die Unvorhersehbarkeit zu stehen. Das unmittelbare Auftreten von Ad-hoc-Krisen und ihr manifester Charakter lassen damit kaum einen Raum für deren Früherkennung. In der Tat gibt es zweifellos Ereignisse im Umfeld von Unternehmungen (und auch innerhalb ihrer Einflusssphäre), die unvorhersehbar geschehen, sofort manifest sind und unmittelbar ein hohes Bedrohungspotenzial besitzen. Die Frage stellt sich aber, ob es sich dabei tatsächlich jeweils um unvorhersehbare Ereignisse oder – jedenfalls zu einem Teil – um lediglich nicht vorhergesehene Ereignisse handelt. Vorhersehbarkeit und Unvorhersehbarkeit sind in diesem Zusammenhang Begriffe von höchster Subjektivität. Sie hängen entscheidend vom Wahrnehmungspotenzial der betroffenen Unternehmung ab. Ein solches Wahrnehmungspotenzial besteht aus geeigneten Informationsgrundlagen und -systemen, aber auch aus der grundsätzlichen Bereitschaft der Unternehmungsführung offen, ja sogar neugierig auf Diskontinuitäten zu sein, die – wie Krisen generell – auch und gerade als Chance verstanden und genutzt werden können.

Als eine besonders frühzeitige Form der Wahrnehmung von latenten Krisenerscheinungen (aber auch von Chancen) kann die Analyse von „Weak Signals" gelten, die als erste Anzeichen von Krisen zu verstehen sind. Allerdings ist deren Empfang und deren Deutung mit dem herkömmlichen Informationsinstrumentarium von Unternehmungen kaum zu realisieren. Vielmehr bedarf die Wahrnehmung und Analyse von „Weak Signals" eben gerade einer spezifischen Sensibilisierung des Managements und auch einer Technik, die diese Sensibilisierung unterstützt.

In der mittlerweile ausgebauten Forschungsrichtung, die sich mit solchen Früherkennungssystemen beschäftigt, finden sich dazu aktuelle und praxisrelevante Ansätze.

2 Früherkennungssysteme als Instrument der Unternehmungsführung

2.1 Zum Konzept einzelwirtschaftlich orientierter Früherkennungssysteme

Früherkennungssysteme (wie auch Frühwarn- und Frühaufklärungssysteme) stellen eine spezielle Art von Informationssystemen dar, die sich durch ihre Besonderheiten gegenüber anderen Informationssystemen profilieren.[1] Sie sind in der Lage:

- relevante Erscheinungen / Entwicklungen innerhalb und / oder außerhalb zuvor definierter Bereiche auf Basis von Kennzahlen, Indikatoren oder mit Hilfe schwacher Signale frühzeitig wahrzunehmen und zu analysieren,
- bei Veränderungen solcher Erscheinungen / Entwicklungen, die von vorgegebenen Grenzen bzw. für tolerierbar gehaltenen Bandbreiten abweichen, spezifische Früherkennungsinformationen an den / die Benutzer des Systems weiterzuleiten und somit
- den Benutzern wegen des zeitlichen Vorlaufs solcher Informationen die Möglichkeit zu präventiven Strategien und / oder Maßnahmen zu eröffnen.

Als die Benutzer solcher Systeme sind unterschiedliche Ebenen der Unternehmungsführung zu betrachten, wobei speziell die Analyse Schwacher Signale eine unverzichtbare und nicht delegierbare Aufgabe der oberen Ebene von Unternehmungsführung sein sollte.

Die Grundidee der Beschäftigung mit Konzepten und Systemen der Früherkennung hat wahrscheinlich ihren Ursprung im militärischen Bereich. Die Anfänge heutiger Früherkennungs-Konzepte sind weit verzweigt und haben ihre Wurzeln in wohlbekannten Instrumenten wie Kennzahlenanalysen, Jahresabschlussanalysen sowie Prognose- und Portfoliotechniken. Neben dem hier interessierenden einzelwirtschaftlichen Bereich ist die Grundidee der Früherkennung insbesondere konjunktureller Entwicklungen auch im gesamtwirtschaftlichen Bereich traditionsreich, dort allerdings mit wechselhaftem Erfolg.[2]

Unter den zahlreichen Merkmalen, nach denen man Früherkennungssysteme differenzieren kann,[3] liegt im hier interessierenden Zusammenhang das Merkmal des Einsatzgebietes solcher Informationssysteme nahe. Es ermöglicht eine Unterscheidung in **operative** und **strategische** Früherkennungssysteme.[4]

2.2 Operative und strategische Früherkennungssysteme als praxisrelevante Ausprägungen der Früherkennung

2.2.1 Operative Früherkennungssysteme

Operative Früherkennungssysteme weisen die vergleichsweise größte Verbreitung auf, obwohl sie in der Literatur, die strategische Ansätze deutlich zu präferieren scheint, seltener beschrieben werden. Inhaltlich umfassen Formen der operativen Früherkennung kennzahlen- sowie hochrechnungsorientierte Systeme als sog. erste Generation sowie indikatororientierte Früherkennungssysteme, als sog. zweite Generation betrieblicher Früherkennung.

2.2.2 Strategische Früherkennungssysteme

Strategische Früherkennungssysteme sind – im Gegensatz zu operativen Früherkennungssystemen – grundsätzlich gesamtunternehmensbezogen und können sich darüber hinaus auch nicht nur – wie operative Frühwarnsysteme – auf latente Risiken / Bedrohungen fokussieren, da die ihnen zugrundeliegenden Informationen in den Anfangsstadien ihres Empfangs häufig noch nicht als Risiko oder Chance gedeutet werden können.

Strategische Früherkennung[5] ist als sogenannte dritte Generation im Gegensatz zur ersten und zweiten Generation weit weniger scharf umrissen und schwächer strukturiert.

Wesentliche Erkenntnisse, die zugleich als Wegbereiter des Konzepts strategischer Früherkennungssysteme gelten können, stammen einerseits von ANSOFF und seinem in den 70er Jahren entwickelten Konzept der „Weak Signals“ und ergeben andererseits aus der Diffusionstheorie.

3 Weak Signals und Aussagen der Diffusionstheorie: Grundlagen strategischer Früherkennung

3.1 Das Konzept der Schwachen Signale nach ANSOFF

Kern des ANSOFFschen Konzeptes ist die Annahme, dass Trendbrüche sowohl im technologischen wie insbesondere auch im ökonomischen, sozialen und politischen Bereich nicht zufällig ablaufen, sondern sich durch sogenannte „Weak Signals“ (Schwache Signale) ankündigen, da solche Diskontinuitäten von Menschen gemacht und von deren Interessen gelenkt und durch Kommunikation und Aktionen verdeutlicht werden.[6]

Schwache Signale sind zunächst meist nur **Informationsrudimente**, die etwa folgende Hauptmerkmale aufweisen:[7]

- Es ist oft lediglich ein Gefühl, dass mit Chancen oder Bedrohungen zu rechnen ist.
- Ob es sich um konkrete Chancen oder Bedrohungen für die Unternehmung handelt, ist dagegen nicht konkret angebbar, wohl aber, dass solche „Issues“ von (strategischer) Relevanz für die Unternehmung sind.
- Mögliche Quellen oder Ursachen (latenter) Gefahren oder Gelegenheiten sind (häufig) nur vage feststellbar.
- Schwache Signale verstärken sich im Zeitablauf und deuten immer konkreter den von ihnen zunächst nur vage signalisierten Trend- / Paradigmawechsel an.
- Mögliche Reaktionsstrategien und deren mögliche Ergebnisse sind nur gelegentlich bekannt.

Schwache Signale sind in diesem Sinne schlecht definierte und unscharf strukturierte Botschaften, die auf **strategische Diskontinuitäten** (Trendveränderungen / -brüche) hindeuten, sich aber im Falle ihrer Relevanz im Zeitablauf verstärken. Schwache Signale können sich z.B. ausdrücken durch

- eine plötzliche Häufung gleichartiger Ereignisse, die in strategisch relevanter Beziehung zur jeweiligen Unternehmung stehen oder stehen können,
- die Verbreitung von neuartigen Meinungen / Ideen z.B. in Medien,
- die Meinungen und Stellungnahmen von Schlüsselpersonen aus unterschiedlichen Bereichen des öffentlichen Lebens sowie

- durch Meinungen und Stellungnahmen von Organisationen und Verbänden,
- in späteren Stadien auch durch Tendenzen der Rechtsprechung und erkennbare Initiativen zur Veränderung / Neugestaltung von Gesetzgebungen.

Der **Empfang** und die **richtige Deutung** solcher Schwachen Signale erlaubt es der oberen Führung, bereits in einem frühen Stadium strategischer Diskontinuitäten strategische Planungen vorzubereiten und nicht abwarten zu müssen, bis die Risiken oder Chancen im Zeitablauf von selbst klarere Konturen annehmen. Denn jeder zum besseren Erkennen von Risiken / Chancen notwendige Zeitablauf bedeutet zugleich tendenziell eine Einengung des strategisch relevanten Handlungsspielraums.

Allerdings ist die Sensibilität der Führung gegenüber Schwachen Signalen wegen ihres hohen Grades an Einmaligkeit, Neuartigkeit und Unschärfe verständlicherweise sehr gering. Damit kann der Zeitgewinn durch frühzeitiges Aufspüren solcher Signale häufig nicht genutzt werden. Weit mehr als im Rahmen der operativen Früherkennung gilt es hier, die Führung gegenüber (schwachen) Vorboten verdeckt bereits vorhandener Chancen und Bedrohungen zu sensibilisieren; wird strategische Früherkennung mehr zu einer Denkhaltung als zu einer Anwendung von spezifischen Systemen und Techniken. Zumindest ebenso wie im Bereich der operativen Früherkennung wird hier zugleich ein enormer Ansatz für organisationales Lernen deutlich. Solche Lerneffekte konzentrieren sich im Falle strategischer Früh**erkennung** auf die Sensibilisierung gegenüber Schwachen Signalen.[8] Sie ermöglichen es der Unternehmungsführung, abgestufte Reaktionsstrategien zur Prävention gegen Ad-hoc-Krisen zu entwickeln.

3.2 Erkenntnisse der Diffusionstheorie

Die Verstärkung relevanter Schwacher Signale im Zeitablauf bedeutet, dass sich neue Erkenntnisse durch Kommunikation ausbreiten müssen, um einen stets größeren Kreis Interessierter zu erreichen. Die Diffusionstheorie kann solche Prozesse der Ausbreitung von neuen Paradigmen erklären und darstellen.

Gegenstand der Diffusionstheorie,[9] als einem Teilgebiet der Kommunikationsforschung, ist gerade die **Erkundung von Ausbreitungswegen neuer Erkenntnisse** sowie auch von neuen Meinungen und Verhaltensweisen. Dies geschieht hauptsächlich im Hinblick auf die Analyse einzelner Etappen ihrer Ausbreitung im Sinne einer „soziopsychologischen Infektion“.

Der Diffusionstheorie liegt die Hypothese zugrunde, dass von einem Träger neuer Erkenntnisse **Ansteckungswirkungen** ausgehen mit der Folge, dass diese Erkenntnisse auf eine beständig größer werdende Zahl von Personen / Institutionen übergreifen. Neue Erkenntnisse diffundieren hauptsächlich durch die „Infektion“ insbesondere solcher Personen, die bislang geltenden Paradigmen bereits skeptisch gegenüberstehen und damit offen sind für einen Paradigmawechsel, der die Ausbreitung neuer Erkenntnisse begleitet. Diffusionen neuer Erkenntnisse können durch **Diffusionsfunktionen** abgebildet und mit Hilfe von Trendlinien verdeutlicht werden.

Das Wissen über die Ausbreitungswege neuer Erkenntnisse ist von zentraler Bedeutung für die Analyse von Weak Signals. Die Diffusionstheorie steht darüber hinaus in enger Beziehung zum Konzept der Schwachen Signale. Beide Konzepte stellen gemeinschaftlich die theoretische Basis strategischer Früherkennung dar.

4 Grundzüge des Aufbaus eines strategischen Früherkennungssystems zur Analyse von Weak Signals

4.1 „Scanning" und „Monitoring" als Basisaktivitäten

Elementare Aufgabe strategischer Früherkennung ist es, möglichst früh auf Signale für neuartige Ereignisse / Entwicklungen aufmerksam zu werden, die an einer zuvor nicht identifizierbaren Stelle des relevanten Umfeldes der Unternehmung empfangen werden und in ihrer Kumulation im Zeitablauf auf latente Chancen oder Bedrohungen schließen lassen.

Einen ersten Ansatzpunkt im Umgang mit solchen Botschaften bildet die Vorstellung eines 360-Grad-Radars, mit dem im Prinzip überall und zu jeder Zeit nach solchen Schwachen Signalen gesucht wird. Eine solche Tätigkeit wird als „Scanning", als ein ungerichtetes Abtasten und Rastern des Umfeldes der Unternehmung verstanden.

Wurden durch den Empfang Schwacher Signale erste Hinweise auf ein möglicherweise für die Unternehmung relevantes Phänomen erhalten, so geht es in einem zweiten Schritt darum, konkretere Informationen über solche Erscheinungen zu finden. Diese Aufgabe fällt dem „Monitoring" zu. Monitoring wird vor diesem Hintergrund als ein vertiefendes und dauerhaftes Beobachten des identifizierten Phänomens verstanden. Dabei gilt es jedoch stets zu beachten, ob sich die Hinweise auf ein mögliches Phänomen überhaupt verdichten oder ob sie sich im Zeitablauf verflüchtigen.

4.2 Grundzüge des Umgangs mit Schwachen Signalen

Die zuvor beschriebenen Basisaktivitäten strategischer Früherkennung legen die Bandbreite einer Suche nach Schwachen Signalen offen. Zur Konkretisierung dieses multidimensionalen Suchprozesses und dessen Verarbeitung ist die Frage nach den Quellen Schwacher Signale sowie nach deren Erfassung und Dokumentation zu erörtern.[10]

4.2.1 Quellen Schwacher Signale

Denkbaren **Quellen** für Schwache Signale sind häufig weniger geheimnisvoll als erwartet und oft sehr naheliegend: In erster Linie sind es derzeit noch Zeitschriften und Zeitungen, Berichte von Zukunftsforschungsinstituten und Scanningdiensten sowie persönliche Informationsquellen, z.B. durch Expertengespräche etc., die als solche Quellen gelten können.

Als eine neue, bisher unter diesem Aspekt wenig erforschte Quelle für Schwache Signale muss zweifellos das **Internet** gelten. Das populäre „**Surfen im Internet**“ weist wesentliche Merkmale einer informalen, ungerichteten Suche im Sinne des Scannings auf. Bisher liegen – soweit ersichtlich – zwar keine repräsentativen Erfahrungen über die Nutzung des Internets als Quelle für eine Suche nach Schwachen Signalen vor, doch liegt die erfolgreiche Nutzung dieses Mediums für Zwecke der strategischen Früherkennung / Frühaufklärung denkbar nahe.

4.2.2 Erfassung und Dokumentation Schwacher Signale

Die Erfassung von Schwachen Signalen kann – ähnlich wie im Falle der indikatororientierten Früherkennung – nur arbeitsteilig von sog. Scanner-Teams erfolgen. Allerdings ist deren Aufgabe durch andere Merkmale als die der Beobachter gekennzeichnet. Die Tätigkeit vom Scanner ist

- nicht an Zeiten, Beobachtungsbereiche sowie Toleranzgrenzen gebunden,
- eher intuitiv und subjektiv wertend,
- kaum formalisiert,
- häufig vergleichsweise arbeitsintensiver, da es nicht um die Weiterleitung von quantifizierbaren Informationen geht, sondern um die Weitergabe von unscharfen, nur verbal ausdrückbaren Wahrnehmungen,

- häufig nicht direkt auf das „hauptamtliche" Arbeitsgebiet des Scanners bezogen.

Die Aufzählung von Merkmalen der Scanner-Tätigkeiten lässt erste Rückschlüsse auf die Anforderungen an Scanner im Rahmen der strategischen Früherkennung zu. Es sollten mittlere und obere Führungskräfte mit einem möglichst breiten Spektrum an Wissen und Erfahrungen sein, die Zugang zu möglichst vielfältigen Informationsquellen haben und im Umgang mit der Nutzung moderner IT-Techniken vertraut sind. Wichtiger noch erscheint eine Unvoreingenommenheit gegenüber Neuerungen sowie die Bereitschaft zu weitreichendem Paradigmawechseln.

Wenn auch zuvor die geringe Formalisierung als Merkmal der Scanner-Tätigkeit hervorgehoben wurde, ohne eine Standardisierung der Meldungen über erfasste Schwache Signale kommt selbst eine strategische Früherkennung nicht aus.[11]

4.2.3 Interpretation von Trendlandschaften durch die obere Führung

Von zentraler Bedeutung ist die anschließende Interpretation von Häufungen Schwacher Signale durch die obere Führung. Erst hier wird der besondere Wert strategischer Früherkennung deutlich. Die vorstrukturierten, zu Trendlandschaften verdichteten Meldungen sind von der oberen internen (ggf. auch externen) Führung zu diskutieren, und letztlich obliegt dieser Führungsebene die nicht delegierbare Aufgabe, durch (subjektive) Bewertung eine Relevanzbeurteilung der erhaltenen Informationen ebenso durchzuführen, wie ggf. die Ableitung von Reaktionsstrategien zu initiieren. Unabhängig von der „Ausbeute" einer solchen Analyse und Bewertung erscheint diese Tätigkeit besonders wichtig. Allein schon die Auseinandersetzung mit neuartigen Phänomen / Entwicklungen auf Basis Schwacher Signale erscheint unter dem bereits dargestellten Aspekt des organisationalen Lernens besonders wichtig.

Nach Möglichkeit sollte die Interpretation von Trendlandschaften nicht zuletzt deshalb vielleicht sogar in gemeinschaftlichen Sitzungen der oberen internen und externen Führung erfolgen. Eine weitere Empfehlung wäre die Einbeziehung zumindest von Grundelementen der Szenariotechnik, um so die mögliche Relevanz der erkennbaren Trends in alternativen Zukunftsbildern zu verdeutlichen und ggf. Grundzüge für Reaktionsstrategien aufzeigen zu können.

4.3 Ansätze zu einem strategischen Früherkennungssystem

Die bisher bekannten Ansätze einer Darstellung von strategischen Früherkennungs- / Frühaufklärungssystemen gehen übereinstimmend von folgenden Elementen aus:[12]

- Erfassung von Signalen über Veränderungen und neuartige Erscheinungen aus der Umwelt,
- Analyse der möglichen Ursachen und Zusammenhänge,
- Prognose der langfristigen Entwicklungen beobachteter Phänomene,
- Suche und Bewertung möglicher Reaktionsstrategien im Rahmen der strategischen Planung.

Neben einem ersten Konzept des Battelle-Instituts[13] sei an dieser Stelle der auf HAMMER[14] zurückgehende Ansatz skizziert.

Die Darstellung dieses Systems strategischer Früherkennung / Frühaufklärung beginnt mit den bereits bekannten Basisaktivitäten der strategischen Früherkennung: Scanning, Monitoring und Dokumentation als Formen der **Erfassung von Signalen**. Daraufhin werden deren Analyse sowie in einer weiteren Stufe eine **Beurteilung der Relevanz** analysierter Signale vorgenommen. Mit **der Formulierung von Reaktionsstrategien** erfolgt die Überleitung in die strategische Unternehmungsplanung. Aus diesen Ansätzen lässt sich zusammenfassend der in **Abb. 4-1** dargestellte Aufbau eines strategischen Früherkennungssystems ableiten.

In der Praxis erprobte Ansätze der strategischen Früherkennung sind bisher relativ selten dokumentiert, weisen eine erheblich Bandbreite ihrer individuellen Ausgestaltung auf und sind von wechselndem Erfolg.[15] Eine Konsolidierung darf hier in Zukunft allerdings erwartet werden; nicht zuletzt begünstigt durch gesetzgeberische Initiativen, wie etwa dem KonTraG.

Abbildung 4-1: *Strategisches Früherkennungs- / Frühaufklärungssystem*

Quelle: In Anlehnung an HAMMER, R. M.: Frühaufklärung [1998].

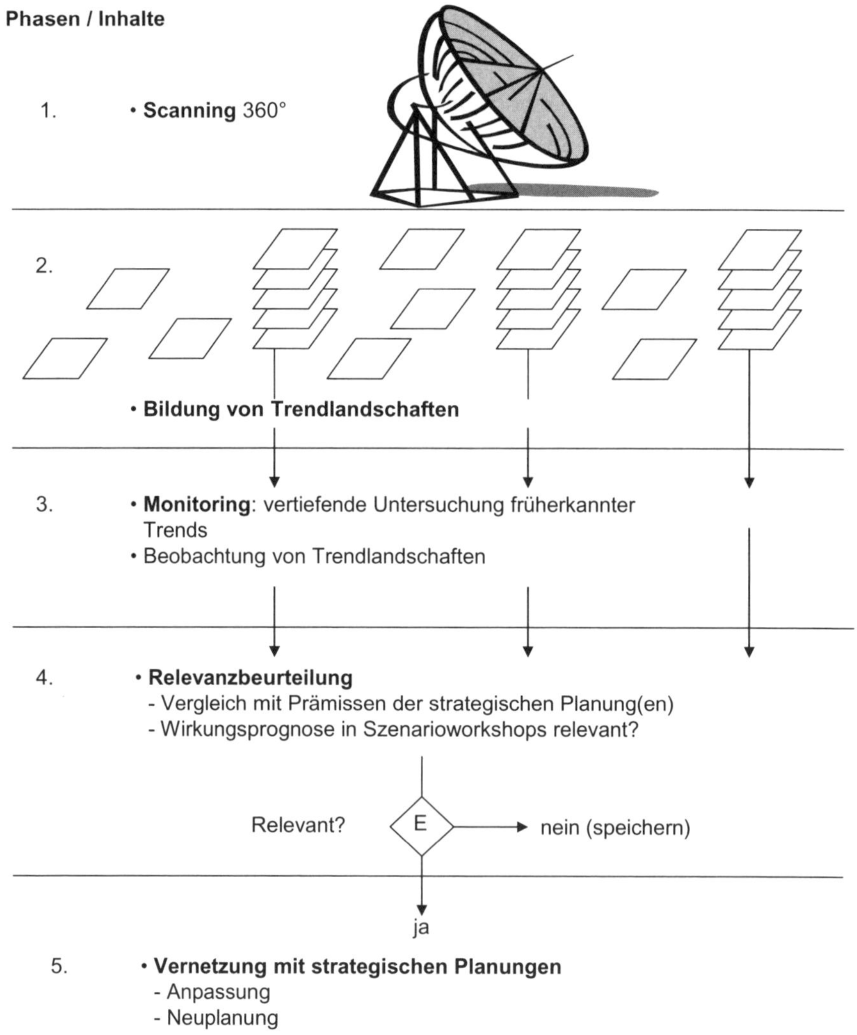

5 Strategische Früherkennung: Ein Konzept im Umgang mit Ad-hoc-Krisen

Wenn man der eingangs zitierten These von ANSOFF folgt, wonach sich Diskontinuitäten – und damit auch Ad-hoc-Krisen – durch Weak Signals „verraten“, erscheint es naheliegend und hilfreich, nach Methoden und Systemen zu suchen, solche Signale wahrzunehmen, zu analysieren und daraus Gegenmaßnahmen abzuleiten. Die bisher daraus abgeleiteten Formen strategischer Früherkennung stellen somit **ein** mögliches Konzept im Umgang mit Ad-hoc-Krisen dar. Sie sind dabei gewiss keine „Wunderwaffe“ dar, denn ihre Wirksamkeit muss kritisch hinterfragt werden.

Wir haben noch immer ein erhebliches Theoriedefizit bei der Erklärung von Konzepten der Früherkennung und können uns auch bisher auf eine nur relativ geringe empirische Verifizierung der Funktionsfähigkeit solcher Systeme abstützen. Zudem kann der Einsatz von Früherkennungssystemen in eine „Wahrnehmungsfalle“ locken und den ebenso bekannten, wie unerwünschten Phänomenen der self-fullfilling prophecy Vorschub leisten.[16]

Also insgesamt eine negative Zwischenbilanz der Bedeutung von Früherkennung für den Umgang mit Ad-hoc-Krisen?

Wie immer bei der Beschäftigung mit zukunftsorientierten Themen kann und darf hier die Antwort nicht eindeutig ausfallen. Dennoch: Es bleiben glaubwürdige Argumente und Ansätze für die Früherkennung, deren breitflächige Akzeptanz in der Literatur gewiss nicht zufällig ist. Es bedarf vielleicht – darüber hinaus – aber noch einer verstärkten Informations- und Unterstützungsarbeit gegenüber der Praxis, um die Erkenntnisse der Früherkennung für die Anwendungspraxis attraktiv erscheinen zu lassen.

Schließlich, das ist die Erkenntnis aus zahlreichen Projekten zur Einführung von strategischen Früherkennungssystemen in der Praxis, muss solchen Systemen die notwendige Zeit gelassen werden, sich nach anfänglich unumgänglichen Misserfolgen und Irritationen dennoch als erfolgreich beweisen zu können.

Anmerkungen

1 Vgl. HAHN, D. / KRYSTEK, U.: Frühwarnsysteme [1979], S. 76 ff.

2 Vgl. dazu u.a. KRYSTEK, U. / MÜLLER-STEWENS, G.: Frühaufklärung [1993], S. 53 ff.

3 Vgl. zu einer Typologie von Frühwarn-, Früherkennungs-, Frühaufklärungssystemen KRYSTEK, U. / MÜLLER-STEWENS, G.: Frühaufklärung [1993], S. 26.

4 Vgl. WIEGAND, A. / BUCHNER, H.: Unternehmenssteuerung [2000], S. 11 ff.

5 Vgl. nachfolgend KRYSTEK, U. / MÜLLER-STEWENS, G.: Strategische Frühaufklärung [1999], S. 497 ff.; HAHN, D. / KRYSTEK, U.: Früherkennungssysteme [2000], S. 88 ff.

6 Vgl. ANSOFF, H. I.: Weak Signals [1976], S. 129 ff.

7 Vgl. NAGEL, K. / LEY, D.: Unternehmenssignale [1994], S. 202; LIEBL, F.: Issue Management [1991], S. 359 ff.

8 Vgl. in diesem Sinne HOFFMANN, V.: Szenarien [1993], S. 27.

9 Vgl. KRAMPE, G. / MÜLLER, G.: Diffusionsfunktionen [1981], S. 391 ff.

10 Vgl. KRYSTEK, U. / MÜLLER-STEWENS, G.: Frühaufklärung [1993], S. 178 ff.

11 Vgl. KRYSTEK, U. / MÜLLER-STEWENS, G.: Frühaufklärung [1993], S. 189.

12 Vgl. HAAG, T.: Früherkennungssystem [1993], S. 261 ff.

13 Vgl. Battelle-Institut (Hrsg.): Frühwarnsysteme [1980].

14 Vgl. HAMMER, R. M.: Frühaufklärung [1998], S. 252 ff.

15 Vgl. KRYSTEK, U. / SCHMIDT, S.: Strategische Früherkennung [2002], S. 32 ff.; BERGER, M. et al.: Strategische Schlüsselbereiche [2002], S. 79 ff.; DIEMERS, D.: Kontingenzmanagement [1999], S. 238 ff.; BAISCH, F. / Klopp, M. / Reising, W: Früherkennung [1998], S. 236 ff.

16 KNITTELMEYER, H.: Frühwarnsysteme [1999], S. 136 ff.

Literatur

ANSOFF, H. I.: Managing Suprise and Discontinuitiy – Strategic Response to Weak Signals; in: Zeitschrift für betriebswirtschaftliche Forschung; 28. Jahrgang; 1976; S. 129 ff.

BAISCH, F. / Klopp, M. / Reising, W.: Strategische Früherkennung im industriellen Mittelstand; in: Zeitschrift Controlling; 10. Jahrgang; 1998; S. 236 ff.

Battelle-Institut (Hrsg.): Frühwarnsysteme für die strategische Unternehmensplanung – Ein Radar zur Erkennung von technologischen, wirtschaftlichen, politischen und soziologischen Veränderungen; Frankfurt / Main: Batelle; 1980.

BERGER, M. et al.: Identifikation strategischer Schlüsselbereiche durch Messung der Turbulenz im Unternehmensumfeld am Beispiel der Festo AG & Co.; in: HORVÁTH, P. & PARTNER (Hrsg.): Früherkennung in der Unternehmenssteuerung; Stuttgart: Schäffer-Poeschel; 2000, S. 80 ff.

DIEMERS, D.: Kontingenzmanagement, Frühwarnsysteme und Virtualität; in: HENKEL von DONNERSMARK, M. / SCHATZ, R. (Hrsg.): Frühwarnsysteme; Bonn et al.: InnoVatio-Verlag ; 1999; S. 238 ff.

HAAG, T.: Entwicklung eines integrativen strategischen Früherkennungssystems; in: Zeitschrift für Planung; Nr. 3; 1993; S. 261 ff.

HAHN, D. / KRYSTEK, U.: Betriebliche und überbetriebliche Frühwarnsysteme für die Industrie; in: Zeitschrift für betriebswirtschaftliche Forschung; 31. Jahrgang; S. 76 ff.

HAHN, D. / KRYSTEK, U.: Früherkennungssysteme und KonTraG; in: DÖRNER, D. et al. (Hrsg.): Praxis des Risikomanagements; Stuttgart: Schäffer-Poeschel; 2000; S. 73 ff.

HAMMER, R. M.: Strategische Planung und Frühaufklärung; München et al.: Oldenbourg; 1998.

HOFFMANN, V.: Lernen in und mit Szenarien; in: Gablers Magazin; Nr. 10; 1993; S. 27.

KNITTELMEYER, H.: Frühwarnsysteme – zwischen Wunsch und Wirklichkeit; in: HENKEL von DONNERSMARK, M. / SCHATZ, R. (Hrsg.): Frühwarnsysteme; Bonn et al: InnoVatio-Verlag: 1999; S. 123 ff.

KRAMPE, G. / MÜLLER, G.: Diffussionsfunktionen als theoretisches und praktisches Konzept zur strategischen Frühaufklärung; in: Zeitschrift für betriebswirtschaftliche Forschung; 33. Jahrgang; S. 391 ff.

KRYSTEK, U. / MÜLLER-STEWENS, G.: Grundzüge einer strategischen Frühaufklärung; in: HAHN, D. / TAYLOR, B. (Hrsg.): Strategische Unternehmensplanung – Strategische Unternehmensführung; Heidelberg: Physica-Verlag; 1999; S. 497 ff.

KRYSTEK, U. / SCHMIDT, S.: Personalbezogene strategische Früherkennung bei der Deutschen Bank; in: Zeitschrift Personal; 54. Jahrgang; 2002; S. 32 ff.

KRYSTEK. U. / MÜLLER-STEWENS, G.: Frühaufklärung für Unternehmen – Identifikation und Handhabung zukünftiger Chancen und Bedrohungen; Stuttgart: Schäffer-Poeschel; 1993.

LIEBL, F.: Schwache Signale für künstliche Intelligenz im strategischen Issue Management; Frankfurt / Main et al.: Lang; 1991.

LIEBL, F.: Strategische Frühaufklärung – Trends – Issues – Stakeholders; München et al.: Oldenbourg;1996.

NAGEL, K. / LEY, D.: Unternehmenssignale – Situationsbewertung, Strategieanalyse, Neupositionierung; Landsberg / Lech: Moderne Industrie; 1994.

WIEGAND, A. / BUCHNER, H.: Früherkennung in der Unternehmenssteuerung – Navigation für Unternehmen in turbulenten Zeiten; in: HORVÁTH, P. & PARTNER (Hrsg.): Früherkennung in der Unternehmenssteuerung; Stuttgart: Schäffer-Poeschel; 2000; S. 11 ff.

Martin G. Möhrle / Sandra Müller

Frühzeitige Krisenwahrnehmung durch Szenarien und anknüpfende Methoden

1 Überblick ... 187

2 Vordenken: Anwenden der klassischen Szenario-Technik ... 188
2.1 Charakteristika von Szenarien und Szenario-Technik ... 188
2.2 Visualisierung einer multiplen Zukunft ... 190
2.3 Der Prozess der Szenario-Technik ... 190

3 Querdenken: Szenarien mit Wild Cards verbinden ... 193
3.1 Charakteristika von Wild Cards ... 194
3.2 Der Umgang mit Wild Cards ... 196
3.3 Wild Cards als Erweiterung der Szenario-Technik ... 197

4 Hineindenken: Von Szenarien zur Krisensimulation ... 198

5 Resümee ... 201

1 Überblick

Ad-hoc-Krisen wurden an anderer Stelle in diesem Buch bereits definiert.[1] Anknüpfend daran sei auf ihre wesentlichen Eigenschaften hingewiesen. Ad-hoc-Krisen

- treten plötzlich auf,
- sind von kurzer Dauer,
- münden häufig in einer schwerwiegenden Bedrohung eines Unternehmens und
- können sowohl unternehmensintern als auch unternehmensextern bedingt sein.

Vielfältige Beispiele für Ad-hoc-Krisen sind ausführbar: Sei es ein bisher nicht wahrgenommenes schwerwiegendes technisches Problem wie z.B. dem Versagen der Mercedes-A-Klasse beim Elch-Test (einem spezifischen Ausweichmanöver), seien es drastisch und kurzfristig zu verkraftende Ausfälle beim Luftverkehrsaufkommen in Folge eines terroristischen Anschlags.

Ohne Zweifel stellen Ad-hoc-Krisen Bedrohungen für den Bestand eines Unternehmens dar. Es stellt sich die Frage, inwieweit Führungskräfte solchen Ad-hoc-Krisen vorbauen können im Sinne der Wahrnehmung von Krisenmöglichkeiten einerseits und der Vorbereitung der Beteiligten andererseits.

Im Folgenden sei ein dreistufiges Vorgehen vorgeschlagen, das auf dem harmonischen Dreiklang von Vordenken, Querdenken und Hineindenken beruht.[2]

1. Für das Vordenken eignet sich die aus der strategischen Planung und der Zukunftsforschung bekannte Szenario-Technik (Abschnitt 2). Mit ihr können Experten mehrere alternative Zukunftsbilder erzeugen, die einen Eindruck von der Bandbreite möglicher Entwicklungen vermitteln.

2. Das Vordenken bietet eine tragfähige Grundlage für lange vorhersehbare Krisen, für Ad-hoc-Krisen bedarf es weitergehender Anstrengungen. Hier sei Querdenken mit Wild Cards empfohlen (Abschnitt 3). Wild Cards sind singulär auftretende Ereignisse, die aus verschiedenen Richtungen kommend Einfluss auf zukünftige Rahmenbedingungen nehmen.[3] Sie helfen dem Szenario-Anwender, den Wahrnehmungshorizont gegenüber überraschenden Entwicklungen zu öffnen, wodurch Wild Cards ein immenses Früherkennungspotenzial für Ad-hoc-Krisen bieten.

3. Schließlich bedarf es des Hineindenkens der Beteiligten, um erste Erfahrungen mit Ad-hoc-Krisen zu sammeln und um im Einzelfall für das Krisenmanagement trainiert zu sein. In diesem Beitrag wird für das Hineindenken die auf Szenarien und Wild Cards aufbauende Krisensimulation anempfohlen (Abschnitt 4).

2 Vordenken: Anwenden der klassischen Szenario-Technik

Szenarien bilden die Grundlage für das Vordenken auch in Bezug auf Ad-hoc-Krisen. Szenarien können sowohl global als auch unternehmensspezifisch angelegt sein. Während globale Szenarien sich beispielsweise auf mehrere Branchen oder übergeordnete Bereiche wie die Zukunft Europas beziehen und einen universellen Charakter aufweisen, werden unternehmensspezifische Szenarien unter Berücksichtigung der spezifischen Ausgangssituation aus dem Blickwinkel des betrachteten Unternehmens erstellt.[4] Letztere sind Gegenstand der weiteren Betrachtung. Zunächst ist zu klären, was Szenarien und Szenario-Technik sowie deren charakteristische Merkmale sind (2.1). Entscheidend ist die Existenz vieler verschiedener Zukünfte, die anhand eines Trichters visualisiert werden können (2.2). Dabei können Szenarien auf vielfältige Weise erstellt werden. Im Rahmen dieses Aufsatzes wird der fundamentale und bewährte Prozess der Szenarioerstellung nach GESCHKA und REIBNITZ[5] zugrunde gelegt (2.3).

2.1 Charakteristika von Szenarien und Szenario-Technik

Zur Einstimmung sei zunächst auf die Herkunft des Szenariobegriffes, die Arten von Szenarien sowie auf die Vorteile des Denkens in Szenarien eingegangen. Der Begriff des Szenarios hat seinen Ursprung im Griechischen und fand anfänglich Verwendung in der Theaterwissenschaft.[6] Das griechische Wort „Szenar" und das lateinische Synonym „Szenarium" bezeichnen den Rahmen einer Bühnenaufführung sowie die Reihenfolgen von Szenen. Mit Einzug in die Wirtschafts- und Sozialwissenschaften erfuhr das Begriffsverständnis eine Erweiterung. Im Rahmen der Szenario-Technik beschreiben Szenarien mögliche zukünftige Situationen und zeigen den Entwicklungsverlauf zu diesen Situationen auf, während mit Prognosen im herkömmlichen Sinne versucht wird, eine einzige Zukunft punktgenau vorherzusagen. Derartige explorative[7] Szenarien stellen komplexe, denkbare Zukunftsbilder dar, weil die Entwicklungsmöglichkeiten vielfältiger, miteinander vernetzter Einflussfaktoren berücksichtigt werden. Es sollen stets mehrere alternative, nachvollziehbare und glaubwürdige Szenarien entwickelt werden, die alle an einem bestimmten Punkt der Zukunft parallel existieren können. Neben den Kriterien der Differenzierung und Plausibilität hängt die Güte der Szenarien des Weiteren von Merkmalen wie logische Konsistenz, Stabilität hinsichtlich einer veränderlichen Ausprägung eines Deskriptors, terminologische Klarheit, methodische Transparenz und praktische Relevanz ab.[8] Derartige Kriterien fördern die Kommunikation zwischen Anwendern und gewährleisten die bewusste Gestaltung des Szenarioprozesses.

Infolge neuester Forschungen werden vornehmlich sog. „Grün-Blau-Szenarien" erstellt, bei denen jedes einzelne Szenario sowohl positive als auch negative Aspekte beinhaltet.[9] Früher hingegen dominierten Schwarz-Weiß-Szenarien, weswegen sich Extremszenarien in Form von Best- und Worst-Case-Szenarien großer Beliebtheit erfreuten.

Die Szenario-**Technik** leistet eine wertvolle Unterstützung bei der Erstellung von Szenarien und lässt sich anhand vier Charakteristika von der intuitiven Szenario-Erstellung differenzieren:

- Die Szenario-Technik zeichnet sich durch eine systematische und methodische Vorgehensweise aus, die zu nachvollziehbaren und aktualisierbaren Szenario-Studien führt.
- Die Szenario-Technik basiert auf einem systemorientierten Denken und ermuntert die Durchführenden, beim Blick in die Zukunft viele Einflussfaktoren des Untersuchungsfeldes und deren Wirkzusammenhänge in die Überlegungen einzubeziehen.
- Die Szenario-Technik führt auf der Basis quantitativer und qualitativer Daten zu bewusst verschiedenen zukünftigen, plausiblen Szenarien.
- Plötzlich auftretende Ereignisse, sog. Trendbrüche, die veränderte Entwicklungsverläufe der antizipierten Entwicklungspfade hervorrufen, werden in die Erstellung explizit einbezogen (in diesem Beitrag aber separat angeführt).

Szenarien werden bisher aufgrund des hohen Anwendungspotenzials vielfältig eingesetzt. Vor allem in Großunternehmen findet die Szenario-Technik im Rahmen der strategischen Unternehmensplanung und in der strategischen Planung einzelner Funktionsbereiche beispielsweise in der Forschung und Entwicklung, in der Produktentwicklung, im Technologiemanagement oder im Marketing Anwendung[10], wobei sie auch im Rahmen von Unternehmensgründungen eine Entscheidungshilfe in der strategischen Planung darstellt.[11] Ein bedeutendes Anwendungsfeld ist in diesem Kontext neben der Planung und Strategiebildung die Früherkennung von Gefahren und Chancen. Bereits im Jahr 1983 haben GESCHKA und REIBNITZ[12] auf die nahe liegende Möglichkeit hingewiesen, auf der Basis von Szenarien ein Frühwarnsystem aufzubauen. Dieser Gedanke wurde in unterschiedlicher Art und Weise aufgegriffen. In jüngster Zeit hat beispielsweise ZINSER[13] eine Vorgehensweise zur szenariobasierten Frühnavigation im Technologiemanagement entwickelt.

2.2 Visualisierung einer multiplen Zukunft

Der Zukunftstrichter, dessen engster Punkt die Gegenwart symbolisiert und der sich in die Zukunft zunehmend öffnet, visualisiert das zentrale Denkmodell der Szenario-Technik. Mit zunehmender Öffnung des Trichters nimmt das Möglichkeitsspektrum an zukünftigen Situationen zu; die Zukunft gewinnt an Unsicherheit.[14] Auf der Schnittfläche des Trichters befinden sich jeweils die Menge aller zu einem Zeitpunkt denkbaren Zukunftsbilder, wobei die Außenränder des Trichters Extremszenarien repräsentieren, zwischen denen sich vermutlich die reale Zukunft einstellen wird.

Abbildung 2-1: *Das Denkmodell der Szenario-Technik*

Quelle: Eigene Darstellung. Grundmodell nach GESCHKA, *H. /* REIBNITZ, *U.: Zukunftsanalyse [1983], S. 129.*

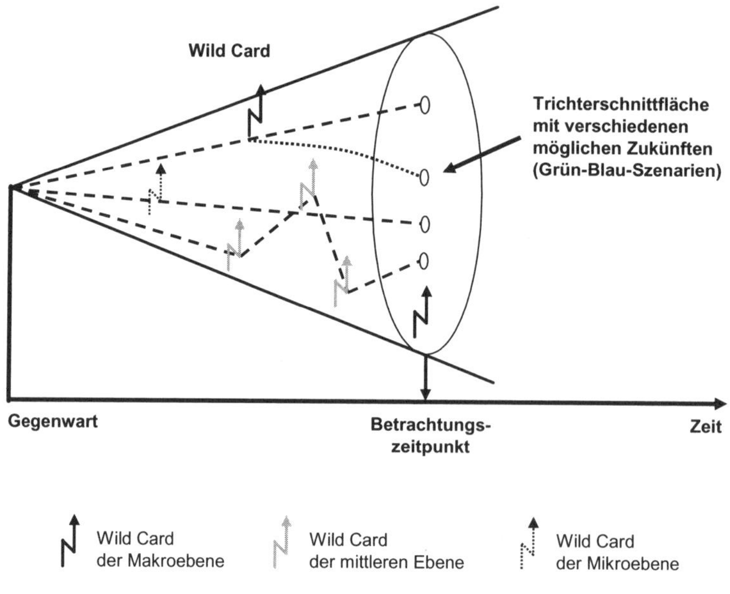

2.3 Der Prozess der Szenario-Technik

Der Grundstein der systematischen Szenario-Technik wurde von GESCHKA und REIBNITZ gelegt. Ihre Vorgehensweise ist methodisch weit entwickelt und hat sich in der

Praxis bewährt.[15] GESCHKA vergleicht dieses Vorgehen mit einem Hubschrauber, mit dem der Durchführende abhebt und die Problemzusammenhänge aus der Vogelperspektive betrachtet, zukunftsorientierte Problemlösungen sucht und schließlich wieder landet und das Problem löst.[16] Diesem Vorgehen liegt ein formalisierter und systematischer Prozess zugrunde, der für die Anwendung bei Ad-hoc-Krisen in sechs Schritten empfohlen wird (vgl. Abbildung 2-2):

Abbildung 2-2: *Prozess der Szenario-Technik in sechs Schritten, angepasst für die Wahrnehmung von Ad-hoc-Krisen*

Quelle: In Anlehnung an GESCHKA, H. / REIBNITZ, U.: Szenario-Technik [1981], S. 17.

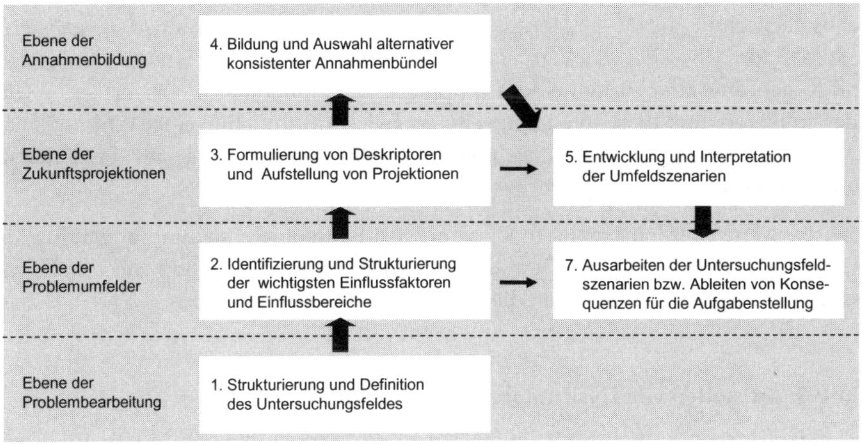

Schritt 1: Untersuchungsfeldfestlegung

Der Untersuchungsgegenstand kann ein Unternehmen, eine strategische Geschäftseinheit oder eine Produktgruppe sein, den es in der gegenwärtigen Situation zu analysieren gilt. Ziel dieses Schrittes ist es, das Untersuchungsfeld inhaltlich, zeitlich und räumlich möglichst exakt zu definieren. Inhaltliche Ansatzpunkte können beispielsweise das gegenwärtige Leistungsspektrum des Unternehmens, dessen Leitbild, Ziele und Strategien sowie Stärken und Schwächen sein. Je nach Branche und Unternehmenssituation kann der zeitliche Horizont variieren. Szenarien werden in der Regel in Zeitsprüngen von fünf Jahren entwickelt. Dabei kann sich der Blick in die Zukunft auf eine bestimmte Region, ein ausgewähltes Land, einen Kontinent oder bei international tätigen Unternehmen auf die ganze Welt beziehen. Soll beispielsweise eine Region mit unterschiedlichen Kulturen untersucht werden, so empfiehlt es sich, Experten mit diesbezüglichen Kenntnissen hinzuzuziehen.

Die Festlegung des Untersuchungsfeldes wirkt sich auf die weitere Bearbeitung des Themas aus. Nicht nur die Wahl der Einflussfaktoren wird fokussiert. Auch für die spätere Betrachtung von möglichen Störereignissen beispielsweise in bestimmten Regionen kann die Abgrenzung sehr hilfreich sein, wenngleich es Störereignisse mit globalen Auswirkungen gibt.

Schritt 2: Umfeldanalyse

Als nächstes sind die wichtigsten exogenen Einflussfaktoren auf das Untersuchungsfeld zu identifizieren und zu sammeln. Häufig einflussnehmende Faktoren sind allgemeinwirtschaftliche Daten. Darüber hinaus müssen die Durchführenden einzelne Einflussfaktoren wie die Wettbewerbsstruktur individuell identifizieren, wobei die Kreativitätstechnik des Brainstormings Unterstützung leisten kann. Die gelisteten Einflussfaktoren werden zur Vermeidung von Redundanzen auf Sinnverwandtschaft geprüft, geordnet und zu Umfeldern gruppiert. Es empfiehlt sich, vier bis sechs Umfelder zu bilden, und diese in einem weiteren Teilschritt mit Hilfe einer Wirkungsmatrix oder eines Strukturbildes hinsichtlich ihrer Wirkungsintensität auf das Untersuchungsfeld zu analysieren.

Möglicherweise werden bereits in diesem Schritt Ereignisse spontan angeführt, die den Wild Cards ähnlich sind. Den Anwendern der Szenario-Technik sei empfohlen, diese separat zu listen, ohne sie an dieser Stelle bereits zu diskutieren.

Schritt 3: Aufstellen von Deskriptoren und Projektionen

Schritt 3 umfasst zwei Teilschritte, die Ermittlung von Deskriptoren und die Formulierung von Projektionen bzw. Annahmen zu diesen Deskriptoren. Bei den Deskriptoren handelt es sich um quantitative und qualitative Kenngrößen, deren Gesamtzahl idealerweise 15 bis 35 beträgt und die zur präzisen Darstellung der identifizierten Umfelder möglichst konkret formuliert werden sollten. Ein möglicher Deskriptor des Umfeldes Wirtschaft wäre beispielsweise der gut quantifizierbare Erwerbstätigenanteil als Ausdruck der Arbeitsmarktposition oder der Grad der Kundenzufriedenheit als eine qualitative Zustandsbeschreibung des Umfeldes Markt.

Es empfiehlt sich, Projektionen über zukünftige Entwicklungen des jeweiligen Deskriptors auf der Grundlage der Beschreibung des Ist-Zustands zu skizzieren. Primäre als auch sekundäre Informationsquellen können zur Projektionsbildung herangezogen werden. In vielen Fällen sind mehrere Entwicklungen denkbar, wenngleich nicht mehr als drei Projektionen für einen Deskriptor formuliert werden sollen.

Schritt 4: Projektionsbündelung

Im Schritt 4 werden die alternativen Ausprägungen der kritischen Deskriptoren, d.h. Deskriptoren mit mehr als einer Projektion auf Ihre Konsistenz geprüft und zu Projektions- bzw. Annahmebündeln zusammengefasst. Neben dem lediglich manuell anzuwendenden Best-Guest-Verfahren bietet das umfassendere, rechnergestützte Verfahren Scenario Assumption Ranking (SAR) bei der Projektionsbündelung Unterstützung. In einer sog. Konsistenzmatrix werden die kritischen Deskriptoren gegenübergestellt, und die gegenseitige Verträglichkeit der alternativen Projektionen wird anhand einer einfachen Skala beurteilt. Für alle kombinatorisch möglichen Projektionspaare werden mittels eines Algorithmus Konsistenzwerte errechnet, die die Stimmigkeit einer Kombination ausdrücken. Es sollen Projektionsbündel generiert werden, die in sich möglichst widerspruchsfrei und stabil sind und sich von anderen Bündeln unterscheiden, damit sich unterschiedliche Zukunftsbilder ergeben.

Schritt 5: Szenarienerstellung

Die im vorherigen Schritt generierten Projektionsbündel werden um die unkritischen Deskriptoren erweitert. Diese Rohszenarien sind unter Berücksichtigung der ermittelten Wirkzusammenhänge im Schritt 1 in anschauliche Storys bzw. Umfeldszenarien umzuwandeln, wozu verschiedene kreative Wege beschritten werden können. Der Szenario-Schreiber kann sich beispielsweise in eine beteiligte Person in die Zukunft versetzen und eine typische Situation wählen oder im journalistischen Stil einer Tageszeitung berichten.[17]

Schritt 6: Auswirkungsanalyse

Auf der Grundlage der erstellten Umfeldszenarien können die Durchführenden bereits jetzt mögliche Risiken, d.h. Chancen und Gefahren für das Unternehmungsfeld ableiten und zukunftsorientierte Problemlösungen aufspüren.

3 Querdenken: Szenarien mit Wild Cards verbinden

Szenarien ermöglichen durch den Sprung in die Zukunft das Vordenken mehrerer plausibler Zukünfte, die durch das Querdenken bzw. Einfügen von Wild Cards eine neue Qualität erhalten. Das Konzept der Wild Cards ist ein neueres Konzept der Zukunftsforschung und wurde in den 1990er Jahren anknüpfend an das Denken in

Trendbrüchen als Ausdruck einer zunehmenden Unsicherheit entwickelt. Aus einer Anfang der 1990er Jahren gemeinsam erstellten Studie „Wild Cards – A Multinational Perspective" der drei anerkannten Zukunftsinstitute – dem französischen BIPE Conseil in Issy-LesMoulineaux, dem dänischen Copenhagen Institute for Futures Studies und dem US-amerikanischen Institute for the Future – resultierte eine erste Publikation über Wilds Cards. Die Institute definieren Wild Cards als Entwicklungen oder Ereignisse mit einer relativ geringen Eintrittswahrscheinlichkeit und potenziell weitreichenden Wirkungen auf die Unternehmensgeschäfte.[18] Dies sind gleichzeitig häufig Ereignisse, die als Ursachen für Ad-hoc-Krisen stehen, und es sei vorausschauenden Führungskräften angeraten, das im letzten Abschnitt thematisierte Vordenken um ein Wild-Card-basiertes Querdenken zu bereichern. Im Folgenden werden die Besonderheiten von Wild Cards thematisiert (3.1). Sodann werden Empfehlungen gegeben, wie der Anwender mit Wild Cards umgehen sollte (3.2), bevor die Wild Cards in den Szenarioprozess integriert und die Vorteile für den Szenarioanwender herausgestellt werden (3.3).

3.1 Charakteristika von Wild Cards

In Anlehnung an die Ereigniskarten des Gesellschaftsspiels Monopoly wurde der Begriff der Wild Card als Bezeichnung für ein überraschendes Störereignis gewählt. Im Rückblick können sowohl der Reaktorunfall von Tschernobyl oder der Terroranschlag vom 11. September 2001 als auch der Zusammenbruch der Sowjetunion als Wild Card betrachtet werden, da alle drei Begebenheiten für viele eine Überraschung darstellten, obwohl der Zerfall des Sowjetsystems eher eine Abfolge von Einzelereignissen war. Die Bewertung eines Geschehnisses hängt „von der Perspektive, dem Bezugsrahmen, dem Kontext bzw. der 'mental map', der geistigen Landkarte, [des Betrachters] ab"[19].

Wild Cards tauchen blitzschnell auf und unterscheiden sich von klassischen Risiken, da auch positive Überraschungen im Sinne von ungeahnten Chancen Wild Cards darstellen können, wenngleich sie meistens unliebsam sind.[20] Typische Kategorien von Wild Cards sind Naturkatastrophen, Innovationen und gesellschaftliche Umwälzungen. Aufgrund der geringen Eintrittswahrscheinlichkeit und damit einer mangelnden Vorausberechnung und statistischen Erfassung sind sie „[...] präzedenzlose, singuläre Geschehnisse"[21], für die konventionelle Vorsorgemechanismen im Rahmen eines Risikomanagements nicht greifen. Die Eintrittswahrscheinlichkeit ist gering; wie gering sie ist, lässt sich kaum einschätzen bzw. bewerten, da das Vorwissen um eine Wild Card sehr begrenzt ist.[22] Die Auswirkungen einer Wild Card sind dafür umso weitreichender. STEINMÜLLER und STEINMÜLLER unterscheiden drei Dimensionen von plötzlichen Störereignissen[23]:

- Die **Makroebene** umfasst globale und nationale Wild Cards (z.B. Staatenkonflikte, schwere Naturkatastrophen),
- auf der **mittleren Ebene** sind regionale und sektorale Wild Cards angesiedelt (z.B. Innovationen, Änderungen im Konsumentenverhalten, Preisschwankungen auf Beschaffungsmärkten, Rückrufaktionen),
- auf der **Mikroebene** betreffen Wild Cards lediglich kleinere Gruppen oder eine einzelne Person (z.B. Unfälle, Krankheit oder Tod).

Unternehmen sind am häufigsten von den Wild Cards der mittleren Ebene betroffen, weshalb sie ihnen im Vergleich zu den Wild Cards auf der Makroebene eher vorbereitet entgegentreten sollten, wobei „Makro-Wild Cards" in der Regel die gravierendsten Folgen haben. Von der Mikroebene sind Unternehmen nur in seltenen Fällen berührt.

Neben der geringen Eintrittswahrscheinlichkeit und den potenziell weitreichenden Folgen ist für Wild Cards insbesondere die Veränderung des üblichen Bezugssystems bzw. des Denkschemas charakteristisch. Durch Wild Cards wird nicht nur die Realität verändert, sondern die Realität wird auch anders wahrgenommen. Abgesehen von neu kreierten Begriffen kann sich das Weltbild bzw. die Sicht der Dinge ändern, so geschehen beispielsweise nach dem Reaktorunfall in Tschernobyl hinsichtlich der Einstellung zur Atomkraft. Wild Cards wirken sich nicht nur auf die Zukunft aus, sondern auch auf die Vergangenheit. Aufgrund des plötzlichen Eintretens werden im Vorfeld nicht erkannte schwache Signale erst im Nachhinein als solche gedeutet und der Weg zur Wild Card rekonstruiert.[24]

Aufgrund der aufgezeigten Charakteristika lassen sich Wild Cards anhand von fünf Aspekten systematisieren:[25]

1. Inhaltlich: Nach dem Bereich, aus dem sie stammen oder auf den sie sich unmittelbar auswirken.
2. Nach dem Wirkungsstärke: Die Wirkungen können eher gering sein oder zu einem neuen Szenario führen. Darüber hinaus stellt sich die Frage, ob ihre Auswirkungen beherrschbar sind, oder sie sich jeglicher Kontrolle, wie es häufig bei globalen Wild Cards der Fall ist, entziehen.
3. Nach der Plausibilität: Wild Cards sind per Definition unwahrscheinlich, wobei die Wahrscheinlichkeit variiert. Entscheidender ist, inwiefern sie plausibel sind. Trotz mangelnder Plausibilität können sie dennoch möglich sein. Dabei kann eine Berücksichtigung „unmöglicher" Wild Cards sinnvoll sein, um den Blick zu öffnen.
4. Nach der Zeitskala: Zu unterscheiden wären Wild Cards, die einmalige plötzliche Ereignisse sind und solche, die Prozesse darstellen.
5. Nach der Verursachung: Wild Cards können zufällig entstehen oder das Ergebnis von Prozessen (typischerweise von schleichenden Katastrophen) sein.

3.2 Der Umgang mit Wild Cards

Wild Cards sind unwahrscheinlich, aber dennoch nicht unmöglich, weshalb sie mitunter irritierend auf den Betrachter wirken.[26] Dennoch sind für eine Zukunftsvorausschau derartige Eventualitäten zu berücksichtigen, um ihnen nicht gänzlich unvorbereitet zu begegnen. Für einen sinnvollen Umgang mit Ad-hoc-Krisen sind vier Fragen zu stellen, woraus sich vier ambitionierte und umfassende Aufgaben ableiten lassen:[27]

- Welche Wild Cards sind für einen Akteur relevant? (Identifikation)
- Welche Wahrscheinlichkeit und welche Wirkung haben die identifizierten Wild Cards? (Bewertung)
- Wie können sich die Mitarbeiter eines Unternehmens auf eine Wild Card vorbereiten? (Vorsorge)
- Wie ist zu erkennen, ob sich eine Wild Card naht bzw. wahrscheinlicher wird? (Überwachung[28])

Identifikation

Anstrebenswert ist die Identifikation von Wild Cards bereits in der Latenzphase einer Ad-hoc-Krise, um das Überraschungsmoment zu verringern und flexibler reagieren zu können. Im Rahmen der strategischen Frühaufklärung wird hinsichtlich der Erfassung schwacher Signale die Anwendung eines sog. 360-Grad-Radars unter der Prämisse empfohlen, mittels Scanning und Monitoring alle relevanten Umweltfaktoren zu identifizieren und das Umfeld nach schwachen Signalen dauerhaft abzutasten (siehe Überwachung).[29] Hinsichtlich der Umsetzbarkeit und der Vielzahl möglicher Eventualitäten erscheint dieses Vorgehen nicht sinnvoll. Stattdessen sollten Wild Cards möglichst verschiedener Themenbereiche aufgespürt werden, die jede für sich eine Klasse von Diskontinuitäten mit gleichartiger Wirkung repräsentiert. Für eine Szenarioanalyse sollte die Anzahl bei zehn und mehr Wild Cards liegen, um nicht eine einzelne Richtung unangemessen zu fokussieren. Dabei sollten sowohl Wild Cards mit unmittelbarem bzw. inhaltlichem als auch mittelbarem Bezug zum Untersuchungsfeld wie gesellschaftliche und wirtschaftliche Rahmenbedingungen berücksichtigt werden.

Die Identifikation von potenziellen Wild Cards ist personenabhängig. Deshalb bietet sich zu Beginn der Analyse die Frage an, was einen wirklich überraschen könnte. Hierzu können die Durchführenden mit einem gemeinsamen Brainstorming beginnen. Darüber hinaus nennen STEINMÜLLER und STEINMÜLLER weitere Möglichkeiten zur Suche[30]: Expertenbefragungen, Screening von Publikationen und Werberecherchen, historische Analogiebildung, Trendscouting in Kunst und Kultur sowie Auswertung von Sciencefiction zur Erweiterung des üblichen Wahrnehmungsrasters.

Bewertung

Im Mittelpunkt der Bewertung stehen die Fragen nach der Eintrittswahrscheinlichkeit und der Reichweite der einzelnen Wild Cards. Ziel ist es abzuschätzen, ob eine weitere Betrachtung der ausgewählten Wild Cards für das Untersuchungsfeld sinnvoll ist. Da diese Aufgabe ein hohes Maß an Fachwissen aus verschiedenen Gebieten voraussetzt, sollten die Durchführenden verstärkt interdisziplinär arbeiten und auf externes Expertenwissen zurückgreifen.

Vorsorge

Aufgrund der Vielfältigkeit und der geringen Eintrittswahrscheinlichkeit von Wild Cards lassen sich prinzipielle, wenngleich wertvolle Vorsorgemaßnahmen formulieren:[31]

- Anpassung des Produktportfolios (z.B. plötzliche Veränderungen im Konsumentenverhalten),
- Stärkung der Flexibilität und Lernfähigkeit des Unternehmens,
- Entwicklung von Krisenüberwindungsstrategien bzw. Notfallplänen und
- organisatorische Einbettung eines Frühaufklärungssystems.

Überwachung

Die systematische Überwachung bzw. Beobachtung von Wild Cards gestaltet sich problematischer als bei üblichen Risiken, die konkreter systematisiert sind und nicht einmalig auftreten. Sind Wild Cards bereits identifiziert und ausgewählt, so „[...] existiert zumindest ein begriffliches Suchraster“[32]. Allenfalls kann nach schwachen Signalen Ausschau gehalten werden, wobei die Indikatorensuche sich als höchst schwierig erweist, weil die schwachen Signale häufig überdeckt werden und sich der Wahrnehmung entziehen. Daher sollte im Umgang mit Wild Cards besonderer Wert auf die Identifikation, Bewertung und Vorsorge gelegt werden.

3.3 Wild Cards als Erweiterung der Szenario-Technik

Einerseits können Wild Cards selbst als Grundlage für ein Szenario dienen. Sie können aber auch an den Szenarioprozess angeschlossen werden, um die Stabilität der erstellten Szenarien zu überprüfen und Strategien zur Krisenvermeidung zu entwickeln. Dabei sollten auch „positive“ Wild Cards mit in die Betrachtung einbezogen werden, denn auch sie können Trendbrüche hervorrufen und sogar negative Auswirkungen haben. Beispielsweise könnte kostenlose Energie durch einen vermehrten Verbrauch zu Umweltschäden führen.[33] Störereignisse in der Szenario-Technik zu berücksichtigen ist nicht neu; neu ist die Qualität der plötzlichen Störereignisse als mögliche Ursachen von Ad-hoc-Krisen.

Wild Cards erfüllen im Zusammenspiel mit der Szenario-Technik insgesamt fünf wesentliche Funktionen:

- Erweiterung des Wahrnehmungshorizonts,
- Sensibilisierung für Diskontinuitäten,
- Förderung der Vorstellungskraft bzw. Entgegenwirken eines Wunschdenkens,
- Erkennen von Alternativen und Öffnen gegenüber unerwarteten Entwicklungspfaden und
- Aufdecken potenzieller Schwachstellen und Krisen und damit Suche nach robusteren Strategien.

Die Anwender einer Szenariostudie finden bei der Suche nach Wild Cards Unterstützung durch eine umfangreiche Auflistung potenzieller, exemplarischer Wild Cards, die zu den Basistrends Innovation, Wirtschaft / Finanzen, Politik / Werte / Lebensstile, Konsum, Bevölkerung / Gesundheit und Umwelt von STEINMÜLLER und STEINMÜLLER erstellt wurde.[34] Zu jeder der 55 gelisteten Wild Cards wurde eine bildhafte Beschreibung erarbeitet.

4 Hineindenken: Von Szenarien zur Krisensimulation

Es sei kurz zusammengefasst: Die in einem Workshop erstellten Szenarien sind Zukunftsbilder, die den Rahmen für die Krisenprävention bilden (Abschnitt 2). Die Wild Cards werden in die betrachteten Szenarien eingeführt, um eine Ad-hoc-Krise zu erkennen (Abschnitt 3).

Im Anschluss daran stellt sich die Frage, wie die Führungskräfte eines Unternehmens sich auf den Umgang mit Ad-hoc-Krisen vorbereiten können. Eine rein kognitive Auseinandersetzung reicht dann nicht aus. Es wird daher vorgeschlagen, die Krise in irgendeiner Weise zu simulieren, um das Handeln in abrupt auftretenden kritischen Situationen zu proben und Erfahrungen in der Bewältigung von Ad-hoc-Krisen herbei zu führen. Hierzu werden im Folgenden drei Trainingsansätze vorgestellt. Grundsätzlich ist beim Krisentraining eine anschließende Reflexion der Deutungs- und Handlungsmuster wichtig, um einerseits das Handeln nach einem weiteren Durchlauf der Krisensimulation besser beurteilen zu können und schließlich zu verbessern. Ferner dient die Krisensimulation dazu, in kritischen Situationen benötigte, aber aktuell defizitäre Qualifikationen im Unternehmen aufzudecken und latente Fehler zu antizipieren. Derartige Qualifikationen können beispielsweise der Umgang mit Gefahrengütern oder der Presse sein. Zu nennen ist das Beispiel des Rechenfehlers im Pentium-Prozessor von Intel im Jahre 1994, als die „New York Times" dem Unternehmen Intel den „Konsumenten-Täuschungspreis" verlieh. Um derartigen Geschehnissen entgegenzuwirken, sollte eine Krisensimulation durchgeführt werden, durch die ein Unternehmen auf die Auswirkungen einer Ad-hoc-Krise sensibilisiert und letztlich auf eine reale Ad-hoc-Krise besser vorbereitet sein wird.

Das Hineindenken im Sinne eines Hineinversetzens in eine Ad-hoc-Krise kann durch

- einen mental-synektischen Workshop,
- ein mentales Training oder
- eine computergestützte Simulation erfolgen.

1. Die Teilnehmer des Workshops können durch die Technik der Synektik eine mentale Simulation der betrachteten Ad-hoc-Krise durchleben. Die Synektik ist eine intuitive Kreativitätstechnik, bei der systematisch nach Analogien gesucht wird. Sie basiert auf den beiden Prinzipien „Vertrautmachen des Fremden" und „Verfremden des Vertrauten".[35] Zur Bewältigung einer fokussierten Ad-hoc-Krise werden zunächst Lösungsansätze spontan gesammelt, um dann zur Verfremdung der Krisensituation direkte Analogien zu Krisensituationen außerhalb des betrachteten Bereichs zu bilden. Bei sozialen Problemen können diese beispielsweise aus dem Bereich der Technik und bei technischen Problemen aus dem Bereich der Natur stammen. Persönliche Analogien („Wie fühle ich mich als...?") verstärken das Hineindenken in die kritische Situation. Nach einer detaillierten Betrachtung der Analogien wird dann zur Ausgangssituation zurückgekehrt, um weitere Lösungsansätze zur Krisenbewältigung zu finden und den Erfahrungsschatz um das Gefühl der erfolgreichen Krisenbewältigung zu bereichern. Um das Ausbrechen aus Denkrillen zusätzlich zu fördern, kann es sinnvoll sein, einen externen Impulsgeber in den Synektikprozess einzubinden.

2. Eine traditionellere Form des Krisentrainings stellt das „Allgemeine Krisenstabstraining" dar, das ausgehend vom „Crew Resource Management"-Training (CRM) in der zivilen Luftfahrt konzeptionell weiterentwickelt wurde.[36] Inzwischen nehmen der Mensch und dessen Soft-Skills eine zentrale Bedeutung ein. Zielgruppe sind Mitarbeiter in Organisationen, die in den „low-risk-Environments" tätig sind und folglich über kein ausgeprägtes Krisenbewusstsein verfügen. Nach dem Training sollen die Mitarbeiter dahingehend geschult sein, einem Krisenstab angehören zu können. Dazu zählen die Vermittlung strategischer Kompetenzen, der Um-

gang mit Information und der Aufbau von „Team Skills".[37] Zu den risikoärmeren Bereichen werden beispielsweise Krankenhäuser oder Hotels gezählt, in denen gewöhnlich kein konkretes Bild einer Krise existiert, und deren Mitarbeiter folglich ein geringes Gefahrenbewusstsein aufweisen.

3. Bei der computergestützten Krisensimulation werden bereits die Szenarien softwaregestützt am Computer erstellt und die Wild Cards zur Krisensimulation eingeführt. In Abhängigkeit von den vorhandenen technischen Gegebenheiten können Szenarien selbst erstellt oder bereits erstellte Szenarien im Sinne von Planspielen aus anderen Bereichen verwendet werden. Entscheidend ist die Nachbildung einer realen Situation, ohne auf deren Eintritt warten zu müssen. Computersimulationen eignen sich insbesondere für die Simulation dynamischer und ausgesprochen komplexer Realitäten, denn die Komplexität kann zum besseren Verständnis und Training reduziert werden[38], weshalb sie sich zur Simulation von Ad-hoc-Krisen anbieten.

Als Beispiel sei im Folgenden das Universitätsklinikum der RWTH Aachen angeführt, das gemeinsam mit dem Institut für Theoretische Psychologie der Universität Bamberg ein Trainingskonzept in Form einer computergestützten Krisensimulation entwickelt hat. Als Realitätsbereich der Computersimulation wurde ein Kreuzfahrtschiff aufgrund struktureller Ähnlichkeiten (komplexe räumliche Struktur und ein komplexes technisches System) zum Krankenhaus gewählt.[39] Die Trainingsteilnehmer werden aufgefordert, das Kreuzfahrtschiff „MS Antwerpen" durch eine stürmische Nacht zu manövrieren. Es handelt sich dabei um eine komplexe Simulation, denn es werden beispielsweise sämtliche Passagiere individuell simuliert. Akustische Reize – das Surren eines Druckers, Geräusche von einer CD – stimulieren zusätzlich die Teilnehmer. Hervorzuheben ist die Trainingsdurchführung, denn nach einer ersten Fahrt mit einer anschließenden Reflexion erfolgt eine zweite, etwas kürzere Fahrt mit abgewandelten Störereignissen und einer beschleunigten Krisenentwicklung.

Die skizzierten Trainingsansätze lassen sich durch Analogiebildung in andere Krisenfelder übertragen. Anstelle des Kreuzfahrtschiffes ist beispielsweise ein Unternehmen als „Spielwiese" denkbar, das Lebensmittel produziert und durch Sabotage mit einer Salmonellenvergiftung ad-hoc attackiert wird, wodurch das Unternehmen in eine Überlebenskrise stürzt. Um möglichst reale Bedingungen für die Teilnehmer zu schaffen, sollten zur Stressbildung ebenfalls sensorische Effekte wie Lärm, Licht oder Gerüche eingesetzt werden.

5 Resümee

Insgesamt ist es hilfreich, wenn sich die Führungskräfte eines Unternehmens auf eine potenzielle Ad-hoc-Krise vorbereiten. Um die Chance einer Krisenprävention zu nutzen, sollte die ganzheitliche Umsetzung des Dreiklangs Vordenken, Querdenken und Hineindenken angestrebt werden. Für das Vordenken eignet sich das Denken in Szenarien, die mit Hilfe der Szenario-Technik systematisch erstellt werden können. Das Querdenken wird durch das Einführen von Wild Cards in die erstellten Szenarien erreicht. Eine Simulation der Ad-hoc-Krise ermöglicht schließlich das Hineindenken sowie Vorbereiten der beteiligten Führungskräfte und Mitarbeiter.

Anmerkungen

1 Siehe den Beitrag von HÜLSMANN, M.: Ad-hoc-Krise [2005] in diesem Band, S. 33 ff.

2 Vgl. MIĆIĆ, P.: Zukunfsmanager [1999], S. 98.

3 In der klassischen Szenario-Technik werden Wild Cards unter dem Thema der Trendbruchereignisse definiert. Wegen ihrer starken Bedeutung für Ad-hoc-Krisen werden sie in diesem Beitrag anlehnend an das Konzept von STEINMÜLLER, A. / STEINMÜLLER, K. (2003) separat aufgeführt.

4 Vgl. REIBNITZ, U. v.: Szenario-Technik [1992], S. 15.

5 Vgl. GESCHKA, H. / REIBNITZ, U. v.: Szenario-Technik [1981].

6 Vgl. GÖTZE, U.: Szenario-Technik [1991], S. 36.

7 Vgl. GAUSEMEIER, J. / FINK, A. / SCHLAKE, O.: Szenario-Management [1995], S. 110.

8 Vgl. STEINMÜLLER, K.: Technologie-Roadmapping [2004], S. 75; ZINSER, S.: Technologiemanagement [2000], S. 46; MIßLER-BEHR, M.: Szenario-Erstellung [1995], S. 45 - 46; GÖTZE, U.: Szenario-Technik [1991], S. 53 - 70.

9 Vgl. SAPIO, B.: SEARCH [1995], S. 113 - 131.

10 Vgl. SCHLAKE, O.: Szenario-Erstellung [2000], S. 27 - 37; GESCHKA, H.: Szenario-Technik [1999], S. 530 - 533; GÖTZE, U.: Szenario-Technik [1991], S. 50; GESCHKA, H. / VERHAGEN, M. / WINCKLER-RUB, B.: Innovation [1998], S. 539; GESCHKA, H. / REIBNITZ, U. v.: Zukunftsanalyse [1983], S. 166.

11 Vgl. MÖHRLE, M. G. / MÜLLER, S.: Szenarioanalyse [2002].

12 Vgl. GESCHKA, H. / REIBNITZ, U. v.: Zukunftsanalyse [1983], S. 168.

13 Vgl. ZINSER, S.: Technologiemanagement [2000].

14 Vgl. GESCHKA, H. / REIBNITZ, U. v.: Zukunftsanalyse [1983], S. 128 - 129; MÖHRLE, M. G.: Szenario-Technik [1999], S. 6.

15 Vgl. GESCHKA, H.: Szenario-Technik [1999], S. 525; GESCHKA, H. / REIBNITZ, U. v.: Zukunftsanalyse [1983], S. 130; GESCHKA, H. / REIBNITZ, U. v.: Szenario-Technik [1981], S. 17 sowie mit einer Modifizierung bei REIBNITZ, U. v.: Szenario-Technik [1992], S. 30; Erweiterungen finden sich bei FINK, A. / SCHLAKE, O. / SIEBE, A.: Zukunft [2000]; bei SCHLAKE, O.: Szenario-Erstellung [2000] sowie bei MÖHRLE, M. G.: Projektmix [1999].

16 Vgl. GESCHKA, H.: Szenario-Technik [1999], S. 524.

17 MÖHRLE, M. G. / MÜLLER, S.: Szenarioanalyse [2002], S. 80.

18 Vgl. STEINMÜLLER, A. / STEINMÜLLER, K.: Wild Card [2003], S. 17; ÅGERUP, M.: Wild Cards [2000], S. 112; PETERSEN, J. L.: Wild Cards [1997], S. 43; ROCKFELLOW, J. D.: Wild Cards [1994], S. 14.

19 STEINMÜLLER, A. / STEINMÜLLER, K.: Wild Card [2003], S. 21.

20 Vgl. STEINMÜLLER, A. / STEINMÜLLER, K.: Wild Card [2003], S. 12 sowie S. 46.

21 STEINMÜLLER, A. / STEINMÜLLER, K.: Wild Card [2003], S. 46.

22 Vgl. MENDONÇA, S. / PINA E CUNHA, M. / KAIVO-OJA, J. / RUFF, F.: Wild Cards [2004], S. 203; STEINMÜLLER, A. / STEINMÜLLER, K.: Wild Card [2003], S. 19 - 20

23 Vgl. STEINMÜLLER, A. / STEINMÜLLER, K.: Wild Card [2003], S. 37 - 38.

24 Vgl. STEINMÜLLER, A. / STEINMÜLLER, K: Wild Card [2003], S. 22 - 23; STEINMÜLLER, K. / STEINMÜLLER, A.: Unsicherheit [2003], S. 36.

25 Vgl. STEINMÜLLER, K.: Zukunftsforschung [1999], S. 51

26 Vgl. STEINMÜLLER, A. / STEINMÜLLER, K.: Wild Card [2003], S. 38.

27 Vgl. STEINMÜLLER, A. / STEINMÜLLER, K.: Wild Card [2003], S. 27 - 34.

28 STEINMÜLLER, A. / STEINMÜLLER, K.: Wild Card [2003] wählen den Begriff der Frühwarnung. Da die Frühwarnung sich lediglich auf die Identifikation von Gefahren bezieht, und die Identifikation bereits einschließt, wird im weiteren der Begriff der Überwachung verwendet.

29 Vgl. KRYSTEK, U.: Unternehmenskrisen [2002], S. 109 - 111.

30 Vgl. STEINMÜLLER, A. / STEINMÜLLER, K.: Wild Card [2003], S. 29.

31 In Anlehnung an STEINMÜLLER, A.; STEINMÜLLER, K.: Wild Card [2003], S. 32.

32 Vgl. STEINMÜLLER, A. / STEINMÜLLER, K.: Wild Card [2003], S. 33.

33 Vgl. STEINMÜLLER, A. / STEINMÜLLER, K.: Wild Card [2003], S. 56.

34 Vgl. STEINMÜLLER, A. / STEINMÜLLER, K.: Wild Card [2003], S. 59 - 183.

35 Vgl. LINNEWEH, K.: Kreatives Denken [1994], S. 100 - 101.

36 Vgl. STROHSCHNEIDER, S.: Krisenstabstraining [2003], S. 100.

37 Vgl. STROHSCHNEIDER, S.: Krisenstabstraining [2003], S. 97 - 100; STROHSCHNEIDER, S.: Krisensituationen [2000], S. 15 - 17.

38 Vgl. SCHAUB, H.: Systemisches Denken [2003], S. 77; DÖRNER, D. / SCHAUB, H.: Planspiele [1992], S. 4.

39 STROHSCHNEIDER, S.: Krisenstabstraining [2003], S. 101 - 110.

Literatur

ÅGERUP, M.: Von Szenarien zu Wild Cards – Das Kopenhagener Institut für Zukunftsforschung; in: STEINMÜLLER, K. / KREIBICH, R. / ZÖPEL, C.: Zukunftsforschung in Europa – Ergebnisse und Perspektiven; Baden-Baden: Nomos; 2000; S. 111 - 114.

DÖRNER, D. / SCHAUB, H.: Spiel und Wirklichkeit – Über die Verwendung und den Nutzen computersimulierter Planspiele; in: Kölner Zeitschrift für Wirtschaft und Pädagogik; Nr. 12; 7. Jahrgang; 1992; S. 55 - 78.

FINK, A. / SCHLAKE, O. / SIEBE, A.: Wie Sie mit Szenarien die Zukunft vorausdenken; in: Harvard Business Manager; Nr. 2; 2000; S. 34 - 47.

GAUSEMEIER, J. / FINK, A. / SCHLAKE, O.: Szenario-Management – Planen und Führen mit Szenarien; München et al.: Hanser; 1995.

GESCHKA, H.: Die Szenario-Technik in der strategischen Unternehmensplanung; in: HAHN, D. / TAYLOR, B.: Strategische Unternehmensplanung; Heidelberg: Physica; 1999; S. 518 - 545.

GESCHKA, H. / VERHAGEN, M. / WINCKLER-RUB, B.: Scenarios for Innovation Strategies; in: SZAKONYI, R. (Hrsg.): Technology Management; New York: Auerbauch; 1998; S. 525 - 542.

GESCHKA, H. / REIBNITZ, U. v.: Die Szenario-Technik – ein Instrument der Zukunftsanalyse und der strategischen Planung; in: TÖPFER, A. / AFHELT, H. (Hrsg.): Praxis der strategischen Unternehmensplanung; Frankfurt/Main: Metzner; 1983; S. 125 - 170.

GESCHKA, H. / REIBNITZ, U. v.: Die Szenario-Technik als Grundlage von Planungen; Frankfurt/Main: Battelle Institut; 1981.

GÖTZE, U.: Szenario-Technik in der strategischen Unternehmensplanung; Wiesbaden: Deutscher Universitäts-Verlag; 1991.

KRYSTEK, U.: Unternehmenskrisen – Vermeidung und Bewältigung; in: PASTORS; P. / PIKS, M. (Hrsg.): Risiken des Unternehmens – Vorbeugen und Meistern; München et al.: Hampp; 2002; S. 87 - 134.

LINNEWEH, K.: Kreatives Denken – Techniken und Organisation produktiver Kreativität; Rheinzabern: Gitzel; 1994.

MENDONÇA, S. / PINA E CUNHA, M. / KAIVO-OJA, J. / RUFF, F.: Wild Cards, Weak Signals and Organisational Improvisation; in: Futures; Nr. 2; 36. Jahrgang; 2004; S. 201 - 218.

MIĆIĆ, P.: Der Zukunftsmanager – Wie Sie MarktChancen vor Ihren Mitbewerbern erkennen; Freiberg et al.: Haufe; 1999.

MIßLER-BEHR, M.: Methoden der Szenario-Erstellung; in: Die Szenario-Technik – Werkzeug für den Umgang mit einer multiplen Zukunft; Paderborner Szenario-Workshop; Paderborn: HNI; 1995; S. 43 - 62.

MÖHRLE, M. G. / MÜLLER, S.: Strategische Planung für Unternehmensgründer – Anwendung der Szenarioanalyse; in: CORSTEN, H. (Hrsg.): Dimensionen der Unternehmungsgründung – Erfolgsaspekte der Selbständigkeit; Berlin et al.: Schmidt; 2002; S. 71 - 101.

MÖHRLE, M. G.: Die Szenario-Technik; in: MÖHRLE, M. G. (Hrsg.): Über den Sinn langfristiger Planung – die Szenario-Technik und X-Vision; Cottbus; 1999.

MÖHRLE, M. G.: Szenariobasierte Zusammenstellung von Innovationsprogrammen; in: MÖHRLE, M. G. (Hrsg.): Der richtige Projektmix – Erfolgsorientiertes Innovations- und FuE-Management; Berlin et al: Springer; 1999; S. 73 - 75.

PETERSEN, J. L.: The "Wilds Cards" in our Future – Preparing for Improbable; in: The Futurist; Nr. 4; 31. Jahrgang; 1997; S. 43 - 47.

REIBNITZ, U. v.: Szenario-Technik – Instrumente für die unternehmerische und persönliche Erfolgsplanung; Wiesbaden: Gabler; 1992.

ROCKFELLOW, J. D.: Wild Cards Preparing for "The Big One"; in: The Futurist; Nr.1; 28. Jahrgang; 1994; S. 14 - 17.

SAPIO, B.: SEARCH (Scenario evaluation and analysis through repeated cross impact handling) – a new method for scenario analysis with an application to the Videotel service in Italy; in: International Journal of Forecasting; Nr. 11; 1995; S. 113 - 131.

SCHAUB, H.: Simulation als Entscheidungshilfe – Systemisches Denken als Werkzeug zur Beherrschung von Komplexität; in: STROHSCHNEIDER, S. (Hrsg.): Entscheiden in kritischen Situationen; in: Schriftenreihe der Plattform Menschen in komplexen Arbeitswelten e.V.; Frankfurt/Main: Verlag für Polizeiwissenschaft; 2003; S. 55 - 79.

SCHLAKE, O.: Verfahren zur kooperativen Szenario-Erstellung in Industrieunternehmen; Paderborn: HNI; 2000.

STEINMÜLLER, A. / STEINMÜLLER, K.: Ungezähmte Zukunft – Wild Cards und die Grenzen der Berechenbarkeit; München: Gerling Akademie; 2003.

STEINMÜLLER, A. / STEINMÜLLER, K.: Wild Cards – Das einzig Sichere ist die Unsicherheit; in: Psychologie Heute; Nr. 10; 2003; S. 34 - 39.

STEINMÜLLER, K.: Methoden der Zukunftsforschung – Langfristorientierung als Ausgangspunkt für das Technologie-Roadmapping; in: MÖHRLE, M. G. / ISENMANN, R. (Hrsg.): Technologie-Roadmapping; Berlin et al.: Springer; 2004; S. 71 - 90.

STEINMÜLLER, K.: Eine neue Entwicklung der internationalen Zukunftsforschung – Wild Cards; in: Zukünfte; 27. Jahrgang; 1999; S. 51 - 53.

STROHSCHNEIDER, S.: Krisenstabstraining – Das Nicht-Planbare vorbereiten; in: STROHSCHNEIDER, S. (Hrsg.): Entscheiden in kritischen Situationen; in: Schriftenreihe der Plattform Menschen in komplexen Arbeitswelten e.V.; Frankfurt/Main: Verlag für Polizeiwissenschaft; 2003; S. 97 - 112.

STROHSCHNEIDER, S.: Handeln in Krisensituationen – Anforderungen, Fehler, Trainingsansätze; Institut für Theoretische Psychologie; Otto-Friedrich-Universität Bamberg; 4. Dezember 2000; S. 1 - 20; (erschienen im World Wide Web http://www.plattform.ev.de).

ZINSER, S.: Eine Vorgehensweise zur szenariobasierten Frühnavigation im strategischen Technologiemanagement; Heimsheim: Jost-Jetter; 2000.

V. Strategisches Management von Ad-hoc-Krisen

Christoph Burmann

Strategisches Management von Ad-hoc-Krisen - Eine Einführung

Es klingt zunächst wie ein Widerspruch. Ein auf langfristigen Plänen beruhendes strategisches Management einerseits und die Handhabung von plötzlich auftretenden Ad-hoc-Krisen andererseits. Dieser vermeintliche Widerspruch löst sich jedoch bei einem kurzen Blick in die Gliederung dieses Buchkapitels schnell auf: Im Folgenden stehen solche Managementhandlungen im Mittelpunkt des Interesses, die den Eintritt von Ad-hoc-Krisen entweder gänzlich verhindern oder deren negative Wirkungen eindämmen. Diese Handlungen sind langfristig angelegt und bedürfen einer in der Regel mehrjährigen Planungs- und Umsetzungsphase. Insoweit sind sie als strategische Maßnahmen zu bezeichnen.

Die in dieser Hinsicht umfassendste Perspektive nimmt HÜLSMANN mit seinem Beitrag zum Nachhaltigkeitsmanagement als Ansatz zur Prävention von Ad-hoc-Krisen ein, weshalb sein Beitrag an den Beginn dieses Kapitels gestellt wurde. Er analysiert alle Funktionsbereiche eines Unternehmens und prüft, inwieweit es bei der Führung eines Unternehmens gelingen kann, einen nachhaltigen Umgang mit allen eingesetzten Ressourcen sicherzustellen. Eine in diesem Sinne generationenübergreifende „Sustainability" kann zur Prävention und Eindämmung von Ad-hoc-Krisen wesentliche Beiträge leisten, weil sie beispielsweise ein jederzeit hohes Engagement der Mitarbeiter für die Interessen des Unternehmens, auch und insbesondere in Krisensituationen, erzeugt.

Den Nachhaltigkeitsgedanken greifen WINN und KIRCHGEORG auf, die sich in ihrem Beitrag mit ökologischen Diskontinuitäten in der Entwicklung der natürlichen Umwelt von Unternehmen beschäftigen und die sich daraus ergebenden Probleme bei der Führung von Unternehmen in Krisensituationen aufzeigen. Sie zerlegen zunächst den Sustainability-Begriff in eine ökologische, soziale und ökonomische Sustainability und strukturieren die vielfältigen Wechselwirkungen zwischen diesen drei Ausprägungsformen der Nachhaltigkeit. Sie vertreten dann den Standpunkt, dass sich die Krisenprävention von Unternehmen zukünftig vor allem damit auseinander setzen muss, wie Nachhaltigkeitsstrategien bei „verstärkt auftretenden externen Umwelteinwirkungen (Naturkatastrophen, Klimawandel) verfolgt werden können. Selbst wenn über die Ursachen des Klimawandels und der zunehmenden Naturkatastrophen unter den Experten noch gestritten wird, so besteht Einigkeit darüber, dass weltweit die Betroffenheit durch Naturkatastrophen und einen sich abzeichnenden Klimawandel zunehmen wird." Diese Entwicklung belegen WINN und KIRCHGEORG mit zahlreichen anschaulichen Beispielen und empirischen Studien. Abschließend leiten sie hieraus Implikationen für das Management von Ad-hoc-Krisen ab.

Im dritten Beitrag über das strategische Management von Stoffkreisläufen greift KIRCHGEORG erneut den Nachhaltigkeitsgedanken auf. Im Gegensatz zu den beiden vorangegangenen Beiträgen fokussiert er seine Ausführungen ausschließlich auf materielle Vor- und Endprodukte in Betrieben der verarbeitenden Industrie. Vor dem Hintergrund des neuen Kreislaufwirtschaftsgesetzes schildert er dabei zunächst die mit einem Wandel von der Durchfluss- zur Kreislaufwirtschaft einhergehenden neuen

Handlungsprinzipien. Hier wird deutlich, welche Gefährdungspotenziale mit Blick auf den Ausbruch von Ad-hoc-Krisen das Kreislaufprinzip für Unternehmen beinhaltet. Wird beispielsweise nicht rechtzeitig und professionell ein Konzept zur Handhabung der enormen Verpackungs- und Altproduktmengen entwickelt, die zukünftig von den Herstellern zurückgenommen werden müssen, können sich schnell Krisensituationen einstellen. In diesem Zusammenhang ist beispielhaft an die jährlich ca. 3,5 Mio. „Alt-PKW" in Deutschland zu denken, die den Anforderungen des Kreislaufwirtschaftsgesetzes entsprechend zukünftig vollständig wieder verwendet werden müssen. KIRCHGEORG zeigt an dieser Stelle, wie ein strategisch angelegtes Management von Stoffkreisläufen auszusehen hat, um zur Prävention und Eindämmung von Ad-hoc-Krisen beitragen zu können.

Im vierten Beitrag analysiert BURMANN, wie durch den Aufbau strategischer Flexibilität die Wahrscheinlichkeit des Eintritts von Ad-hoc-Krisen reduziert und die negativen Wirkungen von Ad-hoc-Krisen eingedämmt werden können. Auch hier geht es letztlich um die nachhaltig erfolgreiche Führung von Unternehmen in einer von zunehmender technologischer, marktseitiger, sozialer und gesellschaftlicher Turbulenz gekennzeichneten Umwelt. Im ersten Schritt systematisiert BURMANN die verschiedenen Ausprägungsformen der Flexibilität von Unternehmen. Auf Basis der Ressourcen- und Kompetenztheorien des Unternehmens entwickelt er dann einen Ansatz zur Erfassung und Steuerung der strategischen Flexibilität eines Unternehmens, die sich bei ihm aus der Replikations- und der Rekonfigurationsfähigkeit zusammensetzt. Er zeigt abschließend, wie Maßnahmen zur Steigerung der strategischen Flexibilität zugleich eine positive Wirkung auf die Prävention und Eindämmung von Ad-hoc-Krisen haben.

Der Gedankengang von BURMANN zur Flexibilität von Unternehmen wird in dem sich anschließenden Beitrag von REMER, SNETHLAGE und WYGODA aufgegriffen. Diese drei Autoren beschäftigen sich mit der strukturellen Flexibilität eines Unternehmens, weil sie eine mangelhafte Wahrnehmungs- und Reaktionsfähigkeit als Hauptursache vieler schwerwiegender Unternehmenskrisen ausmachen. Diese unzureichende Fähigkeit zur Wahrnehmung, internen Informationsverarbeitung und zeitnahen Reaktion auf klare Signale einer sich anbahnenden Krise führen sie auf Defizite in der Organisationsstruktur und der Personalführung zurück. Demzufolge zeigen sie auf, wie Maßnahmen zur Gestaltung von Aufbauorganisation und Personalführung zur Prävention und Eindämmung von Ad-hoc-Krisen beitragen können. Dem richtigen Mix aus Zentralisation und Dezentralisation von Entscheidungskompetenzen kommt dabei eine hohe Bedeutung zu.

Ein strategisches Management von Ad-hoc-Krisen ist immer mehrdimensional ausgerichtet. Es hat diskontinuierliche Umweltentwicklungen, die Nachhaltigkeit der Unternehmensentwicklung und die Flexibilität des Unternehmens ebenso zu berücksichtigen, wie die schnelle Eindämmung aufgetretener Ad-hoc-Krisen. RASCHE geht in seinem Beitrag genau auf diese erweiterte, multifokale statt engpassorientierte Perspektive des strategischen Krisenmanagements ein. Er betont in diesem Zusammenhang insbesondere die Notwendigkeit, auf die Ansprüche aller relevanten Anspruchsgruppen eines Unternehmens eingehen zu müssen. Grundlage seiner Ausführungen ist eine Krisentypologie, in der Rasche portfoliobedingte, liquiditätsbedingte, organisationsbedingte und mitarbeiterverhaltensbedingte Krisen voneinander abgrenzt. Hierauf aufbauend entwickelt er ein 2-Phasen-Konzept des erfolgreichen strategischen Managements von Ad-hoc-Krisen.

Eine mehrdimensional-multifokale Perspektive nimmt anschließend auch BURMANN in seinem Beitrag zur identitätsbasierten Markenführung als Ansatz des strategischen Krisenmanagements ein. Auch hier steht die Qualität der Beziehungen eines Unternehmens zu seinen Anspruchsgruppen im Mittelpunkt. Diese Beziehungsqualität vor dem Eintritt einer Ad-hoc-Krise wird als einer der wichtigsten Determinanten zur Erklärung des Schadensausmaßes von Ad-hoc-Krisen interpretiert. Das Bezugsobjekt dieser Beziehungen aus Sicht der Anspruchsgruppen ist in der Regel die Unternehmensmarke. Vor diesem Hintergrund untersucht BURMANN, wo für das Management der wirkungsvollste Hebel zur Beeinflussung dieser Beziehungsqualität liegt. Letztlich identifiziert er die Gestaltung der Markenidentität als zentralen Hebel zur Verbesserung der Beziehungen zwischen dem Unternehmen und seinen Anspruchsgruppen. Wesentlicher Bestandteil der Identität von Unternehmensmarken ist deren „Corporate Social Responsibility (CSR)". In den USA wird die CSR der größten Unternehmen regelmäßig gemessen und publiziert. Die CSR ist dort mittlerweile zu einer der wichtigsten Determinanten des Kauf- und Empfehlungsverhaltens der Konsumenten geworden. Hier besteht, das zeigen neuere empirische Studien, in Deutschland erheblicher Nachholbedarf. Investitionen in eine Stärkung der CSR können das Ausmaß negativer Folgen von Ad-hoc-Krisen erheblich eindämmen, weil sie Authentizität, Sympathie und Vertrauenswürdigkeit von Unternehmensmarken zu steigern vermögen.

Im letzten Beitrag dieses Buchabschnittes widmet sich LEKER der Misserfolgsanalyse in der Forschung zum strategischen Management. Das Ziel seines Beitrags ist es, die typischen Fehler beim strategischen Management von Unternehmen zu identifizieren und daraus Rückschlüsse für das strategische Management von Ad-hoc-Krisen abzuleiten. Die typischen Fehler fasst LEKER zu drei Kategorien zusammen, die er als eskalierendes finanzielles Commitment gegenüber der einmal eingeschlagenen Strategie, strukturelle Trägheit aufgrund vergangenen Erfolgs und hyperaktives Momentum bezeichnet. Dies sind zugleich wesentliche Ursachen für den Ausbruch von Ad-hoc-Krisen. Auf der Basis einer eigenen empirischen Untersuchung zeigt LEKER abschließend Wege auf, wie durch einen geschickten Strategiewechsel die Erfolgslage eines Unternehmens verbessert und der Eintrittswahrscheinlichkeit von Ad-hoc-Krisen reduziert werden kann.

Michael Hülsmann

Nachhaltigkeit - ein Ansatz zur strategischen Prävention von Ad-hoc-Krisen?

1 Einleitung ... 217

2 Ad-hoc-Krisen als existenzielle Ressourcendefizite ... 218

3 Nachhaltigkeit als originäre Managementrationalität ... 221
   3.1 Entwicklung des Nachhaltigkeitsbegriffs ... 221
   3.2 Betriebswirtschaftliche Interpretationsmuster der Nachhaltigkeit ... 223

4 Rekursivität als Beitrag der Nachhaltigkeit zur Prävention von Ad-hoc-Krisen ... 228
   4.1 Normative Rekursivität ... 228
   4.2 Effizienzrationale Rekursivität ... 230
   4.3 Substanzerhaltungsrationale Rekursivität ... 232

5 Fazit ... 234

1 Einleitung

Der Begriff der Nachhaltigkeit wird – neben dem allgemein sprachlichen Gebrauch i.S.v. dauerhaft, was zu einer generellen Popularisierung beträgt[1] – gemeinhin mit dem Leitbild intergenerativer und intragenerativer Gerechtigkeit gesellschaftlicher Entwicklungen verbunden.[2] Prägend für dieses Verständnis ist der Bericht der sog. „Brundtland-Kommission" im Jahre 1987.[3] Ziel der so nach ihrer Vorsitzenden bezeichneten „World Commission on Environment and Development (WCED)" ist es, ein Programm für die gesellschaftliche Entwicklung der Menschheit zu entwickeln, die „dauerhaft gute Lebensbedingungen für alle Bürger zu schaffen – nicht nur in wirtschaftlicher, sondern auch in sozialer und ökologischer Hinsicht"[4]. Vor allem diese global-gesellschaftliche Vorstellung der Nachhaltigkeitsidee hat sich im Bewusstsein der Öffentlichkeit festgesetzt.

Niederschlag hat das Leitbild auch in Konzepten der Unternehmensführung gefunden. Hintergrund dazu bildet die Notwendigkeit, dass die Idee einer gerechten gesellschaftlichen Entwicklung einer Realisierung auf der individuellen Ebene des Handels der gesellschaftlichen Akteure bedarf, also auch der von Unternehmen.[5] Im betrieblichen Bezugsrahmen wird unter der Idee der Nachhaltigkeit vor allem die gesellschaftliche Verantwortung einer Unternehmung in ökonomischer, ökologischer und sozialer Dimension gefasst.[6] Zum Ausdruck kommt dieser Ansatz z.B. im betrieblichen Umweltschutz-Management oder Corporate-Social-Responsibility-Management.[7] Damit greift die Interpretation von Nachhaltigkeit jedoch zu kurz. Deren Entfaltung wird lediglich auf Begleitaktivitäten des Wirtschaftens – beispielsweise auf das gesellschaftlich relevante Agieren eines Unternehmens – und auf die (Bewertung der) ökonomisch, ökologischen und sozialen Effekte des Wirtschaftens beschränkt. Wird das Verständnis von Nachhaltigkeit rein auf dem Verantwortungsprinzip belassen, liegt dem nachhaltigen Entscheidungsverhalten des Managements lediglich die subjektiv-normativ gewählte Alternativenauswahl auf Basis übergeordneter Werthaltungen zugrunde.[8] So kann sich die Idee der Nachhaltigkeit nicht systematisch auf das Wirtschaften per se, also auf alle ressourcenbezogenen Entscheidungen des Managements im gesamten Geschäftsprozess, beziehen. Dies ist nur möglich, wenn aus der gesellschaftlichen Verantwortung auch eine einzelbetriebliche Vernunft abgeleitet wird, die zum Imperativ aller Auswahlentscheidungen in der Unternehmensführung wird.[9]

Der vorliegende Beitrag möchte deshalb zeigen, dass es sich bei der Nachhaltigkeit vielmehr auch um ein **originäres, dualistisches Prinzip rationalen Wirtschaftens** handelt, das durch seine immanente **Rekursivität** der Entscheidungsfindung auch der **strategischen Prävention von (Ad-hoc-)Krisen** dient. Hierzu wird das Merkmal von Krisen als vitale Ressourcendefizite einer Unternehmung herausgearbeitet, um das Phänomen zu beschreiben, zu dessen Vermeidung die Rekursivität nachhaltigen Managements einen existenziellen Beitrag zu leisten vermag. Im Anschluss wird die Idee der Nachhaltigkeit entwickelt. Hierbei liegt der Schwerpunkt vor allem auf der Ableitung ökonomischer Rationalität aus dem globalen Leitbild der Nachhaltigkeit als gesellschaftlich-gerechte Entwicklung. Damit soll eine Brücke geschlagen werden, die es möglich macht, die Nachhaltigkeit systematisch in das Entscheidungsverhalten des Managements zu implementieren. Im Folgenden wird die Rekursivität der Entscheidung als konstitutives Merkmal jeden nachhaltigen Wirtschaftens identifiziert und deren krisenpräventiven bzw. krisenbewältigenden Beiträge diskutiert. Mit diesem Vorgehen sollen auf Basis der umfassenden Beschreibung der Nachhaltigkeitsidee deren Beitragsmöglichkeiten zum (antizipativen, aktiven) Krisenmanagement der Unternehmung eingehend skizziert werden.

2 Ad-hoc-Krisen als existenzielle Ressourcendefizite

In einem der ersten Beiträge dieses Sammelbandes wurde die Frage aufgeworfen, „was konkret das Krisenkonstrukt kennzeichnet und welche Spezifika Ad-hoc-Krisen wesenseigen sind."[10] Dabei wurde u.a. im Rückgriff auf den politischen Krisenbegriff von HABERMAS die ökonomische Krise als wirtschaftliche Schwierigkeiten eines sozialen Systems verstanden, die durch eine Lücke von Ressourcenversorgung und Zweckerfüllung gekennzeichnet sind.[11] Mit diesem Defizit ist „ein erhebliches Abweichen von der geplanten Entwicklung"[12] verbunden, das zu einer Existenzbedrohung für ein betreffendes System führt. Das **generelle Merkmal des Ressourcendefizits von Krisen**, die im Kontext des Wirtschaftens stehen, soll hier weiter betrachtet werden.

In Anlehnung an HICKS / GULLETT bildet ein System zusammen mit seiner Umwelt aufgrund des **symbiotischen Interaktionsverhältnisses** über die Systemgrenzen hinweg ein Ökosystem.[13] In diesem Ökosystem übernimmt das betreffende System eine bestimmte Funktion; ihm sind definierte Zwecke gesetzt; dadurch entstehen interdependente Beziehungen zwischen System und Umsystemen, die zusammen eine funktionale Einheit bilden.[14] Etwa wird das im klassisch-funktionalen Unternehmensverständnis deutlich, wenn etwa von KOSIOL Unternehmen als spezifische Zweckgebilde verstanden werden, die eine bestimmte Fremdbedarfsdeckungsfunktion besitzen, zu deren Erfüllung sie eigenständig planen, in wirtschaftlicher Abhängigkeit zu anderen Wirtschaftsubjekten stehen (z.B. nachfragenden Haushalte oder konkurrierende Unternehmen) und deshalb ein wirtschaftliches Risiko tragen.[15] Auch in der genereller angelegten Systemtheorie wird einem System eine spezifische Funktion zugeordnet, denn es entsteht in der Ausdifferenzierung eines übergeordneten Systems als dessen Strategie zur Komplexitätsreduktion. Die Gesamtkomplexität eines Systems wird in Teile zerlegt, die in eigenständigen (Sub-)Systemen abgearbeitet werden, die durch die Stabilisierung einer Innen-Außen-Differenz ihre Existenz bewahren,[16] da für sie die

Umweltkomplexität auf ein Niveau reduziert wird, das für das betreffende System beherrschbar ist.[17] In diesem Verständnis liegt also die Funktion eines Systems in der Aufnahme partieller Umweltkomplexität und in seinen Beiträgen zur Bewältigung dieser Komplexität für die Umwelt.[18] In beiden Lesarten wird deutlich, dass Systeme bestimmte Outputs für ihre Umwelten produzieren und bereitstellen. Zur Erfüllung dieser Funktion bzw. zur Generierung der erwarteten Outputs stellen die Umsysteme – neben Chancen und Risiken, Daten und Constrains – auch Ressourcen zur Verfügung.[19]

Unter der Prämisse eines solchen symbiotischen Interaktionsverhältnisses zwischen System und Umwelt lässt sich – mit Bezug auf die zuvor unternommne Annäherung an den Ad-hoc-Krisenbegriff[20] – Krise hier ganz allgemein verstehen als eine Existenzbedrohung, die darauf beruht, dass einem betreffenden System von seinen Umwelten nicht mehr die für seine Zweckerfüllung – mithin für seine Existenz – erforderlichen Ressourcen zur Verfügung gestellt werden. Folglich ist ein System immer dann in seinem Bestand gefährdet, wenn seine Umwelten nicht mehr bereit oder in der Lage sind, Ressourcen zur Verfügung zu stellen. Ursächlich hierfür ist also die **pluridimensionale Interdependenz in den Ressourcenbeziehungen**. Verlagert sich das Gewicht der Ressourcenaustauschbeziehungen einseitig zu Gunsten eines Systemmitglieds der symbiotischen Interaktionsbeziehungen, wirkt dies gleichermaßen auf dieses Systemmitglied negativ zurück, da auf Dauer bzw. bei Überschreitung kritischer Schwellenwerte die anderen Systemmitglieder dieses Ungleichgewicht zu kompensieren versuchen – etwa in dem sie nicht länger bzw. nicht mehr in gleicher Höhe bzw. nicht mehr auf dem gleichen Niveau wie vor der Gewichtsverschiebung dem betreffenden Systemmitglied Ressourcen überlassen.

Einen Erklärungsansatz hierfür bietet die **Anreiz-Beitrags-Theorie**. In einem Interaktionssystem lassen sich Entscheidungen zur Teilnahme eines einzelnen Akteurs an der Interaktion,[21] zur Leistung eines individuellen Beitrags zum Erreichen der globalen Interaktionsziele[22] sowie zum Verlassen des Interaktionssystems unterscheiden.[23] Gedanklicher Ausgangspunkt dabei ist es, die betreffende Organisation – also das Interaktionssystem – grundsätzlich als Koalition zu begreifen.[24] Aus der subjektiven Perspektive des einzelnen Akteurs ist solange ein Gleichgewichtszustand gegeben, wie die ihm gebotenen Anreize (materielle und immaterielle Outputs des Systems) zumindest gleich oder sogar größer sind als die von ihm dafür zu leistenden Beiträge (materielle oder immaterielle Inputs für das System). Wird dieser subjektiv interpretiere Gleichgewichtswert unterschritten, wird der betreffenden Akteur in einem System sein Verhalten anpassen und entweder seine Beiträge reduzieren, das System ganz verlassen oder sein Anspruchsniveau senken.[25] Damit tritt eine Krise als Ressourcengefährdung immer dann ein, wenn zuvor eine Gleichgewichtsverschiebung stattgefunden hat, die zugunsten eines Systemmitgliedes ausfällt und die von anderen Systemteilnehmern als negative Verschiebung ihrer Anreiz-Beitrags-Relationen gesehen wird, so dass sie infolge versuchen, das Verhältnis von Anreizen und Beiträgen wieder zu ihren Gunsten zu verschieben oder ihre Teilnahme am Interaktionssystem in Frage stellen. Die Anreiz-Beitragstheorie thematisiert dabei die mangelnde Bereitwilligkeit der Umsysteme, einem System in einer Interaktionsbeziehung Ressourcen zur Erfüllung der Systemzwecke zu überlassen. Daneben ist auch das Krisenpotenzial mangelnder Befähigung der Ressourcenquellen, ihre Funktion in der Interaktionsbeziehung zu erfüllen, zu berücksichtigen.

Mangelnde Bereitwilligkeit der Umsysteme als Ursache von Ressourcendefiziten ist darauf zurückzuführen, dass jenes betreffenden System von seiner Umwelt wegen seiner Beiträge (Outputs) – etwa zur Fremdbedarfsdeckung bzw. allgemeiner zur Komplexitätsreduktion – nicht mehr akzeptiert wird: Das Leistungsprofil des Systems entspricht nicht (mehr) dem Anforderungsprofil seiner Umwelt und es wird infolge negativ sanktioniert, indem keine Ressourcen dem System mehr zu seiner Funktionserfüllung überlassen werden. Dies hat sowohl einen absoluten wie einen relativen Aspekt. Im ersten Fall reicht die Systemleistung nicht aus, die Ansprüche der Outputnehmer vollständig zu befriedigen; im zweiten Fall gelingt es anderen Systemen relativ besser, die Verhaltenserwartungen der Stakeholder zu erfüllen. In beiden Fällen sind die Grenzkosten des Outputnehmers höher als sein Grenznutzen, der für ihn aus der Interaktion mit dem jeweiligen System verbunden ist. Infolge wird der Stakeholder – bei Unterstellung eines ökonomischen Nutzenmaximierers und rationalem Verhalten – nach alternativen Formen seiner Bedürfnisbefriedigung suchen.[26]

Mangelnde Fähigkeit der Umsysteme als Ursache von Ressourcendefiziten resultiert daraus, das einige Umsysteme wiederum selber in ihrem Wirtschaften nicht in der Lage sind, ihren Outputnehmern die erforderlichen Ressourcen zur Verfügung zu stellen – was entweder am Scheitern des Throughputprozesses oder an einer defizitären eigenen Ressourcenbasis liegen kann. Weil jene Umsysteme nicht die erforderlichen Ressourcen produzieren oder beschaffen, wird einem anderen System die Basis zum Wirtschaften, d.h. zur Erfüllung seiner Funktionen, entzogen, womit auch die Bereitwilligkeit weiterer Umsysteme sinkt, Ressourcen diesem System zur Verfügung zu stellen. Damit ist die Existenz eines Systems multipel bedroht, weil ein oder mehrere Umsysteme außerstande und infolge auch nicht willens sind, Ressourcen zu überlassen, was über Multiplikationseffekte andere Systeme auf gleicher wie auch auf übergeordneter Ebene wiederum gefährdet, die Outputnehmer des betreffenden Systems sind. Der besondere Aspekt der Ad-hoc-Krise ist dabei, dass mangelnde Bereitwilligkeit und bzw. oder mangelnde Fähigkeit zur Ressourcenüberlassung plötzlich eintreten, so dass Gefährdung und Überraschung für das System entweder zusammenfallen oder sogar die Gefährdung zuvor eintritt.[27]

Mithin ist es **Aufgabe des Krisenmanagements**, dem System die hinreichende Bereitwilligkeit und Fähigkeit seiner Umsysteme so zu erhalten, dass Ressourcen bereitgestellt werden und keine Überraschungen für das System eintreten können, die erst nach Wegfall von Bereitwilligkeit bzw. Fähigkeit der Umsysteme evident werden. Das (antizipative) Krisenmanagement muss so angelegt sein, dass die (potenzielle) Gefährdung von Bereitwilligkeit und Fähigkeit der Umsysteme frühzeitig erkannt und durch Prävention vermieden werden kann.

3 Nachhaltigkeit als originäre Managementrationalität

3.1 Entwicklung des Nachhaltigkeitsbegriffs

Wie bereits bei den ersten einleitenden Betrachtungen angedeutet, finden sich in der Diskussion zur Nachhaltigkeit – insbesondere auch im betriebswirtschaftlichen Kontext – zahlreiche Interpretationen und Auslegungen. Deshalb wird u.a. von DYLLICK angemerkt, dass „Begriff und Inhalt des Nachhaltigkeitskonzeptes [...] bisher trotz, vielleicht auch wegen ihrer breiten Verwendung vieldeutig und in ihren Konsequenzen vage und unverbindlich geblieben"[28] seien. Die Übertragung des Leitbildes einer Nachhaltigen Entwicklung in die unterschiedlichen wissenschaftlichen Disziplinen reflektiert nach KASTENHOLZ / ERDMANN / WOLFF auch deren differierenden Forschungstraditionen, subjektiven Zuschnitte und Werthaltungen, was zu einer großen Zahl an Nachhaltigkeitsverständnissen führt.[29] Weshalb nicht zuletzt PEARCE / MARKANDYA / BARBIER eine **„gallery of definitions"**[30] konstatieren. Eine terminologische Klärung der Nachhaltigkeitsidee soll deshalb hier den Ausgangspunkt der Ausführungen bilden – auch um der Forderung von DYLLICK nach einer vertieften Auseinandersetzung mit Bedeutung und Substanz des Nachhaltigkeitsbegriffes zu entsprechen.[31]

Der Schwerpunkt der modernen Begriffs- und Konzeptbildung zur Idee der Nachhaltigkeit liegt im englischsprachigen Raum, wo der Ausdruck des **Sustainable Development** als verbaler Repräsentant des Nachhaltigkeitsgedankens geprägt wird.[32] Generell sei laut GRAY mit dem Begriff des Sustainable Development – also der nachhaltigen Entwicklung – die Fähigkeit gemeint, sich aus den eigenen Möglichkeiten und Potenzialen heraus zu entwickeln, zu stärken, zu erhalten.[33] Aus etymologischer Perspektive kann der Begriffsbestandteil „Sustainable" auf das lateinische „sustenere" zurückgeführt werden. Dies meint – mit physischer Konnotation – die Unterstützung zur Verhinderung eines Fallens und kann i.S.e. Überlebenssicherung verstanden werden. Folglich bezeichnet nach Auffassung von MATHIEU der Begriff des Sustainable Developments vom Wortsinn her Entwicklungen der Überlebenssicherung.[34] Hier zeigt sich bereits die sprachliche Verbindung zum Aspekt der Krisenprävention als Vermeidung von existenzbedrohender Systementwicklungen.

Ursprünglich stammt die Idee der Nachhaltigkeit aus der **Forstwirtschaft**. Der ihr zugrunde liegende Gedanke ist erstmals in der Forstordnung von 1144 des Kloster Mauermünster im Elsass formuliert.[35] Im 16 Jh. wird dann vereinzelt diese Idee aufgegriffen. Erst ab dem 18. Jh. schenkt die deutsche Forstwirtschaft der Nachhaltigkeit breite Aufmerksamkeit.[36] Die forstwirtschaftliche Grundmaxime der Nachhaltigkeit bezieht sich auf die langfristige ökonomische Nutzung des Waldes und schreibt vor, dass in einem bestimmten Forstgebiet nicht mehr Holz geschlagen werden darf, als im natürlichen Regenerationszyklus nachwachsen kann. Ausschlaggebend hierfür sind die Folgen der exzessiven Rodungen im Mittelalter und im Dreißigjährigen Krieg, die in weiten Gebieten die dauerhaft wirtschaftliche Nutzung des Waldes gefährden.[37] Auch hier zeigt sich im historischen Verlauf des Nachhaltigkeitsgedankes der Bezug zur Krise, sprich: wirtschaftlichen Existenzbedrohung der Forstwirtschaft.

Impulse für die Weiterentwicklung der Nachhaltigkeit sind im 19. Jh. die Erweiterung des ökonomischen Prinzips aus der Forstwirtschaft um ökologische und ästhetische Gesichtspunkte. Auch diffundiert der Nachhaltigkeitsansatz in andere Länder (z.B. USA, Großbritannien) und Wirtschaftszweige (z.B. Fischereiwirtschaft). Dennoch ist zu dieser Zeit die Nachhaltigkeit aus zumeist naturnahe Branchen fokussiert, für die natürliche Rohstoffe charakteristisch sind und deren Verfügbarkeit durch natürliche, determinierte Regenerationszyklen maßgeblich bestimmt ist. Da zu dieser Zeit zumeist noch die Vorstellung unbeschränkter Verfügbarkeit aller Produktionsfaktoren die Unternehmensführung in ihren Entscheidungen leitete, kann die Nachhaltigkeitsidee im 19. Jh. bis weit ins 20 Jh. hinein kaum an größerer Bedeutung und Wahrnehmung gewinnen.[38]

Erst Ende der 70er Jahre des 20. Jh. wird damit begonnen, Zusammenhänge zwischen Umwelt- und Entwicklungsproblemen zu erkennen und zu thematisieren. Bis dahin befassen sich nur Wenige wie KAPP und CARSON mit dieser Frage.[39] Maßgeblicher Ausgangspunkt hierfür ist der erste Bericht des „Club of Rome" 1972, der mit dem Titel „Limits of Growth"[40] überschrieben ist. Er bezweifelt die Unerschöpflichkeit global verfügbarer, natürlicher Ressourcen und die unbegrenzte, technologisch realisierbare Effizienzsteigerung des Einsatzes und der Nutzung von Ressourcen.[41] Die weitere Konzeptentwicklung erfährt in den Folgejahren ihre Impulse vor allem aus dem politischen Feld. Der Begriff vom Sustainable Development wird zum ersten Mal 1980 in der „World Conservation Strategy" der „International Union for the Conservation for Nature" (IUCN), des „World Wide Fund for Nature" (WWF) und des „United Nations Environmental Programme" (UNEP) explizit formuliert.[42] Die weitere Verbreitung und Beachtung erfährt das Leitbild dann – wie zuvor erwähnt – 1987 durch den Bericht der nach ihrer Vorsitzenden benannten „Brundtland-Kommission":[43] **„Sustainable Development is a development that meets the needs of the present without compromising the ability of future generations to meet their own needs"**[44].

Das Konzept der „Brundtland-Komission" – mehr programmatische Grundlegung als konsistentes, kohärentes Programm – einer nachhaltigen Entwicklung wird ab den 90er Jahren in den unterschiedlichsten Bereichen – Wirtschaft, Wissenschaft, Politik usw. – aufgegriffen. Dies führt infolge zu einer Vielzahl von Konkretisierungen, Funktionalisierungen, Operationalisierungen, Erweiterungen, Ergänzungen, Korrekturen, die jetzt ein breites Spektrum bieten, was unter Nachhaltigkeit verstanden werden kann.[45] Deshalb verbinden sich mit dem Nachhaltigkeitsbegriff die von DYLLICK bemängelten, eher vagen, vieldeutigen, wenig verbindlichen Vorstellungen,[46] die es heute schwer machen, das Konzept der Nachhaltigkeit in das Management von Unternehmen systematisch und tief greifend zu implementieren.

Abbildung 3-1: *Entwicklung des Nachhaltigkeitsbegriffs*

Quelle: HÜLSMANN, M.: Bezugspunkte [2004], S. 41.

3.2 Betriebswirtschaftliche Interpretationsmuster der Nachhaltigkeit

In all der Verständnisvielfalt, was unter Nachhaltigkeit und nachhaltiger Entwicklung zu verstehen sei, lassen sich drei unterschiedliche Grundmuster in den Interpretationen erkennen, die im betriebswirtschaftlichen Kontext stehen:

- Nachhaltigkeit als **normatives gesellschaftliches Verantwortungsprinzip**,

- Nachhaltigkeit als **innovationsorientiertes Vernunftprinzip** und
- Nachhaltigkeit als **substanzerhaltungsorientiertes Vernunftprinzip**.[47]

Die Interpretation von Nachhaltigkeit **normative gesellschaftliche Verantwortungsprinzip** lehnt sich am engsten an die zuvor genannte Definition der Brundtland-Kommission an, die nach JÖRRISSEN / KNEER / RINK auf die intra- und intergenerative gerechte wirtschaftliche Entwicklung abstelle.[48] Dieses Verständnis der Nachhaltigkeit „reflektiert darauf, dass die Industrieländer, die ein Viertel der Weltbevölkerung stellen, drei Viertel der globalen Ressourcen verbrauchen, um ihre Bedürfnisse zu befriedigen“[49]. Kern der (normativen) Nachhaltigkeitsidee sei es laut SCHALTEGGER / DYLLICK, dass die Akteure (auf gesellschaftlicher wie auf individueller Ebene) bei ihrem Wirtschaften nicht die Substanz verbrauchen, sondern lediglich vom Ertrag leben.[50] Ungerecht wäre nach diesem Verständnis ein Wirtschaften, bei dem anderen sozialen Gruppen (z.B. Entwicklungsländern) oder anderen Generationen die Substanz für ihr eigenes Wirtschaften durch das Wirtschaften bestimmter Akteure (z.B. der heutigen Generation in den Industrienationen) entzogen werden würde. Hieraus ergibt sich die normativ begründeten Notwendigkeit, einerseits Effekte einer Entscheidung für andere gegen die Wirkungen für sich selber abzuwägen und anderseits kurzfristige vs. langfristige Resultate einer Entscheidung konkurrierend zu bewerten.[51] Der Horizont der Nachhaltigkeit von Entscheidungen umfasst zumindest dabei die ökonomische, die ökologische und die soziale Dimension. Aber selbst an eine kulturelle oder technologische Nachhaltigkeit kann gedacht werden.[52] Dass und wie sich das Wirtschaften am Postulat des Substanzerhalts und der durch die Erträge alimentierten gesellschaftlichen Entwicklung zu orientieren hat, lässt sich nach SCHALTEGGER / DYLLICK nur normativ begründen. Denn die gerechte Bedürfnisbefriedigung aller Gruppen innerhalb einer Generation sowie zwischen der jetzigen und ihren nachfolgenden Generationen erfordert eine Konkretisierung sowohl des Referenzpunktes der Gerechtigkeit wie der Bedürfnisbefriedigung. Jedoch lassen sich die Fragen nach Gerechtigkeit wie nach – angemessener, hinreichender, hoher – Befriedigung der Bedürfnisse nur subjektiv und kontextabhängig beantworten. Denn die Lebensqualität als der operationalisierter Maßstab des Einzelnen hierfür basiert auf individueller und situativer Wahrnehmung von erlebten Erfahrungen sowie auf deren Bewertung, die wiederum vom jeweils eigenen Referenzmaßstab abhängt. Infolge ist eine objektive, rationale Begründung für ein bestimmtes konkretes Verhalten unter dem Postulat der Nachhaltigkeit nicht möglich. Eine kausale Beziehung lässt sich deshalb zwischen Umweltzustand, sozialer Situation, wirtschaftlicher Befindlichkeit und einer gerechten Chance auf eine hinreichende bzw. hohe Lebensqualität (Bedürfnisbefriedigung) folglich nicht aufstellen.[53] Was bleibt, ist die weitgehende Übereinstimmung,[54] dass „eine nachhaltige Entwicklung erstrebenswert und notwendig ist, eine nachhaltige Entwicklung die wirksame Zielerreichung in jeder der Dimensionen – Ökologie, Soziales und Ökonomie – erfordert und erst von einer nachhaltigen Entwicklung gesprochen werden kann, wenn die Integration ökologischer, sozialer und ökonomischer Ziele gelingt“[55]. Somit ergibt sich aus der normativen Lesart der Nachhaltigkeit, die auf Basis der eigenen Werthaltungen jeweils subjektiv zu begründende und individuell auszufüllende Verantwortung, dass das Wirtschaften auf Entscheidungen aufbaut, die nicht nur auf die Erfüllung der eigene Ziele abstellen, sondern die vielmehr auch in ihrem Kalkül berücksichtigen, welche Effekt sich vor dem Hintergrund einer gerechten Bedürfnisbefriedigung für alle (in dieser wie in zukünftigen Generationen) ergeben und dass die gewählten Alternativen hierzu (angemessen) beitragen.

Das normative Verständnis der Nachhaltigkeit erfährt in zweierlei Hinsicht eine **Operationalisierung bzw. Realisierung** durch die Überführung der globalen gesellschaftlichen Verantwortung in eine einzelbetriebliche Vernunft: Nachhaltigkeit als rationale Ressourcennutzung und Nachhaltigkeit als rationale Ressourcenpflege. Diese beiden Übersetzungen der Nachhaltigkeit sind folglich durch die normative Perspektive legitimiert und transformieren diese in formale Funktionsvorschriften, wodurch die entsprechenden Entscheidungen auch objektiv rational begründet sind.[56] Dies sei im Folgenden erklärt.

Die rationale Ressourcennutzung findet ihren Niederschlag in der sog. Interpretation der Nachhaltigkeit als **innovationsorientiertes Vernunftprinzip**. Hier zielt die Nachhaltigkeit darauf ab, den Einsatz von Ressourcen zu optimieren. Zum einen soll durch Innovationen der Ressourcenverbrauch gesenkt werden. Zum anderen soll mit den eingesetzten Ressourcen eine höhere bzw. bessere Wirkung erzielt werden, d.h. die ver- bzw. gebrauchten Ressourcen sollen besser genutzt werden, indem sie einen höheren Wirkungsgrad in der Bedürfnisbefriedigung erzielen. Im ersten Fall soll die Substanz (länger) erhalten werden, indem absolut weniger Ressourcen verbraucht werden bzw. indem ggf. neue (substitutive) Ressourcen geschaffen werden. Im zweiten Fall soll die Substanz relativ geschont werden, indem die eingesetzten Mittel – wenn sie schon ge- bzw. verbraucht werden – bestmöglich verwendet werden.[57] Insgesamt geht es also um das Effizienzkalkül rationalen Wirtschaftens, wie es sich auch in der intensiven Öko-Effizienz-Diskussion der Umweltmanagementlehre der 90er Jahre zeigt, die jetzt jedoch um die Dimensionen ökonomischer, sozialer und weiteren Nachhaltigkeit ergänzt wird.[58] Durch das Nachhaltigkeitspostulat sollen also Innovationen bewirkt werden, die die Effizienz des Ressourceneinsatzes steigern und somit die Ressourcenbasis zunächst einmal relativ schonen (zeitliche Streckung des Ressourcenverbrauchs und höherer Grad der Bedürfnisbefriedigung durch die eingesetzten Ressourcen). In neueren Zeit wird das Effizienzpostulat der Nachhaltigkeit um die Forderung nach absoluter Wirksamkeit der Innovationen zur Verbesserung der Ressourcennutzung ergänzt. So tritt etwa neben die Effizienz auch die Effektivität.[59] Beschreibt erstere die relative Verbesserung der durch das Wirtschaften verursachten ökonomischen, ökologischen und sozialen Belastungen, zielt die zweite auf die absolute Verbesserung ab.[60] Diese nach MÜLLER-CHRIST / HÜLSMANN relative wie absolute Rationalisierung[61] des Ressourceneinsatzes solle laut MINSCH die Diskrepanz überbrücken, die zwischen der allgemein anerkannten normativen Forderung nach einer nachhaltigen Entwicklung dem tatsächlichen Strukturwandel besteht. Die Schließung dieser Lücke soll – so MINSCH – im Verständnis der effizienzrationalen Nachhaltigkeitssicht durch Innovationen

- von Technologien, Prozessen, Produkten und Ressourcen,
- von inner- und überbetrieblichen Kooperations-, Koordinations- und Kollaborationsformen sowie
- von politischen und rechtlichen Rahmensetzungen

realisiert werden, die Wirtschaftswachstum und Ressourcenverbrauch entkoppeln und somit einen objektiv-vernünftigen Beitrag zur Realisierung des normativen Nachhaltigkeitsleitbildes beitragen.[62] Innovationen und Nachhaltigkeit i.S.e. inter- und intragenerativ gerechten Ressourcennutzung werden – wie etwa bei „Econsense" – in ein kausales Verhältnis zueinander gestellt: „Nachhaltige Entwicklung benötigt einen offenen und kreativen Innovationsprozess in Gesellschaft, Politik und Wirtschaft. Unterstützt wird dies durch marktwirtschaftliche Instrumente und einen offenen Dialog. Dies führt zu Wettbewerbsfähigkeit und Innovationen, Arbeitsplätzen und Wohlstand, Ressourceneffizienz und ökologischer Verträglichkeit"[63].

Die Interpretation von Nachhaltigkeit als **substanzerhaltungsorientiertes Vernunftprinzip** überführe gemäß MÜLLER-CHRIST das normative Leitbild in eine sog. haushaltsökonomische Rationalität des Wirtschaftens. Mit Bezug auf die Grundidee des normativen Nachhaltigkeitsgedankens, nicht von der Substanz, sondern vom Ertrag zu leben, um die Ressourcenbasis auch für andere und zukünftige Generationen zu erhalten, wird hier nachhaltig-rational wie folgt definiert: Es ist rational, die betriebliche Ressourcenbasis und -substanz zu erhalten, indem in die Reproduktion der Ressourcen investiert wird, um dauerhaft wirtschaften zu können, indem die dauerhafte Verfügbarkeit der Ressourcen erhalten wird. Wirtschaften ist dann nachhaltig, wenn zwischen Ressourcenverbrauch und Ressourcennachschub ein dauerhafter Ausgleich geschaffen wird.[64] „Die Rationalität einer unternehmerischen Entscheidung wird folglich an der Formalvorschrift gemessen, inwieweit eine gewählte Alternative dazu beiträgt, Ressourcenverbrauch und Ressourcennachschub auszugleichen."[65] Mit Bezug auf die ökonomische, ökologische und soziale Dimension der Nachhaltigkeit bedeutet dies ganz allgemein, dass Ressourcenerträge erst einer Unternehmung entnommen werden, wenn die investierte Ressourcensubstanz wieder reproduziert worden ist.[66] Dieser Grundsatz, der einen zwingenden Ausgleich geldbindenden und kapitalentziehenden Ausgaben (Ressourcenverbrauch) von einerseits mit den geldfreisetzenden und kapitalzuführenden Einnahmen (Ressourcenzufuhr) andererseits fordert,[67] gelte laut MÜLLER-CHRIST / REMER für die Finanzwirtschaft mit dem Liquiditätspostulat schon lange und definitiv.[68] Jedoch ist die Übertragung dieses Leitmotivs der Finanzwirtschaft auf die ökologische oder die soziale Dimension wirtschaftlicher Aktivität noch nicht in gleichem Maße vollständig gelungen.[69] Mit der integrativen Betrachtung von Ressourcenverbrauch und Ressourcennachschub wird die Nachhaltigkeit in diesem Verständnis zu einer bestandserhaltenden Rationalität des Managements von Wirtschaftseinheiten, da laut HOFMEISTER eine Einheit von Produktion und Reproduktion impliziere, dass die unternehmerische Entscheidung über Produktionsprozesse und Konsumtionsprozesse sich auch an der Wiederherstellung der materiellen und immateriellen Substanzbasis für die Replikation dieser Prozesse von Produktion und Konsumtion orientieren müsse.[70] Das Wirtschaften von Unternehmen wird aus dieser Perspektive insofern nachhaltig-rational, als dass tatsächlich in den absoluten Erhalt der Ressourcenbasis investiert wird, um diese Substanz anderen und zukünftigen Generationen zu bewahren, damit sich diesen eine gleichsam große Chance zur Bedürfnisbefriedigung bietet und die Ressourcennutzung inter- wie intragenerativ gerecht ist. Insofern stellt auch diese Interpretation von Nachhaltigkeit auf der einzelbetrieblichen Vernunftebene eine Konkretisierung und Operationalisierung des normativen Nachhaltigkeitsleitbildes für das individuelle Entscheidungsverhalten der Unternehmensführung dar.

Abbildung 3-2: *Interpretationsdimensionen der Nachhaltigkeit*
Quelle: HÜLSMANN, M.: Bezugspunkte [2004], S. 46.

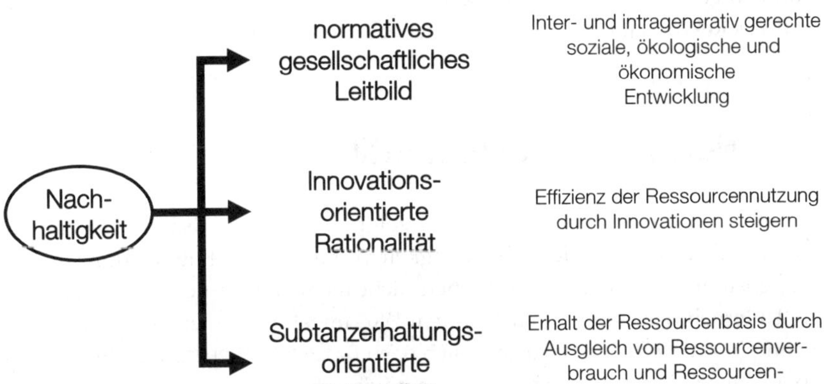

4 Rekursivität als Beitrag der Nachhaltigkeit zur Prävention von Ad-hoc-Krisen

Die Beiträge der Nachhaltigkeit zur Prävention von Ad-hoc-Krisen basieren auf der höheren Umweltsensibilität eines betreffenden Systems und dessen infolge höhere Umweltadaptivität. Die größere Anpassungsfähigkeit und Anpassungsbereitschaft jenes Systems lassen sich auf das **Merkmal der Rekursivität** von Nachhaltigkeit zurückführen. Entscheidungen über Gestaltungsalternativen im Wirtschaften beinhalten im Kontext der Nachhaltigkeit immer auch einen Rekurs auf andere Wirtschaftssubjekte, die außerhalb der eigenen Interessenssphäre liegen: andere Generationen, andere soziale Gruppen, die Ressourcenquellen. Damit wird über das Rekursivitätsmerkmal der Nachhaltigkeit in das Entscheidungsverhalten des Managements eine neue Qualität der Bewertung eingeführt: Die Auswahl einer Gestaltungsalternative bemisst sich nicht mehr allein an ihrer Realisierbarkeit und ihren Beiträgen für die eigenen Zielsetzungen, sondern die Auswahlentscheidung reflektiert auch die Effekte für andere und wägt diese gegen die eigenen Zielwirkungen ab. Die krisenpräventiven Beiträge dieses Rekursivitätsaspektes der Nachhaltigkeit sei im Folgenden diskutiert.

4.1 Normative Rekursivität

Bereits in der **normativen Interpretation** zeigt sich die grundsätzliche Rekursivität, die sich mit dem Konzept der Nachhaltigkeit verbindet. Die Entscheidungen der Unternehmensführung orientieren sich eben nicht mehr nur an den Wirkungen für das eigene Unternehmen, sondern auch an den Wirkungen für andere Wirtschaftssubjekte heute und in Zukunft. Dies begründe sich nach BALZER / WÄCHTER aus dem Gerechtigkeitspostulat sowie aus der Forderung einer wünschenswerten Bedürfnisbefriedigung für alle Akteure, da beides als übergeordnete Werthaltungen eines gesellschaftlich verantwortlichen Wirtschaftens gesehen werden kann.[71] Es gilt, die Ungerechtigkeit zu vermeiden, anderen sozialen Gruppen bzw. Generationen die erforderliche Substanz für ihre Bedürfnisbefriedigung dadurch zu entziehen, dass das derzeitige Wirtschaften nur die eigene Bedürfnisbefriedigung im Zielfokus behält und die der anderen vernachlässigt. Vielmehr muss – um ein nachhaltiges Wirtschaften zu gewährleisten – neben den eigen Zielen auch auf den Erhalt der gerechten Chance der anderen geachtet werden, noch adäquat wirtschaften zu können. Folglich muss aus dieser normativen Perspektive aus Gerechtigkeitsgründen, das Entscheidungsverhalten des Managements nicht nur auf die eigene Position abstellen, sondern auch auf die Auswirkungen für andere soziale Gruppen und Generationen rekurrieren und deren Lebenschancen mit ins Kalkül ziehen und normativ vor dem Hintergrund der eigenen subjektiven Werthaltungen gegen die eigenen Zieleffekte abwägen. Mithin steigt mit dem normativen Moment der Nachhaltigkeit die Sensibilität eines betreffenden Systems in Bezug auf seine Umwelt, da eben die subjektiven Einstellungen von Stakeholdern zur Gerechtigkeit in der Ressourcenverteilung und -nutzung sowie zur individuell wünschenswerten Bedürfnisbefriedigung nunmehr in die Managemententscheidungen mit einfließen. Sie stellen ein Korrektiv externer Werthaltungen zum Kriterium effizienter Entscheidungsfindung da, da nicht mehr allein Realisierbarkeit und Zielfunktion die Auswahl von Alternativen determinieren, sondern ebenso die normativen Ansprüche und Erwartungen anderer Systeme, die die Zielbeitragsbewertung einer Entscheidungsoption relativieren können. Mit diesem Rekurs auf die Werte externer Anspruchsgruppen steigt – hier auf normativer Ebene – die Fähigkeit und Bereitschaft eines betreffenden Systems,

- Umweltanforderungen zu erkennen,
- ihre Relevanz zu bewerten,
- sich seiner Umwelt besser anzupassen und
- seine Ressourcenzufuhr zu sichern,

weil eine nachhaltige Alternativenwahl Wertkonflikte mit Anspruchsgruppen vermeidet und dem System seine „license to operate" – die Wertschätzung und positive Sanktionierung durch externe Anspruchsgruppen – bewahren hilft. Somit können Ad-hoc-Krisen, die auf unterschiedlichen subjektiven Werthaltungen oder Bewertungen beruhen – wie etwa die Brent-Spar-Krise von Shell[72] – antizipiert und palliativ vermieden werden, da in der rekursiv-normativen Nachhaltigkeit von Managemententscheidungen beide Fehlerquellen in der Beziehung zu den jeweiligen Anspruchsgruppen im Voraus aufgegriffen und abgearbeitet werden. Folglich steigt mit der Orientierung am normativen Leitbild der Nachhaltigkeit die **Systemrobustheit**, da **Umweltsensibilität** und **Umweltadaptivität** auf der Ebene von Werten gesteigert wird. Auf diese Weise erhält sich ein System die wertmäßig fundierte Bereitwilligkeit seiner Umsysteme, Ressourcen zur Funktionserfüllung bereitzustellen.

Dadurch wird die normative Nachhaltigkeit zu einem Vehikel der strategischen Krisenprävention, da ein Grund für die Entstehung von Krisen – mangelnde **Bereitwilligkeit** der Umwelt, Ressourcen zur Funktionserfüllung zu überlassen – (zumindest partiell: Vermeidung von Ungerechtigkeitsempfinden) ausgeräumt wird. Zugleich wird mit dem Rekurs auf das – neben der Gerechtigkeit – andere normative Element der Nachhaltigkeit, der Bedürfnisbefriedigung, ein Beitrag geleistet, auch die Fähigkeit der anderen Interaktionsakteure im Ressourcenaustausch zu erhalten, dass diese in der Lage sind, Ressourcen zu produzieren und zu distribuieren. Nur wenn die Interaktionspartner in einer symbiotischen Interaktionsbeziehung ihre eigene existenziellen Bedürfnisse auf Dauer befriedigen können, können sie ihre jeweiligen Zwecksetzungen erfüllen, also Outputs generieren, die den anderen Beteiligten als Inputs dienen. Reflektieren diese folglich bei ihrer Entscheidungsfindung zudem auf die Bedürfnislage der anderen Mitglieder des Interaktionsgeflechts, so sichern sie damit ebenfalls ihre eigene Ressourcenbasis. Denn ist die notwendige Bestandsvoraussetzung bei einer Ressourcenquelle nicht mehr gegeben, kann diese auch nicht mehr zweckorientiert an der Interaktion partizipieren und ihre – für die anderen Akteure existenziellen – Beiträge generieren; unabhängig von ihrer Bereitwilligkeit dazu. Die Reflexion auf die (hinreichende) Bedürfnisbefriedigung sichert den Bestand der Umsysteme und leistet damit einen Beitrag für die notwendige Grundlage für deren Zweckerfüllung und somit für deren Beteiligung an der Interaktionsbeziehung. Der Entscheidungsbezug auf die Bedürfnisse anderer ist folglich der Stabilisierung von deren **Fähigkeit** zur Ressourcenüberlassung geschuldet.

Ergo führt die normative Nachhaltigkeitsperspektive zu einer normativ-subjektiv begründeten Sicherung der Bereitwilligkeit und Fähigkeit der Ressourcenquellen, sich an der Interaktion mit dem jeweiligen System zu beteiligen und Beiträge zu leisten. Damit kann – ceteris paribus – durch die **sinkende Wahrscheinlichkeit einer mangelnden Ressourcenversorgung** die Krisengefahr für ein betreffendes System verringert werden, wenn es bei seinen Entscheidungen sowohl auf die die Frage der Gerechtigkeit wie auf die Frage der Bedürfnisse anderer reflektiert.

4.2 Effizienzrationale Rekursivität

Die Systemrobustheit kann durch in der **innovationsorientierten, effizienzrationalen Nachhaltigkeitsperspektive** weiter verstärkt werden, indem die Rekursivitätsidee über das erfolgswirtschaftliche Vernunftprinzip im Entscheidungsverhalten des Managements besondere Ausformung und Konkretisierung erfährt. Hierdurch wird – in Anlehnung an MÜLLER-CHRIST / REMER – dem Krisenaspekt der Bestandserhaltung i.S.e. erforderlichen Sicherung der Ressourcenverfügbarkeit entsprochen.[73] Denn durch die effizienzorientierte Rekursivität wird die **Umweltsensibilität** eines Systems in zweifacher Hinsicht gestärkt. Zum einen werden die **Effizienzvorstellungen der Umsysteme** als Referenzmaßstäbe in das interne Entscheidungsverhalten integriert und zum anderen wird die **effektive Verringerung der Umweltbelastung** durch das System zum Postulat für das Management.

Durch das Hereinholen der **Effizienzerwartungen der Umsysteme** in die Systementscheidungen wird das ggf. vorhandene Effizienzgefälle zum einen zwischen erwarteter und erbrachter Effizienz des Systems sowie zum anderen zwischen den Effizienzerwartungen der Umsysteme und denen des Systems nivelliert. Dies führt gemäß LUHMANN zu einer Stabilisierung der Systemgrenzen, also der Innen-Außen-Differenz, die existenziell für die Identität wie für die Integration des Systems ist.[74] Die Nivellierung des Effizienzgefälles kann einerseits an der Outputseite ansetzen: Das System produziert mehr (materielle oder immaterielle) Outputs für die Umwelt und erzielt damit – ceteris paribus – einen höheren Grad der Zweckerfüllung und Befriedigung der Bedürfnisse der Umsysteme. Für die Umsysteme bedeutet dies, dass sie für ihre gleiche Leistung bzw. gleichen Beiträge wie bisher eine bessere Gegenleistung des betreffenden Systems erhalten. Der Anreiz zur Teilnahme an der Interaktion mit dem jeweiligen System steigt für die Umsysteme. Infolge nimmt auch ihre Bereitwilligkeit zu, Ressourcen dem System zu überlassen. Andererseits kann die Nivellierung an der Inputseite ihren Ausgangspunkt nehmen: Das System benötigt für die Produktion seiner Outputs weniger Ressourcen. Das Anreiz-Beitrags-Verhältnis verbessert sich infolge für die Umsysteme, die für die gleiche Leistung weniger Ressourcen bereitstellen müssen. Auch hier steigt die Attraktivität der Interaktion mit dem betreffenden System. Für dieses sinkt das Krisenrisiko, negativ wegen mangelnder Effizienz sanktioniert zu werden, denn die Bereitwilligkeit der Umsysteme zur Ressourcenüberlassung ist relativ gestiegen, was zur Sicherung der eigenen Ressourcenbasis für das betrachtete System beiträgt. Das Wirtschaften wird rationalisiert, was wiederum zur Vermeidung interner Krisenursachen einen Beitrag leistet, denn die Dominanz von Managementfehlern zeigt sich nach KRYSTEK als „häufigste endogene Krisenursache"[75] und findet Niederschlag in einem ineffizienten Umgang mit den Ressourcen, der zur Vernichtung des betreffenden Systems führen kann,[76] da die Maßstäbe für die Effizienzbewertung im Umgang mit Ressourcen durch die Umsysteme definiert werden. Somit hat die Rationalisierung sowohl einen internen Effekt der Krisenvermeidung durch effizienteren, d.h. friktionsärmeren Ressourceneinsatz als auch einen externen Effekt der Krisenprävention durch Erfüllung der Effizienzpostulate, womit die **Bereitwilligkeit** zur Ressourcenüberlassung durch die Umsysteme gesichert wäre.[77]

Dabei senkt die **effektive Verringerung der Umweltbelastung** das Krisenrisiko sogar absolut, da die Beiträge, die die Umsysteme zur Zweckerfüllung eines bestimmten Systems zu leisten haben, absolut sinken – und nicht nur in Relation zur Menge der produzierten Outputs. Die Umsysteme haben geringere externen Kosten der Outputproduktion eines Systems zu tragen und gewinnen so an freien Kapazitäten ihrer eigenen Ressourcen. Der Beitrag, den sie in der Interaktion mit dem betreffenden System zu leisten haben, sinkt absolut, was wiederum das Verhältnis von Anreizen und Beiträgen der Umsysteme verbessert. Infolge steigt die Attraktivität, sich mit der Ressourcenbereitstellung an der Zweckerfüllung des jeweiligen Systems zu beteiligen. Dieses kann folglich die Gefahr exogener Krisenursachen verringern, die auf einer mangelnden **Bereitwilligkeit** der Umsysteme beruhen, Ressourcen dem System zu überlassen. Zugleich wird bei einer effektiven Verringerung der Umweltbelastung auch die Fähigkeit der Umsysteme beeinflusst, Ressourcen für das System zu generieren und zur Verfügung zu stellen. Denn da der Ressourcenverbrauch absolut gesenkt wird, kann – ceteris paribus bei einer fix definierten Ressourcenmenge – der Nachschub mit dieser Ressource über einen längeren Zeitraum ausgedehnt werden. In summa wird also durch die Steigerung der Ressourceneffektivität auch in der zeitlichen Dimension die **Fähigkeit** der Ressourcenquellen prolongiert, die betreffenden Ressourcen dem System zu überlassen.

Damit kann folglich das Krisenrisiko für ein System über die innovationsorientierte, effizienzrationale Nachhaltigkeitsinterpretation gesenkt werden, da die Gefahr mangelnder Bereitwilligkeit und u.U. mangelnder Fähigkeit der Ressourcenquellen zur Ressourcenüberlassung durch Effizienz- und ggf. Effektivitätssteigerungen reduziert werden kann.

4.3 Substanzerhaltungsrationale Rekursivität

Während die Effizienzorientierung der Nachhaltigkeit vor allem die Bereitwilligkeit im Fokus hat und diesbezüglich mögliche endogene wie exogene Krisenursachen zu minimieren hilft, darf hinsichtlich der Bestandserhaltung auch nicht der **exogene Krisenaspekt der Fähigkeit zur Ressourcenüberlassung** durch die Ressourcenquellen in der Betrachtung vernachlässigt werden. Werden ein System und seine Umsysteme mit Bezug auf HICKS / GULLETT als Ökosystem verstanden, das aufgrund interaktionistischer Ressourcenaustauschprozesse konstituiert ist,[78] dann ist die Bestandserhaltung dieses Ökosystems eben nicht nur von der Bereitwilligkeit der Umsysteme abhängig, sondern eben auch von deren Fähigkeit, für die Zweckerreichung eines Systems die notwendigen Ressourcen bereitzustellen. Damit ist durch die symbiotische Interaktion von System und Umsystem auf der Basis des Austauschs materieller wie immaterieller Ressourcen die Fähigkeit der Umsysteme zur Ressourcenüberlassung zum einen durch ihr eigenes Handeln, aber zum anderen eben auch durch das Handeln des betrachteten Systems determiniert.[79] Mithin kann auf der Basis des interaktionistischen, ökologischen Modells der System-Umwelt-Beziehungen von REMER[80] die Gesamtheit von System und Umsystemen i.S.d. Bestandsproblems als „Überlebensgemeinschaft" begriffen werden, deren gemeinsamer Integrations- und Problemlösungsbezug in der Bewältigung der zugleich kooperativen wie konkurrierenden Ressourcennutzungs- und Ressourcenzufuhraufgabe liegt.[81] In diesem Verständnis stellt die betrachtete Population eine Ressourcengemeinschaft dar, in der über den Austausch von Ressourcen die einzelnen Teilnehmer in einer Koevolution gebunden sind.[82] Das bedeutet, das die Population als Ganzes nur auf Dauer ihren Bestand sichern kann, wenn die einzelnen Teilsysteme vor dem Hintergrund der globalen Existenzfrage sich weiterentwickeln[83] – was sowohl die Neuentstehung von Systemen, die weitere Ausformung und Konsolidierung von Systemen als auch den Untergang partieller Systemteile oder sogar ganzer Systeme zum Wohl und zur Bestandssicherung des Gesamtsystems bedeuten kann. Zugleich wird mit dieser Sicht auf den dauerhaften zeitlichen Horizont der gemeinsamen Problemlösungsfähigkeit einer Population fokussiert. In diesem Verständnis hängt das Überleben des einzelnen Systems auch von dem Überleben anderer Systeme in seinem Interaktionsumfeld ab. Infolge ist dann laut MÜLLER-CHRIST / HÜLSMANN für die Bestandssicherung und Krisenvermeidung nicht nur die **manifeste Problemlösungsfähigkeit** der symbiotischen Interaktionsbeziehungen für die Akteure relevant, sondern auch ihre **latenten Problemlösungspotenziale**,[84] die erst die Antizipation potenzieller und latenter Krisenursachen erlauben und deshalb auch auf die zukünftige Bereitwilligkeit und Fähigkeit der Umsysteme abstellen, Ressourcen überlassen zu können.[85]

Welchen Beitrag leistet zu dieser Bestandssicherung, die auf die manifeste und latente Problemlösungsfähigkeit von Interaktionssystemen abstellt, die Rekursivität der **substanzerhaltungsorientierten, bestandsrationalen Nachhaltigkeitsinterpretation?** Diese Lesart der Nachhaltigkeit thematisiert der Bestandserhalt, d.h. den dauerhaften Erhalt der Ressourcenbasis, die für das Wirtschaften bzw. die Zweckerfüllung notwendig ist. Der Grundgedanke ist, dass Ressourcenerträge erst immer dann entnommen werden, wenn die investierte Ressourcensubstanz wieder reproduziert worden ist.[86] Mit dem Liquiditäts- und Solvabilitätspostulat[87] ist dies bislang nur hinreichend konkret, operationalisiert und funktionalisiert für die finanziellen Ressourcen eines Systems gelungen. Der Transfer von der Zahlungsstromebene in andere Dimensionen des Wirtschaftens sozio-technischer Systeme hat noch nicht diesen elaborierten Grad erreicht.[88] Dennoch gilt für jedes ressourcennutzende bzw. ressourcenverbrauchende System, was bisher laut MÜLLER-CHRIST / REMER nur für den Umgang mit den finanziellen Ressourcen ein stehendes Postulat ist:[89] „Eine dauerhafte Produktionsfähigkeit und damit ein dauerhaftes Einkommen lässt sich nur erzielen, wenn das Verhältnis von Nachschub zu Verbrauch an Ressourcen ausgeglichen ist"[90]. In dieser Interpretation wird die Nachhaltigkeitsidee zur substanzerhaltenden Rationalität, die jedem Wirtschaften originär ist. Sie impliziert eine integrierte Betrachtung von Produktion und Reproduktion einerseits und Produktion und Konsumtion andererseits. Denn durch dieses Nachhaltigkeitsprinzip werden die Entscheidungen hinsichtlich Produktion und Konsumtion auf die Wiederherstellung der materiellen und immateriellen Voraussetzungen für die Repetition der Prozesse eines Systems ausgerichtet, die für Produktion und Konsumtion erforderlich sind.[91] Vor dem Hintergrund der symbiotischen, interdependenten und interaktiven Ressourcenaustauschbeziehungen zwischen einem System und seinen Umsystemen definiert die Nachhaltigkeit somit einen Anspruch an die Gestaltung dieser Austauschbeziehungen. „Das bedeutet, dass die interaktiven Beziehungen zu den Ressourcenquellen so gestaltet werden müssen, dass deren Funktionsfähigkeit, also ihre Fähigkeit, Ressourcen zur Verfügung zu stellen, für ein jeweiliges Unternehmen erhalten bleibt"[92]. Nur wenn es gelingt, selber so zu wirtschaften, dass die Umsysteme durch die von ihnen zu tragenden externen Kosten nicht die Fähigkeit verlieren, Ressourcen zur Verfügung zu stellen, nur dann können Ressourcenverbrauch und Ressourcennachschub auf Dauer ausgeglichen werden.[93] Das formale Rationalprinzips kann folglich auf den Handlungsparameter des Ressourcennachschubs und des Ressourcenverbrauchs von System und Umsystemen aufbauen.[94] Folglich ist in diesem Verständnis eine Entscheidung zur Systemgestaltung dann rational, wenn das Verhältnis von Ressourcennachschub und Ressourcenverbrauch in der gesamten symbiotischen Ressourcengemeinschaft ausgeglichen ist.[95] Damit bietet die Nachhaltigkeitsrationalität die die Möglichkeit **systemübergreifender Selbstreflexion**, da die Begründung von Entscheidungen vor dem Hintergrund ihrer

Objektivität und logischen Fehlerlosigkeit im interorganisationalen Kontext der Symbiose hinterfragt werden müssen.[96] Mit dieser Selbstreflexion ist eine weitere Funktion von Rationalität angesprochen: Die Eigenkritik und die Kritik anderer am formalen Prinzip, an den Prämissen oder der Logik einer Entscheidung erlauben dem System auch eine Weiterentwicklung seines Kompetenzprofils:[97] Durch eine nachhaltigkeitsbezogene Rationalität werden Personen und Systeme rationaler.[98] Diese Rationalisierung des Systemverhaltens impliziert die Notwendigkeit eines rekursiv angelegten Entscheidens: LUHMANN verweist – mit Bezug auf die Selbstreferenz sozialer Systeme, die darauf abstellt, dass alle Interaktion eines Systems auf den eigenen Existenzerhalt ausgerichtet sind[99] – darauf „dass ein System seine Einwirkungen auf die Umwelt an den Rückwirkungen auf es selbst kontrollieren muss, wenn es sich rational verhalten will."[100] Da der Gegenstand des Ausgleichs von Ressourcennachschub und Ressourcenverbrauch die Beziehung zwischen System und Umsystem ist, wird mit diesem nachhaltigkeits-rationalen Verhalten die Frage, wie wirkt sich das eigene Verhalten auf die **Fähigkeit** und **Bereitwilligkeit** der Umsysteme aus, Ressourcen jenem betreffenden System zu überlassen, zum herrschenden Gestaltungsproblem. Die Entscheidungen eines Systems müssen in diesem Nachhaltigkeitsverständnis eben auch auf die Auswirkungen für ihre Beziehungspartner und deren Rückwirkungen für die eigene Ressourcenbasis beziehen und negative Konsequenzen für beide Seiten vermeiden – erst dann ist die integrative Betrachtung von Produktion und Reproduktion, von Produktion und Konsumtion vollzogen.

Folglich leistet die substanzerhaltende Nachhaltigkeitsinterpretation einen Beitrag zur Krisenprävention, da sie zwingend die Implikationen des eigenen Verhaltens für die Umwelt und ihre (ggf. negativen) Sanktionen für das System zum Gegenstand des Entscheidens macht. Dieses Reflexionsniveau der Entscheidungsfindung senkt mit seiner Umweltorientierung somit das Risiko einer existenziellen Krise.

5 Fazit

Krisen zeichnen sich durch einen **existenziellen Ressourcenmangel** aus. Ein System verfügt in einer Krise nicht über eine hinreichende Ressourcenbasis, um zunächst seine Zwecksetzungen zu erfüllen. Infolge der weiteren Sanktionierung durch seine Umwelten werden dem betreffenden System auch die Ressourcen entzogen, die überhaupt die Bestandssicherung ermöglichen. Ursächlich für die mangelnde Ressourcenausstattung eines Systems sind in diesem Verständnis entweder die mangelnde Bereitschaft der Umsysteme, die erforderlichen Ressourcen dem System zu überlassen, oder ihre mangelnde Fähigkeit hierzu. Die erste Ursachengruppe der **mangelnden Bereitschaft** beruht auf einem ineffizienten Wirtschaften des Systems: Die Anreize, die es mit seiner Effizienz für seine Umsysteme setzt, sind im Vergleich zu anderen Systemen absolut oder relativ geringer. Sie sind auch geringer als die Beiträge, die die Umsysteme in der Interaktion mit dem System leisten müssten. Folglich nimmt die Bereitschaft der Umwelt ab, mit dem betreffenden System eine Ressourcenaustauschbeziehung zu unterhalten. Die Ursachen **mangelnder Fähigkeit** beruhen ebenfalls – zumindest partiell – auf den Einflüssen, die das betrachtete System auf das Wirtschaften der Umsysteme ausübt. Ist ein Umsystem unfähig, dem betreffenden System die erforderlichen Ressourcen zu überlassen, so kann dies auch durch das Entscheidungsverhalten des jeweiligen Systems induziert, verstärkt oder zumindest nicht kompensiert worden sein, weil die Interdependenzen der Interaktionsbeziehung nicht hinreichend und problemlösungsorientiert bei den Entscheidungen über das eigene Wirtschaften bedacht worden sind. Infolge sieht sich das System einem Ressourcenmangel gegenüber, der Resultat der eigenen Entscheidungen ist, die über die Rückwirkungen der eigenen Einwirkungen auf die Umwelt zur zwingenden Bedingungslage für das System wieder geworden ist.

Mithin stellt sich die Frage, wie die Nachhaltigkeit als Konstrukt des Entscheidungsverhaltens in der Systemführung auf die beiden Krisenursachen - mangelnde Bereitwilligkeit bzw. mangelnde Fähigkeit der Umsysteme zur Ressourcenüberlassung wirkt. Hier konnte gezeigt werden, dass durch die Nachhaltigkeitsidee in ihren verschiedenen Interpretationsdimensionen die **Systemrobustheit** bzw. die Robustheit der Interaktionsbeziehungen durch eine **erhöhte Umweltsensibilität** und **umweltadaptive Systemflexibilität** gesteigert werden kann. Damit lassen sich die Krisenpräventionspotenziale der Nachhaltigkeit auf ihr **rekursives Moment** zurückführen, das sie in das Entscheidungsverhalten des Managements implementiert. In der **normativen** Lesart der Nachhaltigkeit werden durch das rekursive Entscheidungsverhalten die Wertvorstellungen (insbesondere: Gerechtigkeitserwartungen) und die Bedürfnisse der Umsysteme als normative Bezugsgrößen zur Beurteilung von Entscheidungsalternativen herangezogen. Dadurch steigt die wertmäßige Umweltsensibilität des Systems und ermöglicht eine entsprechende Anpassung an die Erwartungen des Umfeldes, womit dessen Bereitwilligkeit zur Ressourcenüberlassung gesichert bzw. gesteigert werden kann, da den Umsystemen eine normative Legitimation für ihre Beiträge geboten wird, was die Interaktion mit dem betreffenden System mit Anreizen versieht. Das Krisenrisiko mangelnder **Bereitwilligkeit** zur Ressourcenüberlassung durch die Umsysteme wird verringert. Desgleichen gilt für die **effizienzbezogene** Sichtweise der Nachhaltigkeit, die diese Attraktivität durch die an den Effizienzvorstellungen der Umsysteme orientierte Rationalisierung des Ressourceneinsatzes herstellt. Das System bezieht sich in seinem Wirtschaften auf die Forderungen der Umsysteme und schafft somit eine Umweltöffnung, die die Interaktion mit dem System für die Umsysteme attraktiv macht, da das Verhältnis von Anreizen und Beiträgen aus Sicht der Umsysteme ceteris paribus verbessert wird. Dies trägt dazu bei, dass die **Bereitwilligkeit** der Umsysteme, dem System Ressourcen zu überlassen, gesichert bzw. gesteigert werden kann, womit auch in dieser Dimension der Nachhaltigkeit das Krisenrisiko gesenkt wird. Im besonderen Falle, dass auch die Effektivität des Ressourceneinsatzes gesteigert und die Umweltbelastung absolut gesenkt wird, wird zudem die Fähigkeit der Umsysteme, eine bestimmte Ressource zu produzieren und bereitzustellen, durch den absolut geringeren Ressourcenverbrauch zeitlich prolongiert. Damit wird ein Beitrag geleistet, dass die mangelnde **Fähigkeit** als Krisengrund reduziert werden kann. Die Fähigkeit der Umweltsegmente, dem System relevante Ressourcen zu überlassen, steht auch im Mittelpunkt der Beiträge, die die **substanzerhaltungsrationale** Interpretation der Nachhaltigkeit zur Krisenprävention beisteuert. Da es hierbei im Kern darum geht, Ressourcenverbrauch und Ressourcennachschub auf Dauer auszugleichen und dafür Produktion und Konsumption von Ressourcen integrativ in der Entscheidungsfindung zu berücksichtigen sind, erfordert ein derartiges nachhaltiges Wirtschaften, dass das eigene Entscheidungsverhalten auch die Rückwirkungen auf sich selber bzw. die eigene Ressourcenbasis berücksichtigt, die durch die Auswirkungen einer gewählten Gestaltungsalternative auf den Entscheidungs- und Gestaltungsspielraum anderer Systeme induziert werden. Dies ist ein rekursiver Managementansatz mit hoher Komplexität, der die Gestaltung des eigenen Systems an die Effekte bindet, die für andere Systeme sich ergeben und diese im Zweifel über die eigenen Zielbeiträge stellt. Mit diesem koevolutionären Grundgedanken wird antizipiert, dass das Überleben eines Systems vom Überleben des gesamten Ökosystems abhängt, in das es eingebunden ist. Nur wenn das Ökosystem und seine Mitglieder ihre Ressourcenbasis erhalten können, kann auch das individuelle System seine Existenz erhalten, denn es steht mit ihnen in einer symbiotischen Austauschbeziehung, deren Gegenstand existenzielle Ressourcenströme sind. Mithin wird durch die substanzerhaltungsrationale Nachhaltigkeitsperspektive das Entscheidungsverhalten der Systemführung auf die Fähigkeit der Umwelten fokussiert, ihre jeweilige Existenz zu sichern. Eine Entscheidungsalternative muss damit nicht nur Beiträge zur Zielerreichung des Systems liefern, sondern vielmehr auch dazu beitragen, die Reproduktionsfähigkeit anderer Systeme zu erhalten bzw. zu verbessern und externe Kosten vermeiden, die diese dann zu tragen haben. Damit kann das Krisenrisiko mangelnder **Fähigkeit** zur Ressourcenüberlassung durch die Umsysteme gesenkt werden.

Insgesamt lässt sich also zeigen, dass die Nachhaltigkeitsidee durch die ihr immanente Rekursivität im Entscheidungsverhalten, das ein System in seinem Handeln an andere Systeme und ihre Bedingungslagen bindet, geeignete Ansatzpunkte zur Krisenprävention bietet: Sie trägt dazu bei, dem System die Ressourcenbasis zu erhalten, indem es systematische, entscheidungsorientierte Postulate bereithält, die das Handeln eines Systems so orientierten, dass die Umsysteme in symbiotischen Interaktionsbeziehungen dem System Ressourcen zur Verfügung stellen wollen und können. Dadurch sinkt die Gefahr einer Krise, die auf einem existenziellen Ressourcendefizit beruht. Dennoch sind mit dem Nachhaltigkeitsansatz auch **Risiken** verbunden, die selber wiederum eine Krise induzieren können. Hier seien einige Beispiele für eine weitere Diskussion genannt. Die zu **starke Außenorientierung** durch die Gebundenheit des eigenen Entscheidungsverhaltens an das anderer Systeme kann dazu führen, dass ein System zunehmend seine originäre Identität verliert und der Grad der Integration in die Umwelt so zunimmt, dass eine stabile Innen-Außen-Differenz nicht mehr gegeben ist. Das System löst sich auf, das es keinen gemeinsamen, seine Existenz konstituierenden Problemlösungsbezug mehr besitzt – eine Krise, die nicht auf einen Ressourcenmangel, sondern auf einen Zweckmangel zurückzuführen ist. Das Postulat, mit dem eigenen Verhalten auch zur Existenzsicherung der Umsysteme beizutragen, um das gemeinsame Ökosystem zu erhalten, kann dazu führen, dass ineffiziente Umsysteme erhalten bleiben – dies auf Kosten der Effizienz der anderen Systeme in dieser Interaktionsgemeinschaft. Der Korrekturmechanismus bzw. Konsolidierungsmechanismus einer Symbiose, Mitglieder, die nicht ihre Zwecke erreichen oder ihr Wirtschaften nicht hinreichend rationalisieren, über das **Kriterium der Effizienz** zu selektieren, wird mit dem substanzerhaltungsorientierten Nachhaltigkeitsansatz – zumindest partiell – außer Kraft gesetzt, weil auch der Erhalt nicht-effizienter Umsysteme hierdurch alimentiert werden kann, wenn diese überhaupt vitale Ressourcen für das betreffende System produzieren. Ein drittes Beispiel ist der (zeitliche) **Wirkungshorizont** der Nachhaltigkeit. Die effizienzorientierte Sichtweise kann in jedem Falle ihre Effekte kurz- oder langfristig realisieren, da sie von ihrem Grundprinzip dem originären Effizienzpostulat jeden Wirtschaftens entspricht. Für die normative Perspektive ist jedoch kein kausaler Ursachen-Wirkungs-Zusammenhang konstatiert, lediglich ein subjektiv-normativer, der von den individuellen Wertvorstellungen der Entscheider abhängt. Damit kann eine Investition, die aus dieser normativen Perspektive getätigt wurde, in ihrer beabsichtigten Wirkung, also die Bereitwilligkeit der Ressourcenquellen zu erhalten, fehlschlagen. Für die substanzerhaltungsrationale Interpretation der Nachhaltigkeit gilt entsprechendes: Kurzfristig bindet sie Kapital, was das Krisenrisiko sogar noch steigert (z.B. Illiquiditätsrisiko) und langfristig bestehen keine zwingenden kausalen Zusammenhänge, denn zwar ist es möglich, somit die Fähigkeit der Ressourcenquellen zur Ressourcenüberlassung zu sichern, aber deren Bereitwilligkeit hierzu ist damit noch nicht zwingend gegeben. Zudem sind Einflüsse Dritter als Determinanten gänzlich ausgeblendet.

In summa lässt sich also festhalten, die Nachhaltigkeit hat zwar generelle **Potenziale zur strategischen Krisenprävention** und schafft mit Bezug auf die Ressourcenaustauschbeziehungen hierfür bessere Bedingungen, sie kann jedoch nicht zwingend Krisen vermeiden. Zudem bedarf es in der weiteren Diskussion noch Überlegungen, die die **Risiken** thematisieren, die der Nachhaltigkeit immanent sind.

Anmerkungen

1 Vgl. beispielsweise HAUFF, V.: Nachhaltige Beratung [2002], S. 31.

2 Vgl. KOPFMÜLLER, J.: Nachhaltige Entwicklung [1994], S. 31 f.

Hierzu sei auf die umfassende Dokumentation von JÖRRISSEN / KNEER / RINK als Überblick verwiesen.
Vgl. JÖRRISSEN, J. / KNEER, G. / RINK, D.: Nachhaltigkeit [2001], S. 33 ff.

3 Vgl. HAUFF, V.: Zukunft [1987] und WCED: Our Common Future [1987].

4 Wirtschafts- und Sozialausschuss: Nachhaltige Entwicklung [2002], S. 113.

5 Vgl. HÜLSMANN, M.: Bezugspunkte [2004], S. 47.

6 Vgl. BALZER, I. / WÄCHTER, M.: Konzept [2002], S. 3.

7 Vgl. beispielsweise MÜLLER-CHRIST, G.: Umweltmanagement [2001].

8 Vgl. BALZER, I. / WÄCHTER, M.: Konzept [2002], S. 3.

9 Vgl. HÜLSMANN, M.: Bezugspunkte [2004], S. 47 ff.

10 Vgl. HÜLSMANN, M.: Ad-hoc-Krise [2005] in diesem Band; S. 33 ff.

11 Vgl. HABERMAS, J.: Legitimationsprobleme [1973], S. 66 f.

12 STAEHLE, W. H.: Management [1991], S. 831.

13 Vgl. HICKS, H. G. / GULLETT, C. R.: Organizations [1975], S. 387 ff.

14 Vgl. BICK, H. et al.: Ökologie [1984], S. 17.

15 Vgl. beispielsweise KOSIOL, E.: Unternehmung [1973], S. 301 ff.

16 Vgl. LUHMANN, N.: Funktionale Methode [1964], S. 120.

17 Vgl. STAEHLE, W. H.: Management [1999], S. 46.

18 Vgl. LUHMANN, N.: Funktionale Methode [1964], S. 125 ff.

19 Vgl. HICKS, H. G. / Gullett, C. R.: Organizations [1975], S. 387 ff.

20 Vgl. HÜLSMANN, M.: Ad-hoc-Krise [2005] in diesem Band; S. 33 ff.

21 Vgl. beispielsweise BARNARD, C. I.: Führung [1970].

22 Vgl. beispielsweise MARCH, J. G. / SIMON, H. A.: Organisation [1976].

23 Vgl. STAEHLE, W. H.: Management [1999], S. 433.

24 Vgl. CYERT, R. M. / March, J. G.: Behavioral Theory [1963], S. 27.

25 Vgl. STAEHLE, W. H.: Management [1999], S. 431 ff.

26 Vgl. HÜLSMANN, M.: Orientierungsdilemma [2003], S. 309 f.

27 Vgl. HÜLSMANN, M.: Ad-hoc-Krise [2005] in diesem Band; S. 33 ff.

28 DYLLICK, T.: Konzeptionelle Grundlagen [2003], S. 235.

29 Vgl. KASTENHOLZ, H. G. / ERDMANN, K.-H. / WOLFF, M.: Perspektiven [1996], S. 1.

30 PEARCE, D. / MARKANDYA, A. / BARBIER, E.: Blueprint [1989], S. 5.

31 Vgl. DYLLICK, T.: Konzeptionelle Grundlagen [2003], S. 235.

32 Vgl. HÜLSMANN, M.: Bezugspunkte [2004], S. 39.

33 Vgl. GRAY, P.: Umsetzung [1999], S. 15.

34 Vgl. MATHIEU, P.: Wirtschaftsweise [2002], S. 9.

35 Vgl. VORHOLZ, F.: Nachhaltigkeit [1995], S. 20.

36 Vgl. NUTZINGER, H. G. / RADKE, V.: Wirtschaftsweise [1995], S. 14 f.

37 Vgl. VORHOLZ, F.: Nachhaltigkeit [1995], S. 20.

38 Vgl. beispielsweise BLEISCHWITZ, R.: Zukunftsfähige Entwicklung [1996], S. 154; EBLINGHAUS, H. / STICKLER, A.: Nachhaltigkeit [1996], S. 42 f.; NUTZINGER, H. G. / RADKE, V.: Wirtschaftsweise [1995], S. 14 f.; VORHOLZ, F.: Nachhaltigkeit [1995], S. 20 und MATHIEU, P.: Nachhaltige Wirtschaftsweise [2002], S. 14 f.

39 Vgl. beispielsweise KAPP, K. W.: Social Costs [1950] und CARSON, R. L.: Frühling [1962].

40 Vgl. MEADOWS, D. H.: Limits [1972].

41 Vgl. JISCHA, M. F.: Leitbild [1997], S. 1969 f.

42 Vgl. BLEISCHWITZ, R.: Zukunftsfähige Entwicklung [1996], S. 154.

43 Vgl. HAUFF, V.: Zukunft [1987] und WECD: Our Common Future [1987].

44 WCED: Our Common Future [1987], S. 43.

45 Vgl. HÜLSMANN, M.: Bezugspunkte [2004], S. 40 f.

46 Vgl. DYLLICK, T.: Konzeptionelle Grundlagen [2003], S. 235.

47 Vgl. MÜLLER-CHRIST, G. / HÜLSMANN, M.: Quo vadis Umweltmanagement [2003], S. 266 f.

48 Vgl. JÖRRISSEN, J. / KNEER, G. / RINK, D.: Nachhaltigkeit [2001], S. 33 ff.

49 HÜLSMANN, M.: Bezugspunkte [2004], S. 42.

50 Vgl. SCHALTEGGER, S. / DYLLICK, T.: Einführung [2002], S. 30.

51 Vgl. DYLLICK, T. / HOCKERTS, K.: Corporate Sustainability [2002], S. 132.

52 Zur Multidimensionalität der Nachhaltigkeit vgl. beispielsweise BARBIER, E.: Concept [1987], S. 101 ff..

53 Vgl. SCHALTEGGER, S. / DYLLICK, T.: Einführung [2002], S. 30.

54 Vgl. BMU / BMI / SCHALTEGGER et al.: Nachhaltigkeitsmanagement [2002].

55 SCHALTEGGER, S. / DYLLICK, T.: Einführung [2002], S. 31.

56 Vgl. HÜLSMANN, M.: Bezugspunkte [2004], S. 47 ff.

57 Vgl. HÜLSMANN, M.: Bezugspunkte [2004], S. 43 f.

58 Vgl. beispielsweise FAIX, W. G. / KURZ, R. / WICHERT, F.: Innovation [1995].

59 Vgl. beispielsweise DYLLICK, T. / HOCKERTS, K.: Corporate Sustainability [2002], S. 135 ff. und STAHLMANN, V. / CLAUSEN, J.: Umweltleistung [2000], S. 103 ff.

60 Vgl. SCHALTEGGER, S. / DYLLICK, T.: Einführung [2002], S. 31 und DYLLICK, T. / HOCKERTS, K.: Corporate Sustainability [2002], S. 135 ff.

61 Vgl. MÜLLER-CHRIST, G. / HÜLSMANN, M.: Quo vadis Umweltmanagement [2003], S. 267 f.

62 Vgl. MINSCH, J.: Innovationsstrategien [1996].

63 Econsense: http://www.econsense.de/de/standpunkt/nachhaltigkeit_verstaendigung.html.

64 Vgl. MÜLLER-CHRIST, G.: Ressourcenmanagement [2001], S. 91 f.

65 HÜLSMANN, M.: Bezugspunkte [2004], S. 44.

66 Vgl. MÜLLER-CHRIST, G. / HÜLSMANN, M.: Quo vadis Umweltmanagement [2003], S. 269.

67 Vgl. WOSSIDLO, P. R.: Finanzplanung [1999], S. 681 ff.

68 Vgl. MÜLLER-CHRIST, G. / REMER, A.: Umweltwirtschaft [1999], S. 70

69 Vgl. MÜLLER-CHRIST, G. / HÜLSMANN, M.: Quo vadis Umweltmanagement [2003], S. 267 f.

70 Vgl. HOFMEISTER, S.: Abfallwirtschaft [1998]. S. 203.

71 Vgl. BALZER, I. / WÄCHTER, M.: Konzept [2002], S. 3.

72 Vgl. KNÜWER, TH.: Krisenmanagement [1997], S. 16.

73 Vgl. MÜLLER-CHRIST, G. / REMER, A.: Umweltwirtschaft [1999], S. 69 ff.

74 Vgl. LUHMANN, N.: Funktionale Methode [1964], S. 120.

75 KRYSTEK, U.: Unternehmungskrisen [1987], S. 68.

76 Vgl. KRYSTEK, U.: Unternehmungskrisen [1987], S. 68 ff.

77 Vgl. HÜLSMANN, M.: Orientierungsdilemma [2003], S. 309 f.

78 Vgl. HICKS, H. G. / GULLETT, C. R.: Organizations [1975], S. 387 ff.

79 Vgl. HÜLSMANN, M.: Orientierungsdilemma [2003], S. 310.

80 Vgl. REMER, A.: Ökologisches Management [1993], S. 454 ff.

81 Vgl. REDDY, N. M. / RAO, M. V. H.: Interfirm Organization [1990], S. 48 f. und BIDWELL, C. E. / KASARDA, J. D.: Organizations [1987], S. 360 ff.

82 Vgl. LAZLO, E. / LAZLO, C. / LIECHTENSTEIN, A. v.: Evolutionäres Management [1992], S. 141 f.; MÜLLER-CHRIST, G. / REMER, A.: Umweltwirtschaft [1999], S. 80 ff. und MÜLLER-CHRIST, G.: Ressourcenmanagement [2001], S. 268 ff.

83 Vgl. MÜLLER-CHRIST, G.: Ressourcenmanagement [2001], S. 291 ff.

84 Vgl. SEMLINGER, K. / FRICK, B.: Modernisierung [1995], S. 10 und S. 15.

85 Vgl. HÜLSMANN, M.: Orientierungsdilemma [2003], S. 310 f.

86 Vgl. MÜLLER-CHRIST, G. / HÜLSMANN, M.: Quo vadis Umweltmanagement [2003], S. 269.

87 Vgl. WOSSIDLO, P. R.: Finanzplanung [1999], S. 681 ff.

88 Vgl. MÜLLER-CHRIST, G. / HÜLSMANN, M.: Quo vadis Umweltmanagement [2003], S. 267 f.

89 Vgl. MÜLLER-CHRIST, G. / REMER, A.: Umweltwirtschaft [1999], S. 70.

90 MÜLLER-CHRIST, G. / HÜLSMANN, M.: Quo vadis Umweltmanagement [2003], S. 270.

91 Vgl. HOFMEISTER, S.: Abfallwirtschaft [1998]. S. 203.

92 HÜLSMANN, M.: Bezugspunkte [2004], S. 45 f.

93 Vgl. HÜLSMANN, M.: Orientierungsdilemma [2003], S. 302 ff.

94 Vgl. MÜLLER-CHRIST, G.: Ressourcenmanagement [2001], S. 332 ff.

95 Vgl. MÜLLER-CHRIST, G. / REMER, A.: Umweltwirtschaft [1999], S. 83.

96 Vgl. LUHMANN, N.: Soziale Systeme [1994], S. 617 und HABERMAS, J. : Kommunikatives Handeln [1981], S. 39 ff.

97 Vgl. POPPER, K. R.: Offene Gesellschaft II [1980], S. 278 f.

98 Vgl. BÄCKER, A.: Rationalität [1996], S. 20.

99 Vgl. MATURANA, H. / VARELA, F.: Erkenntnis [1987], S. 95 ff.

100 LUHMANN, N.: Soziale Systeme [1994], S. 642.

Literatur

BÄCKER, A.: Rationalität als Grundproblem der strategischen Unternehmensplanung – Ein Beitrag zur Erklärung und Überwindung der Rationalitätskrise in der Planungstheorie; Wiesbaden: Deutscher Universitäts-Verlag; 1996.

BALZER, I. / WÄCHTER, M.: Sozial-ökologische Forschung – Ergebnisse der Sondierungsprojekte aus dem BMBF-Förderschwerpunkt; München: ökom-Verlag; 2002.

BARBIER, E.: The concept of sustainable economic development; in: Environmental Conservation; Nr. 14(2); S. 101 - 110; 1987.

BARNARD, C. I.: Die Führung großer Organisationen; Essen: Girardet; 1970.

BIDWELL, C. E. / KASARDA, J. D.: Structuring in Organizations; Greenwich: JAI Press; 1987.

BICK, H. / HANSMEYER, K.-H.: Angewandte Ökologie – Mensch und Umwelt; Stuttgart: Fischer; 1984.

BLEISCHWITZ, R.: Zukunftsfähige Entwicklung – Umweltraum und Ökoproduktivität als zwei Orientierungspunkte an der Schwelle zwischen Theorie und Praxis; Wuppertal: Wuppertal-Institut für Klima, Umwelt, Energie im Wissenschaftszentrum; Nr. 15; 1996.

BMU / BMI / SCHALTEGGER S.: Nachhaltigkeitsmanagement in Unternehmen – Konzepte und Instrumente zur nachhaltigen Unternehmensentwicklung; Bonn: Bundesministerium für Umwelt, Naturschutz und Reaktorsicherheit, Referat für Umwelt und Wirtschaft, Umweltaudit; 2002.

CARSON, R. L.: Der stumme Frühling; München: Biederstein; 1962.

CYERT, R. M. / March, J. G.: A Behavioral Theory of the Firm; Englewood Cliffs: Prentice-Hall; 1963.

DYLLICK, T.: Konzeptionelle Grundlagen unternehmerischer Nachhaltigkeit; in: LINNE G. / SCHWARZ, M. (Hrsg.): Handbuch Nachhaltige Entwicklung – Wie ist nachhaltiges Wirtschaften machbar?; Opladen: Lesek + Budrich; 2003.

DYLLICK, T. / HOCKERTS, K.: Beyond the Business Case for Corporate Sustainability; in: Business Strategy and Environment; 11. Jahrgang; 2002.

EBLINGHAUS, H. / STICKLER, A.: Nachhaltigkeit und Macht – zur Kritik von Sustainable Development; Frankfurt a. M.: IKO – Verlag für Interkulturelle Kommunikation; 1996.

FAIX, W. G. / KURZ, R. / WICHERT, F.: Innovation zwischen Ökonomie und Ökologie; Landsberg/Lech: Verlag Moderne Industrie; 1995.

GRAY, P.: Umsetzung des Leitbildes auf unternehmerischer, regionaler und kommunaler Ebene; Karlsruhe: ITAS; 1999.

HABERMAS, J.: Legitimationsprobleme im Spätkapitalismus; Frankfurt a. M.: Suhrkamp; 1973.

HABERMAS, J. : Theorie des kommunikativen Handelns – Handlungsrationalität und gesellschaftliche Rationalisierung; Frankfurt a. M.: Suhrkamp; 1981.

HAUFF, V.: Nachhaltige Beratung? – Ein Jahr Rat für Nachhaltige Entwicklung; in: ALTNER, G. (Hrsg.): Jahrbuch Ökologie 2003; München: Beck; 2002.

HAUFF, V.: Unsere gemeinsame Zukunft – (der Brundtland-Bericht der Weltkommission für Umwelt und Entwicklung); Greven: Eggenkamp; 1987.

HICKS, H. G. / GULLETT, C. R.: Organizations – Theory and Behaviour; New York et al.: McGraw-Hill; 1975.

HOFMEISTER, S.: Von der Abfallwirtschaft zur ökologischen Stoffwirtschaft – Wege zur Ökonomie der Reproduktion; Opladen: Westdt. Verlag; 1998.

HÜLSMANN, M.: Management im Orientierungsdilemma – Unternehmen zwischen Effizienz und Nachhaltigkeit; Wiesbaden: Deutscher Universitäts-Verlag; 2003.

HÜLSMANN, M.: Bezugspunkte zwischen strategischem Management und Nachhaltigkeit; in: HÜLSMANN, M. / MÜLLER-CHRIST, G. / HAASIS, H.-D. (Hrgs.): Betriebswirtschaftslehre und Nachhaltigkeit – Bestandsaufnahme und Forschungsprogrammatik; Wiesbaden: Deutscher Universitäts-Verlag; 2004.

JISCHA, M. F.: Das Leitbild Nachhaltigkeit und das Konzept Technikbewertung; in: Chemie Ingenieur Technik 69; Nr. 12; S. 1695 ff.; 1997.

JÖRRISSEN, J. / KNEER, G. / RINK, D.: Synpose zur Umsetzung des Leitbildes der Nachhaltigkeit in konzeptionellen Studien und nationalen Plänen; in: UFZ-Diskussionspapiere; Halle; 2001.

KAPP, K. W.: The Social Costs of Private Enterprise; Cambridge: Harvard Univ. Press; 1950.

KASTENHOLZ, H. G. / ERDMANN, K.-H. / WOLFF, M.: Von der Theorie zur Praxis – Perspektiven einer nachhaltigen Entwicklung; in: ERDMANN, K.-H. v. (Hrsg.): Beiträge zur Ökosystemforschung und Umwelterziehung; Bonn: Dt. Nationalkomitee für das Unesco-Programm „Der Mensch und die Biosphäre"; 1996.

KNÜWER, TH.: Krisenmanagement; in: Handelsblatt; Nr. 219; 13.11.1997; S. 16.

KOPFMÜLLER, J.: Das Leitbild einer global zukunftsfähigen Entwicklung („sustainable development“): Hintergründe und Perspektiven im Spannungsfeld zwischen Wissenschaft, Politik und Gesellschaft; Karlsruhe: KfK; 1994.

KOSIOL, E.: Unternehmung; in: KOSIOL, E. (Hrsg.): Bausteine der Betriebswirtschaftslehre – Eine Sammlung ausgewählter Abhandlungen, Aufsätze und Vorträge; Berlin: Dunker & Humblot; 1973.

KRYSTEK, U.: Unternehmungskrisen – Beschreibung, Vermeidung und Bewältigung überlebenskritischer Prozesse in Unternehmungen; Wiesbaden: Gabler; 1987.

LAZLO, E. / LAZLO, C. / LIECHTENSTEIN, A. v.: Evolutionäres Management – Globale Handlungskonzepte; Fulda: PAIDA-Verlag; 1992.

LUHMANN, N.: Funktionale Methode und Systemtheorie; in: Soziale Welt; Nr. 1; 15. Jahrgang; 1964.

LUHMANN, N.: Soziale Systeme – Grundriß einer allgemeinen Theorie; Frankfurt a. M.: Suhrkamp; 1994.

MATURANA, H. / VARELA, F.: Der Baum der Erkenntnis – Die biologischen Wurzeln des menschlichen Erkennens; Bern et al.: Scherz; 1987.

MARCH, J. G. / SIMON, H. A.: Organisation und Individuum; Wiesbaden: Gabler; 1976.

MATHIEU, P.: Unternehmen auf dem Weg zu einer nachhaltigen Wirtschaftsweise; Wiesbaden: Deutscher Universitäts-Verlag; 2002.

MEADOWS D. H.: The Limits to Growth – a Report for the Club of Rome's Project on the Predicament of Mankind; New York: Universe Books; 1972.

MINSCH, J.: Mut zum ökologischen Umbau – Innovationsstrategien für Unternehmen, Politik und Akteurnetze; Basel et al: Birkhäuser; 1996.

MÜLLER-CHRIST, G. / REMER, A.: Umweltwirtschaft oder Wirtschaftsökologie? Vorüberlegungen zu einer Theorie des Ressourcenmanagements; in: SEIDEL, E. (Hrsg.): Umweltmanagement im 21. Jahrhundert – Aspekte, Aufgaben; Perspektiven; Berlin et al.: Springer; 1999.

MÜLLER-CHRIST, G.: Nachhaltiges Ressourcenmanagement – eine wirtschaftsökologische Fundierung; in: PFRIEM, T. (Hrsg.): Theorie der Unternehmung; Marburg: Metropolis-Verlag; 2001.

MÜLLER-CHRIST, G.: Umweltmanagement – Umweltschutz und nachhaltige Entwicklung; München: Vahlen; 2001.

MÜLLER-CHRIST, G. / HÜLSMANN, M.: Quo vadis Umweltmanagement? – Entwicklungsperspektiven einer nachhaltigkeitsorientierten Managementlehre; in: Die Betriebswirtschaft; Nr. 3; 63. Jahrgang; 2003.

NUTZINGER, H. G. / RADKE, V.: Nachhaltige Wirtschaftsweise und Energieversorgung – Konzepte, Bedingungen und Ansatzpunkte; Marburg: Metropolis-Verlag; 1995.

PEARCE, D. / MARKANDYA, A. / BARBIER, E.: Blueprint for a Green Economy; London: Earthscan Publ.; 1989.

POPPER, K. R.: Die offene Gesellschaft und ihre Feinde 2 – Falsche Propheten; Tübingen: Francke; 1980.

REDDY, N. M. / RAO, M. V. H.: The Industrial Market as an Interfirm Organization; in: Journal of Management Systems; 2. Jahrgang; 1990.

REMER, A.: Vom Zweckmanagement zum ökologischen Management – Paradigmenwandel in der Betriebswirtschaftslehre; in: Universitas; Nr. 5; 1993.

SCHALTEGGER, S. / DYLLICK, T.: Nachhaltig managen mit der Balanced Scorecard; Wiesbaden: Gabler; 2002.

SEMLINGER, K. / FRICK, B.: Betriebliche Modernisierung – Optionen personeller Erneuerung; in: SEMLINGER, K. / FRICK, B. (Hrsg.): Betriebliche Modernisierung in personeller Erneuerung; Berlin: Ed. Sigma; 1995.

STAEHLE, W. H.: Management; München: Vahlen; 1991.

STAHLMANN, V. / CLAUSEN, J.: Umweltleistung von Unternehmen – von der Öko-Effizienz zu der Öko-Effektivität; Wiesbaden: Gabler; 2000.

VORHOLZ, F.: Ökologie – Die Regierung bekennt sich zur Nachhaltigkeit – gezwungenermaßen; in: Die Zeit; Band: 57; 1995.

WCED (World Commission on Environment and Development): Our Common Future; Oxford et al.: Oxford Univ. Press; 1987.

Wirtschafts- und Sozialausschuss: Stellungnahme zum Thema Strategie für eine nachhaltige Entwicklung; CES 193; 2002.

WOSSIDLO, P. R.: Finanzplanung; in: THIEßEN, F. (Hrsg.): Knapp's enzyklopädisches Lexikon des Geld-, Bank- und Börsenwesens, Bd. 1, Frankfurt/M.: Knapp, S. 681-692; 1999.

Monika Winn / Manfred Kirchgeorg

Herausforderungen an das Nachhaltigkeitsmanagement bei zunehmenden ökologischen Diskontinuitäten

1 Nachhaltige Entwicklung als Leitbild für das Management ... 247

2 Beziehungszusammenhang zwischen ökologischem, ökonomischem und sozialem System ... 249

2.1 Einfluss des sozio-ökonomischen Systems auf das ökologische System: Dominanz der Inside-Out-Effekte ... 250

2.2 Einfluss ökologischer Systemänderungen auf das sozio-ökonomische System: Dominanz der Outside-In-Effekte ... 251

2.3 Beziehungen zwischen Systemen bei chaotischen Systemveränderungen ... 256

3 Implikationen für das Nachhaltigkeitsmanagement ... 262

4 Fazit ... 265

1 Nachhaltige Entwicklung als Leitbild für das Management

Das Konzept des **Sustainable Development** hat seit den 80er Jahren eine weltweite Anerkennung erfahren und erlangt in Politik und Managementpraxis zunehmend einen Leitbildcharakter. Wenngleich der Begriff „Sustainable Development" bzw. Nachhaltige Entwicklung vielfach als unscharf und nebulös gekennzeichnet wird, so sind im letzten Jahrzehnt jedoch viele Bemühungen unternommen worden, diesen Leitbildgedanken operationaler zu fassen. Sowohl theoretische sowie konzeptionelle Überlegungen haben dazu beigetragen, leitbildgerechte Handlungsprinzipien und Zielformulierungen zu präzisieren. Hierbei wird immer wieder an die Ursprungsdefinition des Sustainable Development im Brundtland-Report angeknüpft: "Sustainable Development is development that meets the needs of the present without compromising the ability of future generations to meet their own needs."[1]

Ausgehend von dieser generellen Definition wird in der Mehrzahl der Operationalisierungsansätze darauf hingewiesen[2], dass eine Nachhaltige Entwicklung nur dann angestrebt werden kann, wenn es gelingt, ökologische, soziale und ökonomische Entwicklungsziele auszubalancieren und gemeinsam zu verfolgen. Bekannt wurde diese Interpretation von Sustainable Development unter dem „Triple Bottom Line Approach" (vgl. Abb. 1-1).

In den 90er Jahren wurde das Leitbild der Nachhaltigen Entwicklung auch im Kontext des Unternehmensmanagements verstärkt diskutiert. Eine Vielzahl von Unternehmen haben ihre Corporate Mission sowie ihre Unternehmensstrategie an den Anforderungen der Nachhaltigen Entwicklung ausgerichtet (z.B. Dow Chemical, Henkel, Xerox, Otto etc.). Auf der Grundlage von Dialogen mit Stakeholdern und Unternehmensvertretern sind umfassende Indikatorenkataloge entwickelt worden, um die sozialen, ökologischen und ökonomischen Ziele definieren und Zielerreichungsgrade ermitteln zu können. Besonders hervorzuheben sind in diesem Zusammenhang die von der Global Reporting Initiative (GRI) entwickelten Nachhaltigkeitsindikatoren, die Unternehmen Hinweise für eine weltweit standardisierte Form der Nachhaltigkeitsberichterstattung geben.[3]

Abbildung 1-1: *Ausbalancierung von ökologischer, sozialer und ökonomischer Nachhaltigkeit – Tripple Bottom Line Approach*
Quelle: Eigene Darstellung.

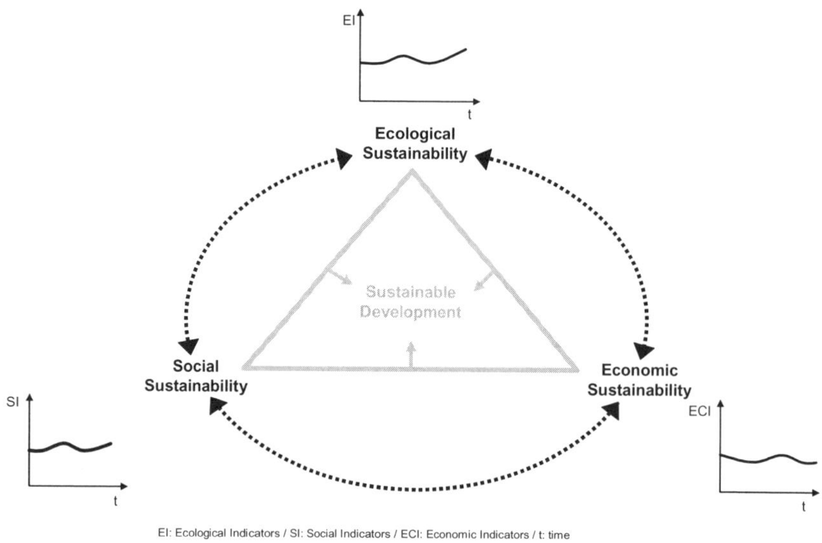

Die folgenden Ausführungen beschäftigen sich mit den Herausforderungen des Nachhaltigkeitsmanagements bei zunehmenden ökologischen Diskontinuitäten. Unternehmerische **Krisenprävention** wird sich zukünftig vermehrt damit auseinander setzen müssen, wie Nachhaltigkeitsstrategien bei verstärkt auftretenden externen Umwelteinwirkungen (Naturkatastrophen, Klimawandel) verfolgt werden können. Selbst wenn über die Ursachen des Klimawandels und der zunehmenden Naturkatastrophen unter den Experten noch gestritten wird, so besteht Einigkeit darüber, dass weltweit die Betroffenheit durch Naturkatastrophen und einen sich abzeichnenden Klimawandel zunehmen wird[4]. Zugespitzt wird diese Erkenntnis von PETER SCHWARTZ und DOUG RANDALL in dem im Oktober 2003 vorgelegten Bericht „An Abrupt Climate Change Szenario and Its Implications for United States National Security"[5]. Die Autoren betonen, dass nicht die Bedrohung durch den Terrorismus sondern die Verletzlichkeit von Ländern und Gesellschaften durch Naturkatastrophen und Klimawandel als die größten Zukunftsherausforderungen angesehen werden müssen. Bereits ein Jahrzehnt zuvor hat AL GORE in seiner Monografie „Earth in the Balance" ebenfalls Bedrohungsszenarien eines aus dem Gleichgewicht geratenden Ökosystems thematisiert[6], die in dem Report von SCHWARTZ und RANDALL noch konkreter aufgezeigt werden.

Kann in einer solchen Situation die Orientierung am Leitbild der Nachhaltigen Entwicklung die Überlebensfähigkeit von sozialen- und ökonomischen Akteuren sicherstellen oder bietet die Nachhaltige Entwicklung nur dann eine Orientierung, wenn wir davon ausgehen, dass das ökologische System keinen diskontinuierlichen und abrupten Veränderungen unterliegt? Wäre Letzteres der Fall, dann besteht die Gefahr einer **„Sustainability Myopia"**, denn das Festhalten am Leitbild der Nachhaltigen Entwicklung würde bei starken Veränderungen bzw. Diskontinuitäten im ökologischen System die Überlebensfähigkeit von gesellschaftlichen und ökonomischen Akteuren vielleicht eher gefährden.

Die Autoren des vorliegenden Beitrages beschäftigen sich deshalb mit folgenden Fragestellungen:

1. Inwieweit werden diskontinuierliche Veränderungen im ökologischen System in bestehenden Diskussionen zur Nachhaltigen Entwicklung berücksichtigt?
2. Welche Auswirkungen haben abrupte und kontinuierliche Veränderungen des ökologischen Systems auf das soziale und ökonomische System?
3. Welche Implikationen leiten sich für die Managementforschung und das Risikomanagement ab?

2 Beziehungszusammenhang zwischen ökologischem, ökonomischem und sozialem System

Die Beziehungen zwischen dem ökologischen System und dem darin eingebetteten ökonomischen und sozialen Subsystem werden in verschiedenen wissenschaftlichen Disziplinen mit Hilfe von systemtheoretischen Erkenntnissen untersucht. Besonders bekannt wurden die in den 70er Jahren entwickelten „Weltmodelle" von FORRESTER und MEADOWS[7]. Sie haben mit Hilfe von Simulationsmodellen die komplexen Systeminterdependenzen abzubilden versucht, um die Folgen der Übernutzung des ökologischen Systems für die Lebensqualität und Überlebensfähigkeit der Menschheit zu analysieren.

Bei aller Kritik, die die Weltmodelle sowie die darin enthaltenen Annahmen erfahren haben, ist festzuhalten, dass sie in hohem Maße eine erste Sensibilisierung bei Experten wie auch in der breiten Öffentlichkeit für die begrenzte Tragfähigkeit des ökologischen Gesamtsystems hervorgerufen haben.

2.1 Einfluss des sozio-ökonomischen Systems auf das ökologische System: Dominanz der Inside-Out-Effekte

Mit der Zunahme der anthropogen verursachten Umweltbelastungen in den 70er und 80er Jahren wurden verstärkt die Beziehungen zwischen Ökonomie und Ökologie in den Mittelpunkt der wissenschaftlichen Analyse gerückt. PEARCE und TURNER haben auf der Grundlage ihrer systemtheoretischen Überlegungen so genannte „Managementregeln" abgeleitet, die eine nachhaltige Nutzung natürlicher Ressourcen sicherstellen sollen und deren Beachtung die Gefährdung des ökologischen Fließgleichgewichts verringert[8]. Eine nachhaltige Nutzung der natürlichen Ressourcen kann dann gewährleistet sein, wenn

- die Abbaurate bei erneuerbaren Ressourcen ihre Regenerationsrate nicht überschreitet;
- das Ausmaß an Schad- und Abfallstoffen die Assimilationskapazität des ökologischen Systems nicht überschreitet;
- die Abbaurate von nicht regenerierbaren Ressourcen kleiner bzw. gleich ihrer Substitutionsrate ist.

Grundsätzlich war die Diskussion von PEARCE und TURNER wie auch anderer Autoren von der Sichtweise geprägt, dass durch Anpassung der Produktions- und Konsumprozesse das ökologische Fließgleichgewicht und damit eine nachhaltige Ressourcenverfügbarkeit nicht gestört wird. Bei der Analyse der Beziehungen zwischen dem ökonomischen und ökologischen System wurde insbesondere der negative Einfluss von ökonomischen Prozessen auf die natürliche Umwelt analysiert (Inside-Out-Effekte). Hierbei standen weniger die Auswirkungen der Störung des ökologischen Gleichgewichts auf das ökonomische und soziale System im Vordergrund.

Durch die Entwicklung von Life-Cycle-Analysen, Öko-Bilanzen und Konzepten der Critical Loads wurden Instrumente bereit gestellt, um die Einwirkungen (Immissionen) von Produktion und Konsum auf das ökologische System und deren Tragfähigkeit zu untersuchen[9].

In den 90er Jahren sind auch im Zusammenhang mit der Entwicklung von nationalen Nachhaltigkeitsstrategien, wie z.B. im Report „Sustainable Netherland" Anpassungsnotwendigkeiten von Produktions- und Konsumstrukturen auf der Grundlage von Szenarien aufgezeigt worden[10]. Bei diesen Szenarien wurden die Auswirkungen von ökologischen Diskontinuitäten allerdings nicht betrachtet. Vielmehr wurde davon ausgegangen, dass keine gravierenden Veränderungen des ökologischen Gleichgewichts bei einem proaktiven Verhalten entstehen.

Selbst wenn in einer Vielzahl von Beiträgen darauf aufmerksam gemacht wurde, dass die Beeinträchtigung des ökologischen Systems schon weit vorangeschritten ist und hieraus negative Folgen für Wirtschaft und Gesellschaft resultieren, so wurde der Grundtenor um die Diskussion der Nachhaltigen Entwicklung zunächst von der Zuversicht geprägt, dass durch proaktives Umwelt- und Nachhaltigkeitsmanagement die negativen Einwirkungen auf das ökologische System verringert und das ökologische Fließgleichgewicht erhalten werden können. Vor diesem Hintergrund ist sowohl in den formalen Modellen zur Fundierung von nachhaltigen Entwicklungspfaden wie auch in den „mentalen Modellen" der Entscheidungsträger überwiegend ein **Gleichgewichtsdenken** verankert.

Vernachlässigt wurde dabei die Diskussion darüber, ob der Ansatz des Sustainable Development auch dann noch zielführend ist, wenn sich im ökologischen System immer mehr diskontinuierliche Veränderungen abzeichnen.

2.2 Einfluss ökologischer Systemänderungen auf das sozio-ökonomische System: Dominanz der Outside-In-Effekte

Die Vertreter der so genannten "System Dynamics" haben bereits Ende der 60er Jahre Simulationsmodelle zur Analyse der Beziehungszusammenhänge komplexer sozio-ökonomischer sowie ökologischer Systeme entwickelt, um Implikationen für politische, gesellschaftliche und wirtschaftliche Akteure ableiten zu können. Hierzu gehören die bekannten Weltmodell-Studien des Club of Rome und FORRESTERs Arbeit zum Thema „World Dynamics" sowie die darauf aufbauende Arbeit unter der Leitung von DENNIS MEADOWS mit dem Titel „The Limits to Growth"[11]. In Folgestudien wurden weiterführende Analysen vorgelegt. Die in ersten Weltmodellen vorhergesagten Ressourcenengpässe sind hinsichtlich ihres Zeitbezuges jedoch nicht eingetreten. Angesichts der Kritik an der wissenschaftlichen Evidenz von anthropogen verursachten Störungen des ökologischen Globalsystems wurde Aussagewert der Modelle in der Vergangenheit nicht gebührend gewürdigt.[12]

Mit Blick auf die zunehmend spürbaren Folgen des globalen Klimawandels und die Übernutzung von natürlichen Ressourcen, erscheint es immer wahrscheinlicher, dass eine Veränderung des ökologischen Fließgleichgewichts zu erheblichen Diskontinuitäten und Naturkatastrophen führt (vgl. Abb. 2-1). Diese wirken wiederum auf das soziale und ökonomische System ein, sodass in zunehmendem Maße eine Absorption ökologischer Diskontinuitäten durch die wirtschaftlichen und gesellschaftlichen Akteure notwendig erscheint. Aufgrund der geringen kurzfristigen Beeinflussbarkeit des ökologischen Globalsystems durch die Akteure erlangt das Anpassungsverhalten und die Sicherung der Überlebensfähigkeit von Wirtschaft und Gesellschaft zunehmend an Relevanz.

Abbildung 2-1: *Einfluss ökologischer Diskontinuitäten auf das soziale und ökonomische System – Effects of Discontinuity of Sustainable Development*
Quelle: Eigene Darstellung.

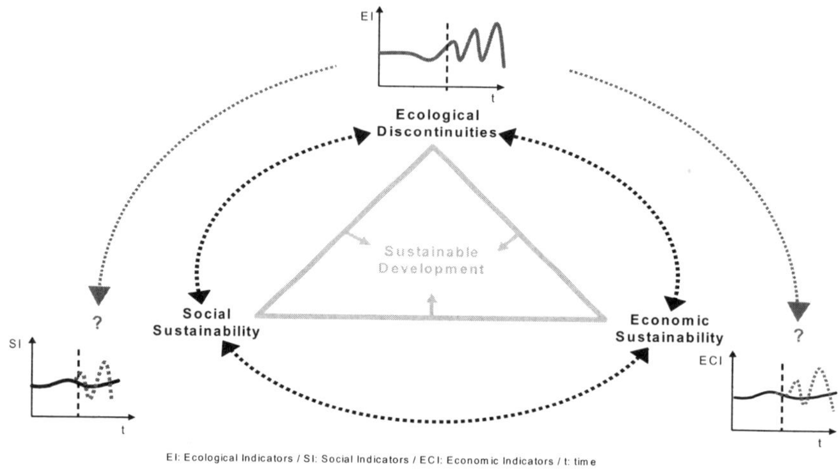

Die Einflüsse von Klimaextremen und Naturkatastrophen auf das ökonomische und gesellschaftliche System sind in den letzten Jahren verstärkt auszumachen. Exemplarisch seien hierzu drei unterschiedliche Studien angeführt:

- So berichtet HAY von einer erhöhten Variabilität der Wetter- und Meereseinflüsse mit der Konsequenz von stärkeren Naturkatastrophen in der Region des Süd-Pazifiks.[13] Besonders betroffen sind Insel- und Küstengebiete, in denen eine zunehmende Gefahr für die dort lebende Bevölkerung mit ihren Produktions- und Konsumprozessen wie auch für die bestehenden Ökosysteme existiert. Der Abbildung 2-2 ist zu entnehmen, dass z.B. die Fiji Inseln in immer kürzeren Abständen von immer stärkeren Zyklonen heimgesucht werden, die einen immer höheren ökonomisch quantifizierbaren Schaden verursachen. Die im Jahre 2004 in Haiti, Florida und auf den Philippinen aufgetretenen Stürme mit ihren katastrophalen Auswirkungen auf die sozio-ökonomische Infrastruktur sind weitere Belege dafür, dass Diskontinuitäten im ökologischen System die Überlebensfähigkeit für Menschen in großflächigen Regionen mehr und mehr gefährden. Dementsprechend wird die Anwendung von Risikoanalysen zur Erfassung der Outside-In-Effekte durch abrupte ökologische Systemeinwirkungen auf das sozio-ökonomische System immer wichtiger.[14]

Abbildung 2-2: *Ökonomische Schäden verursacht durch Zyklone auf den Fiji Inseln*

Quelle: Campbell [1999], zitiert bei Hay, J.: Risk Management [2002], S. 4.

Jahr	Name des Zyklons	Geschätzte Schäden (Mill. U.S.$)
1952		0,5
1972	Bebe	6,0
1983	Oscar	30,0
1993	Kina	150,0

Einen weiteren Beleg für die zunehmenden Effekte von ökologischen Systemeinwirkungen wie Naturkatastrophen und Klimaveränderungen auf die ökonomischen und sozialen Systeme liefern die Analysen und Schadensstatistiken der Rückversicherungsunternehmen. Die Statistiken über Naturkatastrophen und deren ökonomische Schäden bestätigen einen deutlichen Anstieg in den letzten fünf Jahrzehnten (vgl. Abb. 2-3). So haben sich die Naturkatastrophen in ihrer Häufigkeit nahezu verfünffacht und die volkswirtschaftlichen Schäden in der letzten Dekade auf das 16-fache erhöht.[15] Als besonderes Extrem wurde der heiße Sommer in Europa 2003 von der Münchener Rückversicherung gekennzeichnet. In dem Bericht „Topics Geo" der Münchener Rückversicherung heißt es hierzu: „The outstanding event of the past year in Europe was the extreme heat and drought in the summer. Initial climatological analyses indicated that – in statistical terms – the event as a whole was to be expected much more seldom than once in 450 years."[16] In den weiteren Ausführungen des Berichtes erfolgt dann die folgende bemerkenswerte Aussage im Zusammenhang mit Klimaextremen und Naturkatastrophen: „ ... It is to be feared that extreme events which can be treaced to climate change will have increasingly grave consequences in the future. This means that we must reckon with new types of weather risks and greater loss potentials. All this will be a challenge in every respect. Neither human beings, buildings and infrastructure nor the agricltural and livestock sectors are prepared for such extrems. In accordance with the precautionary principle, we would be well-advised to prepare ourselves for dramatic changes." [17]

Abbildung 2-3: *Entwicklung der natürlichen Katastrophen und der verursachten ökonomischen Schäden seit 1950 (Schäden in Mrd. U.S.$)*
Quelle: Münchner Rück (Hrsg.): TOPICS [2004], S. 15.

	1950 - 1959	1966 - 1969	1970 - 1979	1980 - 1989	1990 - 1999	Letzten 10 Jahre
Anzahl der Naturkatastrophen	20	27	47	63	91	60
Ökonomische Schäden	42,7	76,7	140,6	217,3	670,4	514,5
Versicherte Schäden	-	6,2	13,1	27,4	126,0	83,6

Diese Feststellung unterstreicht, dass in Zukunft die Auseinandersetzung mit den Outside-In-Effekten eine immer höhere Bedeutung für wirtschaftliche und gesellschaftliche Akteure erlangt und die Stabilität von auf Effizienz ausgerichtete ökonomische Prozesse erheblich beeinträchtigt werden kann.[18]

- In dem eingangs bereits erwähnten Report von SCHWARTZ und RANDALL wurden Szenarien über die Einwirkungen zunehmender Wetterextreme durch den Klimawandel auf die amerikanische Gesellschaft untersucht. Deutlich wird in diesem Bericht die veränderte Perspektive: Nicht mehr die Gefährdung des ökologischen Gleichgewichts durch anthropogen verursachte Umweltbelastungen wird thematisiert. Vielmehr wird die Bedrohung der Überlebensfähigkeit des sozio-ökonomischen Systems angesichts extremer Einwirkungen durch bereits eingetretene Veränderungen des ökologischen Systems in den Mittelpunkt der Betrachtungen gestellt.

Mit der Abbildung 2-4 verdeutlichen SCHWARTZ und RANDALL, dass in bestimmten Regionen die Tragfähigkeit des Öko-Systems zur Weiterführung von Produktions- und Konsumprozessen durch Naturkatastrophen und Klimawandel verringert werden kann, d.h. starke Outside-In-Effekte können die Überlebensfähigkeit des ökonomischen und sozialen Systems derart beeinträchtigen, dass ggf. ganze Regionen für den Menschen nicht mehr als Lebensraum zur Verfügung stehen.[19]

Abbildung 2-4: *Einfluss von abrupten ökologischen Systemveränderungen auf die Nutzung des ökologischen Systems für ökonomische und gesellschaftliche Akteure*

Quelle: Schwartz, P. / Randall, D: Climate Change [2003].

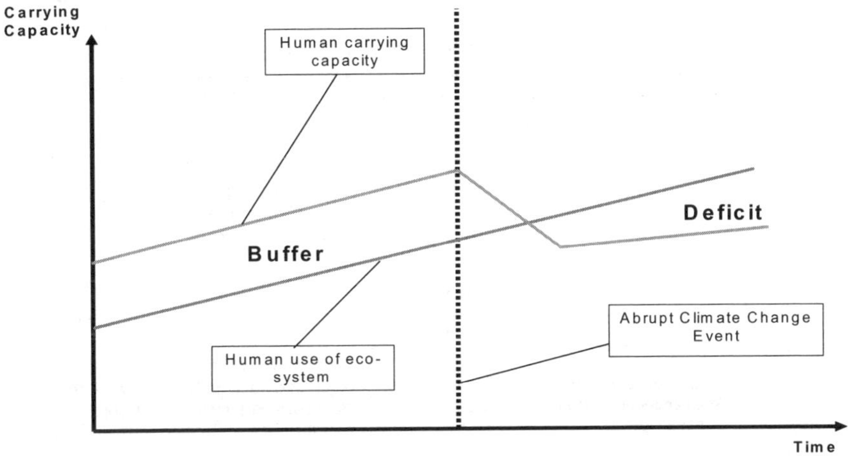

Die reflektierten Studien weisen in der Summe darauf hin, dass in der Zukunft eine verstärkte Einwirkung von Veränderungen des ökologischen Systems auf das sozio-ökonomische System zu erwarten ist, die z.T. dramatische Auswirkungen auf die sozio-ökonomischen Rahmenbedingungen mit sich bringen können. Ein aus dem Nachhaltigen Entwicklungsansatz entstandenes Denken des Ausbalancierens von ökonomischen, ökologischen und sozialen Nachhaltigkeitszielen erscheint in dieser Situation kaum noch Orientierungen zu liefern. Bei einer Dominanz von Outside-In-Effekten gegenüber den Inside-Out-Effekten ist möglicherweise ein Paradigmawechsel notwendig. Das Gleichgewichtsmanagement ist durch ein Resilience- und Diskontinuitätenmanagement zu ergänzen bzw. abzulösen (vgl. Abb. 2-5).[20]

Abbildung 2-5: *Einfluss von ökologischen Diskontinuitäten auf die Bedingungen der sozio-ökonomischen Systeme – Paradigmenwechsel: Von der Inside-Out- zur Outside-In-Perspektive*

Quelle: Eigene Darstellung.

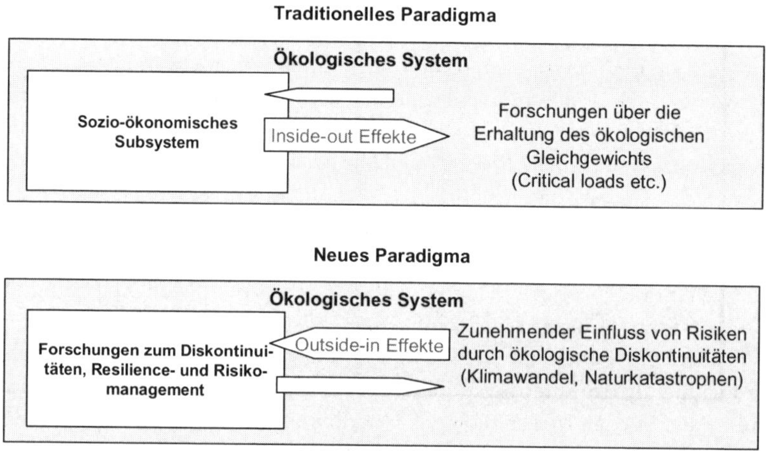

2.3 Beziehungen zwischen Systemen bei chaotischen Systemveränderungen

In der Systemtheorie werden die Verhaltensweisen von Systemen und Subsystemen bei unterschiedlichen Störungen untersucht und im Folgenden können hieraus einige Überlegungen darüber abgeleitet werden, welche Auswirkungen abrupte Veränderungen des ökologischen Systems auf das sozio-ökonomische System haben. Das ökologische System wird vielfach auch als evolutionäres System gekennzeichnet, in dem das Zusammenwirken einer Vielzahl von Subsystemen zur Bildung komplexer Strukturen des Gesamtsystems führt. In das ökologische System sind die ökonomischen und gesellschaftlichen Akteure eingebettet, die wiederum als Subsysteme auf das ökologische System Einfluss nehmen und umgekehrt.[21] Die evolutionäre Entwicklung eines Systems kann als eine unbegrenzte Folge von Anpassungsprozessen der Selbstorganisation verstanden werden, die im Zeitablauf zum Aufbau neuartiger, komplexer Strukturen und Systeme führt. In diesem Zusammenhang wird vielfach auch von einem so genannten Fließgleichgewicht gesprochen, das einerseits eine gewisse Stabilität und Reproduktionsfähigkeit von Systemelementen ermöglicht und gleichzeitig eine Weiterentwicklung durch Evolution zulässt.

Betrachtet man die **Interdependenzen** des ökologischen und sozio-ökonomischen Systems, so ist hervorzuheben, dass entgegen der in den 60er und 70er Jahren vorherrschenden Sichtweise das sozio-ökonomische System heute als Subsystem des ökologischen Gesamtsystems interpretiert wird.[22] Als weitere wichtige Erkenntnis wird sowohl von Naturwissenschaftlern als auch Systemwissenschaftlern hervorgehoben, dass entsprechend vernetzte und komplexe Systeme sich nicht in einem dauerhaften Gleichgewichtszustand befinden, der eine konstante Fortführung von etablierten Verhaltensweisen ermöglicht. Vielmehr befinden sie sich in einem kontinuierlichen Veränderungsprozess, der auch durch erhebliche Diskontinuitäten gekennzeichnet sein kann. Weiterhin wird die Stabilität von komplexen ökologischen und sozio-ökonomischen Systemen weniger von nachhaltig verfügbaren Ressourcen beeinflusst, als vielmehr von der Fähigkeit zur Sicherung der Selbstorganisation und der Absorptionsfähigkeit von Störungen. Der Begriff der Absorptionsfähigkeit, Tragfähigkeit, Belastbarkeit oder Widerstandsfähigkeit eines Systems wird im englischen Sprachgebrauch auch mit dem Begriff "Resilience" bezeichnet. Die **Resilience-Forschung** findet zunehmend eine interdisziplinäre Beachtung. Ein internationales Forschungskonsortium aus Vertretern der Biologie, Ökonomie und Sozialwissenschaften hat die sog. "Resilience Alliance"[23] gegründet, um interdisziplinäre Projekte zur Erforschung der Tragfähigkeit von Systemen voranzutreiben.

HOLLING hebt als besondere Erkenntnis der aktuellen Resilience-Forschung zu komplexen ökologischen wie auch sozio-ökonomischen Systemen das Konzept der sog. "Panarchy" hervor.[24] Hierbei handelt es sich um ein Modell, in dem Anpassungszyklen von miteinander in Zusammenhang stehenden Teilsystemen abgebildet werden. Zwischen den Anpassungsprozessen der Teilsysteme besteht keine hierarchische Über- und Unterordnung und deshalb wurde die Verknüpfung der Anpassungsprozesse als Panarchy gekennzeichnet.[25] In Abbildung 2-6 ist ein typischer Anpassungsprozess eines ökologischen Systems mit seinen verschiedenen Anpassungsphasen dargestellt. HOLLING betont, dass sich solche Anpassungsprozesse nicht nur in ökologischen, sondern auch in sozialen und ökonomischen Systemen gleichermaßen identifizieren lassen.

Abbildung 2-6: *Anpassungszyklus von ökologischen Systemen*

Quelle: HOLLING, J.: *Sustainable Futures [2001], S. 394.*

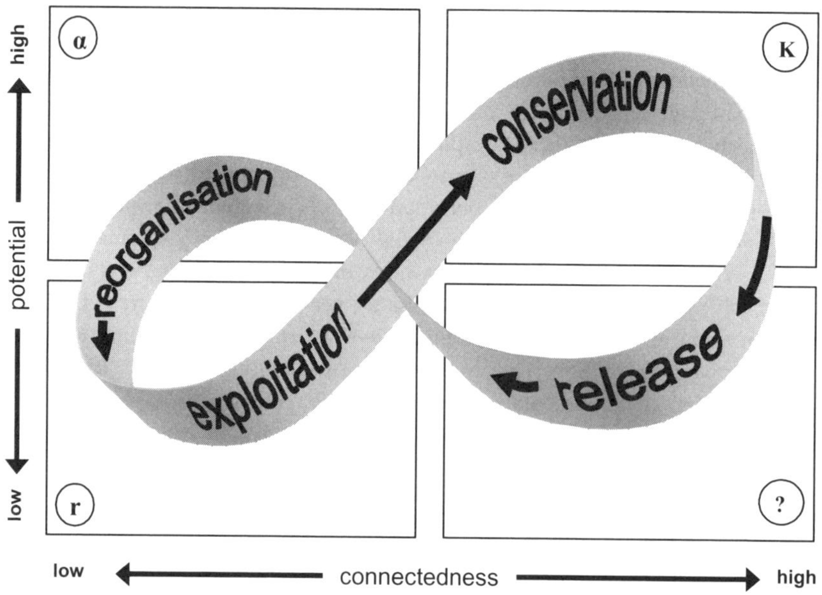

Die Dimension "Potenzial" gibt an, wie hoch die Anzahl von Alternativen ist, die für die Entwicklung des Systems zur Verfügung stehen. Die Dimension "Connectedness" oder "Controllability" bildet ab, inwieweit die Systementwicklung steuerbar ist und wie eng die Systemelemente miteinander vernetzt sind. Beobachtungen von Ökosystemen zeigen, dass es einerseits längere Perioden mit nur geringeren Veränderungen (von r nach K) gibt und kurzer Perioden, in denen starke Systemveränderungen erfolgen, die ein hohes Anpassungsverhalten der Systemelemente notwendig machen (von ? nach α). Durch eine immer intensivere Nutzung von Systemressourcen erfolgt eine zunehmende Akkumulation der Ressourcen in Form von Biomasse, Kapital u.a. und schließlich wird die Systementwicklung in hohem Maße von der Verfügbarkeit von Ressourcen abhängig, sodass sich nur noch begrenzte Entwicklungspotenziale erschließen lassen. Ressourcenverknappung führt zu einer immer effizienteren Verwendung der Ressourcen und zu einer Erhöhung des Vernetzungsgrades der Systemelemente. In dieser auf Effizienz und Stabilität ausgerichteten Phase wird das System allerdings besonders anfällig für unerwartete Störungen. In ökologischen Systemen führen Brände, Stürme, Klimaveränderungen oder Insektenplagen zu solchen ad-hoc Veränderungen bzw. Störungen, die die herausgebildeten Beziehungsstrukturen zwischen den Systemelementen und auch die Akkumulation von Ressourcen, Kapital oder Populationen zerstören. Hierdurch wird der Grad der "Connectedness" verringert und anstelle von systemstabilisierenden Prozessen entsteht in dieser Reorganisationsphase wieder ein innovatives Potenzial (Phase α) für einen erneuten Entwicklungsprozess. HOLLING vergleicht diese Systemphase mit dem von SCHUMPETER gekennzeichneten Prozess der "schöpferischen Zerstörung" in sozio-ökonomischen Systemen. Weiterhin betont er, dass sich ähnliche Phasen von Anpassungsprozessen für die Entwicklung von Nationen wie einzelnen Unternehmen beobachten lassen.[26] In betriebswirtschaftlichen Analysen zum Komplexitätsmanagement wird ebenfalls darauf hingewiesen, dass durch eine hohe Verknüpfungskapazität von Elementen innerhalb eines Systems seine Überlebensfähigkeit bei sich verändernden Umweltkonstellation an Grenzen stößt.[27]

Abbildung 2-7: *Anpassungszyklus eines Systems unter Berücksichtigung seiner Widerstandsfähigkeit*

Quelle: HOLLING, C.S.: Complexity [2001], S. 395.

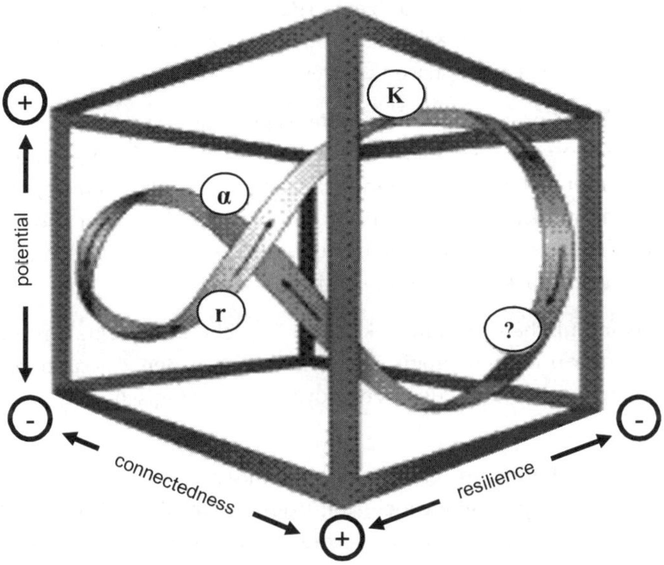

Die Darstellung in der Abbildung 2-7 zeigt den schematisch dargestellten Anpassungsprozess unter Berücksichtigung der Widerstands- bzw. Absorptionsfähigkeit (Resilience) eines Systems. Die Widerstandsfähigkeit eines ökologischen Systems verändert sich im Zeitablauf und es lässt sich ein Zusammenhang zwischen den einzelnen

Phasen des Anpassungszyklusses beobachten. Je geringer die Verbundenheit der Systemelemente und die Akkumulation von Ressourcen innerhalb des ökologischen Systems ist, desto höher ist die Widerstandsfähigkeit des Systems (Phase α und r). Hingegen nimmt die Widerstandsfähigkeit mit zunehmender Verbundenheit und Ressourcenakkumulation ab (Phase K und ?). Experten sehen mehr und mehr eine Evidenz dafür, dass durch den Klimawandel extreme Naturereignisse wie z.B. Hurrikan, Feuer und Überflutungen zunehmen, die dazu führen können, dass sich das ökologische System in einen stark veränderten Systemzustand einschwingt, unter dem die Existenzbedingungen des sozio-ökonomischen Subsystems erheblich verändert bzw. beeinträchtigt werden und auch eine Reorganisation der sozio-ökonomischen Prozesse notwendig wird.[28]

Im Gegensatz zu ökologischen Systemen können Menschen aufgrund von bewusst gesteuertem Verhalten, ihrer Kommunikationsfähigkeit und durch die Entwicklung neuer Technologien die Phasenverläufe des Anpassungszyklusses stärker beeinflussen.[29] Insgesamt können die Erkenntnisse von HOLLING zur Resilience-Forschung wie folgt zusammengefasst werden:

1. Sowohl ökologische als auch sozio-ökonomische Systeme lassen sich durch miteinander verbundene Anpassungsprozesse (Panarchy) kennzeichnen, die eine systematische Verbindung von Wachstums-, Stabilitätsphasen sowie radikalen Veränderungs- und Reorganisationsphasen aufweisen.

2. Eine Nachhaltige Entwicklung eines Systems geht mit chaotischen und innovativen Reorganisationsprozessen einher, wobei chaotische Veränderungen dann eintreten, wenn die Widerstandsfähigkeit eines Systems gegenüber Störungen gering ist. Entsprechende radikale Veränderungen erhöhen das Risiko für die Überlebensfähigkeit von Teilsystemen und gleichzeitig besteht in diesen Phasen auch die Möglichkeit für die Entwicklung von Innovationen.

3. In sozio-ökonomischen Systemen können Einsicht und Verhaltensanpassungen, Kommunikation und technologische Entwicklungen den Anpassungsprozess sowohl des eigenen wie auch des übergeordneten ökologischen Systems beeinflussen.

4. Insgesamt fasst Holling die Schlüsselerkenntnisse der Resilience-Forschung wie folgt zusammen: "A principal conclusion from the Resilience Project is that the era of ecosystem management via incremental increases in efficiency is over. We are now in an era of transformation, in which ecosystem management must build and maintain ecological resilience as well as the social flexibility needed to cope, innovate, and adapt."[30]

Den Zusammenhang zwischen Veränderungen des ökologischen und sozio-ökonomischen Systems diskutiert auch BOSSEL, indem er einerseits verschiedene Entwicklungsstadien und Charakteristika des ökologischen Systems identifiziert und die entsprechenden Anpassungsprozesse des darin eingebetteten sozio-ökonomischen Systems aufzeigt. In der Abbildung 2-8 werden die Systemzusammenhänge schematisch veranschaulicht.

Abbildung 2-8: *Zusammenhänge zwischen Umwelt- und sozio-ökonomischem System nach* BOSSEL

Quelle: BOSSEL, H.: Indikatoren [2001].

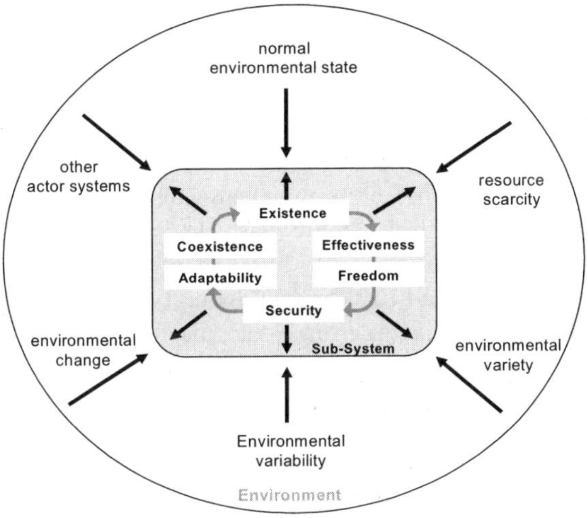

Ähnlich wie in dem Modell von HOLLING sieht BOSSEL für das Umwelt- bzw. ökologische System eine Abfolge von Entwicklungsstadien als charakteristisch an. Ausgehend von einem normalen Systemzustand führt eine erhöhte Nutzung von natürlichen Umweltressourcen zu Engpässen, auf die das sozio-ökonomische System mit einer zunehmend effizienteren Ressourcennutzung reagiert. Das Umweltsystem unterliegt einerseits kleineren bis größeren evolutorischen Systemveränderungen und andererseits sind auch abrupte Veränderungen dieses Systems möglich. Je größer die Veränderungen des Umweltsystems sind, umso wichtiger wird für das sozio-ökonomische Subsystem die Adaptionsfähigkeit gegenüber diesen Systemveränderungen. Letztlich kommt auch BOSSEL zu der Erkenntnis, dass ein Nachhaltigkeitsmanagement auch darauf eingerichtet sein muss, Diskontinuitäten – verursacht durch Veränderungen des Öko-Systems – zu bewältigen. Spezifischere Szenarioanalysen über Interdependenzen zwischen dem ökologischen und sozio-ökonomischen System wurden auch vom Intergovermental Panel on Climate Change (IPCC) durchgeführt und dokumentiert.[31]

Sowohl HOLLING als auch BOSSEL betonen in ihren Überlegungen die zentrale Bedeutung der Fähigkeit eines Systems, ad-hoc auftretende Systemstörungen absorbieren zu können, ohne dass sich ein unerwarteter neuer Systemzustand einstellt. Die Widerstandsfähigkeit gegenüber Diskontinuitäten wird durch verschiedene Determinanten beeinflusst. FOLKE et al. haben vier zentrale Faktoren identifiziert, die die Anpassungsfähigkeit und Absorptionsfähigkeit bzw. Resilience des sozio-ökonomischen Systems erhöhen. Hierzu gehören[32]:

- Lernen mit Wandel, Diskontinuitäten und Unsicherheit umzugehen;
- Erhaltung bzw. Erhöhung der Diversität eines Systems;
- Zusammenführung und Kombination unterschiedlicher Wissensbasen;
- Erhöhung der Fähigkeit zur flexiblen Selbstorganisation.

Grundvoraussetzung für die Absorptionsfähigkeit eines sozio-ökonomischen Systems ist nach FOLKE die Erkenntnis der Akteure, dass ein Entwicklungspfad einer Gesellschaft oder eines Unternehmens nicht nur durch Stabilität und Vorhersehbarkeit sondern durch Diskontinuitäten und Unsicherheit geprägt ist. Somit müssen die Beteiligten lernen, sich auf diese Herausforderungen einzustellen. In einer Reihe von Analysen ökologischer Systeme wurde der Stellenwert der Diversität zur Sicherung der Widerstandsfähigkeit eines Systems erkannt, somit führt der Erhalt bzw. die Erhöhung der Artenvielfalt in einem ökologischen System auch zur Stabilisierung des Systems. Durch eine hohe Diversität kann auch die Wissens- und Lernbasis aus verschiedenen Perspektiven angereichert und die Fähigkeit zur Selbstorganisation verbessert werden.

3 Implikationen für das Nachhaltigkeitsmanagement

Führt man die dargestellten Erkenntnisse zusammen und versucht man die Implikationen für ein Nachhaltigkeitsmanagement abzuleiten, so wird deutlich, dass ein "Gleichgewichtsdenken" bzw. ein "Denken des Ausbalancierens von Gleichgewichten" im Zusammenhang mit der Nachhaltigen Entwicklung keine adäquate Leitorientierung vermitteln kann. Insbesondere die Erkenntnisse von HOLLING und BOSSEL machen darauf aufmerksam, dass in verstärktem Umfang Diskontinuitäten im ökologischen System auf das sozio-ökonomische System einwirken werden und somit auch der Widerstandsfähigkeit gegenüber solchen Veränderungen besondere Beachtung geschenkt werden muss. Unter dieser erweiterten Perspektive umfasst die Nachhaltige Entwicklung nicht nur das Management eines stabilen und konstanten Entwicklungspfades, vielmehr schließt sie auch die Auseinandersetzung mit existenzgefährdenden

Ereignissen und Rahmenbedingungen ein, unter denen nur eine intelligente Anpassung die Überlebensfähigkeit bzw. die Beschreitung eines neuen Wachstumspfades sicherstellen kann. Holling führt vor diesem Hintergrund aus:

„Sustainability is the capacity to create, test, and maintain adaptive capability. Development is the process of creating, testing, and maintaining opportunitiy. The phrase that combines the two, "Sustainable Development" therefore refers to the goal of fostering adaptive capabilities while simultancously creating opportunities." [33]

Für die Managementforschung und das Nachhaltigkeitsmanagement lassen sich angesichts der dargestellten Überlegungen folgende Implikationen hervorheben:

1. Identifikation von Frühwarnindikatoren zur Ermittlung der Betroffenheit von Unternehmen durch ökologische Systemveränderungen bzw. Diskontinuitäten

Die Betroffenheit durch ökologische Systemveränderungen kann sowohl zwischen den Branchen als auch zwischen Unternehmen innerhalb einer Branche sehr unterschiedlich sein. Frühwarnsysteme müssen um spezifische Indikatoren ergänzt werden, damit kritische Wertaktivitäten und Regionen identifiziert werden können, die durch ökologische Systemveränderungen Risiken wie auch Chancen für die Unternehmensentwicklung begründen. Erfahrungen aus der Versicherungsbranche verdeutlichen, dass hierbei die regionale Verteilung bzw. Bündelung der Wertaktivitäten besondere Beachtung finden muss. Die Methode des sog. "Geographical Underwriting" wird u.a. von der Münchner Rückversicherung eingesetzt. Diese Methode ermöglicht eine geografische Lokalisierung von Risiken sowie die Konkretisierung ihrer Eintrittswahrscheinlichkeiten.

2. Proaktives Diskontinuitäten- und Resilience-Management

Bereits Ende der 60er Jahren hatte PETER DRUCKER die Notwendigkeit eines Diskontinuitäten-Management für die Unternehmen betont[34]. Einen wesentlichen Einfluss auf die Erhöhung der Widerstandsfähigkeit gegenüber externen Diskontinuitäten hat die Steigerung der Unternehmensflexibilität und -diversität. Sowohl für ökologische Systeme wie auch für soziale Systeme wurde die Diversität als ein wesentlicher Einflussfaktor zur Erhöhung der Widerstandsfähigkeit hervorgehoben. In den 90er Jahren sind unter dem Titel "Diversity-Management" auch neue Führungsansätze diskutiert worden[35], die es zukünftig auf den spezifischen Anwendungsbereich der Widerstandsfähigkeit von Unternehmen gegenüber ökologischen Diskontinuitäten zu übertragen gilt.[36] Wenig Erkenntnisse liegen derzeit darüber vor, welchen Einfluss die Erhöhung der Diversität im Sinne von Standortdiversität, Mitarbeiterdiversität u.a. auf die Reduzierung von Unternehmensrisiken und die kurz- und langfristige ökonomische Performance eines Unternehmens hat. Es ist anzunehmen, dass die Erhöhung der Resilience-Fähigkeit und der Diversität in einigen Entscheidungssituationen in Konflikt zur Maximierung der kurz- und mittelfristigen ökonomischen Unternehmensperformance steht. Somit ist in zukünftigen Forschungen den Beziehungen zwischen Resiliencefähigkeit, Diversität und kurz- und langfristiger ökonomischer Leistungsfähigkeit besondere Beachtung zu schenken.

3. Risk-Management-Ansätze als integrierter Bestandteil eines Resilience-Management

Proaktive Strategien zur Verringerung der antropogenen Belastungen des ökologischen Systems müssen weiterhin einen zentralen Stellenwert im Nachhaltigkeitsmanagement einnehmen. Hierzu gehören z.B. Maßnahmen zur Verringerung von Treibhausgasemissionen und des Verbrauchs von nicht regenerierbaren Ressourcen. Gleichzeitig ist die Widerstandsfähigkeit von Unternehmen gegenüber den zunehmend auftretenden ökologischen Diskontinuitäten durch ein systematisch ausgebautes Risiko- und Katastrophenmanagement zu erhöhen.[37] Strategien der Risikovermeidung und Risikoverminderung können im Falle regional gefährdeter Gebiete bei veränderten Bauweisen von Produktionsstätten ansetzen und bis zur Verlagerung von Produktionsstätten oder der Verlagerung von Absatzgebieten (z.B. Tourismusmärkte) führen. Strategien der Risikoüberwälzung erfordern eine Auseinandersetzung mit neuen Formen von Versicherungsangeboten. Vielfach waren in der Vergangenheit Katastrophenrisiken nicht versicherbar, allerdings hat sich die Versicherungsbranche in zunehmendem Maße auf die verstärkte Nachfrage von Produkten für die Absicherung von Katastrophenrisiken eingestellt. Der rasch wachsende Katastrophenversicherungsmarkt[38] ist ein Beleg dafür, dass Unternehmen diese neuen Versicherungsformen zunehmend in ihre Risikomanagementkonzepte einbeziehen.

4. Erweiterung des traditionellen "Sustainable Development-Ansatzes"

Unter dem hier dargelegten erweiterten Verständnis von Sustainability Management sind verstärkte Forschungsbemühungen zur Integration von Sustainability-, Diskontinuitäten-, Resilience-Management und Risk-Management notwendig. Akteure müssen lernen, dass nachhaltige Entwicklungspfade nicht nur durch ein sukzessives Ausbalancieren von ökologischen, ökonomischen und sozialen Zielen beschritten werden können.

4 Fazit

Auf der Grundlage der hier angestellten Überlegungen kann konstatiert werden, dass Sustainable Development als unternehmenspolitisches Leitbild dann seine Orientierungsfunktion verliert, wenn Entscheidungsträger in Unternehmen hiermit die Existenz von diskontinuierlichen Entwicklungen unterschätzen und ein Gleichgewichtsdenken priorisieren. Zunehmend werden Unternehmen und Entscheidungsträger damit rechnen müssen, dass extremere Einwirkungen des ökologischen Systems auf das sozio-ökonomische System stattfinden. Dementsprechend ist ein erweitertes bzw. verändertes Verständnis des Sustainability Managements notwendig.

Anmerkungen

1 Vgl. WECD (Hrsg.): Future [1987], S. 43.

2 Vgl. MEFFERT H. / KIRCHGEORG, M: Leitbild [1993], S. 34 ff.; KIRCHGEORG, M.: Nachhaltigkeits-Marketing [2002], S. 4 ff.

3 Vgl. GRI (Hrsg.): Guidelines [2002], S. 1 ff.

4 Vgl. Swiss Re (Hrsg.): Katastrophen [2004], S. 3. ff.

5 Vgl. SCHWARTZ, P. / RANDALL, D.: Climate Change [2003], S. 1 ff.

6 Vgl. GORE, A.: Earth [1992], S.60 ff.

7 Vgl. MEADOWS, D.H. et al.: Limits [1972]; FORRESTER, J. W.: Dynamics [1971].

8 Vgl. PEARCE, D. / TURNER, R. K.: Economics [1990], S. 40 ff.

9 Vgl. MEFFERT, H. / KIRCHGEORG, M.: Umweltmanagement [1998].

10 Vgl. BUITENKAMP, M. / VENNER, H. / WAMS, T. (Hrsg.): Netherlands [1992], S. 1ff.

11 Vgl. MEADOWS, D.H. et al.: Limits [1972], S. 1 ff.; FORRESTER, J. W.: Dynamics [1971], S. 1 ff.

12 Vgl. die Kritik an den Weltmodellen u.a. bei HANSSMANN, F.: Systemforschung [1976], S. 308 f.

13 Vgl. HAY, J.: Risk Management [2002], S. 2 ff.

14 Vgl. HAY, J.: Risk Management [2002], S. 9. Weitere Analysen über den Einfluss von Veränderungen des ökologischen Systems auf das sozioökonomische System werden zitiert bei FOLKE et al.: Resilience [2002], S. 8 ff. Vgl. auch World Bank (Hrsg.): Development Report [2004]; Walker, B. / Steffen, W.: Global Change [1997].

15 Vgl. Münchener Rück (Hrsg.): TOPICS [2004], S. 15.

16 Vgl. Münchener Rück (Hrsg.): TOPICS [2004], S. 2.

17 Vgl. Münchener Rück (Hrsg.): TOPICS [2004], S. 3.

18 Vgl. FOLKE et al.: Resilience [2002], S. 3 ff.

19 Vgl. SCHWARTZ, P. / RANDALL, D.: Climate Change [2003], S. 14.ff.

20 Folke et al. merken in dem Kontext der zunehmenden ökologischen Diskontinuitäten an: "In the face of these projections it will require big increases in resilience to enable social-ecological systems to cope with future climate events. If resilience continues to decrease to efforts to increase production efficiencies, the frequency of regional catastrophes will escalate accordingly."
FOLKE et al.: Resilience [2002], S. 3 und 15.

21 Vgl. Perrings, C.: Comment [1999], S. 1.

22 Vgl. u.a. MEFFERT, H. / KIRCHGEORG, M.: Umweltmanagement [1998]; FOLKE et al.: Resilience [2002], S. 3.

23 Vgl. http://www.resallinace.org.

24 Vgl. HOLLING, C.S.: Complexity [2001], S. 390 ff. sowie die Beiträge in Gunderson, L.H. / Holling, C. S. (Hrsg.): Panarchy [2002].

25 Holling kennzeichnet eine Panarchy wie folgt: "A Panarchy is a representation of a hierarchy as a nested set of adaptive cycles. The functioning of those cycles and the communication between them determines the sustainability of a system".
HOLLING, C.S.: Complexity [2001], S. 396.

26 Vgl. HOLLING, C.S.: Complexity [2001], S. 394.

27 Vgl. hierzu BLISS, CHR.: Komplexität [2000], S. 153 ff.

28 FOLKE et al.: Resilience [2002], S. 15 f.

29 Vgl. HOLLING, C.S.: Complexity [2001], S. 401 f.

30 HOLLING, C.S.: Complexity [2001], S. 404.

31 IPCC (Hrsg.): Climate Change [2001], S. 2 ff.

32 Vgl. FOLKE et al.: Resilience [2002], S. 7 f.

33 HOLLING, C.S.: Complexity [2001], S. 399.

34 Vgl. DRUCKER, P.: Discontinuity [1969].

35 Vgl. z.B. die Beiträge in Harvard Business Review (Hrsg.): Managing Diversity [2001].

36 Vgl. z.B. MEYER, A. D. / GOES, J. B. / BROOKS, G. R.: Organizations [1993], S. 66 ff.

37 Vgl. Swiss Re (Hrsg.): Katastrophen [2004], S. 4.

38 Vgl. Swiss Re (Hrsg.): Katastrophen [2004], S. 14 f.; BERZ, G.:Naturkatastrophen [2004], S. 16 ff.

Literatur

BERZ, G.: Naturkatastrophen und Klimaänderung und ihrer Folgen für die Versicherungswirtschaft; in: RISKNEWS; Nr. 6; 2004; S. 16-20.

BLISS, CHR.: Management von Komplexität; Wiesbaden: Gabler; 2000.

BUITENKAMP, M. / VENNER, H. / WAMS, T. (Hrsg.): Sustainable Netherlands; Amsterdam: Milieuboek; 1993.

Bossel, H.: Indikatoren für nachhaltige Entwicklung – Thesen zu einem systemanalytischen Ansatz; in: BARTELMUS, P.: Wohlstand erleichtern – über Geld, Lebensqualität und Zukunfsfähigkeit; Stuttgart et al.: Hirzel; 2001; S. 54 - 57.

DRUCKER, P.: The Age of Discontinuity; New York: Harper & Row; 1969.

FOLKE C. et al.: Resilience and Sustainable Development – Building Adaptive Capacity in a World of Transformations – Scientific Background Paper on Resilience for the process of The World Summit on Sustainable Development on behalf of The Environmental Advisory Council to the Swedish Government; Stockholm: Edita Norstedts Tryckeri AB; 2002; www.mvb.gov.se.

FORRESTER, J.W.: World Dynamics, Cambridge Mass.: Wright-Allen Press, 1969.

GORE, A.: Earth in the Balance – Ecology and Human Spirt; Boston et al.: Houghton Mifflin; 1992.

GRI: Sustainability Reporting Guidelines, Boston; 2002.

GUNDERSON, L.: Resilience, Flexibility and Adaptive Management – Antidotes for Spurious Certitude?; in: Conservation Ecology (Online); Nr. 3; Ausgabe 1; 1999; S. 1- 11.

GUNDERSON, L.H. / HOLLING, C.S. (Hrsg.): Panarchy – Understanding Transformation in Human and Natural Systems, Washingthon D.C.: Island Press; 2002.

HANSSMANN, F.: Systemforschung im Umweltschutz, Berlin: E. Schmidt; 1976.

Harvard Business Review (Hrsg.): Harvard Business Review on Managing Diversity, Boston Mass: Harvard Business School Press; 2001.

HAY, J.: Integrating Disaster Risk Management and Adaptation to Climate Variability and Change – Needs, Benefits and Approaches, from a South Pacific Perspektive, Paper presented at the UNDP Expert Group Meeting, 2002; www.onu.org.cu/havanarisk/papers_cchange3/hay.PDF.

HOLLING, C.S.: Theories for Sustainable Futures; in: Conservation Ecology (Online); Nr. 4; Ausgabe 2, URL: http://consecol.org/vol4/iss2/art7; 2000.

HOLLING, C.S.: Understanding the Complexity of Economic, Ecological, and Social Systems; in: Ecosystems; Nr. 4; 2001 S. 390 – 405.

IPCC (Intergovernmental Panal on Climate Change) (Hrsg.): Climate Change 2001 – Synthesis Report, 2001.

KIRCHGEORG, M.: Nachhaltigkeits-Marketing – Integration bestehender Erkenntnisse oder konzeptionelle Erweiterung?; in: UmweltWirtschaftsForum, 10. Jahrgang; Nr. 4; 2002; S. 4 – 11.

MEADOWS, D.H. / MEADOWS, D. L.: The Limits to Growth; New York: Universe Books; 1973.

MEFFERT, H. / KIRCHGEORG, M.: Marktorientiertes Umweltmanagement; Stuttgart: Schäffer-Poeschel; 1998.

MEFFERT, H. / KIRCHGEORG, M.: Leitbild des Sustainable Development; in: Harvard Business Manager; Nr. 2; 1993; S. 34 - 45.

MEYER, A. D. / GOES, J. B. / BROOKS, G. R.: Organizations Reacting to Hyperturbulence; in: Organizational Change and Redesign; 1993; S. 66 - 111.

Münchener Rück (Hrsg.): TOPICS geo 2003, München; 2004.

PEARCE, D. / TURNER, R.K.: Economics of Natural Resources and the Environment; New York et al.: Harvester Wheatsheaf; 1990.

PERRINGS, C.: Comment on "Ecological and Social Dynamics in Simple Models of Ecosystem Management" by CARPENTER, S. R. / BROCK, W. A. and HANSON, P.; in: Conservation Ecology (Online), Nr. 3, Ausgabe 2, URL: http://consecol.org/vol2/iss2/art10; 1999.

SCHWARTZ, P. / RANDALL, D.: An Abrupt Climate Change Scenario and It`s Implications for United States National Security; Washington: o.V.; 2003.

Swiss Re (Hrsg.): Natur- und Man-made-Katastrophen im Jahr 2003; in: SIGMA; Nr. 1; Zürich: o.V.; 2004.

WALKER, B. / STEFFEN, W.: An overview of the implications of global change for natural and managed terrestrial ecosystems; in: Conservation Ecology (Online), Nr. 1, Ausgabe 2, URL: http://consecol.org/vol1/iss2/art2; 1997.

WECD (Hrsg.): Our Common Future; 1987.

Worl Bank (Hrsg.): World Development Report 2004; Washington; 2004.

Manfred Kirchgeorg

Prävention und Eindämmung von Ad-hoc-Krisen durch ein strategisches Management von Stoffkreisläufen

1 Entwicklungsstufen von der Durchfluss- zur Kreislaufwirtschaft 271

1.1 Kreislaufwirtschaft als Konzept zur Nachhaltigen Entwicklung 271

1.2 Entwicklungsstufen vom Durchfluss-, Stoffstrom- zum Kreislaufmanagement 272

1.3 Kreislaufwirtschaftsgesetz als rechtlicher Bedingungsrahmen 275

2 Unternehmensstrategische Herausforderungen eines Kreislaufmanagements 279

3 Anpassung des strategischen Managements an kreislaufwirtschaftliche Anforderungen 282

3.1 Funktionale und aufgabenbezogene Kennzeichnung eines Stoffkreislaufes 282

3.2 Integration kreislaufwirtschaftlicher Anforderung in den Managementprozess 284

4 Schlussbetrachtung 286

1 Entwicklungsstufen von der Durchfluss- zur Kreislaufwirtschaft

1.1 Kreislaufwirtschaft als Konzept zur Nachhaltigen Entwicklung

Hinsichtlich der Inanspruchnahme von natürlichen Ressourcen beruhen die Produktions- und Konsumprozesse in den hochindustrialisierten Ländern überwiegend auf dem Prinzip der **Durchflusswirtschaft.** Alle hergestellten Produkte und Verpackungsmaterialien haben eine begrenzte Lebensdauer und irgendwann werden sie zu Abfall. In der Durchflusswirtschaft werden Abfälle dadurch entsorgt, dass sie auf Deponien abgelagert werden. Für die Herstellung von neuen Produkten werden wieder Rohstoffe aus der natürlichen Umwelt entnommen. Allerdings sind die natürlichen Ressourcen auf der Erde nur begrenzt verfügbar. Auch Deponiekapazitäten stehen nicht unbegrenzt zur Verfügung. Es wird offensichtlich, dass die Wirtschaftsweise nach dem Modell der Durchflusswirtschaft nicht zukunftsfähig ist. Die Endlichkeit einer Vielzahl natürlicher Rohstoffe sowie die Belastung der natürlichen Umwelt mit Emissionen und Abfällen beinhalten strategische Risiken für nahezu alle Branchen und bedingt Krisen für Unternehmen mit rohstoffintensiven Wertschöpfungsaktivitäten, wenn keine proaktiven Problemlösungsstrategien entwickelt werden.

Führt man sich vor Augen, in welchem Ausmaß Produkte, Verpackungsmaterialien und Energie in den hochentwickelten Ländern verbraucht werden, so wird deutlich, dass zunehmende Abfall- und Ressourcenprobleme eine Folge der industriellen Durchflusswirtschaft sind. Im Vergleich zu den Entwicklungsländern ist der Verbrauch von natürlichen Ressourcen in den Industrieländern, in denen nur 20% der Weltbevölkerung leben, um ein Vielfaches höher. Klaus Töpfer, Exekutivdirektor des Umweltprogramms der vereinten Nationen, bemerkte im Jahre 2001 zu dieser Situation: „Knapp vor dem Weltgipfel für Nachhaltige Entwicklung stehen wir vor großen Herausforderungen: Der Gegensatz zwischen der Armut eines Großteils der Weltbevölkerung und dem Reichtum einer Minderheit ist seit dem Umweltgipfel in Rio de Janeiro 1992 gestiegen. Noch immer sind das exzessive Konsumverhalten und die ineffiziente Ressourcennutzung in den hochentwickelten Ländern das sicherlich größte Gift für die Stabilität von Natur und Umwelt und für eine friedliche Gestaltung dieser Umwelt."

Langfristig sind diese Unterschiede im Ressourcenverbrauch für eine friedliche und umweltverträgliche Entwicklung der Weltbevölkerung nicht aufrecht zu erhalten. Ein effizienterer Umgang mit den natürlichen Ressourcen und der Wiedereinsatz von Abfällen in den Wirtschaftsprozess werden immer dringlicher. In den letzten 20 Jahren ist allein in Deutschland die Menge aller an die Umwelt abgegebenen Stoffe um ca. 40% gestiegen. Zählt man den Abfall der Baubranche mit hinzu, werden die an die Umwelt abgegebenen Stoffmengen heute mit 40 bis 45 Tonnen pro Person beziffert. Weltweit wird der Bestand an Automobilen auf ca. 470 Millionen Stück geschätzt und alle werden in den nächsten zehn bis 20 Jahren zu Abfall. Allein die 150 Millionen Automobile in Europa würden aneinandergereiht die Erde zehnmal umspannen oder von der Erde bis zum Mond reichen. Weiterhin wird die Weltbevölkerung rasant wachsen und 80% des Zuwachses findet in den Entwicklungsländern statt. Wenn alle Menschen in diesen Ländern ihre Bedürfnisse in gleicher Weise befriedigen wollen wie jene in den hochentwickelten Ländern, dann würde die Tragfähigkeit der Erde kollabieren. Im Jahre 2004 hat sich erstmals deutlich gezeigt, dass die rasante Entwicklung des chinesischen Marktes und die chinesische Nachfrage nach Rohstoffen wie Stahl und Rohöl auf dem Weltmarkt zu erheblichen Preissteigerungen führte. Diese Entwicklung sensibilisiert die Entscheidungsträger in Politik und Wirtschaft erneut für die Endlichkeit der natürlichen Ressourcen.

Die an dem Durchflussprinzip ausgerichtete Wirtschaftsweise bietet damit keine Perspektive für die zukünftige Entwicklungsfähigkeit der Weltgesellschaft. Deshalb wird seit Ende der 80er Jahre im Ansatz der **nachhaltigen Entwicklung (Sustainable Development)** ein für umwelt- und wirtschaftspolitische sowie auch für einzelwirtschaftliche Entscheidungen gleichermaßen richtungsweisendes Leitbild gesehen. Dieser neue Ansatz zielt darauf ab, die ökonomische und gesellschaftliche Entwicklung so zu gestalten, dass die natürliche Umwelt auch noch langfristig die Funktion als Ressourcenlieferant übernehmen kann.[1] Ein wesentlicher Ansatzpunkt zur Erreichung dieser Zielsetzung wird in der Weiterentwicklung der Durchflusswirtschaft hin zu einer **Kreislaufwirtschaft** gesehen, in der die im Wirtschaftsprozess entstehenden Abfälle, sofern sie nicht vermieden werden können, einer erneuten wirtschaftlichen Nutzung zugeführt werden sollen. Durch den Übergang von der Durchfluss- zur Kreislaufwirtschaft sollen die natürlichen Ressourcen geschont und die Abfallmengen verringert werden.

1.2 Entwicklungsstufen vom Durchfluss-, Stoffstrom- zum Kreislaufmanagement

Die Idee der Kreislauforientierung ist nicht so neu. Bereits im 18. und 19. Jahrhundert finden sich vereinzelt Beiträge, die sich mit der Verwertung von Abfällen aus Wirtschaftlichkeits- und Wohlfahrtsüberlegungen auseinandersetzen. Ein Rückblick auf die betriebswirtschaftliche Beschäftigung mit den Problemen der Vermeidung und Verwertung von Abfällen zeigt, dass erste "kreislaufwirtschaftliche Überlegungen" Anfang des 20. Jahrhunderts in der betriebswirtschaftlichen Praxis und Literatur erkennbar waren.[2] Maßnahmen zur Abfallverwertung verfolgten Unternehmen seit diesem Zeitraum allerdings aus sehr unterschiedlichen Motiven (vgl. Abb. 1-1).

Abbildung 1-1: *Entwicklung kreislaufwirtschaftlicher Leitorientierung in der Unternehmenspraxis*

Quelle: Eigene Darstellung.

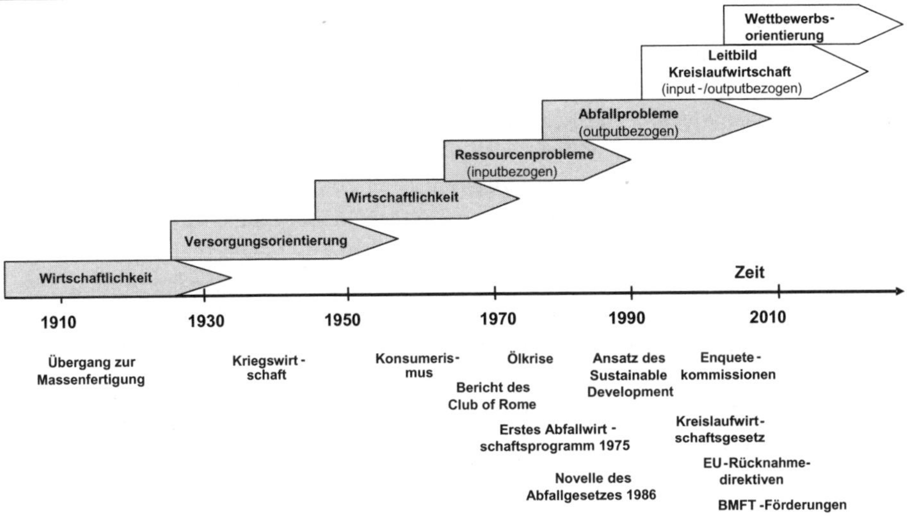

Der sparsame Umgang mit Ressourcen und die Verwertung von Abfällen wurden in betriebswirtschaftlichen Beiträgen um 1900 ausschließlich durch Wirtschaftlichkeitsüberlegungen begründet. Mitte der 30er und 40er Jahre wurden in Deutschland angesichts der Kriegswirtschaft und der damit einhergehenden rohstoffbezogenen Versorgungsprobleme Fragestellungen der Substitution bestimmter Rohstoffe und der Verwertung von Abfällen besonders virulent. Hier zeichneten sich kriegsbedingte Ressourcenengpässe ab. Unter dem Begriff „stoffwirtschaftliches Situationsproblem" wurde die in den 30er Jahren ausgeweitete Stoffverteilungswirtschaft und Rohstoffkontingentierung gekennzeichnet, die gravierende Substitutionsprozesse in der Industrieproduktion verursachten. Im Rahmen betriebswirtschaftlicher Überlegungen wurden die Auswirkungen des Einsatzes von Sekundärrohstoffen und neuer heimischer Rohstoffe auf Produktionsprozesse, Verkaufsmethoden und Kostenrechnungskonzepte thematisiert. Nachdem in den Nachkriegsjahren mit dem Aufbau der Industrieproduktion die rohstofflichen Versorgungsengpässe überwunden werden konnten, haben die zunehmenden Rationalisierungsbemühungen in der industriellen Produktion die Vermeidung und Verwertung produktionsinterner Abfälle aufgrund von Wirtschaftlichkeitsüberlegungen wieder in den Vordergrund rücken lassen.

Erste Impulse für eine aus Versorgungs- bzw. Ressourcenproblemen begründete Leitorientierung einer Kreislaufwirtschaft sind auf das Ende der 60er Jahre zu datieren. Mit der von BOULDING verwendeten Metapher „Raumschiff Erde“ und dem Bericht „Grenzen des Wachstums“ des Club of Rome wurden erstmals die ökologischen Grenzen von Produktions- und Konsumprozessen aufgezeigt.[3] Parallel zu dieser wissenschaftlichen Vertiefung kreislaufwirtschaftlicher Überlegungen wurde einhergehend mit dem ungebremsten Wachstum der Abfallmengen 1972 in Deutschland das sog. Abfallbeseitigungsgesetz eingeführt. Die umweltpolitische Zielsetzung dieses Gesetzes wurde darin gesehen, die Abfallentsorgung so zu gestalten, dass die „Wahrung des Wohles der Allgemeinheit“ gewährleistet bleibt und damit gesellschaftliche Risiken durch unsachgemäße Abfallablagerungen verringert werden. Dementsprechend dominierten ordnungspolitische Regelungen zur kontrollierten Einsammlung und Deponierung von Abfällen das Gesetz. Das Abfallbeseitigungsgesetz hat aber keine wesentlichen Impulse für eine kreislaufwirtschaftliche Orientierung geliefert. In den 80er Jahren kamen mit den sich weiter verschärfenden Entsorgungsproblemen und dem zunehmenden Umweltbewusstsein in der Bevölkerung in Deutschland auch die verpackungs- und produktbezogenen Abfallprobleme mehr und mehr zum Tragen. Schließlich wurde Ende der 80er Jahre mit der Entstehung des Leitbildes der Nachhaltigen Entwicklung die Forderung einer Kreislaufwirtschaft laut. In den 90er Jahren wurde der abfallgesetzliche Rahmen in Deutschland sowie in verschiedenen anderen europäischen Ländern am Prinzip der Kreislaufwirtschaft ausgerichtet. Umfassende Arbeiten der Enquete-Kommission des Deutschen Bundestages "Schutz des Menschen und der Umwelt" und vieler interdisziplinärer Forschungen haben dazu beigetragen, dass Konzepte für ein zielgerichtetes "Stoffstrommanagement" und "Kreislaufmanagement" entwickelt wurden.[4]

Der von der Enquete-Kommission verwendete Begriff "**Stoffstrommanagement**" umfasst die zielorientierte Beeinflussung von anthropogenen Stoffsystemen hinsichtlich ihres Stoffvolumens und ihrer Stoffstruktur. Nach dieser Definition findet Stoffstrommanagement auch in der Durchflusswirtschaft für all jene Akteure Anwendung, die z.B. durch Produktionsprozesse (Hersteller) oder auch gesetzliche Maßnahmen (Gesetzgeber) Stoffströme zielgerichtet beeinflussen. Erst durch den Bezug des Stoffstrommanagements auf das Leitbild des Sustainable Development wird die ökologieorientierte Ausrichtung der Stoffströme im Sinne eines „Stoffkreislaufmanagement“ hergestellt. Das Stoffstrommanagement zeichnet sich neben dem Managementcharakter insbesondere durch eine ganzheitliche und integrierte Betrachtung von Stoffströmen aus. Der ganzheitliche Charakter wird aus der Sicht der Enquete-Kommission in der „Erweiterung der End-of-pipe-orientierten Sichtweise von Umweltproblemen hin zur Betrachtung ganzer Stoffströme als Ansatzpunkte für Maßnahmen“ gesehen. Das Stoffstrommanagement umfasst die folgenden Schritte:[5]

- Analyse von Stoffströmen entlang des gesamten Produktlebenszyklusses,
- Definition von stoffbezogenen Zielen und Strategien für einzelne Akteure,

- Umsetzung von Maßnahmen zur zielgerechten Steuerung der Stoffströme sowie
- Kontrolle der Zielerreichung.

Hinsichtlich der betrieblichen Ansatzpunkte des Stoffstrommanagements werden insbesondere das innerbetriebliche und zwischenbetriebliche Konzept unterschieden. Wie im Rahmen der Entwicklung kreislaufwirtschaftlicher Leitorientierungen dargelegt wurde, haben Unternehmen in der Vergangenheit z.T. bereits aus Wirtschaftlichkeitsüberlegungen heraus eine innerbetriebliche Optimierung des Stoffeinsatzes und die Verwertung von Produktionsabfällen verfolgt. Beim zwischen- bzw. überbetrieblichen Stoffstrommanagement wird der Stoffstrom z.B. entlang der vertikalen Verflechtungen der Wertketten von unterschiedlichen Unternehmen (z.B. Rohstofflieferant, Stoffverarbeiter, Endprodukthersteller, Produktverwender) analysiert, um die Ressourceneffizienz zu erhöhen oder umweltgefährdende Stoffe zu substituieren.

Stoffstrommanagement wird zum **Kreislaufmanagement**[6], wenn Stoffströme unter der Zielsetzung der Verminderung und Verwertung von Produktions- und Konsumabfällen gestaltet werden. Die Philosophie eines Kreislaufmanagements ist nicht nur im Leitbild der Nachhaltigen Entwicklung nieder geschrieben. Vielmehr sind die Forderungen nach einer Kreislaufwirtschaft in Deutschland – wie auch in anderen europäischen Staaten – bereits zur Grundlage umweltgesetzlicher Regelungen geworden.

1.3 Kreislaufwirtschaftsgesetz als rechtlicher Bedingungsrahmen

Besondere Erwähnung verdient die so genannte Verpackungsverordnung und insbesondere das vom Deutschen Bundestag im Jahre 1994 verabschiedete und im Oktober 1996 in Kraft getretene „Gesetz zur Förderung der Kreislaufwirtschaft und Sicherung der umweltverträglichen Beseitigung von Abfällen" – kurz **Kreislaufwirtschaftsgesetz**. Weiterhin sind auch auf der Ebene der Europäischen Union europaweite Regelungen z.B. zur Altautorücknahme erlassen worden, sodass Unternehmen sich mit den Chancen und Risiken der Kreislaufwirtschaft aus strategischer wie auch operativer Sicht auseinandersetzen müssen. Im Folgenden sind eine Reihe wichtiger nationaler wie auch EU-weit gültiger Verordnungen aufgeführt:

- Batterierücknahmeverordnung:
  Seit dem 1. Oktober 1998 besteht eine Rücknahmepflicht für Batterien auf dem deutschen Markt. Die Batterieverordnung sieht vor, dass jeder Verbraucher verbrauchte Batterien und Akkus bei einer kommunalen Sammelstelle oder beim Fachhändler zurückgeben muss. Die Hersteller und Importeure von Batterien haben dafür zu sorgen, dass die gesammelten Alt-Batterien abtransportiert, sortiert, verwertet oder getrennt vom Hausmüll entsorgt werden. Die Hersteller von Batte-

rien und batteriebetriebenen Geräten, die im Zentralverband Elektrotechnik- und Elektronikindustrie (ZVEI) e.V. Mitglied sind, haben zur Erfüllung der Anforderungen der Batterieverordnung ein gemeinsames Rücknahmesystem ausgearbeitet.

- Verpackungsverordnung:
  Die Anfang der 90er Jahre erlassene und 1998 novellierte Verpackungsverordnung bezweckt, die Auswirkungen von Abfällen aus Verpackungen auf die Umwelt zu vermeiden oder zu verringern. Verpackungsabfälle sind in erster Linie zu vermeiden; im übrigen wird der Wiederverwendung von Verpackungen, der stofflichen Verwertung sowie den anderen Formen der Verwertung Vorrang vor der Beseitigung von Verpackungsabfällen eingeräumt. Die Bundesregierung führt zur Überprüfung vorgegebener Verwertungsquoten notwendige Erhebungen durch. Hersteller und Handel werden laut Verpackungsverordnung verpflichtet, sämtliche gebrauchten Verpackungen außerhalb der bestehenden öffentlichen Entsorgung zu erfassen und zu verwerten. Die Wirtschaft hat mit dem Dualen System in Deutschland ein gesondertes System für die Erfassung und Verwertung von Verpackungen errichtet.

- Nationale und EU-weite Altautoverordnung:
  Am 01. April 1998 traten die Altautoverordnung ("AltautoV") und die Freiwillige Selbstverpflichtung zur umweltgerechten Altautoverwertung im Rahmen des Kreislaufwirtschaftsgesetzes in Deutschland in Kraft. Zunächst wurde von der Automobilwirtschaft ein Rücknahme- und Verwertungskonzept als Freiwillige Selbstverpflichtung ausgearbeitet. Die Inhalte der Selbstverpflichtung sind dann in einem zweiten Schritt in einer Altautoverordnung kodifiziert worden. Altautos können nach dieser Verordnung nur noch in bestimmten, umweltgerecht arbeitenden Betrieben angenommen und verwertet werden. Die Automobilhersteller übernehmen dabei die erweiterte Produktverantwortung. Im Juli 2000 wurde vom Europäischen Rat eine EU-Altautoverordnung verabschiedet, die den Automobilherstellern europaweit eine erweiterte Produktverantwortung überträgt und die kostenlose Rückgabe von Altfahrzeugen durch den Letztbesitzer vorsieht.

- EU-Elektronikschrottverordnung:
  Im Juni 2000 hat die EU Kommission einen ersten Entwurf für eine europaweite Elektro-Altgeräte vorgelegt. Der Bundesverband BITKOM (Bundesverband Informationswirtschaft, Telekommunikation und neue Medien) hat in Deutschland bereits seit einigen Jahren einen Entwurf für ein Rücknahme- und Verwertungskonzept auf Branchenebene entwickelt, um einem nationalen Verordnungsentwurf vorzubeugen bzw. gestaltend an einer Verordnung mitzuwirken. Bisher sind auf nationaler Ebene jedoch keine Selbstverpflichtungen und Verordnungen zustande gekommen. Hingegen hat der Europäische Rat für das Jahr 2005 eine Richtlinie über die Rücknahme- und Verwertung von Elektro- und Elektronikgeräte angekündigt.

Das generelle **Ziel** des so genannten Kreislaufwirtschaftsgesetzes besteht nach § 1 KrW-/AbfG in der „Förderung einer Kreislaufwirtschaft zur Schonung der natürlichen Ressourcen und der Sicherung der umweltverträglichen Beseitigung von Abfällen". Die spezifischen Ziele einer Kreislaufwirtschaft werden nach § 4 KrW-/AbfG darin gesehen, die aus beweglichen Sachgegenständen resultierenden Abfälle mit erster Priorität zu vermeiden und in zweiter Linie einer stofflichen oder energetischen Verwertung zuzuführen.

Ein wesentliches Element zur Erreichung dieser Ziele wird in der so genannten **Produktverantwortung** gesehen, die in § 22 KrW-/AbfG als programmatische Grundverpflichtung kodifiziert ist. Nach § 22 KrW-/AbfG muss die Produktverantwortung von all jenen getragen werden, die Erzeugnisse „entwickeln, herstellen, be- und verarbeiten oder vertreiben" (vgl. Abb. 1-2). Damit sind prinzipiell alle am Wertschöpfungsprozess beteiligten Akteure eingeschlossen, angefangen vom Lieferanten über den Hersteller bis zum Handel. Der Hersteller von Endprodukten kann sowohl die Produktgestaltung als auch die Produktherstellung in besonderem Maße beeinflussen. Hierin liegt der Grund dafür, dass er zur Wahrnehmung der Produktverantwortung in besonderer Weise aufgefordert wird.

Abbildung 1-2: *Auszug aus dem Kreislaufwirtschaftsgesetz – § 22 Produktverantwortung*

(1) Wer Erzeugnisse entwickelt, herstellt, be- und verarbeitet oder vertreibt, trägt zur Erfüllung der Ziele der Kreislaufwirtschaft die Produktverantwortung. Zur Erfüllung der Produktverantwortung sind Erzeugnisse möglichst so zu gestalten, dass bei deren Herstellung und Gebrauch das Entstehen von Abfällen vermindert wird und die umweltverträgliche Verwertung und Beseitigung der nach deren Gebrauch entstandenen Abfälle sichergestellt ist.

(2) Die Produktverantwortung umfasst insbesondere

1. die Entwicklung, Herstellung und das In-Verkehr-Bringen von Erzeugnissen, die mehrfach verwendbar, technisch langlebig und nach Gebrauch zur ordnungs-gemäßen und schadlosen Verwertung und umweltverträglichen Beseitigung geeignet sind,
2. den vorrangigen Einsatz von verwertbaren Abfällen oder sekundären Rohstoffen bei der Herstellung von Erzeugnissen,
3. die Kennzeichnung von schadstoffhaltigen Erzeugnissen, um die umweltverträgliche Verwertung oder Beseitigung der nach Gebrauch verbleibenden Abfälle sicherzustellen,
4. den Hinweis auf Rückgabe-, Wiederverwendungs- und Verwertungsmöglichkeiten oder -pflichten und Pfandregelungen durch Kennzeichnung der Erzeugnisse und
5. die Rücknahme der Erzeugnisse und der nach Gebrauch der Erzeugnisse verbleibenden Abfälle sowie deren nachfolgende Verwertung oder Beseitigung.

Die Produktverantwortung kann als eine Weiterentwicklung und Präzisierung des in der Umweltpolitik befolgten Vorsorge- und Verursacherprinzips betrachtet werden. Das **Verursacherprinzip** manifestiert sich darin, dass jenen Wirtschaftssubjekten, die potenziell umweltgefährdende Produkte in den Verkehr bringen, auch nach deren Ge- und Verbrauch durch Dritte, weiterhin die Verantwortung obliegt, Altprodukte und die darin enthaltenen Stoffe einer Verwertung zuzuführen oder hierfür eine umweltgerechte Entsorgung sicherzustellen.[7] Damit stehen Hersteller zukünftig in der Verantwortung, Stoffkreisläufe zur Rücknahme und Verwertung der in Verkehr gebrachten Produkte einschließlich ihrer Verpackungen einzurichten. Das **Vorsorgeprinzip** kommt darin zum Ausdruck, dass die Produktverantwortung bereits bei der Entwicklung von Produkten gefordert wird, um Umweltschutzanforderungen im Sinne von so genannten integrierten Lösungen frühzeitig zu berücksichtigen. Die hohen Anforderungen, die im Gesetz hinsichtlich der Verwertung und Beseitigung von Abfällen gestellt werden, sowie die damit einhergehende Internalisierung von Abfallverwertungs- und Abfallbeseitigungskosten sollen Hersteller auch dazu veranlassen, aus einer ökonomischen Motivation heraus effiziente Konzepte der Abfallverwertung zu entwickeln.

Die im Kreislaufwirtschaftsgesetz geforderte Produktverantwortung hat zunächst nur deklaratorischen Charakter, da hieraus allein noch keine behördlich durchsetzbare Verpflichtung für die Adressaten des Gesetzes besteht. Deshalb behält sich der Gesetzgeber nach § 24 KrW-/AbfG den Erlass von Rechtsverordnungen vor, in denen die mit der Produktverantwortung verbundenen Pflichten für bestimmte Produktkategorien verbindlich definiert werden können. Bisher liegen Rücknahmeverordnungen für Altautos (die EU-Altautoverordnung ist eine europaweite Rücknahmeverordnung), Altöle, Verpackungen (Verpackungsverordnung) und Batterien vor. Weitere Verordnungsentwürfe, z.B. für Elektronikschrott und Bauschutt, befinden sich in der Diskussion. Um den Verordnungen vorzubeugen, ist es der Wirtschaft nach § 25 KrW-/AbfG möglich, auf Branchenebene **freiwillige Selbstverpflichtungen** vorzunehmen, indem sie freiwillig ein Konzept zur Altproduktrücknahme und -verwertung entwickelt und mit behördlicher Zustimmung umsetzt. In Deutschland hat z.B. die Automobilindustrie eine freiwillige Selbstverpflichtung in den 90er Jahren für die Rücknahme von Altautomobilen entworfen und umgesetzt.

Die erweiterte Produktverantwortung lässt sich nach einer zeitlichen, sachlichen und räumlichen Dimension präzisieren. **Zeitlich** erstreckt sie sich auf den gesamten Produktlebenszyklus von der Entwicklung bis zur Entsorgung. Demnach umfasst die Produktverantwortung zunächst alle wahrzunehmenden Maßnahmen im Lebenszyklus eines Produktes, bis es aus dem Verfügungsbereich eines Herstellers heraus an den Handel oder Endverwender gelangt. Bis zu diesem Zeitpunkt hat ein Hersteller die Möglichkeit, durch Modifikationen des Entwicklungs- und Herstellungsprozesses sowie der Einsatzstoffe von Produkten ressourcen- und abfallbezogene Zielsetzungen zu berücksichtigen. Hierbei steht die Entwicklung integrierter Problemlösungen im Vordergrund, da Verwertungsprobleme möglichst an der Quelle des Entstehens (z.B. durch Substitution nicht recyclingfähiger Werkstoffe) verhindert werden sollen. Weiterhin erstreckt sich die erweiterte Produktverantwortung auf die Phase der Rückführung von Altprodukten in einen Stoffkreislauf bzw. auf die umweltverträgliche Entsorgung nicht verwertbarer produktbezogener Abfälle.

Die **sachliche Dimension** der Produktverantwortung lässt sich in eine quantitative und qualitative Komponente unterteilen. Letztlich sollen eine Vermeidung und Verminderung von Abfällen und eine damit einhergehende Schonung natürlicher Ressourcen erzielt werden. Dieses quantitative Ziel lässt sich jedoch vielfach nur durch qualitative Einwirkungsmöglichkeiten auf den gesamten Produktlebenszyklus erreichen, angefangen von der Veränderung der Produktkonstruktion bis hin zu speziellen Verfahren zur Aufbereitung von Abfallstoffen, die im § 22 Abs. 2 KrW-/AbfG grob skizziert werden.

Die **räumliche Dimension** der Produktverantwortung ist besonders schwer zu präzisieren. Es stellt sich in diesem Zusammenhang die Frage, ob die Rücknahme der Altprodukte auf regionaler, nationaler oder internationaler Ebene erfolgen muss. Aus der Herstellerperspektive wird im Kreislaufwirtschaftsgesetz generell die Rücknahme und Verwertung von Altprodukten gefordert. Besonders brisant wird diese Forderung dann, wenn Produkte über internationale Grenzen hinweg im Ausland abgesetzt und verwendet werden. Legt man hingegen den formalen Geltungsbereich des deutschen Kreislaufwirtschaftsgesetzes zugrunde, so besitzen Rücknahmepflichten zunächst nur für den nationalen Raum ihre Gültigkeit. Dadurch, dass die Europäische Gemeinschaft in zunehmendem Maße die europaweite Umweltpolitik und -gesetzgebung hinsichtlich kreislaufwirtschaftlicher Leitorientierungen harmonisiert, wird zukünftig sicherlich ein europäisches Kreislaufwirtschaftsgesetz, wie es z.B. für die Automobilindustrie (EU-Altautoverordnung) europaweit erlassen wurde, den räumlichen Geltungsbereich auf Europa ausdehnen.

2 Unternehmensstrategische Herausforderungen eines Kreislaufmanagements

Die bisherigen Ausführungen haben verdeutlicht, dass Unternehmen vom Zulieferer über den Hersteller bis hin zum Handwerksbetrieb und Handel mit der Rückführung von Produktions-, Verpackungs- und Produktabfällen konfrontiert sind. Die Gründe hierfür liegen einerseits in der selbstständigen Einsicht, dass die Wirtschaftsweise nach dem Durchflussmodell zu einer weiteren Schädigung der Hauptfunktionen der natürlichen Umwelt führt. Damit werden auch die Zukunftsperspektiven für Unternehmen und Gesellschaft zerstört. Andererseits zwingen gesetzliche Regelungen wie das Kreislaufwirtschaftsgesetz in Deutschland und EU-weite Verordnungen zu konkretem Handeln.

Nun könnte man zunächst vermuten, dass der Übergang von der Durchfluss- zur Kreislaufwirtschaft mit einigen Anpassungsmaßnahmen auf der Seite der wirtschaftlichen Akteure in den Griff zu bekommen ist und damit keine besondere Herausforderung an die Unternehmensführung darstellt. Bei einer genaueren Betrachtung wird jedoch schnell deutlich, dass Unternehmen vor einer großen Herausforderung stehen, ihre Wertschöpfungsketten auf die Kreislaufwirtschaft auszurichten. Folgende Gründe lassen sich hierfür anführen: [8]

- **Mengenprobleme:** Angesichts der erheblichen verpackungs- und produktbezogenen Abfallmengen stellt sich für die Unternehmen eine strategische Aufgabe, eine Rückführung und Verwertung dieser Mengen effizient zu organisieren. Wenn jährlich allein 3,5 Millionen Automobile aus dem Wirtschaftsprozess in Deutschland als Altprodukte ausgesondert und in die Verantwortung der Hersteller zurückgegeben werden, dann stellt sich ein erhebliches Mengenproblem.
- **Kosten- und Ertragsprobleme:** Im weltweiten Wettbewerb gilt es die Kostensenkungs- und Ertragssteigerungspotenziale offensiv auszunutzen. Für die Unternehmen wird die Kette der Wertaktivitäten durch die Kreislaufwirtschaft erweitert und damit entstehen zusätzliche Kostentreiber wie auch Ertragspotenziale. Da die Produktverantwortung nicht nur für zukünftig auf den Markt gebrachte Produkte, sondern auch für die bereits in der Vergangenheit verkauften und noch im Gebrauch befindlichen Produkte gilt, muss in Abhängigkeit von der Produktlebensdauer und der Recyclingfähigkeit der Altprodukte auch der Altbestand an Produkten in das Internalisierungskalkül einbezogen werden. Dies hat zur Folge, dass Hersteller, die in der Vergangenheit ihre Produkte zu Lasten der Recyclingfähigkeit konstruiert haben, zukünftig mit diesen produktbezogenen „Altlasten" und den damit einhergehenden Kosteninternalisierungen konfrontiert werden. Kosten- und Ertragsvorteile erlangen in der Kreislaufwirtschaft nur jene, die integriert denken und handeln und die Konstruktion ihrer Produkte und die Serviceleistungen sowie ganze Geschäftsfeldstrategien an den Anforderungen der Kreislaufwirtschaft ausrichten. Eine isolierte Optimierung von Verwertungsprozessen für Produkte, die nicht für die Kreislaufwirtschaft konstruiert werden, ist ineffizient und stellt eine end-of-pipe-orientierte Betrachtung dar.
- **Koordinationsprobleme:** Angesichts der großen Herausforderungen wird die Kreislaufwirtschaft ein abgestimmtes Zusammenarbeiten zwischen verschiedenen Funktionen innerhalb eines Unternehmens und zwischen verschiedenen Partnern in der Wertschöpfungskette verlangen. Neben der Forschungs- und Entwicklungsabteilung erstrecken sich Auswirkungen auf den Einkauf, die Produktion, das Marketing bis hin zum Controlling und Rechnungswesen. Damit erfordern kreislaufwirtschaftliche Anpassungsprozesse eine funktionsübergreifende Arbeit und Koordination. Darüber hinaus entstehen Kooperationserfordernisse innerhalb von Branchen und mit bestehenden und neuen Partnern in der Wertschöpfungskette.

- **Wettbewerbsvor- und nachteile:** Es wäre eine verkürzte Sichtweise, die Kreislaufwirtschaft allein als Kosteninternalisierungsproblem zu begreifen. Vielmehr eröffnen sich für Hersteller neue marktstrategische Profilierungs- und Absatzchancen. Es ist angesichts des hohen Umweltbewusstseins von Konsumenten zu erwarten, dass sich Bemühungen der Hersteller, insbesondere im Vorfeld von Verordnungen, auch in verbesserten Imageprofilen niederschlagen werden. Es können sich neue Perspektiven für Unternehmen in bestehenden und neuen Absatzmärkten eröffnen, wenn z.B. durch Wiederverwendung von Altkomponenten in neuen Produkten Materialkosten und damit die Produktpreise gesenkt werden können.
- **Flexibilitätsvorteile:** Aufgrund des deklaratorischen Charakters des Kreislaufwirtschaftsgesetzes können Unternehmen durch die freiwillige Wahrnehmung der mit der erweiterten Produktverantwortung verbundenen Aufgaben dem Erlass von Verordnungen vorbeugend entgegenwirken. Je früher sich Unternehmen mit den Problemen auseinandersetzen, umso größer ist der Handlungsspielraum für eigenständige und innovative Lösungen. Wenn der Gesetzgeber auf dem Verordnungswege Unternehmen zur Erfüllung der Produktverantwortung zwingen muss, dann wird der Handlungsspielraum erheblich eingeschränkt.

Es zeichnet sich somit ab, dass nicht zuletzt aufgrund des Kreislaufwirtschaftsgesetzes und bestehender sowie zu erwartender Produktverordnungen die Gestaltung von Stoffkreisläufen auch aus einer **markt- und wettbewerbsorientierten Perspektive** zu betrachten ist. Die Internalisierung von Verwertungs- und Entsorgungskosten wird die Preisrelationen im Wettbewerb beeinflussen und wettbewerbsinduzierte Innovationen im Bereich der Recyclingtechnologien und recyclinggerechten Konstruktion oder bei den Einsatzmöglichkeiten von Sekundärrohstoffen intensivieren. Die Erschließung von Effizienzvorteilen bei der Gestaltung der Kreislaufwirtschaft eröffnet darüber hinaus neue Ansatzpunkte zur Differenzierung und Profilierung im Wettbewerb. Vor diesem Hintergrund haben BONUS und OEHL schon Anfang der 90er Jahre betont: „Der Schritt in die Kreislaufwirtschaft wird die Struktur unserer Ökonomie radikal verändern"[9].

3 Anpassung des strategischen Managements an kreislaufwirtschaftliche Anforderungen

3.1 Funktionale und aufgabenbezogene Kennzeichnung eines Stoffkreislaufes

Der Übergang von der Durchflusswirtschaft zu einer Kreislaufwirtschaft erfordert aus der Sicht der Hersteller die Anpassung bestehender Unternehmensfunktionen und die Übernahme **neuer kreislaufspezifischer Funktionen**[10]. Im Modell der Durchflusswirtschaft werden natürliche Ressourcen zur Güterproduktion eingesetzt und die fertigen Produkte über Absatzmärkte der Verwendungsphase zugeführt. Die Phase zwischen der Produktions- und Verwendungsphase wird auch als Distribution bezeichnet, in der die Güter über den so genannten Point of Sale (POS) an die jeweiligen Verwender verteilt werden. Nach der Verwendungsphase wird die Trägerfunktion der ökologischen Umwelt durch die Abfalldeponierung in Anspruch genommen. Diese nach dem „Einbahnstraßenprinzip" vorgenommene Wirtschaftsweise wird in der Kreislaufwirtschaft grundlegend verändert (vgl. Abb. 3-1).

Durch die erneute Verwendung der in den Abfällen enthaltenen Ressourcen soll der Verbrauch von Primärrohstoffen und die Menge an zu deponierenden Abfällen eingeschränkt werden. Hierzu ist es notwendig, dass die Altprodukte von den Verwendern wieder in einen Stoffkreislauf zurückgeführt werden. Vergleichbar zum Verkaufsort, an dem ein Verwender ein Produkt erwirbt, lässt sich eine neue Schnittstelle als **Point of Return (POR)** definieren, an der die Altprodukte von den Verwendern über ein Kollektionssystem der so genannten **Recycling- oder Reduktionsphase** zugeführt werden. Der konkreten Ausgestaltung dieser Schnittstelle kommt bei der Schließung eines Stoffkreislaufes insbesondere bei langlebigen Gebrauchsgütern eine besonders große Relevanz zu, weil vielfach der Zeitpunkt und Ort des Altproduktanfalls nicht exakt zu bestimmen sind. In der Recyclingphase erfolgen durch stoffliche Transformationsprozesse die eigentlichen Recyclingaktivitäten, um in möglichst großem Umfang die aus den Altprodukten gewonnenen Komponenten oder Stoffe einer erneuten Verwendung oder Verwertung zuzuführen.

Ein effizientes Recycling setzt die Berücksichtigung kreislaufwirtschaftlicher Anforderungen bereits bei der Produktentwicklung voraus. Nach dem Verständnis des integrierten Umweltschutzes beginnt eine Kreislaufwirtschaft bereits bei der **kreislaufgerechten Produktgestaltung**[11]. Schließlich besteht die Notwendigkeit, die aus den Altprodukten „reproduzierten" Sekundärkomponenten und -stoffe einer neuen Verwendung bzw. Herstellungsphase zuzuführen. Diese Transaktionsphase kann als **Induktion bzw. Point of Entry (POE)** gekennzeichnet werden. Aus der Sicht eines

Herstellers können in bestehenden oder neuen Märkten Verwendungsmöglichkeiten für Sekundärrohstoffe erschlossen werden. Mitunter ist zwischen der Recycling- und Erstellungsphase auch ein weiterer Distributionsprozess zwischengeschaltet.

Abbildung 3-1: *Drei-Ebenenmodell zur funktions-, akteurs- und austauschbezogenen Kennzeichnung eines Stoffkreislaufes für Produkte*

Quelle: Eigene Darstellung.

Transaktions-ebene	Stofflich	Produktverkauf, Produktrückgabe, Teileaustausch, Austausch von Pimär- und Sekundärstoffen
	Informationell	Produktinformationen, Kooperationsvereinbarungen, etc.
	Nominal	Entgeltzahlungen für Produktpreise, Rückgabeprämien, Logistik- und Recyclingdiensteistungen, etc.
Institutionelle Ebene	Vertikale Beziehung	Zulieferer, Hersteller, Logistikdienstleister Handel, Produktnutzer
	Horizontale Beziehung	Konkurrenten, Branchenverbände
	Laterale Beziehung	Behörden, Verwertungsunternehmen
Funktionale Analyseebene	**Primäre Funktionen** • Kollektion (POR) • Retrodistribution • Demontage • Aufbereitung • Wiederverwendung • Weiterverwendung • Wiederverwertung • Weiterverwertung • Thermische Verwertung • Abfalldeponierung	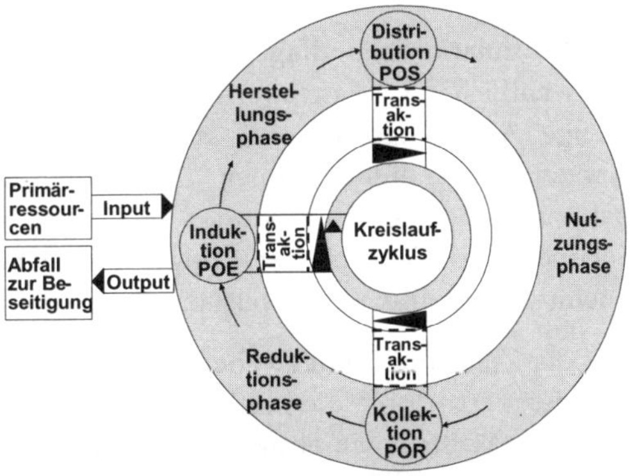
	Sekundäre Funktionen • Systemplanung • Systemkoordination • Systemverwaltung • Systemkontrolle • Kreislaufspez. F&E • Öffentlichkeitsarbeit	

Ausgehend von dieser grundsätzlichen Strukturierung eines Stoffkreislaufes lassen sich bei einer differenzierteren Aufgabenanalyse die in Abbildung 3-1 aufgeführten, kreislaufspezifischen Teilaufgaben kennzeichnen.[12] Die primären **kreislaufspezifischen Funktionen** umfassen jene Aufgaben, die direkt die physische Rückführung und das Recycling der Altprodukte betreffen. Hierzu gehört zunächst die Rücknahme der Altprodukte vom Kunden, woran sich die Rückführungslogistik anschließt. Durch sie werden Altprodukte entsprechenden Standorten zugeführt, an denen die Recyclingprozesse insgesamt oder teilweise durchgeführt werden. Im Rahmen der Recyclingprozesse können verschiedene Teilfunktionen unterschieden werden, die möglicherweise auch auf unterschiedliche Systempartner übertragen werden können. Hierzu gehören insbesondere folgende Aufgaben: Demontage der Altgeräte, Aufarbeitung,

Wiederverwendung, Weiterverwendung, Wiederverwertung, Weiterverwertung, thermische Verwertung und gegebenenfalls Deponierung. Darüber hinaus sind eine Reihe von unterstützenden bzw. **sekundären Funktionen** notwendig, um einen entsprechenden Stoffkreislauf für Produkte aufbauen zu können. Hierzu gehören die Planungs-, Koordinations-, Verwaltungs- und Kontrollaufgaben. Ebenso trägt eine kreislauforientierte Ausrichtung der produktbezogenen Forschung und Entwicklung zur langfristigen Verbesserung der Effizienz eines Rücknahme- und Recyclingsystems bei.

3.2 Integration kreislaufwirtschaftlicher Anforderung in den Managementprozess

Die dargestellte Erweiterung der traditionellen Wertschöpfungskette um kreislaufwirtschaftliche Funktionen ist als strategische Führungs- und Querschnittsaufgabe zu begreifen, bei der Anpassungen in allen Phasen des Unternehmensmanagements notwendig sind.

Die **Informationsgrundlagen** im Rahmen der Situationsanalyse sind um kreislaufwirtschaftliche Schlüsselinformationen zu erweitern. So sind Informationen über Menge, Art, Zeitpunkt und Anfallort produktions- und produktbezogener Abfälle bereitzustellen. Informationen über die Verwertungstechnologien, Kooperationspartner sowie die Entwicklung der Marktpotenziale für Sekundärmaterialien und Sekundärrohstoffe stellen wichtige Informationsbereiche für die strategische und operative Gestaltung von Kreislaufprozessen dar.

Auf der **Ziel- und Strategieebene** sind zunächst kreislaufspezifische Ziele zu definieren, denn erst durch die Festlegung dieser Ziele können darauf abgestimmte Strategien und Maßnahmen entwickelt, umgesetzt und auf ihren Zielerreichungsgrad hin beurteilt werden. Zu den kreislaufspezifischen Zielen gehören z.B. festgelegte Rücklaufquoten für Altprodukte, Quoten für die Wiederverwendung von Bauteilen sowie Kosten- und Ertragsziele für Sekundärstoffe bzw. -materialien.[13]

Abbildung 3-2: *Integration von kreislaufwirtschaftlichen Aufgaben im Managementprozess*
Quelle: Eigene Darstellung.

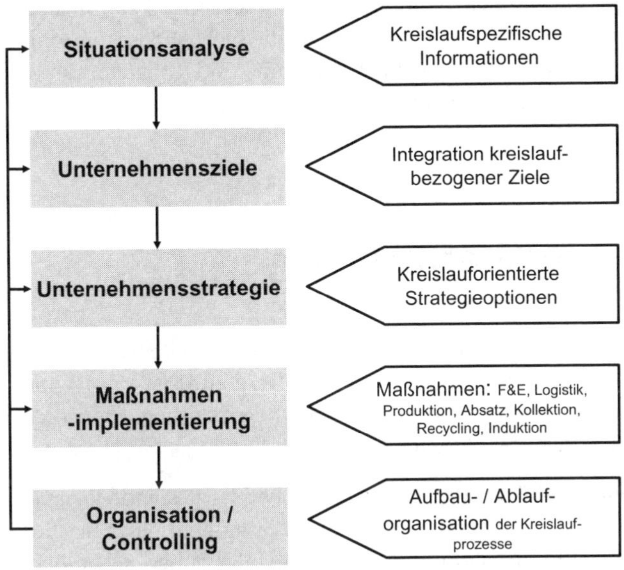

Kreislaufspezifische Strategien definieren den längerfristigen Verhaltensplan für ein Unternehmen. Hier ist festzulegen, inwieweit Unternehmen eine integrierte, auf eine kreislaufgerechte Produktkonstruktion ausgerichtete oder eher eine end-of-pipe-orientierte Strategie mit oder ohne Kooperationspartner verfolgen wollen[14]. Integrierte kreislauforientierte Strategien, bei denen bereits bei der Produktkonstruktion auf die Anforderungen des Produktrecyclings und die Wiederverwendung von Bauteilen oder Produktsubstanzen für die Neuproduktion ausgerichtet wird, führen nachweislich langfristig zu kreislaufwirtschaftlichen Kosten- und Ertragsvorteilen[15].

Die **Maßnahmenebene** umfasst die Planung der notwendigen kreislaufspezifischen Anpassungsmaßnahmen, die in allen Unternehmensfunktionen auszumachen sind. Zu nennen sind beispielhaft die Einführung von kreislauforientierten Konstruktionsprinzipien in der F&E- Abteilung[16], die Substitution von Materialien, die Verwendung von aufgearbeiteten Bauteilen in der Produktion und im Service[17], die Implementierung einer Rückführungslogistik für Altprodukte[18], die Bildung von Rückstellungen für zu erwartende Kosten bei der Altproduktrückführung u.a. Empirische Analyse zeigen deutlich, dass die Rückführung von Altprodukten im Falle von Leasing- oder Vermietgeschäften effizienter erfolgen kann, als wenn Produkte an Kunden verkauft werden.[19] Somit können kreislaufwirtschaftliche Strategien auch die Kontrahierungsformen für Neuprodukte beeinflussen.

Schließlich sind **aufbau- und ablauforganisatorische Anpassungen** bei der Gestaltung von Kreislaufprozessen notwendig. Die Erweiterung der Aufgabenbeschreibungen in bestehenden Abteilungen, die Einführung einer neuen Stabsstelle oder die Integration eines Geschäftsfeldes für „Recycling" kennzeichnen einige zentrale organisationale Entscheidungsoptionen. Schließlich ist das Controlling mit erweiterten Aufgaben zu betrauen, um die Effektivität und Effizienz der implementierten Kreislaufprozesse bewerten zu können.

4 Schlussbetrachtung

Die proaktive Ausrichtung der Wertschöpfungsaktivitäten eines Unternehmens am Prinzip der Kreislaufwirtschaft kann einen Beitrag zur Risikoprävention und zur Verringerung von strategischen wie auch Ad-hoc-Krisen leisten. Die wesentlichen Gründe hierfür liegen in folgenden Punkten begründet:[20]

- Kreislaufwirtschaftliche Regelungen sind bereits Bestandteil nationaler sowie internationaler Gesetzeswerke geworden, sodass deren Nichtbeachtung zur Gefährdung der rechtlichen Legitimität führt. Hiermit können neben ökonomischen und strafrechtliche Sanktionen sowie Produktions- und Absatzverbote verbunden sein.
- Die erweiterte Produktverantwortung führt zu einer Erweiterung der klassischen Wertschöpfungsaktivitäten eines Unternehmens. In einer Reihe von Verordnungen ist bereits die kostenlose Rücknahme von Altprodukten durch den produktverantwortlichen Hersteller vorgeschrieben. Unternehmen, die zu Lasten der Recycingfähigkeit ihre Produkte konstruieren, sind für die ökonomischen Konsequenzen dieser Strategie bei der Produktrücknahme wieder verantwortlich. Kurzfristig erzielte Vorteile können somit langfristig zu Nachteilen konvertieren.
- Die gestiegene Weltnachfrage z.B. nach Rohöl und Stahl bei begrenzter Ressourcenverfügbarkeit hat bereits verdeutlicht, dass sich hieraus Risiken für eine Vielzahl von Industrien und Unternehmen ergeben, die in hohem Maße auf Primärressourcen angewiesen sind. Kreislaufwirtschaftliche Strategien können zur Verminderung von Versorgungskrisen und zur Erschließung neuer Wettbewerbsvorteile beitragen. Die Substitution von Primär- und Sekundärressourcen setzt allerdings voraus, dass durch kreislaufwirtschaftliche Konzepte kontinuierlich hohe Rücklaufquoten generiert werden können.

Allerdings ist nicht zu verkennen, dass durch proaktive kreislauforientierte Strategien auch neue Risiken auf die Unternehmensführung zukommen können:

- Je länger die Lebenszyklen von Produkten sind, desto schwieriger gestaltet sich die Planung kreislaufwirtschaftlicher Strategien, da vielfach ein hohes Maß an Unsicherheit über die zum Zeitpunkt des Altproduktanfalls vorherrschenden wirtschaftlichen und technologischen Rahmenbedingen besteht. Damit entstehen neue strategische Planungsrisiken.
- Generell führt die Kreislaufwirtschaft zu einer stärkeren Koppelung von Output und Input in einer Wirtschaft. Werden Strategien der Wiederverwendung von ganzen Produktbestandteilen und -bauteilen entwickelt, so nehmen die Interdependenzen zwischen Produktgenerationen zu. Bei einer revolutionären Veränderung von Basistechnologien können Wiederverwendungsstrategien vielfach nicht mehr verfolgt werden, so dass hierdurch die Effizienz einer Kreislaufstrategie beeinträchtigt wird und i.d.R. eine komplette Umstellung und Neuausrichtung eines Kreislaufsystems erforderlich ist. Dies gestaltet sich komplexer als in der traditionellen Kreislaufwirtschaft. Somit ist der strategischen Flexibilität bei der Entwicklung kreislauforientierter Konzepte zukünftig erhöhte Aufmerksamkeit zu widmen.

Angesichts der kreislaufwirtschaftlichen Herausforderungen erscheint es immer mehr geboten, Kreislaufmanagement als strategische Führungsaufgabe zu begreifen.

Anmerkungen

1 Vgl. MEFFERT, H. / KIRCHGEORG, M.: Sustainable Development [1993], S. 34 ff.

2 Vgl. zum historischen Rückblick die Ausführungen bei KIRCHGEORG, M: Kreislaufmanagement [1999], S. 21 ff.

3 Vgl. BOULDING, K. E.: Spaceship Earth [1966].

4 DE MAN, R.: Stoffstrommanagement [1995] sowie Enquete-Kommission: Industriegesellschaft [1994].

5 Vgl. DE MAN, R.: Stoffstrommanagement [1995].

6 Vgl. zum Kreislaufmanagement KIRCHGEORG, M: Kreislaufmanagement [1999], S. 65 ff.; KALUZA, B.: Kreislaufwirtschaft [1997], S. 1 ff.; SOUREN, R.: Betriebliche Reduktion [1996], S. 1 ff.

7 Vgl. WAGNER, G. R.: Regulierungswirkungen von Umweltschutzgesetzen [1996], S. 131 f.

8 Vgl. KIRCHGEORG, M: Kreislaufmanagement [1999], S. 12 ff.

9 Vgl. BONUS, H. / OEHL, T. P.: Stoffwirtschaft [1993], S. 13.

10 Vgl. KIRCHGEORG, M.: Netzwerke [2003], S. 415 ff.

11 Vgl. z.B. MEFFERT, H. / KIRCHGEORG, M.: Produktgestaltung [1996].

12 Vgl. zu kreislaufspezifischen Funktionen z. B. KALUZA, B.: Kreislaufwirtschaft [1997]; THOMÉ-KOZMIENSKY, K. J.: Kreislaugwirtschaft [1995]; HALFMANN, M: Reduktionsmanagement [1996], S. 69 ff., SPENGLER, T.: Stoffstrommanagement [1998].

13 Vgl. zur Analyse von kreislaufwirtschaftlichen Zielsystemen die Ausführungen und empirischen Analysen bei KIRCHGEORG, M: Kreislaufmanagement [1999], S. 117 ff.

14 Vgl. zu den Kooperationskonzepten in der Kreislaufwirtschaft SCHWARZ, E. J.: Unternehmensnetzwerke [1994], KIRCHGEORG, M: Kreislaufmanagement [1999] und KIRCHGEORG, M.: Netzwerke [2003]; STREBEL, H. / SCHWARZ, E. J. / SCHWARZ, M. M.: Externes Recycling [1996]; VATERRODT, J. C.: Recycling [1996].

15 Vgl. hierzu die empirischen Erfolgsfaktorenanalysen kreislaufwirtschaftlicher Strategien bei KIRCHGEORG, M: Kreislaufmanagement [1999], S. 368 sowie die Fallanalysen bei MEFFERT, H. / KIRCHGEORG, M.: Umweltmanagement [1998].

16 Vgl. hierzu MEFFERT, H. / KIRCHGEORG, M.: Produktgestaltung [1996]., Sp. 1325 ff.; SIEGWART, H. / SENTI, R.: Product Cycyle [1995]; STAHEL, W.: Materialrecycling [1991].

17 Vgl. HOCKERTS, K.: Servicekonzepte [1994], S. 3 ff.

18 Vgl. hierzu insbesondere STÖLZLE, W.: Umweltschutz [1998] und STOCK, J. R.: Reverse Logistic Programs [1998]

19 Vgl. KIRCHGEORG, M: Kreislaufmanagement [1999], S.265 ff. und KIRCHGEORG, M.: Kreislaufwirtschaft [2001], S. 5 ff.

20 Vgl. auch die Risikodiskussion bei MATTEN, D.: Ökologische Risiken [1998], S. 233.

Literatur

BONUS, H. / OEHL, T. P.: Die Stoffwirtschaft des Raumschiffes Erde; in: FAZ; Nr. 235 vom 9.10.1993, S. 13.

BOULDING, K. E.: The Economics of the Coming Spaceship Earth; in: JARRETT, H. (Hrsg.): Environmental Quality in a Growing Economy Resources for the Future; Baltimore: Johns Hopkins Press; 1966.

DE MAN, R.: Akteure, Entscheidungen und Informationen im Stoffstrommanagement; in: Enquete-Kommission „Schutz des Menschen und der Umwelt" des Deutschen Bundestages (Hrsg.): Umweltverträgliches Stoffstrommanagement, Bd. 1 – Konzepte; Bonn: Economica Verlag; 1995; S. 1 - 65.

Enquete-Kommission „Schutz des Menschen und der Umwelt" des Deutschen Bundestages (Hrsg.): Die Industriegesellschaft gestalten – Perspektiven für einen nachhaltigen Umgang mit Stoff- und Materialströmen; Bonn: Economica Verlag; 1994.

HALFMANN, M.: Industrielles Reduktionsmanagement; Wiesbaden: Deutscher Universitäts-Verlag; 1996.

HOCKERTS, K.: Servicekonzepte als Element einer öko-effizienten Kreislaufwirtschaft; in: HOCKERTS, K. (Hrgs.): Kreislaufwirtschaft statt Abfallwirtschaft; Ulm: Universitäts-Verlag; 1994; S. 3 - 14.

HORNEBER, M.: Innovatives Entsorgungsmanagement; Göttingen: Vandenhoeck & Ruprecht; 1995.

KALUZA, B. (Hrsg.): Kreislaufwirtschaft und Umweltmanagement; Hamburg: S + W Steuer- und Wirtschaftsverlag; 1997.

KIRCHGEORG, M.: Der Einfluß der Kreislaufwirtschaft auf die Gestaltung der Marketingstrategien; in: UWF; Nr. 2; 9. Jahrgang; 2001; S. 5 - 13.

KIRCHGEORG, M.: Marktstrategisches Kreislaufmanagement; Wiesbaden: Gabler; 1999.

KIRCHGEORG, M.: Kreislaufwirtschaftliche Netzwerke; in: ZENTES, J. / SWOBODA, B. / MORSCHETT, D. (Hrgs.): Kooperation, Allianzen und Netzwerke; Wiesbaden: Gabler; 2003; S. 415 - 444.

MATTEN, D.: Management ökologischer Risiken; Stuttgart: Schäffer-Poeschel; 1998.

MEFFERT, H. / KIRCHGEORG, M.: Das neue Leitbild Sustainable Development – der Weg ist das Ziel; in: Harvard Business Manager; Nr. 2; 1993; S. 34 - 45.

MEFFERT, H. / KIRCHGEORG, M.: Marktorientiertes Umweltmanagement; Stuttgart: Schäffer-Poeschel; 1998.

MEFFERT, H. / KIRCHGEORG, M.: Ökologieorientierte Produktgestaltung; in: KERN, W. (Hrgs.): Handwörterbuch der Produktionswirtschaft; Stuttgart: Schäffer-Poeschel; 1996; Sp. 1325 - 1338.

SCHLÖGL, M. : Recycling von Elektro- und Elektronikschrott; Würzburg: Vogel Verlag; 1995.

SCHWARZ, E. J.: Unternehmensnetzwerke im Recycling-Bereich; Wiesbaden: Deutscher Universitäts-Verlag; 1994.

SIEGWART, H. / SENTI, R.: Product Life Cycle Management; Stuttgart: Schäffer-Poeschel; 1995.

SOUREN, R. : Theorie betrieblicher Reduktion; Heidelberg: Physica-Verlag; 1996.

SPENGLER, T.: Industrielles Stoffstrommanagement; Berlin: Schmidt; 1998.

STAHEL, W.: Langlebigkeit und Materialrecycling; Essen: Vulkan-Verlag; 1991.

STOCK, J. R.: Reverse Logistics Programs; in: Council of Logistic Programs; 1998.

STÖLZLE, W.: Umweltschutz und Entsorgungslogistik; Berlin: Schmidt; 1993.

STREBEL, H. / SCHWARZ, E. J. / SCHWARZ, M. M.: Externes Recycling im Produktionsbetrieb; Wien: Manz; 1996.

THOMÉ-KOZMIENSKY, K. J.: Management der Kreislaufwirtschaft; Berlin: EF-Verlag für Energie- und Unwelttechnik; 1995.

VATERRODT, J. C.: Recycling zwischen Betrieben; Berlin: Schmidt; 1995.

WAGNER, G. R.: Regulierungswirkungen aktueller Umweltschutzgesetze und -verordnungen; in: SADOWSKI, D. / CZAP, H. / WÄCHTER, H. (Hrgs.): Regulierung und Unternehmenspolitik; Wiesbaden: Gabler; 1996; S. 125 - 142.

Christoph Burmann

Prävention und Eindämmung von Ad-hoc-Krisen durch Aufbau strategischer Flexibilität

1 Einleitung 293
2 Flexibilität von Unternehmen 293
3 Ressourcentheoretische Konzeptualisierung strategischer Flexibilität 296
3.1 Wachstumstheorie von PENROSE als Ausgangspunkt 296
3.2 „Dynamisierung" des klassischen Ressourcenansatzes 297
3.2.1 Grundstruktur des „Dynamic Capabilities" Ansatzes 297
3.2.2 Replikationsfähigkeit 299
3.2.3 Rekonfigurationsfähigkeit 301
3.2.4 Strategische Flexibilität als duale organisationale Meta-Fähigkeit 302
4 Strategische Flexibilität im Rahmen des Managements von Ad-hoc-Krisen 304
5 Zusammenfassung und Ausblick 306

1 Einleitung

Die Geschwindigkeit und das Ausmaß der Veränderung von Märkten haben in den letzten Jahren zugenommen. Vor allem das hohe Entwicklungstempo neuer Informations- und Kommunikationstechnologien hat den Grad der Vernetzung der Volkswirtschaften erhöht und dadurch zu einer **Potenzierung von Rückkopplungseffekten** geführt. Dies schlägt sich in den letzten Jahren in einer erhöhten Zahl von **Ad-hoc-Krisen** nieder, weil die mit Rückkopplungseffekten einhergehende schlechtere Prognostizierbarkeit marktlicher und gesellschaftlicher Entwicklungstrends die Wahrscheinlichkeit des „nicht-vorbereitet-Seins" auf Unternehmensseite deutlich erhöht hat. Zur Eindämmung des Ausmaßes negativer Zielabweichungen in solchen Situationen muss das strategische Flexibilitätspotenzial eines Unternehmens erhöht werden. Auch deshalb, weil ein **dauerhaft profitables Wachstum** in einem von Diskontinuitäten geprägten Marktumfeld nur bei hoher strategischer Flexibilität zu erreichen ist. Vor diesem Problemhintergrund wird das Konstrukt der strategischen Flexibilität im Folgenden zunächst aus ressourcentheoretischer Perspektive konzeptualisiert und anschließend dessen Bedeutung zur Prävention und Eindämmung von Ad-hoc-Krisen aufgezeigt.

2 Flexibilität von Unternehmen

Die betriebswirtschaftliche Forschung hat sich mit einer Vielzahl unterschiedlicher Erscheinungsformen der Flexibilität von Unternehmen beschäftigt. Eine einfache Übertragung der ursprünglichen Bedeutung des lateinischen Wortes flexibilis (biegsam, anpassungsfähig, geschmeidig) auf Unternehmen ist problematisch, weil sich diese Wortbedeutung an einer Eigenschaft physischer Objekte orientiert, die nach einer „Verbiegung" immer wieder problemlos in den ursprünglichen Zustand zurückzuversetzen sind und damit implizit von einem **statischen Gleichgewicht** ausgeht. Die Flexibilität einzelner Aggregate in der Produktions- und Kostentheorie entspricht diesem Flexibilitätsverständnis. Demgegenüber ist die Flexibilität eines ganzen Unternehmens eher im Sinne eines **dynamischen Gleichgewichtes**, d.h. als Sicherung der Überlebensfähigkeit durch Anpassung an Veränderungen in der Umwelt zu verstehen, ähnlich der Anpassungsfähigkeit organischer Systeme in der Evolution. Überlebensfähigkeit wird dabei als dauerhafte Zielerreichung interpretiert. Flexibel ist ein Unternehmen somit nur dann, wenn es unter Sicherung eines Mindestzielerreichungsgrades zur Anpassung an neue Markt- und Umweltbedingungen fähig ist.

Flexibilität im allgemeinen definiert JACOB daher als „die Eigenschaft [...] einer Sache (z.B. Maschine, Fertigungssystem), einer Einrichtung oder eines Teils davon (z.B. Unternehmen, Unternehmensorganisation, Produktions-, Finanz-, und Marketingbereich), eines Tätigwerdens oder Tuns, sich gut an veränderte Gegebenheiten und daraus resultierend, veränderte Aufgaben anpassen zu lassen"[1].

Die **verschiedenen Flexibilitätsarten** können in Anlehnung an KALUZA[2] zunächst bezüglich des **Objekts der Flexibilität** nach Ziel- und Mittelflexibilität unterschieden werden. Die Zielflexibilität kann sich auf die Flexibilität zur Aufnahme neuer Ziele in das Zielsystem des Unternehmens (z.B. ethisch-moralischer Grundsätze), die Veränderung des Zielsystems (z.B. Änderung der Zielgewichtung) und die Veränderung des als angemessen beurteilten Zielerreichungsgrades beziehen. Die Mittelflexibilität kennzeichnet die Flexibilität bei der Auswahl von Mitteln zur Erreichung der gesetzten Ziele. Sie kann in reale und dispositive Mittelflexibilität unterteilt werden. Die reale Mittelflexibilität ist auf der physischen Ebene angesiedelt und bezieht sich auf die klassischen Produktionsfaktoren. Die reale Flexibilität der Betriebsmittel und der menschlichen Arbeitsleistung kann weiterführend in quantitative und qualitative Flexibilität untergliedert werden. Die quantitative reale Mittelflexibilität umfasst die mengenmäßige, zeitliche und intensitätsmäßige Anpassungsfähigkeit der menschlichen Arbeitsleistung und der Betriebsmittel an Veränderungen der Beschäftigung. Die qualitative reale Mittelflexibilität betrifft einerseits die Vielseitigkeit und Umrüstbarkeit der Betriebsmittel und andererseits die Breite und Tiefe des Einsatzfeldes der Mitarbeiter. Die dispositive Mittelflexibilität beschreibt die Anpassungsfähigkeit des Unternehmens im Bereich der Planung und Entscheidung, Organisation und Kontrolle.

Hinsichtlich der **Wirkungsrichtung** der Flexibilität kann zwischen externer und interner Flexibilität differenziert werden.[3] Externe Flexibilität kennzeichnet die gezielte Einflussnahme des Unternehmens auf seine Umwelt. Dies kann z.B. durch die Ausübung von Macht oder die Markteinführung von Produktinnovationen geschehen. Die interne Flexibilität kennzeichnet demgegenüber die Veränderung unternehmensinterner Struktur- und Prozessvariablen, ohne dass damit direkt eine Einflussnahme der Umwelt angestrebt wird. So können bei rückläufigem Preisniveau interne Rationalisierungsmaßnahmen durchgeführt werden, die die ursprüngliche Ertragssituation wieder herstellen und damit z.B. Handlungspotentiale zur Entwicklung einer neuen Produktgeneration sichern helfen. Letztlich gehen jedoch mit vielen Flexibilitätsarten interne und externe Wirkungen einher.

Hinsichtlich der **Grundeinstellung des Managements** wird in der Literatur i.d.R. zwischen Built-In-Flexibilität und Handlungsflexibilität unterschieden.[4] Die Built-In-Flexibilität kann als eine defensiv-passive Risikovorsorge durch entsprechende Gestaltung des Geschäftsfeldportfolios und der Unternehmensstruktur verstanden werden. Hierdurch sollen z.B. Beschäftigungsrisiken in verschiedenen Geschäftsfeldern kompensiert werden. Die Handlungsflexibilität beschreibt demgegenüber das offensivaktive Reaktionsvermögen zur Ausschöpfung und Bewältigung neuer Wachstumschancen in einer veränderten Unternehmenssituation wie beispielsweise einer Ad-hoc-Krise. Die Handlungsflexibilität wiederum kann sich nach MEFFERT auf den Handlungsspielraum (Aktionsflexibilität), die Handlungsgeschwindigkeit (Prozessflexibilität) und die Handlungsbereitschaft (Strukturflexibilität) beziehen, wobei letztere als Voraussetzung der Handlungsgeschwindigkeit und des Handlungsspielraums interpretiert werden kann.

Bezüglich der **Zeitdimension** der Flexibilität kann schließlich mit JACOB zwischen Bestands- und Entwicklungsflexibilität unterschieden werden.[5] Die Bestandsflexibilität charakterisiert die kurzfristige Anpassungsfähigkeit unter Nutzung der vorhandenen Mittelausstattung des Unternehmens. Auf der Grundlage der als konstant unterstellten Kapazitäten eines Unternehmens und eines gegebenen Produktions- und Leistungsprogramms wird untersucht, inwieweit die Unternehmung in der Lage ist, sich kurzfristig an Schwankungen des Beschäftigungsgrades anzupassen. Die Bestandsflexibilität ist somit weitestgehend mit der Mittelflexibilität gleichzusetzen.

Die Entwicklungsflexibilität beschreibt demgegenüber die langfristige Fähigkeit zur Anpassung an unvorhergesehene, in der Zukunft liegende Veränderungen der Unternehmenssituation. Dabei wird auf der ersten Stufe von einem gegebenen, dauerhaft unveränderlichen Produktions- und Leistungsprogramm ausgegangen. Es wird untersucht, wie schnell und mit welchen Kosten der Bestand an Produktionsfaktoren quantitativ an größere und dauerhafte Nachfragerückgänge oder -steigerungen angepasst werden kann. Bestimmungsfaktoren dieser primär für den Produktionsbereich untersuchten Entwicklungsflexibilität I sind die Art der eingegangenen Bindungen, Zeitbedarf und Kosten der Auflösung bestehender Bindungen sowie die Weiterverwendbarkeit vorhandener Produktionsmittel. Je nach Zielsetzung des Unternehmens wird nach einer Produktionsmittelausstattung gesucht, die die negativen Wirkungen eines Nachfragerückganges vermindert (Risikoreduktion) oder die schnelle und umfassende Nutzung eines Nachfrageanstiegs ermöglicht. Im Gegensatz zur Bestandsflexibilität wird somit von variablen Kapazitäten des Unternehmens ausgegangenen.

Auf der zweiten Stufe wird die Prämisse der Unveränderlichkeit des Produktions- und Leistungsprogramms aufgegeben. Diese Entwicklungsflexibilität II wird von JACOB auch als **strategische Flexibilität** bezeichnet. Er definiert sie als die Fähigkeit eines Unternehmens, sich durch Veränderungen des Produktions- und Leistungsprogramms dergestalt an veränderte Rahmenbedingungen anzupassen, dass es sowohl die **noch verbliebenen ursprünglichen Marktchancen** als auch die durch die veränderten Rahmenbedingungen entstandenen **neuen Chancen** optimal nutzt.[6] Sie umfasst sowohl die Handlungsschnelligkeit als auch die Handlungsbreite (Zahl der verschiedenen Handlungsalternativen) eines Unternehmens.

3 Ressourcentheoretische Konzeptualisierung strategischer Flexibilität

3.1 Wachstumstheorie von PENROSE als Ausgangspunkt

Das in der Definition von JACOB deutlich werdende Merkmal der Dualität strategischer Flexibilität, d. h. die Weiterführung und bestmögliche Ausschöpfung der bisherigen Geschäftsaktivitäten bei gleichzeitiger Erschließung neuer Absatzpotenziale findet sich in ähnlicher Form auch in der ressourcenorientierten Wachstumstheorie von PENROSE. Ein Unternehmen wird von PENROSE als Ressourcenbündel mit Gewinnerzielungsabsicht definiert.[7] Hinsichtlich der Art der im Unternehmen gebündelten Ressourcen unterscheidet PENROSE zwischen immateriellen Humanressourcen und physisch-materiellen Ressourcen. Sie beschäftigt sich jedoch fast ausschließlich mit Humanressourcen. Ressourcen können in diesem Zusammenhang als „all assets, capabilities, organizational processes, firm attributes, information, knowledge, etc. controlled by a firm that enable the firm to conceive of and implement strategies"[8] definiert werden. Organisationale Fähigkeiten sind demnach eine Teilmenge der Unternehmensressourcen und repräsentieren „the organization's collective capacity for undertaking a specific type of activity"[9]. Diese spezifischen Aktivitäten bzw. Ressourcenkombinationen sind das Ergebnis der Tätigkeiten der Unternehmensmitarbeiter, die deshalb im Mittelpunkt der Theorie von PENROSE stehen. Dies wird auch in ihrer weiterführenden Beschreibung der Unternehmung deutlich:

Der Kern jedes Unternehmens ist für PENROSE eine Gruppe von Personen, die durch enge Koordination ihrer Tätigkeiten und die Einbindung in einen institutionellen Rahmen Transaktionskostenvorteile realisiert. Die Unterscheidung dieser Personengruppe von anderen Unternehmen erfolgt anhand der von ihnen ausgeführten Tätigkeiten, die durch die Art der eingesetzten Ressourcen und insbesondere die spezifische Form der Kombination und Verwendungszwecke dieser Ressourcen beschrieben werden.

Dauerhaftes Wachstum von Unternehmen über alle Diskontinuitäten in der Umwelt hinweg erklärt PENROSE durch zwei zentrale Prozesse,[10] die den beiden Merkmalen strategischer Flexibilität von JACOB zugeordnet werden können: Den **Ressourcenakkumulationsprozess** und den Prozess **der administrativen Reorganisation**. Obwohl erst das Ineinandergreifen beider Prozesse zu dauerhaftem Wachstum führt, widmet sich PENROSE nahezu ausschließlich dem **Ressourcenakkumulationsprozess**, den sie wie folgt beschreibt:

„Following from the definition of the firm as a coherent administrative organization, I argued that managerial resources with experience within the firm are necessary for the efficient absorption of managers from outside the firm. Thus the availability of 'inherited managers' with such experience limits the amount of expansion that can be planned and undertaken in any period of time. Such managers, by definition, cannot be acquired from the market but are a necessary input in expansion [...]. It follows [...] that a firm's rate of growth is limited by the growth of knowledge within it."[11]

Erst die Akkumulation von Wissen und Erfahrung ermöglicht somit das dauerhafte Wachstum von Unternehmen. Der **Reorganisationsprozess** bezieht sich auf die Rekonfiguration von Ressourcen. Einerseits dient er der Sicherung der Koordinationseffizienz beim Wachstum des Unternehmens durch interne Restrukturierungen. Andererseits der frühzeitigen Identifikation neuer Märkte, in die die Unternehmensressourcen gewinnbringend übertragen werden können. Die Beherrschung des Ressourcenakkumulations- und des Reorganisationsprozesses basiert auf spezifischen organisationalen Metafähigkeiten, die aus ressourcentheoretischer Perspektive hier die strategische Flexibilität eines Unternehmens darstellen. Zur Operationalisierung dieser beiden von PENROSE und JACOB noch sehr vage umschriebenen organisationalen Metafähigkeiten wird im folgenden auf den „dynamic capabilities" Ansatz von TEECE zurückgegriffen.

3.2 „Dynamisierung" des klassischen Ressourcenansatzes

Die Forderung nach einer „Dynamisierung" der klassischen Ressourcentheorie à la PENROSE wurde 1992 von TEECE, PISANO und SHUEN mit ihrem „Dynamic Capabilities" Ansatz aufgegriffen.[12] Sie haben als erste einen konzeptionellen Bezugsrahmen zur Erklärung dynamischer organisationaler Fähigkeiten entwickelt, der ab 1997 auf breiterer Basis von anderen Autoren aufgegriffen wurde. Die Ressourcentheoretiker konzentrieren sich dabei auf die Erforschung des organisationalen Wissens von Unternehmen.[13]

3.2.1 Grundstruktur des „Dynamic Capabilities" Ansatzes

Der „Dynamic Capabilities" Ansatz zielt darauf ab, die Fähigkeit eines Unternehmens zum Wechsel von Wettbewerbsvorteilen zu erklären. Organisationale Veränderungen werden dabei als pfadabhängige Entwicklungsprozesse[14] modelliert, in denen neue Fähigkeiten in Abhängigkeit von der historischen Entwicklung eines Unternehmens über die Zeit akkumuliert werden. Dieser Akkumulationsprozess hat zur Folge, dass die Entwicklung neuer Fähigkeiten nur durch die Bewahrung und Fortentwicklung alter, vorhandener Fähigkeiten möglich ist. Die Parallelität von alten und neuen Fähigkeiten ermöglicht eine gegenseitige Befruchtung und damit das organisationale Lernen. „Dynamic capabilities" eines Unternehmens sind somit organisationale **Meta-Fähigkeiten**. Diese Interpretation wird implizit auch in der Definition von TEECE deutlich:

„We define dynamic capabilities as the firm's ability to integrate, build, and reconfigure internal and external **competences** to address rapidly changing environments [...]. Hence organizational processes, shaped by the firm's asset positions and molded by its evolutionary and co-evolutionary paths, explain the essence of the firm's dynamic capabilities [...]. By managerial and organizational processes, we refer to the way things are done in the firm, or what might be referred to as its routines, or patterns of current practice and learning."[15]

Zunächst wird deutlich, dass es sich auch bei „dynamic capabilities" um die Beherrschung von Prozessen handelt. Diese sind grundsätzlich **auf allen organisatorischen Ebenen des Unternehmens anzutreffen**. Prozesse können allgemein als eine Abfolge aufgabenbezogener Tätigkeiten im Zeitablauf definiert werden.[16] Jeder Prozess kann gut oder schlecht beherrscht werden. Die Güte der Prozessbeherrschung ist abhängig von den organisationalen Fähigkeiten des Unternehmens, die sich wiederum auf **Handlungsroutinen** zurückführen lassen.[17]

Die wichtigste Aussage des „Dynamic Capabilities" Ansatzes zur Erklärung des Wechsels von Wettbewerbsvorteilen liegt in der Verknüpfung von Prozessen mit der historischen Entwicklung und der Ressourcenausstattung eines Unternehmens. Die **historische Entwicklung** eines Unternehmens begrenzt die „dynamic capabilities" eines Unternehmens, weil TEECE ein lokales Lernverhalten des Unternehmens unterstellen. Das Suchverhalten nach neuen Problemlösungen wird dabei von den bereits existierenden Handlungsroutinen beeinflusst. Da Routinen aus der wiederholten Kombination von Ressourcen entstehen, hat auch die **Ressourcenausstattung** des Unternehmens einen Einfluss auf die Bildung von Routinen. Im nächsten Schritt gehen TEECE auf den Gegenstand von „dynamic capabilities" näher ein, indem sie drei Prozesse, Integrations-, Rekonfigurations- und Lernprozesse unterscheiden (vgl. Abb. 3-1), die im Folgenden näher analysiert werden.

Abbildung 3-1: *„Dynamic Capabilities" Ansatz im Überblick*
Quelle: Eigene Darstellung in Anlehung an TEECE, D. J. / PISANO, G. / SHUEN, A.: Dynamic Capabilities [1997].

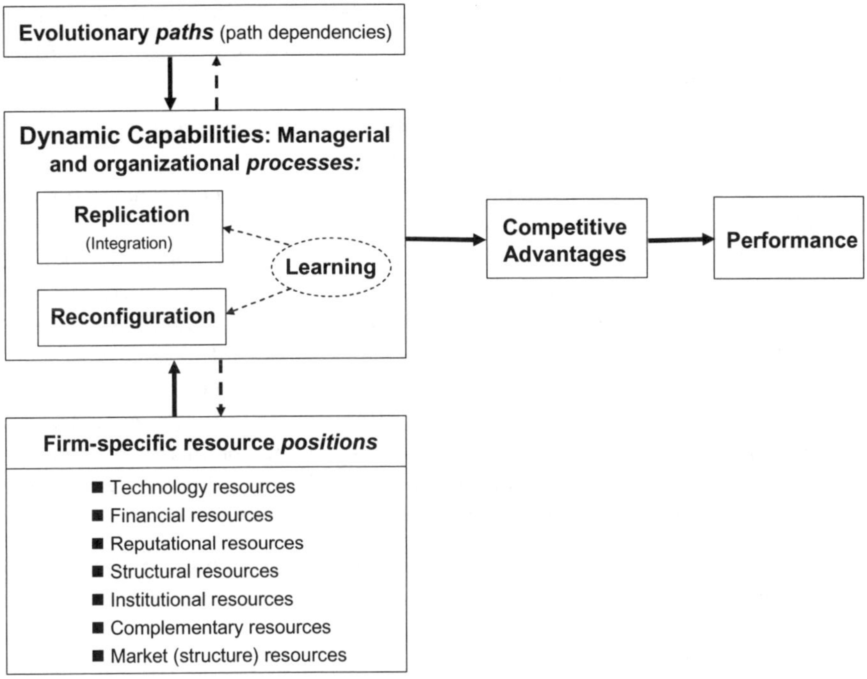

3.2.2 Replikationsfähigkeit

Der Integrationsprozess bezieht sich bei TEECE auf die Sicherstellung einer effektiven und effizienten Koordination von Ressourcen. Problematisch erscheint jedoch, dass die Koordination von Ressourcen ein generelles Definitionsmerkmal aller Arten organisationaler Fähigkeiten und Prozesse ist. Insoweit kann die Beherrschung der auf diese Weise definierten Integrationsprozesse kein konstitutives Merkmal von „dynamic capabilities" als einer besonderen Form organisationaler Fähigkeiten sein.

Bei genauerer Analyse der Aussagen von TEECE wird jedoch ein anderes Differenzierungsmerkmal von Integrationsprozessen erkennbar: Integrationsprozesse beziehen sich auf bekannte Aufgaben. Die der Beherrschung solcher Prozesse zugrunde liegende organisationale Fähigkeit soll hier als Replikationsfähigkeit bezeichnet werden. Die Replikationsfähigkeit stellt eine Meta-Fähigkeit des Unternehmens zur Multiplikation operativer Prozessfähigkeiten des laufenden Geschäftsbetriebes dar. Der Replikationsfähigkeit kommt in zweifacher Weise eine ökonomische Bedeutung zu. Einerseits ermöglicht sie ein schnelleres und effizienteres Wachstum des Unternehmens. Andererseits zeigt die Güte der Replikationsfähigkeit eines Unternehmens, inwieweit es in der Lage ist, den Aufbau und die Funktion seiner organisationalen Fähigkeiten umfassend zu verstehen. Dies ist die Voraussetzung zur gezielten Verbesserung und Weiterentwicklung der eigenen Fähigkeiten.

APPLEYARD und FLORIDA / KENNEY konnten am Beispiel mehrerer Fallstudien zeigen, dass eine schlecht entwickelte Replikationsfähigkeit bei Halbleiter- und Automobilherstellern zu signifikant negativen Wirkungen auf den ökonomischen Erfolg der Unternehmen führte.[18] NOBEOKA und CUSUMANO wiesen in ihrer empirischen Studie in der Automobilindustrie einen positiven Zusammenhang zwischen der Replikationsfähigkeit eines Unternehmens und dem Umsatzwachstum nach. Sie begründeten ihr Ergebnis vor allem mit der größeren Handlungsschnelligkeit bei hoher Replikationsfähigkeit.[19] SZULANSKI stellte im Rahmen einer umfassenden Fallstudie in einer amerikanischen Universalbank fest, dass eine hohe Replikationsfähigkeit u.a. zu einer schnellen Integration von Akquisitionen führt, weil die operativen Prozesse der übernehmenden Bank ebenso effizient wie effektiv auf die übernommenen Banken übertragen werden konnten. Die von ihm untersuchte Bank war dadurch in der Lage, innerhalb von acht Jahren 135 Banken zu akquirieren und zu integrieren.[20]

Die Replikationsfähigkeit basiert somit auf der **Kodifikation und dem Transfer von Wissen bzw. Know-how**. Eine Replikation operativer Prozessfähigkeiten liegt z.B. dann vor, wenn ein Automobilhersteller sein besonderes Know-how in der Qualitätssicherung beim Aufbau einer neuen Fertigungsstätte in China einsetzen möchte. Die Übertragung der Qualitätssicherungsfähigkeit auf die chinesische Tochtergesellschaft kann z.B. in Form von Schulungs- und Trainingsmaßnahmen geschehen. Die Replikation operativer Prozessfähigkeiten ist stets mit Kosten verbunden ist. So müssen für die Schulungsmaßnahmen z.B. qualifizierte Produktionsingenieure aus dem Heimatland nach China versetzt werden und stehen in der Fertigung des Heimatlandes nicht zur Verfügung. Dadurch entstehen neben den direkten Mehrkosten der Personalentsendung zusätzlich Opportunitätskosten der Replikation durch die fehlenden Einsatzmöglichkeiten der Fachkräfte im Heimatland.

Die Opportunitätskosten der Replikation können dementsprechend durch das Produkt aus dem Wert der freien Ressourcen je Zeiteinheit bei alternativem Einsatz im Unternehmen und ihrer zeitlichen Inanspruchnahme durch die Replikation berechnet werden. Entscheidet sich ein Unternehmen angesichts dieser Opportunitätskosten auf die Replikation zu verzichten, entstehen andere Opportunitätskosten durch den Gewinnentgang in den nun nicht oder mit schlechterer Qualität belieferten neuen Märkten.

Ein wesentlicher Wettbewerbsvorteil etablierter Unternehmen im Vergleich zu Start-Ups bei der Erschließung neuer Märkte liegt in der Realisierung von Zeit- und Kostenvorteilen durch die Replikation bereits vorhandener Fähigkeiten. Die Ausschöpfung dieser Effizienzvorteile führt jedoch zu einem Problem, das in der Ressourcentheorie als **Replikationsparadoxon** bekannt ist:[21] Je intensiver Unternehmen in die schnelle und kostengünstige Replikation ihrer Fähigkeiten investieren, desto leichter sind sie in der Regel von anderen Firmen imitierbar. Schnelles und zugleich effizientes Wachstum aufgrund hoher Replikationsfähigkeit geht somit oft einher mit ebenso schneller Imitation durch Wettbewerber. Vor diesem Hintergrund sollte die Verbesserung der Replikationsfähigkeit eines Unternehmens darauf ausgerichtet sein, Kosten und Zeitaufwand der Replikation unter den entsprechenden Imitationsaufwendungen durch Wettbewerber zu halten und rechtlichen Vorkehrungen zum Schutz vor Imitation zu ergreifen.

3.2.3 Rekonfigurationsfähigkeit

Die Fähigkeit zur Beherrschung von Rekonfigurationsprozessen als zweiter Bestandteil von „dynamic capabilities" wird von TEECE nur sehr knapp beschrieben: „The ability to sense the need to reconfigure the firm's asset structure, and to accomplish the necessary internal and external transformation."[22] Um diese Prozesse zu beherrschen ist es erstens erforderlich, möglichst frühzeitig die Notwendigkeit einer durchgreifenden Veränderung zu erkennen. Je früher dies erkannt wird, desto geringere Kosten sind i.d.R. mit einer Rekonfiguration verbunden. Zweitens muss ein Unternehmen die für eine Rekonfiguration notwendigen neuen Ressourcen und Fähigkeiten auch erwerben bzw. erlernen können. Auf die organisationale Lernfähigkeit als drittem Bestandteil der „dynamic capabilities" geht TEECE ebenfalls nur sehr kurz ein. Sie bleiben letztlich eine Antwort darauf schuldig, wie eine hohe Lernfähigkeit erreicht werden kann. Anhand ihrer Ausführungen wird jedoch deutlich, dass sie die organisationale Lernfähigkeit als eine wichtige Komponente der Replikations- und Rekonfigurationsfähigkeit betrachten und die Lernfähigkeit somit de facto durch diese beiden Fähigkeiten abgedeckt wird.

Die Rekonfigurationsfähigkeit ermöglicht einem Unternehmen die Entwicklung neuer organisationalen Fähigkeiten. Neue organisationale Fähigkeiten können stark vereinfacht in zweifacher Weise entstehen. Erstens durch die Rekombination des im Unternehmen bereits existierenden Wissens. Zweitens durch die Generierung neuen Wissens. Nach dieser in der Ressourcentheorie weit verbreiteten Erkenntnis wird die Entstehung von neuem Wissen offenbar in starkem Maße von dem bereits vorhandenen Wissen beeinflusst.

BOISOT bezeichnet die Rekombination des im Unternehmen bereits vorhandenen Wissens als **Wissensabstraktion** und definiert sie wie folgt:

„Generalizing the application of newly codified insights to a wider range of situations. This involves reducing them to their most essential features – i.e. conceptualizing them

[...]. Abstraction then works by teasing out the underlying structure of phenomena relevant to our purpose. It requires an appreciation of cause-and-effect relationships to an extent that simple acts of codification do not."[23]

Die Abstraktion führt zu einer Dekontextualisierung des Wissens, d.h. zu einer Herauslösung aus einer bestimmten Anwendungssituation und reduziert kodifiziertes Wissen auf elementare Ursache-Wirkungs-Beziehungen. Die Wissensabstraktion erweitert das Spektrum potenzieller Anwendungsfelder des Wissens und ermöglicht die Übertragung des Wissens in neue Märkte. Damit vergrößert sich für das Unternehmen der Handlungsspielraum. Dieser zusätzliche Handlungsspielraum kann als Erwerb von Realoptionen interpretiert werden.

Die Entwicklung neuer organisationaler Fähigkeiten erfordert immer auch die Aufnahme neuer Informationen, die aus unternehmensinternen oder -externen Quellen stammen können. Intern induziertes Lernen kann z.B. das Ergebnis gezielter Forschungs- und Entwicklungsbemühungen sein. Extern induziertes Lernen kann z.B. im Rahmen klassischer Unternehmenskooperationen, Allianzen, Joint Ventures oder Akquisitionen erfolgen. Internes und externes Lernen der Mitarbeiter wird von deren Fähigkeit zur Aufnahme und Verarbeitung neuer Informationen determiniert. Dieser aus der Kognitionspsychologie bekannte Zusammenhang wird heute auch auf Unternehmen übertragen und als „absorptive capacity"[24] bzw. **Wissensabsorptionsfähigkeit** bezeichnet.

BOISOT[25] beschreibt Wissensabsorption zunächst allgemein als die Internalisierung neuen Wissens. Internalisierung macht einen wiederholten Gebrauch und direkte praktische Erfahrungen mit neuem Wissen erforderlich. In diesem Sinne unterscheidet sich die Wissensabsorption von der Informationsaufnahme. BOISOT und NONAKA / TAKEUCHI[26] weisen darauf hin, dass die Schaffung neuen Wissens erst durch eine Verknüpfung des unternehmensinternen Wissens mit Wissensbeständen außerhalb des Unternehmens möglich wird.[27] Dies wird auch von COHEN / LEVINTHAL[28] unterstrichen, die die Fähigkeit eines Unternehmens zur Absorption unternehmensexternen Wissens wie folgt beschreiben: „The ability of the firm to recognize the value of new, external information, assimilate it, and apply it to commercial ends [...] is largely a function of the firm's level of prior related knowledge." Demnach erschwert Outsourcing langfristig die Aufnahme neuen, strategisch relevanten Wissens und damit die Entwicklung neuer organisationaler Fähigkeiten in den betroffenen Bereichen.

3.2.4 Strategische Flexibilität als duale organisationale Meta-Fähigkeit

Die **duale Interpretation** der „dynamic capabilities" wird auch in anderen ressourcentheoretischen Beiträgen deutlich. Während TURNER und CRAWFORD 1994 bei ihrer Definition der beiden wesentlichen organisationalen Fähigkeiten eines Unternehmens, der „operational competence" und der „reshaping competence", noch davon ausgehen, dass beide Fähigkeiten getrennt voneinander zu betrachten sind und nur letztere die Anpassungsfähigkeit eines Unternehmens bestimmt,[29] hat sich diese Auffassung mittlerweile verändert.[30] Dem liegt die Überzeugung zugrunde, dass sich auch die vermeintlich statische „operational competence" eines Unternehmens im Zeitablauf verändert und erst das richtige Zusammenspiel beider Fähigkeiten die tatsächliche Anpassungsfähigkeit eines Unternehmens determiniert.

Zusammenfassend kann strategische Flexibilität als duale organisationale Metafähigkeit definiert werden, die sich aus der Replikations- und der Rekonfigurationsfähigkeit eines Unternehmens ergibt (vgl. Abb. 3-2). Die Replikationsfähigkeit kann dabei als Grundlage für die Handlungsschnelligkeit, die Rekonfigurationsfähigkeit hingegen als Basis für den Handlungsspielraum eines Unternehmens interpretiert werden. Ist nur eine dieser beiden Fähigkeiten gut entwickelt, dann ist ein Unternehmen nur in eingeschränktem Maße strategisch flexibel. Ein Unternehmen mit zahlreichen Handlungsoptionen, das nicht in der Lage ist, eine oder mehrere dieser Optionen bei Bedarf schnell zu realisieren, kann aufgrund seiner verspäteten Reaktion nur einen kleinen Teil seiner ursprünglichen Wachstumschancen tatsächlich ausschöpfen, weil schnellere Unternehmen ihm zuvor gekommen sind.

Abbildung 3-2: *Konzeptualisierung strategischer Flexibilität*

Quelle: Eigene Abbildung.

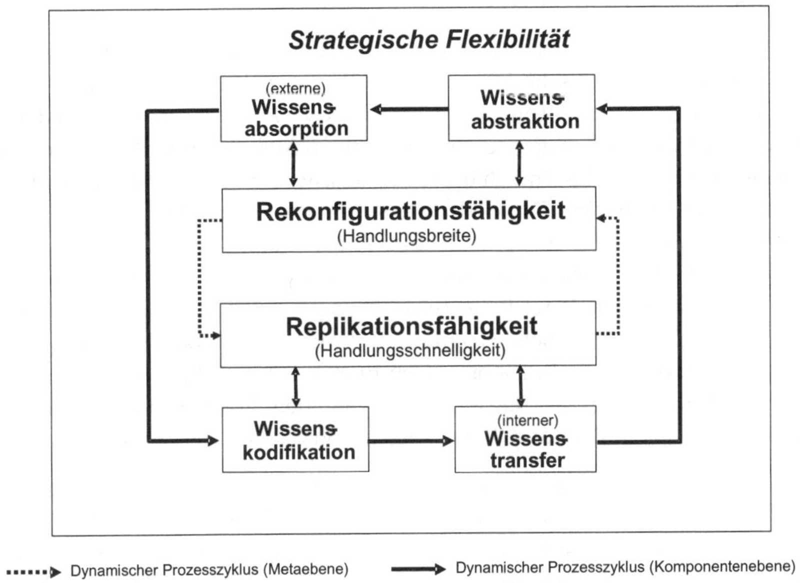

Ebenso kann ein Unternehmen, das aufgrund einer weitgehenden Standardisierung von Prozessen und Produkten eine hohe Handlungsschnelligkeit besitzt, neue Wachstumschancen bei veränderten Nachfragerpräferenzen nicht nutzen, weil es als Folge der Standardisierung nicht über die notwendigen Handlungsspielräume verfügt. In beiden Fällen ist die strategische Flexibilität gering. Die spezifische Ausprägung der strategischen Flexibilität wird unter Bezug auf den „Dynamic Capabilities" Ansatz von dem historischen Entwicklungspfad eines Unternehmens und der Art seiner Ressourcenausstattung bestimmt.

4 Strategische Flexibilität im Rahmen des Managements von Ad-hoc-Krisen

Die Verbesserung der strategischen Flexibilität eines Unternehmens kann in erheblichem Umfang auch zur Prävention und zur Eindämmung von Ad-hoc-Krisen beitragen. Dies wird einerseits aus der zu Beginn hergeleiteten Interpretation von strategischer Flexibilität als Überlebensfähigkeit organischer und sozialer Systeme im Verlauf der Evolution deutlich. Andererseits kann diese Aussage anhand der Konzeptualisierung von strategischer Flexibilität (vgl. Abb. 3-2) belegt werden. Dies soll nachfolgend zunächst bezüglich der Prävention und danach mit Blick auf die Eindämmung von Ad-hoc-Krisen näher erläutert werden.

Bei der **Prävention** von Ad-hoc-Krisen ist im Rahmen der Wissenskodifizierung beispielsweise an die systematische Erfassung von Beschwerden, Qualitätsproblemen in der Produktion, Problemen bezüglich der Produktverwendungssicherheit oder der Berichte des technischen Kundendienstes zu denken. Aus diesen und anderen unternehmensinternen Quellen lassen sich bei systematischer Erfassung und Datenaufbereitung wichtige Anhaltspunkte für potenzielle Krisen gewinnen. Darüber hinaus sollte auch das diesbezügliche Verhalten von Wettbewerbern analysiert werden, um relevante Informationen über mögliche Ad-hoc-Krisen und deren Prävention zu erfassen. Letztlich kann der gesamte Bereich des Issue-Managements[31], der Qualitätssicherung, der Zertifizierung von Unternehmensprozessen und des Werkschutzes und Sicherheitsdienstes der Wissenskodifikation zugeordnet werden. Schließlich ist auch die Erfassung der Erfahrungen im Umgang mit krisenhaften Situationen aus der Historie des Unternehmens unter dem Begriff der Wissenskodifikation zu subsumieren.

Die Sammlung und Erfassung relevanten Wissens zur Prävention von Krisen ist jedoch ohne die Verteilung dieses Wissens innerhalb des Unternehmens nicht zielführend. Der Wissenstransfer ist somit auch beim Management von Ad-hoc-Krisen das notwendige Korrelat der Wissenskodifikation. Die Verteilung von Wissen über die Prävention von Ad-hoc-Krisen sollte dabei nicht allein über unternehmensinterne

Datenbanken erfolgen. Dieser Transfer theoretischen Krisenpräventionswissens ist vielmehr durch einen Transfer praktischen Wissens (im Sinne von Fertigkeiten) zu ergänzen.

Aufgabe der Wissenabstraktion ist es, die vor dem Ausbruch von Ad-hoc-Krisen in der Vergangenheit typischerweise zu beobachtenden Ursache-Wirkungs-Muster zu extrahieren. Hier ist beispielsweise der Frage nachzugehen, welche Maßnahmen die progressive Beschleunigung von Kommunikationsprozessen in der Unternehmensumwelt beim Auftreten erster Krisensymptome unterbinden können. Welche Events lösen beispielsweise eine „lawinenartige" Presseberichterstattung aus und durch welche Maßnahmen können diese verhindert werden.

Die Wissenabsorption bezieht sich bei der Krisenprävention beispielsweise auf die Übertragung von Know-how aus anderen Branchen.[32] Dies bezieht sich sowohl auf die Übernahme bewährter Konzepte, beispielsweise eines bewährten Issue-Management Systems oder eines anderen Informationssystems zur Frühaufklärung potenzieller Krisenherde, als auch auf die tatsächliche Internalisierung branchenfremden Know-hows durch Schulungsmaßnahmen, Krisenübungen und neue Anreissysteme.

Die Konzeptualisierung strategischer Flexibilität in Abb. 3-2 kann auch zur Strukturierung von Maßnahmen zur **Eindämmung** der negativen Wirkungen von Ad-hoc-Krisen verwendet werden. Wissenkodifizierung bezieht sich hier auf die systematische Erfassung des Know-hows zum erfolgreichen Management von Ad-hoc-Krisen aus dem eigenen Unternehmen. Gerade weil zwischen dem Auftreten von zwei Ad-hoc-Krisen häufig viele Jahre liegen und die beim ersten Auftreten einer Ad-hoc-Krise im Unternehmen beschäftigten Personen das Unternehmen zwischenzeitlich verlassen haben, ist die systematische Erfassung von Krisenmanagement Know-how durch Kodifizierung von hoher Bedeutung. In gleicher Weise ist die Akquisition von Krisenmanagement-Experten auf dem Personalmarkt vor allem dann für das Unternehmen nachhaltig erfolgswirksam, wenn es gelingt, dass besondere Know-how des Experten in Notfallplänen, Krisenmanagement-Seminaren, Handbüchern und dergleichen zu kodifizieren. Erst diese Wissenkodifizierung ermöglicht es dem Unternehmen, sich das spezifische Experten Know-how (zumindest teilweise) anzueignen und auch nach dessen Kündigung weiter im Unternehmen zu nutzen.

Der Wissenstransfer bezieht sich im Rahmen der Eindämmung auf die schnellstmögliche Bereitstellung des kodifizierten Management Know-hows für alle am Management der Ad-hoc-Krise beteiligten Personen. Um die Akzeptanz dieses Wissenstransfers zu erhöhen, sollte das bereitgestellte Know-how auf die Fähigkeiten und Entscheidungskompetenzen der jeweiligen Management-Zielgruppe zugeschnitten sein. Der Wissensabstraktion kommt die Aufgabe zu, die in der Vergangenheit beim Management von Ad-hoc-Krisen gemachten Erfahrung aus der jeweiligen Situation im Einzelfall herauszulösen und generalisierbare Ursache-Wirkungs-Ketten zu identifizieren. In diesem Zusammenhang ist beispielsweise zu analysieren, warum sich bestimmte

Maßnahmen zur Eindämmung negativer Wirkungen von Ad-hoc-Krisen als sehr oder weniger wirkungsvoll erwiesen haben. Demgegenüber wird im Rahmen der Wissenkodifikation das Einzelfallwissen in systematischer Weise erfasst und dokumentiert. Gegenstand der Wissensabsorption ist die Übertragung von Know-how über das Management von Ad-hoc-Krisen aus anderen Branchen auf das eigene Unternehmen. Diese Erfahrungen aus anderen Branchen müssen dann ebenfalls durch Abstraktion auf generalisierbare Ursache-Wirkungs-Ketten reduziert werden, um sie im eigenen Unternehmen anwendbar zu machen.

5 Zusammenfassung und Ausblick

Das Ziel dieses Beitrags lag in der Abgrenzung und Konzeptualisierung strategischer Flexibilität, um damit das Phänomen der Unternehmensflexibilität im Allgemeinen und der strategischen Flexibilität im Besonderen konkreter fassbar zu machen. Dies erscheint notwendig, weil auf die Flexibilität von Unternehmen im Zusammenhang mit dem Management von Krisen aller Art sowohl in der in der Wissenschaft als auch der Praxis häufig verwiesen wird,[33] ohne den Gegenstand der jeweiligen Ausführungen hinreichend deutlich zu machen. Als Grundlage für diese Aufgabe diente die Ressourcentheorie. Strategische Flexibilität ist danach als eine organisationale Meta-Fähigkeit zu verstehen, die auf der Replikations- und Rekonfigurationsfähigkeit eines Unternehmens basiert. Dabei wurde deutlich, dass vor allem Investitionen in die Humanressourcen die strategische Flexibilität eines Unternehmens in erheblichem Maße zu steigern vermögen.

Die Konzeptualisierung in Abbildung 3-2 kann auch als ein theoretisch fundierter Bezugsrahmen für die Steigerung der strategischen Flexibilität eines Unternehmens interpretiert werden. Dieser Bezugsrahmen wurde im letzten Abschnitt auf das Management von Ad-hoc-Krisen übertragen. Am Beispiel der Prävention und der Eindämmung von Ad-hoc-Krisen konnte dabei aufgezeigt werden, dass dieser Managementansatz auch in diesem Bereich zur Strukturierung eines sehr komplexen Managementproblems hilfreich ist.

Anmerkungen

1 Vgl. JACOB, H.: Betriebspolitik [1989], S.16.

2 Vgl. KALUZA, B.: Flexibilität [1993], Sp. 1174 - 1179.

3 Vgl. ANSOFF, H. I.: Management-Strategien [1966], S. 74 ff.

4 Vgl. MEFFERT, H.: Unternehmensflexibilität [1985], S.125.

5 Vgl. JACOB, H. : Betriebspolitik [1989], 18 f.

6 Vgl. JACOB, H. : Betriebspolitik [1989], S. 18.

7 Vgl. PENROSE, E.: Growth [1995], S. XI.

8 Vgl. BARNEY, J. B. : Advantage [1991], S. 101.

9 Vgl. LIEBERMAN, M. B. / MONTGOMERY, D. B.: First-Mover [1998], S. 1112 f.

10 Vgl. GHOSHAL, S.: Growth [1997]

11 Vgl. PENROSE, E.: Growth [1995], S. XII und XVI.

12 Vgl. TEECE, D. J.: Dynamic [1992 und 1997]; TEECE, D. J. / RUMELT, R. / DOSI, G. / WINTER, S.: Coherence [1994].

13 Vgl. HELFAT, C. E.: Know-How [1997]; EISENHARDT, K. M. / MARTIN, J. A.: Capabilities [2000]; FUJIMOTO, T.: Manufactoring Systems [2000]; PISANO, G.: Capabilities [2000]; MAKADOK, R.: Rent Creation [2001]; MAHONEY, J. T.: Management Resources [1995]; ZANDER, U. / KOGUT, B.: Organizational Capabilities [1995]; KROGH, G.V. / VENZIN, M.: Wissensmanagement [1995].

14 Vgl. zur Pfadabhängigkeit ARTHUR, B.: Technologies [1988]; DIERICKX, I. / COOL, K.: Competitve Advantage [1989]; TEECE, D. J. / RUMELT, R. / DOSI, G. / WINTER, S.: Coherence [1994].

15 Vgl. TEECE, D. J. / PISANO, G. / SHUEN, A.: Dynamic Capabilities [1997], S. 516 und 518. Die Begriffe Fähigkeit (capability) und Kompetenz (competence) werden hier wie auch bei TEECE, D. J. / PISANO, G. / SHUEN, A. synonym verwendet. Beide entstehen durch die Bündelung von Routinen.

16 Vgl. GARVIN, D. A.: Management [1998], S. 33.

17 Vgl. zum Begriff der Routinen umfassend COHEN, M. D.: Routines [1996].

18 Vgl. APPLEYARD, M. M.: Transfer [2000]; FLORIDA, R. / KENNEY, M.: Organizational Capabilities [2000].

19 Vgl. NOBEOKA, K. / CUSUMANO, M. A.: Multiproject Strategy [1997].

20 Vgl. SZULANSKI, G.: Appropriability [2000], S. 69.

21 Vgl. WINTER, S. G.: Strategic Assets [1987].

22 Vgl. Teece, D. J. et al. : Strategic Management [1997], S. 520.

23 Vgl. BOISOT, M. H.: Information Space [1995], S. 49 sowie S. 60.

24 Vgl. COHEN, M. D. / LEVINTHAL, D. A.: Absorptive Capabicity [1990]

25 Vgl. BOISOT, M. H.: Information Space [1995], S. 165.

26 Vgl. NONAKA, I. / TAKEUCHI, H.: Organisation des Wissens [1997].

27 Vgl. NONAKA, I. / TAKEUCHI, H.: Organisation des Wissens [1997], S. 87.

28 Vgl. COHEN, M. D. / LEVINTHAL, D. A.: Absorptive Capacity [1990], S. 128.

29 Vgl. TURNER, D. / CRAWFORD, M.: Performance [1994], S. 243 f.

30 Vgl. BAHRAMI, H. / EVANS, E.: Enterprises [2005], S. 11.

31 Vgl. TÖPFER, A.: Unternehmenskrisen [1999], S. 60 ff.

32 Vgl. hierzu auch ENGEL, P. / ZIMMERMANN, H.: Handbuch Krise [2004].

33 Vgl. u.a. TÖPFER, A.: Unternehmenskrisen [1999], S. 72.

Literatur

ANSOFF, H. I.: Management-Strategien; München: Moderne Industrie; 1966.

APPLEYARD, M. M. / HATCH, N. W. / MOWERY, D. C.: Managing the Development and Transfer of Process Technologies in the Semiconductor Manufacturing Industry; in: DOSI, G. / NELSON, R. R. / WINTER, S. G.: The Nature and Dynamics of Organizational Capabilities; Oxford: Oxford University Press; 2000; S. 183 - 207.

ARTHUR, B.: Competing technologies: an overview; in: DOSI, G. / FREEMAN, C. / NELSON, R. / SILVERBERG, G. / SOETE, L.: Technical change and Economic Theory; London: Pinter; 1988; S. 590 - 607.

BAHRAMI, H. / EVANS, E.: Super-Flexibility for Knowledge Enterprises; Berlin: Springer; 2005.

BARNEY, J. B.: Firm resources and sustained competitive advantage; in: Journal of Management; Nr. 17; 1991; S. 99 - 120.

BOISOT, M. H.: Information Space – A Framework for learning in organizations, institutions and culture; London: Routledge; 1995.

COHEN, M. D. / BURKHART, R. / DOSI, G. / EGIDI, M. / MARENGO, L. / WARGLIEN, M. / WINTER, S.: Routines and Other Recurring Action Patterns of Organizations – Contemporary Research Issues; in: Industrial and Corporate Change; Nr. 3; 5. Jahrgang; 1996; S. 653 - 685.

COHEN, W. M. / LEVINTHAL, D. A.: Absorptive capacity – A new perspective on learning and innovation; in: Administrative Science Quarterly; Nr. 35; 1990; S. 128 - 152.

DIERICKX, I. / COOL, K.: Asset Stock Accumulation and Sustainability of Competitive Advantage; in: Management Science; Nr. 35; 1989; S. 1504 - 1513.

EISENHARDT, K. M. / MARTIN, J. A.: Dynamic Capabilities – What are they?; in: Strategic Management Journal; Nr. 21; Special Issue; 2000; S. 1105 - 1121.

ENGEL, P. / ZIMMERMANN, H.: „Wer erst im Handbuch nachschauen muß, hat in der Krise schon verloren"; in: Frankfurter Allgemeine Zeitung; Nr. 249; 2004; S. 19.

FLORIDA, R. / KENNEY, M.: Transfer and Replication of Organizational Capabilities – Japanese Transplant Organizations in the United States; in: DOSI, G., NELSON, R. / WINTER, S. G.: The Nature and Dynamics of Organizational Capabilities; Oxford: Oxford University Press; 2000; S. 281- 307.

FUJIMOTO, T.: Evolution of Manufacturing Systems and Ex post Dynamic Capabilities – A Case of Toyota's Final Assembly Operations; in: DOSI, G., NELSON, R. R., WINTER, S. G.: The Nature and Dynamics of Organizational Capabilities; Oxford: Oxford University Press; 2000; S. 244 - 280.

GARVIN, D. A.: The Processes of Organization and Management; in: Sloan Management Review; 1998; S. 33 - 50.

GHOSHAL, S. / HAHN, M. / MORAN, P.: An Integrative Theory of Firm Growth – Implications for Corporate Organization and Management; INSEAD Working Paper Nr. 97/87/SM; Fontainebleau; 1997.

HELFAT, C. E.: Know-how and asset complementarity and dynamic capability accumulation – The case of R&D; in: Strategic Management Journal; Nr. 18; 1997; S. 339 - 360.

JACOB, H.: Flexibilität und ihre Bedeutung für die Betriebspolitik; in: ADAM D. / BACKHAUS, K. / MEFFERT, H. / WAGNER, H.: Integration und Flexibilität – Eine Herausforderung für die allgemeine Betriebswirtschaftslehre; Wiesbaden: Gabler; 1989; S. 15 - 60.

KALUZA, B.: Betriebliche Flexibilität; in: WITTMANN, W.: Handwörterbuch der Betriebswirtschaft; Stuttgart: Schäffer-Poeschel; 1993; Sp. 1173 - 1184.

KROGH, G.V. / VENZIN, M.: Anhaltende Wettbewerbsvorteile durch Wissensmanagement; in: Die Unternehmung; Heft 6; 1995; S. 417 - 436.

LIEBERMAN, M. B. / MONTGOMERY, D. B.: First-Mover (Dis) Advantages – Retrospective and Link with the Resource-based View; in: Strategic Management Journal; Nr. 19; 1998; S. 1111- 1125.

MAHONEY, J. T.: The Management of Resources and the Resource of Management; in: Journal of Business Research; Nr. 33; 1995; S. 91- 101.

MAKADOK, R.: Toward a Synthesis of the Resource-based and Dynamic-Capability Views of Rent Creation; in: Strategic Management Journal; Nr.5; 22. Jahrgang; 2001; S. 387 - 402.

MEFFERT, H.: Größere Unternehmensflexibilität als Unternehmenskonzept; in: ZfbF; Nr. 37; 1985; S. 121 - 137.

NOBEOKA, K. / CUSUMANO, M. A.: Multiproject strategy and sales growth – The benefits of rapid design transfer in new product development; in: Strategic Management Journal; Nr. 18; 1997; S. 169 - 186.

NONAKA, I. / TAKEUCHI, H.: Die Organisation des Wissens – Wie japanische Unternehmen eine brachliegende Ressource nutzbar machen; Frankfurt/Main: Campus-Verlag; 1997.

PISANO, G.: In Search of Dynamic Capabilities; in: DOSI, G. / NELSON, R. R. / WINTER, S. G.: The Nature and Dynamics of Organizational Capabilities; Oxford: Oxford University Press; 2000; S. 129 - 154.

PENROSE, E.: The Theory of the Growth of the Firm; Oxford: Oxford University Press; 1995.

SZULANSKI, G.: Appropriability and the Challenge of Scope – Banc One Routinizies Replication; in: Dosi, G. / Nelson, R.R. / Winter, S.G. (Hrsg.): The Nature and Dynamics of Organizational Capabilities, Oxford: Oxford University Press; 2000, S. 69 - 98.

TEECE, D. J., PISANO, G., SHUEN, A.: Dynamic Capabilities and Strategic Management; Working Paper; Consortium on Competitiveness and Cooperation; University of California at Berkeley; Berkeley: o. V.; 1992.

TEECE, D. J. / PISANO, G. / SHUEN, A.: Dynamic Capabilities and Strategic Management; in: Strategic Management Journal; Nr. 18; 1997; S. 509 - 533.

TEECE, D. J. / RUMELT, R. / DOSI, G. / WINTER, S.: Understanding corporate coherence – Theory and evidence; in: Journal of Economic Behavior and Organization; Nr. 23; 1994; S. 1 - 30.

TÖPFER, A.: Plötzliche Unternehmenskrisen – Gefahr oder Chance; Neuwied: Luchterhand; 1999.

TURNER, D. / CRAWFORD, M.: Managing Current and Future Competitive Performance – The Role of Competence; in: HAMEL, G., HEENE, A.: Competence-Based Competition; Chichester: Wiley; 1994; S. 241 - 263.

WINTER, S. G.: Knowledge and competence as strategic assets; in: TEECE, D. J.: The competitive Challenge – Strategies for industrial innovation and renewal; Cambridge, Mass.: Ballinger; 1987; S. 159 – 184.

ZANDER, U. / KOGUT, B.: Knowledge and the Speed of the Transfer and Imitation of Organizational Capabilities – An Empirical test; in: Organization Science; Nr. 1; 6. Jahrgang; 1995; S. 76 – 92.

Andreas Remer / Tim Snethlage / Stephan Wygoda

Prävention und Eindämmung von Ad-hoc-Krisen durch strukturelle Flexibilität

1 Ad-hoc-Krisen und strukturelle Flexibilität ... 313

2 Ansatzpunkte strukturellen Flexibilitätsmanagements ... 313

3 Prävention von Ad-hoc-Krisen durch strukturelle Flexibilität ... 315

3.1 Zielsetzung ... 315

3.2 Organisatorische Lösungsansätze ... 316

3.3 Personelle Lösungsansätze ... 317

4 Eindämmung der Folgen von Ad-hoc-Krisen durch strukturelle Flexibilität ... 318

4.1 Zielsetzung ... 318

4.2 Organisatorische Lösungsansätze ... 319

4.3 Personelle Lösungsansätze ... 320

5 Fazit ... 321

1 Ad-hoc-Krisen und strukturelle Flexibilität

Zunächst gilt es, den Begriff der strukturellen Flexibilität zu klären, bevor im Weiteren die Möglichkeiten zur Handhabung von Ad-hoc-Krisen mittels struktureller Flexibilität erörtert werden können.

Im Fokus der hier interessierenden Flexibilitätsüberlegungen stehen strukturelle Aspekte. Unter Struktur (in Abgrenzung zur Strategie)[1] sollen hier im Folgenden die Gestaltungsparameter Organisation und Personal verstanden werden.[2] Der Begriff der Flexibilität stellt allgemein gesprochen auf die Eigenschaft Veränderungsfähigkeit ab,[3] hier im Speziellen dann auf organisatorische und personelle Maßnahmen zur Generierung von Veränderungsfähigkeit zur Handhabung potenzieller und akuter Ad-hoc-Krisen. Hierbei steht die Möglichkeit der Veränderung des Unternehmenshandelns im Hinblick auf Prävention und Eindämmung von Ad-hoc-Krisen im Vordergrund der Betrachtung. Es geht demnach darum, strukturelle Voraussetzungen zur Generierung von Veränderungen als Gestaltungsoptionen mit Blick auf das Management von Ad-hoc-Krisen aufzuzeigen. Präventive Maßnahmen sind hierbei eher unspezifisch angelegt, da sie auf potenzielle, aber definitionsgemäß nicht vorhersehbare Ad-hoc-Krisen zielen. Reaktive Eindämmungsmaßnahmen dagegen schaffen Reaktionspotenzial zur Bewältigung bereits manifester Krisen.

2 Ansatzpunkte strukturellen Flexibilitätsmanagements

In einem ersten Schritt erscheint es sinnvoll, die grundlegenden Ursachen für das Entstehen von Ad-hoc-Krisen zu identifizieren, um ihnen dann geeignete Maßnahmen des strukturellen Flexibilitätsmanagements zuordnen zu können.

Unter einer Ad-hoc-Krise wird hier ein überraschend eingetretener, potenziell existenzbedrohender Zustand verstanden. Sieht man von der fast schon trivialen Erkenntnis ab, dass solche Krisen multikausal und letztlich auf Managementfehler zurückzuführen sind,[4] so kann die Entstehung von Ad-hoc-Krisen auf Folgendes zurückgeführt werden: Ausgangspunkt einer Krise ist immer eine Veränderung unternehmensinterner oder -externer Faktoren, die die Beziehung zwischen Unternehmen und mächtigen Stakeholdergruppen erheblich stört.[5] Gelingt es nun nicht, die Ursachen dieser Störung zu beseitigen, so kommt es zur Krise.[6]

Hierfür sind bei näherer Betrachtung folgende, aufeinander aufbauende Ursachen denkbar:[7] Zunächst ist es möglich, dass die Veränderungen und deren Auswirkungen auf das Unternehmen und dessen Beziehungen mit den Stakeholdern nicht wahrgenommen werden; eine Reaktion muss folglich unterbleiben.[8] Weiterhin könnte der Krisenauslöser zwar erkannt worden sein, die Informationen dringen jedoch nicht (schnell genug) bis zu den entscheidenden Stellen im Unternehmen vor.[9] Damit verbleibt noch der letzte Fall, dass die benötigten Informationen an den relevanten Stellen zwar vorliegen, es aber nicht gelingt, entsprechende Maßnahmen zu ergreifen. Dies ist aufgrund der Plötzlichkeit von Ad-hoc-Krisen, der Fülle von Informationen, denen sich die Entscheidungsträger ausgesetzt sehen, und des damit verbundenen Stress auch nicht weiter verwunderlich.[10]

Als Ergebnis kann daher festgehalten werden, dass neben den auslösenden Ereignissen ein Mangel an Wahrnehmungs- und Reaktionsfähigkeit als ursächlich für das Entstehen von Ad-hoc-Krisen anzusehen ist. Aufgrund des Überraschungscharakters derartiger Krisen ist nun der erste Ursachenblock nicht vorhersehbar und daher einem strukturellen Flexibilitätsmanagement kaum zugänglich. Es können jedoch Kapazitäten durch flexibilisierende Organisations- und Personalmaßnahmen geschaffen werden, um dem Problem mangelnder Wahrnehmungs- und Reaktionsfähigkeit zu begegnen. Dies kann präventiv oder auch nur reaktiv und damit zur Eindämmung einer bereits manifesten Krise geschehen.[11]

Abbildung 2-1: *Krisenursachen und Umgangsmöglichkeiten*

Quelle: Eigene Abbildung.

		Ursache			
		Mangelhafte Umweltwahrnehmung	Mangelhafte interne Informationsverarbeitung	Mangelhafte Reaktion bzgl. Kommunikation	Mangelhafte Reaktion bzgl. Änderung der Anreize
Ansatzpunkt	Strukt urelle Prävent ion	✓	✓	✓	✓
	Strukt urelle Eindämmung	-	-	✓	✓

Setzt man nun die strukturellen Flexibilisierungsmaßnahmen zu den Krisenursachen in Beziehung (vgl. Abb. 2-1), so können Maßnahmen der Eindämmung nur an der

Schaffung von Reaktionskapazitäten ansetzen. Mittels Maßnahmen zur Krisenprävention ist es dagegen möglich, Lösungsansätze für alle genannten unternehmensinternen Ursachenbereiche anzubieten, da ja Reaktionskapazitäten präventiv etabliert werden können und sollen.[12]

Wenn man sich nun auf Basis der oben aufgezeigten Ansatzpunkte Gedanken um die Möglichkeiten des präventiven Einsatzes struktureller Flexibilität macht, so gilt es, sich zunächst darüber klar zu werden, dass auf diese Weise der Rahmen engerer Vorstellungen zum Krisenmanagement gesprengt wird. Maßnahmen zur Krisenprävention erscheinen ihrer Natur nach eher aktiven Charakters und hierin unterscheiden sie sich grundlegend von eher reaktiven Auffassungen von Krisenmanagement, verwischen damit jedoch auch die Grenzen zum Risikomanagement bzw. gar zum „normalen" Management.[13]

Präventive Maßnahmen lassen sich dem sog. „aktiven Krisenmanagement" zuordnen, welches sich in antizipatives und präventives Krisenmanagement aufdifferenzieren lässt.[14] KRYSTEK charakterisiert das präventive Krisenmanagement im Kern als Früherkennungsaktivität, aus der dann entsprechende Vermeidungsmaßnahmen abgeleitet werden können.[15] Das antizipative Krisenmanagement als Vorwegnahme und gerichtete Vermeidung möglicher Krisen (Szenarien), soll hier im folgenden stets im Verbund mit dem präventiven Krisenmanagement betrachtet werden, da die Entwicklung von Szenarien und Alternativplänen ebenfalls als Spezialform der Krisenprävention betrachtet werden kann.[16] Ein derart verstandenes Management kann auch im Sinne einer „vorbeugenden Sanierung" interpretiert werden.[17] Mit Blick auf den Überraschungscharakter der hier interessierenden Ad-hoc-Krisen erscheint eine derartige Antizipation allerdings nur außerordentlich eingeschränkt möglich.

Weiterhin kann man den präventiven Einsatz struktureller Flexibilität in seiner Zielrichtung als eher unspezifischen (ungerichteten) Ansatz charakterisieren, während reaktive Eindämmungsaktivitäten eher spezifisch auf die bereits akute Ad-hoc-Krise abzielen.[18]

3 Prävention von Ad-hoc-Krisen durch strukturelle Flexibilität

3.1 Zielsetzung

Die Zielsetzung aktiver, präventiver Gestaltungsmaßnahmen mittels der Parameter Organisation und Personal besteht demnach darin, bereits im Vorfeld Veränderungen im Unternehmenshandeln zu ermöglichen. Dadurch sollen potenzielle und latente

Krisen nach Möglichkeit gar nicht erst akut werden oder bereits im Vorfeld eventueller Überraschungen Potenziale zur Eindämmung von Ad-hoc-Krisen aufgebaut werden. Im Folgenden gilt es daher zu erörtern, welche organisatorischen und personellen Gestaltungsoptionen hierfür denkbar sind. Im Kern geht es darum, welche Strukturmaßnahmen Flexibilitäts- sprich Veränderungspotenziale erschließen können, um ungerichtet Reaktions- und somit im eigentlichen Sinne auch Aktionsfähigkeit aufzubauen.

3.2 Organisatorische Lösungsansätze

Für die Organisation eines präventiven, also aktiven Krisenmanagements stellt sich nun die Frage, ob derartige vorbeugende Aktivitäten zentral in gesondert dafür vorgesehenen Positionen / Abteilungen angesiedelt oder in der gesamten Organisationsstruktur der Unternehmung verankert werden können und sollen. Diese Diskussion wird in der einschlägigen Literatur seit langem geführt und dreht sich im Kern um die Frage nach Zentralisation oder Dezentralisation derartiger Aufgaben.[19] Vergegenwärtigt man sich, dass präventives Krisenmanagement i.e.S. die Grenze zum Risikomanagement „verwischt", so bietet sich ebenfalls ein Blick in die Empfehlungen der Risikomanagementliteratur an. Auch hier zeigt sich die Zentralisations- versus Dezentralisationsdiskussion, ohne zu eindeutigen Aussagen zu gelangen.[20]

Für eine zentralistische Organisation des aktiven Krisenmanagements in einer speziellen Position / Abteilung sprächen die Spezialisierungsvorteile, die in einer derartige Abteilung (auch in Form eines Stabes) z.B. im Hinblick auf die Erstellung von Szenarien und den Entwurf von Alternativplanungen generiert werden könnten. Stärken lassen sich auch im Hinblick auf schnelle und effiziente Informationsverarbeitung und Kommunikation durch eine derart zentrale Ansiedlung dieser Funktion konstatieren. Wird davon ausgegangen, dass sich bei negativem Krisenverlauf ein „Umschalten" vom aktiven Krisenmanagement auf reaktive Maßnahmen notwendig macht, also die Präventivmaßnahmen unter Umständen nicht die gewünschte Wirkung zeigen, so erscheint eine zentralistische Organisation im Hinblick auf den dann zutage tretenden Zeitdruck ebenfalls angebracht.

Im Hinblick auf die Problematik der mangelhaften Umweltwahrnehmung spricht jedoch auch einiges für dezentrale Elemente bei der Organisation des aktiven Krisenmanagements in Form einer Partizipation der Peripherie.[21] Zu denken ist hier v.a. an die Früherkennung von sich anbahnenden Krisen. Als organisatorisches Prinzip empfiehlt sich die Schaffung von Redundanz[22] bezüglich der zu errichtenden Informationskanäle im Rahmen des Früherkennungssystems, um auf diese Weise eventuell mangelhafter Informationsverbreitung im System entgegen zu wirken und der Unternehmung sozusagen Robustheit bzw. Fehlerfreundlichkeit im Hinblick auf potenzielle Kommunikationsfehler zu verleihen.[23]

Im Rahmen eines aktiv-präventiven Krisenmanagements sollte neben den Problemkreisen Umweltwahrnehmung und Informationsverarbeitung auch die Kommunikation mit den Stakeholdern organisatorisch verankert werden, um auf diese Weise Konflikte zwischen Unternehmung und Umfeld bereits im Vorfeld einer akuten Ad-hoc-Krise handhaben zu können. Hierzu wird die Errichtung von Abteilungen / Teams, die den sog. „Risikodialog" führen sollen, vorgeschlagen.[24]

Wie sich bereits andeutete, können die präventiven organisatorischen Maßnahmen nicht ohne Blick auf eine notwendige Einleitung reaktiver Aktivitäten zur Kriseneindämmung gedacht werden. Insofern erscheint die Einrichtung eines „Notfallorganisationsplans" angezeigt, damit die bestehende Organisationsstruktur im Falle einer akuten Ad-hoc-Krise unverzüglich um eine Sekundärorganisation (vgl. Abschnitt 4.2) ergänzt werden kann. Diese Ergänzungsmöglichkeit erschließt dem System im akuten Krisenfalle sonst nicht vorhandenen Handlungsspielraum. Die Schaffung solcher organisatorischen Ergänzungspotenziale für eventuell auftretende Ad-hoc-Krisen kann auch als Schaffung von organisatorischem „Slack" interpretiert werden.[25]

3.3 Personelle Lösungsansätze

Die oben skizzierten organisatorischen Ansatzpunkte bedürfen der Begleitung durch entsprechende personelle Maßnahmen. So sollten die in die Früherkennung einbezogenen Mitarbeiter wie auch die für die Sekundärorganisation im akuten Krisenfalle vorgesehenen Mitarbeiter Fähigkeits- und Qualifikationsprofile aufweisen, die der Aufgabe dieser speziellen Organisationseinheiten gerecht werden. Daher müssen insbesondere im Hinblick auf die Reflexion der System-Umwelt-Wahrnehmung (Erkennung von Krisensymptomen), Kommunikationsfähigkeit sowie die im Krisenfalle notwendige Entscheidungsfähigkeit (siehe Abschnitt 4.3) entsprechende Personalauswahl und -entwicklungsmaßnahmen greifen. Diese Maßnahmen müssen darauf abzielen, dass die Mitarbeiter die von ihnen verlangten Veränderungen vollziehen können und wollen.

Im Hinblick auf das Können ist insbesondere an die Beschaffung mehrfachqualifizierter Mitarbeiter bzw. die Förderung von Mehrfachqualifikationen durch „job rotation" zu denken.[26] Daneben sollten sich insbesondere die für die Sekundärorganisation vorgesehenen Mitarbeiter in entsprechenden Trainings sich mit denkbaren Krisensituationen auseinandersetzen und diese auch simulativ trainieren.[27] Ansetzend an der „Wollen"-Komponente wird v.a. auf die generelle Leistungsmotivation als Voraussetzung flexiblen Handelns hingewiesen.[28] Einen wichtigen Beitrag zur Leistungsmotivation stellen variable Entgeltsysteme dar, die zudem auch für die notwendige wirtschaftliche Komponente der Flexibilität sorgen können.[29]

Mit Blick auf die gesamte Gestaltung des präventiven Krisenmanagements lässt sich festhalten, dass zum Zwecke der Früherkennung und daraus resultierender Krisenvermeidungsmaßnahmen dezentrale und partizipative Elemente der Strukturgestaltung gleichermaßen neben zentralen Organisationsformen notwendig erscheinen. Bei der Prävention ist immer auch gleichzeitig das Fundament für eine eventuell notwendige Eindämmung akut werdender Krisen zu legen.

4 Eindämmung der Folgen von Ad-hoc-Krisen durch strukturelle Flexibilität

4.1 Zielsetzung

Man sollte sich zunächst vor Augen führen, dass im Falle von Ad-hoc-Krisen Entscheidungen über komplexe Problemstellungen, mit erheblichen Konsequenzen unter Zeitdruck getroffen werden müssen. Diese Entscheidungssituation setzt die Entscheidungsträger unter Stress.[30]

Obschon Stress nicht prinzipiell als negativ einzustufen ist, so nimmt doch jenseits eines gewissen Aktivierungsniveaus des Zentralnervensystems die Qualität individueller Entscheidungen rapide ab.[31] Dies ist neben physiologischen Ursachen v.a. darauf zurückzuführen, dass Menschen in derartigen Situationen individueller Überforderung auf hochgradig problematische kognitive Vereinfachungsstrategien zurückgreifen:[32] Sie suchen nur unzureichend nach Informationen, schränken das Spektrum der Handlungsalternativen unzulässig ein, unterstellen in ihren Überlegungen extrem vereinfachte und lediglich lineare Wirkungsbeziehungen, blenden Rückkopplungen und Spätfolgen aus etc.[33] Dahinter steht der Wunsch, die Situation zu kontrollieren, doch (irgendwie) entscheiden zu können, um dadurch die eigene Selbstachtung aufrecht zu erhalten, und Gefühle der Überforderung und kognitiven Dissonanz zu vermeiden.[34]

Die Erfahrung zeigt nun, dass es Unternehmen in Ad-hoc-Krisen selten gelingt, sofort adäquat durch Kommunikations- und Gestaltungsmaßnahmen zu reagieren.[35] Obige Überlegungen lassen dies plausibel erscheinen und können zudem als Richtschnur für eine krisengerechte Organisations- und Personalstruktur genutzt werden.

Die Zielsetzung reaktiver Gestaltungsmaßnahmen besteht demnach darin, zügig Entscheidungskapazitäten zu schaffen oder zu aktivieren. Diese sollen es ermöglichen, unter hohem Zeitdruck die notwendigen Entscheidungen fundiert und schnell zu treffen und umzusetzen. Zudem muss auch noch der normale Betriebsablauf aufrechterhalten werden.

Zeit- und Umsetzungsdruck sprechen in diesem Zusammenhang einerseits für eine eher zentrale und starke bzw. autoritäre Führung. Andererseits erscheint aber auch ein dezentraleres und partizipatives Vorgehen mit Blick auf Entscheidungsqualität und Umsetzbarkeit der Reaktionsmaßnahmen vernünftig.[36]

Nachfolgend soll nun aufgezeigt werden, wie durch Organisations- und Personalmaßnahmen diesen widersprüchlichen Anforderungen nachgekommen werden kann.

4.2 Organisatorische Lösungsansätze

Beginnt man bei den beiden Hauptaufgaben, der Aufrechterhaltung des normalen Betriebsablaufs und dem eigentlichen Krisenmanagement, so bietet sich hierfür eine Aufgabenteilung auf Ebene der Unternehmensführung an: Eine Gruppe widmet sich der Weiterführung des üblichen Geschäfts und der Aufrechterhaltung der Moral im Unternehmen, während sich die andere der Beantwortung der Ad-hoc-Krise annimmt.[37] Dieses Krisenmanagement i.e.S. soll nun näher erläutert werden.

Zur Organisation des Krisenmanagements werden gewöhnlich Modelle der Projekt- und Gruppenorganisation empfohlen, die aufgrund ihrer Weisungs- und Umsetzungsbefugnisse gegenüber dem Gesamtunternehmen als Task Forces einzustufen sind.[38] Innerhalb derartiger Krisen-Task Forces empfiehlt sich aus Kapazitätsgründen die Ausdifferenzierung eines Entscheidungsgremiums (policy team), des eigentlichen Krisenmanagementstabs (crisis management team) und weiterer Unterstützungseinheiten (liaison teams).

Die Aufgabe des Entscheidungsgremiums besteht darin, die strategische Richtung des Krisenmanagementprozesses vorzugeben, ggf. Korrekturen einzuleiten sowie generell die wichtigsten (und nur die wichtigsten) Entscheidungen zu treffen, für verbindlich zu erklären und ggf. nach außen zu kommunizieren.[39] Der Entscheidungsebene kommt damit v.a. die Rolle eines Machtpromotors zu, der die Umsetzung der notwendigen Veränderungen gewährleistet.[40]

Dem Krisenstab obliegt die Durchführung der eigentlichen Krisenarbeit. Er setzt die Vorgaben und Weisungen des Entscheidungsgremiums um und erarbeitet entscheidungsreife Empfehlungen. Hinsichtlich seines Aufbaus kann noch zwischen einem Kernteam und einem erweiterten Krisenstab unterschieden werden. Während das Kernteam die Leitung und die wichtigsten Funktionen (bspw. Kommunikation, Recht, Sicherheit) beinhaltet, können über den erweiterten Krisenstab im Bedarfsfall Kapazitäten in weiteren designierten Spezialfunktionen (bspw. Personal, Marketing, externe Berater) je nach Art der Krise aktiviert werden.[41] Dem Krisenstab kommt daher die Rolle eines Fachpromotors zu, dem primär die inhaltliche Fundierung der Entscheidungen obliegt.[42]

Die Unterstützungseinheiten schließlich sind einerseits für den lokalen Vollzug der Reaktionsmaßnahmen und die damit verbundene Kommunikationsaktivitäten verantwortlich. Andererseits versorgen sie den Krisenstab mit notwendigen Informationen und fungieren als Vertreter der Betroffenen im Entscheidungsprozess.[43] Ihnen fällt damit die Rolle eines Fach- und Beziehungspromoters zu, der für fundierte Entscheidungen und komplexere Umsetzungsprobleme unerlässlich ist.[44]

Insgesamt wird also die Primärorganisation durch eine temporäre Sekundärorganisation ergänzt. Letztere weist Elemente der Gruppenorganisation (Krisenstab), der Stabsorganisation und Hierarchie (Beziehung Entscheidungsebene-Krisenstab, Krisenstab-Unterstützungseinheiten) und auch der Mehrlinienorganisation (Weisungsbefugnis der Task Force gegenüber dem Gesamtsystem) auf.[45] Sie verbindet damit zentrale und dezentrale Gestaltungsansätze und kommt so den widersprüchlichen Anforderungen effektiven strukturellen Krisenmanagements nach.[46]

4.3 Personelle Lösungsansätze

Aus den im vorangegangenen Abschnitt skizzierten organisatorischen Lösungsansätzen lassen sich nun Empfehlungen für ein personelles Krisenmanagement ableiten.

Das Entscheidungsgremium ist aufgrund der Wichtigkeit der zu treffenden Entscheidungen und ihrer Umsetzung mit hochrangigen Führungskräften des Unternehmens (Geschäftsführer, Vorstände) zu besetzen. Um ihren Aufgaben nachzukommen, müssen die Beteiligten über eine schnelle Auffassungsgabe sowie Entscheidungsfreude verfügen und dürfen nicht direkt persönlich oder emotional in das zu lösende Problem involviert sein.[47]

Der Krisenstab setzt sich in der Praxis zumeist aus dem Sicherheitschef, einem Controller, Juristen und PR-Experten, ggf. ergänzt durch weitere funktionale Experten zusammen. Neben den bereits erwähnten Qualifikationen kommt es hier v.a. auf folgende Eigenschaften an: Teamfähigkeit (kommunikativ, delegationsbereit), keine Neigung zur Selbstdarstellung, Stress- und Ambiguitätstoleranz, Kreativität, genießt das Vertrauen der Geschäftsleitung. Es hat daher den Anschein, dass für die schlecht vorhersehbare Aufgabe des Krisenmanagers neben einer gewissen funktionalen Grundqualifikation v.a. belastbare Generalisten geeignet sind.[48]

Die Unterstützungseinheiten schließlich werden mit Experten und Führungskräften der entsprechenden Organisationseinheiten, Länder etc. besetzt. Mit Blick auf die nötigen Qualifikationen gilt hier ähnliches wie für den Krisenstab. Hinzu kommt jedoch noch die Notwendigkeit, dass die Positionsinhaber bspw. mit den lokalen Bedingungen vertraut sein müssen, dort respektiert werden und als vertrauenswürdig gelten. Denn nur so können sie wirkungsvoll kommunizieren und die Realisierung der notwendigen Veränderungen unterstützen.[49]

Insgesamt betrachtet erscheint also in Ad-hoc-Krisen weniger der starke und autoritäre Führer gefragt zu sein als vielmehr gutes Teamwork. Dies ist jedoch bei genauer Betrachtung wenig verwunderlich, da die Situation ja nach u.U. kreativen, in jedem Fall aber fundierten und realisierbaren Entscheidungen verlangt.[50]

Mit Blick auf die gesamte Gestaltung des eindämmenden Krisenmanagements ist daher festzustellen, dass die zentralisierenden Tendenzen in Form der Einführung der Task Force, des Entscheidungsgremiums und seiner Besetzung durch vielfältige partizipative Elemente in der organisatorischen und personellen Gestaltung balanciert werden.

5 Fazit

Festzuhalten bleibt, dass sinnvolle Eindämmungsmaßnahmen zwingend auf ein vorausschauendes präventives Flexibilitätsmanagement angewiesen sind. Der Hauptansatzpunkt strukturellen Flexibilitätsmanagements zur Handhabung von Ad-hoc-Krisen liegt demnach im Vorfeld solcher „Überraschungen", was aufgrund des adhocratischen Charakters der hier interessierenden Krisenereignisse kontraintuitiv erscheinen mag. Inhaltlich erscheint eine ausgewogene Mischung von partizipativen und autoritären sowie dezentralen und zentralen Gestaltungselementen angezeigt; auch dies war vor dem Hintergrund der gängigen Forderungen nach straffer und zentraler Führung im Krisenfall so zunächst nicht zu erwarten.

Anmerkungen

1 Vgl. SCHEWE, G.: Unternehmensstrategie [1999], S. 61 ff.

2 Vgl. REMER, A.: Management [2002], S. 3.

3 Vgl. HILLMER, J.: Unternehmensflexibilität [1987], S. 13.

4 Vgl. KRYSTEK, U.: Unternehmenskrisen [1987], S. 67 ff.

5 Vgl. hierzu grundlegend FREEMAN, R. E.: Strategic Management [1984].

6 Vgl. STAEHLE, W.: Krisenmanagement [1993], Sp. 2454 ff.; AUGUSTINE, N. R.: Managing the Crisis [1995], S. 152 f.; SNIEZEK, J. A. / WILKINS, D. C. / WADLINGTON, P. L.: Training for Crisis [2002], S. 149.

7 Ähnlich bei MITROFF, I. I. / SHRIVASTAVA, P. / UDWADIA, F. E.: Effective Crisis Management [1987], S. 284 f.

8 Vgl. AUGUSTINE, N. R.: Managing the Crisis [1995], S. 149; BILLINGS R. S. / MILBURN, T. W. / SCHAALMAN, M. L.: A Model of Crisis Perception [1980]; MACHARZINA, K.: Management [1999], S. 520 ff.; FRANKE, R.: Das Management in der Unternehmenskrise [1997], S. 183.

9 Vgl. MÜLLER, R.: Corporate Crisis Management [1985], S. 43.

10 Vgl. ANSOFF, H. I.: Implanting Strategic Management [1984], S. 24; TRAUBOTH, J. H.: Krisenmanagement bei Unternehmensbedrohungen [2002], S. 32 ff.

11 Vgl. HASITSCHKA, W.: Betriebswirtschaftliche Krisenprophylaxe [1988], S. 90 ff.

12 Vgl. ANSOFF, H. I.: Implanting Strategic Management [1984], S. 25; SMITS, S. J. / EZZAT, N.: "Thinking the unthinkable" [2003], S. 5; LITTLEJOHN, R. F.: Crisis Management [1983], S. 32 ff.

13 Vgl. MACHARZINA, K.: Management [1999], S. 522.

14 Vgl. KRYSTEK, U.: Unternehmenskrisen [1987], S. 106 f.

15 Vgl. KRYSTEK, U.: Unternehmenskrisen [1987], S. 107.

16 Vgl. KRYSTEK, U.: Unternehmenskrisen [1987], S. 106 f.

17 Vgl. Bröckermann, R.: Engpass Personal [2000], S. 267.

18 Vgl. Franke, R.: Das Management in der Unternehmenskrise [1997], S. 91 ff.

19 Vgl. KRYSTEK, U.: Unternehmenskrisen [1987], S. 116 ff.

20 Vgl. SANDERSON, S. M. / KORITZINSKY, A.G.: Risk Centers [1999], S. 6 ff.

21 Vgl. MÜLLER, G.: Corporate Crisis Management [1986], S. 250 f.; SCHULTEN, M. F.: Krisenmanagement [1995], S. 106.

22 Vgl. STAEHLE, W. H.: Redundanz, Slack und lose Kopplung [1991], S. 321 ff.

23 Vgl. WEIZSÄCKER, Ch. v. / WEIZSÄCKER, E. U. v.: Fehlerfreundlichkeit [1984], S. 167 ff.; GUGGENBERGER, B.: Fehlerfreundliche Strukturen [1994], S. 343 ff.

24 Vgl. NIESE, S. / RUFF, F.: Über Risiken sprechen [1994], S. 29; Obermeier, O. P.: Bedeutung und Grundzüge der Risikokommunikation [1995], S. 13 ff.

25 Vgl. STAEHLE, W. H.: Redundanz, Slack und lose Kopplung [1991], S. 319 ff.; BAECKER, D.: Postheroisches Management [1994], S. 151.

26 Vgl. BERNARD, H.: Unternehmensflexibilität [2000], S. 96; GROTH, U.: Kennzahlensystem zur Analyse [1992], S. 32 u. 55.

27 Vgl. BLAND, M.: Training managers to handle a crisis [1995].

28 Vgl. BITTERWOLF, W.: Flexibilität des Handelns [1992], S. 29.

29 Vgl. BERNARD, H.: Unternehmensflexibilität [2000], S. 103; BELLMANN, L. / DÜLL, H. / KÜHL, J. / LAHNER, M. / LEHMANN, U.: Flexibilität von Betrieben [1996], S. III, 50 ff.

30 Vgl. TRAUBOTH, J. H.: Krisenmanagement bei Unternehmensbedrohungen [2002], S. 33 ff.

31 Vgl. FINK, S.: Crisis Management [1986], S. 134 ff.

32 Vgl. ANSOFF, H. I.: Implanting Strategic Management [1984], S. 24.

33 Vgl. TRAUBOTH, J. H.: Krisenmanagement bei Unternehmensbedrohungen [2002], S. 32 ff.; FINK, S.: Crisis Management [1986], S. 145 ff.; DÖRNER, D.: Die Logik des Mißlingens [1993], S. 107 ff., 156 ff., 234 ff.; HEATH, C. / LARRICK, R. P. / KLAYMAN, J.: Cognitive repairs [1998], S. 8 ff.

34 Vgl. FINK, S.: Crisis Management [1986], S. 144 f.; HEATH, C. / LARRICK, R. P. / KLAYMAN, J.: Cognitive repairs [1998], S. 6 f.; PEARSON, C. M. / CLAIR, J. A.: Reframing crisis management [1998], S. 12 f.

35 Vgl. Abbildung 2-1.

36 Vgl. TRAUBOTH, J. H.: Krisenmanagement bei Unternehmensbedrohungen [2002], S. 32; KRYSTEK, U.: Unternehmenskrisen [1987], S. 250 ff.; MÜLLER, R.: Corporate Crisis Management [1985], S. 45; Pearson, C. M. / CLAIR, J. A.: Reframing crisis management [1998], S. 71.

37 Vgl. ANSOFF, H. I.: Implanting Strategic Management [1984], S. 24; AUGUSTINE, N. R.: Managing the Crisis [1995], S. 155; PEARSON, C. M. / MITROFF, I. I.: From crisis prone to crisis prepared [1993], S. 58.

38 IRLE, M.: Macht und Entscheidungen in Organisationen [1971], S. 218 ff.; KRYSTEK, U.: Unternehmenskrisen [1987], S. 278 ff.; ALTIER, W. J.: Task Forces [1986], S. 70; MÜLLER, R.: Corporate Crisis Management [1985], S. 44; SHRIVASTAVA, P. / MITROFF, I. I.: Strategic Management of Corporate Crises [1987], S. 9; STAEHLE, W.: Krisenmanagement [1993], Sp. 2463; ULMER, R. R.: Effective crisis management [2001], S. 593 ff.

39 Vgl. TRAUBOTH, J. H.: Krisenmanagement bei Unternehmensbedrohungen [2002], S. 44; LITTLEJOHN, R. F.: Crisis Management [1983], S. 24; KRYSTEK, U.: Unternehmenskrisen [1987], S. 278; SHRIVASTAVA, P. / MITROFF, I. I.: Strategic Management of Corporate Crise [1987], S. 10; SMITS, S. J. / EZZAT, N.: "Thinking the unthinkable" [2003], S. 6 ff.

40 Vgl. KRYSTEK, U.: Unternehmenskrisen [1987], S. 245; WITTE, E.: Das Promotoren-Modell [1999], S. 16 f.

41 Vgl. TRAUBOTH, J. H.: Krisenmanagement bei Unternehmensbedrohungen [2002], S. 45; LITTLEJOHN, R. F.: Crisis Management [1983], S. 29 f.; KRYSTEK, U.: Unternehmenskrisen [1987], S. 277 f.; MITROFF, I. I.: Crisis Management [1988], S. 16 f.; RÖTHIG, P.: Organisation und Krisenmanagement [1976], S. 18 f.; SMITS, S. J. / EZZAT, N.: "Thinking the unthinkable" [2003], S. 6 ff.

42 Vgl. WITTE, E.: Das Promotoren-Modell [1999], S. 17 f.

43 Vgl. TRAUBOTH, J. H.: Krisenmanagement bei Unternehmensbedrohungen [2002], S. 46; LITTLEJOHN, R. F.: Crisis Management [1983], S. 27, 31. SHRIVASTAVA, P. / MITROFF, I. I.: Strategic Management of Corporate Crises [1987], S. 10.

44 Vgl. GEMÜNDEN, H. G. / WALTER, A.: Beziehungspromotoren [1999], S. 119 ff. WITTE, E.: Das Promotoren-Modell [1999], S. 17 f.

45 Vgl. LITTLEJOHN, R. F. : Crisis Management [1983], S. ff.; ANSOFF, H. I.: Implanting Strategic Management [1984], S. 25; KRYSTEK, U.: Unternehmenskrisen [1987], S. 279;

46 Vgl. FRANKE, R.: Das Management in der Unternehmenskrise [1997], S. 176.; RÖTHIG, P.: Organisation und Krisenmanagement [1976], S. 18 f.

47 Vgl. TRAUBOTH, J. H.: Krisenmanagement bei Unternehmensbedrohungen [2002], S. 38, 44; KRYSTEK, U.: Unternehmenskrisen [1987], S. 278 ff.; MEYERS, G. C.: Bevor die Fetzen fliegen [1989], S. 201 f; SHRIVASTAVA, P. / MITROFF, I. I.: Strategic Management of Corporate Crises [1987], S. 9.

48 Vgl. TRAUBOTH, J. H.: Krisenmanagement bei Unternehmensbedrohungen [2002], S. 38, 45; Littlejohn, R. F.: Crisis Management [1983], S. 26 ff.; KRYSTEK, U.: Unternehmenskrisen [1987], S. 277 ff.; MEYERS, G. C. [1989], S. 201.; MÜLLER, R. [1985], S. 44; ULMER, R. R. [2001], S. 593 ff.

49 Vgl. TRAUBOTH, J. H.: Krisenmanagement bei Unternehmensbedrohungen [2002], S. 46; LITTLEJOHN, R. F.: Crisis Management [1983], S. 26 ff.; ALTIER, W. J.: Task Forces [1986], S.71 f.;

MEYERS, G. C.: Bevor die Fetzen fliegen [1989], S. 203 f.; MÜLLER, R.: Corporate Crisis Management [1985], S. 44; SHRIVASTAVA, P. / MITROFF, I. I.: Strategic Management of Corporate Crises [1987], S. 9; ULMER, R. R.: Effective crisis management [2001], S. 593 ff.

50 Vgl. KRYSTEK, U.: Unternehmenskrisen [1987], S. 247 f.; FRANKE, R.: Das Management in der Unternehmenskrise [1997], S. 176.

Literatur

ALTIER, W. J.: Task Forces – An Effective Management Tool; in: Sloan Management Review; 27. Jahrgang; Nr. 3; 1986; S. 69 - 76.

ANSOFF, H. I.: Implanting Strategic Management; Englewood Cliffs, New Jersey: Prentice-Hall; 1984.

AUGUSTINE, N. R.: Managing the Crisis You Tried to Prevent; in: Harvard Business Review, November-December 1995; S. 147 - 158.

BAECKER, D.: Postheroisches Management – Ein Vademecum; Berlin: Merve; 1994.

BELLMANN, L. / DÜLL, H. / KÜHL, J. / LAHNER, M. / LEHMANN, U.: Flexibilität von Betrieben in Deutschland; Nürnberg: Institut für Arbeits- und Berufsforschung; 1996.

BERNARD, H.: Unternehmensflexibilität; Wiesbaden: Gabler; 2000.

BILLINGS, R. S. / MILBURN, T. W. / SCHAALMAN, M. L.: A Model of Crisis Perception – A Theoretical and Empirical Analysis; in: Administrative Science Quarterly, 25. Jahrgang, Nr. 2; 1980; S. 300 - 316.

BITTERWOLF, W.: Flexibilität des Handelns; Regensburg: Roderer; 1992.

BLAND, M.: Training managers to handle a crisis; in: Industrial and Commercial Training, 27. Jahrgang, Nr. 2; 1995; S. 28 - 32.

BRÖCKERMANN, R.: Engpass Personal; in: BIRKER, K. / PEPELS, W., Handbuch Krisenbewusstes Management; Berlin: Cornelsen; 2000; S. 267 - 292.

DÖRNER, D.: Die Logik des Misslingens – Strategisches Denken in komplexen Situationen; Reinbek: Rowohlt; 1993.

FINK, S.: Crisis Management – Planning for the Inevitable; New York: Amacom; 1986.

FRANKE, R.: Das Management in der Unternehmenskrise; Bad Urach: Verlag Institut für Arbeitsorganisation e.V.; 1997.

FREEMAN, R. E.: Strategic Management – A stakeholder approach; Boston: Pitman; 1984.

GEMÜNDEN, H. G. / WALTER, A.: Beziehungspromotoren – Schlüsselpersonen für zwischenbetriebliche Innovationsprozesse; in: HAUSCHILDT, J. / GEMÜNDEN, H. G. (Hrsg.): Promotoren – Champions der Innovation; Wiesbaden: Gabler; 1999; S. 111 - 131.

GROTH, U.: Kennzahlensystem zur Analyse der Leistungsfähigkeit einer Fertigung; Düsseldorf: VDI-Verlag; 1992.

GUGGENBERGER, B.: Fehlerfreundliche Strukturen; in: Universitas; Nr. 4; 1994; S. 343 - 355.

HASITSCHKA, W.: Betriebswirtschaftliche Krisenprophylaxe; Stuttgart: Poeschel; 1988.

HEATH, C. / LARRICK, R. P. / KLAYMAN, J.: Cognitive repairs – How organizational practices can compensate for individual shortcomings; in: Research in Organizational Behavior, 20. Jahrgang; 1998; S. 1 - 37.

HILLMER, J.: Planung der Unternehmensflexibilität; Frankfurt/Main et al: Lang; 1987.

IRLE, M.: Macht und Entscheidungen in Organisationen; Frankfurt a.M.: Akademische Verlagsgesellschaft ; 1971.

KRYSTEK, U.: Unternehmenskrisen – Beschreibung, Vermeidung und Bewältigung überlebenskrititscher Prozesse in Unternehmungen; Wiesbaden: Gabler; 1987.

LITTLEJOHN, R. F.: Crisis Management – A Team Approach; New York: o.V.; 1983.

MACHARZINA, K.: Management; Wiesbaden: Gabler; 1999.

MEYERS, G. C.: Bevor die Fetzen fliegen – Die typischen Unternehmenskrisen erkennen, meistern und nutzen; Frankfurt/M. et al.: Campus-Verlag; 1989.

MITROFF, I. I.: Crisis Management – Cutting through the Confusion; in: Sloan Management Review, 29. Jahrgang, Nr. 2; 1988; S. 15 - 20.

MITROFF, I. I. / SHRIVASTAVA, P. / UDWADIA, F. E.: Effective Crisis Management; in: The Academy of Management Executive, 1. Jahrgang, Nr. 4; 1987; S. 283 - 292.

MÜLLER, G.: Strategische Frühaufklärung – Stand der Forschung und Typologie der Ansätze, in: Marketing. Zeitschrift für Forschung und Praxis; 1986; S. 248 - 255.

MÜLLER, R.: Corporate Crisis Management; in: Long Range Planning, 18. Jahrgang, Nr. 5; 1985; S. 38 - 48.

NIESE, S. / RUFF, F.: Über Risiken sprechen. Kommunikationsmuster und Konflikte zwischen Unternehmen und Umfeld; in: Organisationsentwicklung, Nr. 4; 1994; S. 24 - 35.

OBERMEIER, O. P.: Bedeutung und Grundzüge der Risikokommunikation; in: GERLING, R. / OBERMEIER O. P., Risiko – Störfall – Kommunikation; München: Gerling-Akademie Verlag; 1995; S. 13 - 452..

PEARSON, C. M. / CLAIR, J. A.: Reframing crisis management; in: The Academy of Management Review, 23. Jahrgang, Nr. 1; 1998; S. 59 - 76.

PEARSON, C. M. / MITROFF, I. I.: From crisis prone to crisis prepared – A framework for crisis management; in: The Executive, 7. Jahrgang, Nr. 1; 1993; S. 48 - 59.

REMER, A.: Management – System und Konzepte; Bayreuth: REA-Verlag Managementforschung; 2002.

RÖTHIG, P.: Organisation und Krisenmanagement; in: Zeitschrift für Organisation (ZO), Nr. 1; 1976; S. 13 - 20.

SANDERSON, S.M. / KORITZINSKY, A.G.: Risk Centers – Enterprise-Wide Efficiency; in: Risk Management, March; 1999; S. 6 - 9.

SCHEWE, G.: Unternehmensstrategie und Organisationsstruktur; in: Die Betriebswirtschaft, 59. Jahrgang, Nr. 1; 1999; S. 61 - 75.

SCHULTEN, M. F.: Krisenmanagement; Berlin: Verlag für Wissenschaft und Forschung; 1995.

SHRIVASTAVA, P. / MITROFF, I. I.: Strategic Management of Corporate Crises; in: Columbia Journal of World Business, 22. Jahrgang, Nr. 1; 1987; S. 5 - 12.

SMITS, S. J. / EZZAT, N.: "Thinking the unthinkable" - leadership's role in creating behavioral readiness for crisis management; in: Competitiveness Review, 13. Jahrgang, Nr. 1; 2003; S. 1 - 23.

SNIEZEK, J. A. / WILKINS, D. C. / WADLINGTON, P. L. / BAUMANN, M. R.: Training for Crisis Decision-Making – Psychological Issues and Computer-Based Solutions; in: Journal of Management Information Systems, 18. Jahrgang, Nr. 4; 2002; S. 147 - 168.

STAEHLE, W. H., Redundanz, Slack und lose Kopplung in Organisationen – Eine Verschwendung von Ressourcen?; in: STAEHLE, W. H. / SYDOW, J.: Managementforschung 1, Berlin et al.: de Gruyter; 1991; S. 313 - 345.

STAEHLE, W. H. 1993, Krisenmanagement; in: Handwörterbuch der Betriebswirtschaftslehre; 1993; Sp. 2452 - 2466, Stuttgart.

TRAUBOTH, J. H.: Krisenmanagement bei Unternehmensbedrohungen; Stuttgart et al.: Boorberg; 2002.

ULMER, R. R.: Effective crisis management through established stakeholder relationships; in: Management Communication Quarterly, 14. Jahrgang, Nr. 4; 2001; S. 590 - 615.

WEIZSÄCKER, Ch. v. / WEIZSÄCKER, E. U. v.: Fehlerfreundlichkeit; in: Kornwachs, K.: Offenheit – Zeitlichkeit – Komplexität – Zur Theorie der offenen Systeme; Frankfurt/M. et al.: o.V.; 1984; S. 167 - 201.

WITTE, E.: Das Promotoren-Modell; in: HAUSCHILDT, J. / GEMÜNDEN, H. G. (Hrsg.), Promotoren – Champions der Innovation; Wiesbaden: Gabler; 1999.

Christoph Rasche

Multifokales Sanierungsmanagement

Von der engpassorientierten zur mehrdimensionalen Krisenbewältigung

1 Multifokales Management als handlungsleitender Bezugsrahmen 331

2 Archetypen der Sanierung 335

2.1 Portfoliosanierung 336

2.2 Organisatorische Sanierung 337

2.3 Finanzielle Sanierung 339

2.4 Behavioristische Sanierung 340

3 Phasenmodell der multifokalen Sanierung 343

4 Fazit und Ausblick 346

1 Multifokales Management als handlungsleitender Bezugsrahmen

In der Logik des multifokalen Managements erklärt sich der Unternehmens- und Sanierungserfolg nicht monokausal, sondern multikausal über eine Anwendung teilweise gegensätzlicher Forschungsdisziplinen, die sich aber entsprechend des „Multiparadigmatismus" ergänzen bzw. zumindest den intellektuellen Diskurs stimulieren. Erst seit kurzer Zeit sind Restrukturierungen und Sanierungen Gegenstand des strategischen Managements. Wenn überhaupt dominierte die finanzorientierte Perspektive, ohne dabei Sanierungen marktorientiert, wettbewerbsorientiert, ressourcenorientiert, institutionenorientiert oder verhaltensorientiert zu analysieren.[1]

Aus wissenschaftlicher Sicht wurde in der Vergangenheit der Fehler begangen, das komplexe Realphänomen der Sanierung in das Theoriegebäude einzelner Forschungsrichtungen („Views") einzufügen, ohne deren potenzielle Kompatibilität zu betonen. Theorieinduzierte Isolationstendenzen dieser Art sind allerdings nicht nur für das Themenfeld der Sanierung zu konstatieren, sondern stehen grundsätzlich der holistischen Theoriebildung im strategischen Management entgegen.

Die Konzeption des multifokalen Managements schärft den Blick für die Notwendigkeit eines systematischen und vor allem kombinierten Einsatzes kompatibler, aber auch konträrer Forschungsrichtungen und Paradigmen, um die hohe Varianz des Sanierungserfolgs besser, d.h. multikausal erklären zu können. Auch wenn konservative Fachvertreter vor einer „theoretischen Kakophonie" und einem damit verbundenen Verlust an inhaltlicher Stringenz warnen, so strebt das multifokale Management keine „konzeptionellen Zwangsehen" an. Vielmehr wird das strategische Management als modulares Methodensystem betrachtet, das dem Forscher multiple Kombinationsmöglichkeiten zur Erkenntnisgewinnung bietet.[2] Dem multifokalen Management gemäß obliegt es dem jeweiligen Wissenschaftler oder Praktiker, den Kanon der theoriegeleiteten Erkenntnismodule problem- und einzelfallspezifisch zu kombinieren. Dieses methodische Vorgehen lässt sich auch auf den Spezialfall der Ad-hoc-Sanierung anwenden.

Das dem multifokalen Management nahestehende Konzept der multiplen Positionierung aufgreifend, positionieren sich Unternehmen nicht entlang einer relevanten Entscheidungsdimension (z.B. Absatzmarktpositionierung), sondern bewegen sich in einem mehrdimensionalen Positionierungsraum.[3] Dieser ergibt sich allein schon durch die Notwendigkeit, Positionen gegenüber einer Vielzahl von Anspruchsgruppen innerhalb und außerhalb der Unternehmung beziehen zu müssen (z.B. Wettbewerber, Mitarbeiter, Lieferanten) – und zwar im unmittelbaren Marktsystem wie auch im mittelbaren Nichtmarktsystem. Eine Interessenkongruenz ist unter der Prämisse vielschichtiger Ansprüche in der Regel die Ausnahme. Neben der Gefahr suboptimaler Konsenslösungen im einen Fall, die im Ergebnis nur marginale Veränderungen „deutlich unterhalb der Schmerzgrenze" zulassen, drohen im anderen Fall interessenpolitische Zentrifugalkräfte den institutionellen Referenzrahmen zu „sprengen".

Die Restrukturierung und auch der Spezialfall der Sanierung verkörpern jenseits der Finanzarithmetik soziopolitische Transformationsprozesse, in deren Mittelpunkt eine Neuorganisation impliziter und expliziter Weisungs- und Kontrollrechte steht. So führen Sanierungen in den meisten Fällen bewusst oder unbewusst zu einer Destabilisierung der Machtarchitektur.[4] Das Ziel der Sanierung besteht nun darin, den qua Initialzündung herbeigeführten Prozess der Destabilisierung in gewünschte Bahnen zu lenken, damit sich ein dynamisches Machtgleichgewicht einstellt, das den Ex-ante-Planungen auch tatsächlich entspricht. Die technokratisch-betriebswirtschaftliche Interpretation des Restrukturierungsbegriffs als Chronologie zu vollziehender Prozessketten und Operationen zur Erreichung eines vordefinierten Idealzustands erfährt durch die Integration behavioristischer Elemente eine sinnvolle Ergänzung um sogenannte weiche Faktoren.[5] Diese sind es, die häufig für das Scheitern euphorisch angekündigter Fusionen und Übernahmen verantwortlich zeichnen.

Abbildung 1-1: *Multifokale Sanierung*

Quelle: RASCHE, C.: Multifokales Sanierungsmanagement [2004].

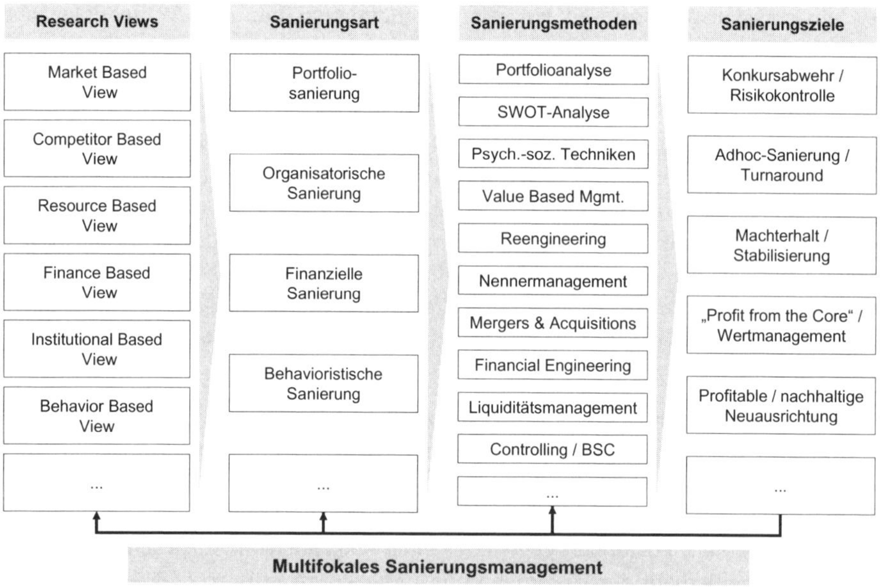

Abbildung 1-1 veranschaulicht kursorisch die Logik der multifokalen Sanierung aus didaktischen Gründen als eher geschlossenes Partialmodell, wenngleich diese in der Realität ein offenes System mit z.T. unbekannten Variablen repräsentiert.

Aus Vereinfachungsgründen wird lediglich nach

- den forschungsmethodischen Ansätzen („Research Views“[6]),
- den Sanierungsarten,
- den Sanierungsmethoden und
- den Sanierungszielen differenziert.

Unterstellt wird hierbei auf Basis von Plausibilitätsüberlegungen, dass die vier Hauptdimensionen der Sanierung in einem interdependenten Verhältnis zueinander stehen. Weitere moderierende Dimensionen wie das externe Mikro- und Makroumfeld oder „weiche Faktoren“ in Gestalt kultur- und kontextbedingter Variablen lassen sich ebenfalls bei Bedarf in das hier entworfene Modell integrieren. Gegenstand des multifokalen Sanierungsmanagements ist das Problem der einseitig symptom-induzierten Sanierung aus dem Blickfeld des Finance Based View. Eine desolate finanzielle Ergebnissituation ist letztlich die finale Wirkung vorgeschalteter Ursachen im Sinne einer schlechten Markt- und Wettbewerbsperformance (Market Based View, Competitor Based View). Diese wiederum lässt sich in vielen Fällen auf ein wenig effektives und effizientes Ressourcen- bzw. Kompetenzmanagement auf der Ebene der direkten und indirekten Bereiche im Wertkettensystem der Unternehmung zurückführen (Resource Based View).[7] Aus der Perspektive der Institutionenökonomie bzw. der Neuen Politischen Ökonomie manifestiert sich die Generierung, Nutzung und Transaktion strategischer Ressourcen in einem machtpolitischen Prozess, der ohne entsprechende Korrektiv- und Vorsorgemaßnahmen allein schon aufgrund des omnipräsenten Opportunismus zum Scheitern verurteilt ist. Zielkonforme Verhaltensänderungen lassen sich aber nur z.T. mit dem Instrumentarium der Institutionenökonomie und ihrer Subdisziplinen erreichen (z.B. „moderne“ Vertragstheorie, Transaktionskostenansatz, Principal-Agent-Ansatz, Verfügungsrechte, Spieltheorie), weil die hier unterstellten Verhaltensannahmen zwar von einem begrenzt rationalen, aber streng eigenvorteilsorientierten Menschenbild ohne Kollektivsinn ausgehen.[8] Durch Anwendung des verhaltensorientierten Ansatzes lassen sich die „Ecken und Kanten“ des institutionenökonomischen Menschenbilds im Sinne einer höheren Realitätsnähe „modellieren“[9]. Die Diskussion um die Rolle des sozialen Kapitals, kooperativen oder gar altruistischen Verhaltens sowie unternehmerischer Nachhaltigkeit und Verantwortung zeigt, dass sich das Sanierungsmanagement jenseits des klassisch betriebswirtschaftlichen Kosten- / Nutzenkalküls der behavioristischen Seite wird verstärkt zuwenden müssen. Ökonomisch rational entscheidenden und empathielosen Managern wird oftmals ein Mangel an sozialer Intelligenz im Sinne fehlender Leadership-Qualitäten attestiert.[10] Zwar werden diese für den oft zitierten Turnaround dringend benötigt, doch entziehen sie sich als sogenanntes Tacit Knowledge der Didaktik eines Lehrbuchs oder Executive-MBAs.[11] In der Sprache populistischer Managementgazetten sollte das im Rahmen von Sanierungen praktizierte Business Process Reengineering um ein Social Reengineering flankierend ergänzt werden, um das bisher dominierende Wertkettensystem mit dem vernachlässigten soziopolitischen System zu synchronisieren.

Weiterhin wird im vorgestellten Modell nach der Restrukturierungsart unterschieden. Die bisher vorherrschenden Sanierungsarten der Portfoliosanierung, organisatorischen Sanierung und finanziellen Sanierung werden aus besagten Gründen um die behavioristische Sanierung ergänzt.

Allen Sanierungsarten ist gemein, dass auf einen Kanon an strategischen und operativen Managementtechniken zurückgegriffen wird, die eher harter oder weicher Natur sein können. Hierbei handelt es sich um den Status quo erfolgsbewährter und praxiserprobter Planungs-, Entscheidungs- und Umsetzungstechniken zur Realisierung institutioneller Veränderungen. Als relativ generische Heuristiken lassen sich diese im Zuge des Sanierungsmanagements einsetzen, sofern die Problemstellung den Methodeneinsatz vorgibt und nicht vice versa. Neben speziellen Techniken des Sanierungsmanagements existieren zahlreiche allgemeine Methoden der Unternehmensführung, die sich bei konkretisiertem Bedarf als Module fallweise einsetzen lassen.[12] Allerdings sollte der latenten Gefahr des „Methoden-Overkills“ begegnet werden, um keine grundsätzliche Aversion bei den Betroffenen zu erzeugen. Auf die aktuell geführte Diskussion um den Sinn und Unsinn sogenannter Management- oder Strategiemoden sei an dieser Stelle nur kurz verwiesen.[13] Diese werden häufig von Insolvenzverwaltern oder Aufsichtsräten bei Akutsanierungen eingeschaltet, um als „Retter in der Not“ methodenversiert das „Steuer herumzureißen“. Die häufig zu beobachtende Methodengläubigkeit überführt das multifokale Management in einen problem-, kontext- und aufgabenbezogenen Methodenrealismus. Dem Lego-Prinzip vergleichbar läßt sich im günstigsten Fall ein „Modular Consulting“ praktizieren, in dessen Rahmen die Sanierungsaufgabe und die Sanierungsziele den Methodeneinsatz definieren.[14]

Die letzte Dimension des Modells bilden die Sanierungsziele. Diese sind in der Regel mehrdimensional angelegt und ergeben sich als Produkt eines politischen Diskurses zwischen Management und Kontrollorganen im engeren Sinne und sonstigen Anspruchsgruppen im weiteren Sinne. Beeinflusst werden die Sanierungsziele somit durch interne und externe Anspruchsgruppen, die sich von der Sanierung internalisierbare Individualvorteile bzw. die Neutralisierung zu befürchtender Nachteile versprechen. Die Formulierung der Sanierungsziele unterliegt häufig dem Zeitgeist der Sanierungsmethoden, Forschungsströmungen und Sanierungsarten, wenngleich wiederum von den Zielen Rückkopplungseffekte auf die übrigen Sanierungsdimensionen ausgehen. Im Lehrbuchfall leiten sich aus den Sanierungszielen kaskadenförmig die restlichen Teildimensionen der Sanierung ab. Jedoch ergeben sich die Ziele in der Praxis oftmals erst als Resultat vorgeschalteter Analysen, Methoden und Diskurse im Sinne eines „gelenkten evolutorischen Strategieprozesses“[15].

2 Archetypen der Sanierung

Im Rahmen des multifokalen Sanierungsmanagements wird von einer Pluralität archetypischer Sanierungsarten ausgegangen, die nachfolgend aus Vereinfachungsgründen auf vier Grundmuster reduziert werden. Abbildung 2-1 vermittelt diesbezüglich einen Überblick, um den Leser vorab für das Zusammenspiel kompatibler Sanierungsansätze zu sensibilisieren.[16]

Abbildung 2-1: *Sanierungsarten*

Quelle: RASCHE, C.: Multifokales Sanierungsmanagement [2004].

Die behavioristische Sanierung hat den Charakter einer moderierenden Variable. Sie erklärt die Paradoxien im Sanierungsprozess. Unternehmenssanierungen implizieren neben einer Veränderung der Machtarchitektur immer auch Verhaltensänderungen, damit sich der anvisierte Idealzustand überhaupt realisieren lässt.

2.1 Portfoliosanierung

Bei der Portfoliosanierung handelt es sich gleichsam um die umfassendste Form der Sanierung, weil hierbei die Kapital-, Verfügungs- und Kontrollrechte grundlegend verändert werden. Im Ergebnis entsteht eine neue strategische Architektur, die wiederum einen erheblichen organisatorischen Anpassungsbedarf induziert, wie sich exemplarisch am Beispiel der postakquisitorischen Phase bei Fusionen und Übernahmen aufzeigen lässt.[17] Die Portfoliosanierung tangiert durch den Verkauf von Unternehmensteilen zwangsläufig die Finanz- und Kapitalströme, wodurch die finanzielle Sanierung unmittelbar betroffen wird. Portfoliosanierung und finanzielle Sanierung verlaufen in der Praxis häufig synchron, weil die Optimierung der Finanz- und Kapitalströme oftmals eine Vorbedingung für die Wiedererlangung des finanziellen Gleichgewichts ist. So lassen sich z.B. aus dem Verkauf von „Non-Core-Units" Finanzmittel generieren, um „Core-Units" auszubauen bzw. zu konsolidieren.[18] Die finanziellen Bewegungsspielräume im Sanierungsmanagement sind immer Ergebnis alternativer Portfoliostrategien, wenn z.B. periphere Geschäftsbereiche abgestoßen werden sollen oder vormals autonome Tochtergesellschaften unter Synergiegesichtspunkten vor der Zusammenlegung stehen.[19]

Gegenstand der strategischen Portfoliorestrukturierung ist somit die Analyse und Optimierung des Geschäftsfeldportfolios unter Risiko-, Wachstums- und Renditegesichtspunkten. Methodisch unterstützt wird die Portfoliorestrukturierung durch die einschlägigen Portfolioanalysetechniken, die häufig als didaktische Hilfsmittel herangezogen werden, um durch gezielte Komplexitätsreduktion eine Konzentration auf „das Wesentliche" zu ermöglichen.

Auf Basis derartiger Portfolioanalysen lassen sich sogenannte Normstrategien für die einzelnen Geschäftsbereiche und Produkt- / Marktfelder ableiten (z.B. „selektieren", „verkaufen", „investieren"), um die Gesamtstruktur des Portfolios zu optimieren. Strategische Sanierungen führen in der Regel zu Portfolioveränderungen, weil Unternehmensteile verkauft, konsolidiert, verschmolzen oder stillgelegt werden. In volatilen Branchen und Märkten sind Institutionen im Vorteil, die über agile, robuste und adaptive Strukturen verfügen, weil sich gebotene Konzernumbauten im Vergleich zur Konkurrenz zügiger realisieren lassen.[20] Modulare Konzernarchitekturen[21] mit Holdingcharakter bieten in diesem Kontext den Vorteil, dass sich auf dem Markt für Unternehmenskontrolle in großem Umfang zügig Kapital-, Verfügungs- und Kontrollrechte transferieren lassen.[22] Aufgrund ihrer großen Hebelwirkung beinhalten derartige Fundamentalsanierungen in vielen Fällen einen strategischen Richtungswechsel, der im Einklang mit dem Geschäftsfeldportfolio stehen sollte. Dieses muss demzufolge den Kohärenzbedingungen standhalten, um einen „Corporate Advantage" zu generieren.[23]

Während sich das Portfoliomanagement der „ersten Generation" vornehmlich auf die Steuerung der Kapital- und Finanzströme konzentrierte, fokussierte das Portfoliomanagement der „zweiten Generation" auf die Identifikation und Nutzung von Synergien zwischen einzelnen Geschäftsfeldern im Zuge der Horizontalkoordination. Das Portfoliomanagement der „dritten Generation" rückt neben Flexibilitäts- und Risikoaspekten den sogenannten Realoptionengedanken in den Vordergrund der Analyse, weil in volatilen Entscheidungsfeldern multiple Optionen auf zukünftige Strategiealternativen Wettbewerbsvorteile gegenüber pfadabhängigen, d.h. entscheidungsstarren Konkurrenten repräsentieren. Darüber hinaus impliziert die Logik des multifokalen Portfoliomanagements die Anwendung multipler Portfolioanalysetechniken auf unterschiedlichen Unternehmensebenen. Dominierten früher sogenannte Produkt- und Geschäftsfeldportfolios, so werden diese heutzutage um Ressourcen-, Technologie-, Kunden- und Länderportfolios ergänzt. Insbesondere Sanierungen tangieren jenseits der dominanten Produkt- / Marktebene eine Vielzahl weiterer Entscheidungsfelder, die aus den klassischen Portfolioanalysen aus Vereinfachungsgründen ausgeblendet wurden.[24]

2.2 Organisatorische Sanierung

Im Fokus der organisatorischen Sanierung werden die formalen, aber auch emergenten Strukturen und Organisationsformen betrachtet. Zu nennen sind hierbei neben Fragestellungen der Aufbau- und Ablauforganisation vor allem das Zusammenspiel zwischen den Strategie-, Struktur-, Prozess- und Kontextdimensionen der Unternehmensführung. CHANDLER hat bereits frühzeitig im Rahmen der Strategie- / Strukturdebatte auf die Notwendigkeit einer Verzahnung von organisatorischen und strategischen Fragestellungen hingewiesen.[25] PETTIGREW reflektiert Organisationsentscheidungen an der inneren und äußeren Kontextdimension der Unternehmung, da ökonomische Institutionen nicht selten Produkt und Treiber sozioökonomischer Kontextfaktoren sind.[26] Diese mittelbar oder unmittelbar zu beeinflussen, z.B. durch Anspruchsgruppenmanagement oder die versierte Nutzung der Nichtmarktsystems,[27] ist Gegenstand zeitgemäßen Sanierungsmanagements. Die organisatorische Restrukturierung leitet sich häufig aus der Portfoliosanierung ab und wird von Praktikern leicht despektierlich als deren „Abfallprodukt" betrachtet.

Nachdem die strategische Portfoliosanierung abgeschlossen ist, steht nunmehr die operative Kernerarbeit der Schnittstellen-, Prozess-, Strukturoptimierung und Systemoptimierung an.[28] Vergessen wird dabei häufig eine Harmonisierung kultureller Faktoren, wenn z.B. Organisationseinheiten konsolidiert oder gespalten werden. In der Vergangenheit war der Prozess der organisatorischen Sanierung stark kosten- und effizienzgetrieben, wobei der Schwerpunkt auf der Optimierung der Zentralbereiche lag. Die Vision der schlanken Administration in Verkörperung abgespeckter Zentralbereiche und effizienter Holdingstrukturen ist gleichermaßen tonangebend für viele Sanierungsinitiativen. Zentralbereiche ohne sichtbaren Mehrwert für die operativen

Einheiten im Sinne des „Parental Advantage" stehen damit im Zuge von Outsourcing- oder Dezentralisierungsentscheidungen zur Disposition.[29] Die Gemeinkostenwertanalyse hinterfragt in diesem Kontext den Wert der Zentrale für die Primärwertschöpfungsbereiche der Organisation im Sinne geleisteter und nachgefragter Dienstleistungen. Dabei wird versucht, für diese Marktäquivalente als Benchmark zu identifizieren, um potenzielle Outsourcing-Entscheidungen besser validieren zu können. Die Zusammenlegung von Konzernzentralen und Verwaltungen durch Fusionen oder Konsolidierungen folgt der Logik des Ballastabwurfs, um organisatorische Überschüsse zu beseitigen.[30] Dank des ubiquitären Einsatzes moderner Informations- und Kommunikationstechnologien einschließlich leistungsstarker Netzwerkinfrastrukturen wird ein erheblicher organisatorischer Restrukturierungsbedarf begründet, weil eine Marginalisierung der technischen Informations- und Kommunikationskosten zu konstatieren ist. Zum einen substituieren IuK-Technologien administratives Humankapital; zum anderen unterstützen diese in ihrer Funktion als Enabler-Technologien dezentrale Organisationsformen.[31] So favorisieren viele Unternehmen Home-Office-Regelungen, ein Outsourcing „unkritischer" Verwaltungsprozesse oder allgemein eine Delegation nicht elementarer Corporate Services an die Geschäftsfeldebene, um von der dort gegebenen Markt-, Kunden- und Technologienähe zu profitieren.[32] Die Frage nach den Kompetenzen, Aufgaben und Mehrwertleistungen der Unternehmenszentrale lässt sich nur pauschal mit der Leerformel „so viel wie nötig, aber so wenig wie möglich" beantworten. Typische Zentralenvorteile werden zumeist in folgenden Punkten gesehen:

- Skaleneffekten bei der Zentralkoordination,
- Synergieeffekte durch optimierten Ressourcen- und Technologieeinsatz,
- effektiveres Shareholdermanagement und
- effektiveres Stakeholdermanagement.[33]

Im wesentlichen erklären sich die Vorteile der Zentrale gegenüber dem Markt und dezentralen Organisationslösungen über die Nutzung von Herrschaftswissen und daraus resultierender Insidervorteile. Neben Skalen- bzw. Poolingeffekten lassen sich daraus abgeleitet massenkritische Innovations-, Technologie- und Kommunikationsvorteile erschließen. Darüber hinaus verfügt die Konzernzentrale qua Masse über politische Einflussnahmemöglichkeiten, die sie stellvertretend für betroffene Geschäftsfelder und Divisionen geltend machen kann.[34] Trotz dieser häufig genannten Vorteile starker Konzernzentralen haftet diesen das Stigma der Wasserkopfadministration an, weshalb diese häufig in das Visier kostengeleiteter Restrukturierungen geraten. Allerdings wird in diesem Kontext die Möglichkeit innovations- und mehrwertinduzierter Restrukturierungen der Zentrale vernachlässigt. Dass Zentralen Mehrwertleistungen am freien Markt erfolgreich positionieren können, zeigt sich am Beispiel ehemaliger Inhouse-Consulting-Abteilungen, die ihre Beratungsexpertise externen Nachfragern zur Verfügung stellen. Anstatt lediglich Cost-Cutting Maßnahmen einzuleiten, stellt sich somit zukünftig die Frage, wie sich träge Konzernzentralen unter der Maßgabe von Kosteneffizienz und Innovation reorganisieren lassen.[35]

Aber nicht nur bei der Analyse der Zentralbereiche diagnostizieren Organisationsforscher und Managementberater Führungspathologien, sondern auch die operativen Wertschöpfungsbereiche stehen zunehmend auf dem Prüfstand. Managementtechniken wie z.B. Total Quality Management, Business Process Engineering, Six Sigma, Balanced Scorecard oder Lean Management zielen primär auf eine Optimierung der institutionellen Primärbereiche im Spannungsfeld des magischen Dreieck von "Qualität, Kosten, Zeit"[36] ab. Organisatorische Sanierungen sind strategisch betrachtet lediglich Mittel zum Zweck der Erlangung komparativer Konkurrenzvorteile. In der Realität entsprechen aber die meisten organisatorischen Sanierungen nicht diesem Grundsatz, sondern verkörpern lediglich reflexive Anpassungsmaßnahmen auf veränderte Rahmenbedingungen. Organisatorische Sanierungen beinhalten damit immer auch die Gefahr ihrer Verstetigung, so dass Unternehmen zur „Wanderbaustelle" verkommen ohne die Aussicht auf eine Stabilisierung des Gesamtsystems. Die Folge können erhebliche Reibungsverluste sein, wenn die „Reform zur Norm" wird. In dieser Konstellation ersetzt hektischer Aktionismus den strategischen Sachverstand, so dass im Ergebnis Organisationen ihr originäres Sanierungsziel aus den Augen verlieren.[37]

2.3 Finanzielle Sanierung

Das Streben nach komparativen Finanzierungsvorteilen im Sinne einer im Vergleich zur Konkurrenz günstigeren Risiko- / Renditeäquivalenz bei beim Eigen- und Fremdkapital erzwingt finanzielle Restrukturierungen. Diese zielen neben vorteilhafteren Kapitalbeschaffungsmöglichkeiten vor allem auf die damit zusammenhängende Optimierung der Risikoposition ab.[38] So gestattet ein exzellenter Bonitätsstatus (z.B. AAA) die Durchführung von Finanzierungen zu niedrigen Kapitalkosten.[39] In der Logik des Resource Based View lassen sich auf diese Weise Faktormarktvorteile in Form günstiger Kapitalbeschaffungsmöglichkeiten realisieren, die sich auf den Produktmärkten in der Angebotspolitik gewinnoptimierend ausspielen lassen.[40]

Im Bereich der finanziellen Restrukturierung wird das Verhältnis von Eigen- und Fremdkapital näher betrachtet. Eine Stärkung des Eigenkapitals bedeutet i.d.R. eine kurzfristige Verbesserung der angespannten Situation sowie ein positives Zeichen für die Finanzmärkte, welches sich in der Markt- / Buchwertrelation widerspiegelt.[41] Neben einer reinen Eigenkapitalerhöhung muss gleichzeitig auch die Gesellschafterstruktur sowie die Corporate Governance überprüft werden, weil sich daraus Limitationen für die Kapitalausstattung ergeben können.[42] Zum Zweck optimierter Finanzierungsmöglichkeiten vollziehen zahlreiche mittelständische Unternehmen einen Rechtsformwechsel in die Kapitalgesellschaft, wobei bis zum New Economy Crash vielfach der Königsweg in einem Initial Public Offering (IPO) gesehen wurde.[43] Zwar haben börsennotierte Unternehmen durch den Zugang zu internationalen Finanzmärkten multiple Optionen der Fremdkapitalbeschaffung, doch werden aufgrund der höheren Informationseffizienz Zahlungsschwierigkeiten der Financial Community sofort offenbar. Die Folge ist eine rigorose Abwertung des Credit Standing verbunden mit entsprechend höheren Fremdkapitalkosten.

Den Finanzierungsvorteilen einer Börsennotierung stehen allerdings auch entsprechende Nachteile gegenüber, die z.B. in einer Autonomie beschränkenden Kapitalmarktkontrolle bestehen können.[44] Damit zusammenhängend besteht die Gefahr eines schleichenden Kontrollverlusts, weil bisher autark gefällte Unternehmensentscheidungen einem öffentlichen Rechtfertigungszwang unterliegen. In der Vergangenheit wurden zahlreiche Konzerne ausschließlich mit Blick auf eine Steigerung des Shareholder Value restrukturiert, indem lukrative Geschäftsbereiche an die Börse gebracht wurden, Peripherbereiche verkauft oder dauerhaft unprofitable Geschäftsfelder stillgelegt wurden, sofern kein Akquisiteur zur Verfügung stand.[45] Diese Form der brachialen Sanierung via Mergers & Acquisitions nach dem Vorbild US-amerikanischer LBO-Firmen erfährt zunehmend eine Ergänzung um die filigranere Option des Financial Engineering im Sinne maßgeschneiderter Finanzierungsformen für komplexe Transaktionen. So haben in den vergangenen Jahren viele weltweit agierende Unternehmen Finanzdienstleister gegründet und durch Zukäufe verstärkt (sog. Non-Bank-Finanzdienstleister wie etwa GECS). Transnationale Konzerne internalisierten damit bankaffine Leistungen, um ihren Kunden maßgeschneiderte Finanzierungs- und Betreibermodelle anbieten zu können. Hochkomplexe Transaktionen verlangen nicht selten nach ebensolchen Finanzdienstleistungen, für die de-facto ein Angebotszwang existiert, um kapitalintensive Industriegüter überhaupt vermarkten zu können. Vor dem Hintergrund der konstatierten Ära der Hyperdynamik gewinnen Finanzinnovationen an strategischer Bedeutung, um multiple Risiken abzufedern bzw. diese sogar in Chancen zu transformieren. Dies gilt angesichts maroder Staatshaushalte auch für öffentliche Institutionen und Vereine, die nach neuen Finanzierungsformen (z.B. Securitization, Cross Border Leasing) suchen müssen, um einer drohenden Insolvenz zu entgehen. Abschließend ist festzuhalten, dass finanzielle Sanierungen nicht selten auf gesetzlichen Druck hin erfolgen, wie sich am Beispiel der Basel II-Regularien oder verschärfter Corporate-Governance-Regeln verdeutlichen lässt.

2.4 Behavioristische Sanierung

Die behavioristische Sanierung soll an dieser Stelle als vierte Dimension der Restrukturierung ergänzt werden, weil sozialpsychologische Aspekte bei harten Restrukturierungen und Sanierungen bisher eine untergeordnete Rolle gespielt haben. Der Grund hierfür ist in dem extremen Zeit- und Ergebnisdruck zu sehen, unter dem die Entscheidungsträger stehen. Vor diesem Hintergrund wird eine hohe Empathie mit den betroffenen Mitarbeitern nicht selten als „Luxus" betrachtet. Persönliche Schicksale sind dem Kollektivziel der Unternehmensrettung unterzuordnen und werden deshalb zu Nebenzielen der Sanierung degradiert.[46] Erzwungene Top-down-Strategien empfehlen sich zwar im Einzelfall für Ad-hoc-Sanierungen, doch dürfen dabei die „sozialen Kolateralschäden" nicht aus den Augen verloren werden, wenn Mitarbeiter innerlich kündigen oder die besten Köpfe abwandern. So zeigt die Sanierungspraxis, dass empathielose Sanierungen im Innenverhältnis zu einem irreparablen Vertrauensbruch zwischen Management und Mitarbeitern führen können und im Außenverhältnis ein erheblicher Imageschaden entstehen kann. Verbitterte und / oder entlassene Mitarbeiter sorgen in vielen Fällen für negative Schlagzeilen, die auch den Klageweg beinhalten können. Da es sich bei ökonomischen Institutionen um soziopolitische Systeme handelt, innerhalb derer implizite und explizite Macht eine strategische Ressource darstellt, führt eine Umverteilung der Macht zu politischen Prozessen und erbitterten Verteilungskämpfen.[47] Sanierungen zielen explizit und implizit immer auf eine Veränderung des Machtsystems ab, indem Machtressourcen zwischen Personen, Abteilungen, Geschäftsfeldern oder Hierarchieebenen transferiert werden. Ergebnis einer jeden Sanierung sind damit immer Organisationsgewinner und Organisationsverlierer im Sinne „entmachteter" und „bemächtigter" Personenkreise oder Individuen. Formal interpretiert werden auf einem „internen Machtmarkt" Weisungs- und Kontrollrechte durch die restrukturierende Instanz umverteilt. Das neu geschaffene Machtgefüge muss durch das Management erst wieder in einen dynamischen Gleichgewichtszustand gebracht werden, um eine effiziente Wertschöpfung auf einem höheren Niveau zu ermöglichen.[48] Die soziale Restrukturierung hat Querschnittscharakter, weil sie alle drei übrigen Restrukturierungsformen tangiert. Letztere vernachlässigen soziale Aspekte in ihren Managementimplikationen tendenziell.

Die behavioristische Sanierung wird weniger von altruistischen Zielen geleitet, als vielmehr vom ökonomischen Kalkül.[49] So sind im Vorfeld einer anstehenden Sanierung die direkten und indirekten sozialen Folgekosten zu antizipieren, um den potenziellen Mehrwert einer Restrukturierung ex ante abschätzen zu können. Während die direkten sozialen Kosten alle Zahlungsmittelabflüsse beinhalten, die in einem sachlogischen Zusammenhang mit der Personalfreisetzung oder -redisposition stehen (z.B. Abfindungen, Outplacement), stellen die indirekten sozialen Kosten das monetäre Wertäquivalent für den entstandenen Vertrauensschaden unter den Mitarbeitern dar.[50] Wurden diese z.B. nicht ausreichend über die Zielsetzung einer anstehenden Restrukturierung informiert bzw. wurden beschönigende Termini für unpopuläre Managementmaßnahmen verwandt, so fühlen sich diese hintergangen. Die Folgen einer derartigen Vertrauenskrise reichen von der Demotivation und inneren Kündigung bis hin zu subtilen Formen der Sabotage.[51] Ökonomisch betrachtet verliert auf diese Weise das Humankapital an Wert, weil sich dieses nur teilweise für die Erreichung der Organisationsziele mobilisieren lässt. In jedem Fall entstehen der betroffenen Institution erhebliche Kontrollkosten im Rahmen der Identifikation und Sanktionierung derart opportunistischer Verhaltensweisen. Sanktionen wiederum können die Vertrauenskrise gegebenenfalls nochmals verschärfen, so dass eine Verschlechterung zum Status quo ante eintritt. Aber auch die nachträgliche Beseitigung einer (leichtfertig) provozierten Vertrauenskrise durch das Setzen positiver Anreize und Signale verursacht vermeidbare Kosten.[52]

Abbildung 2-2: *Behavioristische Modelle organisatorischer Veränderung*

Quelle: RASCHE, C.: Multifokales Sanierungsmanagement [2004].

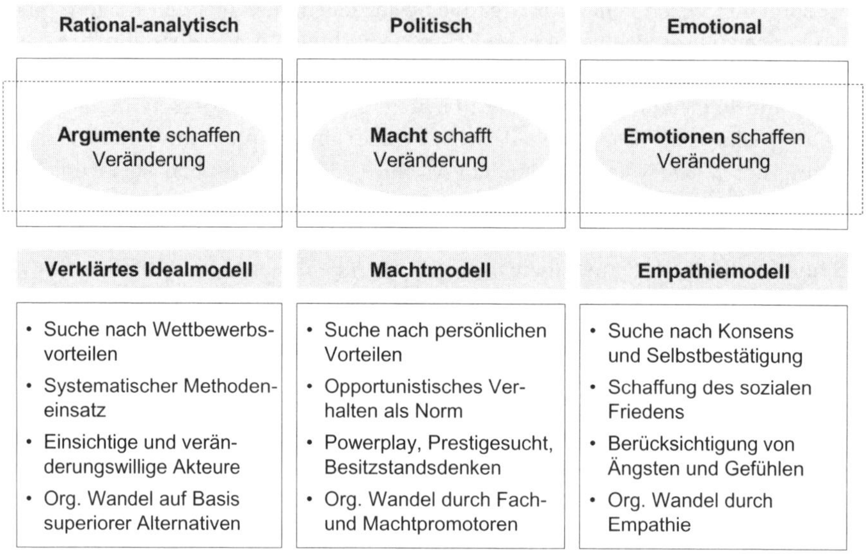

Abbildung 2-2 kontrastiert resümierend das Empathiemodell organisatorischer Veränderung mit dem Machtmodell und dem rational-analytischen Idealmodell. Die multifokale Sanierung wird letztlich von allen drei Verhaltensmodellen getragen, da diese in Reinform kaum in Erscheinung treten. Während das rational-analytische Idealmodell problemeinsichtige und vernünftige Akteure unterstellt, die die ihnen gestellte Sanierungsaufgabe hypothesen- und methodengeleitet lösen, lenkt das Machtmodell den Fokus auf die eigennützige und opportunistische Verfolgung persönlicher Interessen (z.B. Macht- und Prestigestreben). Diese können unter Umständen dem Gesamtsystem schaden und es wird dabei billigend in Kauf genommen. Der dosierte Machteinsatz kann aber auch von Vorteil für den Sanierungsprozess sein, weil schlüssige Argumentationsketten häufig nur dann die Akzeptanz in einer Organisation finden, wenn sie von einflussreichen Promotoren unterstützt werden.[53] Das machtpolitische Modell leitet sich aus der politischen Ökonomie ab und sieht im Opportunismus eine zentrale Eigenschaft menschlicher Interaktion.[54] Eigennütziges Verhalten kann hiernach nur durch austarierte Anreiz-, Sanktions- und Kontrollmaßnahmen in Verbindung mit impliziten und expliziten Verträgen gelenkt werden. Das Empathiemodell schließlich geht von einer gewünschten Verhaltensänderung durch emotionale Beteiligung, vertrauensbildende Maßnahmen und Vertrauen aus. Die Betroffenen selbst avancieren hierbei zu Promotoren und Change-Agents im Sanierungsprozess, um aus vermeintlichen „Sanierungsopfern" involvierte „Mittäter" zu machen. Die gewünschte Verhaltensänderung und der Abbau psychologischer Widerstände werden hierbei durch Kooption erreicht.[55]

Strategische Sanierungen zielen letztlich immer auf eine Synthese von „Argumenten, Macht und Emotionen" im Sinne der hier skizzierten Modelle ab. Da diese in isolierter Form prämisseninduziert stark übersteuern, empfiehlt sich ihr kombinatorischer Einsatz um die Realität weitgehend „emulieren" zu können.

3 Phasenmodell der multifokalen Sanierung

Unabhängig davon, zu welchem Zeitpunkt mit den Konsolidierungsbemühungen begonnen wird, sollten diese immer im Hinblick auf die später einzuleitenden Wachstumsinitiativen erfolgen. Wird während der Konsolidierungsphase „über das Ziel hinaus geschossen", so besteht die Gefahr entkernter Rumpfunternehmen, denen es an den organisatorischen Überschüssen für den späteren Expansionskurs mangelt.[56]

Monetär induzierte Ad-hoc-Sanierungen, die primär auf eine Sicherstellung des finanziellen Gleichgewichts abzielen, sollten begleitend um strategische Wachstumsziele ergänzt werden, um den Eindruck des „Räumungsverkaufs" zu vermeiden.[57] So gilt auch hier die Praktikerregel "You cannot shrink to greatness!" Damit sind strategielose Rosskuren im Kontext eines radikalen Nennermanagments gemeint, die zwar zu einer Optimierung des Liquiditätsstatus und der operativen Ergebnissituation entscheidend beitragen können, aber nicht das Unternehmen mit einem strategischen Leitbild (Strategic Intention) versehen.[58] Verliert die Restrukturierung auf diese Weise ihren zielgeleiteten Charakter, entsteht bei vielen Beteiligten der Eindruck der „Flickschusterei" und Orientierungslosigkeit.[59]

Abbildung 3-1: *Sanierung und Wachstum*

Quelle: RASCHE, C.: Multifokales Sanierungsmanagement [2004].

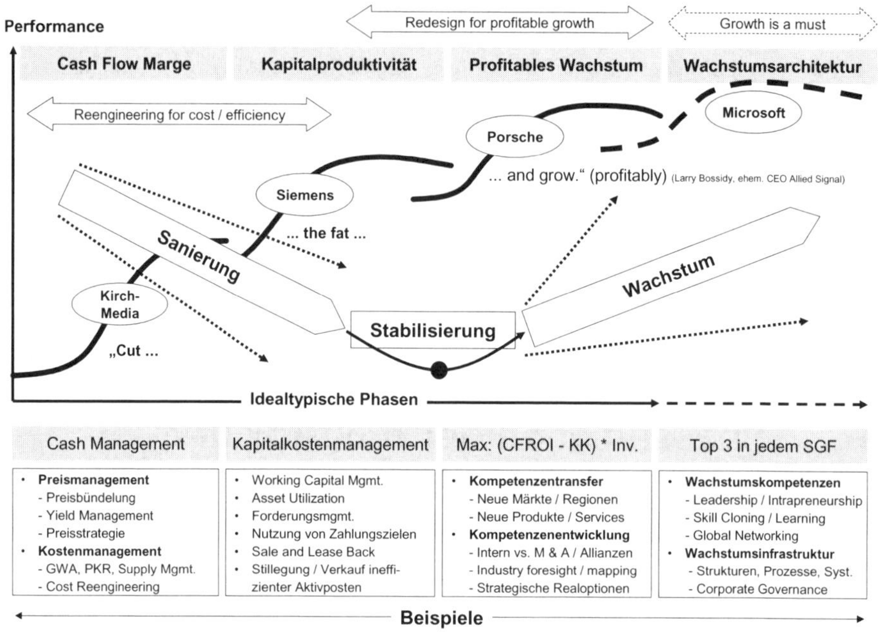

Die obige Abbildung veranschaulicht den Zweiphasenprozess der Restrukturierung, der in eine Konsolidierungsphase und eine Wachstumsphase zerfällt. Im Gegensatz zur strategischen Planung, die aufgrund ihres antizipativen Charakters einen Sanierungsbedarf im Idealfall erst gar nicht aufkommen lässt, sieht die Planungs- und Managementrealität in dynamischen Marktfeldern zum Teil völlig anders aus. Allein schon aufgrund der konstitutionellen Unsicherheit der Entscheider sowie ihrer begrenzten Rationalität sind unternehmerische Fehlentscheidungen Teil des Managementalltags.[60] Unternehmenskrisen lassen sich in hyperdynamischen Umwelten demnach nur bedingt präventiv abwenden.[61] Befindet sich ein Unternehmen in einer wie auch immer gearteten Krisensituation, so versagen in vielen Fällen die Standardlösungen und Implikationen des konventionellen strategischen Managements, weil diese implizit von einer strategischen Vorlaufzeit ausgehen, innerhalb derer das Management sogenannte Masterpläne für den drohenden Ernstfall ableiten kann.[62] Nicht selten aber besteht der Nachteil strategisch angelegter Maßnahmen in ihrer stark zeitverzögerten Wirkung, so dass eine „Rettung zu spät kommt". Das hier vertretene Verständnis der multifokalen Sanierung zielt auf eine ausgewogene Balance zwischen kurzfristigen Ad-hoc-Maßnahmen und nachhaltigen Strategiemaßnahmen ab.[63] Im

Gegensatz zur vorherrschenden Logik im strategischen Management wird im Fall von Akutsanierungen „das Pferd von hinten aufgezäumt“, weil in einigen Fällen die situativ zu treffenden Entscheidungen im operativen Bereich erhebliche Auswirkungen auf die später abzuleitende Wachstumsstrategie haben können. Im Extremfall hat damit nicht die Strategie Referenz- und Leitbildcharakter für die Operationen, sondern letztere schränken das Spektrum der strategischen Handlungsalternativen erheblich ein. Je höher der Restrukturierungsdruck und je höher die Gefahr der Insolvenz, desto notwendiger ist die Ergreifung akutwirksamer Maßnahmen, denen es allerdings vielfach an der erforderlichen Nachhaltigkeit mangelt. In einer derartigen Situation lassen sich aufgrund des psychologischen Handlungsdrucks und chronisch ungeduldiger Investoren zumeist keine visionären Zukunftspläne „verkaufen“, weil sich diese aufgrund der prekären Ergebnissituation kaum finanzieren lassen.[64] Erst wenn die Talsohle der Konsolidierung erfolgreich durchschritten und die Pflichtaufgaben im operativen Bereich erledigt worden sind, qualifiziert sich das Management für zukunftsweisende Strategiethemen im Sinne einer Kür. Dabei soll nicht der Eindruck entstehen, als ob die Strategiedebatte während der Konsolidierungsphase keine Rolle spiele; sie tritt jedoch dezent in den Hintergrund der finanziellen Akutsanierung. Zu empfehlen ist allerdings eine strategische Diskussion im Hintergrund, welche allerdings nicht die Konsolidierungsphase dominieren sollte. Insbesondere, wenn die Unternehmenskrise durch die Verfolgung unrealistischer Strategien provoziert wurde, reagieren die Kapitalgeber und Kontrollorgane in der Regel geradezu allergisch auf öffentliche Strategiediskussionen. In diesem Kontext wird häufig der Vorwurf laut, das Management solle zunächst „einmal seine Hausaufgaben machen“, bevor es sich in neue „Strategieabenteuer“ stürze. Unter umgekehrtem Vorzeichen sollte während der Expansionsphase darauf geachtet werden, dass die während der Konsolidierungsphase mühsam erschlossenen Effizienzpotenziale und Einsparungen nicht leichtfertig verspielt werden.[65] Zahlreiche Unternehmen haben aus den Fehlern der konglomeraten Diversifikation gelernt, indem sie die Wachstumsstrategie mit der Erreichung finanzieller (z.B. Kapitalkosten, Mindestverzinsung, Shareholder Value, Amortisation) und leistungswirtschaftlicher Ziele (z.B. Time-to-Market, Marktanteile, Lagerumschlag, Innovationsrate) verknüpfen.[66] Während in der Blütephase der Neuen Ökonomie viele Akteure teilweise unkontrollierte Wachstumsambitionen pflegten, die häufig Ursache späterer Firmenpleiten waren, wird derzeit von Wissenschaft und Praxis für ein nachhaltiges, streng an den Kapitalkosten, orientiertes Wachstum optiert, um nicht länger „Kapital zu verbrennen“ [67].

Abbildung 3-2 resümiert schlagwortartig das Zweiphasenmodell der Sanierung.

Abbildung 3-2: *Zweiphasenmodell der Sanierung*

Quelle: RASCHE, *C.: Multifokales Sanierungsmanagement [2004].*

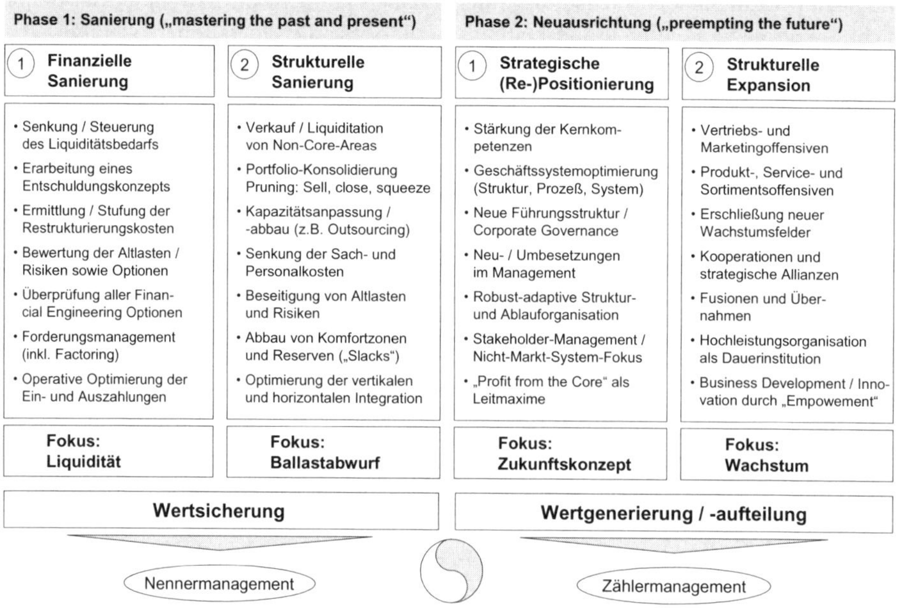

4 Fazit und Ausblick

Die Diskussion um die Notwendigkeit von Sanierungsmaßnahmen und organisatorischer Veränderungen hat letztlich ihren Ursprung bei der industriellen Revolution. Seit jeher besitzen Wissenschaftler und Praktiker ein originäres Interesse an der Suche nach den Stellhebeln institutioneller Wertschöpfung zur Realisierung von Produktivitätsfortschritten. Die diesbezüglich geführte Diskussion war und ist allerdings stark kosten- und effizienzgetrieben im Sinne einer möglichst ressourcenschonenden Erreichung vordefinierter Finanzziele. Das konventionelle Sanierungsmanagement ordnet sich dieser Zielsetzung unter, da unter hohem Zeitdruck eine operative Ergebnisverbesserung realisiert werden muss. Tendenziell vernachlässigt wird bei dieser Suche nach Kostentreibern die Identifikation von Wachstums-, Innovations- und Kreativitätstreibern, um nach erfolgter Sanierung profitable Wachstumspfade bestreiten zu können.[68] Sofern eine Sanierung lediglich auf die Schaffung bürokratisch effizienter Administrationen abzielt, besteht die Gefahr statischer Unternehmen, denen es an der Agilität für den Hyperwettbewerb mangelt.[69] Zumeist fokussieren einzelne Sanierungsinitiativen auf die Beeinflussung isolierter Treibergrößen, ohne dass gezielt der Systemcharakter und die Mehrdimensionalität der Sanierung beachtet werden. Dieser Vorwurf richtet sich insbesondere an die Unternehmenspraxis einschließlich der Schlüsselakteure im Sanierungsmanagement (z.B. Beratungsfirmen, Investmentbanken, Beteiligungsgesellschaften). Aufgrund der in der Regel kurzfristigen Ergebnisorientierung bei Ad-hoc-Sanierungen werden die der Finanzperspektive vorgeschalteten Einflussgrößen teilweise systematisch ausgeblendet, obwohl diese als unabhängige Variablen den Sanierungserfolg strategisch vorsteuern. Die Übertragung der Balanced-Scorecard-Logik auf Sanierungsprojekte könnte diesbezüglich Abhilfe schaffen,[70] indem ein zeitlich gestuftes Zielsystem, bestehend aus kurz-, mittelfristigen und langfristigen Sanierungszielen, abgeleitet wird. Gegenstand dieser mehrdimensionalen Sanierungslogik ist zudem die Berücksichtigung politischer und gesellschaftlicher Ziele, um die Legitimation als nachhaltiges Unternehmen nicht in der Öffentlichkeit zur verlieren.[71]

Die diskutierten Archetypen der Sanierung stellen nur eine Teilmenge möglicher Sichtweisen und Forschungsperspektiven dar. Denkbar wäre deren Ergänzung um weitere mikroökonomische (z.B. Institutionenökonomie), betriebswirtschaftliche (z.B. Steuerlehre) oder und verhaltensorientierte Fachrichtungen (z.B. Organisationssoziologie / -psychologie), um das Forschungsobjekt der Sanierung holistisch zu analysieren. Bei dem multifokalen Sanierungsmanagement handelt es sich um ein multiparadigmatisches und anschlussfähiges Konzept, dass intellektuelle Sinnbezüge zu einer Vielzahl etablierter Heuristiken und Theoriegebäude angrenzender Fachdisziplinen aufweist. Dieses Managementmodell impliziert für die Unternehmenspraxis in Analogie zum Marketing die Ableitung eines Sanierungsmixes. Dieser repräsentiert einen Pool sanierungstauglicher Methoden, Techniken und Heuristiken die als Managementmodule zu einem problemadäquaten Maßnahmenkatalog kombinieren lassen.

Punktuelle Sanierungsmaßnahmen machen immer dann Sinn, wenn kein nachhaltiger Turnaround angestrebt wird, sondern lediglich „minimalinvasiv" Verbesserungspotenziale erschlossen werden können. Gegebenenfalls kann auf diese Weise „eine Operation am offenen Herzen" vermieden werden. Ebenso haben punktuelle Maßnamen eine große Bedeutung bei Akutsanierungen, die unter großem Zeitdruck erfolgen müssen. Eine Konzentration auf Einzelmaßnahmen mit enormer Hebelwirkung steht hierbei im Vordergrund, um getreu der 80:20-Regel die Effektivität und Effizienz des Ressourceneinsatzes zu optimieren.

Allerdings können eindimensional angelegte Sanierungserfolge mittelfristig ein hohes Schadenspotenzial bis hin zur zeitverzögerten Insolvenz beinhalten, wenn lediglich „auf Zeit gespielt wird" oder bekannte „Tretminen" bewusst verborgen bleiben sollen. Zwar lassen sich die Opportunitätskosten der Sanierung nicht gänzlich ausschließen, doch besteht durch ein balanciertes Vorgehen die Möglichkeit zur Eindämmung des zu erwartenden Flurschadens.

Anmerkungen

1 Vgl. auch WURSTER, M. E.: Mehrdimensionales Restrukturierungsmanagement [2003].

2 Vgl. RASCHE, C.: Multifokales Management [2002], S. 559 ff.

3 Vgl. RASCHE, C.: Positionierung [2000].

4 Vgl. COFF, R. W.: Human Assets [1997]; COFF, R. W.: Resource-Based View [1999].

5 Vgl. CYERT, R. / MARCH, J.: Firm [1992].

6 RASCHE, C.: Multifokales Management [2002], S. 383 ff.

7 Vgl. auch KAPLAN, R. S. / NORTON, D. P.: Strategy Maps [2003].

8 Vgl. weiterführend MILGROM, P. / ROBERTS, J.: Economics [1992].

9 CYERT, R. / MARCH, J.: Firm [1992]; GHOSHAL, S. / MORAN, P.: Transaction Cost [1996].

10 Vgl. ähnlich NAHAPIET, J. / GHOSHAL, S.: Organizational Advantage [1998].

11 Vgl. MCCORMACK, M. H.: Harvard [1986].

12 Vgl. RASCHE, C.: Multifokales Management [2002], S. 558 ff.

13 Vgl. KIESER, A.: Organisieren [1996].

14 Vgl. RASCHE, C.: Multifokales Management [2002], S. 558 ff.

15 LOVAS, B. / GHOSHAL, S.: Strategy [2000].

16 Vgl. weiterführend BOWMAN, E. H. / SINGH, H. / USEM, M. / BHADURY, R.: Restructuring [1999]; SINGH, H.: Corporate Restructuring [1993]; WURSTER, M. E.: Mehrdimensionales Restrukturierungsmanagement [2003].

17 Vgl. SCHMIDT-GOTHAN, H. / GESSNER , K. / LÜBBEN, H.: Unternehmenswert [2001], S. 94 ff.

18 Vgl. weiterführend FRIEDRICH, ST. A.: Deinvestition [2002].

19 Vgl. BICKEL, W. / GIESSLER, J.: Neuausrichtung [2003], S. 111 ff.

20 Vgl. BEINHOCKER, E. D.: Strategy [1997]; BEINHOCKER, E. D.: Adaptive Strategies [1999].

21 Vgl. SEISREINER, A. / WURSTER, M. E.: Restrukturierungsmanagement [2002], S. 24 ff.

22 Vgl. EISENHARDT, K. M. / BROWN, S. L.: Business Portfolios [1999]; ANSLINGER, P. L. / KLEPPER, S. J. / SUBRAMANIAM, S.: Breaking Up [1999].

23 Vgl. TEECE , D. J. / RUMELT, R. / DOSI, G. / WINTER, S.: Corporate Coherence [1994].

24 Vgl. zu diesem Abschnitt RASCHE, C.: Multifokales Management [2002], S. 439 ff. sowie die dort zitierte Literatur.

25 Vgl. CHANDLER, A. D.: Industrial Enterprise [1962].

26 Vgl. PETTIGREW, A.: Strategic Change [1988].

27 Vgl. BARON, D. P.: Strategy System [1995].

28 Vgl. weiterführend SCHMIDT-GOTHAN, H. / GESSNER, K. / LÜBBEN, H.: Unternehmenswert [2001], S. 117 ff. für einen Überblick bezüglich der Methoden und Techniken der Geschäftssystemoptimierung.

29 Vgl. ergänzend SEISREINER, A. / WURSTER, M. E.: Restrukturierungsmanagement [2002].

30 Vgl. FRIEDRICH, ST. A.: Deinvestition [2002].

31 Vgl. SCHMIDT-GOTHAN, H. / GESSNER, K. / LÜBBEN, H.: Unternehmenswert [2001], S. 118 ff.

32 Vgl. DAY, J. / WENDLER, J.: Economics of Organization [1998], S. 12 ff.

33 Vgl. COLLIS, D. J. / MONTGOMERY, C. A.: CORPORATE ADVANTAGE [1998], S. 71 ff.; GOOLD , M. / CAMPBELL, A.: Synergy [1998], S. 131 ff.;
GOOLD, M. / CAMPBELL, A. / ALEXANDER, M.: Corporate-Level-strategy [1994]; GOOLD, M. / CAMPBELL, A. / ALEXANDER, M.: Corporate Strategy [1998], S. 308 ff.

34 SEISREINER, A. / WURSTER, M. E. gehen in ihrem Restrukturierungsmodell davon aus, dass neben der strategischen Neuausrichtung („Strategizing") einerseits und der Kosteneffizienz („Economzing") andererseits die Erschließung tatsächlicher Synergiepotenziale („Synergizing") einen entscheidenden Beitrag zur Wertsteigerung liefert. Synergien lassen sich ihrer Meinung nach entweder durch Integration oder Modularisierung realisieren. (z.B. Geschäftsfelder, Technologien, Prozesse).Vgl. SEISREINER, A. / WURSTER, M. E.: Restrukturierungsmanagement [2002], S. 6.

35 Vgl. RASCHE, C.: Professional Services [2003].

36 Vgl. u.a. PORTER, M. E.: Strategy [1996]; HAMEL, G.: Revolution [2000]; HAMEL, G.: Reinvent [2000] zur Dominanz eines bisweilen strategie- und konzeptlosen Kosten- und Effizienzstrebens.

37 Vgl. GHOSHAL, S. / BARTLETT, C. A. / MORAN, P.: Manifesto [1999], S. 10 ff.; HAMEL, G.: Strategy innovation [1998], S. 8 ff.; HAMEL, G.: Silicon Valley [1999], S. 77; PORTER, M. E.: Strategy [1996], S. 61 ff.

38 Vgl. RASCHE, C.: Multifokales Management [2002], S. 558 ff.

39 Vgl. grundlegend BREALEY, R. A. / MYERS, M. S.: Corporate Finance [1996].

40 Vgl. RASCHE, C.: Multifokales Management [2002], S. 415 ff.

41 Vgl. auch SCHMIDT-GOTHAN, H. / GESSNER , K. / LÜBBEN, H.: Unternehmenswert [2001], S. 150 ff.

42 Vgl. ergänzend LEHN, K. / POULSEN, A.: Private Transaction [1989].

43 Vgl. MICHALSKI, T. / RASCHE, C.: Gründung [2003].

44 Nicht zuletzt aus Gründen der Unternehmensautonomie widersetzte sich bisher die Porsche AG erfolgreich einer umfassenden Kontrolle durch die Kapitalmärkte.

45 Vgl. EISENHARDT, K. M. / BROWN, S. L.: Patching [1998].

46 Vgl. stellvertretend für die Dominanz eines mechanistisch-instrumentellen Restrukturierungs- bzw. Sanierungsverständnisses den Leitfaden zum Restrukturierungsmanagement der Unternehmensberatung Droege & Comp. Zwar widmet sich dieser in sehr kompetenter Form den Methoden, Techniken und Schritten der Restrukturierung, doch werden behavioristische Aspekte des Change Managements eher als Appendix im Sinne zu berücksichtigender Störgeräusche betrachtet.

47 Vgl. MACHIAVELLI, N.: Il Principe [1999]; POPITZ, H.: Machtbildung [1976].

48 Vgl. weiterführend POPITZ, H.: Machtbildung [1976].

49 Vgl. auch SCHMIDT-GOTHAN, H. / GESSNER , K. / LÜBBEN, H.: Unternehmenswert [2001], S. 161 ff.

50 Vgl. weiterführend GHOSHAL, S. / BARTLETT, C. A. / MORAN, P.: Manifesto [1999]; NAHAPIET, J. / GHOSHAL, S.: Organizational Advantage [1998]

51 Vgl. KIM, W. C. / MAUBORGNE, R.: Knowledge Economy [1998].

52 Vgl. PRENDERGAST, C.: Incentives [1999] zur Verhaltenssteuerung durch Anreiz- und Sanktionssysteme.

53 Vgl. ergänzend KRANZ, U.-N. / STEINBERGER, T.: Krisenmanagement [2003] zur Rolle des „Sanierers" während des Krisenmanagements.

54 Vgl. RASCHE, C.: Multifokales Management [2000].

55 Vgl. BEER, M. / NOHRIA, N.: Change [2000].

56 Vgl. RASCHE, C.: Kernkompetenzen [1994], S. 295 ff.

57 Vgl. SEISREINER, A. / WURSTER, M. E.: Restrukturierungsmanagement [2002].

58 Vgl. FRIEDRICH, ST. A. / RASCHE, C. / STAHL, H. K.: Hochleistungsorganisation [2001]; FRIEDRICH, ST. A. / RASCHE, C. / STAHL, H. K.: Dienstleistungsunternehmen [2002].

59 Vgl. PROBST, G. / RAISCH, S.: Niedergang [2004].

60 Vgl. insbesondere MINTZBERG, H.: Strategic Planning [1994] sowie ANDERSEN, T. J.: Strategic Planning [2000].

61 PROBST, G. / RAISCH, S. entwickeln eine Logik des Niedergangs ökonomischer Institutionen, die sie anhand zweier zentraler Syndrome ableiten. Das „Burn-out"-Syndrom beschreibt den Zustand organisatorischer Mattheit nach einer Phase der übersteigerten Wachstumseuphorie, die die Unternehmenspotenziale maßlos überfordert hat. Dagegen charakterisiert das „Premature-Aging"-Syndrom einen Zustand der frühzeitigen Alterung, weil Unternehmen aufgrund der vorherrschenden Innen- und Traditionsorientierung eine mangelnde Aufnahmebereitschaft für exogene Trendmuster zeigen. Die Folge dieser institutionellen Massenträgheit sind innovatorisch und kulturelle Erstarrungstendenzen bis hin zur strategischen Vergreisung. Vgl. PROBST, G. / RAISCH, S.: Niedergang [2004].

62 Vgl. RASCHE, C.: Multifokales Management [2002], S. 531 ff.

63 Vgl. auch TUSHMAN, M. L. / O'REILLY, C.A.: Change [1996].

64 Vgl. EICHHORN, K. T. / WARNKE, L.: Überleben [2003].

65 Die Beratungsunternehmen McKinsey & Comp. und Bain & Comp. befürworten evolutorische Wachstumsstrategien, um ausgehend vom Kerngeschäft profitabel in angrenzende Produkt-, Markt-, Technologie- oder Kompetenzfelder zu expandieren. Auf diese Weise solle die oftmals zu konstatierende Wertvernichtung durch unverbundene Diversifikation unterbunden werden.
Vgl. BAGHAI, M. A. / COLEY, S. C. / WHITE, D. / CONN, C. / MCLEAN, R. J.: Growth [1996]; ZOOK, C. / ALLEN, J.: Growth Strategy [2001].

66 Vgl. SCHMIDT-GOTHAN, H. / GESSNER, K. / LÜBBEN, H.: Unternehmenswert [2001], S. 46 ff. und 77 ff.

67 Auch MICHALSKI, T. / RASCHE, C.: Gründung [2003].

68 Vgl. ZOOK, C. / ALLEN, J.: Growth Strategy [2001]; KIM, W. C. / MAUBORGNE, R.: Market [1999].

69 Vgl. RASCHE, C.: Multifokales Management [2002], S. 324 ff.

70 Vgl. KAPLAN, R. S. / NORTON, D. P.: Balanced Scorecards [2001].

71 Interessanterweise verweisen KAPLAN, R. S. / NORTON, D. P als Protagonisten der Balanced Scorecard in ihrem aktuellen Werk „Strategy Maps" auf die hohe strategische Relevanz der Anspruchsgruppenperspektive, die zuvor eine eher ungeordnete Rolle gespielt hat. Vgl KAPLAN, R. S. / NORTON, D. P.: Strategy Maps [2003].

Literatur

ANDERSEN, T. J.: Strategic Planning, Autonomous Actions and Corporate Performance; in: Long Range Planning; 33. Jahrgang; 2000; S. 184 - 200.

ANSLINGER, P. L. / KLEPPER, S. J. / SUBRAMANIAM, S.: Breaking Up Is Good to Do; in: The McKinsey Quarterly; Nr. 1; 1999; S. 16 - 27.

BAGHAI, M. A. / COLEY, S. C. / WHITE, D. / CONN, C. / MCLEAN, R. J.: Staircases to Growth; in: The McKinsey Quarterly, Nr. 4; 1996; S. 39 - 61.

BAKER, G. P. / SMITH, G. D.: The New Financial Capitalists – Kohlberg, Kravis, Roberts and the Creation of Corporate Value; Cambridge: Cambridge Univ. Press; 1998.

BARON, D. P.: The Nonmarket Strategy System; in: Sloan Management Review; 16. Jahrgang; 1995; S. 73 - 85.

BEER, M. / NOHRIA, N.: Cracking the Code of Change; in: Harvard Business Review; Nr. 3; 78. Jahrgang; 2000; S. 133 - 141.

BEINHOCKER, E. D.: Strategy at the Edge of Chaos; in: The McKinsey Quarterly; Nr. 1; 1997; S. 25 - 39.

BEINHOCKER, E. D.: Robust Adaptive Strategies; in: Sloan Management Review; 40. Jahrgang; 1999; S. 95 - 106.

BICKEL, W. / GIESSLER, J.: Strategische Neuausrichtung sichert die langfristige Liquidität; in: Droege & Comp. (Hrsg.): Restrukturierungsmanagement – In Krise liegt die Chance; Köln: Dt. Wirtschaftsdienst; 2003; S. 111 - 149.

BOWMAN, E. H. / SINGH, H. / USEEM, M. / BHADURY, R.: When Does Restructuring Improve Performance?; in: California Management Review; Nr. 2; 41. Jahrgang; 1999; S. 33 - 54.

BREALEY, R. A. / MYERS, S. C.: Principles of Corporate Finance; New York et al.: McGraw-Hill; 1996.

CHANDLER, A. D.: Strategy and Structure – Chapters in the History of the Industrial Enterprise; Cambridge: MIT Press; 1962.

CHATTERJEE, S.: Enron's Incremental Descent into Bankruptcy – A Strategic and Organizational Analysis; in: Long Range Planning, 36. Jahrgang; 2003; S. 133 - 149.

CHRISTENSEN, C. M.: The Past and Future of Competitive Advantage; in: Sloan Management Review; 42. Jahrgang; 2001; S. 105 - 109.

CHRISTENSEN, C. M. / BOHMER, R. / KENAGY, J.: Will Disruptive Innovations Cure Healthcare?; in: Harvard Business Review; Nr. 5; 78. Jahrgang; 2000; S. 102 - 112.

CHRISTENSEN, C. M. / OVERDORF, M.: Meeting the Challenge of Disruptive Change; in: Harvard Business Review; Nr. 2; 78. Jahrgang; 2000; S. 67 - 76.

CHRISTENSEN, C. M. / ROSENBLOOM, R. S.: Explaining the Attacker's Advantage – Technological Paradigms, Organizational Dynamics and the Value Network; in: Research Policy, 24. Jahrgang; 1995; S. 233 - 257.

CHRISTENSEN, C. M. / SUÁREZ, F. K. / UTTERBACK, J. M.: Strategies for Surviving in Fast-Changing Industries; in: Management Science; Nr. 12; 44. Jahrgang; 1998; S. 207 - 220.

CHRISTENSEN, C. M. / TEDLOW, R. S.: Patterns of Disruption in Retailing; in: Harvard Business Review; Nr. 1; 78. Jahrgang; 2000; S. 42 - 47.

COFF, R. W.: Human Assets and Management Dilemmas – Coping with Hazards on the Road to Resource Based Theory; in: The Academy of Management Review; Nr. 2; 22. Jahrgang; 1997; S. 374 - 402.

COFF, R. W.: When Competitive Advantage Doesn't Lead to Performance – The Resource-Based View and Stakeholder Bargaining Power; in: Organization Science; Nr. 2; 10. Jahrgang; 1999; S. 119 - 132.

COLLIS, D. J. / MONTGOMERY, C. A.: Creating Corporate Advantage; in: Harvard Business Review; Nr. 3; 76. Jahrgang; 1998; S. 71 - 83.

CYERT, R. / MARCH, J.: A Behavioral Theory of the Firm; Cambridge: MIT Press; 1992.

CYERT, R. M. / KUMAR, P.: Economizing by Firms Through Learning and Adaptation; in: Journal of Economic Behavior and Organization; 29. Jahrgang; 1996; S. 211 - 231.

CYERT, R. M. / KUMAR, P. / WILLIAMS, J. R.: Information, Market Imperfections and Strategy; in: Strategic Management Journal; 14. Jahrgang; 1993; S. 47 - 58.

DAY, J. / WENDLER, J.: The New Economics of Organization; in: The McKinsey Quarterly; Nr. 1; 1998; S. 5 - 18.

EICHHORN, K. T. / WARNKE, L.: Das Überleben wird gesichert; in: Droege & Comp. (Hrsg.): Restrukturierungsmanagement – In der Krise liegt die Chance, Köln: Dt. Wirtschaftsdienst; 2003; S. 19 - 68.

EISENHARDT, K. M. / BROWN, S. L.: Patching – Restitching Business Portfolios in Dynamic Markets; in: Harvard Business Review; Nr. 3; 77. Jahrgang; 1999; S. 72 - 82.

FRIEDRICH, S. / RASCHE, C. / STAHL, K. H.: Alles neu, alles besser oder beides? – Zehn Wege zur wertsteigernden Führung von Dienstleistungsunternehmen; in: HINTERHUBER, H. H. / STAHL, H. K. (Hrsg.): Innsbrucker Kolleg für Unternehmensführung – Erfolg durch Dienen? – Beiträge zur Wertsteigernden Führung von Dienstleistungsunternehmen; Renningen: Expert Verlag; 2002; S. 264 - 283.

FRIEDRICH, St. A.: Kräftekonzentration in der diversifizierten Unternehmung – Eine ressourcenorientierte Betrachtung der Desinvestition; Wiesbaden: Deutscher Universitäts-Verlag; 2002.

FRIEDRICH, St. A. / RASCHE, C. / STAHL, H. K.: Zehn Wege zur Hochleistungsorganisation – Ein Phantombild des Neuen; in: BREIDENSTEIN, F. / LUKAS, A. / HAFEMANN, M. (Hrsg.): Consulting in Deutschland 2001 – Jahrbuch für Unternehmensberatung und Management; Frankfurt: Frankfurter Allgemeine Zeitung; 2001; S. 47 - 57.

GHOSHAL, S. / BARTLETT, C. A. / MORAN, P.: A New Manifesto for Management; in: California Management Review; 40. Jahrgang; 1999; S. 9 - 20.

GHOSHAL, S. / MORAN, P.: Bad for Practice – A Critique of Transaction Cost Theory; in: The Academy of Management Review; 21. Jahrgang; 1996; S. 13 - 47.

GOOLD, M. / CAMPBELL, A: Desperately Seeking Synergy; in: Harvard Business Review; Nr. 5; 76. Jahrgang; 1998; S. 131 - 143.

GOOLD, M. / CAMPBELL, A. / ALEXANDER, M.: Corporate-Level Strategy – Creating Value in the Multibusiness Company; New York et al.: Wiley; 1994.

GOOLD, M. / CAMPBELL, A. / ALEXANDER, M.: Corporate Strategy and Parenting Theory; in: Long Range Planning; 31. Jahrgang; 1998; S. 308 - 314.

HAMEL, G.: Opinion, Strategy Innovation and the Quest for Value; in: Sloan Management Review; 19. Jahrgang; 1998; S. 7 - 14.

HAMEL, G.: Bringing Silicon Valley Inside; in: Harvard Business Review; Nr. 5; 77. Jahrgang; 1999; S. 70 - 84.

HAMEL, G.: Leading the Revolution; Boston: Harvard Business School Press; 2000.

HAMEL, G.: Reinvent Your Company; in: Fortune; 12. Juni 2000; S. 104 - 120.

HART, S. L.: Beyond Greening – Strategies for a Sustainable World; in: Harvard Business Review; 75. Jahrgang; 1997; S. 66 - 76.

HART, S. L. / MILSTEIN, M. B.: Global Sustainability and the Creative Destruction of Industries; in: Sloan Management Review; 40. Jahrgang; 1999; S. 23 - 33.

HAX, A. C. / WILDE, D. L.: The Delta Mode – Adaptive Management for a Changing World; in: Sloan Management Review; 39. Jahrgang; 1999; S. 11 - 28.

HOFFMAN, A. J.: Institutional Evolution and Change – Environmentalism and the U.S. Chemical Industry; in: Academy of Management Journal; 42. Jahrgang; 1999; S. 351 - 371.

JONES, I. W. / POLLITT, M. G.: Ethical and Unethical Competition – Establishing the Rules of Engagement; in: Long Range Planning; 31. Jahrgang; 1998; S. 703 - 710.

KAPLAN, R. S. / NORTON, D. P.: The Strategy Focused Organization – How Balanced Scorecard Companies Thrive in the New Business Environment; Boston: Harvard Business School Press; 2001.

KAPLAN, R. S. / NORTON, D. P.: Strategy Maps – Converting Intangible Assets into Tangible Outcomes, Boston: Harvard Business School Press; 2003.

KAY, J.: The Business of Economics; Oxford et al.: Oxford Univ. Press; 1996.

KIESER, A.: Moden & Mythen des Organisierens; in: Die Betriebswirtschaftslehre; 56. Jahrgang; 1996; S. 21 - 37.

KIM, W. C. / MAUBORGNE, R.: Procedural Justice, Strategic Decision Making and the Knowledge Economy; in: Strategic Management Journal; 1998; S. 323 - 338.

KIM, W. C. / MAUBORGNE, R.: Creating New Market Space; in: Harvard Business Review; Nr. 1; 77. Jahrgang; 1999; S. 83 - 93.

KRANZ, U.-N. / STEINBERGER, T.: Krisenmanagement ist schmerzlich aber unumgänglich; in: Droege & Comp. (Hrsg.): Restrukturierungsmanagement: In der Krise liegt die Chance; Köln: Dt. Wirschaftsdienst; 2003; S. 195 - 207.

LEHN, K. / POULSEN, A.: The Free Cash Flow and Staockkolder Gains in Going Private Transaction; in: Journal of Finance; 44. Jahrgang; 1989; S. 771 - 787.

LOVAS, B. / GHOSHAL, S.: Strategy as Guided Evolution; in: Strategic Management Journal; 21. Jahrgang; 2000; S. 875 - 896.

MACHIAVELLI, N.: Il Principe – Der Fürst; übersetzt und herausgegeben von RIPPEL, P.; Stuttgart: Reclam; 1999; (Erstdruck 1532).

MARCH, J. G.: Continuity and Change in Theories of Organizational Action; in: Administrative Science Quarterly; 41. Jahrgang; 1996; S. 278 - 287.

MCCORMACK, M. H.: What They Don't Teach You at Harvard Business School; London: Fontana; 1986.

MEZIAS, J. M. / GRINYER, P. / GUTH, W. D.: Changing Collective Cognition – A Process Modell for Strategic Change; in: Long Range Planning; 34. Jahrgang; 2001; S. 71 - 95.

MICHALSKI, T. / RASCHE, C.: Von der New Economy zur True Economy – Die Gründung von Unternehmen in gründungsskeptischen Zeiten; in: STAHL, K.-H. / HINTERHUBER, H. H. (Hrsg.): Erfolgreich im Schatten der Großen – Wettbewerbsvorteile für kleinere und mittlere Unternehmen; Kolleg für Leadership und Management, Berlin: Schmidt; 2003; S. 301 - 333.

MILGROM, P. / ROBERTS, J.: Economics, Organization and Management; Englewood Cliffs: Prentice-Hall; 1992.

MINTZBERG, H.: The Rise and Fall of Strategic Planning; New York et al.: Prentice-Hall; 1994.

MINTZBERG, H. / WESTLEY, F.: Cycles of Organizational Change; in: Strategic Management Journal; 13. Jahrgang; Sonderausgabe; 1992; S. 39 - 59.

MURPHY, K. M. / SHLEIFER, A. / VISHNY, R. M.: Why Is Rent-Seeking So Costly to Growth?; in: The American Economic Review; 83. Jahrgang; 1993; S. 409 - 414.

NAHAPIET, J. / GHOSHAL, S.: Social Capital, Intellectual Capital, and the Organizational Advantage; in: The Academy of Management Review; Nr. 2; 23. Jahrgang; 1998; S. 242 - 266.

NEHRT, C.: Maintainability of First Mover Advantages – When Environmental Regulations Differ between Countries; in: The Academy of Management Review; 23. Jahrgang; 1998; S. 77 - 97.

NONAKA, I.: A Dynamic Theory of Organizational Knowledge Creation; in: Organization Science; 5. Jahrgang; 1991; S. 14 - 37.

NORTH, D. C.: Institutions, Institutional Change and Economic Performance; Cambridge et al.: Cambridge Univ. Press; 1990.

PASCALE, R. T.: Surfing the Edge of Chaos; in: Sloan Management Review; 40. Jahrgang; Frühling; 1999; S. 83 - 94.

PETTIGREW, A.: Introduction: Researching Strategic Change; in: PETTIGREW, A. (Hrsg.): The Management of Strategic Change; Oxford: Blackwell; 1988, S. 1 - 13.

POPITZ, H.: Prozesse der Machtbildung; in: Recht und Staat in Geschichte und Gegenwart – Eine Sammmlung von Schriften aus dem Gebiet der gesamten Staatswissenschaften; Heft 362/363, Tübingen; 1976; S. 5 - 42.

PORTER, M. E.: What is Strategy?; in: Harvard Business Review; Nr. 6; 76. Jahrgang; 1996; S. 61 - 78.

PRAHALAD, C. K. / BETTIS, R. A.: The Dominant Logic – A New Linkage Between Diversity and Performance; in: Strategic Management Journal; 7. Jahrgang; 1986; S. 485 - 501.

PRENDERGAST, C.: The Provision of Incentives in Firms; in: Journal of Economic Literature; 37. Jahrgang; 1999; S. 7 - 63.

PROBST, G. / RAISCH, S.: Die Logik des Niedergangs; in: Harvard Manager; Nr. 2; 2004; S. 37 - 45.

RASCHE, C.: Wettbewerbsvorteile durch Kernkompetenzen – Ein ressourcenorientierter Ansatz; Wiesbaden: Deutscher Universitäts-Verlag; 1994

RASCHE, C.: Von der multiplen Positionierung zum multifokalen Management, in: HINTERHUBER, H. H . / FRIEDRICH, St. A. / AL-ANI, A. / HANDLBAUER, G. (Hrsg.): Das Neue Strategische Management – Perspektiven und Elemente einer zeitgemäßen Unternehmensführung; Wiesbaden: Gabler; 2000; S. 383 - 422.

RASCHE, C.: Multifokales Management – Strategisches Handeln zwischen Altruismus und Hyperopportunismus; in: HINTERHUBER, H. H. / STAHL K.H. (Hrsg.): Schwerpunkte moderner Unternehmensführung – Kräfte bündeln, Ballast abwerfen, Werte schaffen; Renningen et al.: Expert-Verlag; 2000; S. 17 - 48.

RASCHE, C.: Multifokales Management – Unternehmenskonzepte für den pluralistischen Wettbewerb; Wiesbaden: Gabler; 2002.

Rasche, C.: Wettbewerbsfaktor Professional Services – Mismanaged Institutions auf dem Prüfstand; Folienskript der Antrittsvorlesung von 28.05.2003 vor der Wirtschafts- und Sozialwissenschaftlichen Fakultät der Universität Potsdam; 2003.

RASCHE, C.: Der Wettbewerbsvorteil im Fadenkreuz der Resource Based View – Optionen der Rentengenerierung, -protektion und -appropriation; in: HINTERHUBER, H. H. / STAHL, K.-H. / FRIEDRICH; St. A. / MATZLER, K. (Hrsg.): Schriftenreihe zum Strategischen Kompetenz-Management (SKM); Wiesbaden: Gabler; 2004.

RASCHE, C.: Multifokales Sanierungsmanagement; unveröffentlichtes Folienskript; Potsdam; 2004.

SCHMIDT-GOTHAN, H. / GESSNER, K. / LÜBBEN, H.: House of Value Creation – Unternehmenswert systematisch steigern; Braunschweig et al.: Vieweg; 2001.

SEISREINER, A. / WURSTER, M.E.: Restrukturierungsmanagement im Spannungsfeld von Effizienz, Effektivität und Koordination; in: GMIP Contributions to General Management; Nr. 5; 2002.

SINGH, H.: Challenges in Researching Corporate Restructuring; in: Journal of Management Studies; 30. Jahrgang; Sonderausgabe; 1993; S. 147 - 171.

TEECE, D. J. / RUMELT, R. / DOSI, G. / WINTER, S.: Understanding Corporate Coherence; in: Journal of Economic Behavior and Organization; 23. Jahrgang; 1994; S. 1 - 20.

TUSHMAN, M. L. / ANDERSON, P.: Technological Discontinuities and Organizational Environments; in: Administrative Science Quarterly; 31. Jahrgang; 1986; S. 439 - 465.

TUSHMAN, M. L. / O'REILLY, C. A.: Ambidextrous Organizations – Managing Evolutionary and Revolutionary Change; in: California Management Review; Nr. 4; 38. Jahrgang; 1996; S. 8 - 30.

WURSTER, M. E.: Mehrdimensionales Restrukturierungsmanagement; Wiesbaden: Deutscher Universitäts-Verlag; 2003.

ZOOK, C. / ALLEN, J.: Profit from the Core – Growth Strategy in an Era of Turbulence; Boston: Harvard Business School Press; 2001.

Christoph Burmann

Strategisches Management von Ad-hoc-Krisen durch identitätsbasierte Markenführung

1 Problemstellung 361

2 Grundkonzept der identitätsbasierten Markenführung 362

3 Identitätsbasierte Markenführung und das Management von Ad-hoc-Krisen 368

4 Zusammenfassung 370

1 Problemstellung

Die Analyse von Ad-hoc-Krisen bei börsennotierten Unternehmen aus den letzten Jahren zeigt häufig, dass bei Krisen mit ähnlichen Ursachen (z.B. plötzlich auftretenden Problemen mit der Produktsicherheit) und einem sachlich vergleichbaren Schadensausmaß die Reaktion der Investoren an den jeweiligen Börsen höchst unterschiedlich ausfällt. In einem Teil der Fälle kommt es lediglich zu kurzfristigen und begrenzten Rückgängen des Aktienkurses, in anderen sinkt der Börsenwert der betroffenen Unternehmen ebenso drastisch wie nachhaltig. Interessanterweise sind in den jeweiligen Fällen die Kosten der Produktrückrufaktionen durchaus vergleichbar. Die Art der Lösung einer Ad-hoc-Krise kann somit das Ausmaß der Unternehmenswertvernichtung am Kapitalmarkt nicht erklären.[1]

Auch bei anderen Arten von Ad-hoc-Krisen, die nicht durch Produktsicherheitsprobleme ausgelöst werden, ist zu beobachten, dass die konkreten Entscheidungen der Unternehmensleitung im Zuge des Managements einer Ad-hoc-Krise das Ausmaß des langfristigen Schadens für das Unternehmen nur sehr eingeschränkt erklären können.[2] Offenkundig gibt es neben dem tatsächlichen Handling einer Ad-hoc-Krise weitere wichtige Einflussfaktoren, die den Umfang des tatsächlich eintretenden Schadens bei den betroffenen Unternehmen bestimmen.

Diesbezüglich wird in diesem Beitrag argumentiert, dass die **Qualität der Beziehungen des Unternehmens zu seinen Anspruchsgruppen vor** Eintritt einer Ad-hoc-Krise einer der wichtigsten, wenn nicht der wichtigste Faktor zur Erklärung des Schadensausmaßes als Folge von Ad-hoc-Krisen ist. Das Bezugsobjekt dieser Beziehungen aus Sicht der Anspruchsgruppen ist attributionstheoretisch in der Regel die Unternehmensmarke (Corporate Brand), weil die Verantwortlichkeit (blame) für Ad-hoc-Krisen zumeist auf der organisatorisch höchsten Ebene einer Institution attribuiert wird.[3] Dem Management der Beziehungen zwischen der Corporate Brand und ihren relevanten Anspruchsgruppen im Vorfeld einer konkreten Krise kommt deshalb zur Eindämmung der negativen Wirkungen von Ad-hoc-Krisen eine sehr hohe Bedeutung zu. Vor diesem Hintergrund stellt sich die Frage, wo für das Management der wirkungsvollste Hebel zur Beeinflussung dieser Beziehungsqualität liegt?

Der im Folgenden kurz skizzierte **identitätsbasierte Markenmanagementansatz** von BURMANN und MEFFERT[4] sieht den wesentlichen Ansatzpunkt hierzu in der Identität einer Marke. Dieses Markenmanagementkonzept sieht in der Konzeption und Implementierung der Markenidentität den einzig bestimmenden Faktor, der eine Marke authentisch werden lässt und sie nachhaltig differenziert. Der identitätsorientierte Zugang zur Führung von Marken hat über die letzten Jahre wesentlich zu einem besseren Verständnis von Marken beigetragen und mittlerweile eine weite Verbreitung gefunden.[5]

2 Grundkonzept der identitätsbasierten Markenführung

Auf der Grundlage des ganzheitlich ausgerichteten identitätsbasierten Markenmanagements kann der Terminus ‚Marke' als **„ein Nutzenbündel mit spezifischen Merkmalen (in Form von Kommunikation, Kundendienst, Verpackungsgestaltung, technischen Innovationen, etc.), die dafür sorgen, dass sich dieses Nutzenbündel gegenüber anderen Nutzenbündeln, welche dieselben Basisbedürfnisse erfüllen, aus Sicht relevanter Zielgruppen nachhaltig differenziert"**[6] definiert werden.

Dieses Nutzenbündel konstituiert sich stets aus materiellen und immateriellen Komponenten, wobei in zweifacher Weise von einer Bündelung gesprochen werden kann. Einerseits werden bei Marken physisch-funktionale Nutzenkomponenten gebündelt, andererseits verschiedenartige Zeichen (symbolische Nutzenkomponenten). Hier grenzt sich das Verständnis des identitätsbasierten Markenmanagements vom Konstrukt der Marke in anderen Ansätzen ab, die bspw. lediglich ein schutzfähiges Zeichenbündel[7] oder imageorientiert nur das Vorstellungsbild im Kopf der Konsumenten als eine Marke definieren. Wiederum andere Ansätze orientieren sich am Verständnis der Marke als gewerbliches Schutzrecht[8] oder an der Marke als markiertes Produkt[9]. Insoweit unterscheidet sich das obige Markenverständnis auch von einschlägigen Produkt- und Dienstleistungsdefinitionen aus der Marketingwissenschaft.

Die physisch-funktionalen Nutzenkomponenten der Marke entstehen aufgrund der Innovationsfähigkeit der die Marke tragenden Institution. Das Bündel aus Zeichen umfasst neben den markenrechtlich schutzfähigen Zeichen wie Namen, Logos, Musik-Jingles, Herkunftsbezeichnungen etc. auch nicht schutzfähige Zeichen, die dennoch den Auftritt und das Wesen der Marke beeinflussen. Die symbolischen und die physisch-funktionalen Nutzenkomponenten der Marke können in unterschiedlicher Weise zur nachhaltigen Differenzierung und damit zur Entstehung und Stärke einer Marke beitragen. Das Ausmaß und die Nachhaltigkeit der Differenzierung einer Marke sind jedoch immer dann besonders groß bzw. lange andauernd, wenn sich sowohl die physisch-funktionalen als auch die symbolischen Nutzenkomponenten von konkurrierenden Angeboten unterscheiden. Das gesamte Nutzenbündel sendet dabei unternehmensextern wahrnehmbare Signale aus, die sich letztendlich im Markenimage der externen Zielgruppen widerspiegeln (vgl. Abb. 2-1).

Abbildung 2-1: *Die Marke als Bezugsobjekt des identitätsbasierten Markenmanagements*
Quelle: Eigene Abbildung.

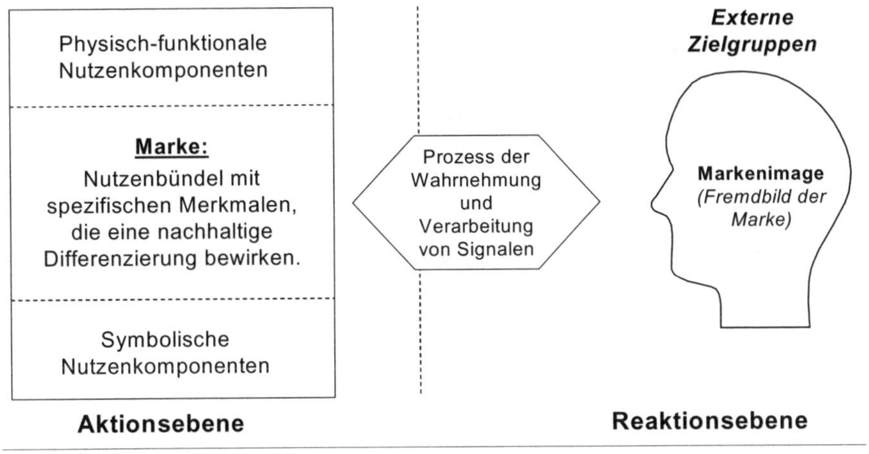

Das Konzept des identitätsbasierten Markenmanagements geht jedoch über die einseitige Ausrichtung auf die Wahrnehmung der Marke beim Nachfrager (Markenimage) hinaus, denn diese „klassische" Outside-in-Perspektive der Marke wird um eine Inside-out-Perspektive ergänzt. Diese analysiert das Selbstbild der Marke aus Sicht der internen Zielgruppen innerhalb derjenigen Institution, die die Marke trägt (z.B. Mitarbeiter, Management, Eigentümer, Absatzmittler). Dieses Selbstbild wird als die Markenidentität bezeichnet (vgl. Abb. 2-2).

Abbildung 2-2: *Grundidee des identitätsbasierten Markenmanagements*
Quelle: Eigene Abbildung in Anlehnung an MEFFERT, H. / BURMANN, C.: Identitätsorientierte Markenführung [1996], S. 35.

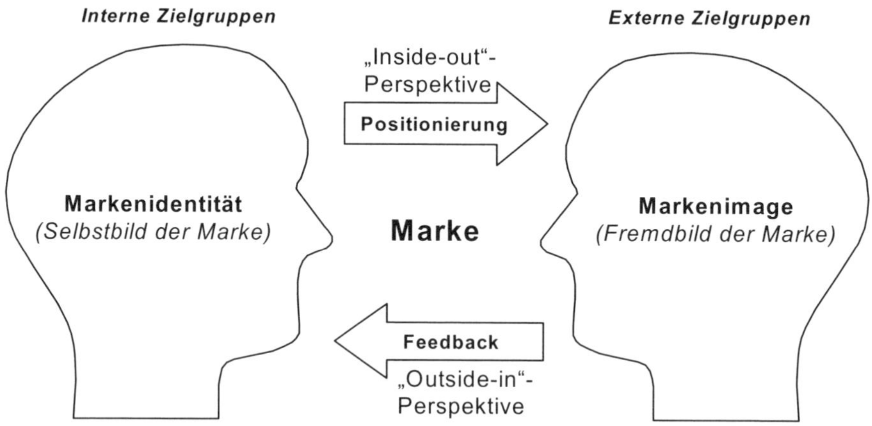

Der identitätsbasierte Markenmanagementansatz definiert die **Markenidentität** als diejenigen raum-zeitlich gleichartigen Merkmale der Marke, die aus Sicht der internen Zielgruppen in nachhaltiger Weise den Charakter der Marke prägen. Sie bringt die wesensprägenden Merkmale einer Marke, für die die Marke zunächst nach innen und später auch nach außen stehen soll, zum Ausdruck. Es handelt sich hierbei um ein **mehrdimensionales Aussagenkonzept**[10], welches sich durch die Beziehung der internen Zielgruppen untereinander und die Interaktionen zwischen internen und externen Zielgruppen der Marke konstituiert. Die Markenidentität setzt sich aus **sechs Komponenten** zusammen. Grundlage jeder Markenidentität ist die institutionelle Herkunft einer Marke,[11] die zumeist auch umfassend die zweite Identitätskomponente, die organisationalen Fähigkeiten einer Marke, prägt. Diese beiden Komponenten führen in Verbindung mit den typischen Markenleistungen, der Markenvision sowie den Werten und der Persönlichkeit einer Marke zur ganzheitlichen Markenidentität.[12]

Das **Markenimage** verkörpert demgegenüber die Sicht externer Zielgruppen von der Marke. In diesem Zusammenhang wird häufig vom sog. Fremdbild der Marke gesprochen.[13] Es handelt sich beim Markenimage um ein mehrdimensionales Einstellungskonstrukt,[14] welches das in der Psyche relevanter externer Zielgruppen fest verankerte, verdichtete, wertende Vorstellungsbild von einer Marke wiedergibt.[15] Es ist das Ergebnis der individuellen, subjektiven Wahrnehmung und Dekodierung aller von der Marke ausgesendeten Signale (vgl. Abb. 2-3).[16]

Abbildung 2-3: *Beziehung zwischen Markenidentität, Marke und Markenimage*

Quelle: Eigene Abbildung.

Die Markenidentität umfasst diejenigen raum-zeitlich gleichartigen Merkmale der Marke, die aus Sicht der internen Zielgruppen in nachhaltiger Weise den Charakter der Marke prägen.

Eine Marke ist ein Nutzenbündel mit spezifischen Merkmalen, die dafür sorgen, dass sich dieses Nutzenbündel gegenüber anderen Nutzenbündeln, welche dieselben Basisbedürfnisse erfüllen, aus Sicht relevanter Zielgruppen nachhaltig differenziert.
(Quelle: in Anlehnung an Keller 1993)

Das Markenimage ist ein in der Psyche relevanter externer Zielgruppen fest verankertes, verdichtetes, wertendes Vorstellungsbild von einer Marke.
(Quelle: In enger Anlehnung an Meffert/Burmann/Koers 2002)

Grundvoraussetzung für die Bildung eines Markenimages bei den externen Zielgruppen ist die **Bekanntheit einer Marke** (vgl. Abb. 2-4). Die Markenbekanntheit misst die Fähigkeit potenzieller Nachfrager, sich an ein Markenzeichen zu erinnern (Brand Recall) oder es nach akustischer und / oder visueller Stützung wieder zu erkennen (Brand Recognition) sowie diese Kenntnisse einer Produktkategorie zuzuordnen.[17] Da die Markenbekanntheit die notwendige Voraussetzung für die Entstehung eines Vorstellungsbildes im Kopf der externen Zielgruppen ist, kann sie definitorisch **nicht** als eine Komponente des Markenimages interpretiert werden.

Abbildung 2-4: *Komponenten des Markenimages*

Quelle: Eigene Abbildung.

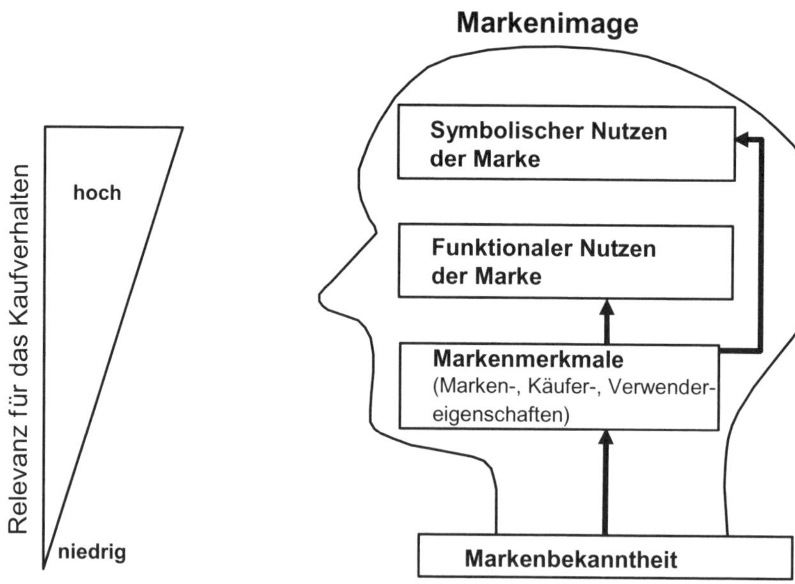

In Anlehnung an VERSHOFEN und KELLER unterteilt der identitätsbasierte Markenführungsansatz das Markenimage in drei Komponenten: den **Markenmerkmalen**, dem aus diesen Merkmalen abgeleiteten **funktionalen Nutzen** der Marke und dem **symbolischen Nutzen** der Marke für den jeweiligen Nachfrager.[18] Die Relevanz dieser drei Imagekomponenten für das Kaufverhalten nimmt von der Markenbekanntheit bis zum symbolischen Nutzen einer Marke i.d.R. zu.

Die **Markenmerkmale** repräsentieren sämtliche vom Nachfrager wahrgenommene Eigenschaften einer Marke. Hierunter fallen sowohl sachlich-rationale Eigenschaften als auch bildhafte und emotionale Eigenschaften. Es kann sich sowohl um Merkmale, die mit der physischen Beschaffenheit (z.B. Farbe, Form, Duft, technische Eigenschaften etc.) in Verbindung stehen, als auch um immaterielle Merkmale (z.B. Preis, Garantie, Herkunftsland etc.) handeln. Auch die Wahrnehmung typischer Käufer oder Verwender der Marke ist Bestandteil der Markenmerkmale und prägt potenziell das Markenimage. Die Gesamtheit aller Markenmerkmale wird vom Nachfrager verdichtet und bewertet. Das Ergebnis dieser **Verdichtung und Bewertung** ist der wahrgenommene funktionale und symbolische Nutzen einer Marke.

Im Marketing bezeichnet der Terminus Nutzen den Grad der Befriedigung von Bedürfnissen, den ein Objekt aus all seinen Merkmalen für den Nachfrager erbringt.[19]

Der **funktionale Nutzen** in Abbildung 2-4 umfasst sämtliche Nutzendimensionen, die sich aus den physikalisch-funktionellen Merkmalen der markierten Leistung sowie aus der **Informationsfunktion** und der **Vertrauensfunktion** der Marke ergeben.[20] Der Nachfrager nimmt die Marke als eine Art Hilfe in seiner Informationsbeschaffung wahr, die ihn entlastet.[21] Sie verringert dann die wahrgenommene Komplexität des Marktangebotes und führt so zu einer Senkung der Transaktionskosten im Kaufprozess. Ebenfalls dem funktionalen Nutzen einer Marke zuzuordnen ist die Funktion der Risikoreduktion. Marken können die von Nachfragern wahrgenommenen Risiken durch den Kauf und die Nutzung einer Leistung reduzieren. Risiken können beispielsweise im Bereich der Produktsicherheit (z.B. Crashsicherheit eines Autos, Gefahr von Krankheitserregern in Nahrungsmitteln), der langfristige Ersatzteilversorgung, des Angebots technischer Kundendienstleistungen, des finanziellen Risikos oder des sozialen Risikos (z.B. mangelnde Akzeptanz im Freundeskreis) liegen.

Der Erfolg der Mehrzahl der Marken baut jedoch nicht allein auf dem funktionalen Markennutzen auf, sondern beruht immer stärker auf der symbolischen Bedeutung, die die Marke beim Nachfrager evoziert. Ein **symbolischer Nutzen** entsteht immer dann, wenn eine Marke neben ihrer funktionalen Nutzenstiftung dem Nachfrager einen zusätzlichen Nutzen stiftet.[22] Hier ist beispielsweise an die:

- Vermittlung von Prestige (Geltungsnutzen),
- das Gefühl der Gruppenzugehörigkeit,
- die Wahrnehmung der Marke als Mittel zur Selbstverwirklichung,
- die Verknüpfung der Marke mit individuell wichtigen Erlebnissen und Erinnerungen (z.B. Urlaubserlebnisse, erste Liebe, enge Freunde),
- die Marke als Mittel zur Generierung von Beziehungsvorteilen (z.B. aufgrund enger persönlicher Beziehungen an bestimmte Markenrepräsentanten),
- die Marke als Sinnbild individuell wichtiger Werte oder Lebensstile

zu denken.[23] In allen diesen Fällen steht die Marke symbolhaft für wichtige Motivatoren des Verhaltens der Nachfrager.

Die Hauptaufgabe des identitätsbasierten Markenmanagements liegt in der Schaffung einer eigenständigen Markenidentität durch eine aufeinander abgestimmte, im Zeitablauf im wesentlichen stabile Gestaltung und Vermittlung aller Komponenten der Markenidentität und damit der Durchsetzung eines gemeinsamen Vorstellungsbildes von der Marke in den Köpfen aller internen und externen Zielgruppen.[24]

3 Identitätsbasierte Markenführung und das Management von Ad-hoc-Krisen

Welche Rolle spielt nun die Identität einer Marke in Ad-hoc-Krisen? Eine generalisierende Antwort auf diese Frage fällt nicht leicht, weil die Identität einer Marke ebenso viele verschiedene Facetten annehmen kann, wie die Identität von Menschen. Als Ausweg bietet sich im Folgenden die Orientierung an einem für die Identität von Marken aus verschiedenen Branchen wichtigen gesellschaftlichen Verhaltenstrend an.

Vor dem Hintergrund des in zahlreichen Branchen während der letzten Jahre zu beobachtenden **Relevanzverlustes von Marken** für das Kaufverhalten der Nachfrager bietet die proaktive Wahrnehmung der gesellschaftlich-sozialen Verantwortung einer Marke heute eine immer wichtigere Grundlage für die nachhaltige Relevanzsteigerung und Differenzierung von Marken. In den Vereinigten Staaten wird von der Beratungsgesellschaft KLD Research jährlich die **„Corporate Social Responsibility (CSR)"** von Unternehmen auf sechs zentralen Verhaltensdimensionen mittels eines standardisierten Index (SOCRATES Index) gemessen und in der amerikanischen Öffentlichkeit mit großem Interesse aufgenommen. Das Ausmaß gesellschaftlich verantwortlichen Handelns eines Unternehmens, so wie es über die CSR-Messung erfasst wird, ist heute zu einer wichtigen positiv oder negativ ausgeprägten Facette für die Identität von Corporate Brands geworden. Dies gilt vor allem für die USA.

Ein ebenso breites und umfassendes Verständnis von Marken ist bei Top-Managern in Deutschland leider sehr selten vorzufinden. Auf der Basis der kürzlich von LENSKER vorgelegten empirischen Studie ist der Anteil an Top-Managern in Deutschland, die ein in diesem Sinne ganzheitliches Markenverständnis haben, auf unter 10 % zu veranschlagen.[25] Dies ist insoweit problematisch, als mittlerweile in zahlreichen wissenschaftlichen Studien nachgewiesen werden konnte, dass das Ausmaß der von Nachfragern wahrgenommenen **Corporate Social Responsibility in hohem Maße auch das Image von Corporate Brands prägt** und auf diesem Wege auch das Kauf- und Empfehlungsverhalten gegenüber Produktmarken in signifikantem Maße beeinflusst wird.[26] In den jüngst von KLEIN und DAWAR durchgeführten Feldstudien in den USA war die CSR die wichtigste Determinante zur Erklärung des Markenimages. Gut 20 % der von den 300 interviewten Konsumenten geäußerten Kaufabsicht gegenüber den in der Studie verwendeten Marken konnte allein durch die von den Befragten subjektiv wahrgenommene Corporate Social Responsibility erklärt werden.[27] In Anbetracht dieser Zusammenhänge bestehen in Deutschland offenbar noch erhebliche Potenziale zur Markenprofilierung, die von Top-Managern hierzulande bislang weder erkannt noch ausgeschöpft werden. Welcher konkrete Zusammenhang lässt sich nun zwischen der Profilierung einer Marke auf der Dimension der gesellschaftlich-sozialen Verantwortlichkeit und dem Management von Ad-hoc-Krisen herstellen?

Auch hier kann wiederum auf mehrere wissenschaftlich fundierte Studien zurückgegriffen werden, die einen signifikanten Zusammenhang zwischen der wahrgenommenen gesellschaftlich-sozialen Verantwortung von Corporate Brands und dem Schadensausmaß nach dem Eintritt von Ad-hoc-Krisen belegen.[28] **Das Ausmaß des gesellschaftlich-sozialen Engagements einer Corporate Brand beeinflusst dabei das Ausmaß der Verantwortung („blame"), welches dem betroffenen Unternehmen bzw. seiner Corporate Brand in Folge einer Ad-hoc-Krise zugeschrieben wird**. Eine Corporate Brand, die sich in der Vergangenheit durch eine hohe CSR profilieren konnte, wird von den Anspruchsgruppen seltener für das Auftreten einer Krise und ihrer Folgen verantwortlich gemacht. Zur Verdeutlichung dieses Zusammenhangs kann exemplarisch auf die plötzlich ausbrechenden Rassenunruhen in Los Angeles als Folge von illegalen Übergriffen weißer Polizisten gegenüber schwarzen Mitbürgern Mitte der 90er Jahre verwiesen werden. Im Zuge dieser nur wenige Tage andauernden Unruhen wurden in bestimmten Stadtteilen von Los Angeles nahezu flächendeckend alle Gewerbeimmobilien und öffentlichen Einrichtungen zerstört. Lediglich die Filialen der Fastfood Kette McDonald's blieben vollständig verschont, auch wenn die jeweils direkt an die Filialen angrenzenden Gebäude verwüstet wurden. Dieses selektive Vorgehen der aufgebrachten dunkelhäutigen Bevölkerungsgruppen wird von Fachleuten auf das langjährig hohe soziale und gesellschaftliche Engagement von McDonald's in den jeweiligen Kommunen zurückgeführt. Hier wird zugleich deutlich, wie wichtig die Qualität der Beziehungen zwischen Marken und ihren Anspruchsgruppen gerade im Fall von Krisen ist. Das Bezugsobjekt dieser Beziehungsqualität aus der Perspektive der Anspruchsgruppen ist die **Identität der Marke**, denn der Aufbau stabiler Beziehungen ist hier wie im zwischenmenschlichen Bereich von der Existenz einer klaren Identität des jeweiligen Beziehungspartners abhängig.

Die Verantwortungszuschreibung im Krisenfall geschieht nach WEINER über **drei Attributionsmechanismen[29].** Erstens den Ursprung einer Krise (unternehmensextern versus unternehmensintern), zweitens die wahrgenommene Häufigkeit von Krisen in einem Unternehmen (selten versus häufig) und drittens die attribuierte Steuerbarkeit einer Krise durch das betroffenen Unternehmen (vollständige Kontrolle über alle kriseninduzierten Ereignisse, Maßnahmen und Wirkungen versus Machtlosigkeit). Je stärker sich eine Corporate Brand in der Vergangenheit durch CSR profilieren konnte, so zeigen die bislang vorliegenden empirischen Ergebnisse, desto mehr wird beim Auftreten einer Ad-hoc-Krise der Ursprung der Krise von den Anspruchsgruppen außerhalb des Unternehmens vermutet, die Krise als einmaliges Ausnahmeereignis bewertet und dem Unternehmen ein hohes Maß an Machtlosigkeit (im Sinne „höherer Gewalt") gegenüber den in der Folge der Ad-hoc-Krise auftretenden Schäden attestiert (das Unternehmen hätte durch ein anderes Krisenmanagement den Schaden nicht reduzieren können).

Investitionen zur Erhöhung der Corporate Social Responsibility als wichtiger Facette der Markenidentität können insoweit als **Versicherungsprämie** für den Fall des Eintritts von Ad-hoc-Krisen interpretiert werden.[30] Wichtig ist jedoch in diesem Zusammenhang, dass die CSR nicht nur bei der Entwicklung der Markenidentität in Konzepten, Reden und Plänen schriftlich festgehalten, sondern von jedem Mitarbeiter auch tatsächlich umgesetzt und glaubwürdig vorgelebt wird. Der **innengerichteten Markenführung**[31] kommt hier also eine sehr hohe Bedeutung zu. Erst durch tatsächliche Handlungen, die gegenüber externen Anspruchsgruppen kommuniziert und von diesen auch nachvollzogen und überprüft werden können, lässt sich die extern wahrgenommene CSR und damit das Markenimage positiv beeinflussen. Ein in der Markenidentität verankertes hohes Maß an **Offenheit und Transparenz** fördert dabei die Authentizität und Glaubwürdigkeit der im Rahmen eines CSR-Programms ergriffenen Maßnahmen. Nur am Rande sei erwähnt, dass die CSR-induzierten Profilierungswirkungen zielgruppenabhängig unterschiedlich stark ausfallen, wie bei allen anderen Maßnahmen zur Markenprofilierung auch.

Die Wirkung der von den Anspruchsgruppen wahrgenommenen CSR beim Auftreten von Ad-hoc-Krisen fällt meist **asymmetrisch** aus. Dies bedeutet, dass Corporate Brands, die von den Anspruchsgruppen in der Vergangenheit als wenig oder gar nicht gesellschaftlich verantwortlich erlebt wurden, bei Ad-hoc-Krisen selbst dann einen nachhaltigen und schweren Imageschaden erleiden, wenn zur Behebung der Ad-hoc-Krise schnell die richtigen Maßnahmen (z.B. schnelle Organisation eines umfassenden und kostenfreien Produktrückrufes, großzügiger Gewährung von Schadenersatz und Schmerzensgeld) ergriffen werden.[32] Demgegenüber ist die nachhaltige Imagewirkung von Ad-hoc-Krisen bei Corporate Brands, die sich in der Vergangenheit durch ein hohes Maß an CSR profilieren konnten im Wesentlichen von den konkret ergriffenen Krisenmanagement-Maßnahmen abhängig.[33] Mit anderen Worten: Das Krisenmanagement des betroffenen Unternehmens wird fair und mit einem hohen Maß an Wohlwollen bewertet.

4 Zusammenfassung

Art und Inhalt des Markenmanagements vor dem Eintritt einer Ad-hoc-Krise können das Ausmaß des nach dem Eintritt einer Ad-hoc-Krise eintretenden Schadens in erheblichem Maße beeinflussen. Grundvoraussetzung für diese schadensbegrenzende Wirkung von Marken bzw. deren unternehmensexternen Images ist eine ebenso glaubwürdige wie prägnante Markenidentität. Sie muss durch ein professionelles innengerichtetes Markenmanagement aufgebaut und bei allen Mitarbeitern des Unternehmens verankert werden. Die Analyse von Ad-hoc-Krisen, insbesondere in den USA, führt hier zu der Schlussfolgerung, dass offenkundig der weitaus größte Teil des durch eine Ad-hoc-Krise verursachten materiellen und immateriellen Schadens auf das Markenmanagement vor Kriseneintritt und nicht auf die konkrete Form des Managements einer Krise zurückzuführen ist. Nichtsdestotrotz kann ein unprofessionelles Krisenmanagement das Ansehen und den Wert einer Marke erheblich beschädigen.

Anmerkungen

1 Vgl. DAVIDSON, W. / WORRELL, D.: Research Notes [1992]; PRUITT, S. / PETERSON, D.: Recall Announcements [1986]; HARRISON, J. / FREEMAN, R.: Stakeholders [1999].

2 Vgl. DAWAR, N. / PILLUTLA, M.: Consumer Expectations [2000].

3 Vgl. FOLKES, V.: Consumer Reactions [1984]; FOLKES, V. / KOTELSKY, S. / GRAHAM, J.: Consumer Reactions [1987].

4 Vgl. BURMANN, C. / MEFFERT, H.: Grundkozept [2005].

5 Vgl. z.B. KAPFERER, J.-N.: Die Marke [1992]; UPSHAW, L. B.: Brand Identity [1995]; AAKER, D. A.: Strong Brands [1996] und Brand Equity [2004]; AHLERT, D. / KENNING, P. / SCHNEIDER, D.: Markenmanagement [2000], S. 17 ff.; BAUMGARTH, C.: Markenpolitik [2001], S. 22 ff.; ADJOURI, N.: Markenidentität [2002]; ESCH, F.-R.: Markenfürhung [2003], S. 83 ff..

6 Vgl. in Anlehnung an KELLER, K. L.: Brand Management [2003], S. 2.

7 Vgl. WELLING, M.: Markentheorie [2003].

8 Vgl. MarkenG § 3.

9 Vgl. bspw. MELLEROWICS [1963]. Für einen Überblick über verschiedene Definitionen vgl. SATTLER, H.: Markenpolitik [2001], S. 39 f., ESCH, F.-R.: Markenführung [2003], S. 19 ff.

10 Vgl. KAPFERER, J.-N.: Die Marke [1992], S. 44 f.

11 Vgl. BLINDA, L. E.: Markenherkunft [2003].

12 Vgl. hierzu ausführlich BURMANN, C. / MEFFERT, H.: Theoretische Grundkonzeption [2005].

13 Vgl. MEFFERT, H. / BURMANN, C.: Identitätsorientierte Markenführung [1996], S. 34.

14 Vgl. TROMMSDORFF, V.: Konsumentenverhalten [2004], S. 150, KROEBER-RIEHL, W. / WEINBERG, P.: Konsumentenverhalten [2003], S. 168 ff.

15 Vgl. in enger Anlehnung an MEFFERT, H. / BURMANN, C. / KOERS, M.: Markenmanagement [2005].

16 Vgl. in enger Anlehnung an BURMANN, C. / MEFFERT, H.: Theoretische Grundkonzeption [2005].

17 Vgl. AAKER, D. A.: Brand Equity [1991], S. 61.

18 Vgl. VERSHOFEN, W.: Verbrauchsforschung [1940], KELLER, K.L.: Brand Management [2003], S. 17.

19 Vgl. DILLER, H.: Nutzen [1992], S. 826, PERREY, J.: Marktsegmentierung [1998], S. 12, MEFFERT, H.: Marketing [2000], S. 333.

20 Vgl. zu den Funktionen einer Marke umfassend KRANZ, M.: Unternehmensmarke [2004].

21 Vgl. KROEBER-RIEL, W. / WEINBERG, P.: Konsumentenverhalten [2003], S. 268.

22 Der Begriff des Zusatznutzens geht auf den Gründer der Gesellschaft für Konsumforschung (GfK AG) in Nürnberg Wilhelm VERSHOFEN zurück. Vgl. VERSHOFEN, W.: Verbrauchsforschung [1940], S. 71; MEFFERT, H.: Marketing [2000], S. 333.

23 Vgl. MEFFERT, H. / BURMANN, C. / KOERS, M.: Markenmanagement [2005].

24 Vgl. hierzu im Detail BURMANN, C. / MEFFERT, H.: Managementkonzept [2005].

25 Vgl. LENSKER, P.: Marke [2004].

26 Vgl. DRUMWRIGHT, M.: Buying [1994]; BROWN, T. / DACIN, P.: Product [1997]; OSTERHUS, T.: Consumer [1997]; HANDELMANN, J. / ARNOLD, S.: Marketing [1999]; SEN, S. / BHATTACHARYA, C. B.: Consumer [2001].

27 Vgl. KLEIN, J. / DAWAR, N.: Responsibility [2004].

28 Vgl. DAWAR, N. / PILLUTLA, M.: Brand Equity [2000]; KLEIN, J. / DAWAR, N.: Brand [2004].

29 Vgl. WEINER, B.: Human Motivation [1980].

30 Vgl. KLEIN, J. / DAWAR, N.: Responsibility [2004], S. 204.

31 Vgl. BURMANN, C. / ZEPLIN, S.: Identitätsbasiertes Markenmanagement [2004].

32 Vgl. DAWAR, N. / PILLUTLA, M.: Brand Equity [2000].

33 Vgl. KLEIN, J. / DAWAR, N.: Responsibility [2004].

Literatur

AAKER, D.A.: Managing Brand Equity – Capitalizing on the value of a brand name; New York: Free Press; 1991.

AAKER, D. A.: Building Strong Brands; New York: Free Press; 1996.

AAAKER, D.A.: Brand Portfolio Strategy – Creating relevance, differentiation, energy, leverage and clarity; New York: Free Press; 2004.

ADJOURI, N.: Die Marke als Botschafter – Markenidentität bestimmen und entwickeln; Wiesbaden: Gabler; 2002.

AHLERT, D. / KENNING, P. / SCHNEIDER, D.: Markenmanagement im Handel; Wiesbaden: Gabler; 2000.

BAUMGARTH, C.: Markenpolitik, Markenwirkungen, Markenführung, Markenforschung; Wiesbaden: Gabler; 2001.

BLINDA, L. E.: Relevanz der Markenherkunft für die identitätsbasierte Markenführung; Bremen: o.V.; 2003 (im Druck).

BROWN, T. / DACIN P.: The company and the product: Corporate associations and consumer product responses; in: Journal of Marketing; Nr. 1; 61. Jahrgang; 1997; S. 68 - 84.

BURMANN, C. / ZEPLIN, S.: Innengerichtetes identitätsbasiertes Markenmanagement – State-of-the-Art und Forschungsbedarf; Bremen: o.V.; 2004.

BURMANN, C. / MEFFERT, H.: Theoretisches Grundkonzept der identitätsorientierten Markenführung; in: MEFFERT, H. / BURMANN C. / KOERS, M. (Hrsg.): Markenmanagment – Grundfragen der identitätsorientierten Markenfürhung; Wiebaden: Gabler; 2005 (im Druck).

BURMANN, C. / MEFFERT, H.: Managementkonzept der identitätsorientierten Markenführung; in: MEFFERT, H. / BURMANN C. / KOERS, M. (Hrsg.): Markenmanagment – Grundfragen der indentitätsorientierten Markenfürhung; Wiebaden: Gabler; 2005 (im Druck).

DAVIDSON, W. / WORRELL, D.: Research notes and communications – The effect of product recall announcements on shareholder wealth; in: Strategic Management Journal; Nr. 3; 1992; S. 467 - 473.

DAWAR, N. / PILLUTLA, M.: The impact of product-harm crises on brand equity – The moderating role of consumer expectations; in: Journal of Marketing Research; Nr. XXXVII; 2000; S. 215 - 226.

DILLER, H.: Stichwort: „Nutzen"; in: DILLER, H.: Vahlens großes Marketinglexikon; München: Beck; 1992, S. 826.

DRUMWRIGHT, M.: Socially responsible organizational buying: Environmental concern as a non-economic buying criterion; in: Journal of Marketing; Nr. 3; 58. Jahrgang; 1994; S. 1 - 19.

ESCH, F.-R.: Strategie und Technik der Markenführung; München: Vahlen; 2003.

FOLKES, V.: Consumer reactions to product failure – An attributional approach; in: Journal of Consumer Research; Nr. 4; 10. Jahrgang; 1984; S. 398 - 409.

FOLKES, V. / KOLETSKY, S. / GRAHAM, J.: A field study of causal interferences and consumer reactions – The view from the airport; in: Journal of Consumer Research; Nr. 4; 13. Jahrgang; 1987; S. 534 - 539.

HANDELMAN, J. / ARNOLD, S.: The role of marketing actions with a social dimension – Appeals to the institutional environment; in: Journal of Marketing; Nr. 3; 63. Jahrgang; 1999; S. 33 - 48.

HARRISON, J. / FREEMAN, R.: Stakeholders, social responsibility, and performance – Empirical evidence and theoretical perspectives; in: Academy of Management Journal; Nr. 45; 42. Jahrgang; 1999; S. 479 - 485.

KAPFERER, J.-N.: Die Marke – Kapital des Unternehmens; Landsberg/Lech: Moderne Industrie; 1992.

KELLER, K.L.: Strategic brand management – building, measuring, and managing brand equity; Upper Saddle River / NJ: Prentice Hall; 2003.

KLEIN, J. / DAWAR, N.: Corporate social responsibility and consumers attributions and brand evaluations in a product-harm crisis; in: International Journal of Research in Marketing; Nr. 3; 21. Jahrgang; 2004; S. 203 - 217.

KRANZ, M.: Die Relevanz der Unternehmensmarke – Ein Beitrag zum Markenmanagement bei unterschiedlichen Stakeholdern; Frankfurt/Main: Lang; 2004.

KROEBER-RIEL, W. / WEINBERG, P.: Konsumentenverhalten; München: Vahlen; 2003.

LENSKER, P.: Kommunikation macht noch keine Marke; in: Absatzwirtschaft; Heft 11; 47. Jahrgang; 2004; S. 108 - 111.

MEFFERT, H.: Marketing – Grundlagen marktorientierter Unternehmensführung – Konzepte – Instrumente – Praxisbeispiele; Wiesbaden: Gabler; 2000.

MEFFERT, H. / BURMANN, C.: Identitätsorientierte Markenführung – Grundlagen für das Management von Markenportfolios; Münster: o. V.; 1996.

MEFFERT, H. / BURMANN, C. / KOERS, M.: Stellenwert und Gegenstand des Markenmanagement; in: MEFFERT, H. / BURMANN, C. / KOERS, M.: Markenmanagement – Grundfragen der identitätsorientierten Markenführung; Wiesbaden: Gabler; 2005 (im Druck).

MELLEROWICZ, K.: Markenartikel – Die ökonomischen Gesetze ihrer Preisbildung und Preisbindung; München: Beck; 1963.

OSTERHUS, T.: Pro-social consumer influence strategies – When and how do they work?; in: Journal of Marketing; Nr. 4; 61. Jahrgang; 1997; S. 16 - 29.

PERREY, J.: Nutzenorientierte Marktsegmentierung – Ein integrativer Ansatz zum Zielgruppenmarketing im Verkehrsdienstleistungsbereich; Wiesbaden: Gabler; 1998.

PRUITT, S. / PETERSON, D.: Security price reactions around product recall announcements; in: Journal of Financial Research; Nr. 9; 1986; S. 113 - 122.

SATTLER, H.: Markenpolitik; Stuttgart: Kohlhammer; 2001.

SEN, S. / BHATTACHARYA, C.B.: Does doing good always lead to doing better? – Consumer reactions to corporate social responsibility; in: Journal of Marketing Research; Nr. 20; 38. Jahrgang; 2001; S. 225 - 243.

TROMMSDORFF, V.: Konsumentenverhalten; Stuttgart: Kohlhammer; 2004.

UPSHAW, L.B.: Building Brand Identity – A strategy for success in a hostile marketplace; New York: Wiley; 1995.

VERSHOFEN, W.: Handbuch der Verbrauchsforschung; Berlin: Heymann; 1940.

WEINER, B.: Human motivation; New York: Holt et al; 1980.

WELLING, M.: Bausteine einer integrierten image- und identitätsorientierten Markenführung als Beitrag zur Markentheorie; Bochum: o. V.; 2003.

Jens Leker

Misserfolgsanalyse in der Forschung zum strategischen Management

1 Einleitung ... 379

2 Hindernisse und Schwierigkeiten bei der Analyse von Misserfolg ... 379

3 Misserfolg und strategische Neuorientierung ... 380
  3.1 Misserfolg und strategische Neuorientierung ... 380
  3.2 Erfolgswirkungen einer strategischen Neuorientierung ... 382

4 Zusammenfassung und Ausblick ... 384

1 Einleitung

Das Phänomen, dass erfolgreiche, am Markt etablierte Unternehmen in eine kritische Unternehmenslage geraten, ist im heutigen Wirtschaftsleben allgegenwärtig.[1] Trotz seiner ökonomischen Bedeutung konnte das Thema Misserfolg allerdings bisher keine zentrale Stellung in der betriebswirtschaftlichen Strategieforschung einnehmen. Vielmehr bildeten hier Fragestellungen zu „exzellenten" Unternehmen[2], Unternehmenserfolg oder Unternehmenswachstum den zentralen Forschungsschwerpunkt.[3]

Im Folgenden werden daher zunächst die wesentlichen Gründe identifiziert, die für die bisweilen periphere Behandlung von Misserfolg in der strategischen Managementforschung verantwortlich zeichnen. Unter **Misserfolg** wird hier eine auf Dauer anhaltende **Verschlechterung der Unternehmensleistung** verstanden, die eine **hochrangige Bedrohung** für den Fortbestand eines Unternehmens darstellt. Im Anschluss daran werden die wesentlichen unternehmensinternen Ursachen von Misserfolg identifiziert sowie die Erfolgswirkungen eines strategischen Wechsels anhand einer empirischen Studie dargestellt.

2 Hindernisse und Schwierigkeiten bei der Analyse von Misserfolg

Obwohl das Interesse an der Misserfolgsforschung in den letzten Jahren zugenommen hat, fehlt es dennoch an einer adäquaten Berücksichtigung in der Literatur. Das Problem ist dabei weniger die Anzahl wissenschaftlicher Beiträge zu dieser Thematik als vielmehr deren Vielfältigkeit hinsichtlich Qualität und angewandter Konzeption.[4] Gründe für die bisweilen in der Strategieforschung ausgebliebene intensive Auseinandersetzung mit Misserfolg betreffen im Wesentlichen die **gesellschaftliche Tabuisierung** von Misserfolg sowie den **Mangel an Ressourcen** zur Erforschung von Misserfolg.[5]

Bedingt durch die westliche Kultur beschäftigen sich betriebswirtschaftliche Theorie und Praxis vorwiegend mit Wachstum und Fortschritt. So stellt WHETTEN vor diesem Hintergrund fest:

> „We are told that, through the **Power of Positive Thinking** […] we can **Think and Grow Rich** […]. It follows that if success can be willed, then failure must reflect a lack of desire. Hence, **admitting failure is practically a national taboo.**"[6]

Somit lässt sich auch die ablehnende Haltung von Managern erklären, an wissenschaftlichen Untersuchungen zum Thema Misserfolg teilzunehmen. Denn der Erfolg hat viele Väter – der Misserfolg meist auch, aber keiner will es gewesen sein.

Doch auch wenn Manager an solchen Untersuchungen teilnehmen, sind sie meist wesentlich emotionaler involviert als Manager erfolgreicher Unternehmen.[7] Zusammen mit einer geringen Response-Rate hat dies zur Folge, dass bei der Erforschung von Misserfolg mehr Ressourcen aufzuwenden sind.[8] So wird im Vergleich zu Studien über Erfolg oder Wachstum mehr Zeit benötigt, Strategien zum Umgang mit verzweifelten Informanten zu entwerfen, Informanten zu finden, Interviews zu führen oder Fragebögen auszuwerten.

Zudem sind Gelder für eine Misserfolgsforschung regelmäßig schwieriger zu erhalten. So werden Studien eher von wachsenden und erfolgreichen Unternehmen unterstützt als von solchen, die unter Misserfolg leiden. Letztere verfügen meist auch nicht über entsprechende finanzielle Mittel.[9] Hinzu kommt, dass sich Führungskräfte darüber bewusst sind, dass sie sowohl für Erfolg als auch für Misserfolg verantwortlich gemacht werden. Sie haben somit kein Interesse daran, Studien zu fördern, die ihre Mitschuld am Misserfolg aufdecken könnten. Folglich haben vorwiegend Führungskräfte erfolgreicher Unternehmen ein Interesse daran, die Forschung zu unterstützen.[10]

3 Misserfolg und strategische Neuorientierung

3.1 Misserfolg und strategische Neuorientierung

BEAVER (1965) und ALTMAN (1967) haben schon früh grundlegende Analysekonzepte zu kritischen Unternehmensentwicklungen vorgelegt. Diese Arbeiten bezogen sich jedoch auf die Möglichkeiten, solche Krisen im Vorfeld anhand von Kennzahlen aus dem Jahresabschluss zu prognostizieren. Zudem erlaubten diese Modelle nur eine Aussage über den Extremfall des Insolvenzeintritts.[11] Strategische und damit zu bewältigende Krisen wurden nicht betrachtet. Die Frühdiagnose von Unternehmenskrisen ist allerdings nur bedingt geeignet, die tatsächlichen Ursachen einer solchen Unternehmensentwicklung zu identifizieren.

Eine umfassende Studie zu den Ursachen, Symptomen sowie zum dynamischen Verlauf von Misserfolg bei Unternehmen wurde 1976 von ARGENTI veröffentlicht.[12] Im Folgenden werden aus dem Bereich der strategischen Managementforschung mit eskalierendem Commitment, Momentum und struktureller Trägheit drei wesentliche **unternehmensinterne Misserfolgsursachen** dargestellt. Die Theorie des Strategischen

Managements greift seit jeher auf Konzepte und Theorien anderer Wissenschaftsdisziplinen zurück.[13] Zur Erforschung unternehmensinterner Misserfolgsursachen hat dabei vorwiegend die Organisationstheorie, insbesondere die verhaltenswissenschaftliche Organisationstheorie beigetragen.

Ein häufig zu beobachtendes Phänomen betrifft das des eskalierenden Commitment. **Eskalierendes Commitment** beschreibt die Tatsache, dass Manager dazu neigen, an bestehenden Strategien und Routinen festzuhalten, obwohl diese nicht den gewünschten Effekt zur Folge haben. Mit der Absicht ursprünglich getroffene Entscheidungen vor sich selbst oder anderen zu rechtfertigen oder aufgrund gesellschaftlicher bzw. sonstiger Normen, die die Konsistenz der Handlungen positiv bewerten, werfen sie gutes Geld dem schlechten nach.[14] TANG verwendet die Idee des eskalierenden Commitment zur Erklärung strategischer Trägheit.[15] Aufgrund getätigter Investitionen ist ein Unternehmen demnach nur begrenzt in der Lage, auf veränderte Umweltbedingungen zu reagieren. Eskalierendes Commitment führt dazu, dass Folgeinvestitionen im Rahmen der bisher verfolgten Strategie vorgenommen werden.[16]

Ähnlich ist auch die **strukturelle Trägheit** von Unternehmen zu erklären. Ursächlich hierfür sind u.a. die Kapitalbindung aufgrund von Investitionen in Gebäude, Maschinen und Personal oder die Tatsache, dass Veränderungen zu Interessenkonflikten zwischen den verschiedenen Akteuren eines Unternehmens führen können.[17] Strukturell träge Unternehmen reagieren auf Chancen oder Risiken zu langsam. HANNAN und FREEMAN argumentieren, dass träge Unternehmen eher erfolgreich sind als flexible Unternehmen, da die umfassende Veränderung eines Unternehmens seine Überlebenswahrscheinlichkeit verringert.[18] So wäre die Realisierung von Lernkurveneffekten ohne strukturelle Trägheit kaum möglich. Ebenso ist es erforderlich, über eine gewisse Verlässlichkeit und Berechenbarkeit zu verfügen, um potenzielle Mitarbeiter, Investoren und Kunden zu einer Transaktionsbeziehung zu bewegen.[19] Sie berücksichtigen dabei allerdings nicht, dass es aufgrund veränderter Umweltbedingungen geboten sein kann, rechtzeitig einen strategischen Wechsel vorzunehmen.[20] Insbesondere angesichts sich ständig ändernder Umweltbedingungen und Verschiebungen in der strategischen Position eines Unternehmens (Hyperwettbewerb[21]) kann strukturelle Trägheit zu Misserfolg führen.

Ein weiteres Phänomen, das zu Misserfolg führt, wird als **Momentum** bezeichnet. Während Unternehmen im Falle von struktureller Trägheit zu langsam bzw. zu wenig handeln, hyperagieren sie bei Vorliegen von Momentum. Dabei wird in Unternehmen die Entwicklung neuer Strategien durch die strategische Vororientierung in eine bestimmte Richtung gelenkt.[22] Dieses Verhalten ermöglicht es, z.B. die grundlegende Konfiguration von Organisationsstruktur und Produktionssystemen oder das bisherige Informations- und Kommunikationsverhalten beizubehalten. MILLER unterscheidet vier verschiedene Verlaufsbahnen in der Unternehmensentwicklung, die alle durch Momentum gekennzeichnet sind und letztlich in Misserfolg resultieren:[23]

So sind Unternehmen vom Typ „Craftsmen“ durch ihre Qualitätsführerschaft gekennzeichnet. Mit dem Ziel, perfekte Produkte anzubieten, entwickeln sie im Laufe der Zeit eine Detailbesessenheit, die zur Folge hat, dass die neuen Produkte letztlich nicht mehr den Kundenbedürfnissen entsprechen (**focusing trajectory**). Unternehmen vom Typ „Builder“ sind durch ständiges Expandieren geprägt. Durch das Eintreten in völlig neue Geschäftsfelder ohne das entsprechende Know-how sind diese Unternehmen ab einer gewissen Größe kaum noch zu managen. Zudem besteht die Gefahr einer Überstrapazierung von Ressourcen und Fähigkeiten (**venturing trajectory**).[24] Der Erfolg von „Pioneer“-Unternehmen resultierte in der Vergangenheit aus ihrer Fähigkeit, kontinuierlich innovative Produkte am Markt einzuführen. Momentum führt dazu, dass diese Unternehmen sich auf die Entdeckung bahnbrechender Erfindungen konzentrieren und sie somit ihre Ressourcen verschwenden (**inventing trajectory**). „Salesmen“-Unternehmen sind starke Markenanbieter, die ständig nach neuen Absatzmöglichkeiten für ihre Produkte suchen. Anstelle von Rentabilitäts- oder Qualitätskennzahlen wird dabei vorwiegend Daten aus der Marktforschung Beachtung geschenkt (**decoupling trajectory**).

Gemeinsames Merkmal aller Unternehmen ist hier die Tatsache, dass sie zuvor mit ihren jeweiligen Strategien erfolgreich waren. „Momentum is the result of **amplifying existing strengths** [...]“[25], verdeutlicht STACEY. Insofern mutieren die „Core Competencies“ dieser Unternehmen zu „Core Rigidities“.[26] MILLER bezeichnet die Tatsache, dass Unternehmen, die sich als erfolgreich betrachtet haben bzw. sich immer noch betrachten, letztendlich unter Misserfolg leiden, als **Ikarus-Paradoxon**.[27]

3.2 Erfolgswirkungen einer strategischen Neuorientierung

Gelingt es unter Misserfolg leidenden Unternehmen, die im vorherigen Abschnitt angeführten Misserfolgsursachen durch einen radikalen strategischen Wechsel zu überwinden, so stellt sich die Frage, welche Auswirkungen ein solcher Strategiewechsel auf die Erfolgssituation hat. In Bezug auf die strategische Neuausrichtung von Unternehmen lassen sich **vier verschiedene Realtypen von Strategiewechseln** unterscheiden.[28] Im Rahmen dieses Beitrags sind insbesondere die drei Realtypen „Innovierer“, „Transferierer“ und „Fokussierer“ von Interesse. Dies liegt darin begründet, dass bei allen drei im Gegensatz zum Realtyp „Expandierer“ der strategische Wechsel vorwiegend aufgrund von **anhaltendem Misserfolg** vorgenommen wird.

Beim **„Innovierer“** vollzieht sich der strategische Wechsel durch internes Wachstum und Innovation. Ziel ist es, innovativ zu diversifizieren und neue Kernkompetenzen aus eigener Kraft oder in Zusammenarbeit mit Kooperationspartnern zu entwickeln. Zentrales Merkmal des **„Transferierers“** ist die Verlagerung der Produktion in Niedriglohnländer, die darüber hinaus durch Fokussierung, Personalabbau und eine Neuausrichtung der Produktion geprägt wird. Ziel ist es, durch Fokussierung und den Transfer von Kernkompetenzen zu einer wettbewerbsfähigen Kostenstruktur zu gelangen. Im Hinblick auf die Fokussierung zeigt der **„Fokussierer"** deutliche Parallelen zum „Transferierer". Allerdings tritt sie hier in klarer Form auf, da sie immer mit der Aufgabe von Geschäftsfeldern einhergeht. Somit erfolgt eine Fokussierung auf die erkannten Kernkompetenzen sowie eine umfassende Reorganisation.

Zur Darstellung der **Erfolgslage** werden vier unterschiedliche Jahresabschlusskennzahlen herangezogen.[29] Fasst man die Ergebnisse der einzelnen Kennzahlen zusammen und unterscheidet zusätzlich zwischen der Entwicklung bis zum Jahr des Strategiewechsels und der Entwicklung danach, so ergeben sich folgende Befunde:

Der „Innovierer" ist insbesondere durch einen drastischen Verfall der Renditen im Vorfeld des Strategiewechsels gekennzeichnet. Nach dem Strategiewechsel stabilisiert sich die Erfolgslage auf vergleichsweise niedrigem Niveau, sodass das ursprüngliche Ausgangsniveau im Beobachtungszeitraum nicht wieder erreicht wird. Der „Transferierer" erlebt ebenfalls eine erkennbare Verschlechterung der Erfolgslage bis in das Jahr des Strategiewechsels hinein. Erst im letzten Beobachtungsjahr zeigt sich eine positive Entwicklung der Renditekennzahlen, was insbesondere auf eine deutliche Verbesserung des Finanzerfolgs zurückzuführen ist. Auch der „Fokussierer" weist eine deutliche Verschlechterung der Erfolgslage vor dem Strategiewechsel auf. Diese Entwicklung kehrt sich allerdings bereits im ersten Jahr nach erfolgtem Strategiewechsel um. Unklar ist, inwiefern dies auf bilanzpolitische Maßnahmen rückführbar ist. Im weiteren Verlauf führen die Renditeverbesserungen im betrieblichen Bereich zu einer relativ konstanten Rendite.

Festzuhalten ist, dass alle drei Realtypen den Misserfolgstrend zumindest stoppen konnten. Beim „Transferierer" und beim „Fokussierer" konnte sogar eine Trendumkehr beobachtet werden und damit eine Verbesserung der Erfolgslage. Allerdings wurde im Beobachtungszeitraum bei keinem Realtyp das Ausgangsniveau wieder erreicht. Strategiewechsel sind somit in der Regel geeignet, eine Trendumkehr von Misserfolg zu Erfolg herbeizuführen. Allerdings handelt es sich bei einem Strategiewechsel um eine ressourcenverbrauchende Aktivität von besonderem Ausmaß. Insofern kann nicht dazu geraten werden, die strategische Neuausrichtung aufgrund von Misserfolg vom Ausnahme- zum Regelfall zu erklären.

4 Zusammenfassung und Ausblick

Die Aufdeckung von Erfolgsfaktoren bei Unternehmen stellt eines der zentralen Anliegen der strategischen Managementforschung dar. Woran liegt es aber, dass Unternehmen in Situationen geraten, die eine Bedrohung für ihr weiteres Fortbestehen darstellen? Zwar existieren betriebswirtschaftliche Forschungsansätze zu dieser Problematik, doch findet sich in der Literatur zum strategischen Management bislang keine umfassende „Misserfolgstheorie“. Mit der gesellschaftlichen Tabuisierung von Misserfolg und dem Mangel an Ressourcen zur Erforschung von Misserfolg wurden zwei wesentliche Gründe für diese Entwicklung aufgezeigt. Anschließend konnten mit eskalierendem Commitment, struktureller Trägheit und Momentum drei wesentliche Misserfolgsursachen aus dem Bereich des strategischen Managements identifiziert werden. Der Fokus lag somit ausschließlich auf unternehmensinternen Ursachen. Ferner konnte gezeigt werden, dass ein radikaler strategischer Wechsel geeignet ist, einen Misserfolgstrend aufzuhalten bzw. umzukehren.

Abschließend sollen folgende Gründe die Bedeutung einer zukünftig intensiveren Auseinandersetzung mit Misserfolg in der Forschung zum strategischen Management verdeutlichen:

Aufgrund der bereits erwähnten geringen Berücksichtigung einer Misserfolgsanalyse in der Forschung zum strategischen Management, besteht zunächst ein rein **akademisches Interesse**, die theoretische Basis dieses Forschungszweigs zu entwickeln. Im Vergleich zu anderen weiter entwickelten Forschungszweigen, eröffnet sich hier für Forscher eine Vielzahl an Möglichkeiten, einen wesentlichen wissenschaftlichen Beitrag zu leisten. Sind Forscher in ausgereiften Forschungsfeldern in der Regel darauf beschränkt, nur einen marginalen Beitrag zu leisten, so können sie auf diesem Gebiet völlig neue Theorien entwickeln und überprüfen.[30]

Zur Entwicklung eines umfassenden Verständnisses über Erfolg und Misserfolg von Unternehmen reicht es zudem nicht aus, hauptsächlich erfolgreiche Unternehmen zu betrachten.[31] Unter Misserfolg leidende Unternehmen sind explizit in die Analyse mit einzubeziehen. Nur so kann es gelingen, wirksame Stellhebel zur Vermeidung von Misserfolg zu identifizieren.[32] MOULTON, THOMAS und PRUETT veranschaulichen den **Symmetriegedanken** wie folgt:

> „[S]tudies of business failures may make the same kinds of contributions to business research that studies of human pathology make to medical research“[33].

Den Symmetriegedanken aufgreifend argumentiert NEUMAIR, dass zur Identifikation dieser Stellhebel insbesondere solche Unternehmen im Fokus der Analyse stehen sollten, die unter Misserfolg leiden (**Asymmetriegedanke**). Durch eine solche Schwerpunktverlagerung lassen sich wertvollere Erkenntnisse gewinnen als sie aus der Analyse von erfolgreichen Unternehmen abgeleitet werden können.[34]

Es bleibt somit zu wünschen, dass die Erforschung von Misserfolg in der betriebswirtschaftlichen Strategieforschung künftig trotz der genannten Schwierigkeiten einen gewichtigeren Stellenwert neben der Erforschung von Erfolgsfaktoren einnehmen kann. So sei abschließend PORTER zitiert, der Folgendes feststellt:

> "The reason why firms succeed or fail is perhaps the central question in strategy."[35]

Anmerkungen

1 Für eine Darstellung bedeutender Unternehmenskrisen aus der Praxis vgl. beispielsweise MILLER, D.: Icarus Paradox [1990]; SOBEL, R.: Business Blunders [1999]; TÖPFER, A.: Unternehmenskrisen [1999]; RICKS, D. A.: Blunders [2003].

2 Vgl. PETERS, T. J. / WATERMAN, R. H.: Spitzenleistungen [2000].

3 Vgl. PAUCHANT, T. / DOUVILLE, R.: Crisis Management [1993], S. 60.

4 Vgl. CAMERON, K. S. / SUTTON, R. I. / WHETTEN, D. A.: Organizational Decline [1988], S. 5 sowie zu einer ähnlichen Einschätzung VAN WITTELOOSTUIJN, A.: Economic Theories [1998], S. 502; NEUMAIR, U.: Cororate Failure [1998], S. 5.

5 Vgl. CAMERON, K. S. / SUTTON, R. I. / WHETTEN, D. A.: Organizational Decline [1988], S. 14.

6 WHETTEN, D. A.: Organizational Decline [1980], S. 579 f. Zwar bezieht sich WHETTEN auf die U.S.-amerikanische Kultur, doch kann davon ausgegangen werden, dass dies in ähnlicher Weise auch auf Europa zutrifft. Anmerkung: Fettdruck nicht im Original.

7 Vgl. SUTTON, R. I. / SCHURMAN, S. J.: Organizational Death [1985], S. 333 ff. sowie beispielsweise auch HARRIS, S. C. / SUTTON, R. I.: Dying Organisations [1986], S. 16 f.

8 Vgl. hierzu und zum Folgenden SUTTON, R. I. / SCHURMAN, S. J.: Organizational Death [1985], S. 338 ff. sowie CAMERON, K. S. / SUTTON, R. I. / WHETTEN, D. A.: Organizational Decline [1988], S. 15.

9 Vgl. WHETTEN, D. A.: Organizational Decline [1980], S. 579.

10 Vgl. CAMERON, K. S. / SUTTON, R. I. / WHETTEN, D. A.: Organizational Decline [1988], S. 15.

11 Zur Möglichkeit, unterschiedliche Krisenstadien zu prognostizieren, die dem existenziellen Grenzfall der Insolvenz vorgelagert sind, vgl. LEKER, J.: Unternehmenskrisen [1993].

12 Vgl. zur historischen Entwicklung der Misserfolgsforschung (in der englischsprachigen Literatur mit Begriffen wie „Corporate Decline", „Corporate failure", „Organizational Decline" oder „Organizational Failure" bezeichnet) NEUMAIR, U.: Corporate Failure [1998], S. 10 ff.

13 Vgl. BARNEY, J. B.: Organizational Behavior [1992], S. 40; SNOW, C. C.: Strategic Management [1986], S. 309; BARNEY, J. B.: Competitive Advantage [2002], S. XIII. Zur Theorie des Strategischen Managements vgl. beispielsweise KNYPHAUSEN-AUFSEß, D. z.: Unternehmensführung [1995]; WELGE, M. K. / AL-LAHAM, A.: Strategisches Management [2003].

14 Vgl. STAW, B. M.: Commitment [1981], S. 578 ff.; BATEMAN, T. S. / ZEITHAML, C. P.: Strategic Decision [1989], S. 588.

15 Vgl. hierzu und zum Folgenden TANG, M.-J.: Commitment [1988], S. 79.

16 Da das Phänomen des eskalierenden Commitment durch marginale Strategieänderungen verstärkt wird, müssen radikale Strategieänderungen vorgenommen werden, um auf veränderte Umweltbedingungen zu reagieren. Vgl. TANG, M.: Commitment [1988], S. 79.

17 Vgl. hierzu sowie zu weiteren Gründen struktureller Trägheit HANNAN, M. T. / FREEMAN, J.: Population Ecology [1977], S. 931 f.; KNYPHAUSEN-AUFSEß, D.: Unternehmensführung [1995], S. 145 f.

18 Vgl. HANNAN, M. T. / FREEMAN, J.: Organizational Change [1984], S. 151 ff.

19 Vgl. HANNAN, M. T. / FREEMAN, J.: Organizational Ecology [1989], S. 72 ff.

20 Vgl. HAVEMAN, H. A.: Organizational Change [1994], S. 153.

21 Vgl. hierzu D'AVENI, R. A. / GUNTHER, R.: Hyperwettbewerb [1995].

22 Vgl. hierzu und zum Folgenden MILLER, D. / FRIESEN, P. H.: Organizations [1984], S. 248 ff.

23 Vgl. hierzu und zum Folgenden MILLER, D.: Icarus Paradox [1990], S. 2 f.

24 Vgl. MAKRIDAKIS, S.: Corporate Failure [1991], S. 121. Die Existenz vielfältiger alternativ und ergänzend verwendeter Begriffe, wie „distinctive competencies" (HITT, M. A. / IRELAND, D.: Corporate Stretegy [1986]), „invisible assets" (ITAMI, H.: Invisible Assets [1987]), „superior skills" (DAY, G. S. / WENSLEY, R.: Assesing Advantage [1988]), „competencies" (PRAHALAD, C. K. / HAMEL, G.: Core Competence [1990]), „core competencies" (JAVIDAN, M.: Core Competence [1998]) und „capabilities" (AMIT, R. / SHOEMAKER, P. J. H.: Strategic Assets [1993]) soll an dieser Stelle nicht weiter problematisiert werden.
Vgl. zu einer ähnlichen Einschätzung zu KNYPHAUSEN, D.: Ressourcenorientierter Ansatz [1993], S. 786.

25 STACEY, R. D.: Strategic Management [1993], S. 104 (zit. nach NEUMAIR, U.: Corporate Failure [1998], S. 152). Anmerkung: Hervorhebung nicht im Original.

26 Vgl. hierzu LEONARD-BARTON, D.: Product Development [1992], S. 123.
SULL verwendet hierfür den Begriff „Active Inertia". Vgl. SULL, D. N.: Companies [1999], S. 43.

27 Vgl. MILLER, D.: Icarus Paradox [1990], S. 1.

28 Vgl. hierzu und zum Folgenden LEKER, J.: Unternehmensstrategie [2000], S. 190 ff.

29 Über einen Zeitraum von fünf Jahren wurden die Gesamtkapitalrendite, die Eigenkapitalrendite, die Umsatzrendite und die ordentliche Unternehmensrendite analysiert. Dabei wurden jeweils zwei Jahre vor und nach dem Strategiewechsel in die Analyse einbezogen.
Vgl. LEKER, J.: Unternehmensstrategie [2000], S. 135 f.

30 Vgl. CAMERON, K. S. / SUTTON, R. I. / WHETTEN, D. A.: Organizational Decline [1988], S. 16.

31 Vgl. HANNAN, M. T. / FREEMAN, J.: Organizational Ecology [1989], S. 26 f. Das grundsätzliche methodische Problem betrifft hier die verzerrte Stichprobenauswahl („sampling on the dependent variable" oder „sample selection bias").
Vgl. hierzu auch HECKMAN, J. J.: Selection Bias [1979].

32 Beispielhaft sei hier eine kürzlich veröffentlichte Studie über Misserfolg genannt. Zufällig ergab sich unter den teilnehmenden Unternehmen ein nahezu symmetrisches Verhältnis von Unternehmen, die in den letzten fünf Jahren eine Misserfolgsphase durchlebt haben und sol-

chen, die davon verschont blieben. Somit wird eine differenzierte Auswertung der Fragebögen möglich.
Vgl. KPMG: Unternehmenskrisen [2004], S. 31.

33 MOULTON, W. N. / THOMAS, H. / PRUETT, M.: Business Failure [1996], S. 592.

34 Vgl. NEUMAIR, U.: Corporate Failure [1998], S. 8 ff.

35 PORTER, M. E.: Strategy [1991], S. 95.

Literatur

ALTMAN, E. I.: The Prediction of Corporate Bankruptcy – A Discriminant Analysis; Los Angeles: Selbstverlag; 1967.

AMIT, R. / SHOEMAKER, P. J. H.: Strategic Assets and Organizational Rent; in: Strategic Management Journal; 14. Jahrgang; 1993; S. 33 - 46.

ARGENTI, J.: Corporate Collapse – The Causes and Symptoms; London et al.: McGraw-Hill; 1976.

BARNEY, J. B.: Integrating Organizational Behavior and Strategy Formulation Research; in: Advances in Strategic Management; 8. Jahrgang; 1992; S. 39 - 61.

BARNEY, J. B.: Gaining and Sustaining Competitive Advantage; Upper Saddle River: Prentice-Hall; 2002.

BATEMAN, T. S. / ZEITHAML, C. P.: The Psychological Context of Strategic Decisions – A Test of Relevance to Practitioners; in: Strategic Management Journal; 10. Jahrgang; 1989; S. 587 - 592.

BEAVER, W. H.: Financial Ratios as Predictors of Failure; Chicago: Selbstverlag; 1965.

CAMERON, K. S. / SUTTON, R. I. / WHETTEN, D. A.: Issues in Organizational Decline; in: CAMERON, K. S. / SUTTON, R. I. / WHETTEN, D. A. (Hrsg.): Readings in Organizational Decline – Frameworks, Research and Prescriptions; Cambridge: Ballinger; 1988; S. 3 - 19.

D'AVENI, R. A. / GUNTHER, R.: Hyperwettbewerb – Strategien für die neue Dynamik der Märkte; Frankfurt: Campus-Verlag; 1995.

DAY, G. S. / WENSLEY, R.: Assessing Advantage – A Framework for Diagnosing Competitive Superiority; in: Journal of Marketing; Nr. 2; 52. Jahrgang; 1988; S. 1 - 20.

HANNAN, M. T. /FREEMAN, J.: The Population Ecology of Organizations; in: American Journal of Sociology; 82. Jahrgang; 1977; S. 929 - 964.

HANNAN, M. T. / FREEMAN, J.: Structural Inertia and Organizational Change; in: American Sociological Review; 49. Jahrgang; 1984; S. 149 - 164.

HANNAN, M. T. / FREEMAN, J.: Organizational Ecology; Cambridge: Harvard Univ. Press; 1989.

HARRIS, S. G. / SUTTON, R. I.: Functions of Parting Ceremonies in Dying Organizations; in: The Academy of Management Journal; Nr. 1; 29. Jahrgang; 1986; S. 5 - 30.

HAVEMAN; H. A.: The Ecological Dynamics of Organizational Change – Density and Mass Dependence in Rates of Entry into New Markets; in: BAUM, J. A. C. / SINGH, J. V. (Hrsg.): Evolutionary Dynamics of Organizations; New York: Oxford Univ. Press; 1994; S. 152 - 166.

HECKMAN, J. J.: Sample Selection Bias as a Specification Error; in: Econometrica; 47. Jahrgang; 1979; S. 153 - 161.

HITT, M. A. / IRELAND, D.: Relationships Among Corporate Level Distinctive Competencies, Diversification Strategy, Corporate Strategy and Performance; in: Journal of Management Studies; 23. Jahrgang; 1986; S. 401 - 416.

ITAMI, H.: Mobilizing Invisible Assets; Cambridge: Harvard Univ. Press; 1987.

JAVIDAN, M.: Core Competence – What Does it Mean in Practice; in: Long Range Planning; 31. Jahrgang; 1998; S. 60 - 71.

KNYPHAUSEN, D. z: Why are Firms Different? – Der „Ressourcenorientierte Ansatz" im Mittelpunkt einer aktuellen Kontroverse im Strategischen Management; in: Die Betriebswirtschaft; 53. Jahrgang; 1993; S. 771 - 792.

KNYPHAUSEN-AUFSEß, D. z.: Theorie der strategischen Unternehmensführung – State of the Art und neue Perspektiven; Wiesbaden: Gabler; 1995.

KPMG: Früherkennung und Überwindung von Unternehmenskrisen – Einblick in die Praxis von Schweizer Unternehmen; Zürich; 2004.

LEKER, J.: Fraktionierende Frühdiagnose von Unternehmenskrisen – Bilanzanalysen in unterschiedlichen Krisenstadien; Köln: Schmidt; 1993.

LEKER, J.: Die Neuausrichtung der Unternehmensstrategie; Tübingen: Mohr Siebeck; 2000.

LEONARD-BARTON, D.: Core Capabilities and Core Rigidities – A Paradox in Managing New Product Development; in: Strategic Management Journal; 13. Jahrgang; 1992; S. 111 - 125.

MAKRIDAKIS, S.: What Can We Learn from Corporate Failure?; in: Long Range Planning; 24. Jahrgang; 1991; S. 115 - 126.

MILLER, D.: The Icarus Paradox – How Exceptional Companies Bring About Their Own Downfall – New Lessons in the Dynamics of Corporate Success, Decline, and Renewal; New York: Harper Business; 1990.

MILLER, D. / FRIESEN, P. H.: Organizations – A Quantum View; Englewood Cliffs: Prentice-Hall; 1984.

MOULTON, W. N. / THOMAS, H. / PRUETT, M.: Business Failure Pathways – Environmental Stress and Organizational Response; in: Journal of Management; 22. Jahrgang; 1996; S. 571 - 595.

NEUMAIR, U.: A General Model of Corporate Failure and Survival – A Complexity Theory Approach; St. Gallen: Hochschulschrift; 1998.

PAUCHANT, T. C. / DOUVILLE, R.: Recent Research in Crisis Management – A Study of 24 Authors' Publications from 1986 to 1991; in: Industrial and Environmental Crisis Quarterly; Nr. 1; 7. Jahrgang; 1993; S. 43 - 66.

PETERS, T. J. / WATERMAN, R. H.: Auf der Suche nach Spitzenleistungen – Was man von den bestgeführten US-Unternehmen lernen kann; Landsberg / Lech: mvg-Verlag; 2000.

PORTER, M. E.: Towards a Dynamic Theory of Strategy; in: Strategic Management Journal; 12. Jahrgang; 1991; S. 95 - 117.

PRAHALAD, C. K. / HAMEL, G.: The Core Competence of the Corporation; in: Harvard Business Review; 68. Jahrgang; Mai-Juni 1990; S. 79 - 91.

RICKS, D. A.: Blunders in International Business; Oxford: Blackwell Business; 2003.

SNOW, C. C.: Reflections on European Strategic Management Research; in: MCGEE, J. / THOMAS, H. (Hrsg.): Strategic Management Research – A European Perspective; Chichester: 1986; S. 307 - 318.

SOBEL, R.: When Giants stumble – Classic Business Blunders and how to avoid them; Paramus; 1999.

STACEY, R. D.: Strategic Management and Organizational Dynamics; London et al.: Financial Times et al.; 1993.

STAW, B. M.: The Escalation of Commitment to a Course of Action; in: Academy of Management Review; 6. Jahrgang; 1981; S. 577 - 587.

SULL, D. N.: Why Good Companies Go Bad; in: Harvard Business Review; 77. Jahrgang; Juli-August 1999; S. 42 - 52.

SUTTON, R. I. / SCHURMAN, S. J.: On Studying Emotionally Hot Topics – Lessons from an Investigation of Organizational Death; in: BERG, D. N. / SMITH, K. K. (Hrsg.): Exploring Clinical Methods for Social Research; Beverly Hills: Sage; 1985; S. 333 - 349.

TANG, M.-J.: An Economic Perspective on Escalating Commitment; in: Strategic Management Journal; 9. Jahrgang; Sonderausgabe; 1988; S. 79 - 92.

TÖPFER, A.: Plötzliche Unternehmenskrisen – Gefahr oder Chance? – Grundlagen des Krisenmanagement, Praxisfälle, Grundsätze zur Krisenvorsorge; Neuwied et al.: Luchterhand; 1999.

WELGE, M. K. / AL-LAHAM, A.: Strategisches Management– Grundlagen, Prozess, Implementierung; Wiesbaden: Gabler; 2003.

WHETTEN, D. A.: Organizational Decline – A Neglected Topic in Organizational Science; in: Academy of Management Review; 5. Jahrgang; 1980; S. 577 - 588.

VAN WITTELOOSTUIJN, A.: Bridging Behavioral and Economic Theories of Decline, Organizational Inertia, Strategic Competition and Chronic Failure; in: Management Science; 44. Jahrgang; 1998; S. 501 - 519.

VI. Operatives Management von Ad-hoc-Krisen

Michael Hülsmann / Nils Schulenburg

Operatives Management von Ad-hoc-Krisen

Eine Einführung

Management kann in strategisches und operatives Management differenziert werden. Der Unterschied zwischen beiden Arten schlägt sich nach REMER in vier Dimensionen nieder:[1]

- der qualitativen (Nähe zum Systemzweck i.S.v. Ziel- oder Ausführungsplanung),
- der quantitativen (Detaillierungsgrad, der sich in der Entscheidungskomplexität manifestiert),
- der räumlichen (Grad der Zentralisierung von Entscheidungen) und
- der zeitlichen Dimension (Fristigkeit der Entscheidungen).[2]

Eine solche Differenzierung von operativem und strategischem Management scheint auch im Rahmen der Bekämpfung von Ad-hoc-Krisen sinnvoll, da sie ein klassisches Aufgabenfeld und somit einen Teilbereich des Managements bildet. Im qualitativen Sinne ließe sich z.B. in Krisenvorbereitung (Zielplanung) oder Bewältigung einer Krise im akuten Stadium (Ausführungsplanung) unterscheiden. Die quantitative Dimension – REMERs zweites Kriterium – kann durch das Phasenkonzept der Krise verdeutlicht werden. So wird zur (frühen) Krisenprävention häufig die Beachtung unpräziser (wenig detaillierter) daher sog. „Schwacher Signale" empfohlen.[3] Ihre Relevanz für das Krisenmanagement wird im Zeitablauf – bei entsprechendem Monitoring – zunehmend deutlich, was spezifischere Managemententscheidungen ermöglichen dürfte. Zur Verdeutlichung der räumlichen Perspektive sei die Krisenkommunikation als Beispiel herangezogen: Während die globale Kommunikationsstrategie für einen Krisenfall eher zentralistischer Natur ist, weil ihre Planung an zentraler Stelle stattfindet, weisen spezifische Maßnahmen, z.B. die Kommunikation mit einzelnen Stakeholdern bei spezifische Anfragen (z.B. Krisenhotline), individuellen, d.h. dezentralen Charakter vor. Schließlich tangiert die zeitliche Dimension die Art des Krisenmanagements: Ein „frühes" Krisenmanagement sei nach KRYSTEK entweder antizipativ oder präventiv, wobei ein „spätes" Krisenmanagement charakteristischerweise repulsiv oder liquidativ sei.[4]

Die Möglichkeiten eines strategischen Managements von Ad-hoc-Krisen wurden im fünften Kapitel erläutert. Folgend sollen daher Möglichkeiten eines operativen Managements aufgezeigt werden. Nach dem oben aufgeführten Differenzierungssystem beziehen sich die Beiträge also auf eher ausführungsorientierte, tendenziell dezentral getroffene Entscheidungen mit relativ hohem Detaillierungsgrad und relativ kurzfristigem Wirkungspotenzial. Die Beiträge reflektieren Herausforderungen operativer Natur, die in besonderen Anspruchssituationen an Unternehmen gestellt werden und deren Kenntnis ihre Bewältigungsmöglichkeiten steigern dürften. Dazu sollen die folgenden Ausführungen einen Beitrag leisten, auch wenn sie nur ein geringes Feld potenzieller Bedrohungssituationen abdecken und somit in der Diskussion um das operative Management von Ad-hoc-Krisen nur einen Anfang bilden.

Im vierten Kapitel lassen sich drei Themenblöcke identifizieren:

- Allen voran beziehen sich die Beiträge von HÜLSMANN, DÖRNER / REK und FREILING auf Phänomene, die eine erfolgreichen operativen Krisenbewältigung im Wege stehen, sie also zu hemmen in der Lage sind. So stellt HÜLSMANN in seinem Beitrag „Dilemmata im Krisenmanagement" auf die mit einer Krise einher gehenden steigenden Gestaltungsbedarfe bei gleichzeitig sinkenden Gestaltungsmöglichkeiten ab – für den Autor das Dilemma des Krisenmanagements. Gleichzeitig sei es Aufgabe eines Krisenmanagements, dieses Dilemma zu bewältigen, „um das System auf eine höhere Entwicklungsstufe zu bringen". Bei der Erreichung dieses Ziels spiele die Optimierung der Vermittlungsfunktion des Krisenmanagements zwischen Anspruch an eine Systemtransformation auf ein höheres Niveau und gleichzeitiger Bewahrung vorhandener Ressourcenaustauschbeziehungen eine entscheidende Rolle. Zur Überwindung des Dilemmas diskutiert HÜLSMANN vier Ansätze: Hybridisierung, Konditionalisierung, Kompensation und Selbstorganisation.

  Auch die Autoren des anschließenden Beitrags „Denken und Handeln in Krisensituationen", DÖRNER / REK, fokussieren bei ihren Ausführungen auf ein Dilemma des Krisenmanagements: den aus einer Krise resultierenden steigenden Planungs- und Handlungsbedarf bei gleichzeitig sinkender Fähigkeit der Akteure zu planen und handeln. Als ursächlich dafür identifizieren die Autoren das Phänomen der Angst eines oder mehrerer Handelnden. Diese Angst gehe zwingend mit einer Krise einher. Zur Verdeutlichung des Einflusspotenzials von Angst auf menschliches Planen und Handeln stellen DÖRNER / REK zunächst die Organisation des Handelns in normalen also nichtkritischen Situationen vor. Im Weiteren wird untersucht, welche Verhaltensmuster Angst hervorruft und wie diese das „normale" Planen und Handeln stören. Sollte eine Krise nicht verhindert werden können, sollte das Managementverhalten nach Ansicht der Autoren vor dem Hintergrund der genannten Verhaltensmuster reflektiert werden, um das eigenen Handeln möglichst wenig durch das Phänomen Angst beeinflussen zu lassen.

  FREILING befasst sich in seinem Beitrag „'Dominant Logic' als Handlungsbarriere beim Management von Ad-hoc-Krisen" mit Entscheidungen (ebenfalls Handlungsmuster im weiteren Sinne), die vor dem Hintergrund bestimmter „Handlungsgrundsätze, Wirkungszusammenhänge [...] und Weltanschauungen", hier mit „Dominant Logic" betitelt, getroffen würden, ohne dass das Management diese bezüglich ihres Wirkungsspektrums kritisch reflektiere (eine weitere Parallele zum Beitrag von DÖRNER / REK). Der komplexitätsreduzierenden und somit nützlichen Wirkungen einer Dominant Logic stehe das Problem der organisationalen Trägheit als manifester Charakterzug der Dominant Logic gegenüber. Um die durch ihre Trägheit resultierenden Gefahren einer Dominant Logic im Krisenfalle im möglichen Rahmen zu reduzieren, fordert FREILING eine „Bewusstwerdung und Offenlegung" der Dominant Logic, eine „Adäquanzprüfung" bezüglich ihres Potenzials zur Bekämpfung erkannter Krisenursachen sowie ggf. eine Implementierung einer neuen, krisenadäquateren Dominant Logic – bereits vor Kriseneintritt.

Die Auflösung von Dilemmata durch Managementhandeln bzw. das Ausbrechen aus etablierten Handlungsmustern stehen im Fokus dieses ersten Abschnittes. Es geht also unmittelbar um das Handeln des Krisenmanagements, was ein hohes Maß an Ausführungsplanung – i.S.d. ersten o.g. Dimension – impliziert. Im quantitativen Sinne weisen die Beiträge einen hohen Detaillierungsgrad auf. Z.b. DÖRNER / REK gehen explizit auf einzelne Überspruchhandlungen bei Krisen ein. Alle drei Beiträge beinhalten Hinweise, welche ein Krisenmanagement subjektiv und individuell prüfen und ggf. adaptieren sollte und lassen somit auf eine hohe Dezentralisierung in Bezug auf die räumliche Dimension schließen. Weiterhin stellen alle Beiträge auf den krisenimmanenten hohen Handlungsdruck ab, was einen eher kurzfristigen Zeithorizont zum Hintergrund haben dürfte.

- BURMANN, der den zweiten Themenblock eröffnet, präsentiert in seinem Beitrag „Interne und externe Kommunikation in Ad-hoc-Krisen" das Potenzial einer starken Marke als Schutzschild vor schädlichen Auswirkungen einer Krise. Er führt dies darauf zurück, dass nicht die tatsächliche (objektive) Krise die Beschädigung eines Unternehmens bestimme, sondern Art und Umfang ihrer (subjektiven) Wahrnehmung in der Öffentlichkeit. Je besser dabei das Markenimage in der Öffentlichkeit, desto geringer sei der Schaden für das Unternehmen im Krisenfalle. Die Stärkungen der Marke-Stakeholder-Beziehung könne dabei über ein identitätsorientiertes Markenmanagement – unterteilt in eine interne und eine externe Dimension – erreicht werden.

Der Beitrag von BASSEN / ZÖLLNER „Investor Relations in Ad-hoc-Krisen" stellt auf die Kommunikation zwischen Unternehmen und der Financial Community im Krisenfalle ab. Als Grund für die herausragende Bedeutung der Investor Relations im Zusammenhang mit der Unternehmenskrise nennen die Autoren die durch eine Krise oder deren Erwartung ausgelösten zunehmenden Kursschwankungen. Diese resultierten in erhöhten Renditeforderungen der Anleger, was c.p. zu steigenden Kapitalkosten führe. Zudem würden sinkende Kurse eine zunehmende Übernahmegefahr bedeuten. Zur Bekämpfung der kriseninduzierten steigenden Volatilität am Aktienmarkt schlagen die Autoren die Verwendung bestimmter finanzmarktorientierter Kommunikationsinstrumente vor, um das Vertrauen von Anlegern zu stärken. In einem Fallbeispiel untersuchen die Autoren die Investor Relations-Maßnahmen im Zusammenhang mit der Krise von Daimler-Benz, hervorgerufen durch den sog. Elch-Test der A-Klasse.

Das Thema „Vertrauen" spielt auch im Aufsatz „Gesellschaftsorientierte Kommunikation in Ad-hoc-Krisen" von HÜLSMANN / BERRY eine zentrale Rolle. Wie BURMANN zuvor vertreten auch hier die Autoren die Meinung, dass der durch die Gesellschaft perzipierte Schaden entscheidend für die ihre Sanktionierung gegenüber Unternehmen sei. Dabei werde die Gesellschaft im Gegensatz zu Unternehmen vor allem durch ihre nicht-marktliche Natur konstituiert – ein Umstand welcher bei der Wahl der Krisenkommunikationsstrategie, sei sie defensiv oder offensiv, zu berücksichtigen sei, um die Unternehmensressourcen „Vertrauen" und „Reputation" zu stabilisieren bzw. zu stärken. Zur Charakterisierung der Kommunikation in Ad-hoc-Krisen verwenden HÜLSMANN / BERRY kommunikationstheoretische Modelle, in denen nach Sender, Empfänger und Kommunikationskanälen unterschieden wird, um die im Kommunikationsprozess wirkenden Kräfte systematisch darzustellen.

VON DER OELSNITZ sieht die „Reaktive Krisenbewältigung durch Issue Management" als Möglichkeit des operativen Managements von Ad-hoc-Krisen, wobei er jedoch auf eine Differenzierung Wert legt: Lediglich der Teil des Issue Managements, der sich mit der Schadensabwehr befasst, sei als „operativ" klassifizierbar – der andere Teil, also das proaktive Setzen von Issues bzw. das reaktive Aufgreifen und Lenken derselben sei als „strategisches Issue Management" einzuordnen. Ein Issue ist für den Autor ein unternehmensrelevantes Themenfeld, das eine potenzielle Krisengefahr resultierend aus „Erwartungsdiskrepanzen zwischen Unternehmensverhalten und öffentlichem Anspruch" mit sich bringe und in Phasen verlaufe. Ein Issue Management müsse sich mit der Identifikation von Issues und deren Neutralisation befassen. In der Praxis sollte es nach VON DER OELSNITZ einen fünfstufigen Prozess berücksichtigen, wobei der Autor ob der thematischen Verortung des vorliegenden Bandes lediglich die Phasen der Planung konkreter Aktions- bzw. Kommunikationsmaßnahmen und die Ergebniskontrolle inkl. ex post Monitoring genauer erläutert.

Zentrales Element der vier Beiträge im zweiten Themenblock ist die Bewältigung der Informationsansprüche interner und externer Stakeholder. Bezogen auf das operative Management von Ad-hoc-Krisen spiegeln sich dessen konstitutive Merkmale zunächst in der hohen Problemlösungsorientierung i.S.e. Ausführungsplanung innerhalb der Beiträge wider. Der Detaillierungsgrad als Spiegel der quantitativen Dimension des operativen Managements kann als relativ hoch eingestuft werden, da die Autoren auf einzelne Maßnahmen zur Implementierung der vorgestellten Ansätze verweisen. Zudem kann ein dezentraler Entscheidungslokus z.B. im Beitrag von VON DER OELSNITZ identifiziert werden, wenn auf Implementierungsmöglichkeiten eines Issue-Managers hinweist. Schließlich stellen die Beiträge auf Maßnahmen ab, die dem tatsächlichen Auftreten der Krise zeitlich relativ nah liegen.

- Der Übergang von Konflikten zu Krisen ist häufig fließend,[5] die Kenntnis von Konfliktarten, -abläufen und -folgen daher zur Beherrschung von Krisen im Allgemeinen und Ad-hoc-Krisen im Speziellen essentiell. NILL, dessen Beitrag den dritten Themenblock anführt, greift diesen Zusammenhang in „Konfliktmanagement in Ad-hoc-Krise" auf. Für ihn entsteht ein Konflikt, wenn „zwei oder mehrere Personen oder Personengruppen unterschiedliche Ziele verfolgen, die gleiche aber knappe Ressource anstreben, oder unterschiedliche Wert-, Norm-, und Glaubensvorstellungen haben". Dabei könne es neben destruktiven auch konstruktive Konflikte geben. NILL differenziert das Konfliktmanagement in dominierende, ignorierende und konstruktive Maßnahmen, die effektiv Konflikte zu bekämpfen vermögen. Zur frühzeitigen Erkennung von heranziehenden potenziell kriseninduzierenden Konflikten kann die sog. dynamische Stakeholdermatrix dienen.

Während NILL sich auf den Konflikt als Kriseninduktor konzentriert, stellt MÜLLER-CHRIST auf die Störung als potenziellen Auslöser von Krisen ab. KRYSTEK versteht unter einer Störung „Dysfunktionalitäten im Bereich der sachlichen Elemente, die das Problembewältigungspotential der Unternehmung nicht überfordern“[6]. Für MÜLLER-CHRIST könne eine Krise nur dann vermieden werden, wenn ein System mit solchen Störungen umzugehen und wenn es langfristig seinen Mittelzufluss sicherzustellen vermag. Doch wegen der Unbekanntheit der Stärke einer Störung könne eine Krise nie absolut vermieden werden. Der Autor fokussiert bei seinen Ausführungen auf die Sicherung des Mittelzuflusses. Dazu diskutiert und prüft er zwei Ansätze – den Corporate Social Responsibility-Ansatz und den Ansatz der Sozialen Nachhaltigkeit.

Beide Beträge des dritten und letzten Blockes stellen Herausforderungen in den Vordergrund, die nicht in erster aber in zweiter Runde zu einer Krise führen können: Konflikte und Störungen. Z.B. KRYSTEK und SCHULTEN haben explizit auf diese Phänomene hingewiesen.[7] Besonders an diesen Herausforderungen ist das hohe operative Geschick, das sie vom Management verlangen, damit es nicht zum Eintreten einer Krise kommt. NILL setzt dabei auf die „Behandlung“ von Konflikten, wobei sich MÜLLER-CHRIST auf die Vermeidung von Störungen bezieht. Auf die konstitutiven Charakteristika eines operativen Krisenmanagements rekurrierend, können die entsprechenden Dimensionen wie folgt im letzten Block identifiziert werden: Er herrscht ein hohes Maß an Ausführungsplanung, wenn die Autoren verschiedene Maßnahmen – NILL zum Konfliktmanagement, MÜLLER-CHRIST zur Implementierung des Ansatzes der Sozialen Nachhaltigkeit – präsentieren. Die entsprechenden Abschnitte sind weiterhin durch einen hohen Detaillierungsgrad gekennzeichnet (z.B. Differenzierung in dominierende, ignorierende und konstruktive Maßnahmen bei NILL). Während das Konzept der Sozialen Nachhaltigkeit bezüglich der räumlichen Dimension entscheidungstechnisch als relativ zentralistisch verortet werden muss, geht der Konfliktbewältigung tatsächlich stark individueller, d.h. dezentraler Charakter zu. Schließlich beinhalten beide Beiträge Handlungsempfehlungen zur Krisenvermeidung (Implementierung des Konzeptes der Sozialen Nachhaltigkeit bzw. Maßnahmen zur Konfliktlösung), was auf eine geringe Fristigkeit der zu treffenden Entscheidungen hinweist.

Anmerkungen

1 Vgl. REMER, A.: Managementsysteme [2001], S. 6.

2 Vgl. HÜLSMANN, M.: Orientierungsdilemma [2002], S. 93 f.

3 Vgl. LIEBL, F.: Issue Management [1994].

4 Krystek, U.: Unternehmungskrisen [1987], S. 115.

5 Vgl. KRYSTEK, U.: Unternehmungskrisen [1987], S. 7 ff.

6 Vgl. KRYSTEK, U.: Unternehmungskrisen [1987], S. 7 ff.

7 Vgl. KRYSTEK, U.: Unternehmungskrisen [1987], S. 7 ff; SCHULTEN, M. F.: Krisenmanagement [1995], S. 27 ff.
Neben das Phänomen der Störung und des Konflikts stellen KRYSTEK und SCHULTEN zusätzlich das der Katastrophe, als eine unabwendbare Krise, welche zwingend zum Untergang eines Systems führe.

Literatur

Hülsmann, M.: Management im Orientierungsdilemma – Unternehmen zwischen Effizienz und Nachhaltigkeit; Wiesbaden: Deutscher Universitäts Verlag; 2003.

Krystek, U.: Unternehmungskrisen – Beschreibung, Vermeidung und Bewältigung überlebenskritischer Prozesse in Unternehmungen; Wiesbaden: Gabler; 1987.

Liebl, F.: Issue Management – Bestandsaufnahme und Perspektiven; in: Zeitschrift für Betriebswirtschaft; Nr. 3; 64. Jahrgang; 1994; S. 359 - 383.

Remer, A.: Managementsysteme; Vorabdruck; Bayreuth: o.V.; 2001.

Michael Hülsmann

Dilemmata im Krisenmanagement

1 Einleitung 403

2 Krisenprävention und Krisenbewältigung durch die Vermittlungsfunktion des Managements 404

2.1 Orientierungspole des Krisenmanagements 404

2.2 Vermittlungsfunktion des Krisenmanagements 405

3 Dilemmata im Krisenmanagement 408

3.1 Dilemmabegriff 408

3.2 Entscheidungsdilemma 409

3.3 Erfolgsdilemma 410

4 Ansatzpunkte zur Dilemmabewältigung im Krisenmanagement 412

5 Fazit 415

1 Einleitung

Krisen können – etwa in Anlehnung an ALBACH[1], MÜLLER[2] oder KRYSTEK[3] – als dynamische Prozesse vitaler Existenzbedrohung für Systeme begriffen werden.[4] Neben der ungeplanten, ungewollten, unvorhergesehen, substanziellen und temporären Gefahr des Untergangs für ein System[5] sind diese Prozesse auch dadurch geprägt, dass sie eine begrenzt kontrollierbare und gestaltbare Systementwicklung repräsentieren[6]. Für das Management eines Unternehmens resultiert hieraus eine besondere Steuerungsproblematik, um den Verlauf der Gefährdung dominanter Systemziele – unter Zeit- und Entscheidungsdruck[7] – zu kanalisieren und in einer Transformation des Systems auf ein höheres Niveau der Umweltanpassung münden zu lassen, damit das betreffende System nicht untergeht.[8]

Dies zeigt schon die grundlegende **Ambivalenz von Krisen**: Ihr ist sowohl das Risiko der Systemvernichtung wie die Chance eines höheren Systemniveaus zu eigen.[9] Dies ist abhängig davon, wie das Management bzw. das System mit den Krisenprozessen umzugehen vermag. Ob es gelingt die Krise in ihren Ursachen erfolgreich zu bewältigen oder ob die bessere Umweltanpassung nicht hergestellt werden kann.[10] Im Umgang mit dem Thema „Krise" besteht also ein konstruktimmanentes Dilemma: Krisen können stets in zweierlei Hinsicht interpretiert werden: optimistisch oder pessimistisch.[11] Bei der optimistischen Betrachtung von Krisen stehen die „Chancen potenzieller Rekonfiguration des Systems im Vordergrund"[12]. Hier wird Krise als Impulsgeber dafür verstanden, dass ein System seine Ziel-, Strategie-, Maßnahmen-, Struktur-, Prozess- und Ressourcenprofile veränderten Anforderungsprofilen der Umwelt anpasst und somit durch eine Systemtransformation ein höheres Entwicklungsniveau erreicht.[13] Bei pessimistischer Betrachtung liegt der Akzent auf dem Risiko des potenziellen Untergangs, also der Bedrohung des Systemfunktion und des Systembestandes. Dabei wird vor allem darauf abgestellt, dass aufgrund der besonderen Steuerungsproblematik die Chancen für eine Neuanpassung der Systemprofile an existenziell relevante Veränderungen in den Umweltanforderungsprofilen gering sind.[14] Dem Konstrukt der Krise ist mit ihren unterschiedlichen Ausgangsmöglichkeiten im Systemzustand ein grundlegendes Dilemma zu eigen: „A crisis is an unstable time or state of affairs in which a decisive change is impending – either one with the distinct possibility of a highly undesirable outcome or one with the distinct possibility of a highly desirable and extremely positive outcome"[15]. Zugleich resultiert aus dem konstruktimmanenten Dilemma der Krise auch eine Problematik für das Krisenmanagement. Im dynamischen Krisenverlauf,[16] der durch einen zunehmenden Existenzdruck gekennzeichnet ist, gehen die Einflussmöglichkeiten und Gestaltungsoptionen des Managements zunehmend zurück.[17] Handlungsalternativen zur Problembewältigung werden fortlaufend vernichtet.[18] Zugleich steigt jedoch der Handlungsbedarf, da es sich bei Krisenprozessen um z.T. autonome Verläufe handelt, bei denen aufgrund der situativen Komplexität, der eigenlogischen Dynamik sowie der begrenzten Ressourcen, nicht alle Determinanten der Krisenintensität zielorientiert gesteuert werden können, jedoch zugleich immer mehr Variablen des Systems kontrolliert werden müssen.[19] Die Umweltoffenheit realer sozio-technischer Systeme lässt zwar grundsätzlich Eingriffe in den partiell autonom ablaufenden Krisenprozess zu,[20] verhindert aber zugleich die umfassende Bearbeitung aller Krisentreiber, die zudem etwa extern beeinflusst werden. Dieses **Dilemma des Krisenmanagements** ist konstitutiv für die Krise, da sie zugleich dynamisch Gestaltungsbedarfe induziert und Gestaltungsmöglichkeiten reduziert.[21]

Aus dem Ambivalenzcharakter der Krise und der widersprüchlichen Verlaufscharakteristik der Systemführung in Krisenprozessen zeigt sich ein grundlegendes Problem des Krisenmanagements: sein Dilemmacharakter. Mit dem konstitutiven Krisenmerkmal des Dilemmas möchten sich die folgenden Ausführungen befassen. **Ziel** ist es herauszuarbeiten, dass jedes Management zur Krisenvermeidung und Krisenbewältigung vor dem Dilemmaproblem steht und dieses bewältigen muss: Der Erfolg operativen Managements von Ad-hoc-Krisen ist gekoppelt an die Fähigkeit eines Systems, mit seinen Dilemmata erfolgreich umzugehen. Jede Form des Krisenmanagement – antizipativ, pro-aktiv, reaktiv – ist in diesem Verständnis ein Dilemmamanagement. Zur Begründung dieses Verständnisses soll die grundlegende Vermittlungsfunktion von Management als krisenpräventives bzw. krisenbewältigendes Konstrukt der Systemführung skizziert werden. Im Anschluss daran wird der Dilemmabegriff aufgearbeitet, um dem Krisenmanagement einen konstruktperspektivischen Zugang zu dieser Fragestellung zu ermöglichen. Abschließend werden systemische Ansatzpunkte zur Dilemmabewältigung aufgezeigt, die die Entwicklung eines operativen, dilemmaorientierten Managements von Ad-hoc-Krisen erlauben sollen.

2 Krisenprävention und Krisenbewältigung durch die Vermittlungsfunktion des Managements

2.1 Orientierungspole des Krisenmanagements

Vermeidung und Bewältigung von Krisen ist der Aufgabengegenstand des Krisenmanagements. Dessen Ziel ist es, die Chancen, die aus einer Krise erwachsen, für die Systemtransformation nutzbar zu machen und die Existenzrisiken dabei möglichst gering zu halten.[22] Die Erfüllung dieser Aufgabe ist nicht allein durch die **Zielfunktion** des Krisenmanagements determiniert, sondern wird in erheblichem Maße durch die **Bedingungslagen** geprägt, die für ein System durch seine Umwelten gesetzt bekommt. Diese Abhängigkeit von den Umsystemen ergibt sich aus der generellen Offenheit sozio-technischer Systeme, die deshalb keine vollständig geschlossenen Systeme sein können, da sie stets in einen realen Kontext eingebunden sind, mit dem sie interagieren. Ein Stichwort, das die die Umweltrelevanz des (Krisen-) Managements bezeichnet, wird durch das „Hyper-Linking-Phänomen" von „real-time-economies" repräsentiert.[23] Aufgrund der komplexen Verbindungen – die etwa im Zuge der Globalisierung weiter zunehmen – können sich soziale Systeme nicht mehr allein auf ihre originären Supply-Chains der Ressourcenversorgung konzentrieren, sondern müssen vielmehr weltweit generierten und vernetzten Ansprüchen und Erwartungen gerecht werden.[24] Die Bedeutung der Bedingungsrahmen für das Krisenmanagement wird mit Blick auf die Grundeigenschaft einer Krise als turbulent-dynamischer Prozess deutlich.[25] In Zeiten sich ständig verändernder Wertesysteme, individueller Präferenzstrukturen, kürzerer Produktlebenszyklen, der Modernisierung von Institutionen und Liberalisierung regulativer Systeme sind soziale Systeme stets neuen Herausforderungen gegenübergestellt, an die sie die Ziel-, Strategie-, Organisations- und Ressourcenprofile immer wieder aufs Neue und immer schneller anpassen müssen, wollen sie ihr Überleben sichern.[26] In Konsequenz sieht sich das Management eines sozialen Systems Diskontinuitäten gegenüber, die aus den erratisch verändernden Bedingungslagen resultieren und Diskontinuitäten auch im System zur Folge haben.[27]

Die Konzeption eines Krisenmanagement reflektiert deshalb nicht isoliert auf den Zweck des betreffenden Systems, sondern aufgrund von dessen Umweltoffenheit auf eine **integrierte Problemlösung**, die zugleich Zweck und Bestand zu realisieren sucht.[28] Aufgabe des Krisenmanagements ist es folglich, die manifesten und potenziellen Kapazitäten eines betreffenden Systems zur Problemlösung für seine Umwelten zu erhöhen, um seine Existenz sichern und das System auf eine höhere Entwicklungsstufe zu bringen.[29] Ausgangsbasis für dieses Verständnis des Managements von Krisen ist der Bezug auf Krisen als existenzielle Ressourcenprobleme, die in der symbiotischen Interaktionsbeziehung des Ökosystems von System und Umwelt[30] entstehen und den vitalen Austausch von Ressourcen gefährden.[31] Damit wird deutlich, dass ein Krisenmanagement zwei zentrale Bezugspunkte hat: zum einen seine Zielsetzung der Systemtransformation; zum anderen die Sicherstellung der bestehenden Ressourcenaustauschbeziehungen. Zwischen diesen Bezugspunkten muss das Krisenmanagement vermitteln.

2.2 Vermittlungsfunktion des Krisenmanagements

Das Vermittlungsproblem des Krisenmanagements zwischen seinen Zielen und seinen Bedingungslagen ist ein Phänomen, das das Management sozialer Systeme generell trifft. Dies wird mit Blick auf den **instrumentellen Managementbegriff** evident. Dieser versteht Management als bewusste und zielgerichtete Gestaltung eines zweckbezogenen sozialen Systems unter komplexen und dynamischen Bedingungen.[32] Damit ist allgemein das Gestalten, Lenken und Entwickeln gesellschaftlicher Institutionen gemeint.[33] Mit diesem Verständnis werden all jene Systemaktivitäten beschrieben, die zur Bestimmung von Zielen, Strategien und Maßnahmen, Strukturen und Prozessen sowie Ressourcen für ein soziales System erforderlich und nicht der Ausführung von Vorgaben zuzurechnen ist.[34] Der instrumentelle Managementbegriff umfasst somit alle Werkzeuge gezielter Systemgestaltung im Kontext von Komplexität und Dynamik der Bedingungen.[35]

Aus dieser Begriffsfassung von Management leitet sich die generelle Managementfunktion ab:[36] **Vermittlung zwischen Ansprüchen und Bedingungen**, die mit einer Entscheidung über Alternativen der Gestaltung sozialer Systeme verbinden. Die Gestaltungsansprüche (**Idee**) beziehen sich auf die Ziele, die mit dem Management eines Sozialsystems verfolgt werden und die über sog. politische Prozesse aus den Zwecken jenes Systems abgeleitet werden. Die Gestaltungsbedingungen (**Realität**) resultieren aus der spezifischen Situation, in der sich ein System befindet. Sie limitieren die Alternativenauswahl, da sie die Realisierbarkeit einzelner Optionen beeinflussen können.[37]

Der prinzipielle Gegensatz von Idee und Realität konstituiert die Vermittlungsfunktion des Managements, die sich entscheidungstheoretisch in einer Alternativenwahl niederschlägt, die sowohl anhand der Bedingungslagen auf die Realisierbarkeit (Orientierung an den Realität) wie auf die Zielbeiträge (Orientierung an der Idee) rekurriert.[38] Gleichsam wird damit zwischen den Zwecken und Mitteln eines sozialen Systems bzw. zwischen dessen Inputs und Outputs vermittelt.[39] Die Vermittlungsfunktion des Managements zielt mit der Auswahl von Gestaltungsalternativen, die zugleich auf die Bedingungslage wie auf die Zielfunktion eines Systems angemessen und ausgleichend abstellen, darauf ab,

- Risiken substanziell zu verringern,
- Handlungspotenziale systematisch zu erschließen,
- Komplexitäten aufzunehmen und zu absorbieren,[40]
- Umweltdynamiken flexibel zu adaptieren,[41]
- Verhalten und Erwartungen verlässlich zu stabilisieren und
- Handlungen und Entscheidungen zu integrieren.[42]

Aus der Vermittlungsfunktion des Managements entspringt für die Systemführung die Aufgabe eines fortlaufenden Balancierens im Kontinuum des Spannungsfeldes von Idee und Realität, von Zweck und Mittel, von Output und Input, von System und Umwelt, von Zielen und Bedingungen.[43] Deshalb hat das Management bei der Wahl seiner Gestaltungsalternativen die Option, sich entweder eher an seinen Gestaltungsansprüchen zu orientieren. Es wählt in diesem Falle Alternativen, die es erlauben, seine Vorstellungen gegenüber der Umwelt bewusst und gezielt durchzusetzen (**Ideenorientierung**). Die andere Option besteht für das Management darin, eine stete

Anpassung des zu gestaltenden Systems an die bestehenden Mittel, Inputs, Umweltsituationen bzw. Bedingungen zu betreiben. Das Management orientiert in diesem Falle seine Auswahlentscheidungen an den realen Gestaltungslimitationen (**Realitätsorientierung**).[44] Die Existenz eines solchen Spannungsfeldes sowie die daraus resultierenden alternativen, zueinander in Konkurrenz stehenden Gestaltungsorientierungen, die aus der grundlegenden Vermittlungsfunktion des Managements abgeleitet sind, führen zu einem generellen **Dilemma** im Entscheidungsverhalten des Managements.[45]

Da eine Unternehmenskrise von der gegenläufigen Entwicklung zunehmender Ressourcenbedarfe und sinkender Ressourcenbestände bzw. -verfügbarkeit geprägt ist, tritt der **Gegensatz von Idee** (Existenzsicherung durch Krisenbewältigung mittels Systemtransformation) **und Realität** (Existenzgefährdung wegen fehlender Ressourcen) immer deutlicher zu Tage. Infolge korrespondiert damit eine wachsende Bedeutung der Vermittlungsfunktion. Im Vergleich zur „alltäglichen" Unternehmensführung gewinnt die erfolgreiche Erfüllung der Vermittlungsfunktion des Krisenmanagements unmittelbar existenzielle Bedeutung für ein betreffendes System. Nur wenn es dem Krisenmanagement gelingt, das System in seinen Ziel, Strategie-, Organisations- und Ressourcenprofilen so umzugestalten, dass unter der Bedingung einer veränderten Ressourcenbasis (Realität) die (ggf. neuen) Systemzwecke erfüllt werden (Idee), kann die Systemexistenz dauerhaft gesichert werden, weil Bedingungslage und Gestaltungsanspruch zur Deckung gebracht werden (Vermittlung).

Auch die **Wahl in der Orientierung** (Idee oder Realität) besteht im Krisenmanagement nicht mehr so wie im „normalen" Management, da im Krisenfalle die Beachtung der Bedingungslagen zu dominant für die Existenzsicherung geworden ist, als dass eine reine Ideenorientierung noch möglich wäre. Auch eine ausschließliche Orientierung an der Realität, d.h. an den restriktiven Umweltbedingungen, ist als Option für das Krisenmanagement auszuschließen, da es – unter der Prämisse der dauerhaften Existenzsicherung – gegen die Absicht des Systemerhalts spräche, womit ein motivationaler Impuls, die Kraftanstrengungen für eine Systemtransformation zu unternehmen, entfallen würde. Im ersten Fall der puren Ideenorientierung würden die Constrains der Systemmodernisierung ignoriert werden und das System würde untergehen. Im zweiten Fall der reinen Realitätsorientierung fehlte die Zwecksetzung und Motivation, um das System in einer „feindlichen" Umwelt zu erhalten. Beide extremen Pole des Kontinuums zur Orientierung sind also für das Krisenmanagement nicht geeignet. Und dennoch besteht für das Krisenmanagement – vor dem Hintergrund der Unmöglichkeit einer Entscheidung für einen der beiden Orientierungspole und vor dem in einer Krise an Gewicht und Schärfe zunehmenden Gegensatz von Idee und Realität – die Notwendigkeit, trotz aller Widersprüche Alternativen der Gestaltung wählen und bewerten zu müssen, um eine Krise bewältigen und ein System erhalten zu können. Jedoch fehlen hierfür die eindeutigen Orientierungspostulate, die eine rationale Auswahlentscheidung über das betreffende Vernunftprinzip legitimieren würden. Damit steht auch das Krisenmanagement – wie die „normale" Systemführung vor dem **Problem von Entscheidungs- und Erfolgsdilemmata**.

3 Dilemmata im Krisenmanagement

3.1 Dilemmabegriff

Die Betriebswirtschaftslehre und die Managementdisziplin im Besonderen haben sich an etlichen Stellen mit dem Problem von Dilemmata in der Unternehmensführung befasst.[46] So findet sich etwa bei NEUBERGER der Hinweis auf Widersprüche in der Führung, die auf gegensätzlichen, unvereinbaren Zielen auf Mitarbeiter- und auf Managementseite beruhen. Sie stehen im Dilemma von Aufgabenerfüllung und Mitarbeiterorientierung.[47] Ausdruck finden diese Dilemmata im Verhältnis von Individuum und System auch in den Rollenkonflikten, wie sie etwa von ARAM angesprochen werden.[48] Andere Autoren, wie etwa HAMPDEN-TURNER stellen auf den Gegensatz von systeminternen und systemexternen Zielen, Erwartungen, Zwecksetzungen ab.[49] GEBERT / BOERNER behandeln und untersuchen beispielsweise den Gegensatz von Offenheit und Geschlossenheit sozialer Systeme,[50] was bei GAHRAJEDAGHI als Dilemma von Integration und Differenzierung in der Systemgestaltung zum Ausdruck kommt.[51] Weitere Dilemmata i.S. prinzipieller Entscheidungs- und Steuerungswidersprüche im Management finden sich beispielsweise in den Ausführungen von REMER, FONTIN, GRIMM und HÜLSMANN, die das Phänomen des Dilemmas als eine grundsätzliche Problematik der instrumentellen Ausgestaltung sozialer Systeme beschreiben und hierfür z.T. Absorptionskonzepte entwickeln.[52]

Allgemein bezeichnet der **Dilemmabegriff** eine Unmöglichkeit i.S.e. „Fangschlusses", „der eine Entscheidung nur innerhalb von zwei gleich negativen Möglichkeiten eines Alternativensatzes (entweder – oder) zulässt"[53]. Im 17. Jh. ist der Dilemmabegriff aus dem lateinischen „dilemma" bzw. dem griechischen „di-lemma" (Doppelsatz) entnommen worden. Das dazugehörige griechische Stammwort lautet „lambánein" (nehmen, ergreifen).[54] Die formale Logik greift dieses etymologische Verständnis auf und fasst darunter eine Reihe mehr oder weniger verwandter Schlüsse wie z. B. $(A \rightarrow B) \wedge (A \rightarrow B) \rightarrow B$. In der allgemeinen Philosophie erfährt dies eine Vergröberung. Hier wird unter einem Dilemma eine Entscheidungssituation verstanden, bei der eine oder mehrere Alternativen existieren, die jeweils neben ihren positiven Implikationen allesamt auch gleichsam negative Konsequenzen induzieren.[55] Ebenso findet sich in der Soziologie eine korrespondierende Begriffsdeutung, die jedoch vor allem auf den Widerspruch von individuellem Vorteil und gesellschaftlichem Nachteil fokussiert (z. B. im Gefangenendilemma).[56] Hier sei im Weiteren die Differenzierung von FONTIN bemüht. Dieser unterscheidet entscheidungs- bzw. logikorientiert als besonderen Ausprägung des logischen Schließens:

- das konstruktive Dilemma und
- das destruktive Dilemma.

Das **konstruktive Dilemma** beschreibt einen Fall des logischen Schlusses, bei dem zwei Alternativen stets dasselbe Ergebnis erzielen und ein rationale Wahl nicht möglich ist, weil sich auf unterschiedlichen Wegen – für die jeweils kein Argument existiert, das eine Alternativenbevorzugung begründen würde – das gleiche Ziel erreichen lässt. Das **destruktive Dilemma** bezieht sich auf einen logischen Schluss, bei dem das im Ergebnis immer zu einer Unmöglichkeit führt. Auch in diesem Fall sind beide Entscheidungsoptionen aufgrund des Schlusses logisch korrekt. Im Unterschied zum konstruktiven Dilemma, bei dem beide Alternativen gleichermaßen möglich sind, schließen sich hier die Alternativen jedoch von der Ausgangssituation her grundsätzlich als parallel verfolgte Alternativen aus. Ein destruktives Dilemma bezeichnet also eine Entscheidungssituation, bei der zwischen zwei Alternativen für beide Optionen gleichwertige – positive wie negative – Gründe sprechen. Eine logisch abgeleitete Begründung für eine Alternativen kann somit nicht hergeleitet werden.[57]

3.2 Entscheidungsdilemma

Das Entscheidungsdilemma des (Krisen-) Managements beruht auf dem Gegensatz von Gestaltungsansprüchen (Idee) und Gestaltungsbedingungen (Realität). Zwar lassen sich idealiter Ansprüche und Bedingungen miteinander in Übereinstimmung bringen; realiter besteht jedoch zumeist ein Spannungsfeld, so dass sich kaum eine vollständige, unmittelbare und friktionslose Deckung zwischen den beiden Polen des Managements herstellen lässt. „Für die konkrete, tatsächliche Systemgestaltung ergeben sich aus den Zielen und aus den Bedingungen zumeist unterschiedliche Entscheidungsimperative. Denn die Ansprüche eines betreffenden Systems (z.B. der Eigentümer) können grundsätzlich von den Ansprüchen der Systemumwelt (z.B. der Kunden) abweichen und lassen sich nicht ohne weiteres zugleich bzw. gleichermaßen maximal berücksichtigen"[58]. Bestehen zwischen Idee und Realität – zumindest partiell – logische Widersprüche, d.h. vom logischen Schluss her ist die simultane Berücksichtigung beider Orientierungspole ganz oder graduell unmöglich, dann sieht sich das Management eines Dilemmas gegenüber.[59] Damit ist es für das Management unmöglich, sich rational für eine Alternative zu entscheiden, die einem der beiden Pole oder beiden Polen gleichermaßen Rechnung trägt: Das Management steht vor **Entscheidungsdilemma**, welcher Orientierungspol – Idee oder Realität – dominant für die Auswahl von Gestaltungsalternativen sein soll.

Vom Prinzip her ist damit eine generelle Existenzgefährdung i.S.e. **Krise** verbunden. Denn einerseits ist ohne die Verfolgung der angestrebten Gestaltungsidee eine Erfüllung der von den Umwelten gesetzten Zwecke nicht möglich, was auf Dauer zu einer negativen Sanktionierung durch die Umfeldsysteme führt, die ein vitales Ressourcendefizit – ein Wesenskern der Krise im Verständnis des Readers[60] – zur Folge hat.[61] Andererseits bedarf es der Beachtung der Bedingungen, die die Gestaltungsrealität formulieren. Denn ohne deren Berücksichtigung bei der Auswahl von Gestaltungsalternativen durch das Management finden die Umsysteme mit ihren Ansprüchen keine Beachtung. Damit werden die Umweltansprüche eines Systems nicht befriedigt, was – entsprechend des Krisenverständnisses im Kontext von Unternehmen als symbiotische Interaktionsgebilde[62] – wiederum zu einer Krise i.S.e. existenziellen Ressourcendefizits als Ergebnis negativer Sanktionierung durch die Umwelten führt.[63] In beiden Fällen führt die Nicht-Beachtung eines Orientierungspols zu einer Bestandsbedrohung des Systems, also zu einer Krise, da die Ressourcenversorgung des Systems entweder **mangels genügender Zweckerreichung** oder **mangels hinreichender Anspruchsbefriedigung** gefährdet ist. Damit ist das grundsätzliche Managementdilemma, das sich hier abzeichnet, **Ursache von Unternehmenskrisen** und zugleich **Merkmal des Krisenmanagements.** Denn es liegt eine Unmöglichkeit rationaler Wahlentscheidung vor, wenn sich Idee und Realität nicht mit einander vollständig, unmittelbar und friktionslos vereinbarenlassen: Für beide Orientierungspole des Managements sprechen gute Gründe, sie zu beachten – zugleich bestehen gute Gründe, die dagegen sprechen, dass es möglich wäre, beide Pole ohne weiteres maximal und gleichzeitig zu beachten. Der Grundkern eines jeder Unternehmenskrise ist vom Prinzip her also in diesem destruktiven Managementdilemma angelegt. Zugleich kennzeichnet das gleiche Dilemma auch die Entscheidungssituation im Krisenmanagement: Orientiert es sich an der angestrebten Systemtransformation oder an den akuten Bedingungen und Anforderungen der sich diametral entwickelnden Ressourcenbasis?

3.3 Erfolgsdilemma

Mit dem prinzipiellen Entscheidungsdilemma des Managements korrespondiert auch sein Erfolgsdilemma, das sich aus folgenden Fragen herleitet: „An welchem Kriterium macht sich nun fest, ob die Zukunftsaufgabe des Managements, nämlich das Dilemma von Idee und Realität zu überwinden, erfolgreich bewältigt wird? Wie kann die Leistung des Managements in Zukunft bewertet werden? Was ist der Erfolgsbegriff eines solchen dilemmatisch angelegten Managements der Moderne?“[64]

Ursächlich für die dilemmatische moderne Managementsituation ist die **Reintegration von System und Umwelt**, die mit einer Auflösung der Systemgrenzen einhergeht.[65] Dieses Phänomen führt dazu, dass die Existenz eines Systems letztlich nicht mehr allein durch die Zwecksetzung bzw. durch den Erfolg in der Erfüllung extern definierter Zwecke determiniert ist,[66] sondern dass die Zweckfrage um die Bestandsfrage ergänzt wird. Hierbei werden Zwecke lediglich als simplifizierte Repräsentanten viel komplexerer Problemlösungsfunktionen eines Systems für seine Umwelten verstanden.[67] Infolge ist nicht allein der Grad der Zweckerreichung dominantes Kriterium der Erfolgsbewertung moderner Systeme, sondern zugleich auch der Beitrag zur Bestandserhaltung als ein von der Zwecksetzung relativ unabhängiger, eigenständiger Erfolgsmaßstab.[68] Damit sieht sich das (Krisen-) Management einem dualen, in sich durchaus dilemmatisch angelegten Erfolgsbegriff gegenüber. Er entspringt der Simultanität und Parallelität von sinnstiftender Identität, die zur Komplexitätsbewältigung in einem System erforderlich ist,[69] und eigengesetzlichen Bedingungslagen, die mit dem interaktionistischen Ressourcenaustauschverhältnis in der Symbiose mit den Systemumwelten für die Systemexistenz relevant werden.[70] Der **duale Erfolgsbegriff** korrespondiert also mit dem **Gegensatz von Idee und Realität**, der durch seine situationsbezogene Absorption „bei der Auswahl von Gestaltungsalternativen eine Annäherung, wenn nicht gar eine Integration"[71] erfährt.

Mit der Integration von Idee und Realität ist eine Verlagerung des Gestaltungsanspruchs (Idee) hin zu den Gestaltungsbedingungen (Realität) verbunden. Diese Verlagerung wird durch die zunehmende Auflösung der Systemgrenzen und dem wachsenden Aufgehen des Systems in seiner Umwelt befördert, so dass die Zwecke eines Systems in steigendem Maße durch die limitierenden Gestaltungsbedingungen beeinflusst werden – hier entsteht eine fortschreitende Abhängigkeit bzw. funktionale Beziehung der Zweckdefinition von den Rahmendaten, die durch die Ressourcenaustauschinteraktionen bedingt und verstärkt werden.[72] In Krisensituationen, die u.a. durch eine wachsende Komplexität und Dynamik in Umwelt und – daraus resultierend – im System bzw. dessen Management gekennzeichnet sind, kommt den Umweltbedingungen und folglich der Realitätsorientierung zunehmende Bedeutung zu, da der Bestandserhalt – also der Sicherung der Ressourcenbasis für ein System – wachsend von den Rahmendaten eines Systems (Realität) und weniger von der Identitätsstiftung (Idee) determiniert ist. Die (momentanen) Zwecksetzungen sowie der Grad ihrer Erfüllung sind entsprechend in steigendem Maße von den realen Bedingungen abhängig. Infolge werden die Zwecke bzw. die Beiträge zur Zweckerreichung für den Bestandserhalt instrumentalisiert und – um negative Sanktionierungen und eine weitere Gefährdung der Ressourcenversorgung als Krisengründe zu vermeiden[73] – zur abhängigen Variable der realen Bedingungslagen. Die in „normalen, klassischen" Systemsituationen **herkömmliche Dominanz des Erfolgsbegriffs der Zweckerfüllung** über Maßstäben der Bestandserhaltung – die hier kaum explizit Beachtung finden, da in diesen Situationen die Bedingungen der Umwelt für die Funktionsweise und für die Ressourcenversorgung eines Systems nicht existenzkritisch limitierend sind – wird in Krisensituationen durch die **Emanzipation der Umwelt** gegenüber dem System und deren vitalen Sanktionierungsmöglichkeiten abgelöst.[74] Der **Bestandssicherung als Erfolgskriterium** kommt mit dem Fortschreiten einer Krise zunehmend an Gewicht zu – und damit korrespondierend der Realitätsorientierung. Damit wird dem Erfolgsbegriff der Zweckerfüllung – und bei mangelndem Erfolg die Sanktionierung durch die Umsysteme – der Erfolgsbegriff der Bestandssicherung – ebenfalls mit den entsprechenden Sanktionsmustern – in Konkurrenz gegenüber gestellt.[75]

Die Dualität in der Erfolgsbewertung der Systemleistung findet ihren Niederschlag im **integrierten, dilemmatischen Erfolgsbegriff der Problemlösungsfähigkeit** eines Systems. Von realen, nicht-trivialen Systemen werden in hoch dynamischen und komplexen Situationen – wie etwa Krisen – aufgrund ihrer prinzipiellen Umweltoffenheit Problemlösungsfähigkeiten verlangt, die nicht allein aus der Systemperspektive über die Zwecke hergeleitet werden können, sondern sich vielmehr auch bzw. zunehmend aus der Bedingungslage in der Ressourcenversorgung des betreffenden Systems ergeben.[76] In einer Krisensituation steht damit das Management vor der widersprüchlichen Situation, dass es einerseits seine Aufgabe ist, die manifeste und potenziellen Kapazitäten zur Problemlösung für sich selbst und seine Umwelten zu erhöhen,[77] dass aber andererseits genau diese Problemlösungskapazitäten für die Krisenbewältigung bereits benötigt werden und gleichzeitig systematisch im Zuge negativer Sanktionierung durch die Umwelten der Vernichtung anheim fallen.[78] Das System muss zugleich die eigenen Probleme lösen (z.B. Bewältigung der aus der Umwelt aufgenommenen Komplexität innerhalb des Systems) und die ihm in den symbiotischen Interaktionsbeziehungen des Ressourcenaustauschs zugewiesenen Probleme für seine Umsysteme absorbieren (z.B. Aufnahme von Komplexität aus der Umwelt zur Entlastung von deren Problemlösungsinanspruchnahme). Damit steht das Management vor dem Dilemma, dass der Erfolg seiner Auswahlentscheidungen (etwa worauf bestehende Kapazitäten verwendet werden) zum einen daran aus Systemperspektive gemessen wird, ob es gelingt, die Krisenprobleme zu lösen und zum anderen, welcher Beitrag damit zur Erfüllung der Ansprüche von Anspruchsgruppen geleistet wird. Die Befriedigung beider, sich durchaus in ihren Konzepten widersprechenden Erfolgserwartungen ist für die Krisenbewältigung Voraussetzungen, da eine defizitäre Erfolgsbewertung zu negativen Sanktionierungen (z.B. sinkendem Willen, Ressourcen dem System zu überlassen) und infolge zu einer Verschärfung der Krise führen kann. Nunmehr sieht sich das Management nicht allein einem **Entscheidungsdilemma**, sondern auch einem **Erfolgsdilemma** gegenüber.[79]

4 Ansatzpunkte zur Dilemmabewältigung im Krisenmanagement

Die Frage, die sich nun aufwirft, betrifft den Aspekt der Optionen, die dem (Krisen-) Management offen stehen, um die krisenimmanenten Dilemmata bewältigen zu können. Ein grundlegender Ansatzpunkt zur Absorption der Entscheidungs- und Erfolgsdilemmata des (Krisen-) Managements liegt in der **gedanklichen Aufhebung des Konstrukts eines unterstellten bipolaren-konträren Spannungsfeldes von Idee und Realität**. Wird ein derartiges Spannungsfeld und damit ein „tertium non datur"[80] stipuliert, ist eine rationale Wahlentscheidung und eine rationale Beurteilung des Wahlergebnisses nicht möglich. Wenn jedoch das bipolare-konträre Spannungsfeld durch die **Annahme eines Gestaltungskontinuums** mit zwei generell gegensätzlichen, jedoch in einer Wechselseitigkeit stehenden Polen substituiert wird, kann das Entscheidungs- und Erfolgsdilemma in seiner Ausschließlichkeit gemildert werden.[81]

Das Gestaltungskontinuum von Idee und Realität gibt zwar auch weiterhin ein bipolar-konträres Verhältnis zweier vorstellbarer und entgegengesetzter Managementausprägungen bezüglich eines Gestaltungsparameters (z.B. Systemziele, -strategien,

-prozesse, -strukturen und -ressourcen) wider,[82] die nicht widerspruchsfrei und ohne Friktionsverluste in einem Gebilde integriert werden können.[83] Jedoch wird der streng formallogisch geltende Ausschluss durch eine abgestufte Simultanität ersetzt, bei der eine graduell divergierende, asymmetrische Orientierung an beiden Spannungspolen zugleich möglich ist:[84] Eine stärkere bzw. prioritäre Berücksichtigung des einen Pols erfordert eine schwächere bzw. nachgeordnete Rücksichtnahme im Hinblick auf den anderen Pol.[85] Die Folge ist ein Trade-off zwischen den beiden gegenläufigen Orientierungspolen des Managements, zwischen denen dann ein Austauschverhältnis besteht.[86] Dieses Austauschverhältnis gründet sich darauf, dass die positiven und negativen Effekte der einen Orientierung durch die umgekehrt positiven und negativen Effekte der anderen Orientierung kompensiert werden.

Folglich stellt sich damit die grundlegende gedankliche **Aufgabe für das (Krisen-) Management**, „an welcher Stelle des Gestaltungskontinuums sich der optimale Punkt einer Kombination beider Orientierungen befindet bzw. ob dieser Punkt überhaupt existieren und identifiziert werden kann"[87]. Das Entscheidungs- und Erfolgsdilemma des (Krisen-) Managements wird zu einem Gewichtungsproblem abgemildert. Es ist nicht mehr eine zwingend erforderliche Entscheidung zwischen zwei Dingen, sondern es eröffnen sich die Möglichkeiten zwischen den folgenden Fragen zu qualitativ, quantitativ, zeitlich, räumlich zu tarieren:

- Soll das System eher bzw. mehr der Umwelt angepasst werden (**Realitätsorientierung**)? oder
- Sollen eher bzw. mehr die Gestaltungsziele gegenüber den Umweltbedingungen durchgesetzt werden (**Ideenorientierung**)?[88]

Hierauf aufbauend lassen sich drei zentrale Ansätze für das Management zur **systemischen Absorption von Dilemmata** identifizieren:

- Hybridisierung,
- Konditionalisierung,
- Kompensation und
- Selbststeuerung.[89]

Unter dem Ansatz der **Hybridisierung** von Systemen, um ihre Dilemmata zu bewältigen, ist eine Verknüpfung moderner mit klassischen Managementansätzen gemeint. Das Ziel dabei ist es, eine moderate und fortlaufende Öffnung des Systems zu gewährleisten. Hierbei wird eine gleichzeitige Berücksichtigung von Systemöffnung (Realitätsorientierung) und Systemschließung (Ideenorientierung) angestrebt, indem in allen Managementbereichen ein durchschnittlicher Öffnungsgrad des Systems realisiert wird. Somit sollen Dilemmata durch eine gleichmäßige Berücksichtigung beider Orientierungspole absorbiert werden. Ziel ist eine konsistente Gestaltung des Managements sowie des betrachteten Systems.

Mit der **Konditionalisierung** ist ein Umgang mit divergierenden Anforderungen an das Management gemeint, der die jeweilige Orientierung an einem der beiden Pole des Managementdilemmas an eine Bedingung knüpft. Hier stehen die Beziehungen zwischen den Managementsystemelementen im Mittelpunkt der Betrachtung. Auch die Konditionalisierung zielt, wie die zuvor beschriebene Hybridisierung, auf einen konsistenten Gestaltungsansatz ab. Dieser ist jedoch nicht an einer durchschnittlichen Systemöffnung orientiert, sondern steht in Abhängigkeit definierter Bedingungen. Wenn diese erfüllt sind, wird das gesamte System entsprechend an dieser Bedingung ausgerichtet. Der Systemöffnungsgrad ist also flexibel und situationsbedingt.

Die Managementoption der **Kompensation** zur Dilemmaabsorption meint die gegensätzliche Gestaltung eine Systems, die sich zugleich an den verschiedenen Orientierungspolen ausrichtet und die gleichermaßen berücksichtigt. Führt die Gestaltung eines Teils des Systems zu dessen Öffnung (Realitätsorientierung), so bedingt dies automatisch in normativer oder kausaler Dimension eine Gegenbewegung eines anderen Teils des Systems, die dann auf dessen Schließung (Realitätsorientierung) abzielt. Es geht also nicht mehr um eine konsistente Systemgestaltung, sondern um einen Managementansatz, der bewusst die gegensätzlichen Anforderungen an das Management in seinen Gestaltungskalkülen aufnimmt und sie gegeneinander setzt.

Selbststeuerung beschreibt einen Ansatz zur Vermeidung und Bewältigung von Dilemmata, der auf der Kompensation beruht und deren Eigendynamik fortführt. Es geht hierbei um die autonome Entscheidungsfindung von Subsystemen oder Elementen in heterarchischen Strukturen, um die Systemrobustheit zu erhöhen und eine positive Emergenz zu erzielen. Dies soll durch eine verteilte und flexible Bewältigung von Komplexitäten und Dynamiken erreicht werden. Im Gegensatz zur oben beschriebenen Kompensation beruht hier jedoch die unterschiedliche Berücksichtigung der Anforderungen und Orientierungspole des Managements nicht auf einer zentralen Planung, die eine Bewegung eines betreffenden Sub-Systems in die eine Richtung automatisch mit einer Bewegung eines anderen Subsystems kompensiert. Vielmehr stehen bei der Selbststeuerung eine Vielzahl von Gestaltungsoptionen zur Verfügung, da jedes Element (oder Sub-System) autonom entscheiden kann, woran es sich orientiert und welche Bedingungen bzw. Ziele es berücksichtigt. Damit ist der Konsistenzgedanke als Gestaltungspostulat völlig verschwunden, da pluridimensionale Gegensätze per se gewollt und angelegt sind. Diese lokale Bewältigung von Komplexität und Dynamik erlaubt partielle, situative, temporäre Öffnungen und Schließungen. Damit ist die globale Problemlösungsfähigkeit eines Systems, an dem es durch seine Umwelten gemessen und bewertet wird, Ergebnis der Qualität der einzelnen lokalen Problemlösungen. Das System erfährt dadurch eine vollständige Flexibilisierung und eine höhere Umweltadaptivität bei gleichzeitiger Stabilisierung im Inneren, da immer nur Teilprobleme gelöst und eng definierte Systemteile verändert werden.

5 Fazit

Um das Ergebnis der vorangegangenen Ausführungen kurz in einem Satz zu skizzieren, lässt sich festhalten: Krisenmanagement ist vor allem auch Dilemma-Management. Es lässt sich zeigen, dass mit dem Phänomen der **Krise eine Verstärkung des grundsätzlichen Entscheidungs- und Erfolgsdilemmas von Management** einhergeht. Ursächlich dafür ist die Parallelität von divergierenden Anforderungen an die Gestaltung eines Systems: etwa Idee vs. Realität bzw. Gestaltungsziel vs. Gestaltungsbedingungen. Für das Krisenmanagement ist es deshalb unerlässlich, diese Dilemmata zu identifizieren, in ihrer Relevanz zu bewerten und substanziell zu bewältigen, denn Dilemmata sind zugleich Ursache und Charakteristikum für Krisen.

Dabei liegt die Verstärkung des Dilemmaaspektes vor allem darin, dass die Gegensätzlichkeiten in ihrer Schärfe klarer zu Tage treten und das die Konsequenzen für ein jeweiliges System in ihrer Existenzbedrohung deutlicher ausfallen. Das Krisenmanagement selber hat stets mit **zunehmender Dominanz der Umwelten und ihrer divergierenden Anforderungen** für die Existenz des betreffenden Systems das Vorhandensein von Dilemmata und die Notwendigkeit zu deren Absorption zu gegenwärtigen.

Mit der **Hybridisierung, Konditionalisierung, Kompensation und Selbstorganisation** steht hierfür ein grundsätzliches Instrumentarium zur Verfügung, das alternative Denkmodelle zur Krisenbewältigung anbietet. Welche Effekte sich damit erzielen lassen und welche Probleme der Krisenbewältigung damit gelöst werden können, scheint vom situativen Einzelfall abhängig zu sein. Welche neuen Probleme in welcher Managementsituation damit entstehen können, die dann das Krisenmanagement behindern, sollte Gegenstand weiterer Forschung sein. Hier bedarf es zum einen unter dem Aspekt des Dilemmas einer Typologisierung von Krisen. Zum anderen bedarf es weiterer Überlegungen zur Wirkungsweise der unterschiedlichen Absorptionsansätze.

Anmerkungen

1 Vgl. beispielsweise ALBACH, H.: Überleben [1979], S. 5 ff. und ALBACH, H. / BOCK, K. / WARNKE, T.: Wachstumskrisen [1984], S. 779 ff.

2 Vgl. beispielsweise MÜLLER, R.: Krisenmanagement [1982], S. 19 ff.

3 Vgl. beispielsweise KRYSTEK, U.: Unternehmungskrisen [1987] , S. 29 ff.

4 Vgl. HÜLSMANN, M.: Ad-hoc-Krise [2005], S.39 ff.; in diesem Band.

5 Vgl. WEBER, P.: Krisenmanagement [1980], S. 15 und KRUMMENACHER, A.: Krisenmanagement [1981], S. 7.

6 Vgl. HÜLSMANN, M.: Ad-hoc-Krise [2005], S. 39 ff.; in diesem Band.

7 Vgl. WEBER, P.: Krisenmanagement [1980], S. 15 und KRUMMENACHER, A.: Krisenmanagement [1981], S. 7.

8 Vgl. KRYSTEK, U.: Unternehmungskrisen [1987], S. 6 und MÜLLER, R.: Krisenmanagement [1982], S. 19 ff.

9 Vgl. KRYSTEK, U.: Unternehmungskrisen [1987], S. 6

10 Vgl. HÜLSMANN, M.: Ad-hoc-Krise [2005], S. 43 ff.; in diesem Band

11 Vgl. WEBER, P. Krisenmanagement [1980], S. 9.

12 HÜLSMANN, M.: Ad-hoc-Krise [2005], S. 40; in diesem Band.

13 Vgl. KRYSTEK, U.: Unternehmungskrisen [1987], S. 31.

14 Vgl. SCHULTEN, M.: Krisenmanagement [1995], S. 11 und WEBER, P.: Krisenmanagement [1980], S. 9.

15 Fink, S.: Crisis Managment [2002], S. 15; [Hervorhebungen im Original].

16 Vgl. beispielsweise Krystek, U.: Unternehmungskrisen [1987], S. 29.

17 Vgl. HÜLSMANN, M.: Ad-hoc-Krise [2005], S. 41 ff.; in diesem Band.

18 Vgl. HABERMAS, J.: Legitimationsprobleme [1973], S. 11.

19 Vgl. HÜLSMANN, M.: Ad-hoc-Krise [2005], S. 41 ff.; in diesem Band.

20 Vgl. HABERMAS, J.: Legitimationsprobleme [1973], S. 11.

21 Vgl. KRYSTEK, U.: Unternehmungskrisen [1987], S. 29 ff.

22 Vgl. SCHULTEN, M.F.: Krisenmanagement [1995], S. 56 ff.

23 Vgl. TAPSCOTT, D.: Network Economy [1999], SIEGELE, L.: Real-Time Economy [2002].

24 Vgl. HÜLSMANN, M. / BERRY, A.: Dilemma [2004], S. 3.

25 Vgl. HÜLSMANN, M.: Ad-hoc-Krise [2005], S. 39 ff.; in diesem Band.

26 Vgl. MONGE, P: Hyperturbulance [1995].

27 Vgl. HÜLSMANN, M. / BERRY, A.: Dilemma [2004], S. 3.

28 Vgl. LUHMANN, N.: Systemrationalität [1973], S. 171 ff. und S. 201 ff. und PARSONS, T.: Grundstrukturen [1971], S. 164 ff.

29 Vgl. KILMECKI, R. / PROBST, G. / EBERL, P.: Systementwicklung [1991], S. 115.

30 Vgl. HICKS, H. G. / GULLETT, C. R.: Organizations [1975], S. 387 ff.

31 Vgl. HÜLSMANN, M.: Nachhaltigkeit [2005], S. 217 ff.; in diesem Band.

32 Vgl. REMER, A.: Management [2003], S. 1.

33 Vgl. ULRICH, H.: Management [1984], S. 114 ff.

34 Vgl. ULRICH, R. / FLURI, E.: Management [1995], S. 14.

35 Vgl. HÜLSMANN, M.: Orientierungsdilemma [2003], S. 79.

36 Vgl. REMER, A.: Management [2003], S. 1.

37 Vgl. REMER, A.: Management [2003], S. 1.

38 Vgl. KOSIOL, E.: Betriebswirtschaftslehre [1968], S. 248.

39 Vgl. LUHMANN, N.: Soziale Systeme [1994], S. 279 f.

40 Zur Bewältigung von Komplexität als Unternehmenszweck vgl. LUHMANN, N.: Systemrationalität [1973], S. 181 ff.; KIRSCH, W.: Entscheidungsprobleme [1978], S. 163 ff.; ULRICH, H.: Management [1984], S. 114 f.

41 Zur Bewältigung von Umweltdynamik als Unternehmenszweck vgl. ULRICH, H.: Management [1984], S. 114 f.; ACKOFF, R. L.: Corporate Planning [1970], S. 17; ANSOFF, H. I.: Strategic Response [1976], S. 139 f.

42 Vgl. KREIKEBAUM, H.: Unternehmensplanung [1993], S. 32 f.; Wild, J.; Unternehmensplanung 1975, S. 15 ff.

43 Vgl. HÜLSMANN, M.: Dilemma [2004], S. 143.

44 Vgl. REMER, A.: Management [2003], S. 2.

45 Vgl. HÜLSMANN, M.: Orientierungsdilemma [2003], S. 203 ff. und HÜLSMANN, M.: Dilemma [2004], S. 143 f.

46 Vgl. HÜLSMANN, M.: Dilemma [2004], S. 144.

47 Vgl. NEUBERGER, O.: Führungsdilemmata [1995], S. 533 ff.

48 Vgl. ARAM, J. D.: Dilemmas [1976], S. 2 f.

49 Vgl. HAMPDEN-TURNER, C.: Dilemma [1990], S. 30 ff.

50 Vgl. GEBERT, D. / BOERNER, S.: Dilemma [1995], S. 11 ff.

51 Vgl. GHARAJEDAGHI, J.: Social Dynamics [1982], S. 251 ff.

52 Vgl. REMER, A.: Management [2003], S. 453; REMER, A.: Dilemma [2001], S. 353 ff.; REMER, A.: Organisationslehre [1997], S. 272 ff.; FONTIN, M.: Dilemmata [1997], S. 209 ff.; GRIMM, R.: Widersprüche [1999], S. 86 ff.; HÜLSMANN, M.: Orientierungsdilemma [2003], S. 67 ff. und HÜLSMANN, M.: Dilemma [2004], S. 144.

53 HÜLSMANN, M.: Dilemma [2004], S. 145.

54 Vgl. DROSDOWSKI, G.: Herkunftswörterbuch [1989], S. 127, Sp. 2.

55 Vgl. REGENBOGEN, A. / MEYER, U.: Philosophische Begriffe [1998], S. 151 f.

56 Vgl. LIEBRAND, W. B. G. / MESSICK, D. M. / WILKE, H. A. M.: Social Dilemmas [1992], S. 29 ff.

57 Vgl. FONTIN, M.: Dilemmata [1997], S. 21 ff.

FONTIN macht auf die damit verbundene binäre Struktur aufmerksam, die keine dritte Alternative i. S. e. „tertium non datur" erlaubt. Ein Dilemma beinhaltet deshalb vom Prinzip her eine Entscheidung zwischen zwei Dingen, nicht um etwa deren Zwischenformen (mehr – weniger). Denkbar sind natürlich auch Polylemma, bei denen zwischen mehreren in ihren (negativen) Wirkungen gleichwertigen Alternativen zu entscheiden ist.
Vgl. FONTIN, M.: Dilemmata [1997], S. 15 ff.

58 HÜLSMANN, M.: Dilemma [2004], S. 146 f.

59 Vgl. REMER, A.: Management [2003], S. 454.

60 Vgl. HÜLSMANN, M.: Nachhaltigkeit [2005], S. 217 ff.; in diesem Band.

61 Vgl. HÜLSMANN, M.: Dilemma [2004], S. 147.

62 Vgl. HÜLSMANN, M.: Nachhaltigkeit [2005], S. 217 ff.; in diesem Band.

63 Vgl. HÜLSMANN, M.: Dilemma [2004], S. 147.

64 HÜLSMANN, M.: Dilemma [2004], S. 149.

65 Vgl. REMER, A.: Management [2003], S. 308 ff.

66 Vgl. REMER, A.: Organisationslehre [1997], S. 241.

67 Vgl. REMER, A.: Organisationslehre [1997], S. 246; LUHMANN, N.: Systemrationalität [1973], S. 155 f. und S. 311 ff.; ETZIONI, A.: Complex Organizations [1961], S. 71 ff.; ETZIONI, A. : Organizational Analysis [1960], S. 261.

68 Vgl. REMER, A.: Organisationslehre [1997a], S. 246.

69 Vgl. LUHMANN, N.: Systemrationalität [1973], S. 156; Etzioni, A.: Organizational Analysis [1960], S. 261; Etzioni, A.: Complex Organizations [1961], S. 71 ff.

70 Vgl. REMER, A.: Management [2003], S. 311 ff.

71 Hülsmann, M.: Dilemma [2004], S. 149 f.

72 Vgl. REMER, A.: Management [2003], S. 313.

73 Vgl. HÜLSMANN, M.: Nachhaltigkeit [2005], S. 217 ff.; in diesem Band.

74 Vgl. REMER, A.: Management [2003], S. 313.

75 Vgl. BURTON, R. M. / FORSYSTH, J. D. / MELICK, D. M.: Conditions [1989], S. 111 ff.; KRÜSSELBERG, H.-G.: Organisationstheorie [1965], S. 112 ff.

76 Vgl. LUHMANN, N.: Systemrationalität [1973], S. 171 ff. und S. 201 ff.; PARSONS, T.: Grundstrukturen [1971], S. 164 ff.

77 Vgl. KILMECKI, , R. / PROBST, G. / EBERL, P.: Systementwicklung [1991], S. 115.

78 Vgl. STAEHLE, W. H.: Management [1999], S. 904.

79 Vgl. HÜLSMANN, M.: Dilemma [2004], S. 151.

80 Vgl. FONTIN, M.: Dilemmata [1997], S. 15 ff.

81 Vgl. DRESSE, S.: Prozessorientierte Unternehmensentwicklung [1997], S. 99.

82 Vgl. EVANS, P. A.: Duality Theory [1991], S. 105; EVANS, P. A.: Balancing Continuity [1992], S. 256 f.

83 Vgl. HÜLSMANN, M.: Dilemma [2004], S. 148.

84 Vgl. GRIMM, R.: Widersprüche [1999], S. 32.

85 Vgl. GHARAJEDAGHI, J.: Social Dynamics [1982], S. 252; FORD J. D. / BACKOFF, R. W.: Paradox [1988], S. 87

86 Vgl. FONTIN, M.: Dilemmata [1997], S. 25; RITTER, U. P. / ZINN, K. G.: Begriffe [1991], S. 134.

87 HÜLSMANN, M.: Dilemma [2004], S. 148.

88 Vgl. REMER, A.: Management [2003], S. 82 ff.

89 Für die folgenden Ausführungen vgl. HÜLSMANN, M. / BERRY, A.: Dilemma [2004], S. 9 ff.

Literatur

ACKHOFF, R.: A Concept of Corporate Planning; New York et al.: Wiley; 1970.

ALBACH, H.: Der Kampf ums Überleben – Der Ernstfall als Normalfall für Unternehmen in einer freiheitlichen Wirtschaftsordnung; in: Frühwarnsysteme; 1979.

ALBACH, H. / BOCK, K. / WARNKE, T.: Wachstumskrisen von Unternehmen; in: Zeitschrift für betriebswirtschaftliche Forschung; Nr. 10; 36. Jahrgang; 1984.

ANSOFF, H.: Managing Surprise and Discontinuity – Strategic Response to Weak Signals; in: Zeitschrift für betriebswirtschaftliche Forschung, 28. Jahrgang; 1976; S. 129 - 152.

ARAM, J. D.: Dilemmas of Administrative Behaviour; Englewood Cliffs: Prentice-Hall; 1976.

BURTON, R. M. / FORSYTH, J. D. / MELLICK, D. M.: Searching for Viability under Changing Environmental Conditions; in: BURTON, R. M. / FORSYTH, j.D. / OBEL, B. (Hrsg.): Organizational Responses to the new Business Conditions; Amsterdam: Elsevier; 1989; S. 111 - 129.

DRESSE, S.: Prozessorientierte Unternehmensentwicklung – Von der Strategie zur prozessorientierten Restrukturierung; St. Gallen: o.V.; 1997.

DROSDOWSKI, G.: Das Herkunftswörterbuch – Etymologie der deutschen Sprache – Die Geschichte der deutschen Wörter und der Fremdwörter von ihrem Ursprung bis zur Gegenwart; Mannheim et al.: Dudenverlag; 1989.

ETZIONI, A.: Two Approaches to Organizational Analysis – A Critic and a Suggestion; in: Administrative Science Quarterly (ASQ); 5. Jahrgang; 1960; S. 257 - 278.

ETZIONI, A.: Comparative Analysis of Complex Organizations; New York et al: Free Press of Glencoe; 1961.

EVANS, P. A.: Duality Theory – New Directions for Human Ressource and Organizational Management; in: LATTMANN, C. / STAFFELBACH, B. (Hrsg.): Die Personalfunktion der Unternehmung im Spannungsfeld von Humanität und wirtschaftlicher Rationalität; Heidelberg: Physica-Verlag; 1991; S. 97 - 125.

EVANS, P. A.: Balancing Continuity and Change – The Constructive Tension in Individual and Organizational Development; in: SRIVASTVA, S. / FRY, R. E. (Hrsg.): Executive and Organizational Continuity – Managing the Paradoxes of Stability and Change; San Francisco: Jossey-Bass; 1992; S. 253 - 283.

FINK, S.: Crisis Management – Planing for the Inevitable; Lincoln, NE: iUniverse, Inc.; 2002.

FONTIN, M.: Das Management von Dilemmata – Erschließung neuer strategischer und organisationaler Potenziale; Wiesbaden: Gabler; 1997.

FORD, J. D. / BACKOFF, R. W.: Organizational Change in and out of Dualities and Paradox, in: Quinn, R. E. [Hrsg.]: Paradox and Transformation: Towards a Theory of Change in Organization and Management, Cambridge; 1988; S. 81 - 121.

GEBERT, D. / BOERNER, S.: Manager im Dilemma – Abschied von der offenen Gesellschaft; Frankfurt a.M. et al.: Campus, 1995.

GHARAJEDAGHI, J.: Social Dynamics (Dichotomy or Dialectic); in: General Systems; 27. Jahrgang; 1982; S. 251 - 268.

GRIMM, R.: Die Handhabung von Widersprüchen im Strategischen Management – Eine evolutions- und entwicklungsorientierte Perspektive; Frankfurt et al.: Lang; 1999.

HABERMAS, J.: Legitimationsprobleme im Spätkapitalismus; Frankfurt a.M.: Suhrkamp; 1973.

HAMPDEN-TURNER, C.: Charting the Corporate Mind – From Dilemma to Strategy, Oxford: Blackwell; 1990.

HICKS, H. G. / GULLETT, C. R.: Organizations – Theory and behaviour; New York et al.: McGraw-Hill; 1975.

HÜLSMANN, M.: Management im Orientierungsdilemma – Unternehmen zwischen Effizienz und Nachhaltigkeit; Wiesbaden: Deutscher Universitätsverlag; 2003.

HÜLSMANN, M.: Ad-hoc-Krise – eine begriffliche Annäherung; Wiesbaden: Gabler 2005; in diesem Band.

HÜLSMANN, M.: Nachhaltigkeit – ein Ansatz zur strategischen Prävention von Ad-hoc-Krisen; Wiesbaden: Gabler; 2005; in diesem Band.

HÜLSMANN, M. / BERRY, A.: Strategic Management Dilemma – Its Neccessity in a World of Diversity and Change; SAM/IFSAM VII World Congress: Management in a World of Diversity and Change; 5–7 Juli 2004; Göteborg, Schweden. In: WOLFF, R. et al. (Hrsg.): Conference Proceedings; Göteborg 2004; Veröffentlicht auf CD-ROM.

KILMECKI, R. / PROBST, G. J. B. / EBERL, P.: Entwicklungsorientiertes Management; Stuttgart: Schäffer-Poeschel; 1994.

KIRSCH, W.: Die Handhabung von Entscheidungsproblemen; München: Kirsch; 1978.

KOSIOL, E.: Einführung in die Betriebswirtschaftslehre; Wiesbaden: Gabler; 1968.

KREIKEBAUM, H.: Strategische Unternehmensplanung; Stuttgart et al.: Kohlhammer; 1993.

KRUMMENACHER, A.: Krisenmanagement – Leitfaden zum Verhindern und Bewältigen von Unternehmungskrisen; Zürich: Verl. Industrielle Organisation; 1981.

KRÜSSELBERG, H.-G.: Organisationstheorie – Theorie der Unternehmung und Oligopol – Materialien zu einer sozialökonomischen Theorie der Unternehmung; Berlin: Dunker & Humblot; 1965.

KRYSTEK, U.: Unternehmungskrisen – Beschreibung, Vermeidung und Bewältigung überlebenskritischer Prozesse in Unternehmungen; Wiesbaden: Gabler; 1987.

LIEBRAND, W. B. G. / MESSICK, D. M. / WILKE, H. A. M.: Social Dilemmas – Theoretical Issues and Research Findings; Oxford et al.: Pergamon Press; 1992.

LUHMANN, N.: Zweckbegriff und Systemrationalität; Frankfurt a. M.: Suhrkamp-Taschenbuch Wissenschaft; 1973.

LUHMANN, N.: Soziale Systeme – Grundriß einer allgemeinen Theorie; Frankfurt a. M.: Suhrkamp; 1994.

MONGE, P.: Organizations Reacting to Hyperturbulence; in: HUBER, G. / VAN DE VEN, A.: (Hrsg.): Longitudinal Field Research Methods – Studying Processes of Organizational Change; Thousand Oaks: Sage Publications; S. 299 - 332; 1995.

MÜLLER, R.: Krisenmanagement in der Unternehmung – Ein Beitrag zur organisatorischen Gestaltung des Prozesses der Krisenbewältigung; Frankfurt a.M. et al.: Lang; 1982.

NEUBERGER, O.: Führungsdilemmata; in KIESER, A. / REBER, G. / WUNDERER, R. (Hrsg.): Handwörterbuch der Führung; Stuttgart: Schäffer-Poeschel; 1995; S. 533 - 540.

PARSONS, T.: Grundstrukturen und Grundfunktionen sozialer Systeme; in: TJADEN, K. H. v. (Hrsg.): Soziale Systeme; Neuwied: Luchterhand; 1971.

REGENBOGEN, A. / MEYER, U.: Wörterbuch der philosophischen Begriffe; Hamburg: Meiner; 1998.

REMER, A.: Organisationslehre; in: GEBERT, D. / REMER, A. (Hrsg.): Schriften zu Organisation und Personal; 10. Jahrgang; Bayreuth: REA-Verlag Managementforschung; 1997.

REMER, A.: Management im Dilemma - von der konsisteneten zur kompensatorischen Managementkonfiguration; in: Die Unternehmung - schweizerische Zeitschrift für betriebliche Forschung und Praxis; Nr.: 6; 55. Jahrgang; 2001; S. 353 - 375.

REMER, A.: Management – Systeme und Konzepte; Bayreuth: REA-Verlag Managementforschung; 2003.

RITTER, U. P. / ZINN, K. G.: Grundwortschatz wirtschaftswissenschaftlicher Begriffe; Stuttgart: Fischer; 1991.

SCHULTEN, M.F.: Krisenmanagement; Berlin: Verl. für Wiss. und Forschung; 1995.

SIEGELE, L.: How about now? A survey of the real-time economy; in: The Economist; Nr. 362; 2002.

TAPSCOTT, D.: Creating Value in the Network Economy; Boston: Harvard Business School Press; 1999.

ULRICH, H.: Management; in: ULRICH, H. / DYLLICK, T. / PROBST, G. (Hrsg.): Management; Reihe: Unternehmung und Unternehmensführung; 13. Jahrgang; Bern: Haupt; 1984; S. 105 - 121.

ULRICH, P. / FLURI, E.: Management – Eine konzentrierte Einführung; Bern et al.: UTB; 1995.

WEBER, P.: Krisenmanagement; Bern et al: Lang; 1980.

WILD, J.: Unternehmungsplanung; Opladen: Westdt. Verlag; 1975.

Dietrich Dörner / Ute Rek

Denken und Handeln in Krisensituationen

1 Krise und Angst ... 425

2 Die Organisation des Handelns ... 426

3 Angst und die Handlungsorganisation ... 429
3.1 Sicherungsverhalten ... 430
3.2 Konservative Informationssuche und oberflächliche Wahrnehmung ... 431
3.3 Dekonditionalisierung ... 432
3.4 Bedürfnis nach Gruppenbindung ... 432
3.5 Aggression und Flucht ... 434
3.6 Kompetenzsichernde Maßnahmen ... 435

4 Was tun? ... 439

1 Krise und Angst

Eine Krise stellt hohe Anforderungen an die menschliche Fähigkeit zu planen und zu handeln und zugleich senkt sie die Fähigkeit dafür. Doch warum?

Weil eine Krise notwendigerweise (sonst wäre sie keine Krise!) ein das menschliche Handeln sehr stark formendes Gefühl erzeugt: **Angst**. – Was ist Angst? Man kann Angst zum einen als eine Art "Lagebericht" bezeichnen, sie "informiert" das Individuum über bestimmte Aspekte seiner Beziehung zur Umwelt.[1] Diese Aspekte sind die psychischen Parameter "Bestimmtheit" und "Kompetenz". Angst bedeutet, dass geringe Bestimmtheit und geringe Kompetenz vorhanden ist. Außer dass Angst ein "Lagebericht" ist, legt sie bestimmte Verhaltenstendenzen nahe und moduliert kognitive Prozesse, bestimmt also die Art ihres Ablaufs. – Davon aber später!

Bestimmtheit ist das Ausmaß, in dem ein Mensch meint, das Geschehen und die Abläufe in der Welt um ihn herum zu kennen. Er weiß, wie sich die Dinge so entwickeln, was er zu erwarten hat, wenn er dieses oder jenes tut, oder was er zu tun hat, um einen bestimmten Zustand herbeizuführen. Er ist vertraut mit den Regeln, nach denen seine Umwelt funktioniert. Damit ist nicht gemeint, dass vor jeder Aktion bewusst nachgedacht wird, welche Wirkung sie erzielen wird; vielmehr handelt es sich um das unbewusste "Aufspannen" eines Erwartungshorizontes. Bewusst wird dieser gewöhnlich nur, wenn etwas nicht so eintritt, wie es gemäß der Erwartung hätte eintreten sollen: dann nämlich erschrickt man. – Ich greife zur Teetasse vor mir auf dem Tisch. Ich hebe sie an. Plötzlich bricht der Henkel ab! Ich erschrecke. Das Empfinden von "Bestimmtheit" ergibt sich im Wesentlichen aus dem Ausmaß in dem es mir gelingt, den Gang der Dinge richtig zu prognostizieren, also aus dem Ausmaß an Deckung zwischen meinen Erwartungen und den tatsächlichen Ereignissen (wir möchten noch einmal daran erinnern: wir reden nicht von Prozessen, die in hohem Maß bewusst werden). In einer Umgebung die ich gut kenne, werde ich selten erschrecken und mich sicher fühlen. Häufen sich jedoch die Überraschungen, kann ich also nicht abschätzen, was in Zukunft geschehen wird, so wächst die Unbestimmtheit. (Das nennen wir gewöhnlich nicht so, eher fühlen wir uns "unheimlich".)

Kompetenz bedeutet, dass man sich in der Lage fühlt, seine Umwelt und auch seine Innenwelt aktiv zu verändern. Man kann sie entsprechend der eigenen Wünsche formen, man kennt wirkungsvolle Operatoren, um die Dinge zu lenken. Solche Macht können wir auf Gegenstände und Prozesse ausüben, aber natürlich auch auf Menschen. Wie die Bestimmtheit, ergibt sich auch die Kompetenz aus der Erfahrung, aus der Akkumulation von Ereignissen, in denen es einem gelang, seine Umwelt entsprechend der eigenen Wünsche zu beeinflussen.

Zurück zur Angst: Liegen hohe Unbestimmtheit und hohe Inkompetenz zugleich vor, so fühlt man sich unsicher, weiß nicht, was kommen wird, was "die Anderen" wohl tun werden. Zusätzlich glaubt man sich unfähig, an dieser Lage etwas zu verändern. Man fühlt sich "ausgeliefert".

Nur eine der beiden Bedingungen reicht für Angst nicht aus. So ist niedrige Bestimmtheit bei gleichzeitig hoher Kompetenz oft reizvoll, abenteuerlich. Man weiß nicht, was kommen wird, aber man wird es schon bewältigen. Solche Umstände werden oft als – lustvolle – Herausforderungen empfunden.

Niedrige Kompetenz bei zugleich hoher Bestimmtheit lähmt das Handeln. Man kann nichts ändern, aber man kennt das Geschehen und weiß, was kommen wird. Das kann Fatalismus erzeugen oder auch demutsvolle Ergebung, je nach der Annahme über die Eigenschaften der Kräfte, die den Gang der Dinge steuern. Wenn diese "Kräfte" wohlgesonnen sind (Gott), kann man sich ihnen unbesorgt ergeben, wenn aber nicht, so wird sich eher Depressivität einstellen. Es wird alles schlimm ausgehen, aber machen kann man nichts.

Die beiden Parameter Bestimmtheit und Kompetenz bestimmen dementsprechend auch unser Empfinden einer Krise. Irgendetwas geschieht oder ist geschehen, das Unbestimmtheit erzeugt hat: Plötzlich haben wir den Überblick verloren über die Faktoren, die für unser Handeln von Bedeutung sind. Wir tappen im Nebel, wissen nicht, welche Dinge sich wie verhalten und warum. Noch dazu haben wir kein Rezept für diese Situation, wissen nicht, wie wir uns daraus befreien können. Wir zweifeln an unserer Kompetenz hinsichtlich der Lösung der Probleme. Wir stecken in einer Krise.

In der Angst liegt die Erklärung, warum die Handlungsorganisation des Menschen in problematischen Situationen in bestimmter Weise fehleranfällig ist und die Adäquatheit der Handlungsorganisation leidet. In den folgenden Abschnitten möchten wir den Zusammenhang zwischen dem Denken und Handeln und der Angst genau darlegen. Zunächst einmal wollen wir uns klarmachen, was in einer Problemsituation geleistet werden muss. Wir zeigen das an einem 5-Phasen-Modell der Handlungsorganisation, dessen einzelne Phasen die Hauptanforderungen an das Denken bei der Bewältigung einer Krise enthalten. Daran anschließend zeigen wir auf, wie sich die Organisation des Handelns unter der Bedingung "Angst" verändert.

2 Die Organisation des Handelns

Was heißt Handlungsorganisation? Will man ein Problem lösen, so muss man den fünf Anforderungen gerecht werden, die in Abbildung 2-1 dargestellt sind.

Abbildung 2-1: *Die fünf Phasen des Handelns*
Quelle: Eigene Darstellung.

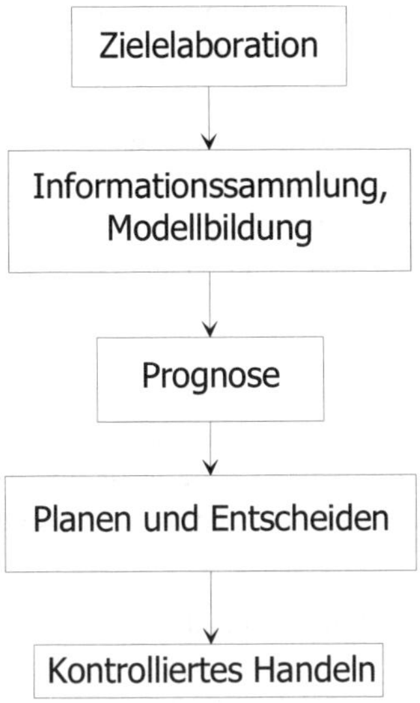

Zielelaboration: Am Anfang einer Aktion steht die Auseinandersetzung mit den Zielen des Handelns. Man muss wissen, was es überhaupt anzustreben gilt. Was soll man mit einer gefährdeten Firma machen? Die alte Firmenpolitik – vorsichtig revidiert – weiter betreiben? In neue Produkte investieren? Eine Nischenpolitik betreiben? Bestimmte Leistungsbereiche "outsourcen"? Oder all das irgendwie zusammen? Dabei sollten die Ziele möglichst konkret formuliert sein, also nicht zu global gehalten oder als Negativziele formuliert. Die Formulierung von Zwischenzielen ist hilfreich, ebenso sollte man Oberziele im Auge haben; damit eine Zielverfolgung nicht zum Selbstzweck wird, sollte man immer die Frage "warum mache ich das überhaupt?" beantworten können. Nur dann weiß man, zu welchem anderen Ziel man wechseln sollte, wenn man das aktuelle nicht erreichen kann.

Informationssammlung und Modellbildung: Weiß man, wohin das Handeln führen soll, ist es notwendig, sich ein genaues Bild der Lage zu verschaffen, um möglichst effiziente Ansatzpunkte für Maßnahmen zu finden. Das heißt, man betreibt zunächst eine angemessene Informationssammlung. Angemessen bedeutet dabei, dass man einen der Situation entsprechenden Auflösungsgrad wählt. Zu wenig Information kann fatal sein, wenn man dadurch wichtige Wirkmechanismen im Handlungsraum übersieht. Zu viel Information kann ebenfalls behindern, zum einen, wenn man sich zu lange in deren Beschaffung verstrickt, zum anderen, wenn man schließlich den

Überblick verliert, zu viele Details im Kopf hat, die verwirren. Die Informationssammlung sollte genau soweit betrieben werden, bis sie das notwendige Material für den folgenden Schritt liefern kann: die Modellbildung.

Für einen Problemlöseprozess stellt die Erarbeitung eines Modells eine entscheidende Voraussetzung dar. Es geht darum, die gesammelten Informationen in ein dynamisches Wirkgefüge zu integrieren, das Aufschluss über die Zusammenhänge zwischen den beteiligten Variablen und Prozessen gibt. Allzu oft endet die Informationssammlung in der Anhäufung von Einzelerkenntnissen, die jedoch für die Lösung eines Problems kaum mehr liefern, als eine Aussage über dessen Ausmaß. Menschen neigen zum kategorialen Denken: Das und das ist der Fall. Wichtig ist aber darüber hinaus ein funktionales Denken: Das und das ist deshalb der Fall, weil ...! Man sollte so weit wie möglich versuchen, das "Wirkungsgefüge" der kausalen Zusammenhänge zu erfassen. Das wird dem Problemlöser aber erst durch das Studium der Vergangenheit des gegenwärtigen Zustandes klar. Die Bildung eines Modells verpflichtet zum einen zu eben dieser Auseinandersetzung, zum anderen gewährleistet sie eine anschauliche Darstellung der Dynamik des eigenen Handlungsraumes, so dass es leichter wird, damit umzugehen.

Prognose: Entscheidend für einen Problemlöseprozess ist es, ein "Gefühl" dafür zu bekommen, wohin die ganze Sache läuft, was geschehen wird, wenn man gar nichts tut. Man sollte also wissen, welches Spektrum von Entwicklungen möglich ist. Auch sollte man – soweit wie möglich – ein "Gefühl" für die Formen der Entwicklung bekommen: Wir neigen zu linearen oder strukturellen Extrapolationen. Oftmals aber gehorchen Entwicklungen exponentiellen Gesetzen, geschehen logarithmisch oder oszillieren.

Planen: Adäquates Handeln bedarf der **Planung**. Dabei sollte der Plan nicht nur für das konkrete Problem angemessen sein; er sollte mit der Gesamtstrategie der Organisation koordiniert werden. Auch hier muss man den richtigen Auflösungsgrad finden, um zum einen konkret genug, zum andern aber auch flexibel genug zu planen. Die Planung muss darüber hinaus in ständigem Abgleich mit der realen Situation stehen. Da diese nämlich Maßnahmen nicht einfach abwartet, bis man sich entschieden hat, sondern sich weiterentwickelt, muss die Veränderung der Umstände in die Planung einbezogen werden.

Kontrolliertes Handeln: Pläne müssen in kontrollierter Weise in konkretes Tun, konkrete Aktionen, umgesetzt werden; es kommt nicht einfach auf ihre Durchführung, sondern gegebenenfalls auch auf ihre Anpassung an die Umstände, an. "Ein Plan, der nicht geändert werden kann, ist ein schlechter Plan!" meinte der jüngere SCIPIO. Um die Umsetzung der geplanten Maßnahmen erfolgreich zu gestalten, sind zwei Faktoren von wesentlicher Bedeutung: **Kommunikation** und **Kontrolle**. Beides gestaltet sich oftmals schwierig, da beide Aufgaben die Durchführung der Maßnahmen begleiten müssen. Die "Exekutive" hat immer eine gewisse Tendenz sich der "Bevormundung" zu entziehen und verliert sich leicht in der Gestaltung der aktuellen Aktion.

Wenn aber die Kommunikation abreißt, ist fraglich, ob die richtigen Anweisungen an der richtigen Stelle zum richtigen Zeitpunkt überhaupt ankommen; vernachlässigt man darüber hinaus die Effektkontrolle, kann es geschehen, dass man gar nicht merkt, dass etwas längst nicht mehr entsprechend der eigenen Vorstellungen, der eigenen Planungen verläuft. Man stößt eine Maßnahme an, hält sie im selben Moment für erledigt und geht zum nächsten Schritt des Planes über. Abgehakt! Das erleichtert, besonders in Krisen! Und deshalb neigen Stäbe dazu, die "Exekutive" nicht zu kontrollieren. "Die sollten wissen, was sie tun!" Das aber kann fatal werden! Eine optimale Handlungsorganisation bedeutet eine ständige Hintergrundkontrolle, einen andauernden Abgleich der Realität mit der eigenen Vorstellung davon. Das erfordert eine unverzerrte Kommunikation zwischen allen beteiligten Parteien.

Problemlöseprozesse verlaufen nun konkret nicht starr entsprechend dem Diagramm der Phasen in Abbildung 3-1. Mehr oder minder flexibel werden sie den Umständen und Erfordernissen angepasst. Beispielsweise kann ein Rücksprung zur erneuten Informationssammlung erfolgen, wenn bei der Modellbildung offensichtlich wird, dass ein wichtiger Teil der Realität noch gar nicht beachtet wurde. Oder die Effektkontrolle fördert neue Wirkmechanismen zu Tage, die dann in das Modell integriert werden.

Bei der Darstellung der Phasen der Handlungsorganisation klingt bereits an vielen Stellen an, wie fehleranfällig dieser Prozess sein kann. Wenn hohe Unbestimmtheit herrscht und dazu das Kompetenzgefühl gering ist, werden Verhaltenstendenzen auftauchen, die die gesamte Handlungsorganisation in eine bestimmte Richtung drängen, die bedenklich sein kann. Die Denk- und Verhaltenstendenzen, die dann typischerweise zu Tage treten, sollen im Folgenden dargestellt und ihre Hintergründe erläutert werden.

3 Angst und die Handlungsorganisation

Angst ist zunächst ein Lagebericht, der dem Individuum anzeigt, dass es sich in einem problematischen Verhältnis zu seiner Umgebung befindet. Es erhält die Information: „Vorsicht! Du weißt nicht, was geschehen kann und du kannst wahrscheinlich wenig ausrichten!“ – Damit muss man umgehen.

Angst enthält Handlungsdruck. Sie drängt dazu, sofort etwas zu unternehmen. Das braucht aber mit dem zu lösenden Problem nur wenig zu tun zu haben. Wesentlich betrifft die Angst unsere Kompetenz; wir wollen uns (und anderen) beweisen, dass wir etwas tun können, wir wollen unsere Kompetenz demonstrieren. Diese Verhaltenstendenz **kann, muss** aber nicht, mit dem zu lösenden Problem zusammenhängen. – In Abbildung 3-1 erläutern wir die modulierenden (also Verhaltens ändernden) Wirkungen der Angst. Wir wollen nun genauer auf diese Verhaltenstendenzen und kognitiven Modulationen eingehen, die durch Angst erzeugt werden, und ihre Auswirkungen auf die oben dargestellten Phasen im Problemlöseprozess darstellen:

Abbildung 3-1: *Angst*

Quelle: Eigene Abbildung

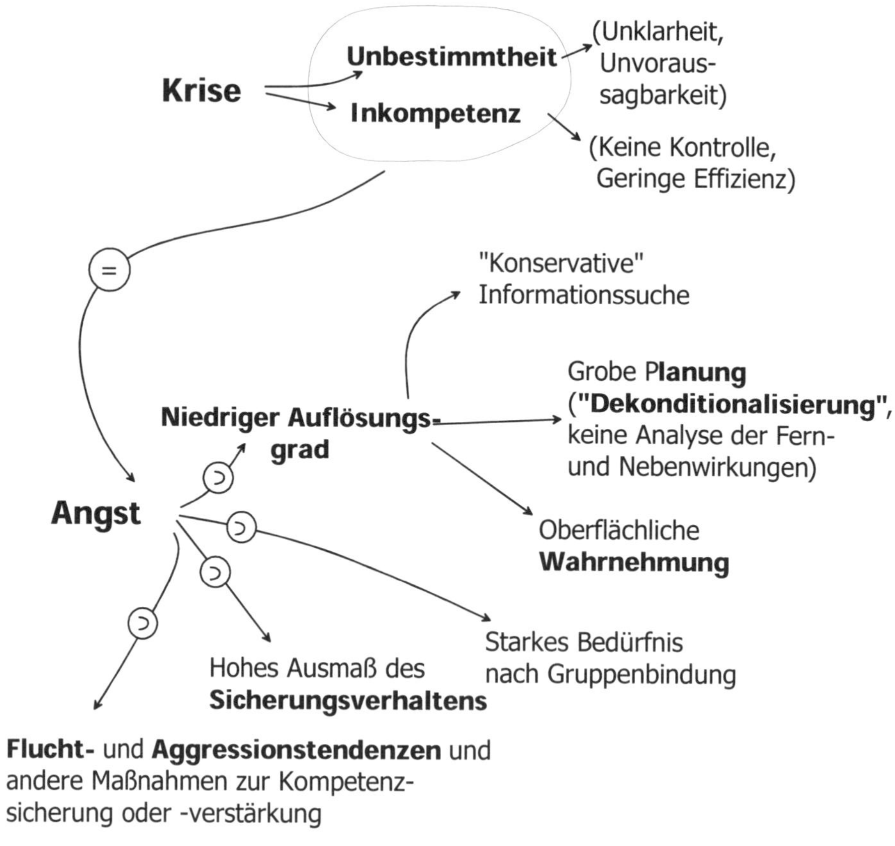

3.1 Sicherungsverhalten

Sicherungsverhalten besteht darin, dass die Umgebung auf mögliche Gefahrensignale hin untersucht wird. Man achtet auf die besonders unbestimmten Bereiche der Umwelt und kontrolliert die dort ablaufenden Prozesse. Das geschieht sowieso ständig:

Der Zeitungsleser im Café lässt ab und zu die Zeitung sinken, um die Umgebung zu mustern. In Angst aber nehmen die Frequenz und das Ausmaß des Sicherungsverhaltens so stark zu, dass es für das Handeln ausgesprochen destruktiv werden kann. Wenn laufende Absichten ständig durch Sicherungsverhalten unterbrochen werden, kann es dazu kommen, dass nichts mehr richtig durchgeführt wird und das Sicherungsverhalten die Organisation des Handelns zerstört. Die Zeit, die man für das Sicherungsverhalten aufwendet, fehlt für das Nachdenken und die Analyse, für die immer ein vorübergehender Rückzug aus der Realität notwendig ist. Man bleibt dem Augenblick verhaftet; Vergangenheit und Zukunft gehen verloren; die Vergangenheit wird nicht mehr auf mögliche Wirkfaktoren durchforstet, die Zukunft nicht mehr auf mögliche Entwicklungen. Damit geht das Sicherungsverhalten auf Kosten einer gezielten **Informationssuche**, darüber hinaus behindert es **alle anderen Schritte** im Problemlöseprozess.

Als die "aggressive Form" des Sicherungsverhaltens kann man die "Spezifische Exploration" ansehen. Man setzt sich einer unsicheren Umgebung aus und versucht herauszufinden, nach welchen Regeln und Bedingungen sie funktioniert. Bei hoher Inkompetenz wird diese Form des Explorierens keinen großen Umfang haben; es birgt immer Risiken. Man muss den "sicheren Hafen" verlassen und sich aufmachen in unbekannte Gewässer. Man muss beispielsweise in Neuerungen investieren, den Markt erforschen hinsichtlich der Reaktion der Kunden auf die neuen Produkte. Dafür muss investiert werden, damit geplant und entworfen werden kann und man muss dann die Marktresonanz auf das neue Produkt erforschen. Alle diese Schritte fallen einer Unternehmung, die sich in einer Krise befindet, schwer. Kapital beispielsweise wird eher verwendet, um Löcher zu stopfen, um der kleinen Effekte willen und deren Auswirkung auf das eigene Kompetenzempfinden. Oft wird also die spezifische Exploration einfach zu früh abgebrochen und geht so ebenfalls auf Kosten einer angemessenen Informationssammlung.

3.2 Konservative Informationssuche und oberflächliche Wahrnehmung

Unter kritischen Bedingungen verringert sich der Auflösungsgrad beim Denken und Menschen neigen dazu, ihre Informationssammlung nach ganz bestimmten Filterregeln zu betreiben. Ein solcher Filter ist eine konservative Haltung beim Blick auf die Dinge. Man weiß ohnehin aus langjähriger Erfahrung, was man zu sehen bekommt und genau so glaubt man dann auch, dass sich alles darstellt. Man benutzt die immer gleichen Wege der Informationsbeschaffung, die, bei denen man sich auskennt. Das bedeutet natürlich auch, dass man dementsprechend immer Informationen übersieht, möglicherweise die entscheidenden, da man sich ja ohne sie immerhin in die Krise hinein manövriert hat. Ein weiterer Effekt eines niedrigen Auflösungsgrades ist die

Oberflächlichkeit: In Krisen sehen Menschen gewöhnlich weniger genau hin, geben sich mit den "Anfangsinformationen" zufrieden und fragen nicht weiter. Sie sehen nur die Spitzen der Eisberge.

3.3 Dekonditionalisierung

Das Planen von Handlungen machte überhaupt keine Schwierigkeiten, wenn man einfach nach der Rumpelstilzchen-Methode planen könnte; "Heute back' ich, morgen brau' ich, übermorgen hole ich der Königin ihr Kind!", wenn man also "unbedingt" Operationen aneinanderreihen könnte. An sich hätte Rumpelstilzchen sich ja sagen müssen: "Wenn genügend Feuerholz da ist, die Hefe nicht schlecht geworden und der Backofen nicht anderweitig belegt ist, dann könnte ich heute backen. Und wenn dann genügend Braugerste vorhanden ist und gutes Wasser zur Verfügung steht ... ." Die Hochstimmung des Rumpelstilzchens rührte aber wesentlich daher, dass es alle diese "wenn" und "aber" nicht betrachtete und auf diese Weise die Erfolgswahrscheinlichkeiten seines Handelns fatalerweise völlig überschätzte. Mut, Kompetenz ist aber genau das, was man in Krisensituationen benötigt, also ist anzunehmen, dass die Rumpelstilzchen-Methode des unbedingten Planens in Krisensituationen nicht selten anzutreffen ist. Sie macht Mut. Und das Planen geht so viel schneller.

Gleichfalls eine enorme Beschleunigung erfährt das Planen, wenn man die Analyse der Neben- und Fernwirkungen des eigenen Handelns nicht in Betracht zieht. – Sowohl die Rumpelstilzchenplanung als auch die Vernachlässigung der Analyse der Fern- und Nebenwirkungen hängen eng mit "affirmativer Wahrnehmung" und "Wahrnehmungsabwehr" zusammen. Man untersucht das Vorhandensein der Bedingungen für bestimmte Aktionen lieber nicht, denn es könnte sich ja herausstellen, dass die erforderlichen Bedingungen nicht gegeben sind und somit das Handeln gar nicht möglich ist. Und gleichfalls fatal wäre es, wenn man feststellen müsste, dass das Handeln so viele und gravierend negative Fern- und Nebenwirkungen hätte, dass der positive Wert der angestrebten Hauptwirkung dadurch völlig konterkariert würde. Also lieber nicht hingucken!

3.4 Bedürfnis nach Gruppenbindung

Eine wesentliche Quelle unserer Kompetenz, die Hauptstütze unseres Selbstvertrauens ist die Einbindung in eine Gruppe. Menschen sind "politische Wesen" (ARISTOTELES), sie haben das Bedürfnis, sich einer Gruppe anzuschließen, Menschen um sich zu haben, auf die sie sich verlassen können. Die Gruppenzugehörigkeit bestimmt ganz wesentlich, wie "stark" wir uns fühlen. Deshalb ist es bei Angst eine fast instinktive

Reaktion, zusammenzurücken, sich der Zugehörigkeit zu einer Gruppe zu vergewissern. Dabei streben wir vor allem Gleichklang, Harmonie an; Gegner der eigenen Auffassung, ja auch nur Kritiker, sind nicht gefragt. Solche Tendenzen zu "Kuschelgruppen" haben zwei Auswirkungen auf das Entscheiden und Handeln:

Es entsteht "Gruppendenke", die Auffassungen von der Welt und auch die Methoden der Entscheidungsfindung werden homogenisiert. Denn die Harmonie und Zusammengehörigkeit einer Gruppe basiert ja darauf, dass man "sich versteht". Das hat bedenkliche Folgen: Man bestärkt sich gegenseitig im Hinblick auf das Gruppencredo. Die Kontrolle der Annahmen über die Realität wird durch die Zustimmung der Gruppe ersetzt. Das kann zu einem völlig falschen Weltbild führen. Die homogenisierte Gruppenmeinung wird regelrecht ideologisch; die Gruppe gibt vor, was man denken darf und was nicht. JANIS hat dieses Phänomen als "groupthink" beschrieben.[2]

Eine Gruppe, die zur "Gruppendenke" neigt, hat neben der Vorgabe von Denkinhalten auch die Tendenz, abweichende Meinungen und Kritik zu eliminieren. Man schwört die Mitarbeiter auf den eigenen Kurs ein, entfernt Kritiker und Nörgler aus den eigenen Reihen, sucht sich Berater, die eher dogmatisch und damit beruhigend vereinfacht, statt differenziert und analytisch vorgehen. Aus kritischer Loyalität wird so leicht ein blindes "Führer befiehl, wir folgen dir!". So sammeln sich in Führungsstäben die Ja-Sager und gehorsamen Diener an, die man überall findet, wo es die Gelegenheit gibt, auf diese Weise Karriere zu machen. Meist sind diese Leute auch nicht die Intelligentesten; es ist sehr hilfreich, wenn man die Auffassungen und Entscheidungen, zu denen man "Ja!" sagen muss, gar nicht so ganz durchschaut. Ausgerechnet in Krisen besteht also die Tendenz zur Akkumulation von Mittelmäßigkeit in Führungsstäben.

Diese Vorgabe von Denkinhalten sowie Ausschaltung von Kritik durch "groupthink" kann für alle Schritte des Problemlöseprozesses negative Folgen haben. Die Informationssuche wird affirmativ und oberflächlich (siehe unten), die Kontrolle der Handlungen wird vernachlässigt, die Zielelaboration eher am gemeinsamen Wunsch als an der Realität ausgerichtet. Besonders beeinträchtigt wird aber die Modellbildung: Die Gruppe vermeidet, die tatsächlichen Wirkfaktoren und Zusammenhänge zu untersuchen und verlegt sich mehr darauf, sich gegenseitig das zu berichten, was sowieso schon die implizite gemeinsame Meinung ist. Der wechselseitige Austausch aber kann den Abgleich des eigenen Weltbildes an der Realität verhindern. Wenn andere dasselbe meinen, wie man selbst, kann es ja doch wohl nicht falsch sein! So fällt die Analyse der Vergangenheit weitgehend aus oder beschränkt sich auf die Teile derselben, die im Einklang mit der eigenen Weltsicht sind.

Wenn man aber die Analyse der Zeitgestalten einer Situation unterlässt, bekommt man auch keinen Eindruck von den Wirkfaktoren einer Realität. Nur wenn man in der Vergangenheit untersucht, welche Geschehnisse welche anderen auslösten, kann man eine Idee davon bekommen, was oder wer wirksam ist und was nicht. Damit steigt auch die Neigung, reduktive Hypothesenbildung zu betreiben: man versucht, möglichst viele (möglichst alle) Erscheinungen auf möglichst wenige (möglichst nur einen)

Faktoren zurückzuführen. Ausgeprägte Modelle solcher reduktionistischen Erklärungen sind viele Ideologien. Wenn der Marxismus alle geschichtlichen Bewegungen auf den "Grundwiderspruch von Lohnarbeit und Kapital" zurückführt, so führt er alle geschichtlichen Erscheinungen auf eine "Kraft" zurück. Solche Hypothesen sind einfach und deshalb in Krisensituationen sehr beliebt. Nicht nur, weil man aus ihnen leicht Patentrezepte ableiten kann, daneben bestechen sie durch ihre Deutlichkeit und Sinnfälligkeit, bieten einen klaren Begriffsrahmen zu dem sich dann der einzelne bekennen kann. So stärken sich die Gruppenstrukturen. Das resultiert auch aus der dem Menschen eigenen Überbewertung von Sinnfälligkeiten: Man schätzt anschauliche, plakative Informationen höher als sprachliche, abstrakte. Damit wird schnell eine Überschätzung des Aktuellen provoziert, denn die Vergangenheit ist zumindest nicht mehr in dem Ausmaß sinnfällig wie die Gegenwart, die man anschauen kann.

Solche Verzerrungen im Modellbildungsprozess ziehen unmittelbar Fehler bei Prognoseversuchen nach sich. Die primitivste Form der Zukunftsprognose ist die Fortschreibung des gegenwärtig offensichtlichen Trends, die Extrapolation der Gegenwart in die Zukunft. Diese beherrscht unsere Alltagsintuitionen über den weiteren Gang der Geschehnisse. Wenn es jetzt regnet, wird es gleich auch noch regnen. Wenn es heute sehr kalt ist, so morgen auch noch. Bei dieser Methode der Zukunftserschließung, die sich im Alltag ganz gut bewährt, lassen wir die Wirkfaktoren, die z.B. den Gang der Wetterentwicklung bestimmen, außer Acht. Damit aber bekommen wir Trendbrüche nie in den Griff. Wir sind daher gut beraten, nicht nur Trends fortzuschreiben, sondern uns Gedanken über die Wirkfaktoren zu machen. Das ist allerdings sehr schwierig; man sieht das am Beispiel der üblichen wirtschaftlichen Prognosen, die immer noch hauptsächlich Trendbeschreibungen sind. – Und in Krisensituationen, wenn es schnell gehen muss, wird diese Tendenz zur Trendfortschreibung eher noch stärker sein als normalerweise.

3.5 Aggression und Flucht

Die schnellen Formen der Bewältigung einer Angst erregenden Situation sind Aggression und Flucht. Dass zur Angst die Flucht gehört, ist selbstverständlich. Man entzieht sich der bedrohlichen Situation. So lässt man beispielsweise bei einem Misserfolg das zuvor verfolgte Ziel fallen wie eine heiße Kartoffel und wechselt lieber zu einem anderen Handlungsbereich, in dem Erfolge sicherer zu erzielen sind. Man zieht sich zurück, verlässt die bedrohliche Situation, um ihr nicht mehr ausgesetzt zu sein. Es gibt sehr verschiedene Formen der Flucht. Wir unterscheiden die "horizontale" und die "vertikale" Flucht.

Bei der horizontalen Flucht zieht man sich in eine Ecke der Realität zurück, die man gut beherrscht. Man tut nicht, was man soll, sondern das, was man kann und bohrt Löcher in die dünnen Bretter, nicht in die wichtigen. Ein Mittel dieser Art, das sich oft in Krisensituationen finden lässt, ist die Reorganisation des Unternehmens. Abteilungen werden aufgelöst oder neu gegründet, Zwischenebenen eingezogen, Führungsstrukturen gestrafft oder erweitert oder auf sonst eine Art und Weise die interne Organisation verändert. Da man auf die eigenen Strukturen immer Zugriff hat, ist es ein Leichtes, sich auf diese Weise Effizienzsignale zu verschaffen. Ob damit die Krise bewältigt wird, bleibt fraglich.

Vertikale Flucht bedeutet "Abheben". Statt dass man die eigenen Probleme angeht, die Gründe und Hintergründe der Krise untersucht, kann man z.B. zu metawirtschaftlich-philosophischen Betrachtungen übergehen. Anstatt sich mit der widerspenstigen Faktenlage in einem Bereich der Wissenschaft auseinander zu setzen, befindet man sich mit **wissenschaftstheoretischen** Betrachtungen in einem sicheren Bereich, der zudem noch die angenehme Möglichkeit bietet, andere zu belehren, wie sie forschen müssen.

Auf den ersten Blick mag es merkwürdig erscheinen, dass Angst aggressive Tendenzen auslöst. Aber das ist so. Erfolgreiche Aggression liefert Kompetenz. Und die braucht der Ängstliche. Natürlich ist die Aggression in der Angst an bestimmte Bedingungen gebunden, nämlich daran, dass man sich dem Opfer der Aggression gegenüber mächtiger fühlt. Der von seinem Vorgesetzten gemaßregelte Abteilungsleiter brüllt seine Sekretärin an. Aggressive Tendenzen können sich aber auch schon in der Planung von Maßnahmen zeigen: man wählt solche mit einem "bang-bang – Effekt". Ein Handeln (oder auch nur die Vorstellung davon), welches einfach laut "knallt", kann allein schon förderlich für das Kompetenzempfinden sein. Die Maßnahmen brauchen zur Krisenbewältigung gar nichts beitragen; es muss nur einen starken Eindruck machen, vor allem auf einen selbst. Goebbels ließ im April 1945, kurz vor dem "Untergang", noch schnell einige Berliner hinrichten, die Bäckerläden geplündert hatten; dass er das noch konnte, gab ihm offenbar Auftrieb.[3]

3.6 Kompetenzsichernde Maßnahmen

Hinter den "kompetenzsichernden Maßnahmen" der Abbildung 2-1 verbergen sich eine große Menge von Verhaltensweisen, die die beiden Möglichkeiten der Regulierung des Kompetenzgefühls betreffen, nämlich zum einen die Steigerung der Anzahl von "Erfolgsmeldungen" (Zufluss zum "Kompetenztank" in Abbildung 3-2) und zum anderen die Senkung der Anzahl von Misserfolgsmeldungen (Abfluss aus dem "Kompetenztank"). Abbildung 3-2 zeigt diese Maßnahmen zur Kompetenzsicherung.

Abbildung 3-2: *Kompetenzsicherung*

Quelle: Eigene Darstellung.

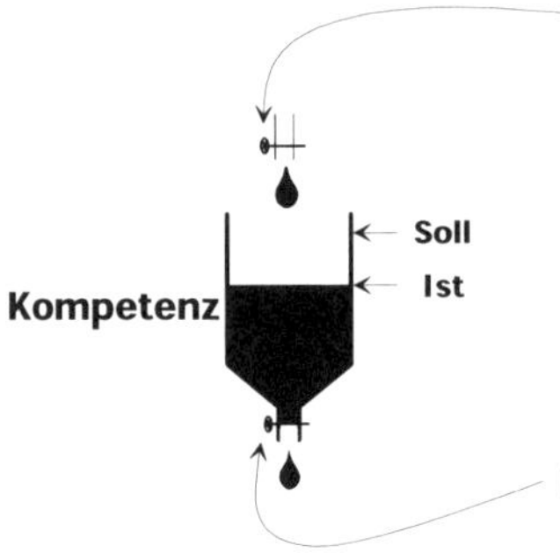

Maßnahmen zur Steigerung des „Zuflusses":

- Erfolgreiches Handeln
- Analyse der Ursachen von Misserfolg
- Reavitalisierung früherer Erfolge
- "Projektemacherei", dabei Unterschätzung der Schwierigkeiten und Überschätzung des Erfolgs
- "Entschlossenes" Handeln
- Vertikale Flucht
- Horizontale Flucht
- Affirmative Wahrnehmung
- Selbstattribution von Erfolgen

Maßnahmen zur Verringerung des „Abflusses":

- Fremdattribution von Misserfolg
- Wahrnehmungsabwehr
- Redefinition von Misserfolgen in Erfolge
- Abschirmung vor Kritik
- Vermeidung von Selbstreflexion (Selbstkritik)

Diese Maßnahmen der Angstbekämpfung durch Kompetenzsicherung, die in das Krisendenken von Menschen fast automatisch einfließen, wollen wir nun kurz charakterisieren. Zunächst zu den Kompetenz erhöhenden Maßnahmen:

- **Erfolgreiches Handeln** ist die beste Methode um sich selbst (und anderen) die eigene Handlungsfähigkeit zu beweisen. Die besten Effizienzsignale sind solche, die einem Individuum anzeigen, dass es in der Lage ist, zu handeln und zwar effektvoll, beispielsweise durch die Platzierung eines neuen Produkts am Markt oder zunächst durch dessen Entwurf. Wagt man sich an die eigentlichen Probleme nicht mehr heran, so kann man doch immerhin Nebenprobleme lösen. Die Gefahr in dieser Tendenz zum Handeln liegt darin, dass man den Erfolg als solchen sucht, egal wo, dass man also das tut, was leicht zu tun ist und nicht das, was eigentlich getan werden muss.

- Die **Analyse der Ursachen des Misserfolgs** ist auf die Dauer der sicherste Weg zur Steigerung der eigenen Kompetenz. Leider hat diese Methode die unangenehme Eigenschaft, ihre positive Wirkung erst auf längere Sicht zu entfalten und zunächst einmal gewöhnlich Beispiele für das eigene Versagen zutage zu fördern. Und das kann man nun gar nicht brauchen. Nicht in einer Krise! Deshalb besteht die starke Tendenz, diese Analyse zu vermeiden, die Effektkontrolle beim Handeln einfach zu umgehen.

- Besser ist es da, sich zur eigenen Ermutigung vergangene Siege vor Augen zu führen. Die "Wiederbelebung von Leichen" erzeugt ein angenehmes Gefühl;[4] sonst aber nutzt sie meist wenig, da oft gerade die Perpetuierung früher erfolgreicher

Methoden der Grund für die augenblickliche Krise ist. Die Revitalisierung vergangener Erfolge kann aber auch nützen, nämlich dann, wenn sie sie nicht allein der Restaurierung des Selbstwerts dienen soll, sondern als Suche nach Methoden fungiert, die vergessen worden sind.

- Angst erzeugt beim Betroffenen großen Handlungsdruck. Das lässt in Krisen die Tendenz zur Projektemacherei stark anwachsen: man hat den Drang, etwas ganz Bedeutsames zu **planen**. Solche Pläne haben nur noch einen losen Zusammenhang mit der Realität. Man unterschätzt die Schwierigkeiten und überschätzt die Erfolgswahrscheinlichkeiten. (Und weil man das insgeheim weiß, wird der Plan auch meist nicht ausgeführt.) Und dann kann man sich ausmalen, wie es sein wird, wenn der Plan erfolgreich ausgeführt würde. Das hilft dem Selbstvertrauen! – So kann eine Krise zum (mehr oder minder vollständigen) Ausfall der Zielelaboration führen. Man muss etwas tun, um den Gefahren zu begegnen und sich nicht lange mit Vorüberlegungen aufhalten. Aus demselben Grund bleibt die Koordination oder auch die Anpassung der Ziele an die Umstände (Schwerpunktwechsel) auf der Strecke. Eine solche ungenaue Auseinandersetzung mit den Zielen und Folgen der eigenen Aktionen hat daneben den Vorteil, dass man ohne weiteres behaupten kann, mit diesem Vorgehen binnen einiger Monate das Unternehmen wieder auf Vordermann zu bringen. Wenn man nämlich ein Globalziel hat, das nicht in verschiedene Schritte untergliedert ist, so kann man sich auch nicht über die Bedingungen und Restriktionen eines jeden dieser Schritte klar werden. Man unterschätzt die Schwierigkeiten und überschätzt die Erfolgswahrscheinlichkeit.

- Angst erzeugt außerdem das Bestreben, sich mit **einem** "Befreiungsschlag", mit der einen "genialen Aktion" aus allen Schwierigkeiten zu befreien. Wenn sich in einer Krise die Probleme häufen, die Führungskräfte zur Konkurrenz abwandern, die Belegschaft unruhig wird, die Stellung am Markt wackelt usw., dann entwickelt sich leicht eine "Erlösersehnsucht", der Wunsch, eine "Wunderwaffe" zu haben, mit deren Hilfe man sich aus dieser "See von Plagen" mit einem Mal befreien kann. Vielleicht durch **den** großen Exportauftrag? Oder durch die Entwicklung des total neuartigen Produkts, welches den Markt aufrollt? Oder durch die Anheuerung **des** Unternehmensberaters? In einer solchen Situation wird man leicht das Opfer von "Wunderheilern". "Selig sind die, die da glauben ohne zu sehen." – Die Sehnsucht nach **der** Methode erzeugt leicht Methodismus[5]. Methodismus ist die Überzeugung, über ein unübertreffliches Patentrezept zur Lösung von Problemen zu verfügen. Man hat nicht eine Methode, sondern **die** Methode. Eine solche Vorstellung schafft in allen Bereichen, bei denen es um die Bewältigung von Problemen in unbestimmten und komplexen Umgebungen geht, Vereinfachung und Erleichterung. Man betrachte einmal in einem beliebigen Buchladen mit einer wirtschaftswissenschaftlichen Abteilung die aktuelle Managementliteratur. Vorgestern schwor man auf "Gruppendynamik", gestern war es "lean-Management" oder "Management by Chaos" oder die "fraktale Fabrik", heute ist es ... ach, sehen Sie doch selbst mal nach!

- Eine große "Hilfe" bei der Bewältigung einer Krise ist die **affirmative Wahrnehmung**. Man sieht nicht, was tatsächlich der Fall ist, sondern das, was man sehen will, was in das eigene Wunschbild passt. Man hat kein Auge für die Anzeichen einer negativen Entwicklung. So kommt es zu den "voraussagbaren Überraschungen"[6], zu Entwicklungen, deren Gang man nicht vorhersieht, obwohl alle Indizien vorhanden sind, um sie vorauszusagen. Indizien, die auf möglicherweise gefährliche Entwicklungen hindeuten, sind im Hinblick auf die augenblicklichen Schwerpunkte gewöhnlich Randereignisse. Man übersieht sie leicht! Die Gefahren oder auch die Gelegenheiten der Zukunft haben es im Allgemeinen schwer, sich gegen die Gefahren und Gelegenheiten der Gegenwart durchzusetzen. Jeder Raucher ist ein lebendiges Beispiel für das "Übergewicht des aktuellen Motivs". Unter dem Druck der Erfordernisse der Gegenwart missachten wir die Indikatoren für zukünftige Entwicklungen – und je stärker der Druck der Gegenwart ist, desto mehr ist das der Fall. Unser Vertrauen in unsere Fähigkeit, die Probleme bewältigen zu können, stützen wir lieber auf eine noch zufrieden stellende Gegenwart als auf Indizien für eine katastrophale Entwicklung in der Zukunft. BAZERMAN / WATKINS weisen darauf hin, dass der 11. September z.B. voraussagbar war und vorausgesagt worden ist und zwar mehrmals und unter Angabe von Einzelheiten (simultaneous hijacking, airplane as missile). – Die beste Form der Bewältigung einer Krise ist es, sie gar nicht erst auftreten zu lassen. Dafür darf man aber die Indizien nicht übersehen und man muss sich außerdem dafür entscheiden, für die Abwehr eines Ereignisses, das noch gar nicht sinnfällig ist, viele Mühen und viel Geld zu investieren. Das zu verlangen ist nicht sehr "menschlich". Wir gehen unten noch darauf ein.

- Eine weitere große Hilfe zur Bewahrung des Kompetenzgefühls ist die Selbstattribution von Erfolgen. Führt man Erfolge auf Zufälle oder günstige Entwicklungen zurück, dann sind sie nicht selbstwertdienlich. Besser für das Selbstwertgefühl ist es, wenn man sie der eigenen Einsicht und den eigenen Fähigkeiten zuschreibt; für die richtige Sicht der Welt ist das allerdings schlecht.

Die zweite Gruppe an Maßnahmen zum Schutz des Kompetenzgefühls wirkt dadurch, dass sie ein Absinken des Selbstwerts verhindert:

- Gemäß der Selbstattribution von Erfolgen ist es auf der anderen Seite natürlich sinnvoll, Misserfolge auf Zufälle, unvoraussehbare Entwicklungen oder die Boshaftigkeit anderer zurückzuführen. Oder auf das Versagen eines Mitarbeiters, dem man die richtigen Weisungen gegeben hat, der diese aber falsch oder mangelhaft ausführte. Was den Misserfolg jedoch wirklich verursacht hat, bleibt dadurch unaufgeklärt.

- Ein anderes Mittel, sich gegen Misserfolge zu "wehren", ist die Umkehrung der affirmativen Wahrnehmung, nämlich die Wahrnehmungsabwehr. Esse est percipi: Sein bedeutet wahrgenommen zu werden! (Berkeley) Wenn man Misserfolge gar nicht erst wahrnimmt, sind sie nicht vorhanden.

- Wenn man aber unangenehme Dinge wahrnehmen muss, so kann man immerhin versuchen, Misserfolge in Erfolge umzumünzen. Eine Hungersnot, die in einem unserer Planspiele (Moro) in einem Entwicklungsland aufgrund der falschen Entscheidungen der Versuchsperson auftrat, wurde von dieser positiv bewertet: "Da sterben vor allem die Alten und die Schwachen und das ist gut für die Bevölkerungsstruktur!"[7]

- Eines der gebräuchlichsten, aber am wenigsten auffälligen Mittel der Vermeidung von Kompetenzverlusten ist die Abschirmung vor Kritik. Man unterlässt z.B. einfach die Kontrolle der eigenen Handlungen; man handelt "ballistisch". Das bedeutet, dass die Effekte der eigenen Aktionen nicht kontrolliert werden. Man handelt oder delegiert Aktionen und geht im selben Moment davon aus, dass die entsprechenden Probleme damit gelöst sind. Auch tut man gut daran, keine Selbstreflexion zu betreiben. Wenn man das eigene Handeln nicht zum Objekt der Betrachtung macht, so kann einem auch nichts Fehlerhaftes daran auffallen. Wenn man aber nicht umhin kommt, etwas Unangenehmes zu Kenntnis zu nehmen, so bleibt immer noch die Möglichkeit der "immunisierenden Marginalkonditionierung" (STROHSCHNEIDER[8]); man schreibt den Grund für das Scheitern irgendeiner Nichtigkeit zu, die zufällig auftrat und sich bestimmt nicht wiederholen wird. Der eigene Plan war schon richtig und hätte auch funktioniert, wenn nicht zufällig gerade eben der Wind ...

Wir haben nun dargestellt, wie Gefühle in Krisensituationen meist unangemessene Verhaltens- und Denktendenzen verursachen, in welcher komplexen Weise Emotionen und Handlungsorganisation zusammenspielen. Wahrscheinlich sind die wenigsten Fehler in Krisensituationen auf Unwissenheit oder Dummheit zurückzuführen. Vielmehr ist es oft wohl der Wunsch nach einem Gefühl von Sicherheit und Selbstwert, der das Handeln unter kritischen Bedingungen in problematische Richtungen treibt.

4 Was tun?

Die beste Methode der Krisenbewältigung ist es, eine Krise gar nicht erst zuzulassen, das sagten wir schon. Wie aber ist das möglich? Wir haben schon die Auffassung von BAZERMAN / WATKINS dargestellt, die von "voraussagbaren Überraschungen"[9] (predictable surprises) sprechen. Viele Krisen kündigen sich "eigentlich" an; wir aber nehmen die Warnsignale entweder nicht wahr oder spielen ihre Bedeutung herab.

Warum? Das hat wohl verschiedene Gründe. BAZERMAN / WATKINS meinen, dass die Abwendung einer Krise eine prinzipiell **undankbare** Aufgabe ist. Kaum erntet man Dank dafür, dass man ein zukünftiges Problem verhindert hat. Das wird vielleicht nicht einmal bemerkt, da ja die Krise gar nicht auftritt. Eher kann man Lorbeeren damit gewinnen, dass man ein aktuelles Problem löst.

Ein weiterer Grund dafür, Krisensymptome zu missachten, ist der gegenwärtig (noch) zufrieden stellende Zustand. Wenn man im Moment keine Probleme hat, wird man dazu neigen – schon allein um sich "unnötige" Arbeit zu ersparen – diesen Zustand in die Zukunft zu extrapolieren. Krisensymptome werden also aufgrund affirmativer Tendenzen gar nicht erst wahrgenommen. Selbst aber wenn Krisensymptome wahrgenommen werden, gibt es eine starke Tendenz, die Lage "schönzureden". Denn andernfalls müsste man ja vom gewohnten Gang des Handelns abweichen und unter Umständen sehr viel Geld und sehr viel Zeit investieren, um etwas abzuwenden, von dem man ja gar nicht weiß, ob es sich auch wirklich ereignen wird.

Ein dritter Grund ist wohl, dass derjenige, der als Kassandra auftritt, also auf mögliche krisenhafte Entwicklungen hinweist, leicht als Störenfried angesehen wird, der den normalen Gang der Ereignisse unterbricht und "absurde" Prophezeiungen macht (z.B. dass vollbesetzte Flugzeuge in Gebäude gelenkt werden). Auch hier gilt das Prinzip der Überwertigkeit des aktuellen Motivs. Die Schwierigkeiten, die man **jetzt** hat, wiegen viel schwerer als die Schwierigkeiten, die morgen oder übermorgen **vielleicht** auftreten könnten. Und das gilt auch dann, wenn diese Schwierigkeiten viel größer sind als die Probleme, die man gerade eben jetzt zu bewältigen versucht. Die Überwertigkeit des aktuellen Motivs hat auch etwas zu tun mit der Sinnfälligkeit der aktuellen Probleme. Sinnfällige Probleme, also solche, die man sehen, hören, riechen, schmecken, fühlen kann, haben eine bei weitem größere motivierende Wirkung als Hinweise auf zukünftige Entwicklungen.

Der beste Weg also eine Krise zu bewältigen ist, sie gar nicht erst auftreten zu lassen. Wenn aber eine Krise nun da ist, ist es wahrscheinlich ein guter Rat, sich die verschiedenen Denk- und Handlungstendenzen, die wir in diesem Artikel aufgeführt haben, vor Augen zu führen und sich bei jeder Entscheidung zu fragen, aus welchen Gründen man sich **wirklich** so oder so entscheidet. Ist die Entscheidung sachlich angebracht oder will man damit nur das eigene Selbstwertgefühl schützen? Hat man wirklich die Situation unvoreingenommen betrachtet oder kann man bei sich starke Tendenzen zur affirmativen Wahrnehmung beobachten? Hat man wirklich alle möglichen Entwicklungen betrachtet oder nur die positiven Szenarien? Hat man die Vergangenheit sorgfältig analysiert und hat man versucht, die Faktoren zu identifizieren, die das Geschehen beherrschen? Ist der Hauptgrund dafür, dass man in einer bestimmten Weise handelt, der, dass man in der Vergangenheit mit der entsprechenden Handlung positive Erfahrungen gemacht hat, usw.? Ist der Hauptgrund des eigenen Handelns, dass man so ein richtig starkes Erfolgserlebnis braucht?

Das Rezept für den Umgang mit Krisensituationen besteht also nicht in der Empfehlung einer bestimmten Strategie des Handelns, sondern in der Empfehlung einer kritischen Reflexion des eigenen Verhaltens. Dieser Ratschlag wirkt vielleicht unbefriedigend, weil er sehr unkonkret ist; wir glauben aber nicht, dass es einen besseren gibt.

Man darf sich von der Angst nicht bemeistern lassen. Angst ist ein Signal, eine Mitteilung darüber, dass man sich bezüglich seiner Umwelt in einem bedenklichen Zustand befindet. Diese Nachricht sollte man ernst nehmen. Den anderen Teil der Angst aber, nämlich ihre "Vorschläge" was zu tun sei, sollte man nicht so ohne weiteres akzeptieren. Denn diese "Vorschläge" beziehen nicht eigentlich auf die zu bewältigende Krise, sondern auf Angstminderung. Und auf diese Tendenzen sollte man nicht hereinfallen.

Anmerkungen

1 Vgl. DÖRNER, D.: Bauplan [1999], S. 557 ff.

2 Vgl. JANIS, I.: Groupthink [1972].

3 Vgl. GOEBBELS, J.: Tagebücher [1977], S. 511.

4 Vgl. SENGER, H. V.: Strategeme [1988].

5 CLAUSEWITZ, C. V.: Vom Kriege [1880], 129 ff.

6 BAZERMAN, M. / WATKINS, M.: Outcomes [2005].

7 DÖRNER, D.: Logik [2003], S. 31.

8 Vgl. s. STROHSCHNEIDER, S. / VON DER WETH, R.: Plan [2002].

9 BAZERMANN, M. / WATKINS, M.: Outcomes [2005].

Literatur

BAZERMAN, M. / WATKINS, M.: Predictible Outcomes; Harvard: Harvard Business School Press; 2005.

BOOTHE, B. / MARX, W. (Hrsg.): Panne – Irrtum – Missgeschick – Die Psychopathologie des Alltagslebens in interdisziplinärer Perspektive; Bern: Verlag Hans Huber; 2003.

CLAUSEWITZ, C. V.: Vom Kriege; Berlin: Dümmler; 1880.

DÖRNER, D.: Bauplan für eine Seele. Reinbek: Rowohlt; 1999.

DÖRNER, D.: Die Logik des Misslingens – Strategisches Denken in komplexen Situationen; Reinbek: Rowohlt; 2003.

Goebbels, J.: Tagebücher 1945; Hoffmann & Campe: Hamburg; 1977.

JANIS, I.: Victims of Groupthink; Boston: Houghton Mifflin; 1972.

SENGER, H. V.: Strategeme – Lebens- und Überlebenslisten aus drei Jahrtausenden; Scherz: Bern et al.; 1988.

STROHSCHNEIDER, S. / VON DER WETH, R. (Hrsg.): Ja, mach nur einen Plan – Pannen und Fehlschläge – Ursachen, Beispiele, Lösungen; Bern: Verlag Hans Huber; 2002.

Jörg Freiling

„Dominant Logic" als Handlungsbarriere beim Management von Ad-hoc-Krisen

1 Problemstellung ... 445

2 Inhaltliche Einordnung der „Dominant Logic" ... 445

3 Die „Dominant Logic" als besonderes Problem organisationaler Trägheit in Ad-hoc-Krisen ... 451

4 Die Beeinflussung der „dominant logic" im Management von Ad-hoc-Krisen ... 453

5 Abschließende Bemerkungen ... 455

1 Problemstellung

Ad-hoc-Krisen entfalten ihre destruktive Wirkung unmittelbar und stellen eine Unternehmung dadurch vor eine schwierige, nicht selten existenzbedrohende Situation.[1] Die schnell wirkenden Kräfte einer Krise stehen allerdings im Gegensatz zu den Trägheitspotenzialen, die in Unternehmungen jeglicher Art in unterschiedlichster Form ihre Wirkung entfalten. Zum Teil sind die Trägheitsmomente durch die Unternehmungsführung beeinflussbar, zum Teil entziehen sie sich jedoch einer aktiven Gestaltung.

Im Vordergrund des vorliegenden Beitrags stehen diejenigen Trägheitsmomente, die sich auf die Disposition durch die Unternehmungsführung beziehen. So ist zu beobachten, dass in Abhängigkeit von denjenigen Personen, die dispositive Entscheidungen in Unternehmungen treffen, von bestimmten Handlungsgrundsätzen, Wirkungszusammenhängen und Weltanschauungen ausgegangen wird, die als solche nicht oder allenfalls in absoluten Ausnahmefällen hinterfragt und auf ihre Zweckmäßigkeit geprüft werden. Bezüglich dieser Problematik hat sich in der Literatur der Begriff der so genannten „dominant logic“[2] eingeprägt, der derartige führungsrelevante Muster von Entscheidungen fällender Personen erfasst.

Diese „dominant logic“ soll im vorliegenden Beitrag einer näheren inhaltlichen Bestimmung unterzogen (Abschnitt 2) und auf seine Trägheitspotenziale untersucht werden (Abschnitt 3). Nach der damit verbundenen Analyse der Relevanz der „dominant logic“ im Falle von Ad-hoc-Krisen werden Ansatzpunkte untersucht, um trotz der schwierigen Ausgangslage im Falle einer derartigen Krise auf die „dominant logic“ im Sinne der Problembewältigung einzuwirken (Abschnitt 4). Letzteres setzt eine Einordnung der „dominant logic“ als ein zumindest in Grenzen gestaltbares Objekt in Ad-hoc-Krisen voraus.

2 Inhaltliche Einordnung der „Dominant Logic“

Das Konzept einer führungsbezogenen „logic“ ist in der Literatur äußerst unscharf umrissen. Zum Teil finden sich Begriffe wie die „Strategische Logik“, die in unterschiedlichster Form interpretiert wird. JARILLO verbindet mit ihr im Untertitel seines gleichnamigen Buches vollmundig die „Quellen der langfristigen Unternehmensrentabilität“[3], liefert dann aber alles Andere als eine stichhaltige und präzise Begriffsfassung, was eine Strategische Logik beinhaltet. Jenseits dieser Nebelwolke von allgemeinen Themen im einmal engen, einmal weiten Kontext des Strategischen Managements gehen SANCHEZ et al. dem Begriff ungleich genauer nach und eröffnen damit eine wissenschaftliche Diskussion. Sie verstehen eine „strategic logic" wie folgt:

"'**Strategic logic**' refers to the rationale(s) employed (explicitly or implicitly) by decision makers in the firm as to how specific deployments of resources are expected to result in an acceptable level of attainment of the firm's goals. All employees within a firm have at least some degree of discretion in the allocation of resources. [...] Thus, the strategic logic of the firm is not an exclusive creation of top managers. [...] Subsequent interpretations by other employees [...] require the adoption by each decision maker of a rationale for deciding [...] the firm's strategic logic [...] resides at all levels of the firm, and for this reason, a firm's strategic logic may be subject to inconsistencies across the various activities of the firm."[4]

Die Kennzeichnung lässt erkennen, dass eine derartige Logik Zuordnungsregeln betrifft, die sich auf zielorientierte Handlungen in Unternehmungen beziehen. Insofern lässt sich auch eine zumindest partiell zutreffende Bezugnahme auf ein wissenschaftlich geprägtes Verständnis von Logik erkennen, welches auf der die Lehre vom folgerichtigen Denken und Schließen auf Basis gegebener Aussagen beruht. Derartige Vorstellungen in Form von Begründungsansichten, wie aus eingesetzten Faktoren ein wirkungsvoller Zielbeitrag erwirtschaftet werden kann, treten oftmals nicht explizit zutage und sind vor allem interpersonell verschieden. Daher sind die von SANCHEZ et al. beschriebenen unternehmungsinternen Inkonsistenzen nachvollziehbar.

BETTIS und PRAHALAD haben sich mehrfach mit dem Phänomen der „dominant logic" beschäftigt[5] und hierzu eine begriffliche Grundlage geschaffen. Auch hier bietet es sich an, zunächst auf die Originalfassung der Autoren zurückzugreifen: Sie verstehen die „dominant logic" als „[...] the way in which managers conceptualize the business and make critical resource allocation decisions [...]".[6] Als Grundlage bedient sich die "dominant logic" gemeinsam geteilter Schemata von Entscheidungsträgern und so genannter „cognitive maps". Sie ist abhängig von den Erfahrungen der Entscheidungsträger, die sich in Erwartungsstrukturen und gedanklichen Referenzrahmen niederschlagen.[7] Besonderen Wert legen die beiden Autoren auf die Filterfunktion der „dominant logic", die sich auf eine Umwelt bezieht, welche insgesamt eine unerschöpfliche Fülle von Informationen bietet. Auf Grund begrenzter menschlicher Informationsverarbeitungskapazität ergibt sich das Problem, nur eine begrenzte Menge von Informationen aufnehmen und eine möglicherweise noch weitaus kleinere Menge interpretieren sowie Handlungen zu Grunde legen zu können. Mit Hilfe der „dominant logic" wird eine Selektion vollzogen, die darüber entscheidet, welche Informationen überhaupt aufgenommen und welche der aufgenommenen Informationen interpretiert werden. Anhand von Abbildung 2-1 lässt sich die Filterfunktion der „dominant logic" erkennen.

Abbildung 2-1: *Die „dominant logic"*

Quelle: Bettis, R. A. / Prahald, C. K.: The Dominant Logic [1995], S. 7, Übers. d. V.

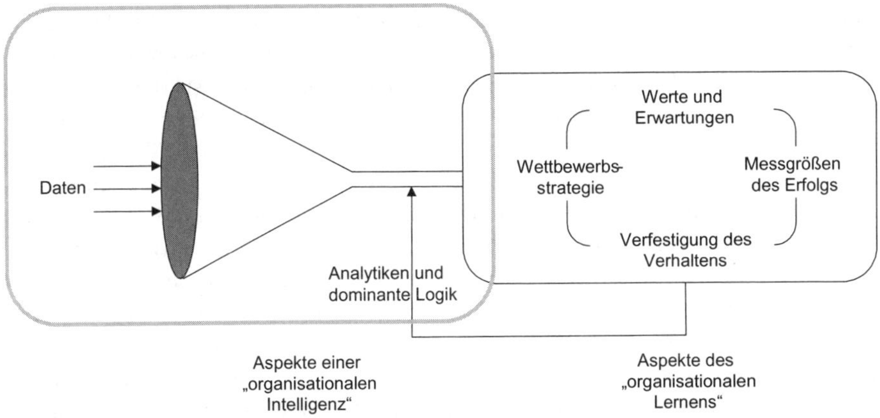

Die auf die Unternehmung treffenden Daten bzw. Informationen werden durch die „dominant logic" unter Relevanzgesichtspunkten selektiert und somit gefiltert, was durch den trichterförmigen Verlauf in der Abbildung zum Ausdruck gelangt. Diese Selektion wird durch ein Geflecht aus Werten und Erfahrungen, der zum Betrachtungszeitpunkt verfolgten bzw. relevanten Strategie, den verfestigten Verhaltensweisen und den geltenden Erfolgsindikatoren beeinflusst. Parallel zum Wissenschaftsverständnis der Logik stellen diese Grundelemente die festliegenden Aussagen dar, auf deren Basis schlüssige Ableitungen vor allem im Sinne von Interpretationen und daraus resultierenden Entscheidungen erfolgen. Auf diese Weise nimmt die „dominant logic" Einfluss auf die organisationale Wissensbasis. Sie unterliegt ihrerseits wiederum Anpassungen in Abhängigkeit von Änderungen der oben genannten Systemelemente (s. rechter Teil der Abbildung 2-1), die im Sinne von Bettis und Prahalad dem organisationalen Lernen zugeordnet werden, worauf weiter unten noch einzugehen ist. Eine solche Sichtweise ist nur auf den ersten Blick weiterführend und plausibel. Es wird jedoch nichts darüber gesagt, wie sich die „dominant logic" aus dem Zusammenspiel der genannten Größen konstituiert, sich verändert, wie das Zusammenspiel mit welchen Wirkungen koordiniert wird oder aber warum überhaupt die betreffenden Größen eine Rolle spielen. Verwirrend wird es, wenn sie schlichtweg als „DNS" einer Organisation verstanden wird,[8] denn es bleibt erstens unklar, wie Unternehmungen über eine DNS verfügen können, und zweitens ist es wenig nachvollziehbar, inwieweit sich das oben skizzierte Bild mit einer DNS decken könnte. Dann aber bleibt kaum wesentlich mehr übrig, als die zum Verständnis allerdings nützliche Filterfunktion, was eine weiter gefasste Bestandsaufnahme erfordert.

Die Auseinandersetzung um die so genannten „mentalen Modelle"[9] steht in enger Relation zur „dominant logic" und stellt einen allgemeinen Referenzrahmen zur Einbettung derselben dar. Mentale Modelle lenken und strukturieren die Aufnahme, Verankerung und Nutzung von Wissen durch Menschen in Organisationen. Eine derartige Sichtweise ist allein schon deswegen besser zugänglich, weil sie die Wissensverarbeitung und das Lernen stärker auf handelnde Personen zurückführt, nicht aber auf Organisationen in o.g. Weise, was für ein Verständnis eher in die Irre führend ist. PIAGET hat in diesem Zusammenhang auf die Rolle von Schemata hingewiesen, die bestimmte Reize in eine bestimmte Struktur bringen.[10] Sie steuern in individueller und selektiver Weise die Wahrnehmung und strukturieren dadurch u.a. auch die Entscheidungsfelder. Schemata sind nicht völlig starr, sondern unterliegen durch die Aufnahme neuen Wissens Änderungen. Allerdings haben Schemata konservativ-selbstbestätigenden Charakter und tendieren auch bei augenfälligen Widersprüchen zunächst zur Konsonanz.[11] Die Schemata haben in die Managementforschung durch den Begriff der „cognitive maps" Eingang gefunden. Dass sie einen Schritt zur Bestimmung der Merkmale einer „dominant logic" leisten, ist wenig strittig. Offen aber bleibt, wie und wodurch eine Selektion und Strukturierung von Wissen erfolgt.

Ein Zugang zur Klärung dieser Frage erscheint nur möglich, wenn die Deutungsschemata von Entscheidungsträgern einer näheren Betrachtung unterzogen werden.[12] Derartige Deutungsschemata entstehen auf Basis des der Entscheidungsperson verfügbaren Wissens sowie dessen subjektiver Strukturierung auf Basis von Planungen, Entscheidungen und Handlungsergebnissen der Vergangenheit. Mit einer subjektiven Vorstrukturierung wird der Sachverhalt angesprochen, dass einzelne Erfahrungen der Vergangenheit zu handlungsrelevanten „Sets" miteinander in Beziehung gesetzt werden, die dem Entscheidungsträger im Kontext von gegebenen Zielen, Werten und Strategien (s. Abbildung 2-1) eine Orientierungshilfe bieten. Diese Sets wiederum beinhalten grundlegende Aussagensysteme als Deduktionsgrundlage für Interpretationen und Entscheidungen. Konkret führen diese verketteten Erfahrungsstrukturen zu einer wissensbasierten Filterung von Außeneinflüssen. Hierbei muss es sich nicht ausschließlich um selbst gemachte Erfahrungen handeln, sondern auch um solche, die von Dritten vermittelt werden. Entscheidend ist, dass sie aufgrund der menschlichen Kognitionsstrukturen vom Entscheidungsträger als relevant erkannt und aktiviert werden können.[13] Die erlernten Muster und Raster des Entscheidungsträgers führen zu einer subjektiven und vereinfachten Wirklichkeitskonstruktion und richten sich auf potenzielle Wirkungszusammenhänge zwischen externen und / oder internen unabhängigen Variablen und abhängigen Variablen in Form unternehmungsbezogener Zielgrößen.[14] Eine Filterfunktion lässt sich erstens durch die Relevanzzuweisung mit Blick auf an den entscheidend herangetragene Informationen und zweitens bezüglich individueller Vereinfachungen zum Zwecke der Wirklichkeitskonstruktion erkennen.

Die Kennzeichnung verdeutlicht, dass die Deutungsschemata hilfreich sind, um ein Entscheidungsfeld vorzustrukturieren, Orientierung zu finden, relevante von irrelevanten Informationen zu trennen und vermutet sinnvolle von nicht zielführenden Handlungsoptionen zu unterscheiden. Sie basieren auf einer wissens- und erfahrungsbasierten individuellen Weltsicht, die in Organisationen auch von einer Personenmehrheit geteilt werden kann. Vor allem wenn es darum geht, eine „dominante Logik“ in Organisationen zu bestimmen, macht es Sinn, den Blick darauf zu richten, welche Logiken in der Unternehmung grundsätzlich vorhanden sind und welche Entscheidungsträger einer bestimmten Logik folgen. Unter Berücksichtigung von Machtaspekten lässt sich dann die „dominante Logik“ erkennen. Die subjektive Weltsicht, die mitunter intersubjektiv geteilt wird, liefert den Hintergrund für die Anwendung erlernter Muster. Mit diesen Erkenntnissen ist die allgemeine Grundlage beschrieben, auf die eine dominante Logik zurückgreift. Damit ist aber noch nichts zu den Aktivierungsprozessen dieser Schemata gesagt. Es liegt nahe, die Wirkungsweise zu untersuchen und dabei auf das o.g. Lernen in Organisationen[15] sowie das Konzept der Routinen zurückzugreifen.

Routinen sind vor allem in der evolutionstheoretischen, in der strukturationstheoretischen sowie in der ressourcenbasierten Forschung ausführlicher thematisiert worden. Dabei wurden unterschiedliche Grundauffassungen entwickelt,[16] die sich vor allem darin unterscheiden, wie weit eine Routine in der Lage ist, eine situationsspezifische Anpassung herbeizuführen. Als gemeinsame Basis für das Verständnis von Routinen sind folgende Aspekte relevant:

Routinen basieren auf vorstrukturiertem Wissen, welches zu einem oftmals erheblichen Teil taziter, d.h. impliziter Natur ist und somit dem nicht artikulierbaren und nur schlecht vermittelbaren Hintergrundwissen zuzuordnen ist.[17]

Durch die zielorientierte Aktivierung dieser Wissensbestände werden Handlungen in Organisationen vorstrukturiert und bezüglich der Richtung kanalisiert.[18]

Die Vorstrukturierung von Handlungen unterliegt wiederum bestimmten Abfolgen, auf die Handelnde zurückgreifen.[19] Es finden sich unterschiedliche Auffassungen in der Literatur, wie starr diese Abfolgen sind. In jüngerer Zeit findet sich zunehmend häufiger die Auffassung, dass zwar bestimmte Sequenzen als Teil einer Routine den Ablauf prägen, Reihenfolge und Feinstruktur aber nicht vollends determiniert sind. Darüber hinaus bestehen Möglichkeiten, Routinen während und nach ihrer Aktivierung einer Zweckmäßigkeitsprüfung zu unterziehen und ggf. zu modifizieren.

Routinen beinhalten teils kodifizierte, teils unkodifizierte Handlungsmuster, die trotz der damit verbundenen Schwierigkeit einer direkten Beobachtbarkeit und Steuerbarkeit faktisch erheblichen Einfluss auf Handlungen nehmen.

Für das Verständnis einer dominanten Logik sind diese Routinen insofern wichtig, als sie das o.g. Handlungspotenzial um eine Handlungskomponente erweitern und damit dazu beitragen, die Anwendung einer Logik nachvollziehen zu können. Eine dominante Logik besteht dann nicht nur aus wissensbasierten Deutungsschemata, sondern auch aus zielbezogenen Handlungsfolgen, die auf den Schemata aufsetzen. Sie beziehen sich nicht nur auf einzelne Personen, sondern auf eine Mehrzahl von Entscheidungsträgern, die genau diesen Schemata und Handlungssequenzen folgen. Sie sind tief in der Wahrnehmungswelt der betreffenden Personen verankert und prägen die zentralen Managemententscheidungen einer Unternehmung auf Grund ihres Dominanzcharakters. Einer präzisen Beschreibung entziehen sie sich durch ihren weitgehend taziten Charakter, was in Krisensituationen zu einem zentralen Problem wird – vor allem wenn erheblicher Handlungsdruck besteht, wie er für Ad-hoc-Krisen kennzeichnend ist.

Zusammenfassend kann damit das Konstrukt der „dominant logic" wie folgt gekennzeichnet werden:

Die „dominant logic" ist ein dispositiver, wissensbasierter Bezugsrahmen der Entscheidungsfindung in Organisationen, der im Falle von Unsicherheit im wirtschaftlichen Handeln und einer komplexitäts- und dynamikbedingten Überforderung des Managements zu einer vereinfachenden Modellierung der Entscheidungssituation beiträgt. Die vereinfachende Modellierung beinhaltet eine Verdichtung und selektive Verarbeitung verfügbarer Informationen auf Basis vorhandener Erfahrungen der Entscheidungsträger.

Die „dominant logic" beinhaltet Deutungsmuster vorhandener Informationen und stellt dadurch einen Zusammenhang zwischen der konkreten Entscheidungssituation, den Zielen und den zu erwartenden handlungsbedingten Entscheidungskonsequenzen her.

Die Deutungsmuster sind an die Person gebunden, welche die Entscheidung trifft. Somit ergeben sich zwangsläufig interpersonelle Unterschiede, die aber bei kollektiven Entscheidungen sowie bei organisationalen Regeln unterliegenden Entscheidungen eine Kanalisierung erfahren.

Die „dominant logic" lenkt durch die Aktivierung von Routinen das Handeln in eine bestimmte Richtung. Die Richtungsvorgabe beruht auf vorhandenen Erfahrungen und somit auf verfügbarem Wissen, durch welches in Verbindung mit organisationalen Zielen die Strukturierung von Entscheidungsfeldern erfolgt. Erfolge bzw. Misserfolge der Vergangenheit nehmen dabei prägenden Einfluss auf die „dominant logic".

3 Die „Dominant Logic“ als besonderes Problem organisationaler Trägheit in Ad-hoc-Krisen

So wichtig die "dominant logic" zur Sicherstellung der Handlungsfähigkeit einer Unternehmung im Allgemeinen sein mag, so problematisch kann sie sich im Kontext von Ad-hoc-Krisen auf Grund ihres immanenten Trägheitsmoments erweisen. Nimmt man die Kennzeichnung der Ad-hoc-Krise von HÜLSMANN[20] als Referenzpunkt, so fällt im Bereich des Prozesscharakters das Fehlen einer latenten Phase auf, was in erheblicher Weise einen hohen und unmittelbaren Handlungsdruck erzeugt. Auf Grund der Existenzgefährdung der Ad-hoc-Krise wird es umso wichtiger, den Problemkomplex zu durchschauen sowie durch ein unmittelbares und zugleich weitsichtiges Handeln die Abwendung einer Katastrophe sicherzustellen. Die Auseinandersetzung um die „dominant logic" im o.g. Sinne offenbart, welche Probleme dabei entstehen. Mehr noch: Sie verdeutlicht die engen Grenzen, die für weitsichtiges Handeln unmittelbarer Art bestehen.

In einigen jüngeren Beiträgen lässt sich der geäußerte Eindruck erhärten. So stellt PRAHALAD fest: "The dominant logic of a company is embedded in the operating procedures and shapes not only how members of the organisation act, but how they think as well. Over time this limits the ability of people in the organisation to drive innovation or see new opportunities and threats."[21] Dass dies gerade in Ad-hoc-Krisen besonders bedrohlich ist, bedarf keiner weiteren Kommentierung. Ergänzend dazu bemerken TOVSTIGA und BIRCHALL: „Past successes and strong corporate cultures are irrelevant in the face of disruption; in fact, they tend to blind leaders to developments in the market place that do not fit into their collective mental frameworks. [...] Established firms can quickly get bogged down by strong organizational routines and procedures that have ensured success in the past, but which may be largely irrelevant for capturing opportunity in the new market."[22] Eine derartige Kennzeichnung greift die o.g. Elemente und Bezugsebenen der „dominant logic" auf und erleichtert eine Bezugnahme auf den Kontext von Ad-hoc-Krisen.

Auch wenn sich die getroffenen Aussagen nicht durchweg auf den Kern der dominanten Logik im o.g. Sinne beziehen, so lassen sie sich dennoch im vorliegenden Kontext verwerten. Was hierbei einer besonderen Betrachtung bedarf, ist das Trägheitsmoment der „dominant logic". KRÜGER hat mit Blick auf die Veränderbarkeit einzelner Systemelemente einer Organisation eine Reihenfolge aufgestellt, welche die Trägheit einer dominanten Logik in besonderer Weise zum Ausdruck bringt.[23] Beginnend mit Systemelementen mit geringer Trägheit, stellt sich die Aufstellung wie folgt dar:

- Strukturen und Prozesse,

- Strategie(n),
- Fähigkeiten und Verhalten,
- Überzeugungen und Werte.

Dem Charakter der dominanten Logik entsprechend, ist primär die Ebene der Überzeugungen und Werte betroffen, wodurch sich ein Dilemma in folgender Weise ergibt: Die Ad-hoc-Krise erfordert seitens der Unternehmungsführung ein nahezu unmittelbares, entschlossenes und vor allem weitsichtiges Handeln, welches in gewisser Hinsicht die herrschenden Denkschemata überwindet, die möglicherweise zur Entstehung der Ad-hoc-Krise beigetragen haben. Dies wiederum ist nahezu unmöglich, weil Menschen über eine lange Zeit hinweg gelernt haben, in eine bestimmte Richtung zu denken und Erfolgsprinzipien als valide erachtet haben. Insofern müsste erst in einem längeren Prozess eine Hinterfragung der dominanten Logik in Verbindung mit einer allmählichen Distanzierung von herrschenden Anschauungen der Entscheidungsträger stattfinden, was Ähnlichkeiten mit einem „Entlernen" hat.[24] Auf dieser Basis könnte Raum für eine neue Logik geschaffen werden, die mit Blick auf die existenzbedrohende Ad-hoc-Krise als situationsadäquat gelten kann. Derartige Überlegungen verdeutlichen den Zustand der Hilflosigkeit, in dem sich Führungskräfte im Falle von Ad-hoc-Krisen im Sinne dieses Buches befinden.

Zu ähnlichen Überlegungen gelangen auch SANCHEZ und HEENE[25], die sich in ihrem in Abbildung 3-1 dargestellten Bezugsrahmen explizit auf die strategische Logik im o.g. Sinne beziehen und sie als die Bezugsgröße mit dem höchsten Trägheitsmoment kennzeichnen. Diese Bestätigung und Konkretisierung der Überlegungen KRÜGERs enthält zwei weitere wichtige Komponenten, die der Abbildung 3-1 zu entnehmen sind: Im Sinne von SANCHEZ und HEENE ist die „strategic logic" permanenten Änderungseinflüssen ausgesetzt. Erstens steht sie in wechselseitiger Beeinflussung mit den so genannten Managementprozessen. Dadurch erfährt sie einen ständigen Abgleich mit der Realität betrieblichen Handelns. Kommt es demnach zu Zielverfehlungen, ist es naheliegend, auch die „strategic logic" einer Zweckmäßigkeitsüberprüfung zu unterziehen. Zweitens erlebt sie Erneuerungsimpulse durch neuartige Entwicklungen im Umfeld der Unternehmung, durch Berater oder vergleichbare Institutionen sowie durch die Aufnahme neuen Managementpersonals. Dies führt zwar in der Auffassung von SANCHEZ und HEENE nicht dazu, dass die „strategic logic" leicht änderbar ist. Wohl aber wird erkennbar, dass Veränderungsmöglichkeiten grundsätzlich bestehen und somit der Rigidität Grenzen gesetzt sein können. Diese Erkenntnis ist im Kontext von Ad-hoc-Krisen um so wichtiger und lenkt das Interesse auf die Art und Intensität von Maßnahmen, die diese grundlegende Bezugsebene organisationalen Handelns in zielführender Weise beeinflussen. Auf diesen Punkt ist innerhalb von Abschnitt 4 ausführlicher einzugehen.

Abbildung 3-1: *Der „Open System View“ im kompetenzbasierten Ansatz*

Quelle: SANCHEZ, R. / HEENE, A.: Theory and Practice [1996], S. 41.

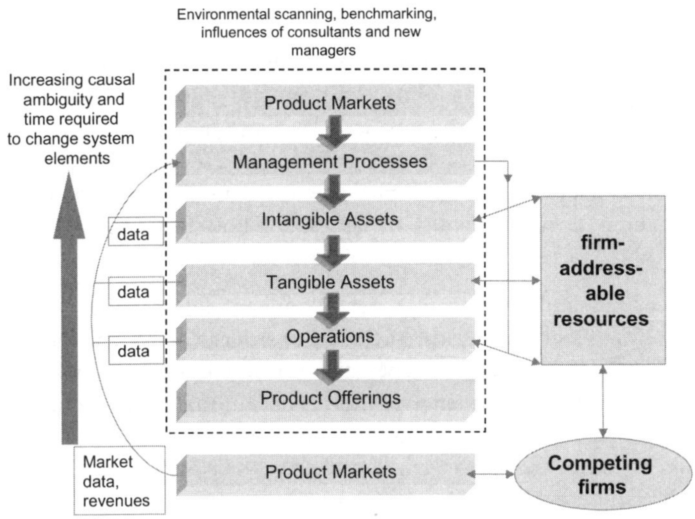

4 Die Beeinflussung der „dominant logic“ im Management von Ad-hoc-Krisen

Als Zwischenfazit ist festzuhalten, dass die „dominant logic“ zu einer zentralen Barriere im krisenbezogenen Wandlungsprozess werden kann. Vor diesem Hintergrund lässt sich auch der Hilfe suchende Blick vieler Shareholder nach speziellen „Turnaround-Managern“ im Falle manifester Krisen erklären, denen möglicherweise gerade auf Grund einer anderen, vermeintlich situationsadäquaten „strategic logic“ das Potenzial zugesprochen wird, eine Krisenbewältigung zu vollziehen. Die geführte Diskussion legt mit Blick auf das Problemfeld „dominant logic“ eine mehrstufige, nachfolgend dargestellte Vorgehensweise nahe.

In einem ersten Schritt erscheint es zumindest im Falle von Ad-hoc-Krisen, aber generell auch darüber hinaus sinnvoll, einen Prozess der Bewusstwerdung und Offenlegung der „dominant logic" einzuleiten. Wenngleich es auf Grund des impliziten Charakters unmöglich ist, eine exakte Bestimmung vorzunehmen, so ist zumindest eine Konturierung herrschender Denkschemata möglich. Einen solchen Prozess anzustoßen, muss als schwierig erachtet werden, weil die – zu hinterfragende – dominante Logik immer an Personen gebunden ist, die sich damit gleichzeitig der Kritik auszusetzen und mitunter einen Machtverlust zu befürchten haben. Gleichwohl erfordert der existenzbedrohende Charakter einer Ad-hoc-Krise derartige Maßnahmen. Die Überwindung personenbezogener Widerstände lässt sich mitunter aber auch dadurch bewerkstelligen, dass bewusst die Notwendigkeit von Pluralismus bezüglich der „strategic logic" kommuniziert wird. Dies impliziert wiederum die simultane Offenlegung anderer Ansätze einer „strategic logic", die an interne Entscheidungsträger gebunden sind, aber eben (noch) nicht Dominanzstatus erlangt haben.

Der Bewusstwerdung und Offenlegung der „dominant logic" sowie dazu parallel existierender Ansätze einer „strategic logic" schließt sich die Adäquanzüberprüfung in einem zweiten Schritt an. Es ist deren Potenzial zur Beseitigung der erkannten Ursachen der Ad-hoc-Krise zu bestimmen. Die Adäquanzprüfung wird gestützt durch das intern vorhandene Wissen über Wirkungszusammenhänge zwischen Handlungen und deren Konsequenzen, welches zwar grundsätzlich unvollständig ist, gleichwohl aber eine Orientierungshilfe zu Beurteilungszwecken zu bieten im Stande ist. Im Sinne eines „Doppelkreis-Lernens" im Sinne von ARGYRIS und SCHÖN[26] ergibt sich die Hinterfragung geltender Bezugsrahmen in Form gegebener Handlungstheorien. Über diese Zweckmäßigkeitsüberprüfung können Rückschlüsse generiert werden, wie weit dem krisenbedingten Problemkomplex auf Basis der verfügbaren „strategic logics" entsprochen werden kann. Die Ausgänge der Überprüfung sind unter Berücksichtigung entsprechender Maßnahmen in einem dritten Schritt wie folgt denkbar:

Es stellt sich in der Wahrnehmung von Unternehmungsführung und entscheidungsbeeinflussender Stakeholder heraus, dass die Unternehmung über einen problemadäquaten Bezugsrahmen verfügt. Sofern dies nicht die „dominant logic" ist, wäre ein Übergangsprozess zu einem anderen Bezugsrahmen zu vollziehen, was zwangsläufig mit einer Umverteilung von Macht einhergeht und sich darüber hinaus im Umfeld von unterschiedlichen Promotoren und Opponenten[27] vollzieht.

Die Problembewältigung lässt sich auf Basis der Unternehmung augenblicklich verfügbarer Konzepte im Bereich der „strategic logic" nicht vollziehen. Wohl aber lässt sich aus der Mehrzahl der vorhandenen Logiken eine Synthese finden, die prima facie zielführend erscheint. Eine derartige Einschätzung ist zwangsläufig mit großen Unsicherheiten verbunden, da ein Urteil über eine Logik gebildet wird, die erst noch entstehen muss. Darüber hinaus können Zeitbedarf und Komplexität der Synthese nicht abgeschätzt werden, was im Falle von Ad-hoc-Krisen mit einer extremen Gefährdung der Existenzfähigkeit der Organisation einhergeht.

Eine Bewältigung der Krise erscheint oftmals nur möglich, indem abweichend von den beiden erstgenannten Varianten mit stärker evolutionärem Charakter eine revolutionäre Lösung im Bereich der „dominant logic“ ausgewählt wird. Sie beinhaltet die Übernahme und Internalisierung einer zum Zeitpunkt des Kriseneintritts in der Unternehmung nicht verfügbaren „strategic logic“ und deren Akzeptanz als „dominant logic“. Auf Grund des taziten Charakters einer „strategic logic“ und der Personengebundenheit schließt dieser Schritt eine externe Unterstützung nahezu ausschließlich mit ein. Der zu implementierende Bezugsrahmen kann unter internen Akzeptanzaspekten mitunter leichter umsetzbar sein, weil keine interne Partei in kürzester Zeit Denkschemata einer möglicherweise rivalisierenden Partei übernehmen muss. Diesem Vorteil steht das Koordinationshemmnis fehlender Vertrautheit interner Akteure mit dem neuen Bezugsrahmen gegenüber. SANCHEZ und HEENE[28] berücksichtigen diese Option in ihrem „Open System View“ und verweisen unter Umsetzungsgesichtspunkten auf die Möglichkeit der Hinzuziehung von Beratern, der Einstellung neuer Manager, was mitunter einen Austausch in der Führungsmannschaft beinhalten kann, sowie auf ein – allerdings sehr gezieltes – Benchmarking. Auch die hier genannte Option der Übernahme einer externen „strategic logic“ muss mit bestehenden Bezugsrahmen nicht in drastischer Weise brechen. Allerdings wird der enorme Zeitdruck einer Ad-hoc-Krise in den meisten Fällen wenig Spielräume für einen allmählichen Wandel lassen. Damit wird die Identifikation geeigneter externer Bezugsrahmen zu einer erfolgskritischen Aufgabe im Management von Ad-hoc-Krisen. Wichtige Kriterien zur Bewertung in Betracht kommender Alternativen sind neben der inhaltlichen Adäquanz des Bezugsrahmens die umgehende Umsetzbarkeit, die rasche Wirkung auf die Krisenursachen, die Vertrauenswürdigkeit der externen Partner sowie die interne Akzeptanz bei denjenigen Personen (-gruppen), welche mit dem Bezugsrahmen auf längere Sicht arbeiten sollen.

5 Abschließende Bemerkungen

Die getroffenen Aussagen sind als erste Ansatzpunkte zu verstehen, einen komplexen und schwierigen Problembereich im Falle von Ad-hoc-Krisen zu bearbeiten. Dabei ist bewusst die Perspektive eines akuten Krisen-Managements eingenommen worden. Aus Sicht der Krisenprophylaxe ist im Rahmen einer stärkeren Betonung intangibler Objekte des Managements dafür Sorge zu tragen, dass die „dominant logic“ vor allem bei sich wandelnden Umweltbedingungen regelmäßig einer Adäquanzprüfung unterzogen wird. Ohne zwangsläufig eine „dominant logic“ ablösen zu müssen, kann es für das Management sehr sinnvoll sein, Parallelperspektiven bewusst zu entwickeln, um dadurch eine Horizonterweiterung zu fördern, die sich vor allem im Falle spontan auftretender Krisen als nützlich erweisen könnte. Mit der Betonung der „dominant logic“ wird zugleich der Faktor Unternehmertum für die Unternehmungsführung im Allgemeinen und das Ad-hoc-Krisenmanagement im Besonderen hervorgehoben. Dabei ist zu berücksichtigen, dass Unternehmertum bei Weitem nicht an die formale Führungsmannschaft einer Unternehmung gebunden ist, sondern auch das Agieren von Mitarbeitern umfasst, die faktisch wichtige unternehmerische Funktionen wahrnehmen. Sie nehmen durch ihr Agieren bewusst oder unbewusst auf die „strategic logic“ Einfluss.

Weiterhin muss davor gewarnt werden, mit allzu einfachen Patentrezepten diesen Bereich des Managements zu bearbeiten. Innerhalb des vorliegenden Beitrags blieb nur Raum für eine Form der Annäherung an das Problem, die zudem bewusst kurz zu halten war. Es ist zu betonen, dass es sich gerade im Falle der „dominant logic“ um einen Bereich handelt, der nur bedingt geplant und gestaltet werden kann. Es ist wichtig, sich dieser Grenzen bewusst zu sein, wenn man an dem gestaltbaren Teil ansetzt. Dieses Problem dürfte im Übrigen auf viele Bereiche des Managements intangibler Bezugspunkte einer Unternehmung zutreffen.

Zusammenfassend ist festzustellen: Mit der „dominant logic“ konnte ein Phänomen identifiziert werden, welches für den Verlauf von Ad-hoc-Krisen und deren Bewältigung von zentraler Bedeutung ist. Insbesondere ist eine Dilemmasituation feststellbar, die sich aus unmittelbarem Handlungszwang und erhöhtem Trägheitsmoment der Bezugsgröße ergibt. Gleichwohl gibt es Ansatzpunkte, dieses Dilemma zumindest in Grenzen zu umgehen. Mit Blick auf die weitere wissenschaftliche Erschließung dieser Problematik erscheint es geboten, das Konstrukt der „dominant logic“ noch schärfer zu konturieren und theoretisch besser im Kontext individuellen und kollektiven Handelns zu untermauern. Der augenblickliche Forschungsstand ist diesbezüglich ungeachtet fruchtbarer Ansätze im Detail noch immer sehr unzureichend.

Anmerkungen

1 Vgl. hierzu und im Folgenden den Beitrag zur begrifflichen Annäherung an Ad-hoc-Krisen von HÜLSMANN: Ad-hoc-Krise – eine begriffliche Annäherung in diesem Band.

2 Vgl. PRAHALAD, C. K. / BETTIS, R. A.: Dominant Logic [1986] und BETTIS, R. A. / PRAHALAD, C. K.: The Dominant Logic [1995].

3 JARILLO, J-C.: Strategische Logik [2003].

4 SANCHEZ, R. / HEENE, A. / THOMAS, A.: Theory and Practice [1996], S. 10, Hervorhebung im Original.

5 Vgl. PRAHALAD, C. K. / BETTIS, R. A.: Dominant Logic [1986] und BETTIS, R. A. / PRAHALAD, C. K.: The Dominant Logic [1995].

6 PRAHALAD, C. K. / BETTIS, R. A.: Dominant Logic [1986], S. 490.

7 Vgl. BETTIS, R.A. / PRAHALAD, C.K.: The Dominant Logic [1995], S. 7.

8 Vgl. PRAHALAD, C. K.: The Blinders of Dominant Logic [2004], S. 172.

9 Vgl. FROST, J.: Organisation [1998].

10 Vgl. PIAGET, J.: Meine Theorie der geistigen Entwicklung [1985].

11 Vgl. SCHREYÖGG, G.: Organisation [2003].

12 In diesem Zusammenhang sei mit Nachdruck auf die zu den hier geäußerten Gedanken kompatiblen Überlegungen im Rahmen der Komplexitätstheorie verwiesen, die von BURMANN in diesem Band auf komplex-adaptive Systeme bezogen werden und eine weitere, zu vielen hier geäußerten Überlegungen kompatible Sichtweise Perspektive beinhalten.

13 Hier ergibt sich eine Parallele zu den so genannten „theories in use" einzelner Menschen im Sinne von ARGYRIS, C. / SCHÖN, D. A.: Organizational Learning [1978], S. 4 f.

14 In diesem Zusammenhang ist auf den radikalen Konstruktivismus im Sinne von WATZLAWICK zu verweisen. Grundlegende Vorarbeiten zur Erforschung von o.g. Mustern und Rastern sind in der Wahrnehmungspsychologie entstanden.
Vgl. etwa TOLMAN, E. C.: Cognitive Maps [1948].

15 Vgl. ARGYRIS, C. / SCHÖN, D. A.: Organizational Learning [1978].

16 Vgl. NELSON, R. R / WINTER, S. G.: Why Do Firms Differ [1982]; GIDDENS, A.: Die Konstitution der Gesellschaft [1988]; GRANT, R. M.: The Resource-Based Theory [1991]; PENTLAND, B. T. / RUETER, H. H.: Organizational Routines [1994]; FREILING, J.: Ressourcenorientierte Reorganisationen [2001].

17 Vgl. COHEN, M. D. / BACDAYAN, P.: Organizational Routines [1994], S. 554.

18 Vgl. hierzu und zum Folgenden FREILING, J.: Ressourcenorientierte Reorganisationen [2001], S. 127 ff. und die dort zitierte Literatur.

19 Vgl. WINTER, S. G.: Four Rs of Profitability [1995], S. 150, der feststellt, dass Routinen „[...] connote a menu of previously learned patterns of action".

20 Vgl. HÜLSMANN, M: Ad-hoc-Krise – eine begriffliche Annäherung in diesem Band.

21 PRAHALAD, C. K.: The Blinders of Dominant Logic [2004].

22 TOVSTIGA, G / BIRCHALL, D. W: Capturing Opportunity [2004], S. 4 (erster Teil des Zitats) und S. 6 (zweiter Teil des Zitats).

23 Vgl. KRÜGER, W.: Organisation der Unternehmung [1994].

24 Zur Diskussion des „Entlernens" vgl. HEDBERG, B. L. T.: How Organizations Learn and Unlearn [1981]; SCHREYÖGG, G.: Organisation [2003]. Auf die Problematik des Entlernens einer „dominant logic" vor allem in turbulenten Situationen weisen auch DOUMA, S. / SCHREUDER, H.: Economic Approaches [2002], S. 261 ff., hin.

25 Vgl. SANCHEZ, R. / HEENE, A.: Theory and Practice [1996].

26 Vgl. ARGYRIS, C. / SCHÖN, D. A.: Organizational Learning [1978]. Vgl. darüber hinaus AL-LAHAM, A.: Organisationales Wissensmanagement [2003], S. 66 ff.

27 Zu Promotoren und Opponenten vgl. HAUSCHILDT, J.: Innovationsmanagement [2004].

28 Vgl. SANCHEZ, R. / HEENE, A.: Theory and Practice [1996].

Literatur

AL-LAHAM, A.: Organisationales Wissensmanagement; München: Vahlen; 2003.

ARGYRIS, C. / SCHÖN, D .A.: Organizational Learning; Reading/Mass.: Addison-Wesley; 1978.

BETTIS, R. A. / PRAHALAD, C. K.: The Dominant Logic – Retrospective and Extension; in: Strategic Management Journal; Nr. 16; 1995; S. 5 - 14.

BURMANN, C.: Dynamik (und Management) von und Reaktion auf Ad-hoc-Krisen – Eine Analyse aus Sicht der Komplexitätstheorie; Wiesbaden: Gabler; 2005.

COHEN, M. D. / BACDAYAN, P.: Organizational Routines Are Stored as Procedural Memory – Evidence from a Laboratory Study; in: Organization Science; 5. Jahrgang; 1994; S. 554 -568.

DOUMA, S. / SCHREUDER, H.: Economic Approaches to Organizations; Harlow et al.: Financial Times Prentice Hall; 2002.

FREILING, J.: Ressourcenorientierte Reorganisationen – Problemanalyse und Change Management auf der Basis des Resource-based View; Wiesbaden: Gabler; 2001.

FROST, J.: Die Koordinations- und Orientierungsfunktion der Organisation, Bern et al.: Haupt; 1998.

GIDDENS, A.: Die Konstitution der Gesellschaft. Grundzüge einer Theorie der Strukturierung; Frankfurt a.M. et al.: Campus-Verlag; 1988.

GRANT, R. M.: The Resource-Based Theory of Competitive Advantage – Implications for Strategy Formulation; in: California Management Review; 33. Jahrgang; Nr. 3; 1991; S. 114 - 135.

HAUSCHILDT, J.: Innovationsmanagement; München: Vahlen; 2004.

HEDBERG, B. L. T.: How Organizations Learn and Unlearn; in: Nystrom, P.C. / Starbuck, W.H. (Hrsg.): Handbook of Organizational Design; Nr. 1; New York: Oxford University Press; 1981; S. 3 - 27.

HÜLSMANN, M.: Ad-hoc-Krise – eine begriffliche Annäherung; Wiesbaden: Gabler; 2005.

JARILLO, J.-C.: Strategische Logik. Quellen der langfristigen Unternehmensrentabilität; Wiesbaden: Gabler; 2003.

KRÜGER, W.: Organisation der Unternehmung; Stuttgart: Kohlhammer; 1994.

NELSON, R. R. / WINTER, S. G.: Why Do Firms Differ, and How Does It Matter?; in: RUMELT, R. P. / SCHENDEL, D. E. / TEECE, D. J. (Hrsg.): Fundamental Issues in Strategy – A Research Agenda; Boston/Mass.: o.V.; 1982; S. 247 - 269.

PENTLAND, B. T. / RUETER, H. H.: Organizational Routines as Grammars of Action; in: Administrative Science Quarterly; 39. Jahrgang; 1994; S. 484 - 510.

PIAGET, J.: Meine Theorie der geistigen Entwicklung; Frankfurt a.M.: Fischer-Taschenbuch-Verlag; 1985.

PRAHALAD, C. K.: The Blinders of Dominant Logic; in: Long Range Planning; Nr. 37; 2004; S. 171 - 179.

PRAHALAD, C. K. / BETTIS, R. A.: Dominant Logic; in: Strategic Management Journal; Nr. 7; 1986; S. 485 - 501.

SANCHEZ, R. / HEENE, A.: A Systems View of the Firm in Competence-based Competition; in: SANCHEZ, R. / HEENE, A. / THOMAS, H. (Hrsg.): Dynamics of Competence-based Competition – Theory and Practice in the New Strategic Management; Oxford et al.: Pergamon; 1996; S. 39 - 62.

SANCHEZ, R. / HEENE, A.: The New Strategic Management; New York et al.: Wiley; 2004.

SANCHEZ, R. / HEENE, A. / THOMAS, H.: Introduction: Towards the Theory and Practice of Competence-based Competition; in: SANCHEZ, R. / HEENE, A. / THOMAS, H. (Hrsg.): Dynamics of Competence-based Competition – Theory and Practice in the New Strategic Management; Oxford et al.: Pergamon; 1996; S. 1 - 35.

SCHREYÖGG, G.: Organisation; Wiesbaden: Gabler; 2003.

TOLMAN, E. C.: Cognitive Maps in rats and Men; in: Psychological review; 55. Jahrgang; 1948; S. 189 - 208.

TOVSTIGA, G. / BIRCHALL, D. W.: Capturing Opportunity in Disruption – Working Paper der OKLC-Konferenz 2004; Innsbruck: o.V.; 2004.

WATZLAWICK, P.: Die erfundene Wirklichkeit; München: Piper; 1990.

WINTER, S. G.: Four Rs of Profitability: Rents, Resources, Routines, and Replication; in: Montgomery, C. A. (Hrsg.): Resource-Based and Evolutionary Theories of the Firm. Towards a Synthesis; Boston et al.: Kluwer Academic Publishers; 1995; S. 147- 178.

Christoph Burmann

Interne und externe Kommunikation in Ad-hoc-Krisen

1 Problemstellung 463

2 Die Marke-Stakeholder-Beziehungen im Fokus der internen und externen Kommunikation bei Ad-hoc-Krisen 464

3 Determinanten der Marke-Stakeholder-Beziehungen 466

4 Maßnahmen der internen Kommunikation zur Stärkung der Marke-Stakeholder-Beziehungen in Ad-hoc-Krisen 469

5 Maßnahmen der externen Kommunikation zur Stabilisierung der Marke-Stakeholder-Beziehungen in Ad-hoc-Krisen 472

6 Fazit 474

1 Problemstellung

Im Jahr 2000 wurde Coca-Cola, eine der bekanntesten Marken der Welt, gleich mehrfach „Opfer" von Ad-hoc-Krisen.[1] In Frankreich tranken mehrere hundert Schulkinder „verseuchte" Coca-Cola Limonade und wurden zur Behandlung in die örtliche Krankenhäuser eingewiesen. In den folgenden Monaten wurde Coca-Cola auf Anweisung der Regierungen in vielen Ländern in tausenden von Supermärkten Europas, Afrikas und Asiens aus den Regalen verbannt, um auf diese Weise die weitere Ausbreitung von „Vergiftungen" zu verhindern, begleitet von einer ebenso umfassenden wie negativen Medienberichterstattung. Nach einigen Monaten stellte sich dann heraus, dass in einer einzigen Abfüllfabrik von Coca-Cola in Belgien geringe Mengen eines ungiftigen Reinigungsmittels in die Flaschen und Dosen geraten war. Dieses Reinigungsmittel führte zu einem ungewohnten und unangenehmen Geruch beim Öffnen der Flasche bzw. Dose. Dieser Geruch löste bei den Schulkindern in Frankreich das Gefühl aus, sie würden unter Vergiftungssymptomen leiden. Wie sich später zeigte ein reiner Placebo-Effekt.

Im gleichen Jahr sah sich Coca-Cola in den USA schweren Vorwürfen wegen Rassen- und Geschlechterdiskriminierung bei der Behandlung seiner Mitarbeiter ausgesetzt. Nach zahlreichen negativen Presseberichten über Coca-Cola ergab eine gründliche Prüfung durch Justizbehörden und Gerichte im Nachhinein, dass kein nennenswertes Fehlverhalten von Coca-Cola festzustellen war.

In Deutschland wurde im Jahr 2003 Coppenrath & Wiese, ein Hersteller von Tiefkühl-Torten „Opfer" einer Ad-hoc-Krise, als ein Schüler nach dem häuslichen Verzehr einer Coppenrath & Wiese Torte verstarb. Umfangreiche Nachforschungen zahlreicher Fachexperten zeigten wenige Wochen später, dass die Ursache des Kindstodes nicht die Torte war und die Produkte von Coppenrath & Wiese zu jeder Zeit keinerlei Qualitätsprobleme aufwiesen.[2] Diese und zahlreiche andere Fälle zeigen Dreierlei: Erstens wird deutlich, dass Art und Umfang der öffentlichen Wahrnehmung eines vermeintlichen „Krisenfalles" für die betroffenen Unternehmen das wesentlich größere Problem war, als die tatsächliche „Krise". Zweitens fielen die Ad-hoc-Krisen auf den ersten Blick „aus heiterem Himmel", die Unternehmen fühlten sich demzufolge als „Opfer", d.h. frei von jedweder Schuld. Drittens haben es die Unternehmen im Rahmen ihrer jeweiligen Kommunikationsaktivitäten offenbar nicht geschafft, mit ihren internen und externen Anspruchsgruppen (Stakeholdern) so zu interagieren, dass diese die „Krise" in sachgerechter Weise bewerteten. Im folgenden Beitrag soll der Frage nachgegangen werden, wie die interne und externe Krisenkommunikation zu gestalten ist, damit diese Fehlentwicklungen vermieden werden können.

2 Die Marke-Stakeholder-Beziehungen im Fokus der internen und externen Kommunikation bei Ad-hoc-Krisen

Im Mittelpunkt aller Kommunikationsaktivitäten bei Ad-hoc-Krisen steht die Sicherung der Beziehungen der jeweils betroffenen Marke eines Unternehmens zu ihren Stakeholdern. Bezugsobjekte dieses Beziehungsmanagements auf der Seite der Unternehmen können die Unternehmensmarke (corporate brand), die Unternehmensbereichsmarken (strategic business unit brands) oder auch die Produktmarken (product brands) sein. Tragfähige, d.h. dauerhafte, starke und belastbare Marke-Stakeholder-Beziehungen sind die Voraussetzung für die langfristige Existenz von Unternehmen. Durch das Auftreten einer Ad-hoc-Krise können diese Marke-Stakeholder-Beziehungen schnell und nachhaltig gefährdet werden und damit dem betroffenen Unternehmen die Geschäftsgrundlage entziehen. Erinnert sei in diesem Zusammenhang beispielsweise an den sog. „Frischei-Skandal" der führenden deutschen Nudelmarke „Birkel" im Jahre 1985.[3] Diese Ad-hoc-Krise als Folge einer vermeintlichen Verunreinigung von Flüssigei, einem Vorprodukt bei der industriellen Nudelproduktion, die beim Nudelverzehr unter bestimmten Umständen angeblich lebensbedrohlich war, führte zu einem abrupten Umsatzeinbruch bei Birkel aufgrund eines massiven Vertrauensverlustes. Aus Sicht der Endverbraucher war damit der Beziehung zur Marke Birkel quasi „über Nacht" die Geschäftsgrundlage entzogen. Angesichts dieses Zusammenhangs sollen die Marke-Stakeholder-Beziehungen im Folgenden näher analysiert werden.

Die Marke-Stakeholder-Beziehungen können vereinfacht als Beziehungen zwischen den für eine Marke arbeitenden Personen (Management, Mitarbeiter, Handelsvertreter etc.) und den unternehmensexternen Anspruchsgruppen[4] einer Marke[5] interpretiert werden. Das Verhalten von Management und Mitarbeitern einer Marke wird wesentlich durch die **Markenidentität** dieser Personengruppen beeinflusst,[6] das Verhalten der externen Anspruchsgruppen durch das **Markenimage**, welches diese Personen mit der betroffenen Marke assoziieren.[7] Die Beziehungen zwischen einer Marke und ihren Stakeholdern sind erst in den letzten Jahren in der Markenforschung aufgegriffen und näher analysiert worden. Vor allem die umfassenden Arbeiten von Susan FOURNIER an der Harvard Business School und von HOFMEYR / RICE an der Universität in Kapstadt sind hier hervorzuheben.[8] Im Mittelpunkt der Forschung bei FOURNIER steht die Konzeptualisierung und Operationalisierung verschiedener Formen von Markenbeziehungen. Demgegenüber beschäftigen sich HOFMEYR / RICE mit der Messung der Stärke der Marke-Stakeholder-Beziehungen. Ihr Messkonzept wurde mittlerweile von dem Marktforschungsunternehmen Taylor Nelson Sofres (TNS) in mehr als 100 Ländern und Warengruppen (Fast-Moving-Consumer-Goods) empirisch angewendet und verfeinert. Auf die zahlreichen Arbeiten zur Beziehungsqualität im Rahmen der mittlerweile sehr umfangreichen Relationship-Marketing Forschung gehen beide Autoren kaum bzw. nicht ein. Interessanterweise gilt dies auch in umgekehrter Richtung, wie der Überblick zum diesbezüglichen State-of-the-Art der Relationship-Marketing Forschung bei HADWICH[9] zeigt, der weder die Erkenntnisse von Fournier noch von HOFMEYR / RICE erwähnt.

Im Folgenden soll auf HOFMEYR und RICE aufgebaut werden, weil im Kontext dieses Beitrags die Messung der Tragfähigkeit der Marke-Stakeholder Beziehungen im Mittelpunkt steht und nicht die Klassifikation unterschiedlicher Beziehungsarten wie bei FOURNIER. Der Begriff „Tragfähigkeit" wird hier aus zwei Gründen dem Begriff der „Stärke" vorgezogen. Einerseits, weil er den hier interessierenden Sachverhalt, wie sehr eine Markenbeziehung durch Krisensituationen belastbar ist, bevor sie „zerbricht" (Beendigung der Geschäftsbeziehung), präziser beschreibt. Zweitens, weil die nachfolgend vorgestellte Konzeptualisierung der Marke-Stakeholder-Beziehungen teilweise von derjenigen bei HOFMEYR / RICE abweicht.

Die Erfassung der Tragfähigkeit der Markenbeziehungen ist im Rahmen des strategischen und operativen Managements von Ad-hoc-Krisen von großer Bedeutung. Im Rahmen der langfristig ausgerichteten Prävention von Ad-hoc- Krisen zeigt die Erfassung der Tragfähigkeit, wie widerstandsfähig eine Marke gegenüber potenziellen Ad-hoc-Krisen ist und damit zugleich wie stabil bzw. volatil die Zahlungsströme eines Unternehmens in Krisenzeiten sein werden. Mit anderen Worten: Je höher die Tragfähigkeit der Markenbeziehungen, desto größer ist der durch die Marke gewährte „Versicherungsschutz" im Falle einer Ad-hoc- Krise.

Im operativen Krisenmanagement dient die Erfassung der Tragfähigkeit der Markenbeziehungen als **Performance-Indikator** aller eingeleiteten Maßnahmen des Ad-hoc-Krisenmanagements, insbesondere im Bereich der Kommunikation. Die Erfassung der Tragfähigkeit **vor, während und nach einer Ad-hoc-Krise** zeigt einerseits, wie gut der „Versicherungsschutz" der Marke vor dem Eintritt der Ad-hoc-Krise gewesen ist. Andererseits verdeutlicht sie, inwieweit das durch die interne Kommunikation geprägte und extern kommunizierte Verhalten der Marke eine Schwächung der Marke-Stakeholder-Beziehungen hat verhindern können.

Die Tragfähigkeit der Marke-Stakeholder-Beziehungen kann anhand von vier Variablen gemessen werden: Dem Vertrauen, der Sympathie, dem Vermissen und dem Involvement.[10] **Vertrauen** gegenüber einer Marke ist vor allem die Folge hoher Kontinuität bezüglich der wichtigsten Komponenten der Markenidentität im Zeitablauf und hoher Konsistenz (Passigkeit) dieser Identitätskomponenten zu jedem Zeitpunkt. Die damit einhergehende Verlässlichkeit und Berechenbarkeit reduziert wahrgenommene Risiken bezüglich des zukünftigen Verhaltens einer Marke.[11]

Die **Sympathie** erfasst den Grad des „Mögens" einer Marke und ist stark emotional geprägt. Sie kann unter Bezugnahme auf die Kongruenztheorie von SIRGY als Ergebnis eines hohen Fits zwischen der Wahrnehmung einer Marke durch die externen Anspruchsgruppen (Markenimage) und dem jeweiligen Selbstkonzept der für eine Marke arbeitenden Personen interpretiert werden.[12] Das Selbstkonzept ist „die Gesamtheit der Gedanken und Gefühle eines Individuums in Bezug auf sich selbst"[13] einschließlich seiner Charakterzüge, Kompetenzen und Werte.[14] Übertragen auf Marken entspricht das Selbstkonzept der Markenidentität. Das Ausmaß des Fits zwischen Markenidentität und Markenimage ist wiederum abhängig von der **Marktnähe** des Managements und der Mitarbeiter, die für eine Marke arbeiten. Verfügen Management und Mitarbeiter über ein hohes Maß an Marktnähe, dann kennen sie die Bedürfnisse, Wünsche und Sehnsüchte ihrer Kunden besonders gut. Dies spiegelt sich in einer entsprechenden Ausprägung der Markenidentität wider. Die Sympathie einer Marke wird ferner durch die Interaktionsintensität zwischen internen und externen Anspruchsgruppen der Marke beeinflusst. Je enger der Austausch zwischen den Gruppen ist, desto größer ist die Wahrscheinlichkeit eines hohen Fits zwischen Markenidentität und Markenimage.

Die Variable **„Vermissen"** erfasst, wie sehr eine Person eine Marke vermissen würde, wenn sie nicht mehr angeboten werden würde.[15] Das Gefühl des Vermissens ist immer dann sehr schwach ausgeprägt, wenn andere gleichwertige Alternativen ohne oder lediglich mit geringem zusätzlichen Aufwand zur Verfügung stehen. Mit anderen Worten: Der wahrgenommene Abstand zwischen der untersuchten Marke und der zweiten Wahl des Befragten (second choice brand) ist gering, ihre **Austauschbarkeit** hoch. Das Vermissen ist somit das Ergebnis der wahrgenommenen Einzigartigkeit einer Marke.

Das **Involvement**[16] beschreibt die subjektiv empfundene Wichtigkeit und Ich-Beteiligung des Befragten bezüglich einer bestimmten Warengruppe oder auch Branche, der er die jeweilige Marke zuordnet.[17] Je höher das Involvement gegenüber der für eine Marke relevanten Warengruppe ist, desto tragfähiger sind Markenbeziehungen, wenn das Vertrauen, die Sympathie und das Vermissen positiv ausgeprägt sind. Das Involvement wirkt insoweit als Verstärker einer durch die anderen drei Variablen bereits positiv oder negativ geprägten Markenbeziehung. Es kann als eine konstitutive Komponente der Tragfähigkeit interpretiert werden, weil es die Verhaltensrelevanz und Nachhaltigkeit der subjektiv empfundenen Bindung an die Marke steuert.

3 Determinanten der Marke-Stakeholder-Beziehungen

Die in Ad-hoc-Krisen so wichtige Tragfähigkeit der Marke-Stakeholder-Beziehungen ist von dem Inhalt und der Stärke der Identität und des Images der jeweils betroffenen Marke abhängig. Der **Inhalt von Markenimages** (vgl. Abb. 3-1) wurde bereits im vierten Kapitel dieses Buches näher beschrieben.[18] Die **Stärke des Markenimages** kann anhand der Prägnanz, des Umfanges und der Abrufbarkeit von Markenassoziationen gemessen werden.[19] Die Prägnanz erfasst, inwieweit die mit einer Marke subjektiv verbundenen Assoziationen bildgebunden und klar oder eher abstrakt und diffus im Gedächtnis abgespeichert sind. Neben der Prägnanz nimmt die Stärke des Markenimages mit wachsendem Umfang der zu einer Marke abgespeicherten Assoziationen (Markenwissen) und mit wachsender Schnelligkeit des mentalen Zugriffs auf diese Assoziationen zu.

Der **Inhalt der Markenidentität** ergibt sich aus sechs Komponenten (vgl. Abb. 3-1).[20] Die erste Komponente der Markenidentität ist die Markenherkunft. Sie umfasst alle geographischen, kulturellen und institutionellen Einflüsse, die determinieren, von wo, wem oder was eine Marke abstammt.[21] Die zweite Komponente sind die organisationalen Fähigkeiten einer Marke. Diese basieren auf den entsprechenden Fähigkeiten der markenführenden Unternehmung und stellen den Radius dar, innerhalb dessen ein von einer Marke versprochener Kundennutzen mit Substanz und damit Glaubwürdigkeit versehen werden kann. Aus Sicht der Ressourcentheorie bildet das kollektiv erworbene, für die Nutzenstiftung beim Kunden einsetzbare Know-how der für die Marke arbeitenden Personen die Basis für diese Substanz. Diese kollektiven Fähigkeiten sind zugleich Grundlage der Wettbewerbsvorteile einer Marke.[22] Ein von einer Marke versprochener Kundennutzen wird demgemäß langfristig nur dann einzigartig sein und von konkurrierenden Marken nur schwer kopiert werden können, wenn er auf spezifischen organisationalen Fähigkeiten basiert.

Die dritte Komponente der Markenidentität ist die Markenvision. In Anlehnung an eine Metapher von Antoine de St. Exupéry[23] dient eine Markenvision der Erzeugung von Sehnsüchten bei allen an der Markenführung Beteiligten. Diese Sehnsüchte erfüllen eine Koordinationsfunktion. Sie dienen der Sicherstellung eines unternehmensweiten, mit den Markenzielen konformen Handelns. Die Markenvision soll allen internen Bezugsgruppen ein Motivations- und Ankerpunkt für das eigene Verhalten sein.

Die Markenkernleistungen sind die vierte Komponente der Markenidentität. Ihre Festlegung basiert direkt auf der Markenvision. Sie sind eine unmittelbare Manifestation des Kundennutzens einer Marke. Es handelt sich hierbei um die grundsätzliche Form und Ausstattung von Leistungen die eine Marke anbietet. Die fünfte Komponente der Markenidentität sind die Markenkernwerte. Sie sollen den von der Marke versprochenen Kundennutzen mit emotionalen Inhalten versehen. Die Markenpersönlichkeit stellt die letzte Komponente der Markenidentität dar. Sie kommt im verbalen und nonverbalen Kommunikationsstil der Marke zum Ausdruck, der u.a. von typischen Markenrepräsentanten (z.B. „Celebrities" aus der klassischen Markenwerbung, Verkäufer, dem Top-Management etc.) geprägt wird.

Die **Stärke der Markenidentität** kann auf Basis der sozialwissenschaftlichen Forschung und der dort identifizierten konstitutiven Identitätsmerkmale[24] gemessen werden. Hierzu werden die Variablen Interaktionsintensität, Einzigartigkeit, Kontinuität und Konsistenz herangezogen. Die Interaktionsintensität zwischen internen und externen Anspruchsgruppen einer Marke beruht auf dem sozialwissenschaftlichen Identitätsmerkmal der Wechselseitigkeit. Je breiter und tiefer diese Interaktionen ausfallen, desto eher ist gewährleistet, dass es zwischen der Identität und dem Image einer Marke zu einer hohen Übereinstimmung kommt und die Marke im Zeitablauf ihre eigene Aktualität sicherzustellen vermag. Die Interaktionsintensität bezieht sich aber auch auf die Kommunikation der internen Anspruchsgruppen untereinander. Je mehr die interne Kommunikation aller für eine Marke arbeitenden Personen durch ein hohes Maß an Offenheit und Fehlertoleranz geprägt ist, desto eher ist sichergestellt, dass alle Mitarbeiter ein klares, übereinstimmendes Vorstellungsbild von der Markenidentität haben und diese durch ihr eigenes Verhalten auch tatsächlich „zum Leben erwecken". In diesem Zusammenhang fördert eine ausgeprägte Fehlertoleranz der internen Kommunikation die schnelle Aufdeckung und Beseitigung diskrepanter, kontraproduktiver Identitätsvorstellungen, die sich beispielsweise in bestimmten Funktionsbereichen oder räumlich ausgelagerten Bereichen der jeweils betroffenen Marke gebildet haben können.

Ferner gilt, je stärker sich die Markenidentität von derjenigen bei Konkurrenzangeboten differenziert, desto höher ist ihre Einzigartigkeit und damit ceteris paribus auch die Stärke der Markenidentität. Schließlich nimmt die Stärke der Markenidentität auch dann zu, wenn der Grad der zeitpunktbezogenen Konsistenz und der zeitraumbezogenen Kontinuität ihrer wichtigsten Identitätskomponenten zunimmt.

Im Rahmen des Managements der in Ad-hoc-Krisen so wichtigen Tragfähigkeit der Marke-Stakeholder-Beziehungen kommt der Stärke der Markenidentität eine herausgehobene Bedeutung zu, weil sie direkt deren Komponenten Vertrauen, Sympathie und Vermissen beeinflusst (vgl. Abb. 3-1).

Abbildung 3-1: *Modell der Marke-Stakeholder-Beziehungen und ihrer Determinanten*
Quelle: Eigene Abbildung.

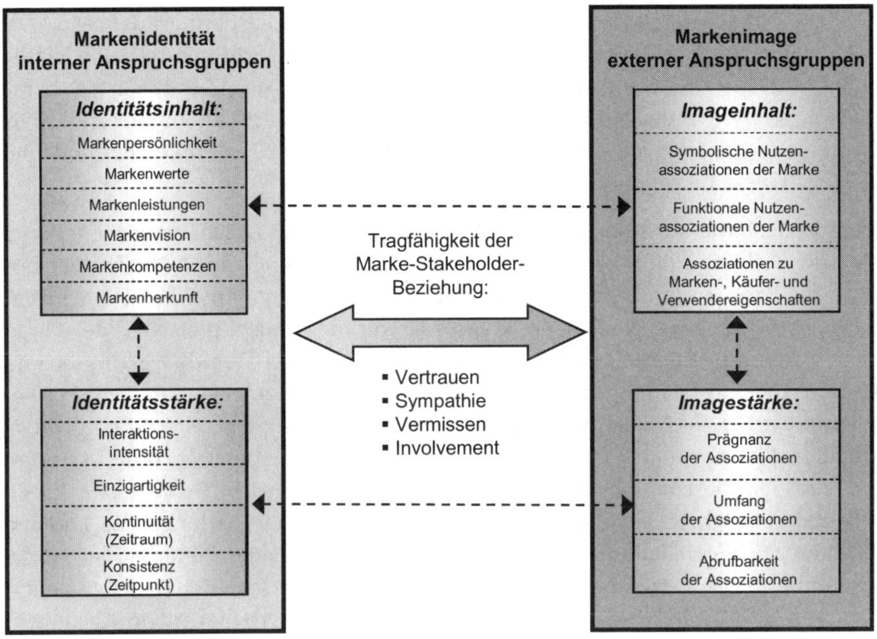

4 Maßnahmen der internen Kommunikation zur Stärkung der Marke-Stakeholder-Beziehungen in Ad-hoc-Krisen

Die wichtigste Maßnahme sowohl bei der Prävention als auch dem operativen Management von Ad-hoc-Krisen ist die Sicherstellung eines hohen Maßes an **Offenheit** und **Fehlertoleranz** in der internen Kommunikation. Die Analyse zahlreicher Ad-hoc-Krisen hat gezeigt, dass Informationen über den bevorstehenden Ausbruch einer Ad-hoc-Krise oftmals schon viele Jahre vor der eigentlichen Krise im Unternehmen verfügbar waren und als sog. „weak signals" hätten problemlos vom Unternehmen wahrgenommen werden können. Diese Informationen wurden jedoch entweder nicht an die relevanten Entscheidungsträger im Unternehmen weitergegeben oder aber von diesen negiert, um Fehlentscheidungen aus der Vergangenheit zu vertuschen oder nicht „unnötig" zu problematisieren.

So zeigte sich beispielsweise beim ersten Absturz eines Space Shuttles der NASA, der „Challenger", im Jahr 1986, dass die technisch-konstruktive Schwachstelle, die letztlich zum Absturz führte, mangelhafte O-Ring-Dichtungen an den Zusatzraketen, bereits seit vielen Jahren in der NASA bekannt war. Aufgrund zahlreicher organisationsinterner Ursachen, die auf ein geringes Maß an Offenheit und Fehlertoleranz hindeuten, wurde auf diese Information jedoch nicht adäquat reagiert.[25]

Ebenso offenbarte der nach fast fünfjähriger Arbeit am 13.12.2004 vorgelegte Bericht der Untersuchungskommission der französischen Regierung zum Absturz einer Concorde bei Paris im Jahre 2000 mit 113 Toten, dass die Unfallursache ein „wichtiger Mangel" bei der Konstruktion der Concorde war, denn die Unterseiten der Flügeltanks waren nur unzureichend gegen das Eindringen von Fremdkörpern geschützt, die bei Starts und Landungen vom eigenen Fahrwerk hochgeschleudert werden. Diese konstruktive Schwachstelle wurde von einer Expertengruppe bereits 1979 aufgedeckt und dem Management von Aerospatiale, dem Hersteller der Concorde, mitgeteilt, ohne das von diesem adäquate Maßnahmen ergriffen wurden. Danach ist es in den 80er und 90er Jahren insgesamt sieben Mal bei Starts und Landungen zu Leckagen aufgrund hochgeschleuderter und in den Tank eindringender Fremdkörper gekommen, ohne dass konstruktive Veränderungen an der Unterseite der Tanks vorgenommen wurden.[26] Diese baulichen Veränderungen wurden erst nach dem Absturz der Concorde durchgeführt. Insoweit zeigt sich auch hier eine höchst disfunktionale interne Kommunikation, die weder eine ausreichende Kommunikation zwischen den verschiedenen organisatorischen Ebenen und Bereichen zulässt, noch das Eingeständnis von vergangenen Fehlern im eigenen Handeln.

Als ein weiteres Beispiel kann auf den Untergang des Fährschiffes „Estonia" in der Nordsee im Jahr 1994 verwiesen werden. Die offizielle technische Unfallursache war der Abriss der Bugklappe in schwerer See. Die Bugklappe war als hoch belastetes und defektanfälliges Bauteil mit höchster Sicherheitsrelevanz bei allen Roll-on / Roll-off Fährschiffen wie der „Estonia" in der Branche seit vielen Jahren bekannt.[27] Weder die Werft, welche die „Estonia" baute, noch die Reederei, welche die „Estonia" betrieb, widmeten dieser potenziellen Gefahrenstelle jedoch offenkundig die notwendige Aufmerksamkeit. Auch in diesem Fall hätte ein höheres Maß an Offenheit und Fehlertoleranz in der internen Kommunikation sowohl der Werft als auch der Reederei die Ad-hoc-Krise ggf. verhindern oder zumindest deren Folgen abmildern können. In diesem Zusammenhang ist beispielsweise an konstruktive Umbau- und Sicherungsmaßnahmen für den Fall eines Bugklappendefektes, andere Betriebsvorschriften, schärfere Wartungs- und Kontrollvorschriften, adäquate Evakuierungsprozeduren etc. zu denken. Hätte eine offene und fehlertolerante interne Kommunikation ex ante stattgefunden, wären Werft und Reederei in der Lage gewesen, nach dem Unglück (sofern es dazu überhaupt noch gekommen wäre) proaktiv und offen auf die Pressevertreter zuzugehen und über ihre eigenen, bereits im Vorfeld des Untergangs eingeleiteten eigenen Maßnahmen, zu berichten.

Ebenso können die Ad-hoc-Krisen beim Chip-Produzenten Intel aufgrund eines konstruktiven Mangels des damals neuen Pentium-Chips[28], der Zusammenbruch der englischen Barings Bank aufgrund der fehlgeschlagenen Spekulationen von Nick Leeson, eines leitenden Angestellten der Barings Niederlassung in Singapur, die Krise beim deutschen Unternehmen Werner & Merz aufgrund gesundheitsschädlicher Wirkungen eines Ledersprays der Marke „Erdal" im Jahr 1990[29] und der Absturz eines über 20 Jahre alten TWA Jumbo-Jets der ersten Generation (Boing 747-100) vor Long Island im Jahr 1996 aufgrund sich selbst entzündender Kerosingase in einem fast leeren Tank auf mangelnde Offenheit und Fehlertoleranz in der internen Kommunikation der jeweils betroffenen Unternehmen zurückgeführt werden. In allen diesen Fällen waren die Ursachen der späteren Krisen in den Unternehmen lange bekannt, ohne dass adäquat auf diese Informationen reagiert wurde.

Je offener die interne Kommunikation, desto größer ist die Wahrscheinlichkeit, dass das Management von potenziell eine Ad-hoc-Krise auslösenden Problemen im Unternehmen erfährt. Ebenso steigt mit zunehmender Offenheit die Reaktionszeit des Unternehmens zur Verhinderung von bzw. Vorbereitung auf eine Ad-hoc-Krise, weil das Management früher über krisenrelevante Probleme informiert wird. Mit wachsender Fehlertoleranz in der internen Kommunikation und damit letztlich der Kultur eines Unternehmens wächst die Wahrscheinlichkeit, identifizierte Probleme ohne Rücksicht auf vermeintlich richtige Entscheidungen der Vergangenheit und individuelle Karriereinteressen abzustellen. MITROFF spricht in diesem Zusammenhang auch vom „Failure of Success" Syndrom[30]. Er stellt heraus, dass mit wachsendem Ausmaß und Dauer des finanziellen Unternehmenserfolgs die Fehlertoleranz und Offenheit eines Unternehmens zurückgeht und Ad-hoc-Krisen damit wahrscheinlicher werden. Mit Bezug zu Abbildung 3-1 ist zur Verbesserung der Offenheit und Fehlertoleranz die Erhöhung der Interaktionsintensität zu empfehlen. Dabei verbessert sich in der Regel auch das **Brand Commitment**, die empfundene Bindung der Mitarbeiter zu „ihrer" Marke, und damit deren Einsatzbereitschaft, sich ohne explizite Anreize nachhaltig und umfassend für die Marke einzusetzen[31] und auf diesem Wege alles ihnen mögliche zur Prävention und schnellen Linderung von Ad-hoc-Krisen zu tun.

5 Maßnahmen der externen Kommunikation zur Stabilisierung der Marke-Stakeholder-Beziehungen in Ad-hoc-Krisen

Die externe Kommunikation in Ad-hoc-Krisen hat mehreren Anforderungen gleichzeitig zu genügen. Zunächst einmal ist eine möglichst **schnelle Kommunikation** mit allen relevanten Stakeholdern sicherzustellen. Dies gelingt nur dann, wenn das Verhalten aller Mitarbeiter im Krisenfall ex ante simuliert und geübt wird. Dies umfasst beispielsweise auch die Einrichtung einer ausreichenden Kommunikationsinfrastruktur für eine Ad-hoc-Krise, um im Extremfall mehrere hunderttausend Telefonanrufe und ebenso viele oder mehr Zugriffe auf die eigene Homepage im Internet bewältigen zu können. Die Niederschrift von Verhaltensregeln in Krisenmanagement-Handbüchern reicht hier bei weitem nicht aus. Oft entscheidet die Kommunikation innerhalb der ersten 24 Stunden nach dem Eintritt einer Ad-hoc-Krise über den Erfolg der externen Krisenkommunikation.[32]

Im zweiten Schritt ist eine möglichst **umfassende und offene Kommunikation** sicherzustellen, die alle im Zusammenhang mit der Ad-hoc-Krise relevanten Informationen umfasst. Hier ergibt sich oft das Problem, dass das betroffene Unternehmen selber nicht über alle relevanten Informationen verfügt. In diesem Falle sollten auch die noch vorhandenen Informationsdefizite offen und ehrlich kommuniziert werden.[33] In der internationalen Krisenmanagementforschung gab es diesbezüglich jahrelang eine Auseinandersetzung über die Zweckmäßigkeit dieser sog. **„Full-Disclosure-Policy"**. Mit Blick auf die Entwicklung der modernen Kommunikations- und Informationstechnologien hat sich in den letzten Jahren aber die Überzeugung durchgesetzt, dass eine freiwillige und umfassende „Full-Disclosure-Policy" einem Unternehmen stets den Vorteil bietet, selber Art und Zeitpunkt der Kommunikation kontrollieren zu können und zu einer erheblich höheren Glaubwürdigkeit beiträgt.[34] Diese Argumente sind angesichts einer vernetzten Gesellschaft, in der krisenrelevante Informationen letztlich nicht verborgen bleiben, wichtige Vorteile einer umfassenden und ehrlichen Krisenkommunikation.

Als dritte Anforderung an erfolgreiche externe Krisenkommunikation ist die **Übernahme von Verantwortung** zu nennen. Betroffene Unternehmen sollten sich offen zu ihrer Verantwortung für Mitarbeiter, Kunden und andere Stakeholder bekennen. Diese Wahrnehmung von Verantwortung ist grundsätzlich von der Verschuldensfrage zu trennen. Auch wenn ein Unternehmen nicht ursächlich am Eintritt einer Ad-hoc-Krise beteiligt war, sollte es seiner Verantwortung vor allem für das Wohl der eigenen Mitarbeiter und Kunden gerecht werden. Dies bedeutet aber auch, sich nur dann als völlig unschuldiges „Opfer höherer Gewalt" oder des negativen Einflusses Anderer darzustellen, wenn die eigene Unschuld für jedermann nachweisbar und glaubwürdig vermittelt werden kann. In vielen Ad-hoc-Krisen sind die betroffenen Unternehmen jedoch hinsichtlich des Eintritts der Ad-hoc-Krise oder deren konkreten Schadensausmaß **nicht** völlig unbeteiligt. Die offene und ehrliche Übernahme dieser Teilverantwortung kann eine Kettenreaktion in den Medien verhindern, die regelmäßig einsetzt, wenn das betroffene Unternehmen eigene Schuld vollständig abstreitet.

Das Eingeständnis von Verantwortung sollte von der Kommunikation von Sofortmaßnahmen zur Begrenzung und Wiedergutmachung des Schadens begleitet werden. Hier ist beispielsweise an geeignete Produktrückrufaktionen zu denken.[35] Im positiven Sinne wirkungsvoll ist die Anerkennung von Verantwortung vor allem bei ex ante sehr tragfähigen Marke-Kunde-Beziehungen. Bei einem hohen Maß an Vertrauen, Sympathie, Vermissen und Involvement ist zumeist sichergestellt, dass die Verantwortlichkeitskommunikation des Unternehmens aufgenommen wird und auf „fruchtbaren Boden" fällt. Die Nähe zwischen externen und internen Anspruchsgruppen, die in tragfähigen Marke-Stakeholder-Beziehungen zum Ausdruck kommt, hat hier oft zur Folge, dass der Marke die eingestandenen Fehler leichter verziehen werden. Vergleichbar einem guten Freund, dem seine Fehler ebenfalls leichter und schneller nachgesehen werden, als einer Person, zu der lediglich oberflächliche Beziehungen unterhalten werden.

Als vierte Anforderung ist die **Zielgruppenorientierung der Kommunikation** zu nennen. Bei zahlreichen Ad-hoc-Krisen ist zu beobachten, dass die Pressemitteilungen der betroffenen Unternehmen bzw. der als Absender der Kommunikationsbotschaften auftretenden Unternehmens-, Bereichs- oder Produktmarken angefüllt sind mit technisch-statistischen Informationen in der Sprache von Fachexperten. In diesen Fällen kommt es bei den externen Anspruchsgruppen schnell zur Vermutung, das unverstandlich argumentierende Unternehmen habe etwas zu verbergen.[36] Darüber hinaus leidet die Prägnanz des Markenimages. Die Verwendung zielgruppenspezifischer **„Laiensprache" mit hohem emotionalen Kommunikationsgehalt** ist hier ein wichtiger Erfolgsfaktor der externen Krisenkommunikation. Gerade in Krisen ist die emotionale Seite der Kommunikation oft wesentlich wichtiger als die technisch-statistisch korrekte Schilderung der Sachlage.[37] Die zielgruppenorientierte Kommunikation ist nicht zuletzt deshalb so wichtig, weil in vielen Ad-hoc-Krisen nicht die Krise selbst, sondern deren Wahrnehmung in der Öffentlichkeit das eigentliche Managementproblem darstellt. In diesem Punkt unterscheidet sich auch das von vielen Autoren vertretene enge, „operative" Verständnis des Ad-hoc-Krisenmanagements[38] von dem in diesem Buch vertretenen ganzheitlichen, alle internen und marktlichen Wirkungen von Krisen umfassenden Verständnis des Begriffes Krisenmanagement. Die Zielgruppenorientierung der Krisenkommunikation kann jedoch nicht bei Bedarf verordnet werden. Sie ist ex ante, d.h. vor Eintritt der Ad-hoc-Krise sicherzustellen. Das dabei realisierbare Maß an Zielgruppenorientierung wird in hohem Maße von Inhalt und Stärke der Markenidentität beeinflusst.

Die fünfte und letzte Anforderung an eine erfolgreiche externe Krisenkommunikation ist das „richtige“ **Handling des operativen Kommunikationsmanagements**. Hierauf soll nur kurz eingegangen werden[39]. Besonders wichtig ist hier die Sicherung der Konsistenz aller Kommunikationsbotschaften durch Zusammenfassung aller Aktivitäten der Krisenkommunikation an einer Stelle im Unternehmen (one voice policy). Neben der Konsistenzsicherung ist es die wichtigste Aufgabe dieser zentralen Instanz (z.B. dem Unternehmenssprecher und seinem Pressezentrum), das mit dem operativen Management der Ad-hoc-Krise beschäftigte Team von der Ablenkung durch Journalisten oder sonstige Kommunikationsaktivitäten abzuschirmen und damit dessen Effektivität und Effizienz bei der Eindämmung der Krise zu garantieren.

Bei der Information der verschiedenen Anspruchsgruppen sollten zunächst die eigenen Mitarbeiter und die Angehörigen eventueller Opfer von Ad-hoc-Krisen, danach die Pressevertreter, indirekt beteiligte Dritte (Feuerwehr, Krankenhäuser, sonstige Rettungsdienste etc.) sowie die allgemeine Öffentlichkeit informiert werden. In den verbreiteten Kommunikationsbotschaften sollte zunächst die Situation der betroffenen Menschen, danach die Auswirkungen für die Umwelt und schließlich über finanzielle Krisenfolgen und Schäden an materiellen Besitztümern informiert werden. Neben den direkt auf die Ad-hoc-Krise bezogenen Informationen sollten auch Informationspakete mit Hintergrundinformationen über das betroffenen Unternehmen bzw. die betroffenen Marke vorbereitet und für Interessierte bereitgestellt werden. Schließlich sollte nicht vergessen werden, nach der Bewältigung einer Ad-hoc-Krise durch das operative Krisenmanagement vor Ort in der externen Kommunikation über die Erfahrungen und abgeleiteten Verbesserungen zur Prävention zukünftiger Ad-hoc-Krisen zu berichten.[40] Dabei sollten auch unabhängige, unternehmensexterne Experten einbezogen werden, welche die Güte der erreichten Lerneffekte und umgesetzten Maßnahmen nach Außen mit einem Höchstmaß an Glaubwürdigkeit versehen können. In diesem Zusammenhang kommt auch der Initiierung von Corporate- und Brand-Citizenship Programmen eine hohe Bedeutung zu.[41]

6 Fazit

Grundlage dieses Beitrags ist die Beobachtung, dass bei vielen Ad-hoc-Krisen das eigentliche Managementproblem nicht in den direkten Schadenswirkungen der Krise begründet liegt, sondern in der internen und externen Wahrnehmung der Krise. Demzufolge kommt der internen und externen Kommunikation im Rahmen des Managements von Ad-hoc-Krisen eine herausgehobene Bedeutung zu. Die in der Praxis zu beobachtende Kommunikation in Ad-hoc-Krisen zeigt diesbezüglich erhebliche Schwächen. Dies ist primär auf ein oft viel zu enges Verständnis des Gegenstands der Krisenkommunikation zurückzuführen. In dieser verkürzten Sicht beschränkt sich

Krisenkommunikation in vielen Fällen auf die Organisation von Pressekonferenzen und die Verbreitung von Pressemitteilungen. Dabei wird übersehen, dass der Absender aller Maßnahmen der Krisenkommunikation stets eine Marke ist. Deren interne **Identität** und externes **Image** prägen Art und Wahrnehmung aller ausgesendeten Botschaften ebenso wie die Art der zur Kriseneindämmung vor Ort ergriffenen Maßnahmen. Krisenmanagement und vor allem Krisenkommunikation beginnt somit lange vor dem Eintritt einer Ad-hoc-Krise.

Vor diesem Hintergrund sind die tatsächlichen Handlungsfreiräume zur Beeinflussung der Krisenwahrnehmung **nach** dem Eintritt einer Krise begrenzt. Die Wahrnehmung und Bewertung einer Ad-hoc-Krise und die Wirkung der Krise auf das Verhalten aller Anspruchsgruppen der betroffenen Marke sind letztlich von der **Führungsqualität** der intern handelnden Personen **vor** der Krise abhängig, die am Ende des Tages an der Tragfähigkeit der Marke-Stakeholder Beziehungen abzulesen ist. Demzufolge ist Professor Ian MITROFF, dem wohl renommiertesten Vertreter der internationalen Krisenmanagementforschung zuzustimmen, wenn er feststellt: „Organizations do create the crises they face in the special sense that the kinds of early warning, prevention, damage limitation, recovery, and learning mechanisms they institute are one of the most important factors affecting what kinds of crises occur."[42]

Anmerkungen

1 Vgl. OGUNSULIRE, M: Under the spotlight [2001].

2 Vgl. BRAUCK, M.: So kocht man ein Gerücht [2003].

3 HECKING, M.: Vom Spätzle-Pionier zum Marktführer [2004].

4 Vgl. zum Begriff der Anspruchsgruppen z.B. MEFFERT, H.: Grundlagen [2000], S. 30 ff.

5 Eine Marke wird dabei als „ein Nutzenbündel mit spezifischen Merkmalen (in Form von Kommunikation, Kundendienst, Verpackungsgestaltung, technischen Innovationen etc.), die dafür sorgen, dass sich dieses Nutzenbündel gegenüber anderen Nutzenbündeln, welche dieselben Basisbedürfnisse erfüllen, aus Sicht relevanter Zielgruppen nachhaltig differenziert" definiert.
BURMANN, C. / BLINDA, L. E. / NITSCHKE, A.: Identitätsbasiertes Markenmanagement [2003], S. 3.

6 Das Konstrukt Markenidentität kann als „diejenigen raum-zeitlich gleichartigen Merkmale der Marke (definiert werden), die aus Sicht der internen Zielgruppen in nachhaltiger Weise den Charakter der Marke prägen."
BURMANN, C. / BLINDA, L. E. / NITSCHKE, A.: Identitätsbasiertes Markenmanagement [2003], S. 5.

7 „Es handelt sich beim Markenimage um ein mehrdimensionales Einstellungskonstrukt, welches das in der Psyche relevanter externer Zielgruppen fest verankerte, verdichtete, wertende Vorstellungsbild von einer Marke wiedergibt. Es ist das Ergebnis der individuellen, subjektiven Wahrnehmung und Dekodierung aller von der Marke ausgesendeten Signale".

BURMANN, C. / BLINDA, L. E. / NITSCHKE, A.: Identitätsbasiertes Markenmanagement [2003], S. 5 f.; Vgl. hierzu auch den Beitrag von BURMANN, C. zum Thema Markenführung in diesem Band.

8 Vgl. FOURNIER, S.: Consumers and their Brands [1998 und 2000]; HOFMEYR, J. / RICE, B.: Commitment Marketing [2002].

9 Vgl. HADWICH, K.: Relationship Marketing [2003], S. 13 ff.

10 Die Konzeptualisierung des Tragfähigkeitskonstruktes anhand von vier Dimensionen basiert auf HOFMEYR, J. / RICE, B.: Commitment Marketing [2002]. Im Unterschied zu diesen werden hier jedoch die ersten beiden Dimensionen inhaltlich anders interpretiert.

11 HOFMEYR, J. / RICE, B.: sprechen in diesem Zusammenhang von Zufriedenheit. Da es sich bei der Zufriedenheit jedoch um ein kurzfristiges, auf eine Transaktion bezogenes Konstrukt handelt, erscheint es zur Messung der längerfristigen Tragfähigkeit der Marke-Stakeholder-Beziehungen nicht geeignet. Vergleichbar sind die Konstrukte Zufriedenheit und Vertrauen, weil beide auf der Bestätigung von Erwartungen basieren.

12 HOFMEYR, J. / RICE, B. verwenden als zweite Dimension das Markenimage, welches sie mehrdimensional messen und danach auf eine Dimension verdichten. Dabei wird jedoch nicht erfasst, ob das Markenimage den Bedürfnissen der Anspruchsgruppen entspricht. Deshalb wird hier eine andere Konzeptualisierung gewählt.

13 ROSENBERG, M.: Conceiving the Self [1979], S. 7. Das Selbstkonzept entspricht im weitestgehend der „persönlichen Identität" in der Psychoanalyse. Vgl. z.B. FREY, H. P. / HAUSER, K.: Identitätsforschung [1987].

14 Vgl. BURMANN, C. / ZEPLIN, S.: Markenmanagement [2004], S. 9.

15 HOFMEYR, J. / RICE, B. sprechen in diesem Zusammenhang von der empfundenen Ambivalenz beim Kauf einer bestimmten Marke. Ist die Ambivalenz stark ausgeprägt, existieren nahezu gleichwertige Markenalternativen und das Gefühl des Vermissens beim Streichen einer dieser Marken ist eher gering ausgeprägt.
Vgl. HOFMEYR, J. / RICE, B.: Commitment Marketing [2002], S. 26.

16 Vgl. zum Involvement-Konstrukt z.B. FOSCHT, B. / SWOBODA, B.: Käuferverhalten [2004], S. 122 oder KROEBER-RIEL, W. / WEINBERG, P.: Konsumentenverhalten [2003], S. 174 sowie 338.

17 Vgl. zum Einfluss der wahrgenommenen Branchenzugehörigkeit und dem Image einer Marke BURMANN, C. / SCHAEFER, K.: Branchenimages [2005].

18 Vgl. den Beitrag von BURMANN, C. zum Thema Markenimage in diesem Band.

19 Vgl. ESCH, F.R.: Markenführung [2004], S. 73 f.

20 Vgl. hierzu umfassend BURMANN, C. / BLINDA, L. E. / NITSCHKE, A.: Identitätsorientierte Markenführung [2003] und BURMANN, C. / MEFFERT, H.: Identitätsorientierte Markenführung [2005].

21 Vgl. BLINDA, L. E.: Markenherkunft [2003].

22 Vgl. FREILING, J.: Resource-based View [2001], S. 98 f.

23 Antoine DE ST. EXUPÉRY: „Wenn du ein Schiff bauen willst, so trommle nicht Männer zusammen um Holz zu beschaffen, die Arbeit aufzuteilen und Befehle auszugeben. Stattdessen bring sie dazu, sich nach dem weiten, endlosen Meer zu sehnen!".

24 Vgl. MEFFERT, H. / BURMANN, C.: Identitätsorientierte Markenführung [1996], S. 31.

25 Vgl. MITROFF, I. I. / ANAGNOS, G. [2001], S. 102 ff.

26 Vgl. www.Handelsblatt.com [vom 15.12.2004].

27 Vgl. TÖPFER, A.: Plötzliche Unternehmenskrisen [1999], S. 112.

28 Vgl. MITROFF, I. I. / ANAGNOS, G.: Managing Crisis [2001], S. 92 ff.

29 Vgl. TÖPFER, A.: Plötzliche Unternehmenskrisen [1999], S. 110.

30 Vgl. MITROF, I. I. / ANAGNOS, G.: Managing Crisis [2001], S. 11.

31 Vgl. umfassend BURMANN, C. / ZEPLIN, S.: Building Brand Commitment [2005].

32 Vgl. MITROFF, I. I.: Effective Crisis Management [1987].

33 Insoweit wird hier der Meinung von HARZER klar widersprochen, der in Krisensituationen lediglich die Kommunikation „endgültig feststehender" Fakteninformationen empfiehlt. Vgl. HARZER, T.: Krisensituation [2004], S. 283.

34 Vgl. MITROFF, I. I. / ANAGNOS, G.: Managing Crisis [2001], S. 95; TÖPFER, A.: Plötzliche Unternehmenskrisen [1999], S. 306.

35 Vgl. SMITH, C. N. / THOMAS, R. J. / QUELCH, J. A.: Approach to Managing Product Recalls [2000].

36 Vgl. MITROFF, I. I.: Effective Crisis Management [1987].

37 Vgl. MITROFF, I. I. / ANAGNOS, G.: Managing Crisis [2001], S. 83 ff.; Insoweit wird hier erneut der Meinung von HARZER klar widersprochen, der in Krisensituationen eine ausschließlich informative Kommunikation empfiehlt. Vgl. HARZER, T.: Krisensituation [2004], S. 283.

38 Vgl. z.B. MAYER, V.: Operatives Krisenmanagement [2003] sowie die meisten Beiträge des Herausgeberbandes von BICKHOFF, N. / BLATZ, M. / EILENBERGER, G. / HAGHANI, S. / KRAUS, K. J. (Hrsg.): Unternehmenskrise als Chance; [2004].

39 Vgl. hierzu umfassend z.B. FINK, S.: Crisis Management [2002], S. 92 ff.

40 Vgl. AUGUSTINE, N.: Managing the Crisis [2000], S. 25 ff.

41 Vgl. BURMANN, C. / ZEPLIN, S.: Innengerichtete Markenkommunikation [2005].

42 Vgl. MITROFF, I. I.: Effective Crisis Management [1987].

Literatur

AUGUSTINE, N.: Managing the Crisis you tried to prevent; in: Harvard Business School Press (Hrsg.): Harvard Business Review on Crisis Management; Boston: o.V.; 2000, S. 1 - 31.

BICKHOFF, N. / Blatz, M. / EILENBERGER, G. / HAGHANI, S. / KRAUS, K. J. (Hrsg.): Die Unternehmenskrise als Chance; Berlin et al.: Springer; 2004.

BLINDA, L. E.: Relevanz der Markenherkunft für die identitätsbasierte Markenführung; Bremen: o.V.; 2003.

BRAUCK, M.: So kocht man ein Gerücht; in: brand eins; Ausgabe 5/2003.

BURMANN, C. / BLINDA, L. E. / NITSCHKE, A.: Konzeptionelle Grundlagen des identitätsbasierten Markenmanagements; Bremen: o.V.; 2003.

BURMANN, C., MEFFERT, H.: Theoretisches Grundkonzept der identitätsorientierten Markenführung; in: MEFFERT, H. / BURMANN, C. / KOERS, M. (Hrsg.): Markenmanagement – Grundlagen der identitätsorientierten Markenführung; Wiesbaden: Gabler; 2005 (im Druck).

BURMANN, C. / SCHAEFER, K.: Branchenimages als Determinante von Markenimages; Bremen: o.V.; 2005.

BURMANN, C. / ZEPLIN, S.: Innengerichtetes identitätsbasiertes Markenmanagement – State-of-the-Art und Forschungsbedarf; Bremen: o.V.; 2004.

BURMANN, C. / ZEPLIN, S.: Building Brand Commitment – A Behavioral Approach to Internal Brand Management; in: Journal of Brand Management; Nr. 1; 2005 (im Druck).

BURMANN, C. / ZEPLIN, S.: Innengerichtete Markenkommunikation; in: ESCH, F.R. (Hrsg.): Moderne Markenführung; Wiesbaden: Gabler; 2005 (im Druck).

ESCH, F.R.: Strategie und Technik der Markenführung; München: Vahlen; 2004.

FINK, S.: Crisis Management – Planning for the Inevitable; Lincoln: iUniverse; 2002.

FOSCHT, T. / SWOBODA, B.: Käuferverhalten; Wiesbaden: Gabler; 2004.

FOURNIER, S.: Consumers and their Brands – Developing Relationship Theory in Consumer Research; in: Journal of Consumer Research; Nr. 24; 1998; S. 343 - 373.

FOURNIER, S.: Building Brand Community on the Harley Davidson Posse Ride; Harvard Business School Case 501 – 015; 2000.

FREILING, J.: Resource-based View und ökonomische Theorie – Grundlagen und Positionierung des Ressourcenansatzes; Wiesbaden: Gabler; 2001.

FREY, H. P. / HAUSER, K.: Entwicklungslinien sozialwissenschaftlicher Identitätsforschung; in: FREY, H. P. / HAUßER, K. (Hrsg.): Identität: Entwicklungen psychologischer und soziologischer Forschung; Stuttgart: Enke; 1987; S. 3 - 26.

HADWICH, K.: Beziehungsqualität im Relationship Marketing; Wiesbaden: Gabler; 2003.

HARZER, T.: Erfolgreiche Kommunikation in der Krisensituation; in: BICKHOFF, N. / BLATZ, M. / EILENBERGER, G. / HAGHANI, S. / KRAUS, K. J. (Hrsg.): Die Unternehmenskrise als Chance; Berlin et al.: Springer; 2004; S. 267 - 285.

HECKING, M.: Vom Spätzle-Pionier zum Marktführer; in: „Stern", Ausgabe vom 06.12.2004.

HOFMEYR, J. / RICE, B: Commitment Marketing – Markentreue aus Begeisterung; München: Verl. Moderne Industrie; 2002.

KROEBER-RIEL, W., WEINBERG, P.: Konsumentenverhalten; München et al.: Vahlen; 2003.

MAYER, V.: Operatives Krisenmanagement; Wiesbaden.: Deutscher Universitäts-Verlag; 2003.

MEFFERT, H. / BURMANN, C.: Identitätsorientierte Markenführung – Grundlagen für das Management von Markenportfolios; Münster: o.V.; 1996.

MEFFERT, H.: Marketing – Grundlagen marktorientierter Unternehmensführung – Konzepte – Instrumente – Praxisbeispiele; Wiesbaden: Gabler; 2000.

MITROFF, I. I.: Effective Crisis Management; in: Academy of Management executives; Bd. 1; Nr. 4; 1987; S. 283 - 292.

MITROFF, I. I. / ANAGNOS, G.: Managing Crisis before they happen; New York et al.: Amacom; 2001.

OGUNSULIRE, M: Under the Spotlight: "It`s always Coca-Cola"; Case Study; IMD International Institute for Management Development; Lausanne, 2001.

ROSENBERG, M.: Conceiving the Self; New York: Basic Books; 1979.

SMITH, C. N. / THOMAS, R.J. / QUELCH, J. A.: A strategic Approach to Managing Product Recalls; in: Harvard Business School Press (Hrsg.): Harvard Business Review on Crisis Management; Nr. 74; Boston: o.V.; 2000; S. 61 - 86.

TÖPFER, A.: Plötzliche Unternehmenskrisen: Gefahr oder Chance? Neuwied et al.: Luchterhand; 1999.

Alexander Bassen / Christine Zöllner

Investor Relations in Ad-hoc-Krisen

1 Einführung ... 483

2 Investor Relations ... 484

3 Investor Relations in Ad-hoc-Krisen ... 486
3.1 Krisenphasen und die Anforderungen an Investor Relations ... 486
3.2 Investor Relations vor Ausbruch von Ad-hoc-Krisen ... 488
3.3 Investor Relations bei Ausbruch der Ad-hoc-Krise ... 489
3.4 Investor Relations während der Bewältigung von Ad-hoc-Krisen ... 490
3.5 Investor Relations nach Bewältigung von Ad-hoc-Krisen ... 491

4 Fallbeispiel: Daimler-Benz und der nicht bestandene Elch-Test aus Sicht der Investor Relations ... 492

5 Fazit ... 495

1 Einführung

Im Zentrum der wertorientierten Unternehmensführung und der daraus abgeleiteten Kommunikation mit dem Kapitalmarkt (Investor Relations) steht die Optimierung des Unternehmenswerts. Für börsennotierte Unternehmen ergibt sich der Unternehmenswert, die Marktkapitalisierung, täglich neu.

Der Preis, den Investoren bereit sind, für eine Aktie zu zahlen, wird durch den Börsenkurs verdeutlicht und entsteht durch Abdiskontierung erwarteter positiver Cashflows mit einem risikoadjustierten Zins.[1] Die Börse betrachtet somit nicht die Gegenwart, sondern bewertet eine unsichere Zukunft. Sie prognostiziert nicht nur die Höhe zukünftiger Cashflows, sondern auch deren Eintrittswahrscheinlichkeit.

Für ein Unternehmen stehen somit nicht nur die Qualität des Managements und seine Bereitschaft, sich am Unternehmenswert auszurichten, im Vordergrund. Beides muss auch für die interessierte Öffentlichkeit transparent gemacht werden, um in die Marktkapitalisierung einfließen zu können.

In der modernen Welt ist es dem einzelnen Individuum nicht möglich, alle Lebensbereiche persönlich zu steuern. Diese Funktionen werden anderen Institutionen übertragen, den damit verbundenen Risiken begegnet man häufig durch Vertrauen als Mittel zur Reduktion sozialer Komplexität.[2] Hier stehen beispielsweise Finanzanalysten, Ratingagenturen und die Wirtschaftspresse zur Verfügung. Diese können jedoch – wie bestehende oder zukünftige Kapitalgeber – weder das aktuelle noch das zukünftige Verhalten des Managements perfekt kontrollieren und bewerten.[3] Die Unternehmer streben daher an, das Vertrauen dieser Gruppen zu gewinnen und zu erhalten.[4]

Wichtige Grundlage der Vertrauensbildung ist Kommunikation, die im weiteren Sinne alle Prozesse der Informationsübertragung meint.[5] Die wahrgenommene Qualität der Kapitalmarktkommunikation beeinflusst zunehmend die Entscheidung von Investoren.[6] Gleichzeitig erfahren Finanzanalysten, Ratingagenturen oder die Presse als Meinungsbildner zunehmend Gehör.

Das Verhalten dieser Gruppe, der Financial Community, prägt daher entscheidend den Marktwert eines Unternehmens. Die Kommunikation mit der Financial Community, die Investor Relations, steht zwischen dem Management des Unternehmens und der Beurteilung ihrer Leistungen durch den Kapitalmarkt.[7]

Diese hohe Bedeutung der Investor Relations erfährt in Krisensituationen zunehmende Relevanz. Der Kapitalmarkt reagiert nicht nur äußerst sensibel auf negative Meldungen, schon Gerüchte können spürbare Kurseinbrüche hervorrufen. Eine Krise vermindert nicht nur die Höhe der erwarteten positiven Cashflows, sie verringert auch deren Eintrittswahrscheinlichkeit. Insbesondere Ad-hoc-Krisen verdeutlichen einen Risikofaktor, welcher bis dato nicht in der im Diskontierungssatz berücksichtigten Risikoprämie enthalten war.

Daher weisen die Börsennotierung bei Offensichtlichkeit der Krise eine zunehmende Volatilität aus, so dass die Renditeforderungen bestehender und potentieller Eigenkapitalgeber steigen.[8] Das Unternehmen in der Ad-hoc-Krise steht somit nicht nur der Aufgabe der Krisenbewältigung gegenüber. Es ist zusätzlich mit der Gefahr steigender Kapitalkosten konfrontiert. Stark fallende Börsenkurse erhöhen zudem die Bedrohung durch feindlichen Übernahmen und damit des Verlusts rechtlicher Selbständigkeit.

Unter diesen Aspekten erfahren Investor Relations als Instrument des Schaffens und Erhaltens von Vertrauen der Financial Community in die Überlebensfähigkeit des Unternehmens eine kaum zu überschätzende Relevanz. Um dieser Herausforderung entsprechen zu können, ergeben sich in der Situation einer akuten, sich für das Unternehmen plötzlich ergebenden Ad-hoc-Krise spezielle Anforderungen an die Investor Relations. Nach Darstellung der grundsätzlichen Merkmale, Ziele und Instrumente von Investor Relations, werden in diesem Beitrag jene Anforderungen herausgestellt und an einem Fallbeispiel verdeutlicht.

2 Investor Relations

Es existiert eine Vielzahl von Konzepten zur Erläuterung der Investor Relations, dennoch besteht ein generelles Grundverständnis über folgende Definition:

„Unter Investor Relations im engeren Sinne wird die strategisch geplante und zielgerichtete Gestaltung der Kommunikationsbeziehungen zwischen einem börsennotierten Unternehmen und den Mitgliedern der Financial Community verstanden."[9]

Im Hinblick auf informationsineffiziente Märkte rückt damit die Aufgabe der Investor Relations in den Vordergrund, die Financial Community über das Unternehmen und zukünftige Veränderungen möglichst direkt und vollständig zu informieren.

Der Abbau von Informationsasymmetrien zwischen Unternehmen und Kapitalgebern dient dabei nicht nur der Bindung und Verhaltensbeeinflussung bestehender Investoren. Auch zukünftige potentielle Kapitalgeber stellen eine Zielgruppe der Kommunikationsaktivitäten dar.

Dabei erfolgt die Kommunikation nicht einseitig. Der intensive Kontakt mit aktiven Vertretern der Financial Community ermöglicht es dem Unternehmen gleichzeitig, Erkenntnisse über die Interessen der Investoren zu gewinnen und diese damit berücksichtigen zu können.[10] Vor dem Hintergrund des Shareholder Value-Ansatzes und der Corporate Governance-Diskussion gewinnt dieser Aspekt wachsende Bedeutung.

Sowohl die möglichst umfassende Information der Financial Community als auch die Berücksichtigung der Kapitalgeberinteressen sind dabei Mittel, eine angemessene

Unternehmensbewertung am Kapitalmarkt zu fördern. Das Zielsystem der Investor Relations wird daher oft hierarchisch dargestellt und unter dem Oberziel der Maximierung des Unternehmenswerts subsumiert. Aus diesem werden kommunikationspolitische Ziele wie Imageverbesserung und Vertrauen sowie finanzwirtschaftliche Ziele wie Senkung der Kapitalkosten abgeleitet, welche nicht unabhängig von einander betrachtet werden können.[11]

Abbildung 2-1: *Zielsystem der Investor Relations*

Quelle: In Anlehnung an ACHLEITNER, *A.-K. /* BASSEN, *A. /* PIETZSCH, *L.: Kapitalmarktkommunikation [2001], S. 16.*

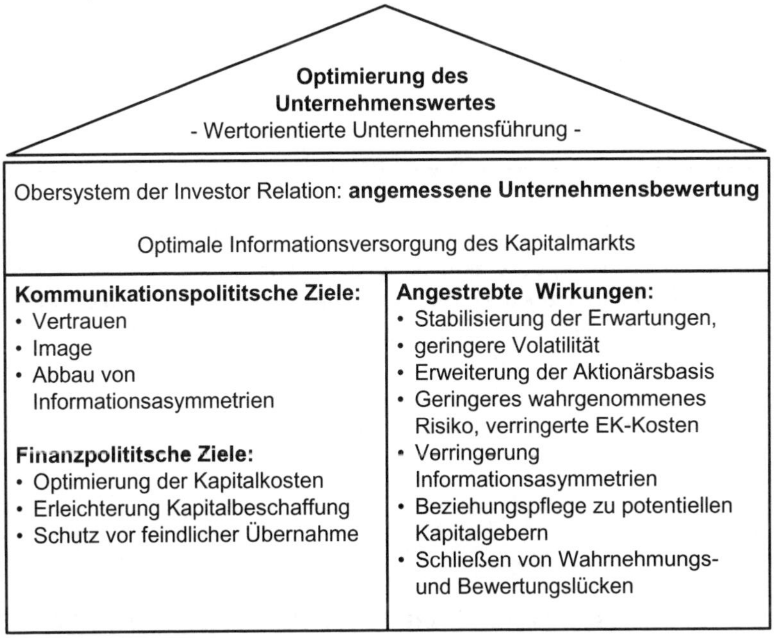

Zur Zielerreichung werden im Rahmen von Investor Relations eine Vielzahl von Instrumenten und Medien eingesetzt. Für börsennotierte Unternehmen können diese in gesetzlich vorgeschriebene und in freiwillig eingesetzte unterschieden werden. Im Rahmen von Krisensituationen ist zudem relevant, wie kurzfristig und flexibel die jeweiligen Medien und Instrumente eingesetzt werden können.

Abbildung 2-2: *Medien und Instrumente der Investor Relations*

Quelle: In Anlehnung an ACHLEITNER, A.-K. / BASSEN, A. / PIETZSCH, L.: *Kapitalmarktkommunikation [2001], S. 20.*

	Kurzfristig	Langfristig
Pflicht	Ad-hoc Publizität	Hauptversammlung Emissionsprospekt Geschäftsbericht Zwischenbericht Unternehmenskalender
Freiwillig	One–on-Ones Pressekonferenzen Telefon- oder E-Mail-Kontakte Finanzanzeigen Internet Aktionärsbriefe	Roadshows Analystenmeetings Aktionärsmessen Investorentage Handbücher

Ad-hoc-Krisen, welche das Unternehmen unvermittelt und unerwartet treffen, schlagen sich kurzfristig in den Börsenkursen nieder.[12] Für ein erfolgreiches Überwinden der Unternehmenskrise sind jedoch die Stabilisierung der zukünftigen Cashflows und damit die weitere Entwicklung der Börsenbewertung von zentraler Bedeutung. Inwieweit vertrauen die Kapitalgeber in die Überlebensfähigkeit und damit in ein professionelle Krisenmanagement des Unternehmens? Sollte dieses Vertrauen nicht gewonnen bzw. erhalten werden können, erscheint ein erfolgreiches Überwinden der Krise sehr unwahrscheinlich.

3 Investor Relations in Ad-hoc-Krisen

3.1 Krisenphasen und die Anforderungen an Investor Relations

Das Vermeiden bzw. die Bewältigung von Unternehmenskrisen wird als Krisenmanagement bezeichnet und als Prozess verstanden.[13] Dabei lassen sich folgende Phasen unterscheiden und den Krisenphasen zuordnen:

- die Krisenvorbeugung[14] und Krisenvermeidung[15] der potentiellen Krise,

- die Krisenfrüherkennung der latenten Krise,
- die Krisenbewältigung der akuten Krise.[16]

Aus diesen ergibt sich insgesamt die Krisenerfahrung als Grundlage eines Verbesserungsprozesses, der das Management zukünftiger Krisen optimiert.[17] Bei der Bewältigung von schon eingetretenen Krisen werden insbesondere die Aufgaben eines reaktiven Krisenmanagements relevant. Dieses beinhaltet das Bewältigen der eingetretenen Krise durch Planung, Realisation und Kontrolle von reaktiven Maßnahmen.

Bei börsennotierten Unternehmen spielen in jeder Phase die Reaktionen des Kapitalmarkts eine wichtige Rolle, so dass ohne eine enge Kooperation zwischen Krisenmanagement und Investor Relations ein erfolgreiches Vermeiden oder Bewältigen einer Krise aus Kapitalmarktsicht zumindest fraglich wird.

Ad-hoc-Krisen weisen die typischen Krisenphasen in komprimierter Form auf. Sie treten unmittelbar auf, ihre Ursachen sind ex ante für das Unternehmen selbst mit Hilfe von Früherkennungssystemen nicht oder nur unzureichend identifizierbar. Im Rahmen der Krise steht im Vordergrund der Investor Relations, Vertrauen in ein erfolgreiches Krisenmanagement zu schaffen, und gleichzeitig die zweiseitige Kommunikation zu nutzen, um die Erwartungen der Investoren in das Krisenmanagement einzubeziehen.

Daher scheinen folgende generelle Anforderungen an die Investor Relations eine erhöhte Bedeutung zu bekommen:

1. Eindeutige und einheitliche Investor Relations des Unternehmens: Erfolgreiches Krisenmanagement erfordert den koordinierten Einsatz aller Vertreter des Unternehmens. Die Investor Relations sollten vermitteln, dass das Unternehmen als Ganzes wahrgenommen wird und Einigkeit über die Maßnahmen vorherrscht. Wenn nicht alle kommunikativen Maßnahmen und Instrumente stringent abgestimmt werden, kann ein Bild des Unternehmens entstehen, welches Uneinigkeit oder Unentschlossenheit vermittelt. Das Vertrauen in die Fähigkeit zur Krisenbewältigung impliziert Vertrauen in die Managementqualität des Unternehmens. Als Sprecher des Unternehmens empfiehlt sich, daher eine Person zu bestimmen, welche diese Qualitäten symbolisiert.
2. Offene und frühzeitige Investor Relations: Die vorliegende Krisensituation und ihre Ursachen sind der Financial Community bekannt. Eine verspätete Reaktion oder ein Verschweigen von vorliegenden Informationen kann als Indikator für Führungs- und Entscheidungsschwäche gewertet werden.
3. Kontinuierliche Investor Relations: Die starke Bedrohung durch die Ad-hoc-Krise erhöht die Bedeutung der Kommunikation über getroffene Maßnahmen. Die Darstellung erzielter Erfolge, welche bei Ad-hoc-Krisen meist früh erkennbar sind, stärkt das Vertrauen in das Management des Unternehmens. Die Gewährleistung der uneingeschränkten Ansprechbarkeit der Investor Relations wirkt hier nicht nur

vertrauensfördernd, sondern ermöglicht es dem Unternehmen, von den Erfahrungen der Financial Community im Rahmen von Feedbacks zu profitieren.

4. Transparenter Auftritt des Unternehmens: Eine transparente Darstellung der aktuellen Unternehmenssituation, welche negative Auswirkung weder beschönigt noch verschweigt, ermöglicht der Financial Community, sich aktiv und ständig zu informieren.

Diese Anforderungen können im Hinblick auf die Krisenphasen weiter differenziert werden.

3.2 Investor Relations vor Ausbruch von Ad-hoc-Krisen

Im Rahmen der Vorbeugung und Vermeidung von Ad-hoc-Krisen können nur präventive grundsätzliche Maßnahmen ergriffen werden, um die Unternehmensentwicklung zu stabilisieren. Es steht damit im Vordergrund, ein positives Image und die Reputation einer zu jeder Zeit offenen und qualitativ hochwertigen Informationspolitik aufzubauen, um auf verschiedene Krisentypen vorbereitet zu sein. Die hierfür notwendige möglichst umfassende und uneingeschränkte Information der Financial Community umfasst neben vergangenheitsbezogenen Daten insbesondere auch Auskünfte über zukünftige Entwicklungen des Unternehmens und relevanter Märkte sowie ein Aufzeigen der eigenen Stärken und Schwächen bzw. Chancen und Risiken. Um Zugang zu diesen Informationen zu erlangen, wird eine enge Zusammenarbeit mit dem Controlling, dem Finanzbereich, dem Rechnungswesen und der strategischen Unternehmensplanung notwendig. Detaillierte Informationen über Risikomanagementsysteme und existierende Reaktionspläne verdeutlichen hier nicht nur die notwendige Risikosensibilität des Management, sondern indizieren auch ein zielorientiertes Vorgehen im Hinblick auf nicht antizipierte Krisenauslöser im Rahmen von Ad-hoc-Krisen.

Hier können langfristige Instrumente gezielt eingesetzt werden. Für die Financial Community insgesamt bieten sich insbesondere der Risikobericht der Geschäfts- und Zwischenberichte, die Unternehmensdarstellung im Internet sowie Hauptversammlungen an. Besonders relevante Vertreter können im Rahmen von Analystenmeetings und Investorentagen detailliert informiert werden.

3.3 Investor Relations bei Ausbruch der Ad-hoc-Krise

Vorher erreichte Qualität der Investor Relations bilden die Grundlage für die Kommunikationspolitik innerhalb der Krise. Schon bestehendes Vertrauen in Managementqualitäten und offene Kommunikationspolitik wird es in der Krisensituation erleichtern, dieses zu erhalten und auszubauen. Gerade bei Ausbruch der Ad-hoc-Krise erhöht sich die Aufmerksamkeit für das Unternehmen, so dass eine Entwicklung unter erreichte Standards bedrohlich sein kann. In der Krise ist jedoch nicht nur der Erhalt, sondern sogar eine Steigerung der Kommunikationsquantität und -qualität notwendig.[18]

Generell können Maßnahmen zur erfolgreichen Krisenbewältigung nur ergriffen werden, wenn die Unternehmensleitung die Ad-hoc-Krise und deren bedrohliche Konsequenzen eingesteht. Alle internen Verantwortlichen sind über die Krisensituation und die eingeleiteten Maßnahmen zu informieren.[19] Um etwaigen Gerüchten am Kapitalmarkt zuvorzukommen, erscheint im Rahmen der Investor Relations eine frühzeitige Information unter Berücksichtigung der rechtlichen Restriktionen[20] notwendig. So kann die Glaubwürdigkeit des Unternehmens unterstrichen werden. Ein Verleugnen oder Vertuschen kann hier einen höheren Imageschaden hervorrufen, als die Unternehmenskrise allein. Dieser Vertrauensverlust ist meist nachhaltig und kann die Marktkapitalisierung langfristig schwächen.

Im Rahmen von Ad-hoc-Krisen verschiebt sich die Gewichtung von der Kommunikation der möglichen Krisenursache zu der Vermittlung der geplanten Maßnahmen, der Krise zu begegnen. Sowohl die Krisenursache(n) und die möglichen negativen Auswirkungen sind für die Financial Community offensichtlich. Informationsasymmetrien bestehen daher hauptsächlich in Bezug auf die Reaktionen des Unternehmens. Daher wird sich das Interesse vordergründig auf erste Strategien und Maßnahmen richten. Eine Verzögerung bzw. die Nichtbefriedigung der Informationsbedürfnisse könnte hier das Vertrauen in den Handlungswillen und die Handlungsfähigkeit nachhaltig stören. Auch fehlende oder im Nachhinein falsche Information werden eher Skepsis oder sogar Misstrauen fördern.

Bei plötzlichem Auftreten einer Ad-hoc-Krise wird sich die Aufmerksamkeit, die auf das Unternehmen gerichtet wird, deutlich verstärken. Damit erhöht sich die Relevanz einer kurzfristigen aber qualitativ hochwertigen öffentlichen Reaktion. Dieser Herausforderung einer offenen, vollständigen und zeitnahen Information kann Investor Relations leichter begegnen, wenn präventiv Krisenkommunikationspläne aufgestellt werden. Enthaltene vorformulierte Statements können frühzeitiges und doch vorbereitetes Auftreten des Unternehmenssprechens erleichtern und nicht nur impulsive oder unkoordinierte Handlungen bzw. Botschaften verhindern, sondern gewährleisten, dass die Financial Community zeitig und umfassend informiert werden kann. Verzögerungen erscheinen so vermeidbar; die gewonnene Zeit könnte somit für die Vorbereitung der Kommunikation von Bewältigungsmaßnahmen genutzt werden.

Bei Entwürfen für Kommunikationsinstrumente wie Pressemitteilungen, Ad-hoc-Meldungen oder Websites wird im Hinblick auf Ad-hoc-Krisen insbesondere wichtig, dass diese flexibel einsetzbar sind und inhaltlich auf die aktuelle Situation angepasst werden können.

Die Dringlichkeit dieser Stellungnahme diktiert hier kurzfristig einsetzbare Instrumente wie Ad-hoc-Meldungen, Pressemitteilungen sowie Informationen auf der Internetseite. Der offizielle Charakter von Ad-hoc-Meldungen sowie die Schriftform der Pressemitteilungen können die Überzeugungskraft erhöhen.

Relevante Meinungsbildner in der Wirtschaftspresse, Analysten und Investoren sollten wiederum eher persönlich mit gezielter Ansprache in Einzelgesprächen oder Telefonkonferenzen informiert und – falls möglich – in die Krisenmanagementplanung einbezogen werden.

3.4 Investor Relations während der Bewältigung von Ad-hoc-Krisen

Die in den ersten Meldungen angekündigten Maßnahmen können nur Vertrauen aufbauen, wenn ihnen auch durch Handeln entsprochen wird und diese Handlungen für die Financial Community sichtbar werden. Sobald positive Auswirkungen der Maßnahmen nachweisbar werden, sind diese der Financial Community zu kommunizieren. So kann entgegengebrachtes Vertrauen untermauert werden.

Im Unternehmen stehen die Entwicklung der Bewältigungsstrategie, die Ableitung geeigneter Maßnahmen und deren Umsetzung im Vordergrund. Ziel des Krisenmanagements ist die Krisenbewältigung. Jegliche dieser Handlungen ist durch die Investor Relations so zu vermitteln, dass durch iterative Information über getroffene Maßnahmen ein professioneller und verlässlicher Eindruck entsteht. Dieses Vertrauen kann die Krisenbewältigung unterstützen und erleichtern. Maßnahmen und Botschaften sind damit verknüpft. [21]

Problemstellungen können sich hierbei aus zeitlichen Verzögerungen ergeben, die vor dem erkennbaren Erfolg der Maßnahmen entstehen. Eine Informationslücke innerhalb der Krisenkommunikation während dieser Zeit birgt die Gefahr, dass ein vorher positives Image in Zweifel gezogen wird.

Die zweiseitige Kommunikation der Investor Relations kann dazu beitragen, dass die Erwartungen der Investoren in das Krisenmanagement einbezogen werden können. Gleichzeitig eröffnet sie der Financial Community die Möglichkeit, Informationen kritisch zu bewerten, und signalisiert die Bereitschaft des Unternehmens zur interaktiven Kommunikation – auch in Krisensituationen.

Somit empfiehlt sich in dieser Phase der Ad-hoc-Krise ein Mix aus kurz- und langfristigeren Instrumenten. Bei der Vorstellung der Strategien und Maßnahmen steht deren Begründung und erwarteter Erfolg im Vordergrund, so dass diese gut vorbereitet – beispielsweise im Rahmen von Stellungnahmen oder Interviews in der Fachpresse, auf Pressekonferenzen sowie auf der Unternehmenswebsite – dargestellt werden kann. Die Information über aktuelle, sichtbare Erfolge sollte die Financial Community jedoch so schnell wie möglich erreichen, so dass hier wiederum Pressemitteilungen oder Ankündigungen im Internet eine wichtige Rolle spielen können.

Eine zweiseitige Kommunikation beinhaltet, für die Financial Community erreichbar zu sein und ihr ein Medium zu liefern, Kritik oder Anregungen zu äußern. Persönliche Gespräche ermöglichen es relevanten Investoren, ihre Anforderungen an das Unternehmen zu äußern. Für eine breitere Öffentlichkeit eignet sich zudem das Internet mit der Möglichkeit, besondere Foren oder besondere E-Mail-Adressen einzurichten, wobei eine kurzfristige Beantwortung gewährleistet sein sollte. Weiterhin im Rahmen jeder Krisenkommunikation können Investor Relations durch vertrauensbildende Maßnahmen nicht nur dazu beitragen, eine Verschärfung der Krise durch eine stark sinkende und volatile Marktkapitalisierung zu verhindern. Gleichzeitig wird so der Prozess der Krisenbewältigung erheblich verkürzt und die Intensität der Krise verringert.[22]

3.5 Investor Relations nach Bewältigung von Ad-hoc-Krisen

Positive Wendungen, erste Erfolge und das Bewältigen der Krise, werden zudem häufig als Chance für das Unternehmen begriffen, welche zu zukünftig höheren oder zumindest stetigeren Erträgen führen kann.[23]

So wird die kontinuierliche Kommunikation im Rahmen der Investor Relations auch nach Bewältigung der Krise fortgeführt werden. Ein Vermitteln der Erfahrungen, die im Rahmen des Krisenprozesses gewonnen wurden, kann hier verdeutlichen, welche Strategieverbesserungen im Hinblick auf das Vermeiden, Vorbeugen und Bewältigen zukünftiger Krisen vorgenommen werden.

Diese vollständige Darstellung erfordert intensive Vorbereitung. Für bestehende und zukünftige Investoren eignen sich daher langfristige Instrumente wie Geschäft- oder Zwischenberichte. Eine breitere Öffentlichkeit erreicht beispielsweise ein ausführlicher Beitrag in der Fachpresse, welcher selbstkritisch die Erfahrungs- und Lernprozesse und deren Umsetzung in ein optimiertes Krisenmanagement schildert.

Abbildung 3-1: Phasen von Ad-hoc-Krisen und Investor Relations
Quelle: Eigene Darstellung.

	Ziele der Investor Relations	Instrumente
Vor Ausbruch	Aufbau eines Grundvertrauens in Managementqualität und Kommunikationspolitik, Image und Reputation	Geschäfts- und Zwischenberichte, Internet, Analystenkonferenzen, Investorentage
Bei Ausbruch	Schaffen und Erhalt von Vertrauen in Willen und Fähigkeit, der Krise aktiv zu begegnen	Pressemitteilungen, Ad-hoc-Meldungen, Internet, Telefonkonferenzen, One-to-One
Krisenbewältigung	Erhalt des Vertrauens in das Krisenmanagement, Berücksichtigung von Investorenanforderungen, Vermittlung der Krise als Chance	Presseinterviews, Ad-hoc-Meldungen, Internet, Telefonkonferenzen, One-to-Ones, Internetforen, E-Mail
Krisenerfahrung	Lerneffekte, Erfahrungen und deren Umsetzung in verbessertem Krisenmanagement, Nutzung der Krise als Chance	Geschäfts- und Zwischenberichte, Investorentage, Analystenkonferenzen, Fachbeiträge

4 Fallbeispiel: Daimler-Benz und der nicht bestandene Elch-Test aus Sicht der Investor Relations

Bei einem Test einer schwedischen Automobil-Zeitschrift eines Fahrzeuges der neu entwickelten A-Klasse der damaligen Daimler-Benz AG im Oktober 1997 kippte dieses Fahrzeug auf sein Dach.[24] Dieser unerwartete Vorfall, der das Vertrauen in die Sicherheit und Zuverlässigkeit von Daimler-Benz Fahrzeugen stark erschütterte, beschäftigte die Öffentlichkeit über die folgenden Monate. Die vorher über 18 Monate geführte Einführungskampagne der A-Klasse und positive Bewertungen des Autos in anderen Tests hatten zuvor zu einem hohen Bekanntheitsgrad und zu einer hohen Zahl von Vorbestellungen geführt. Die Nachricht aus Schweden traf somit nicht nur Daimler-Benz sondern auch die Öffentlichkeit unerwartet.

Am 20. Oktober, dem ersten Börsentag nach Markteinführung, notierte die Aktie bei 66,35 €.[25] Der Elchtest fand am 21. Oktober in Schweden statt, die Aktie verlor deutlich an Wert und notierte am 23. Oktober um 5 % schwächer mit 63,03 €. An diesem 23. Oktober 1997 trat Daimler-Benz mit einem Statement an die Öffentlichkeit, indem vermutet wurde, eine extreme Fahrsituation wäre herbeigeführt worden. Gleichzeitig wurde eine umfangreiche Ursachenanalyse angekündigt.

Während der folgenden Woche erfolgte keine weitere Information der Öffentlichkeit, konkrete Maßnahmen waren daher nicht ersichtlich. Der Börsenkurs gab weiter nach und notierte am 29. Oktober 1997 mit 59,29 €. Erst jetzt fand eine weitere Pressekonferenz statt, in der Videos zeigten, wie die A-Klasse den Test besteht. Zudem wurden Verbesserungen der Fahrdynamik durch Austausch der Reifen und die Ausrüstung der Wagen mit einem elektronischem Stabilitätsprogramm (ESP) angekündigt. Dennoch konnte die gewünschte positive Resonanz nicht erreicht werden. Erst am 31. Oktober trat der damalige Vorstandsvorsitzende, Jürgen Schrempp, öffentlich in Erscheinung und erklärte die A-Klasse zur „Chef-Sache".

In internen Sitzungen des Krisenstabs wurden zwei Themen diskutiert. Die Verhängung eines Auslieferungsstopps wurde als klar kommunizierbar und als für die Öffentlichkeit nachvollziehbare Konsequenz angesehen. Notwendig war jedoch hierfür, den Zeitpunkt einer Wiederauslieferung zu veröffentlichen, der erst in zwölf Wochen möglich war. Zweites Thema war daher die Kommunikation der Verbesserungen – die Inhalte und Aussagen der geplanten Zeitungsanzeigen.

Die Aktie verlor in dieser Zeit weiter an Wert und notierte am 10. November 1997 mit 55,08 €. Am 11. November wurde wiederum die Öffentlichkeit informiert, mit der Nachricht: „Wir haben die Lösung". Die Aussage, eine technische Lösung gefunden zu haben, wurde mit dem Auslieferungsstopp und der Ankündigung der Wiederauslieferung verbunden. Die negative Nachricht wurde hierbei positiv formuliert, man werde kein Auto ausliefern, von dem man wüsste, dass man es noch verbessern könne.

Im Anschluss setzte Daimler-Benz konzentriert alle Kommunikationsinstrumente ein: Presseerklärungen, Interviews, Internet, Briefe an Mitarbeiter und Kunden und persönliche Gespräche mit den größten Anteilseignern. Begleitet wurde dies durch eine Serie von vier Anzeigen, die erste vom 12. November 1997 mit der Botschaft, man wolle die Sicherheitsdiskussion endgültig beenden. Diese Maßnahmen zeigten langsam Wirkung, der Aktienkurs begann sich zu erholen und erreichte am 8. Dezember wieder 64,26 €. Die weiteren Anzeigen, die bis zum März 1998 liefen, betonten, man habe dazugelernt und erläuterten die Wirkungsweise des ESP. Bei Wiederauslieferung verdeutlichten Anzeigen mit Boris Becker, stärker sei derjenige, der aus Fehlern lerne.

Deutlich wird, dass insbesondere am Anfang verzögerte und unvollständige Information die Ad-hoc-Krise verschärften. Die Verunsicherung der Financial Community wurde durch das Fehlen von Information und Kommunikationsmöglichkeiten verstärkt. Es entstand der Eindruck, man nehme das Problem womöglich nicht ernst. Erst das Auftreten des Vorstandsvorsitzenden selbst und die später einsetzende Kampagne, welche die intensive Beschäftigung mit dem Problem und die Suche nach Lösungen kommunizierten, konnten den Börsenkurs wieder stabilisieren. Verdeutlicht werden die Auswirkungen der Ad-hoc-Krise auf den Börsenkurs, insbesondere auf seine Volatilität, durch folgende Abbildung:

Abbildung 4-1: *Notierung der Daimler-Benz Aktie im Vergleich zum MSCI-World*
Quelle: comdirekt bank AG.[26]

Deutlich wird der abrupte Kurseinbruch Ende Oktober mit der schwächsten Notiz Mitte November von 85,30 DM oder 43,61 €. Auch danach vollzieht sich die Kurserholung und Indexannährung sehr volatil, erst Ende März weisen Index- und Daimler-Benz-Aktie wieder gleichwertige Niveaus aus. Die gehandelten Volumina zeigen deutlich, wie massiv die Investoren bei Ausbruch der Krise reagierten. In der nachfolgenden Zeit verdeutlichen die geringen Volumina wie erst langsam das Vertrauen der Investoren zurückgewonnen werden konnte.

Nicht nur die technische Lösung sondern insbesondere der Wandel der Kommunikationspolitik konnte langfristig die Bewältigung der Krise gewährleisten.

5 Fazit

Auch erfolgreiches Krisenmanagement kann das Auftreten zukünftiger Krisen ex ante nicht vermeiden. Plötzliche und unvermutete Ad-hoc-Krisen werden durch die Konsequenzen der Globalisierung sogar wahrscheinlicher. Umso wichtiger wird es, im Voraus vorsorglich Strategien und Maßnahmenpläne zu entwerfen.

Für börsennotierte Unternehmen steigt im Hinblick auf den vorherrschenden Shareholder Value-Ansatz und die Corporate Governance-Diskussion insbesondere die Bedeutung der Bewertung seines Managements durch die Kapitalmärkte. Damit wächst die Relevanz der Investor Relations. Diese beinhalten neben umfassenden Informationen über die Unternehmenslage auch eine Darstellung der Stärken und Schwächen des Unternehmens, also auch Informationen über vorbeugendes Krisenmanagement. Ein Risikobericht ist beispielsweise wichtiger Bestandteil des Geschäftsberichts.

In der Ad-hoc-Krise ist für eine erfolgreiche Bewältigung nicht nur relevant, dass die entsprechenden Strategien und Maßnahmen getroffen werden. Von steigender Bedeutung ist die Kommunikation dieses Krisenmanagements an die Financial Community. Das Schaffen und Erhalten des Vertrauens von Investoren kann die Bewältigung der Krise zwar nicht garantieren, ohne dieses Vertrauen erscheint ein Ausgang ohne signifikante Wertverluste jedoch kaum möglich.

Anmerkungen

1 Vgl. VOLKART, R.: Corporate Finance [2003], S. 386 ff.

2 Vgl. LUHMANN, N.: Vertrauen [2002], S. 28.

3 Bestehende Informationsasymmetrien zwischen Unternehmen und Kapitalgebern werden auch nicht durch Vertragsgestaltungen ausgeglichen. Vollständige Verträge sind unter Unsicherheit nicht möglich, da sie nicht alle zukünftigen Zustände der Welt kennen und damit regeln können.
Vgl. RAJAN, R. G. / ZINGALES, L.: Governance [2000], S. 204.

4 Vgl. BASSEN, A.: Corporate Governance [2002], S. 109 ff.

5 Vgl. PÜRER, H.: Publizistikwissenschaft [1993], S. 18.

6 Vgl. ACHLEITNER, A.-K. / BASSEN, A. / PIETSCH, L.: Kapitalmarktkommunikation [2001], S. 1.

7 Vgl. ACHLEITNER, A.-K. / BASSEN, A.: Investor Relations [2001], S. 4.

8 Die Volatilität, abgebildet durch die Standardabweichung, ist Faktor des Unternehmensbeta, welches die unternehmensspezifische Risikoprämie von Eigenkapitalgebern bestimmt.

9 ACHLEITNER, A.-K. / BASSEN, A.: Investor Relations [2001], S. 7; vgl. DRILL, M.: Investor Relations [1995], S. 55 und 75.

10 Vgl. BASSEN, A.: Corporate Governance [2002], S. 38 ff.

11 Vgl. HARTMANN, I. / SCHIEREK, D.: Auslandsnotierungen [2001], S. 15 ff.

12 Als Beispiel können die Kursentwicklungen von Fluggesellschaften oder Airport-Aktien nach Ausbruch der SARS-Epidemie herangezogen werden.

13 Vgl. KRYSTEK, U.: Unternehmungskrisen [1987], S. 90.

14 Krisenvorbeugung beinhaltet, vorkehrende Maßnahmen für den Fall des Eintretens einer akuten Krisensituation zu treffen.

15 Krisenvermeidung versucht dagegen, aus identifizierten Krisenpotentialen Maßnahmen zu entwickeln, welches das Ausbrechen der Krise ex ante verhindern.

16 Vgl. TÖPFER, A.: Unternehmenskrisen [1999], S. 58 f.

17 Vgl. TÖPFER, A.: Unternehmenskrisen [1999], S. 83 ff.

18 Vgl. PETERS, J. G. H.: Investor Relations [2001], S. 750.

19 Vgl. PETERS, J. G. H.: Investor Relations [2001], S. 747 f.

20 So ist im Rahmen der Ad-hoc-Publizität nach § 15, Abs. 3, Satz 1 WpHG vorgeschrieben, jede Tatsache unverzüglich zu veröffentlichen, wenn durch Auswirkungen auf die Vermögens- oder Finanzlage des Unternehmens der Börsenpreis zugelassener Wertpapiere wahrscheinlich erheblich beeinflusst wird.

21 Vgl. TÖPFER, A.: Unternehmenskrisen [1999], S. 85.

22 Vgl. PETERS, J. G. H.: Investor Relations [2001], S. 748 f.

23 Vgl. PETERS, J. G. H.: Investor Relations [2001], S. 745.

24 Die inhaltliche Schilderung des genauen Ablaufs des Fallbeispiels erfolgt anhand der Fallstudie in TÖPFER, A.: Unternehmenskrisen [1999]. Sie ist gleichzeitig abrufbar unter: http://www.krisennavigator.de/mafa4-d.htm.

25 Dieser und die folgenden Börsenkurse sind jeweils Schlusskurse. Tägliche und historische Notierungen der Daimer-Benz-Aktie können auf der Internet-Seite von Daimler-Chrysler abgerufen werden.

26 Notierungen von Mitte September 1997 bis Mitte April 1998; Quelle: comdirect bank AG. Hier wurden die Notierungen nicht – wie oben – in Euro umgerechnet.

Literatur

ACHLEITNER, A.-K. / BASSEN, A.: Konzeptionelle Einführung in die Investor Relations am Neuen Markt; in ACHLEITNER, A.-K. / BASSEN, A. (Hrsg.): Investor Relations am Neuen Markt; Stuttgart: Schäffer-Poeschel; 2001; S. 3 - 30.

ACHLEITNER, A.-K. / BASSEN, A. / PIETZSCH, L.: Kapitalmarktkommunikation von Wachstumsunternehmen – Kriterien zur effizienten Ansprache von Finanzanalysten; Stuttgart: Schäffer-Poeschel; 2001.

ASSMANN, H.-D.: Wertpapierhandelsgesetz – Kommentar; Köln: Schmidt; 2003.

BASSEN, A.: Institutionelle Investoren und Corporate Governance; Wiesbaden: Deutscher Universitätsverlag; 2002.

DRILL, M.: Investor Relations – Funktion, Instrumentarium und Management der Beziehungspflege zwischen schweizerischen Publikumsaktiengesellschaften und ihren Investoren; Bern et al.: Haupt; 1995.

HARTMANN, I. / SCHIEREK, D.: Auslandsnotierungen am Neuen Markt; in: Die Betriebswirtschaft; Nr. 4; 62. Jahrgang; 2002; S. 427 – 445.

KRYSTEK, U.: Unternehmungskrisen – Beschreibung, Vermeidung und Bewältigung überlebenskritischer Prozesse in Unternehmungen; Wiesbaden: Gabler; 1987.

LUHMANN, N.: Vertrauen – Ein Mechanismus zur Reduktion sozialer Komplexität; Stuttgart: Lucius und Lucius; 2002.

PETERS, J. G. H.: Investor Relations in der Unternehmenskrise; in ACHLEITNER, A.-K. / BASSEN, A. (Hrsg.): Investor Relations am Neuen Mark; Stuttgart: Schäffer-Poeschel; 2001; S. 745 - 752.

PÜRER, H.: Einführung in die Publizistikwissenschaft – Systematik, Fragestellungen, Theorieansätze, Forschungstechniken; München: Ölschläger; 1993.

RAJAN, R. G. / ZINGALES, L.: Governance of the New Enterprise; in VIVES, S. (Hrsg.): Corporate Governance – Theoretical and Empirical Perspectives; Cambridge: Cambridge Univ. Press; 2000; S. 201 - 232.

TÖPFER, A.: Plötzliche Unternehmenskrisen – Gefahr oder Chance? Grundlagen des Krisenmanagement – Praxisfälle, Grundsätze zur Krisenvorsorge; Neuwied et al.: Luchterhand; 1999.

VOLKART, R.: Corporate Finance – Grundlagen von Finanzierung und Investition; Zürich: Versus; 2003.

Michael Hülsmann / Adele Berry

Gesellschaftsorientierte Kommunikation in Ad-hoc-Krisen

1 Quasi-öffentliche Unternehmen und die Bedeutung der Kommunikation in der Krise ... 501

2 Gesellschaft als Stakeholder in der Ad-hoc-Krise ... 503
2.1 Gesellschaft ... 503
2.2 Gesellschaftliche Anliegen ... 504

3 Existenzkritische Ressourcen in der Ad-hoc-Krise ... 506
3.1 Vertrauen ... 506
3.2 Reputation ... 507

4 Krisenkommunikation als integraler Bestandteil des Krisenmanagements ... 509
4.1 Kommunikation ... 509
4.2 Ad-hoc-Krisenkommunikation ... 512
4.2.1 Kommunikationssender ... 512
4.2.2 Kommunikationsempfänger ... 513
4.2.3 Kommunikationskanäle ... 514
4.2.4 Kommunikationsstrategien ... 516

5 Fazit ... 518

1 Quasi-öffentliche Unternehmen und die Bedeutung der Kommunikation in der Krise

Das produktive soziale System Unternehmung steht in komplexen und dynamischen Austauschbeziehungen mit Subsystemen ihrer Umwelt. Insbesondere der Stakeholder-Ansatz setzt sich mit solchen Gruppen auseinander, die Ansprüche gegenüber dem System Unternehmung formulieren und vertreten.[1] Aus systemtheoretischer Sicht ist die Unternehmung als offenes Umwandlungssystem von Ressourcen zur dauerhaften Sicherung ihres Bestands und ihres Erfolgs darauf angewiesen, den Ansprüchen dieser Gruppen gerecht zu werden,[2] da diese ihre Bereitschaft zur Beitragsleistung bzw. Ressourcenbereitstellung an deren Erfüllung koppeln.[3] Vor dem Hintergrund der tief greifenden sozialen, ökonomischen, kulturellen und politischen Einbindung der Unternehmung in das gesellschaftliche System – etwa als strukturpolitischer Akteur[4] – kommt dem Umsystem Gesellschaft hohe Bedeutung als eine zentrale Anspruchsgruppe für die Gestaltung der Umweltbeziehungen der Unternehmung zu. Nach DYLLICK ist die gegenwärtig zunehmende Bedeutung der Gesellschaft für das unternehmerische Handeln das Ergebnis des beschleunigten gesellschaftlichen und technologischen Wandels, der zu einer Überforderung des Staates führt und dessen mangelnde Problemlösungsfähigkeit eine zunehmende Aktivierung der Bürger und Betriebe als Betroffene auslöst.[5]

In der heutigen gesellschaftlichen Diskussion nimmt die Vorstellung, dass Unternehmen für die gesellschaftlichen Folgen ihrer Aktivitäten, Verantwortung zu tragen hätten, verstärkt durch das sinkende Vertrauen in die Wirtschaft im Angesicht vermehrt auftretender Lebensmittelsskandale oder betrügerischer Bilanzierungspraxis, eine vorrangige Stellung ein.[6] Aufgrund der von Unternehmungen ausgeübten wirtschaftlichen, sozialen und politischen Macht werden sie v. a. als quasi-öffentliche Institutionen betrachtet,[7] die im Sinne des Verursacherprinzips den gesellschaftlichen Anforderungen zu entsprechen haben.[8] Um diesem Legitimationsdruck gerecht zu werden und zur Lösung dieser Akzeptanzprobleme ist die gesellschaftsorientierte Kommunikation zu einem zentralen Erfolgsfaktor für die Gestaltung der Existenzgrundlagen von Unternehmen (Stichwort: „Corporate Citizenship"[9]) geworden. Ziel ist es, die Bereitwilligkeit der Gesellschaft zu bekommen und dann zu erhalten, die für die Unternehmung existenzkritischen Ressourcen Vertrauen, Verständnis und Wohlwollen – oft unter dem Stichwort Goodwill zusammengefasst – bereitzustellen.[10]

Das erhöhte Anspruchsniveau der Gesellschaft kann auch im Krisenfall zum Engpassfaktor für das strategische Management werden. Einerseits kann unternehmerisches Handeln auf gesellschaftliche Missbilligung treffen und dadurch eine Unternehmenskrise auslösen. Herausragende Beispiele sind hier etwa die Royal Dutch / Shell Group, die aufgrund ihrer Absicht, die Brent Spar Ölplattform zu versenken, groß angelegte Proteste hervorrief,[11] oder der Sportartikelhersteller Nike, der durch das Bekanntwerden von Kinderarbeit in seinen asiatischen Produktionsstätten in Verruf geriet.[12] Beide Konzerne hatten es versäumt, den Wertewandel in der Gesellschaft zu beobachten und insbesondere den nach GERKEN Ende der 80er Jahre einsetzenden Werteschub von der Selbstentfaltung zur Bewusstseinsentfaltung zu identifizieren, der u. a. den Umweltschutz und humanitäre Ziele in den Vordergrund rückte.[13] Im Gegensatz zu diesen Krisenfällen im Sinne einer bedrohlichen Situation, in der bisher gängige Basisvariablen des Systems insbesondere durch gesellschaftliches Handeln ins Ungleichgewicht geraten, wird die Gesellschaft im Falle bedrohlicher Störungsprozesse erst durch die Presse über die Krise in Kenntnis gesetzt.[14] Typische Krisenfälle dieser Art sind etwa Produktfehler,[15] Unfälle, die extreme Umweltbelastungen zur Folge haben,[16] oder Bilanzskandale.[17]

Krisenmeldungen führen zu Irritationen und Verängstigung in der Gesellschaft, schaden dem Image der Unternehmung und bedrohen damit den der Unternehmung bislang entgegengebrachten Goodwill.[18] Weit verbreitet ist die Auffassung, dass es eines einzigen unglücklich gehandhabten Vorfalls genügt, um das über Jahre aufgebaute Image einer Unternehmung und ihre Reputation zu zerstören bzw. zum Negativen zu verändern.[19] Gesellschaftsorientiert wird daher auch häufig von der die Unternehmenskrise flankierenden öffentlichen Vertrauenskrise gesprochen.[20] Die Unternehmenskrise als Störung zentraler Steuerungsvariablen und Zielgrößen der Unternehmung[21] wird demnach um eine Vertrauenskrise ergänzt, deren Gefährdungspotenzial für den Systembestand in einem mangelnden Zugang zur knappen Ressource Vertrauen liegt.

Die Ziele des Krisenmanagements sind entsprechend zweifacher Natur. Zum einen gilt es, die Ursachen der Unternehmenskrise rechtzeitig zu identifizieren, zu analysieren und zu beheben, bevor sie die Existenz der Unternehmung nachhaltig gefährden oder vernichten. Von mindestens ebenso existenzkritischer Bedeutung ist jedoch die Erhaltung der noch vorhandenen Vertrauensbasis und der Wiederaufbau des bereits verlorenen Vertrauens.[22] Da Vertrauen nur dann entstehen kann, wenn sich den interagierenden Personen bzw. Systemen Kommunikationsmöglichkeiten bieten,[23] wird der Krisenkommunikation als integraler Bestandteil des Krisenmanagements besonderes Augenmerk geschenkt.

2 Gesellschaft als Stakeholder in der Ad-hoc-Krise

2.1 Gesellschaft

Als zentraler Stakeholder, den es insbesondere auch im Krisenfall zu berücksichtigen gilt, wird in aller Regel die Gesellschaft genannt.[24] Doch was genau ist unter dem Begriff Gesellschaft zu verstehen? Sogar in der Soziologie, das Fachgebiet, das sich dem Gebilde Gesellschaft widmet, herrscht keine Einigkeit bzgl. der Begriffsinhalte: „Gesellschaft, ist das jeweils umfassendste System menschlichen Zusammenlebens. Über weitere einschränkende Merkmale besteht kein Einverständnis"[25]. Nachfolgend werden daher kurz einige zentrale Begriffsverständnisse dargestellt, die in der allgemeinen Theorie zu den Grundbedingungen der Vergesellschaftung Verwendung finden.[26]

In ihrer allgemeinsten Form kann Gesellschaft verstanden werden als Organisation oder Systembildung. Unter dem Begriff Organisation wird hier die planmäßige oder unplanmäßige Herstellung, Entstehung und Immerwiederentstehung „einer Ordnung, eines Gefüges, einer Struktur, eines Systems"[27] verstanden, deren Elemente jede Art Lebewesen sein können.[28] Wesentlich häufiger wird der Gesellschaftsbegriff jedoch auf das menschliche Zusammenleben bzw. auf die Gesamtheit sozialer Beziehungen zwischen den Menschen beschränkt. Es zeichnet sich gegenüber nicht-menschlichen Gesellschaften durch das voll entwickelte Symbolsystem Sprache aus, das zu den Grundvoraussetzungen menschlicher Interaktion gehört.[29]

Ihrer wörtlichen Bedeutung nach ist der gemeinsame Raum konstitutives Merkmal der Gesellschaft i. S. v. Geselligkeit oder Beisammensein. Nach GEIGER stellt eine Gesellschaft „den Inbegriff räumlich vereint lebender oder vorübergehend auf einem Raum vereinter Personen"[30] dar. Weiter konkretisiert wird der Begriff Gesellschaft mittels ihrer zu bewältigenden Systemprobleme.[31] Vordergründig sind hier die Sicherstellung der Befriedigung der elementaren und kulturell entwickelten Bedürfnisse der Gesellschaftsmitglieder, ihre sog. ökonomische Reproduktion, die Erhaltung der Spezies als auch ihrer Sprache, Sitten und Gebräuche, Wertmaßstäbe, moralische und amoralische Verhaltensregeln etc.[32]

Mit Bezug auf die Ziele der gesellschaftsorientierten Krisenkommunikation und der Frage nach ihren Ausgestaltungsbedingungen und -möglichkeiten wird für diese Arbeit eine Gesellschaftsdefinition gewählt, die sich mit dem Anspruchsgruppenkonzept vereinbaren lässt. Nach CMIELEWICZ eignen sich nur solche Definitionen für wissenschaftliche Fragestellungen, die sich insbesondere durch Eindeutigkeit und Zweckmäßigkeit auszeichnen.[33] Eindeutig ist eine Definition dann, wenn einem Definiendum nur ein einziger Definiens zugeordnet werden kann und beide ohne Informationsgewinn bzw. -verlust gegeneinander ausgetauscht werden können. Die Anforderung nach Zweckmäßigkeit verlange nach einer Definitionsbildung unter Berücksichtigung des wissenschaftlichen Kontexts und der Untersuchungsziele.[34]

Mit dem Begriff Gesellschaft soll deshalb die Summe einer Vielzahl Individuen bezeichnet werden, denen ein Mindestmaß an gemeinsamen Werten und Verhaltensregeln zu Eigen ist und die untereinander komplexe soziale Beziehungen unterhalten. Je nach Ausmaß der Gemeinsamkeiten und Beziehungsintensität kann zwischen verschiedenen Subgesellschaften differenziert werden. Da die Mitgliedschaft in einer Gesellschaft jeweils nur eine Rolle eines Individuums neben anderen darstellt, wie etwa Familienvater, Kunde, Mitarbeiter, kann ein einzelnes Individuum auch Mitglied mehrerer Subgesellschaften sein.[35] Von geografischen Gesellschaftsgrenzen wird aufgrund der voranschreitenden Informations- und Kommunikationstechnologien, insbesondere des Internets, und der damit einhergehenden weltumspannenden Kommunikationsmöglichkeiten sowie der Globalisierung abgesehen. Ebenso wenig werden gemeinsame Sprachkenntnisse zur Gesellschaftsbestimmung vorausgesetzt, da zur Kommunikation letztlich nur das Symbolsystem Sprache benötigt wird, m. a. W. die übereinstimmende Zuordnung von Gegenständen oder Tatbeständen zu Begriffen.

2.2 Gesellschaftliche Anliegen

Gesellschaftliche Anliegen konkretisieren das gesellschaftliche Interesse in ihrer inhaltlichen Dimension. Konstituierendes Merkmal ist ihre nicht-marktliche Natur. Sie lassen sich nicht im Rahmen marktlicher Austauschprozesse befriedigen, die nach SCHALTEGGER durch Freiwilligkeit und beidseitige Vorteilhaftigkeit gekennzeichnet sind,[36] sondern begrenzen aufgrund ihrer politischen Natur die Entscheidungs- und Handlungsfreiheit der Unternehmensführung.[37] In Anlehnung an POST wird das Entstehen gesellschaftlicher Anliegen auf Soll-Ist-Vergleiche der gesellschaftlichen Anspruchsgruppen zurückgeführt. Kommt es bzgl. der für sie relevanten Interessensaspekte zu Diskrepanzen zwischen der ihrerseits erwarteten und wahrgenommenen Realität, so werden sie dies gegenüber der Unternehmung artikulieren.[38] Folglich lassen sich zweierlei Ansatzpunkte für das Entstehen gesellschaftlicher Anliegen erkennen: zum einen veränderte Erwartungen der Gesellschaft an die Unternehmung und zum anderen eine veränderte Wahrnehmung der Unternehmung.

Die Erwartungen eines Individuums verändern sich je nach den Werten, an denen er sein Handeln ausrichtet. Nach KROEBER-RIEL / WEINBERG sind Werte „Vorstellungen vom Wünschenswerten, von grundlegenden Zielvorstellungen, die eine Vielzahl von Motiven und Einstellungen und in Abhängigkeit davon eine Vielzahl von beobachtbaren Verhaltensweisen bestimmen“[39]. So hätten etwa der größere Wohlstand, zunehmende Mobilität und deutlich erweiterte Kommunikationsmöglichkeiten die Ansprüche der Menschen an Güter und Dienstleistungen beeinflusst und sie verstärkt emotionalen Aspekten zugewandt.[40]

Im Gegensatz zu Erwartungen ist die Wahrnehmung ein Prozess der Informationsverarbeitung, bei dem aufgenommene Umweltreize und innere Signale entschlüsselt, mit anderen bereits im Kopf des Individuums gespeicherten Informationen kombiniert und dadurch innere Bilder der Umwelt und der eigenen Person konstruiert werden. Dieser Prozess der Informationsverarbeitung erfolgt immer individuell, weshalb jedes Individuum seine Umwelt unterschiedlich wahrnimmt.[41] Objektive Realität und subjektiv wahrgenommene Realität können folglich stark voneinander abweichen. Diese Diskrepanz nimmt zu, je weniger der betrachtete Realitätsausschnitt zu unserer direkten Erfahrungswelt gehört. Aus diesem Zusammenhang lässt sich folgern, dass es nicht genügt „objektive Leistungen anzubieten. Es muss auch dafür gesorgt werden, dass diese Leistungen von der Umwelt wahrgenommen werden“[42].

Während die Gestaltung der unternehmensbezogenen, objektiven Realität dem direkten Einfluss des Unternehmens unterliegt, wird die subjektive Realität zum einen durch die in den Köpfen der Bezugsgruppen existierenden Informationsstrukturen, und somit auch durch ihre Erwartungen,[43] und zum anderen durch die Art und Weise der Reizaufnahme geprägt. Damit ein Reiz überhaupt erst aufgenommen und verarbeitet wird, bedarf es der Aufmerksamkeit des Individuums. Sie selektiert seine Wahrnehmung, indem sie dafür sorgt, dass sein Organismus für die Aufnahme und Verarbeitung eines Reizes sensibilisiert wird und gleichzeitig für die Aufnahme und Verarbeitung eines anderen Reizes gehemmt wird.[44] Für das Entstehen von Aufmerksamkeit ist zum einen das Aktivierungspotenzial eines Reizes und zum anderen die Richtung und Qualität der individuellen Antriebskräfte, die er anspricht, entscheidend. Eine Vielzahl empirischer Untersuchungen konnte zeigen,[45] dass die Steuerung der Reizauswahl und -entschlüsselung vom reizspezifischen Aktivierungspotenzial emotionaler und motivationaler Antriebskräfte abhängt. Reize werden also umso eher aufgenommen, je stärker sie Bedürfnisse und Wünsche ansprechen.[46] Es kann sich dabei um angenehme aber auch unangenehme Reize handeln, letztere insbesondere dann wenn sie die Gefährdung grundlegender Bedürfnisse ansprechen. In Anlehnung an die MASLOWsche Bedürfnispyramide[47] stellen etwa CENTER / JACKSON fest: „When people feel that physical needs and safety needs are threatened, they are prone to panic“[48]. Entsprechend dem Überlebensinstinkt gewönnen dann Eigeninteresse und der Selbsterhaltungstrieb an Einfluss auf die Emotionen und Handlungen von Individuen.[49] Umso stärker das unternehmerische Handeln folglich gesellschaftliche Bedürfnisse und Interessen zu tangieren scheint, desto eher werden sich gesellschaftliche Anspruchsgruppen zur Artikulation konkreter Forderungen und Ansprüche formieren.[50] Diese können somit zu Unternehmenskrisen führen oder aber erst in Folge von Störprozessen entstehen.

3 Existenzkritische Ressourcen in der Ad-hoc-Krise

3.1 Vertrauen

Wird das Image der Unternehmung durch negative Berichterstattung belastet, sinkt ihre Glaubwürdigkeit und das ihr entgegengebrachte Vertrauen. Vertrauen kann nach GIDDENS definiert werden als „confidence in the reliability of a person or a system, regarding a given set of outcomes or events, where that confidence expresses a faith in the probity or love of another, or in the correctness of abstract principles"[51]. Es tritt folglich nur in risikobehafteten Situationen auf,[52] weshalb LUHMANN Vertrauen als „riskante Vorleistung" seitens des Vertrauenden begreift.[53] Das Risiko einer Situation liegt darin, dass der Vertrauende im Falle eines nicht-konformen Verhaltens seitens des Vertrauten einen Schaden erfährt. Er geht dieses Risiko jedoch in Erwartung einer Gegenleistung ein.[54] Der Vorteil von Vertrauen liegt, systemtheoretisch betrachtet, in der Reduktion von Komplexität. Indem gewisse Entwicklungsmöglichkeiten aus der Betrachtung ausgeschlossen und somit für den Entscheider neutralisiert werden, werden Handlungsalternativen erschlossen, die in Abwesenheit von Vertrauen aufgrund eventueller, nachteiliger Konsequenzen vernachlässigt worden wären. Vertrauen bietet neben diesem als Indifferenz bezeichneten Vorteil, eine Möglichkeit, Unsicherheiten bzgl. zukünftigen Verhaltens zu absorbieren, und ermöglicht durch diese Zeithorizonterweiterung wiederum eine Komplexitätsreduktion.[55] Demgegenüber führt Vertrauensverlust zu einem verkürzten Zeithorizont. Dies stellt für Unternehmen eine existentielle Bedrohung dar, denn „werden viele Forderungen, die auf lange Sicht befriedigt werden können, aus Mangel an Vertrauen gleichzeitig oder doch in sehr kurzen Zeitabständen angemeldet, sprengt das die Erfüllungsmöglichkeiten des Systems"[56].

Vertrauensaufbau und -erhaltung ist aus diesen Gründen ein zentrales Mittel der Krisenprävention. Je erfolgreicher eine Unternehmung diesbezüglich ist, umso besser gelingt es ihr, die Komplexität der Wahrnehmung und der Einschätzung ihrer selbst und ihres Handelns für die Gesellschaft zu reduzieren. Die Gesellschaft, die einer Unternehmung Vertrauen entgegenbringt, verzeichnet im Gegenzug aufgrund der sich einstellenden Komplexitätsreduktion sinkende Informations- und Reaktionsbedarfe, die wiederum zu einer effizienteren Ressourcennutzung ihrerseits beitragen. Je stimmiger das Verhältnis von Leistung und Gegenleistung, desto robuster das Beziehungsgefüge von Unternehmen und Gesellschaft, denn umso geringer die „Angriffsfläche" des Beziehungsgefüges in ihren verschiedenen Ebenen. Vertrauen ist demnach eine unternehmerische Ressource, die das Risiko der Entstehung von Ad-hoc-Krisen senkt.

In der zeitlichen Dimension dient Vertrauen nicht nur der Komplexitätsreduktion in gesellschaftlicher Hinsicht, sondern auch der Erschließung von Handlungsmöglichkeiten in unternehmerischer Hinsicht. Unternehmen, denen starke Vertrauensverluste widerfahren, müssen sich vermehrt mit Fragen des Umgangs mit Legitimationsdruck und mit Akzeptanzproblemen auseinandersetzen. Der mangelnde Zugang zur Ressource Vertrauen, der Auslöser einer Vertrauenskrise, erschwert die rechtzeitige und genügende Erfüllung der gesellschaftlichen Anforderungen und erhöht c.p. die Gefahr gesellschaftlicher Missbilligung, ein Auslöser von Unternehmenskrisen. Hingegen erweitert Vertrauen den Zeithorizont im reaktiven Verhalten der Gesellschaft gegenüber dem unternehmerischen Handeln. Kurzfristige Volatilitäten lassen nicht umgehend gesellschaftliche Anliegen entstehen, sondern werden vielmehr an einem langfristigen, über Vertrauen gebildeten Erwartungsmaßstab der Gesellschaft gemessen und in Folge relativiert. Die kurzfristige Schwankung im gesellschaftlich relevanten Leistungsprofil der Unternehmung erfährt über die Zeithorizonteffekte der Vertrauensbildung eine Nivellierung, die dazu führt, dass nicht die absolute Abweichung gesehen wird, sondern der perspektivische Entwicklungstrend. Vertrauensbildung ist somit eine Form der Krisenprävention – insbesondere gegenüber der Gefahr plötzlicher, abrupter, temporärer Krisenentwicklungen.

3.2 Reputation

Unter anderem hat sich die Spieltheorie mit der Rolle von Vertrauen in Geschäftsbeziehungen auseinandergesetzt. Hier wird davon ausgegangen, dass allein der Käufer das Qualitätsrisiko des von ihm gekauften Gutes trägt, weshalb die empfehlenswerte Strategie für ihn sei: „Vertraue dem Verkäufer, solange er früheren Käufern gegenüber Wort gehalten hat. Vertraue dem Verkäufer nicht, wenn er auch nur einmal sein Wort gebrochen hat"[57]. Mit anderen Worten verlässt sich der Käufer auf das bisherige Verhalten des Verkäufers, seine sog. Reputation.[58]

Der Begriff Reputation stammt vom lateinischen Wort „reputatio" ab, das mit „Erwägung, Berechnung" übersetzt werden kann. Dem Duden zufolge bedeutet Reputation „Ruf, Ansehen", sowie im bildungssprachlichen Gebrauch „[guter] Ruf"[59]. Nach Richter / Furubotn bezieht sich Reputation auf das bisherige Verhalten eines Transaktionspartners bzgl. der Erfüllung von Vereinbarungen.[60] Hammann beschränkt den Begriff Reputation auf das Ergebnis positiver Werturteile der Marktpartner bzgl. des Verhaltens eines Individuums oder Systems ihnen gegenüber. Grundlage einer positiven Reputation seien positive Images der Marktpartner.[61] Unter dem Begriff Image versteht man „das eigene und subjektive Bild, das wir von einer Sache oder von einem Menschen – von einem Meinungsgegenstand – haben"[62]. Das Image eines Systems kann auch als Akzeptanzkonzept interpretiert werden, das anzeigt, wie die von ihm ausgehenden Impulse seitens des Empfängers dekodiert werden.[63] Daher entspricht das Image eines Systems der Summe aller mit ihm verbundenen gefühlsmäßigen und kognitiven Werturteile, die aufgrund der von ihm ausgehenden Impulse zu Assoziationen im Gedächtnis seiner Bezugsgruppen führen.[64] Eine positive Reputation unterscheidet sich jedoch nach GRAY / BALMER dahingehend von einem positiven Image, dass sie stärker verhaltensbeeinflussend wirkt. Während ein hervorragendes Image auch das Resultat einer gelungen, wohl-koordinierten Kommunikationskampagne sein könne, setze eine hohe Reputation die Anerkennung konsistenter Leistungserfolge des Marktpartners voraus.[65] Dies kann wiederum nur dann gelingen, wenn das Wohlverhalten auch mit demjenigen Marktpartner assoziiert wird, m. a. W. wenn er kein anonymer Akteur darstellt, sondern wenn er eine Identität hat. So geht LUHMANN beispielsweise nicht den Umweg über die Reputationsbildung, sondern betrachtet auch als Grundlage von Vertrauen „die Darstellung des eigenen Selbst als einer sozialen, sich in Interaktionen aufbauenden, mit der Umwelt korrespondierenden Identität"[66]. Nur wer kommuniziere und sich nicht distanziere, biete Interaktionspartnern Lern- und Prüfungsmöglichkeiten, könne fremde Erwartungen in die eigene Selbstdarstellung einbauen und letztlich Vertrauen erwerben.[67]

Unter anderem kann mit Hilfe der Principal-Agent-Theorie die Bedeutung einer guten Reputation im Hinblick auf die gesellschaftsorientierten Beziehungen einer Unternehmung dargestellt werden. Einem weiten Verständnis nach kann die Beziehung einer Unternehmung zur Gesellschaft als Principal-Agent-Beziehung interpretiert werden,[68] bei der die Unternehmung die Rolle des Agenten einnimmt, die betroffene gesellschaftliche Anspruchsgruppe die des Prinzipals. Agentenprobleme resultieren annahmegemäß aus der vorliegenden Informationsasymmetrie zwischen Prinzipal und Agenten, aus Zielkonflikten zwischen ihnen und aufgrund ihres Verhaltens als rationale Nutzenmaximierer, entsprechend dem Menschenbild des Homo oeconomicus.[69] Zur Lösung dieser Probleme kann die gute Reputation eines Agenten beitragen, indem sie seinen Anreiz senkt, sich opportunistisch zu verhalten. Mit anderen Worten kann ein Verhalten, das den Interessen des Prinzipals entspricht, auch seinen Zielen dienen, denn seine gute Reputation kann zum einen den aktuellen Prinzipal motivieren, ein erneutes Vertragsverhältnis mit ihm einzugehen, und zum anderen als Signal gegenüber anderen potenziellen Prinzipalen wirken, da diese darauf Vertrauen können, dass der Agent ihre Interessen wahrnehmen wird.[70] Da der Agent mit der Pflege seiner Reputation versucht dem Prinzipal sein wohlwollendes Verhalten zu signalisieren und zur Aufrechterhaltung seiner Reputation selber ein Interesse an der Zufriedenstellung seines Prinzipals hat, kann die Reputation des Agenten sowohl als Mittel zur Zielharmonisierung, zur Reduktion der vorliegenden Informationsasymmetrie und zur Vertrauensbildung erachtet werden.

Reputation als Mittel zum Aufbau und zur Erhaltung von Vertrauensbeziehungen kann folglich in der Beziehung zwischen Unternehmen und Gesellschaft als zentrale Ressource erachtet werden. Sie leistet nicht nur einen Beitrag zur Reduktion opportunistischen Verhaltens einer Unternehmung gegenüber der Gesellschaft, sondern beeinflusst auch das Verhalten der gesellschaftlichen Anspruchsgruppen gegenüber der

Unternehmung, das sowohl eine Krise auslösen als auch stark auf ihren Verlauf einwirken kann.

Für das Entstehen von Krisen ist entscheidend, inwiefern das unternehmerische Handeln und seine Konsequenzen gesellschaftliche Anliegen entstehen lassen. Auf den Ursprung gesellschaftlicher Anliegen kann aufgrund ihrer Definition als Diskrepanz zwischen erwarteter und wahrgenommener Realität die Reputation einer Unternehmung jedoch starken Einfluss nehmen. Da Wahrnehmungsprozesse aufgenommene unternehmensbezogene Umweltreize mit bereits vorhandenen unternehmensbezogenen Informationsstrukturen verknüpfen, unterliegen sie auch dem Eindruck der Reputation dieser Unternehmung. Das Wissen der gesellschaftlichen Anspruchsgruppen um das ihrerseits positiv bewertete vergangene Verhalten der Unternehmung kann folglich dem Entstehen von Diskrepanzen zwischen Erwartung und Wahrnehmung entgegenwirken.

Voraussetzung für das Entstehen von Reputation ist jedoch die Schaffung einer unternehmerischen Identität, die wiederum die Basis der Vorstellungsbilder in den Köpfen der Anspruchsgruppen der Unternehmung darstellt. Es bedarf dazu der Kommunikation der grundlegenden Unternehmensphilosophie.[71] Kommunikation stellt daher neben dem tatsächlichen Handeln der Unternehmung ein zentrales Mittel zum Reputationsaufbau und indirekt zur Krisenprävention dar. Doch auch zur Krisenbewältigung trägt sie bei, wenn es gelingt, das unternehmerische Verhalten als identitätskonform darzustellen und dadurch der Reputation nicht schadet oder sogar stärkt.

4 Krisenkommunikation als integraler Bestandteil des Krisenmanagements

4.1 Kommunikation

Bei dem Versuch, den Begriff Kommunikation zu definieren, stößt man auf eine Vielzahl unterschiedlicher Begriffsfassungen in der Literatur. So zählte DANCE etwa bei der Durchsicht allgemein zugänglicher Managementliteratur 95 verschiedene Definitionen.[72] MERTEN hat anlässlich einer Begriffsanalyse sogar 160 Definitionen zusammengestellt.[73] Nach KOEHLER et al. ist der Versuch, ein Konzept wie das der Kommunikation zu definieren, „a most difficult, if not impossible, task“[74]. WAHREN führt die mangelnde Präzision und Konsistenz bei der Verwendung des Kommunikationsbegriffs sowohl in der Alltagssprache als auch in der Fachliteratur auf seinen Ursprung in der vorwissenschaftlichen Sprache zurück.[75]

DROSDOWSKI et al. verwenden eine Begriffsfassung, die die Breite des Kommunikationsbegriffs andeutet und unterscheidet zwischen

- der Aktivität des Mitteilens, des Verständigens und dem zwischenmenschlichen Verkehr unter zu Hilfenahme von Sprache, Zeichen und
- Verbindung, Zusammenhang.[76]

Der etymologische Ursprung des Begriffs Kommunikation liegt im lateinischen Terminus „communis", der zu Deutsch „gemeinsam" bedeutet.

Im Allgemeinen ist die Unterscheidung zwischen einem nachrichtentechnischen und einem verhaltenswissenschaftlichen oder sozialen Aspekt der Kommunikation weit verbreitet. Das Grundmodell der technischen Kommunikation, das auf SHANNON / WEAVER zurückgeht, betrachtet im Wesentlichen die Übertragung einer Nachricht von einem Sender auf einen Empfänger.[77] Dieses Grundmodell wurde im Source-Message-Channel-Receiver (SMCR) Modell von BERLO um psychographische Komponenten wie spezifische Kenntnisse, Einstellung, kultureller Hintergrund des Empfängers und des Senders sowie um das Element des Übertragungskanals, worunter er die menschlichen Sinne verstand, erweitert.[78] Auch der Kommunikationsprozess nach LASSWELL findet in der Literatur weite Verbreitung, der vor dem Hintergrund massenmedienorientierter Fragestellungen Kommunikation auf die Formel brachte: „Who says what in which channel to whom with what effect?"[79] Kritik an diesen Modellen wird oft aufgrund der mangelnden Rückkopplungsprozesse geübt,[80] weshalb MCCROSKEY oder STAEHLE sie beispielsweise in ihrer Darstellung des Kommunikationsprozesses aufgreifen.[81] NOELLE-NEUMANN et al. hingegen verteidigen das Verständnis von Kommunikation als linearen, einseitig gerichteten Prozess mit der Begründung es handele sich bei Sender und Empfänger lediglich um Rollen, weshalb beide im Falle interpersoneller Kommunikation die Rolle des Kommunikators als auch des Rezipienten einnehmen könnten.[82] Dieses Verständnis begreift Kommunikation allerdings als wechselseitigen Prozess, welcher seitens anderer Autoren gerade das Differenzierungskriterium zur Interaktion darstellt. So unterscheiden beispielsweise WATZLAWICK et al. zwischen der Kommunikation als eine Mitteilung (Message) und einer Interaktion als „wechselseitiger Ablauf von Mitteilungen zwischen zwei oder mehreren Personen"[83].

Diese eher nachrichtentechnisch ausgerichteten Kommunikationsmodelle dienen insbesondere der Darstellung der Art und Weise der Informationsübertragung und der dabei auftretenden Probleme. LUHMANN spricht jedoch der Übertragungsmetapher die Bedeutung, die ihr in diesen Modellen zugesprochen wird, ab. „Die gesamte Metapher des Besitzens, Habens, Gebens und Erhaltens, die gesamte Dingmetaphorik, ist ungeeignet für ein Verständnis von Kommunikation. [...] Benutzt man sie, wird man verführt, sich vorzustellen, dass die übertragene Information für Absender und Empfänger dieselbe ist."[84] So gehört individuelle Interpretation nach INFANTE et al. zu den konstitutiven Merkmalen der Kommunikation. Jedes Individuum assoziiere mit verbalen und nonverbalen Symbolen unterschiedliche Bedeutungen. Bedeutung könne daher nicht übertragen werden, sondern müsse immer wieder neu durch den Empfänger konstruiert werden.[85] Gleichzeitig werde Kommunikation jedoch auch durch einen gemeinsamen Bedeutungszusammenhang von Sender und Empfänger charakterisiert. Kommunikation komme nur dann zustande, wenn beide zu einem gewissen Anteil mit Symbolen die gleiche Bedeutung assoziierten, sei dies auf ihre gemeinsame Sprache, Kultur oder lediglich Zugehörigkeit zur menschlichen Rasse zurückzuführen.[86]

Die Analyse des zwischenmenschlichen Austausches von Mitteilungen, Gedanken und Gefühlen, verbaler als auch nonverbaler Natur, sowie der menschlichen Fähigkeit zur Unterhaltung sozialer Beziehungen ist Schwerpunkt der sozialen Kommunikation. Während nach STEVENS Kommunikation bereits im Falle einer „discriminatory response of an organism to a stimulus"[87] vorliegt, also auch bei einer Idee in Folge von etwas Gehörtem oder Gesehenem, erscheint es sinnvoll, in Anlehnung an INFANTE et al. zwischen psychologischen Prozessen der Wahrnehmung und dem sozialen Prozess der Kommunikation zu differenzieren. Zwar sei die Wahrnehmung für Kommunikation unerlässlich, sie allein stelle jedoch keine Kommunikation dar.[88] Daher wird der Begriff Kommunikation auf den beabsichtigen zwischenmenschlichen Austausch von Symbolen eingegrenzt. Da soziale Kommunikation dem interpersonellen Gedankenaustausch dient, wirft sie nach LOTZ aufgrund des semantischen und pragmatischen Aspektes von Informationen die Frage der Steuerung der Informationsprozesse und des Verhaltens bei anderen Menschen auf.[89] In diesem Sinne definiert MILLER beispielsweise: „In the main, communication has as its central interest those behavioral situations in which a source transmits a massage to a receiver(s) with conscious intent to affect the latter's behaviours"[90]. Nach WEAVER stellt die Verhaltensbeeinflussung ein konstitutives Merkmal von Kommunikation dar, da sie andernfalls überhaupt keine Wirkung zeige.[91]

Im Rahmen der sozialen Kommunikation prägen nach STAEHLE insbesondere die grundlegenden Arbeiten von WATZLAWICK et al. die jüngere Kommunikationsorientierte Managementliteratur.[92] WATZLAWICK et al. verweisen zum einen darauf, dass jedes Verhalten in zwischenmenschlichen Situationen einen Mitteilungscharakter habe bzw. informativ sei, weshalb auch jedes Verhalten als Kommunikation betrachtet werden könne, und zum anderen, unterscheiden sie zwischen einer inhaltlich, objektorientierten und einer beziehungsorientierten Ebene der Kommunikation, wobei letztere die Art und Weise der Wahrnehmung der mitgeteilten Information beeinflusse. „Jede Kommunikation hat einen Inhalts- und einen Beziehungsaspekt, derart, dass letzterer den ersteren bestimmt und daher eine Metakommunikation ist."[93]

Vor der diesem Aufsatz zugrunde liegenden Fragestellung erscheint die Betonung des sozialen Aspekts der Kommunikation zweckmäßig. Der Einsatz von Kommunikation seitens einer Unternehmung erfolgt mit der Absicht, den Kommunikationspartner in bestimmter Hinsicht zu beeinflussen. Zeigt eine Mitteilung ihre beabsichtigte Wirkung, spielt es kaum eine Rolle, ob die Übertragung von Informationen im Rahmen des Kommunikationsaktes tatsächlich bzw. in seiner ursprünglich beabsichtigten Form gelang. Der Begriff Kommunikation wird hier verstanden als das bewusste Mitteilen von Informationen, mittels dessen der Sender die Beeinflussung des Verhaltens des Empfängers anstrebt.[94] Zur Charakterisierung der Kommunikationsprozesse im Falle von Ad-hoc-Krisen wird hier dennoch auf die kommunikationstheoretischen Modelle Bezug genommen, da sie aufgrund ihrer strikten Trennung nach Kommunikationssender und -empfänger, Kommunikationskanälen und Kommunikationsstrategien eine systematische Darstellung der im Kommunikationsprozess wirkenden Elemente erlauben.

4.2 Ad-hoc-Krisenkommunikation

Plötzlich auftretende Krisen werden definitionsgemäß durch einen schockartigen Vorfall ausgelöst, auf dessen Eintreten keine Frühindikatoren hinweisen. Der Kreis der Betroffenen, die der Situation unvorbereitet gegenüberstehen und daher zunächst nach SCHERLER in einen mehr oder weniger starken Schockzustand versetzt werden,[95] erstreckt sich nach Bekanntwerden des Vorfalls nicht nur auf die Unternehmung und die in ihrem Handeln gestörten Umwelten, sondern auch auf gesellschaftliche Anspruchsgruppen, die ihre Bedürfnisse und Interessen tangiert sehen.[96] Ausgelöste Ängste und Befürchtungen lassen sich jedoch zunächst aufgrund des Informationsmangels, dem auch die betroffene Unternehmung in der Regel unterliegt, nicht nehmen: das Ausmaß des entstandenen Schadens, der Konsequenzen sowie potenzielle Schuldige sind noch nicht eruiert.[97] Aufgabe der Krisenkommunikation ist es, Glaubwürdigkeit zu vermitteln und wie dargelegt, die Reputation der Unternehmung zu erhalten oder zu stärken, um dadurch die Vertrauensbasis zu erhalten, m. a. W. um eine Vertrauenskrise zu vermeiden. In Anlehnung an das Kommunikationskonzept von LASSWELL lassen sich die Besonderheiten einer Krisenkommunikation aufzeigen.

4.2.1 Kommunikationssender

Als mögliche Kommunikatoren oder Botschaftssender im Krisenfall kommen nach SCHERLER etwa Verwaltungsräte, Top-Manager, leitende Mitarbeiter, Pressereferenten oder Öffentlichkeitsverantwortliche in Frage.[98] NUDELL / ANTOKOL betonen die Bedeutung eines einzigen Sprechers zur Vermeidung widersprüchlicher Aussagen, da diese, mag es sich dabei um noch so unbedeutende Aspekte handeln, die Glaubwürdigkeit der Unternehmung in Frage stellen und somit im Hinblick auf das ihr entgegengebrachte Vertrauen allergrößten Schaden anrichten könnten. Einem Unternehmensvertreter sollte ihnen zufolge diese Rolle im Vorhinein, antizipativ zugewiesen werden und allen Mitgliedern des Krisenstabs und Mitarbeitern der Unternehmung als einziger Ansprechpartner im Krisenfall kommuniziert werden.[99] Diese Präventivmaßnahme dient der Aufklärung aller Unternehmensmitglieder bezüglich des Gefahrenpotenzials widersprüchlicher Aussagen und der Verhaltensanweisung für den Krisenfall. Der gewählte Sprecher ist sich wiederum im Ad-hoc-Krisenfalle seiner Rolle und der damit verbundenen Verantwortung bewusst

4.2.2 Kommunikationsempfänger

Zur Systematisierung der Zielgruppen der gesellschaftsorientierten Krisenkommunikation kann zunächst in Anlehnung an das Stakeholderkonzept zwischen internen und externen Zielgruppen differenziert werden. Zu den internen zählen im Wesentlichen die Mitarbeiter der Unternehmung, die jedoch auch andere Rollen verkörpern.[100] Sie wirken etwa als Mitglieder der Unternehmung u. U. an der Behebung der Unternehmenskrise mit, sind jedoch zugleich Gesellschaftsmitglieder und stellen in Form ihrer gesellschaftlichen Interaktionen eine wesentliche Schnittstelle zur Öffentlichkeit dar.[101] SCHMITT / HAUSER sprechen in diesem Zusammenhang von der Ambassadorenrolle der Mitarbeiter, da sie eine Multiplikator- und Meinungsbildnerfunktion übernähmen.[102] Zu den externen Zielgruppen der gesellschaftsorientierten Kommunikation gehören diverse Gruppierungen, zu denen sowohl Anteilseigner und Kapitalgeber als auch Kunden und Lieferanten sowie Behörden und Verbände, Politik und Wirtschaft, Non-governmental Organisations wie z.B. Bürgerinitiativen, die Nachbarschaft und schließlich die Medien zählen können.[103] Alle diese Gruppierungen sind Elemente der Gesellschaft und wirken an der Bildung des an Unternehmungen gestellten Anforderungsprofils mit. Im Rahmen der gesellschaftsorientierten Krisenkommunikation stehen deren Wahrnehmungs- und Erwartungsbildungsprozesse in ihrer Rolle als Gesellschaftsmitglied im Vordergrund, während die an ihrem eigenen Systemzweck ausgerichteten Interessen wie etwa die potenzielle Gefährdung ihres Eigenkapitals im Falle der Anteilseigner oder der ausstehenden unternehmerischen Verbindlichkeiten im Falle von Lieferanten in diesem Zusammenhang vernachlässigt werden.

Je besser die Reputation der Unternehmung und je mehr Vertrauen diese gesellschaftlichen Anspruchsgruppen der Unternehmung entgegenbringen, desto eher erfahren sie sinkende Informations- und Verhaltensbedarfe. Aus unternehmerischer Perspektive steigt die Zahl der Handlungsmöglichkeiten. Unternehmerische Handlungen, die ein erhöhtes Risiko in sich tragen, werden nicht umgehend konterkariert, da die Möglichkeit negativer Konsequenzen vertrauensbedingt aus der Betrachtung ausgeschlossen wird, die Zahl der zugleich vorgebrachten Anforderungen wird in Relation zur unternehmerischen Leistungsfähigkeit gesehen und kurzfristige Schwankungen im Leistungsprofil der Unternehmung rufen reaktives Verhalten nur in Relation zum perspektivischen Entwicklungstrend, nicht zur absoluten Abweichung, hervor.

4.2.3 Kommunikationskanäle

Kommunikation zwischen einer Unternehmung und ihren gesellschaftlichen Anspruchsgruppen unterliegt zweierlei Anforderungen. Zum einen setzen sich die Zielgruppen aus einer Vielzahl individueller, interner und externer Kommunikationsempfänger zusammen, weshalb die Kommunikationsbotschaften an ein breites Publikum gerichtet sind und zum anderen bedarf es zur Vermeidung einer Vertrauenskrise der eindeutigen Kommunikation von Informationen bzgl. Ursachen, Verlauf, Ausmaß der Unternehmenskrise sowie zur Bewältigung herangezogener Maßnahmen.

Persönliche Kommunikation bietet den Vorteil, dass sie einen intensiven, gegenseitigen Meinungsaustausch erlaubt. Der Unternehmung kann es mittels dieser direkten, zweiseitigen Kommunikation gelingen auf das Verhalten der Botschaftsempfänger in gewünschter Weise einzuwirken. Im Krisenfall kann daher die Kommunikation mit ausgesuchten Adressaten etwa auf Gruppenveranstaltungen zweckmäßig sein. Diese können wiederum gegenüber anderen Gesellschaftsmitgliedern als Meinungsführer fungieren.[104] Letztlich eignet sich die persönliche Kommunikation jedoch aufgrund der Vielzahl der Gesellschaftsmitglieder und der Dringlichkeit des eine Ad-hoc-Krise auslösenden Vorfalls nicht zur Vermeidung oder zur Bewältigung einer Vertrauenskrise. Demgegenüber kennzeichnet der Begriff der Massenkommunikation den Kommunikationsprozess zwischen einzelnen Kommunikatoren und einer Vielzahl einzelner Botschaftsempfänger, der Gesellschaft.[105] Nach LEWALD kann zwischen der direkten und indirekten Massenkommunikation differenziert werden.[106]

Als direkt kann Massenkommunikation dann bezeichnet werden, wenn eine Unternehmung die Massenmedien, wie etwa Printmedien, Rundfunk, Fernsehen und in zunehmendem Maße auch das Internet, als Kommunikationskanäle zur Realisierung von Werbe- und Imageanzeigen nutzt. Die Massenmedien sind folglich nicht an der Gestaltung der Kommunikationsbotschaften beteiligt. Die Wahrnehmung der Botschaften kann die Unternehmung nur indirekt über die formale Gestaltung der Anzeigen sowie die Häufigkeit ihrer Schaltung steuern, sie verfügt jedoch nicht über direkte Einflussmöglichkeiten.[107] Im Ad-hoc-Krisenfalle bietet eine direkte Massenkommunikation den Vorteil eines großen Empfängerkreises und sie erlaubt zumindest in Abhängigkeit von der Anzeigenplatzierung und der Medienwahl die Ansprache der für sie relevanten gesellschaftlichen Anspruchsgruppen. Die resultierende geringe Kontaktintensität, die große Distanz zwischen der kommunizierenden Unternehmung und ihren gesellschaftlichen Anspruchsgruppen sowie die geringen Rückkopplungsmöglichkeiten zur Kontrolle der angestrebten Kommunikationswirkungen mindern im Ad-hoc-Krisenfalle jedoch die Effektivität der direkten Massenkommunikation. Zielführender erscheint sie als Mittel zur Krisenprävention im Wege des Vertrauens- und Reputationsaufbaus. Werbe- und Imageanzeigen können der Kommunikation der Unternehmensidentität dienen, die wiederum Grundlage für Vertrauen und Reputation ist. Entsprechend ist die direkte Massenkommunikation weniger zur unmittelbaren

Bewältigung von Ad-hoc-Krisen geeignet, sondern eher zur Vermittlung und Bekräftigung des identitätskonformen unternehmerischen Verhaltens in der Krise.

Im Gegensatz zur direkten Massenkommunikation weist das Modell der indirekten Massenkommunikation der Unternehmung lediglich die Rolle des sog. Präkommunikators zu. Die Medien fungieren nicht länger als passive Kommunikationskanäle, sondern nehmen in Form der Presse eine aktive Rolle ein. Die Informationsgewinnung seitens der Presse kann dabei einstufig im Wege der einseitigen oder zweiseitigen Kommunikation, d.h. beispielsweise mittels Pressemitteilungen oder Interviews mit Journalisten,[108] oder aber gänzlich ohne Kommunikation mit der Unternehmung und vielmehr mit oppositionellen Interessensvertretern erfolgen. In jedem Fall nehmen die Medien im Modell der indirekten Massenkommunikation aufgrund ihrer Kontrolle über die Inhalte der Kommunikationsbotschaften, die Art der Berichterstattung sowie die Wahl der Sendeplattform die Rolle eines sog. Gatekeepers ein.[109] Die Unternehmung als indirekter Kommunikator kann folglich keinen Einfluss auf den Wahrheitsgehalt der in einer Ad-hoc-Krise veröffentlichten Informationen bzgl. deren Ursachen, Verlauf und Bewältigungsmaßnahmen nehmen. Aufgrund ihres Kontrollverlusts hinsichtlich dem Übereinstimmungsgrad zwischen Unternehmensinformationen und kommunizierten Informationen seitens der Medien, können sich gänzlich andere Wissens-, Erwartungs- und Meinungsstrukturen in der Gesellschaft herausbilden als ursprünglich seitens der Unternehmung beabsichtigt.[110] Im Vergleich zur direkten Massenkommunikation erreicht zwar auch die indirekte einen großen Empfängerkreis, der Unternehmung bietet sich jedoch keinerlei Möglichkeit, die Informationsversorgung ihrer gesellschaftlichen Anspruchsgruppen zu steuern. Die von ihnen wahrgenommene Realität wird, ihre bereits vorhandenen Informationsstrukturen außen vor gelassen, vom Informationsangebot der Medien sowie von der Intensität ihrer Informationsnachfrage bestimmt. Im Ad-hoc-Krisenfalle kann insbesondere diese große Distanz zwischen der Unternehmung und ihren gesellschaftlichen Anspruchsgruppen das Vertrauen in die Unternehmung gefährden und ihrer Reputation schaden. Aufgrund der mangelnden Einflussmöglichkeiten auf die Kommunikationsinhalte scheint die indirekte Massenkommunikation als Kommunikationskanal in Ad-hoc-Krisen für Unternehmungen zur Stärkung ihrer Glaubwürdigkeit, ihrer Reputation und des ihr entgegengebrachten Vertrauens eher ungeeignet. Die gesellschaftsorientierte Krisenkommunikation zur Erhaltung robuster Beziehungen zu gesellschaftlichen Anspruchsgruppen im Krisenfalle erfordert dennoch zur Vermeidung negativer Berichterstattung auch den Aufbau und Erhalt vertrauensvoller Beziehungen zu den Medien.

Nachfolgende Abbildung stellt die persönliche Kommunikation, die direkte Massenkommunikation und indirekte Massenkommunikation unter Verwendung der nach LEWALD charakteristischen Merkmale von Kommunikationskanälen gegenüber[111] und zeigt in Anlehnung an die obigen Ausführungen ihre Eignung (+/-) im Ad-hoc-Krisenfall an.

Abbildung 4-1: *Gegenüberstellung von persönlicher Kommunikation und direkter / indirekter Massenkommunikation*
Quelle: Eigene Darstellung.

Merkmale	Persönliche Kommunikation		Direkte Massenkommunikation		Indirekte Massenkommunikation	
	Art	+ / -	Art	+ / -	Art	+ / -
Anzahl der Adressaten	gering	-	groß	+	groß	+
Homogenität des Empfängerkreises	groß	+	mittel	-	unbeeinflussbar	-
Kontaktintensität	groß	+	gering	-	groß (je nach Medieninteresse)	+ / - (je nach Mediengoodwill)
Distanz von Sender & Empfänger	gering	+	groß	-	groß	-
Rückkopplungsmöglichkeiten	groß	+	gering	-	keine	-

4.2.4 Kommunikationsstrategien

Auf das Verhalten der Medienorganisationen kann die Unternehmung im Falle indirekter Massenkommunikation nur mittels ihrer Kommunikationsstrategie einwirken. Hier wird in der Literatur übereinstimmend zwischen einer defensiven und einer offensiven Prägung der Kommunikation differenziert, die grundsätzlich auch für alle anderen Formen der Unternehmenskommunikation gilt.[112]

Defensive Kommunikationsstrategien werden auch als „Vogel-Strauß-Politik“[113] oder „Tauchstationsstrategie“[114] bezeichnet. Ihr zentrales Ziel liegt darin, Informationen zurückzuhalten oder zumindest nur in geringem Maße an die Medien bzw. die Öffentlichkeit weiterzugeben und somit einer Aufklärung des Vorfalls entgegenzuwirken,[115] m. a. W. „einen Mantel des Schweigens um die Krise zu hüllen“[116]. Nach UNGER / FUCHS liegt dieser Kommunikationsstrategie die Annahme zugrunde, dass jeder weitere Impuls das Interesse der Medien bzw. Öffentlichkeit für die Krise intensivieren kann und daher zu vermeiden ist.[117] In dieser Hoffnung wird das Feld der Berichterstattung aus der Hand gegeben und der gänzliche Kontrollverlust über den Wahrheitsgehalt der Medienberichte in Kauf genommen.[118] Eine Unternehmung, die das Auftreten einer Ad-hoc-Krise in ihrem Kommunikationsverhalten gegenüber der Öffentlichkeit ignoriert, nimmt beispielsweise Möglichkeiten zur Stellungnahme nicht wahr, weist Journalisten ab, verweigert Auskünfte oder schickt Anwälte vor. In extremen Fällen verschweigt sie nicht nur krisenrelevante Informationen, sondern leugnet

Gefahren, lehnt die Verantwortungsübernahme ab oder bestreitet sogar das Auftreten der Krise.[119] Auch die Beschränkung der Unternehmenskommunikation auf die Aussage „kein Kommentar" wird in der Literatur als weniger zweckmäßig betrachtet, da Schweigen, unabhängig von den eigentlichen Gründen, grundsätzlich als Ausdruck schlechten Gewissens aufgefasst werde.[120] Es wird deutlich, dass eine defensive Kommunikationspolitik eine breite Angriffsfläche für Kritik bietet, weshalb ein Glaubwürdigkeitsverlust in der Öffentlichkeit mit einhergehendem Vertrauensverlust und Reputationsschaden kaum vermeidlich scheint. So konstatieren SCHMITT / HAUSER beispielsweise im Falle einiger herausragender Krisenfälle, die ein großes Medieninteresse nach sich zogen, doch seitens der betroffenen Unternehmungen mit defensiven Kommunikationsstrategien begegnet wurden, dass diese drastische Umsatzrückgänge und enorme Image- und Vertrauenseinbußen hinnehmen mussten.[121] Die Wahl einer defensiven Kommunikationsstrategie im Ad-hoc-Krisenfall kann folglich durch den resultierenden Vertrauensverlust und die entstehenden Reputationsschäden, m. a. W. aufgrund des Ausmaßes der Vertrauenskrise, existenzbedrohende ökonomische Folgen nach sich ziehen.

Im Gegensatz zur defensiven Kommunikationsstrategie ist es, das Ziel einer offensiven Kommunikationsstrategie die Krise möglichst schnell und transparent aufzuarbeiten. Dabei geht es im Wesentlichen um eine umfassende Bestandsaufnahme und die Weitergabe aller krisenrelevanten Informationen, beispielsweise hinsichtlich ihrer Ursachen und Konsequenzen.[122] Ein offenes und ehrliches Auftreten einer von einer Krise betroffenen Unternehmung gegenüber ihren Anspruchsgruppen signalisiert nach BEGER, dass das legitime Recht der Gesellschaft auf Informationen sowie der legitime Wunsch der Medienorganisationen nach Informationserlangung anerkannt wird.[123] Offenheit und Ehrlichkeit kann eine Unternehmung v. a. dadurch fördern, dass sie keine Vermutungen äußert, interpretationsfähige oder ausweichende Aussagen vermeidet und stattdessen den ständigen und ehrlichen Dialog mit ihren relevanten Anspruchsgruppen sucht, in dessen Rahmen sie insbesondere ihre Ängste und Sorgen ernst nimmt und sogar eventuelle Fehler offen eingesteht.[124] Sowohl die Rhetorik als auch das Handeln sind Mittel, um unternehmerisches Verantwortungsbewusstsein zu demonstrieren.[125] Zu einer besonderen Herausforderung für die Krisenkommunikation kommt es allerdings dann, wenn die Unternehmung sich zwar bemüht, offensiv mit der Krise umzugehen, die Sachverhalte jedoch noch ungenügend aufgeklärt werden konnten und sie selber daher noch ein Informationsdefizit aufweist. TÖPFER empfiehlt in diesem Falle, das Bemühen der Unternehmung in den Vordergrund zu rücken und die Kommunikation an den eingeleiteten organisatorischen und inhaltlichen Maßnahmen auszurichten.[126]

Die Wahl einer offensiven Krisenkommunikationsstrategie verringert das Risiko von Gerüchten, Falschmeldungen und „Halbwahrheiten" und kann dadurch dem Entstehen von Unsicherheitsgefühlen und einem Vertrauensverlust entgegenwirken.[127] Nach SCHMITT / HAUSER konnten einige Unternehmen eindrucksvoll belegen, wie durch eine offensive Krisenkommunikation, verlorenes Vertrauen zurück gewonnen, Umsatzrückgänge aufgehalten und umgekehrt und das Corporate Image gestärkt werden können.[128] Die an der Erhaltung von Vertrauen und Reputation ausgerichtete Umsetzung einer offensiven Kommunikationsstrategie kann folglich zu einer erfolgreichen Bewältigung einer Ad-hoc-Krise beitragen.

5 Fazit

Der Erfolg der Kommunikation zwischen der Unternehmung und ihren gesellschaftlichen Anspruchsgruppen zeigt sich folglich in ihrer Fähigkeit, eine Vertrauenskrise abzuwenden oder aber nach Ausbruch zu bewältigen. Das Ziel eines kommunikationsbasierten Krisenmanagements ist es deshalb, in der Beziehungsgestaltung zwischen Gesellschaft und Unternehmung Vertrauenspotenziale und Reputation aufzubauen, die die Beziehung zwischen Unternehmen und Gesellschaft stabilisieren. Denn die negative Wahrnehmung kurzfristiger Begebenheiten, die der Erwartungshaltung der Gesellschaft an die Rolle der Unternehmen widersprechen, wird über das Vertrauenspotenzial relativiert bzw. sogar kompensiert. Gegenseitige Wahrnehmungsmuster und somit die Beziehung selber werden ereignisresistenter und damit zukunftsrobuster. Dies senkt das Risiko der Entstehung von Ad-hoc-Krisen und hält für die Bewältigung derartiger Krisen den Zugang des Unternehmens zu gesellschaftlichen Ressourcen offen, was die Erfolgswahrscheinlichkeit des Krisenmanagements erhöht. Eine misslungene Kommunikation hingegen, in Folge derer die Gesellschaft ihre Bedürfnisse und Interessen stark bedroht sieht und daraufhin Forderungen formuliert und Ansprüche durchsetzt, denen das System Unternehmung mit ihren gegebenen Strukturen nicht nachzukommen vermag, kann aufgrund der ausufernden Vertrauenskrise zum Untergang des Systems führen.

Anmerkungen

1 Vgl. zum Stakeholder Ansatz FREEMAN, R.: Strategic Management [1984]. Solche Gruppen werden als Bezugsgruppen, Interessengruppen oder Anspruchsgruppen bezeichnet. Vgl. BEA, F. X. / HAAS, J.: Management [2001], S.101.

2 Vgl. WELGE, M. / AL-LAHAM, A.: Strategisches Management [2003], S. 169.

3 Vgl. HOPFENBECK, W.: Betriebswirtschafts- und Managementlehre [2002], S. 137; STAEHLE, W.: Management [1999], S. 447 f.; CONTI, T.: Wettbewerbsfähigkeit [1990], S. 21 f.

4 Vgl. SCHNEIDEWIND, U.: Strukturpolitischer Akteur [1998].

5 Zusätzlich wurde der Staat durch neue Erwartungen der Bürger an politische Institutionen und durch ihr Entscheidungsverhalten im Zuge neuer Werthaltungen gefordert.
Vgl. DYLLICK, T.: Umweltbeziehungen [1989], S. 35.

6 Vgl. ENGELKEN-KEFER, U.: Keine soziale Großtat [2001], S. 40; RAMTHUN, C.: Bürger [2000], S. 18 - 26.

7 Vgl. ULRICH, P.: Quasi-öffentliche Institution [1977]; STEINMANN, H.: Interessenkonflikt [1969]; WEITZIG, J.: Gesellschaftsorientierte Unternehmenspolitik [1979]. Auch empirisch konnte nachgewiesen, dass Unternehmen nicht nur als ökonomische Akteure beurteilt werden, sondern auch hinsichtlich ihres politischen, sozialen und ökologischen Verhaltens. So stuften etwa Führungskräfte deutscher multinationaler Unternehmen in China, Deutschland, Frankreich, Indien, Russland und den USA den Einfluss sozio-politischer Interessengruppen nur etwas geringer als den marktlicher Interessensgruppen ein.
Vgl. BERG, N.: Public Affairs [2003]; zitiert in: MACHARZINA, K.: Unternehmensführung [2003], S. 31.

8 Vgl. HOMANN, K. / BLOME-DREES, F.: Wirtschafts- und Unternehmensethik [1992], S. 9; RÜHLI, E.: Gesellschaftsbewusste Unternehmungspolitik [1990], S. 44 f.; Picot, A.: Umweltbeziehungnen und Umweltinformationen [1977], S. 42 f. und 46 ff.; JEHLE, E.: Unternehmung und gesellschaftliche Umwelt [1980], S.1 ff.; „Whereas organizations create markets to accomplish their missions, they must build relationships with publics to keep from being diverted from their mission." HUNT, T. / GRUNIG, J.: Techniques [1994], S. 7.

9 Vgl. SEITZ, B.: Social Responsibility [2002]; MAAß, F. / CLEMENS, R.: Corporate Social Responsibility [2002].

10 Vgl. ULRICH, H.: Management [1984], S. 21 f.; PAULI, K.: Pressearbeit [1993], S. 13; JANISCH, M.: Anspruchsgruppenmanagement [1993], S. 119 f. und zur Unterscheidung zwischen der Bereitwilligkeit und der Fähigkeit zur Ressourcenbereitstellung HÜLSMANN, M.: Orientierungsdilemma [2003], S. 309 f.

11 Vgl. Greenpeace: Brent Spar [1997]; SCHERLER, P.: Krisenmanagement [1996].

12 Vgl. KLUGE, J.: Normative Basis [2003], S. 928; BISCHOFF, H.: Ethische Dimension [2003], S. 19.

13 Vgl. GERKEN, G.: Information [1996]; ROSENSTIEL, L.V.: Wertewandel [1993], S. 87 ff. und zum Wertewandel im allgemeinen WISWEDE, G. / SZALLIES, R.: Wertewandel [1991]; SILBERER, G.: Werteforschung [1991]; WUNDERER, R. / KUHN, T.: Personalmanagement [1993], S. 23 ff.

14 Vgl. zur Unterscheidung einer Krise als bedrohliche Situation und als bedrohlicher Störungsprozess den Beitrag von HÜLSMANN in diesem Sammelband.

15 Beispielsweise musste der japanische Reifenhersteller Bridgestone/Firestone 2000 14,4 Millionen Off-Road-Reifen, die der Automobilkonzern Ford zum größten Teil auf seinem Geländewagen Explorer montiert hatte, austauschen, weil die Pneus mit schweren Verkehrsunfällen und 271 Todesopfern in Verbindung gebracht wurden.
Vgl. FISCHER, S. / RICHTER, H.-J. / RUPPRECHT, K.-R.: Produktrückrufe [2002], S. 56.

16 Eine Störung im Betriebsprozess der Hoechst AG am 22. Februar 1993 um 4:14 Uhr führte beispielsweise zu einer Ad-hoc-Krise als in dem in Griesheim ansässigen Werk eine Wolke mit gelb-braunem harzartigen Staub auf das umliegende Wohngebiet und Kleingärten niederging. Sie bedeckte eine Fläche von 300x1000m.
Vgl. KEPPLINGER, H. / HARTUNG, U.: Schlüsselereignis [1995], S. 11 ff.

17 Vgl. hier z.B. die Bilanzskandale bei Enron, Andersen und Worldcom, denen eine große mediale und gesellschaftliche Aufmerksamkeit zuteil wurde.

Vgl. FOX, L.: Enron [2003]; JETER, L.: Worldcom [2003]; BRODY, K. / DUNSTAN, S.: Collapse [2003] und überblicksartig ABERLE, S. / BAUMERT, A.: Öffentlichkeitsarbeit [2002], S. 144 ff.

18 Vgl. MEYER, K.: Krisenabwehr [1997], S. 78; SCHMITT, M. / HAUSER, T.: Krisen-PR [1994], S. 124.

19 So konstatieren etwa PARKINSON / ROWE: „It may take years for a company to earn and build a good reputation. It can take a day of mishandled crisis to destroy it." PARKINSON, C. / ROWE, N.: Business Survival [1978]; ebenso BEGER, R. / GÄRTNER, H-D. / MATHES, R.: Unternehmenskommunikation [1989], S. 145; ABERLE, S. / BAUMERT, A.: Öffentlichkeitsarbeit [2002], S. 144.

20 Vgl. HAUSER, T.: Krisen-PR [1994], S. 12; DREYER, A. / DREYER, D. / OBLIEGO, D.: Tourismus [2001], S. 10 f.; SCHERLER, P.: Krisenmanagement [1996], S. 3.

21 Vgl. WEBER, P.: Krisenmanagement [1980], S. 11; KRYSTEK, U.: Unternehmungskrisen [1987], S. 29 ff.; ALBACH, H.: Überleben [1979], S. 5 ff.; JÄNICKE, M.: Krisenbegriff [1973], S. 16; MÜLLER, R.: Krisenmanagement [1982], S. 19 ff.

22 Vgl. UNGER, F. / FUCHS, W.: Marktkommunikation [1999], S. 215; SCHMITT, M. / HAUSER, T.: Krisen-PR [1994], S. 124.

23 Vgl. LUHMANN, N.: Vertrauen [2000], S. 54. Als Beleg für eine erschwerte Vertrauensbildung im Falle nicht-existenter Kommunikation betrachtet LUHMANN unter Bezugnahme auf LOOMIS und WICHMAN das der Spieltheorie entstammende sog. Gefangenen-Dilemma. In diesem Beispiel können zwei Gefangene gestehen, sich damit gegenseitig belasten und für sich selber eine Strafmilderung erreichen oder aber schweigen und nur eines geringeren Deliktes überführt werden. Je nachdem, ob eher Vertrauen oder Misstrauen vorliegt ist es nach LUHMANN rational zu schweigen oder zu gestehen. Die mangelnde Kommunikationsmöglichkeit der Gefangenen verhindere jedoch das Entstehen von Vertrauen. Vgl. LUHMANN, N.: Vertrauen [2000], S. 28 und 54; LOOMIS, J.: Communication [1959]; WICHMANN, H.: Two-Person Game [1970].

24 Vgl. hier etwa WELGE, M. / AL-LAHAM, A.: Strategisches Management [2003], S. 169 f.; BEA, F. X. / GÖBEL, E.: Organisation [2002], S. 406; ULRICH, P. / FLURI, E.: Management [1995], S. 77 ff. Zu den externen Anspruchsgruppen gehören weiterhin insbesondere die Fremdkapitalgeber, die Lieferanten, die Kunden und die Konkurrenz, während die Eigentümer, das Management und die Mitarbeiter zu den internen Anspruchsgruppen zählen.

25 LUHMANN, N.: Gesellschaft [1975], S. 235. Auch nach BÜSCHGES ist der Begriff Gesellschaft „ein vieldeutiger, intensional wie extensional gleichermaßen diffuser Begriff". BÜSCHGES, G.: Soziologie [2002], S. 195.

26 Demgegenüber dominieren bei der vergleichenden Analyse von Gesellschaftstypen und ihrer Entwicklungsstadien sowie bei der historischen Betrachtung konkreter Gesellschaftsformationen die Aufzählung verschiedener charakteristischer Merkmale wie etwa die politischen Verhältnisse, vorherrschende Institutionen oder die Produktions- bzw. Eigentumsverhältnisse. Zur weiteren Abgrenzung werden z.B. raum- und zeitbezogene Kriterien oder die Verbreitung einer Sprache oder kultureller Besonderheiten herangezogen.
Vgl. RITSERT, J.: Grundbegriff [1988], S. 15 f.; ZAPF, W.: Moderne Gesellschaften [2002], S. 252; RITTER, J.: Philosophie [1974], S. 459.

27 BÜSCHGES, G.: Organisation [1976], S. 17. Organisation wird demgegenüber in den Wirtschaftswissenschaften üblicherweise als Zweckgebilde oder Institution verstanden. Auch hier findet sich der Begriff der Gesellschaft jedoch wieder – ein Verständnis, das v. a. durch die Rechts- und Staatswissenschaften geprägt wird. Bereits ZEDLER definiert Gesellschaft als „eine willkürliche Vereinbarung der Kräfte vieler zur Erlangung eines gemeinschaftlichen

Zwecks". ZEDLER, J.: Universallexikon [1735], S. 1735. Nach BÜLOW ist der Begriff Gesellschaft im Zuge der Verbreitung des Bürgertums und als Gegenbegriff zum Staat seit Th. HOBBES der „Inbegriff der im Recht (Vertrag) und in der Wirtschaft zweckrational zusammenwirkenden Individuen geworden." BÜLOW, F.: Gesellschaft [1955], S. 167, ähnlich BROCKHAUS: Real-Encyclopädie [1844], S. 145; ROTTECK, K. V. / WELCKER, K.: Staatslexikon [1856], S. 450. Heute findet sich der Gesellschaftsbegriff in diesem Sinne in der Bezeichnung vieler Unternehmensformen, wie etwa Aktiengesellschaft oder Gesellschaft mit beschränkter Haftung wieder. Diese Verwendung des Gesellschaftsbegriffs wird jedoch im Weiteren vernachlässigt, da die Gesellschaft als System verstanden wird, mit dem das System Unternehmung im Austausch steht.

28 Vgl. RITSERT, J.: Grundbegriff [1988], S. 12 ff.

29 Vgl. GOULD, J. / KOLB, W.: Social Sciences [1965], S. 674; PREGLAU, M.: Symbolischer Interaktionismus [2001], S. 53 ff. und S. 62 ff; MEAD, G.: Sozialbehaviorismus [1968]. Ähnlich definiert beispielsweise WIENOLD in Anlehnung an SIMMEL die „Gesellschaft als Summe von Individuen, die durch ein Netzwerk sozialer Beziehungen miteinander in Kontakt und Interaktion stehen." WIENOLD, H.: Gesellschaft [1975], S. 236.

30 GEIGER, T.: Soziologie [1959], S. 202;. Dieses Gesellschaftsverständnis ist eng mit dem Begriff der Gruppe in der empirischen Sozialforschung verwandt. Vgl. GEIGER, T.: Soziologie [1959], S. 206.

31 GOULD / KOLB definieren Gesellschaft als „Gruppe menschlicher Wesen, die in der gemeinsamen Anstrengung existieren, die Subsistenz zu erringen und die Erhaltung zu sichern". GOULD, J. / KOLB, W.: Social Sciences [1965], S. 673.

32 Vgl. RITSERT, J.: Grundbegriff [1988] S. 15 f. Insbesondere in kulturanthropologischen Theorien wird Gesellschaft als „Gruppe von Individuen definiert, die sich durch eine gesonderte Kultur (Wertsysteme, Tradition) auszeichnet und unabhängig von anderen Gruppierungen ist (nicht Untergruppe einer anderen Gruppe). Bestimmend für die sozialen Beziehungen ist das Hineinwachsen des einzelnen in die durch die Kultur angebotenen Orientierungen und Hanldungsformen." WIENOLD, H.: Gesellschaft [1975], S. 236.

33 Auch OPP stellt etwa fest, dass bei den in den Sozialwissenschaften üblichen Nominaldefinitionen lediglich zwischen mehr oder weniger zweckmäßig unterschieden werden können, nicht aber zwischen „richtig" und „falsch". Vgl. OPP, K.: Methodologie [1976], S. 190 f.

34 Vgl. CHMIELEWICZ, K.: Forschungskonzeptionen [1994], S. 50 f und S. 60 f. Weitere elementare Anforderungen an Nominaldefinitionen sind nach CHMIELEWICZ u. a. die durchgehende exakte Begriffsverwendung im Rahmen wissenschaftlicher Arbeiten anstelle sprachlicher Vielfalt, die widerspruchsfreie Definition von Ober- und Teilbegriffen sowie die Vermeidung tautologischer Begriffsbildungen durch Wiederverwendung des Definiendum(-stamms) im Definiens, Zirkeldefinitionen und Leerformeln. Vgl. CHMIELEWICZ, K.: Forschungskonzeptionen [1994], S. 59 ff.

35 Der Rollentheorie zufolge kann das soziale Handeln eines Individuums nicht allein auf ihn zurückgeführt werden. Vielmehr wird davon ausgegangen, dass es zugleich Ausdruck der impliziten und expliziten Verhaltenserwartungen anderer Individuen bzw. Gesellschaftsmitglieder ist. Vgl. FISCHER, L.: Rollentheorie [1992], Sp. 2224. Unter einer Rolle eines Individuums versteht man ein „in sich konsistentes Bündel von Verhaltenserwartungen bezüglich der Aufgaben, Rechte und Pflichten", die an ihn in einer bestimmten Position gerichtet werden. MACHARZINA, K.: Unternehmensführung [2003], S. 484; ebenso ULRICH, P. / FLURI, E.: Management [1995], S. 36. Jedes Individuum verkörpert demnach in Abhängigkeit der Viel-

falt seiner Interaktionsbeziehungen eine Vielzahl von Rollen. Als Mitglied der Gesellschaft ist ihm immer auch eine gesellschaftliche Rolle inne, die wiederum die Erwartungen der anderen Gesellschaftsmitglieder an sein Verhalten bündelt. Jeder Einzelne stellt folglich Erwartungen an seine das Verhalten der Gesellschaftsmitglieder und ist zugleich in seiner gesellschaftlichen Rolle eine Replikation der aggregierten gesellschaftlichen Erwartungen an ihn.

36 Vgl. SCHALTEGGER, S.: Stakeholder der Unternehmung [1999], S. 8.

37 Vgl. DYLLICK, T.: Umweltbeziehungen [1989], S. 36 f. uns S. 43; DLUGOS, G.: Unternehmungspolitik [1981].

38 Vgl. POST, J.: Society [1978], S. 283 f.; DYLLICK, T.: Umweltbeziehungen [1989], S. 37 f.; SCHERLER, P.: Krisenmanagement [1996], S. 165.

39 KROEBER-RIEL, W. / WEINBERG, P.: Konsumentenverhalten [2003], S. 559.

40 Vgl. KROEBER-RIEL, W. / WEINBERG, P.: Konsumentenverhalten [2003], S. 707 f.

41 Vgl. KROEBER-RIEL, W. / WEINBERG, P.: Konsumentenverhalten [2003], S 268 f.

42 KROEBER-RIEL, W. / WEINBERG, P.: Konsumentenverhalten [2003], S. 270.

43 Vgl. ZIMBARDO, P. / GERRIG, R.: Psychologie [1999], S. 147 f.

44 Vgl. KROEBER-RIEL, W. / WEINBERG, P.: Konsumentenverhalten [2003], S. 272 f.; PASCHLER, H.: Psychology [1998]; PASCHLER, H.: Attention [1998].

45 Vgl. hierzu etwa ERDELYJ, M.: New Look [1974], S. 2; SCHÜRER-NECKER, E.: Gedächtnis [1994].

46 Vgl. KROEBER-RIEL, W. / WEINBERG, P.: Konsumentenverhalten [2003], S. 273 f.

47 Vgl. MASLOW, A.: Motivation [1943]; MASLOW, A.: Personality [1954].

48 CENTER, A. / JACKSON, P.: Public Relations [2003], S. 320.

49 Vgl. CENTER, A. / JACKSON, P.: Public Relations [2003], S .320.

50 Das Subsystem ‚Gesellschaft' als Element der unternehmerischen Umwelt kann sich wiederum in zahlreiche Subsysteme untergliedern, die sich entsprechend ihrer Interessensschwerpunkte differenzieren. Daher wird im Folgenden nicht von der Gesellschaft als eine einheitliche Anspruchsgruppe gesprochen, sondern von verschiedenen gesellschaftlichen Anspruchsgruppen. Nach DYLLICK zählen zu den im allgemeinen aus Unternehmenssicht als besonders wichtig angesehenen Anspruchsgruppen die Gewerkschaften, Umweltorganisationen, Konsumentenorganisationen, Internationale Organisationen, kirchliche Organisationen, Entwicklungsorganisationen und Bürgerinitiativen. Vgl. DYLLICK, T.: Umweltbeziehungen [1989], S. 46 ff.

51 GIDDENS, A.: Consequences [1990], S. 34, ähnlich MOORMAN, C. / ZALTMAN, G. / DESPAHNDE, R.: Vertrauen [1992], S .315.

52 Vgl. DEUTSCH, M.: Trust [1958], S. 265 f.

53 LUHMANN, N.: Vertrauen [2000], S. 27.

54 Vgl. LUHMANN, N.: Vertrauen [2000], S. 28 f. Zusammenfassend definiert etwa RIPPERGER Vertrauen als „die freiwillige Erbringung einer riskanten Vorleistung unter Verzicht auf explizite vertragliche Sicherungs- und Kontrollmaßnahmen gegen opportunistisches Verhalten in der Erwartung, dass sich der andere, trotz Fehlens solcher Schutzmaßnahmen, nicht opportunistisch verhalten wird." RIPPERGER, T.: Vertrauen [1998], S. 45.

55 Vgl. LUHMANN, N.: Vertrauen [2000], S. 30. Nach DILLER reduziert diese Umweltkomplexitätsreduktion den bei der Informationssuche entstehenden Zeit- und Kostenaufwand reduziert wird. Vgl. DILLER, H.: Marketingziel [1996], S. 89.

56 LUHMANN, N.: Vertrauen [2000], S. 74 f.

57 RICHTER, R. / FURUBOTN, E.: Instituitionenökonomik [2003], S. 282.

58 Vgl. zum Vertrauensbeispiel beispielsweise EGER, T.: Institutionen [1998]; BARON, J. / KREPS, D.: Framework [1999], S. 555 ff. Zur Wirkung von Vertrauen in Geschäftsbeziehungen vgl. auch die kurze Darstellung der Entwicklung der „privat geregelten" Handelsorganisationen im Mittalalter in RICHTER, R. / FURUBOTN, E.: Instituitionenökonomik [2003], S. 366 f. sowie die dort angegebene Literatur.

59 Vgl. DROSDOWSKI, G. / MÜLLER, W. / SCHOLZE-STUBENRECHT, W. / WERMKE, M.: Duden [1996], S. 1246.

60 Vgl. RICHTER, R. / FURUBOTN, E.: Instituitionenökonomik [2003], S. 277.

61 Vgl. HAMMANN, P. / PALUPSKI, R. / GATHEN, A. V. DER / WELLING, M.: Marketing [2000], S. 251. Zu einer Übersicht von Definitionsansätzen verschiedener wirtschaftswissenschaftlicher Forschungsrichtungen vgl. FOMBRUN, C.: Corporate Reputation [2001], S. 23.

62 HUBER, K.: Image [1990], S. 19.

63 Vgl. KAPFERER, J.-N.: Kapital des Unternehmens [1992], S. 44; DINGLER, R.: Markenmanagement [1997], S. 46; MEFFERT, H. / BURMANN, C.: Theoretisches Grundkonzept [2002], S. 65.

64 Vgl. KROEBER-RIEL, W. / WEINBERG, P.: Konsumentenverhalten [2003], S. 197; TROMMSDORFF, V.: Konsumentenverhalten [1998], S. 152; KELLER, K. L.: Kundenorientierte Messung [2001], S. 1070; ADJOURI, N.: Marke [2002], S. 94.

65 Vgl. GRAY, E. / BALMER, J.: Corporate Reputation [1998], S. 696. Das Gabler Wirtschaftslexikon betrachtet eine positive Reputation in diesem Sinne als Äquivalent für die traditionellen Begriffe Ehre und Tugend. Vgl. o.V.: Gabler Wirtschaftslexikon [2002], S. 2543.

66 LUHMANN, N.: Vertrauen [2000], S. 80.

67 Vgl. LUHMANN, N.: Vertrauen [2000], S. 80.

68 Die wörtliche Übersetzung der Begriffe „principal" und „agent" mit „Auftraggeber" und „Auftragnehmer" legt zwar eine Beschränkung des Prinzipal-Agent-Ansatzes auf vertragliche Schuldverhältnisse vermuten, aber nach PRATT / ZECKHAUSER kann das ganze Leben als ein Geflecht von Agency-Beziehungen verstanden werden. „Whenever one individual depends on the action of another, an agency relationship arises. The individual taking the action is called the agent. The affected party is the principal." PRATT, J. / ZECKHAUSER, R.: Principals [1985], S. 2.

69 Vgl. GÖBEL, E.: Institutionenökonomik [2002], S. 100 ff.

70 Vgl. GÖBEL, E.: Institutionenökonomik [2002], S. 108 und S. 116 f.

71 Vgl. MEFFERT, H. / BURMANN, C.: Theoretisches Grundkonzept [2002], S. 49.

72 Vgl. DANCE, F.: Concept [1970], S. 202 ff.

73 Vgl. MERTEN, K.: Kommunikation [1977].

74 KOEHLER, J. / ANATOL, K. / APPLBAUM, R.: Organizational Communication [1981], S. 5, ähnlich auch GRAUMANN, C.: Interaktion [1972], S. 1118.

75 Vgl. WAHREN, H.-K.: Kommunikation und Interaktion [1987], S. 28.

76 Vgl. Wissenschaftlicher Rat der Dudenredaktion: Duden Fremdwörterbuch [2003], S. 730.

77 Vgl. KROEBER-RIEL, W. / WEINBERG, P.: Konsumentenverhalten [2003], S. 498; WAHREN, H.-K.: Kommunikation und Interaktion [1987], S. 29; PÜRER, H.: Einführung [1990], S. 9 f; [Shannon, 1949; deutsch: Mathematische Grundlagen der Informationstheorie, München / Wien 1976 #1383]; KLUTMANN, L.: Informations- und Kommunikationsmanagement [1992], S. 13 und die dort angegebene Literatur.

78 Vgl. BERLO, D.: Communication [1960].

79 LASSWELL, H.: Communication [1967].

80 Vgl. beispielsweise INFANTE, D. / RANCER, A. / WOMACK, D.: Communication Theory [1993], S. 34; RETTER, E.: Kommunikationskraftfeld [1996], S. 31.

81 Vgl. MCCROSKEY, J.: Rhetorical Communication [1968], zitiert in: INFANTE, D. / RANCER, A. / WOMACK, D.: Communication Theory [1993], S. 35 f.; STAEHLE, W.: Management [1999], S. 300.

82 Vgl. NOELLE-NEUMANN, E. / SCHULZ, W. / WILKE, J.: Massenkommunikation [1990], S. 103.

83 WATZLAWICK, P. / BEAVIN, J. / JACKSON, D.: Menschliche Kommunikation [1980], S. 50; ähnlich SCHULZ V. THUN, F.: Miteinander [1981], S. 82. Zu einer ausführlichen Darstellung des Interaktionsbegriffs vgl. STAEHLE, W.: Management [1999], S. 308 ff.

84 LUHMANN, N.: Soziale Systeme [1984], S. 193 f.

85 Vgl. INFANTE, D. / RANCER, A. / WOMACK, D.: Communication Theory [1993], S. 11 f.

86 Vgl. INFANTE, D. / RANCER, A. / WOMACK, D.: Communication Theory [1993], S. 12.

87 STEVENS, S.: Communication [1950], S. 689 f.

88 Vgl. INFANTE, D. / RANCER, A. / WOMACK, D.: Communication Theory [1993], S. 10 f.

89 Vgl. LOTZ, K.: Information und Kommunikation [1987], S. 125 und die dort angegebene Literatur sowie S. 79 f.; WAHREN, H.-K.: Kommunikation und Interaktion [1987], S. 39 ff.

90 Vgl. MILLER, G.: Communication [1966], S. 92.

91 Vgl. WEAVER, W.: Communication [1972], S. 5.

92 Vgl. STAEHLE, W.: Management [1999], S. 301.

93 WATZLAWICK, P. / BEAVIN, J. / JACKSON, D.: Menschliche Kommunikation [1980], S. 56.

94 Ähnlich definiert BRUHN Kommunikation als die „Übermittlung von Informationen und Bedeutungsinhalten zum Zweck der Steuerung von Meinungen, Einstellungen, Erwartungen und Verhaltensweisen bestimmter Adressaten gemäß spezifischer Zielsetzungen verstanden." BRUHN, M.: Kommunikationspolitik [1997], S.1. Die Verwendung des sozialen Kommunikationsbegriffs erweist sich auch dahingehend als zweckmäßig, dass er im Einklang mit gängigen Definitionen von Public Relations steht, mit denen gesellschaftsorientierte Kommunikation häufig gleichgesetzt oder als Teilgebiet dessen verstanden wird. So definieren FREEMAN / GILBERT beispielsweise Public Relations als „the management function which evaluates public attitudes, identifies the policies and procedures of an individual or an organization with the public interest, and plans and executes a program of action to earn public understanding and acceptance." FREEMAN, R. / GILBERT, D.: Stakeholder Relationships [1987], S. 415.

95 Vgl. SCHERLER, P.: Krisenmanagement [1996], S. 164.

96 Vgl. hierzu das Entstehen gesellschaftlicher Anliegen.

97 Vgl. SCHERLER, P.: Krisenmanagement [1996], S. 164.

98 Vgl. SCHERLER, P.: Krisenmanagement [1996], S. 93.

99 Vgl. NUDELL, M. / ANTOKOL, N.: Crisis Management [1988], S. 66 f.

100 Aufgrund der Mehrzahl an Positionen, die ein Individuum wahrnehmen kann, kann es auch zu Rollenkonflikten kommen. REMER nennt etwa als Beispiel für einen Konflikt zwischen instrumentellen und sozialen Rollenerwartungen das Thema Überstunden, da die Wertschätzung dieser je nach Betrachtungsperspektive, ob aus Sicht der Unternehmung oder der Familie, gänzlich unterschiedlich ausfallen kann. Vgl. REMER, A.: Organisationslehre [1996], S. 5.

101 Vgl. DREYER, A. / DREYER, D. / OBLIEGO, D.: Tourismus [2001], S. 42.

102 Vgl. SCHMITT, M. / HAUSER, T.: Krisen-PR [1994], S. 132.

103 Vgl. LAMBECK, A.: Öffentlichkeitsarbeit [1992], S. 71 ff.; PUCHLEITNER, K.: Public Relations [1994], S. 85 ff.; KLIMKE, R. / SCHOTT, B.: Krisen-PR [1993], S. 204 ff.; SCHMITT, M. / HAUSER, T.: Krisen-PR [1994], S. 132.

104 Vgl. MEYER, K.: Krisenabwehr [1997], S .93.

105 Weitere Charakteristika, die sie von anderen Arten des Kommunikationsprozesses unterscheiden, sind in Anlehnung an SILBERMANN die Botschaftsverbreitung über Medien, ihre einseitige Ausrichtung im Gegensatz zu Dialogen sowie die räumliche Distanz zwischen Sender und Empfänger. Vgl. SILBERMANN, A. / HÄNSEROTH, A.: Medien [1989], S. 7.

106 Vgl. LEWALD, G.: Unternehmenskommunikation [1994], S. 65.

107 Vgl. MEYER, K.: Krisenabwehr [1997], S. 91 f.

108 Gegenüber internen Zielgruppen werden hier eher Mitarbeiterzeitschriften, -mitteilungen, Newsletter, Flugblätter oder Hintergrundgespräche mit Mitgliedern des Betriebsrats zur Kommunikation krisenrelevanter Informationen eingesetzt.
Vgl. SCHMITT, M. / HAUSER, T.: Krisen-PR [1994], S. 133; DREYER, A. / DREYER, D. / OBLIEGO, D.: Tourismus [2001], S. 43.

109 Vgl. MEYER, K.: Krisenabwehr [1997], S. 92 f.; SCHMITT, M. / HAUSER, T.: Krisen-PR [1994], S. 128. NUDELL / ANTOKOL weisen auf die grundlegend divergierenden Interessen der von der Krise betroffenen Unternehmung einerseits und Medienunternehmungen andererseits hin. Während die unternehmerische Zielsetzung im Krisenfall v. a. in der Vermeidung imageschädigender Schlagzeilen zu sehen sei, sei der Erfolg von Medienunternehmung von hohen Absatzzahlen bzw. Zuschaltquoten abhängig, die wiederum erwiesenermaßen mit steigender Zahl an ungewöhnlichen, auf Gewalt, Verwüstung und Katastrophen ausgerichteten Meldungen einen Zuwachs verzeichneten. NUDELL, M. / ANTOKOL, N.: Crisis Management [1988], S. 64 f.

110 Vgl. MEYER, K.: Krisenabwehr [1997], S. 92 f.

111 Vgl. LEWALD, G.: Unternehmenskommunikation [1994], S. 68.

112 Vgl. UNGER, F. / FUCHS, W.: Marktkommunikation [1999], S. 216; SCHMITT, M. / HAUSER, T.: Krisen-PR [1994], S. 124 ff.; TÖPFER, A.: Unternehmenskrisen [1999], S. 45 f.; DREYER, A. / DREYER, D. / OBLIEGO, D.: Tourismus [2001], S. 43; BEGER, R. / GÄRTNER, H-D. / MATHES, R.: Unternehmenskommunikation [1989], S. 161 ff.; HAUSER, T.: Krisen-PR [1994], S. 15 f.

113 DREYER, A. / DREYER, D. / OBLIEGO, D.: Tourismus [2001], S.43

114 SCHMITT, M. / HAUSER, T.: Krisen-PR [1994], S.124; ähnlich DREYER, A. / DREYER, D. / OBLIEGO, D.: Tourismus [2001], S. 43. Dieser Ausdruck geht vermutlich auf eine Formulierung DEYSSONs zurück, der das Verhalten der Firma Exxon im Anschluss an die Strandung des Öltankers Exxon Valdez vor der Küste Alaskas damit umschrieb, dass sie „erst mal sechs Tage auf

Tauchstation" gegangen sei. DEYSSON, C.: Krise [1989], zitiert in: SCHMITT, M. / HAUSER, T.: Krisen-PR [1994], S. 126.

115 Vgl. BEGER, R. / GÄRTNER, H-D. / MATHES, R.: Unternehmenskommunikation [1989], S. 162 f.; TÖPFER, A.: Unternehmenskrisen [1999], S. 45. TÖPFER spricht daher in diesem Zusammenhang auch von einer Politik des Vertuschens und Abwiegelns". TÖPFER, A.: Unternehmenskrisen [1999], S. 45.

116 SCHMITT, M. / HAUSER, T.: Krisen-PR [1994], S. 124.

117 Vgl. UNGER, F. / FUCHS, W.: Marktkommunikation [1999], S. 216.

118 „Überlässt die Unternehmensleitung jedoch das Feld freiwillig, aus Arroganz oder wegen mangelnder Krisenplanung, anderen Informationsanbietern, dann darf es sich nicht wundern, wenn später die Berichterstattung durch Halbwahrheiten, Irrtümer, Spekulationen, Vermutzungen, Agitation oder falsche Behauptungen gekennzeichnet ist." BEGER, R. / GÄRTNER, H-D. / MATHES, R.: Unternehmenskommunikation [1989], S.1 65.

119 Vgl. TÖPFER, A.: Unternehmenskrisen [1999], S. 45; DREYER, A. / DREYER, D. / OBLIEGO, D.: Tourismus [2001], S. 43; BEGER, R. / GÄRTNER, H-D. / MATHES, R.: Unternehmenskommunikation [1989], S. 163 f.; SCHMITT, M. / HAUSER, T.: Krisen-PR [1994], S. 125 f., insbesondere die dort angeführten historischen Beispiele zurückhaltender defensiver Kommunikationsstrategien in Unternehmenskrisen.

120 Vgl. NUDELL, M. / ANTOKOL, N.: Crisis Management [1988], S. 65 f.; BEGER, R. / GÄRTNER, H-D. / MATHES, R.: Unternehmenskommunikation [1989], S. 162; DREYER, A. / DREYER, D. / OBLIEGO, D.: Tourismus [2001], S .43.

121 Vgl. SCHMITT, M. / HAUSER, T.: Krisen-PR [1994], S. 125 f. Diese Beispiele mögen jedoch nur einen Eindruck der möglichen Folgen einer defensiven Kommunikationsstrategie vermitteln, sie sind jedoch nicht als repräsentativ zu erachten.

122 Vgl. TÖPFER, A.: Unternehmenskrisen [1999], S. 45; UNGER, F. / FUCHS, W.: Marktkommunikation [1999], S. 216; DREYER, A. / DREYER, D. / OBLIEGO, D.: Tourismus [2001], S. 43.

123 Vgl. BEGER, R. / GÄRTNER, H-D. / MATHES, R.: Unternehmenskommunikation [1989], S. 164.

124 Einschränkend weist BEGER allerdings in diesem Zusammenhang darauf hin, dass der Schutz der Privatsphäre anderer über dem Interesse der Öffentlichkeit stehen sollte, z.B. wenn es durch die Krise zu Verletzten oder Toten kam. Vgl. BEGER, R. / GÄRTNER, H-D. / MATHES, R.: Unternehmenskommunikation [1989], S. 167.

125 Vgl. SCHMITT, M. / HAUSER, T.: Krisen-PR [1994], S. 127 f.; BEGER, R. / GÄRTNER, H-D. / MATHES, R.: Unternehmenskommunikation [1989], S. 165 ff.; SCHERLER, P.: Krisenmanagement [1996], S. 185 ff. „Je größer die Kommunikationsbereitschaft und die -fähigkeit beim Unternehmen (...) sind, desto stärker wird seine Kompetenz und sein Informationsvorteil die Berichterstattung beeinflussen." BEGER, R. / GÄRTNER, H-D. / MATHES, R.: Unternehmenskommunikation [1989], S. 165. So sind etwa kurze Aussagen mit im Alltag geläufigem Vokabular leichter erständlich und weniger interpretationsfähig als verschachtelte Sätze reich an Fachvokabular. Verantwortungsbewusstes Handeln zeigt sich nicht nur anhand der konsequenten Aufarbeitung der Krise, sondern auch an der Wahl der Lösungsansätze. Je nach Art der Krise können Produktrückrufaktionen, Neuentwicklungen manipulationssicherer Verpackungen, strengere Kontrollen und Qualitätsauflagen etc. zweckmäßig sein.
Vgl. SCHMITT, M. / HAUSER, T.: Krisen-PR [1994], S. 127 f.; BEGER, R. / GÄRTNER, H-D. / MATHES, R.: Unternehmenskommunikation [1989], S. 165 ff.

126 Vgl. TÖPFER, A.: Unternehmenskrisen [1999], S. 45.

127 Vgl. TÖPFER, A.: Unternehmenskrisen [1999], S. 45; BEGER, R. / GÄRTNER, H-D. / MATHES, R.: Unternehmenskommunikation [1989], S. 164. HAUSER kommt in diesem Sinne zu dem Ergebnis, „dass ausschließlich offene, unverblümte Krisen-PR-Strategien, welche neben ethischen die Grundsätze der Offenheit, Wahrheit und Vollständigkeit verinnerlichen, imstande sind, Vertrauensschäden zu begrenzen und der elementaren Forderung aller modernen Verhaltensstrukturen nach Öffentlichkeit zu entsprechen.". HAUSER, T.: Krisen-PR [1994], S .61. Ein Vertrauensverlust sowohl der Medien als auch der Gesellschaft wirkt hingegen aufgrund der langfristigen Prozesse der Vertrauensbildung besonders nachhaltig.

128 Vgl. SCHMITT, M. / HAUSER, T.: Krisen-PR [1994], S. 127 f.

Literatur

ABERLE, S. / BAUMERT, A.: Öffentlichkeitsarbeit – Ein Ratgeber für Klein- und Mittelunternehmen; München: Deutscher Taschenbuch-Verlag; 2002.

ADJOURI, N.: Die Marke als Botschafter – Markenidentität bestimmen und entwickeln; Wiesbaden: Gabler; 2002.

BARON, J. / KREPS, D.: Strategic Human Resources – Framework for General Managers, New York: Wiley; 1999.

BEA, F. X. / HAAS, J.: Strategisches Management; Stuttgart: Lucius und Lucius; 2001.

BEA, F. X. / GÖBEL, E.: Organisation – Theorie und Gestaltung; Stuttgart: Lucius und Lucis; 2002.

BEGER, R. / GÄRTNER, H-D. / MATHES, R.: Unternehmenskommunikation – Grundlagen, Strategien, Instrumente; Frankfurt a.M.: Frankfurter Allgemeine; 1989.

BERG, N.: Public Affairs Management – Ergebnisse einer empirischen Untersuchung in Multinationalen Unternehmungen; Wiesbaden: Gabler; 2003.

BERLO, D.: The process of communication – an introduction to theory and praxis; New York et al.: Holt, Rinehart and Winston; 1960.

BISCHOFF, H.: Die ethische Dimension der Leadership – Aspekte der Ethik in der öffentlichen Verwaltung; in: Public Management – Kontext- und Managementwissen – Sciences et pratique du management; Nr. 5; 4. Jahrgang; 2003; S. 19 - 24.

Das Brockaus-Conversations-Lexikon 1796 - 1898 – Allgemeine deutsche Real-Encyclopädie für die gebildeten Stände – (Conversationslexicon); Erlangen: Fischer, 1997.

BRODY, K. / DUNSTAN, S.: The great telecoms swindle – how the collapse of WorldCom finally exposed the technology myth; Oxford: Capstone; 2003.

BRUHN, M.: Kommunikationspolitik – Grundlagen der Unternehmenskommunikation; München: Vahlen; 1997.

BÜLOW, F.: Gesellschaft; in: BERNSDORF, W. / BÜLOW, F. (Hrsg.): Wörterbuch der Soziologie, Stuttgart: Enke; 1955, S. 167 - 169.

BÜSCHGES, G.: Organisation und Herrschaft – Klassische und moderne Studientexte zur sozialwissenschaftlichen Organisationstheorie; Reinbek: Rowohlt; 1976.

BÜSCHGES, G.: Gesellschaft; in: ENDRUWEIT, G. / TROMMSDORFF, G. (Hrsg.): Wörterbuch der Soziologie; Stuttgart: Lucius und Lucius; 2002; S. 195 - 200.

CENTER, A. / JACKSON, P.: Public Relations Practices – managerial case studies and problems; Upper Saddle River: Prentice Hall; 2003.

CHMIELEWICZ, K.: Forschungskonzeptionen der Wirtschaftswissenschaft; Stuttgart: Schäffer-Poeschel; 1994.

CONTI, T.: Self-Assessment – Ein Werkzeug zur Verbesserung der Wettbewerbsfähigkeit; München et al.: Hanser; 1990.

DANCE, F.: The Concept of Communication; in: Journal of Communication, 20. Jahrgang; 1970; S. 201 - 210.

DEUTSCH, M.: Trust and Suspicion, in: The Journal of Conflict Resolution; Nr. 4; 2. Jahrgang; 1958; S. 265 - 279.

DEYSSON, C.: Die Krise verpennt; in: Wirtschaftswoche; Nr. 19; 43. Jahrgang; 1989; S. 62 - 66.

DILLER, H.: Kundenbindung als Marketingziel; in: Marketing - Zeitschrift für Forschung und Praxis, Nr. 2; 18. Jahrgang; 1996; S. 81 - 94.

DINGLER, R.: Wie baut man eine starke Marke auf?; in: HAUSER, U. (Hrsg.): Erfolgreiches Markenmanagement – vom Wert einer Marke, ihrer Stärkung und Erhaltung;Wiesbaden: Gabler; 1997.

DLUGOS, G.: Von der Betriebswirtschaftspolitik zur betriebswirtschaftlich-politologischen Unternehmungspolitik; in: GEIST, M. / KÖHLER, R. (Hrsg.): Die Führung des Betriebes; Stuttgart: Schäffer-Pöschel; 1981, S. 53 - 70.

DREYER, A. / DREYER, D. / OBLIEGO, D.: Krisenmanagement im Tourismus – Grundlagen, Vorbeugung und kommunikative Bewältigung; München: Oldenbourg; 2001.

DROSDOWSKI, G. / MÜLLER, W. / SCHOLZE-STUBENRECHT, W. / WERMKE, M.: Duden – Deutsches Universalwörterbuch; Mannheim et al.: Dudenverlag; 1996.

Duden – Das große Fremdwörterbuch: Herkunft und Bedeutung der Fremdwörter; Mannheim et al.: Dudenverlag; 2003.

DYLLICK, T.: Management der Umweltbeziehungen – öffentliche Auseinandersetzungen als Herausforderung; Wiesbaden: Gabler; 1989.

EGER, T.: Die Bedeutung des Reputationsmechanismus für die Koordination wirtschaftlicher Handlungen, in: WEGNER, G. / WIELAND, J. (Hrsg.): Formelle und informelle Institutionen – Genese, Interaktion und Wandel; Marburg: Metropolis-Verlag; 1998; S. 309 - 326.

ERDELYJ, M.: A New Look at the New Look: Perceptual Defense and Vigilance; in: Psychological Review; 81. Jahrgang; 1974; S. 1 - 25.

FISCHER, L.: Rollentheorie, in: FRESE, E. (Hrsg.): Enzyklopädie der Betriebswirtschaftslehre; Bd. 2.; Handwörterbuch der Organisation; Stuttgart: Schäffer-Poeschel; 1992, S. 2224 - 2234.

FISCHER, S. / RICHTER, H.-J. / RUPPRECHT, K.-R.: Produktrückrufe erfolgreich managen; in: Harvard Business Manager; 6. Jahrgang; 2002; S. 56 - 66.

FOMBRUN, C.: Corporate Reputation – Its Measurement and Management; in: Thexis; 4. Jahrgang; 2001; S. 23 - 26.

FOX, L.: Enron – The Rise and Fall; Hoboken et al.: Wiley; 2003.

FREEMAN, R.: Strategic Management – A Stakeholder Approach; Boston: Pitman; 1984.

FREEMAN, R. / GILBERT, D.: Managing Stakeholder Relationships; in: SETHI, P. / FALBE, C. (Hrsg.): Business and Society – Dimensions of Conflict and Cooperation; Lexington: Lexington Books; 1987; S. 397 - 423.

GEIGER, T., Soziologie – Gesellschaft in: VIERKANDT, A. (Hrsg.): Handwörterbuch der Soziologie; Stuttgart: Enke; 1959 (zuerst 1931), S. 201 - 211.

GERKEN, G.: Das Ende der Information – Wie Multimedia die Welt des Managements verändert – Exformation statt Information; Düsseldorf et al: Metropolitan-Verlag; 1996.

GIDDENS, A.: The Consequences of Modernity; Cambridge: Polity Press; 1990.

GÖBEL, E.: Neue Institutionenökonomik – Konzeption und betriebswirtschaftliche Anwendung; Stuttgart: Lucius und Lucius; 2002.

GOULD, J. / KOLB, A: Dictionary of the Social Sciences; New York: The Free Press of Glencoe; 1965.

GRAUMANN, C.: Interaktion und Kommunikation, in: GRAUMANN, C. (Hrsg.): Handbuch der Psychologie; Göttingen: Verlag für Psychologie Hogrefe; 1972; S. 1109 - 1262.

GRAY, E. / BALMER, J.: Managing Corporate Image and Corporate Reputation; in: Long Range Planning; Nr. 5; 31. Jahrgang; 1998; S. 695 - 702.

Greenpeace: Brent Spar und die Folgen – Analysen und Dokumente zur Verarbeitung eines gesellschaftlichen Konflikts; [das Buch beruht auf einer Studie des Hamburger "Büro für Publizistik"]; Göttingen et al: Die Werkstatt; 1997.

HAMMANN, P. / PALUPSKI, R. / GATHEN, A. V. DER / WELLING, M.: Markt und Unternehmung – Handlungsfelder des Marketing; Aachen: Shaker; 2000.

HAUSER, T.: Krisen-PR von Unternehmen – Analyse von Kommunikationsstrategien anhand ausgewählter Krisenfälle; München: FGM-Verlag; 1994.

HOMANN, K. / BLOME-DREES, F.: Wirtschafts- und Unternehmensethik; Göttingen: Vandenhoeck und Ruprecht; 1992.

HOPFENBECK, W.: Allgemeine Betriebswirtschafts- und Managementlehre – das Unternehmen im Spannungsfeld zwischen ökonomischen, sozialen und ökologischen Interessen; München: Moderne Industrie; 2002.

HUBER, K.: Image – Global-Image, Corporate-Image, Marken-Image, Produkt-Image; Landsberg / Lech: Moderne Industrie; 1990.

HÜLSMANN, M.: Management im Orientierungsdilemma – Notwendigkeit eines Managements rationalitätsbezogner Widersprüche von Effizienz und Nachhaltigkeit; Wiesbaden: Deutscher Universitätsverlag; 2003.

HUNT, T. / GRUNIG, J.: Public Relations Techniques; Fort Worth et al.: Harcourt Brace; 1994.

INFANTE, D. / RANCER, A. / WOMACK, D.: Building Communication Theory; Prospect Heights: Waveland Press; 1993.

JANISCH, M.: Das strategische Anspruchsgruppenmanagement – vom Shareholder Value zum Stakeholder Value; Bern et al.: Haupt; 1993.

JEHLE, E.: Unternehmung und gesellschaftliche Umwelt – Grundlagen einer ökonomischen Theorie der pluralistischen Unternehmung; Stuttgart: Schäffer-Poeschel; 1980.

JETER, L.: Disconnected – deceit and betrayal at Worldcom; Hoboken: Wiley; 2003.

KAPFERER, J.-N.: Die Marke – Kapital des Unternehmens; Landsberg / Lech: Moderne Industrie; 1992.

KELLER, K. L.: Kundenorientierte Messung des Markenwerts; in: ESCH, F.-R. (Hrsg.): Moderne Markenführung – Grundlagen – Innovative Ansätze – Praktische Umsetzungen; Wiesbaden: Gabler; 2001; S. 1059 - 1079.

KEPPLINGER, H. / HARTUNG, U.: Störfall-Fieber – Wie ein Unfall zum Schlüsselereignis einer Unfallserie wird; Freiburg et al.: Alber; 1995.

KLIMKE, R. / SCHOTT, B.: Die Kunst der Krisen-PR; Paderborn: Junfermann; 1993.

KLUGE, J.: Unternehmensstrategien und deren normative Basis – Brauchen wir ein alternatives Modell in Europa?; in: HUNGENBERG, H. / MEFFERT, J. (Hrsg.): Handbuch Strategisches Management; Wiesbaden: Gabler; 2003; S. 925 - 936.

KLUTMANN, L.: Integration eines strategischen Informations- und Kommunikationsmanagements in alternative Organisationsformen; Frankfurt a.M. et al: Lang; 1992.

KOEHLER, J. / ANATOL, K. / APPLBAUM, R.: Organizational Communication – Behavioral Perspectives; New York et al: Holt, Rinehart; 1981.

KROEBER-RIEL, W. / WEINBERG, P.: Konsumentenverhalten; München: Vahlen; 2003.

LAMBECK, A.: Die Krise bewältigen – Management und Öffentlichkeitsarbeit im Ernstfall – ein praxisorientiertes Handbuch; Frankfurt a.M.: IMK; 1992.

LASSWELL, H.: The Structure and Function of Communication in Society; in: BERELSON, B. / JANOWITZ, M. (Hrsg.): Reader in Public Opinion and Communication; New York et al.: Free Press; 1967; S. 178 - 190.

LEWALD, G.: Gesellschaftspolitisch orientierte Unternehmenskommunikation – Entwurf eines systemtheoretisch basierten Management-Ansatzes; in: MERTEN, K. (Hrsg.): Aktuelle Medien- und Kommunikationsforschung; Münster: Lit-Verlag; 1994.

LOOMIS, J.: Communication, the Development of Trust and Cooperative Behavior; in: Human Relations; 12. Jahrgang; 1959; S. 305 - 315.

LOTZ, K.: Information und Kommunikation im Strategiekontext internationaler Unternehmungen – eine vergleichende Fallstudie; Frankfurt a.M. et al.: Lang; 1987.

LUHMANN, N.: Gesellschaft; in: FUCHS, W. / KLIMA, R. / LAUTMANN, R. / RAMMSTEDT, O. / WIENOLD, H. (Hrsg.): Lexikon der Soziologie; Opladen: Westdt. Verlag; 1975; S. 235.

LUHMANN, N.: Soziale Systeme – Grundriß einer allgemeinen Theorie; Frankfurt a.M.: Suhrkamp; 1984.

LUHMANN, N.: Vertrauen – ein Mechanismus der Reduktion sozialer Komplexität; Stuttgart: Lucius und Lucius; 2000.

MAAß, F. / CLEMENS, R.: Corporate Citizenship; Wiesbaden: Deutscher Universitäts-Verlag; 2002.

MACHARZINA, K.: Unternehmensführung – Das internationale Managementwissen – Konzepte – Methoden – Praxis; Wiesbaden: Gabler; 2003.

MASLOW, A.: A theory of human motivation; in: Psychological Review; 50. Jahrgang; 1943; S. 370 - 396.

MASLOW, A.: Motivation and Personality; New York et al.: Harper; 1954.

MCCROSKEY, J.: An introduction to rhetorical communication; Englewood Cliffs: Prentice-Hall; 1968.

MEAD, G.: Geist, Identität und Gesellschaft aus der Sicht des Sozialbehaviorismus; Frankfurt a.M.: Suhrkamp; 1968.

MEFFERT, H. / BURMANN, C.: Theoretisches Grundkonzept der identitätsorientierten Markenführung; in: MEFFERT, H. / BURMANN, C. / KOERS, M. (Hrsg.): Markenmanagement – Grundfragen der identitätsorientierten Markenführung; Wiesbaden: Gabler; 2002; S. 35 - 72.

MERTEN, K.: Kommunikation – Eine Begriffs- und Prozeßanalyse; Opladen: Westdt. Verlag; 1977.

MEYER, K.: Internet und strategisches Umweltmanagement – Krisenabwehr durch Stakeholder-orientierte Kommunikation; Wiesbaden: Deutscher Universitäts-Verlag; 1997.

MILLER, G.: On Defining Communication – Another Stab; in: Journal of Communication; 16. Jahrgang; 1966; S. 88 - 98.

MOORMAN, C. / ZALTMAN, G. / DESPAHNDE, R.: Relationships Between Providers and Users of Market Research – The Dynamics of Trust Within and Between Organizations; in: Journal of Marketing Research; 29. Jahrgang; 1992; S. 314 - 328.

NOELLE-NEUMANN, E. / SCHULZ, W. / WILKE, J.: Das Fisher Lexikon Publizistik & Massenkommunikation; Frankfurt a.M.: Fischer-Taschenbuch-Verlag; 1990.

NUDELL, M. / ANTOKOL, N.: The Handbook for Effective Emergency and Crisis Management; Lexingtion: Heath; 1988.

o.V. Gabler Wirtschaftslexikon, Wiesbaden: Gabler; 2002.

OPP, K.: Methodologie der Sozialwissenschaften – Einführung in Probleme ihrer Theorienbildung; Reinbek bei Hamburg: Rowohlt; 1976.

PARKINSON, C. / ROWE, N.: Communicate – Parkinson's Formula for Business Survival; London et al.: Prentice-Hall; 1978.

PASHLER, H.: The Psychology of Attention; Cambridge et al.: MIT Press; 1998.

PASHLER, H.: Attention; Howe: Psychology Press; 1998.

PAULI, K.: Leitfaden für die Pressearbeit; München: Deutscher-Taschenbuch-Verlag; 1993.

PICOT, A.: Betriebswirtschaftliche Umweltbeziehungen und Umweltinformationen – Grundlagen einer erw. Erfolgsanalyse für Unternehmungen; Berlin: Dunker und Humblot; 1977.

POST, J.: Corporate Behavior and Social Change; Reston; 1978.

PRATT, J. / ZECKHAUSER, R.: Principals and Agents – An Overview; in: PRATT, J. / ZECKHAUSER, R. (Hrsg.): Principals and Agents – The Structure of Business; Boston: Harvard Business School Press; 1985; S. 1 - 35.

PREGLAU, M.: Symbolischer Interaktionismus – George Herbert Mead; in: MOREL, J. / BAUER, E. / MELEGHY, T. / NIEDENZU, H.-J. / PREGLAU, M. / STAUBMANN, H. (Hrsg.): Soziologische Theorie – Abriß der Ansätze ihrer Hauptvertreter; München et al.: Oldenbourg; 2001; S. 52 - 66.

PUCHLEITNER, K.: Public Relations in Krisenzeiten – das Handbuch für situationsorientierte Öffentlichkeitsarbeit; Wien: Signum; 1994.

PÜRER, H.: Einführung in die Publizistikwissenschaft; München: Ölschläger; 1990.

REMER, A.: Organisationslehre; in: SERIES, D. / GEBERT, D. / REMER, A. (Hrsg.): Schriften zu Organisation und Personal; Band 10; Bayreuth: REA-Verlag Managementforschung; 1996.

RETTER, E.: Manager im Kommunikationskraftfeld – die Wechselbeziehung zwischen Kommunikation und Kultur im Unternehmen unter Berücksichtigung psychologischer und kommunikativer Persönlichkeitsmerkmale; Frankfurt a.M. et al.: Lang; 1996.

RICHTER, R. / FURUBOTN, E.: Neue Institutionenökonomik – Eine Einführung und kritische Würdigung; Tübingen: Mohr Siebeck; 2003.

RIPPERGER, T.: Ökonomik des Vertrauens – Analyse eines Organisationsprinzips; Tübingen: Mohr Siebeck; 1998.

RITSERT, J.: Gesellschaft – Einführung in den Grundbegriff der Soziologie; Frankfurt a.M. et al.: Campus-Verlag; 1988.

RITTER, J.: Historisches Wörterbuch der Philosophie; Darmstadt: Wissenschaftliche Buchgesellschaft; 1974.

ROSENSTIEL, L.-V.: Was erstreben deutsche Führungskräfte nach dem Wertewandel?; in: ioManagement; Nr. 2; 62. Jahrgang; 1993; S. 87 - 90.

ROTTECK, K.-V. / WELCKER, K.: Das Staatslexikon – Enzyklopädie der sämtlichen Staatswissenschaften für alle Stände; Leipzig: Brockhaus; 1856.

RÜHLI, E.: Unternehmenspolitik im Spannungsfeld von Markt und Gesellschaft, in: RÜHLI, E. / KRULIS-RANDA, J. (Hrsg.): Gesellschaftsbewusste Unternehmungspolitik – "societal strategy" – Jubiläumsband zum Anlass des zwanzigjährigen Bestehens des IfbF; Bern et al.: Haupt; 1990; S. 37 - 74.

SCHALTEGGER, S.: Bildung und Durchsetzung von Interessen zwischen Stakeholdern der Unternehmung – Eine politisch-ökonomische Perspektive; in: Die Unternehmung; Nr. 1; 53. Jahrgang; S. 3 - 20.

SCHERLER, P.: Kommunikation mit externen Anspruchsgruppen als Erfolgsfaktor im Krisenmanagement eines Konzerns – Erfahrungen aus dem Fall Brent Spar (Greenpeace vs. Shell); Basel et al.: Helbing und Lichtenhahn; 1996.

SCHMITT, M. / HAUSER, T.: Krisen-PR von Unternehmen – ein funktionaler Ansatz zur effizienten Gestaltung der Öffentlichkeitsarbeit in Krisensituationen; in: Jahrbuch der Absatz- und Verbrauchsforschung; 2. Jahrgang; 1994; S. 122 - 141.

SCHNEIDEWIND, U.: Die Unternehmung als strukturpolitischer Akteur – Kooperatives Schnittmengenmanagement im ökologischen Kontext; Marburg: Metropolis-Verlag; 1998.

SCHULZ V. THUN, F.: Miteinander reden – Störungen und Klärungen – Psychologie der zwischenmenschlichen Kommunikation; Reinbek b. Hamburg: Rowohlt; 1981.

SCHÜRER-NECKER, E.: Gedächtnis und Emotionen; Weinheim: Beltz; 1994.

SEITZ, B.: Social Responsibility, Corporate Citizenship – Rechte und Pflichten der Unternehmung im Zeitalter der Globalität; Wiesbaden: Deutscher Universitätsverlag; 2002.

SILBERER, G.: Werteforschung und Werteorientierung im Unternehmen; Stuttgart: Schäffer-Poeschel; 1991.

SILBERMANN, A. / HÄNSEROTH, A.: Medienkultur, Medienwirtschaften, Medienmanagement; Frankfurt a.M.: Lang; 1989.

STAEHLE, W.: Management – eine verhaltenswissenschaftliche Perspektive; München: Vahlen; 1999.

STEINMANN, H.: Das Großunternehmen im Interessenkonflikt; Stuttgart: Schäffer-Poeschel; 1969.

STEVENS, S.: A definition of communication; in: Journal of the Acoustical Society of America; 22. Jahrgang; 1950; S .689 - 690.

TÖPFER, A.: Plötzliche Unternehmenskrisen – Gefahr oder Chance? – Grundlagen des Krisenmanagement, Praxisfälle, Grundsätze zur Krisenvorsorge; Neuwied et al: Luchterhand; 1999.

TROMMSDORFF, V.: Konsumentenverhalten; Stuttgart: Kohlhammer; 1998.

ULRICH, H.: Management; in: DYLLIK, T. / PROBST, G. (Hrsg.): Management; Bern: Haupt; 1984; S. 105 - 121.

ULRICH, P.: Die Großunternehmung als quasi-öffentliche Institution – Eine politische Theorie der Unternehmung; Stuttgart: Schäffer-Poeschel; 1977.

ULRICH, P. / FLURI, E.: Management – eine konzentrierte Einführung; Bern et al.: Haupt; 1995.

UNGER, F. / FUCHS, W.: Management der Marktkommunikation; Heidelberg: Physica-Verlag; 1999.

WAHREN, H.-K.: Zwischenmenschliche Kommunikation und Interaktion in Unternehmen – Grundlagen, Probleme und Ansätze zur Lösung; Berlin et al.: de Gruyter; 1987.

WATZLAWICK, P. / BEAVIN, J. / JACKSON, D.: Menschliche Kommunikation, Formen, Störungen, Paradoxien; Bern et al.: Huber; 1980.

WEAVER, W.: Recent Contributions to the Mathematical Theory of Communication; in: SHANNON, C. / WEAVER, W. (Hrsg.): The Mathematical Theory of Communication; Urbana: University of Illinois Press; 1972.

WEITZIG, J.: Gesellschaftsorientierte Unternehmenspolitik und Unternehmensverfassung; Berlin et al.: de Gruyter; 1979.

WELGE, M. / AL-LAHAM, A.: Strategisches Management – Grundlagen – Prozess – Implementierung; Wiesbaden: Gabler; 2003.

WICHMANN, H.: Effects of Isolation and Communication on Cooperation in a Two-Person Game; in: Journal of Personality and Social Psychology, 16. Jahrgang; 1970; S. 114 - 120.

WIENOLD, H.: Gesellschaft; in: FUCHS, W. / KLIMA, R. / LAUTMANN, R. / RAMMSTEDT, O. / WIENOLD, H. (Hrsg.): Lexikon der Soziologie; Opladen: Westdt. Verlag; 1975; S. 236.

WISWEDE, G. / SZALLIES, R.: Wertewandel und Konsum; Landsberg / Lech: Moderne Industrie; 1991.

WUNDERER, R. / KUHN, T.: Unternehmerisches Personalmanagement – Konzepte, Prognosen und Strategien für das Jahr 2000; Frankfurt et al.: Campus-Verlag; 1993.

ZAPF, W.: Entwicklung und Sozialstruktur moderner Gesellschaften; in: KORTE, H. / SCHÄFERS, B. (Hrsg.): Einführung in Hauptbegriffe der Soziologie; Opladen: Leske und Budrich; 2002; S. 251 - 265.

ZEDLER, J.: Grosses vollständiges Universallexikon aller Wissenschaften und Künste; Bd. 10, Halle: Michaelstein; 1735.

ZIMBARDO, P. / GERRIG, R.: Psychologie; Berlin: Springer; 1999.

Dietrich von der Oelsnitz

Reaktive Krisenbewältigung durch Issue Management

1 Issue Management als Instrument der Krisenbewältigung 539

2 Zum Wirkungshintergrund des Issue Managements 542

3 Prozess, Instrumente und Implementierung des Issue Managements 546
   3.1 Prozess 546
   3.2 Instrumente 546
   3.3 Implementierung 548

4 Zusammenfassung 550

1 Issue Management als Instrument der Krisenbewältigung

Am zweiten Wochenende des Jahres 2003 ereignete sich ein tragisches Unglück: In Hessen starb ein kleines Mädchen nach dem Verzehr einer Tiefkühltorte der Firma Coppenrath & Wiese. Sofort schossen die wildesten Gerüchte ins Kraut: die Torte habe bakterielle Giftstoffe enthalten. Bevor sich derlei Spekulationen als unrichtig herausstellten – das Kind war an einem zu großen Kuchenstück erstickt – geriet die Herstellerfirma unter Druck und musste über das besagte Wochenende sämtliche kurz zuvor ausgelieferten Torten wieder aus den Kühlschränken des Handels und der Verbraucher zurückfordern. Nachdem im Wochenverlauf durchgeführte chemische Untersuchungen den einwandfreien Zustand der Torte bestätigt hatten, gelang es Coppenrath & Wiese, das durch den Vorfall lädierte Verbrauchervertrauen langsam wieder herzustellen. Als hilfreich hatten sich insbesondere das entschlossene Vorgehen der Geschäftsführung sowie die über zehnjährige, enge Beziehung zur PR-Agentur Engel & Zimmermann erwiesen.

Das Beispiel zeigt, wie schnell auch ein unbescholtenes und auf strikte Qualitätskontrolle bedachtes Unternehmen in größte Schwierigkeiten geraten kann. Die Liste der Ereignisse und Themen, mit denen ein Unternehmen ungewollt negative Aufmerksamkeit auf sich zu ziehen vermag, ist dabei nahezu endlos lang. Dies illustrieren auch die folgenden, öffentlich beachteten Fälle:

- **Elida Gibbs** (die TV-Sendung „Monitor" hatte 1986 krebserregende Substanzen im gerade eingeführten Haarwaschmittel Timotei nachgewiesen).
- **Shell Dutch** (Anlass war die beabsichtigte Versenkung der aufgegebenen Ölbohrplattform Brent Spar in der Nordsee).
- **Hoechst-Roussel** (Abtreibungsgegner erzwangen 1997 in Deutschland die Marktelimination der Abtreibungspille RU 486, die in Frankreich seit Jahren akzeptiert war).
- **Coca-Cola** (kam 1999 in Belgien in Schwierigkeiten, als in zahlreichen Dosen das Anti-Pilzmittel Benzol gefunden wurde).
- **Warsteiner** (dem Bierbrauer wurde von Wettbewerbern eine geschäftliche Verbindung zur Sekte der Scientologen unterstellt).
- Fusion **Deutsche Bank / Bankers Trust** (amerikanische Bankkunden warfen anlässlich des Fusionskandidaten Deutsche Bank das omnipräsente NS-Thema wieder auf).
- **Arthur Andersen** (Legitimitätsverlust und Unternehmenszerschlagung durch Falsch-Testat beim Energiekonzern Enron).

Diese Beispiele zeigen außerdem, wie eng strategisches und operatives Managementhandeln miteinander verbunden sind, denn die genannten Unternehmen besitzen ausnahmslos einen langfristig-strategischen Fokus, setzen modernste Methoden der Unternehmensplanung ein, treiben systematisch Kommunikationspolitik und Imagepflege und gehören schließlich allesamt zum erlauchten Kreis z.T. weltweit angesehener Markenanbieter. Dessen ungeachtet ist es ihnen nicht gelungen, kurzfristig-unvorhergesehene Krisen zu verhindern. Fähigkeiten zur Ad-hoc-Bewältigung negativer Entwicklungen gehören somit ebenfalls zum benötigten Repertoire erfolgreicher Manager.

Unternehmensführung steht (auch) im Dienste einer aktiven Krisenprävention; sie soll Schaden vom Unternehmen abwenden und den Unternehmensbestand langfristig sichern – Management kann daher auch als prophylaktisches Krisenmanagement begriffen werden. Dieses grenzt sich vom reaktiven Krisenmanagement vor allem durch seinen vorgelagerten Handlungsbezug ab: Bedrohungen für das Unternehmen – gleich ob interner oder externer Art – sollen bereits frühzeitig aufgeklärt und noch im latenten Stadium abgefangen werden.[1] Ein prophylaktisches Krisenmanagement kann auch ein Chancen-Management sein, d.h. auf die entschlossene Nutzung sich bietender Gelegenheiten zielen. Denn eine konsequente Nutzung von Chancen auf Personal-, Technologie- und Produktmärkten verbessert die finanzielle Substanz eines Unternehmens und damit auch dessen Widerstandsfähigkeit im Bedrohungsfall.

Wie die nachfolgende Analyse verdeutlichen wird, findet sich diese funktionale Ambivalenz des Krisenmanagements auch im Issue Management wieder. Ungeachtet verschiedener konzeptioneller Fundamente (systemtheoretisch, strategisch, rhetorisch) wird Issue Management in diesem Beitrag an der Schnittstelle zwischen strategischer Kontrolle und strategischer wie operativer Unternehmenskommunikation verortet. Es zeigt sich außerdem eine enge Verwandschaft mit den Konzepten des externen Auditing bzw. der Corporate Governance auf der einen sowie der sytematischen Öffentlichkeitsarbeit (Public Relations) des Unternehmens auf der anderen Seite. Der Begriff Issue Management selbst wurde durch einen PR-Berater – W. HOWARD CHASE – geprägt.[2]

Issue Management meint hiernach die gezielte Frühaufklärung und Beeinflussung unternehmensrelevanter Themenfelder. Sein Ziel ist es, vor allem **Erwartungsdiskrepanzen** zwischen Unternehmensverhalten und öffentlichem Anspruch rechtzeitig aufzudecken und zu neutralisieren, um auf diese Weise eine Gefährdung des Unternehmenserfolgs abzuwenden. Issue Management verkörpert somit eine „management activity intended to bring some control to the impact caused by the discontinuity of the environment"[3]. Seine Vertreter sollen nicht nur auf bereits akute Themen **reagieren**, sondern in mindestens gleichem Maße proaktiv relevante Inhalte öffentlicher Diskussionen **lenken**. Darüber hinaus ist man – ganz im Sinne des angesprochenen Chancen-Managements – bestrebt, wo immer möglich auch Themen zu **setzen**. Gerade das offensive Themensetting bedeutet eine neue Facette, denn das betriebliche Issue

Management wird hierdurch aus seiner ansonsten rein defensiven Grundhaltung befreit.[4] Dementsprechend ergibt sich der in Abbildung 1-1 dargestellte Zusammenhang.

Abbildung 1-1: *Zusammenhang zwischen Issue Management und Krisenmanagement*
Quelle: Eigene Darstellung.

<table>
<tr><th colspan="3">Issue Management</th></tr>
<tr><td colspan="2">strategisch</td><td>operativ</td></tr>
<tr><td rowspan="2">Themen werden vom Unternehmen gesetzt (Erfolgssicherung)</td><td>von Anderen gesetzte Themen werden aktiv aufgegriffen und inhaltlich gelenkt</td><td>von Anderen gesetzte Themen werden bis zur finalen Lösung ignoriert; Lösungs-vorschriften werden befolgt (Schadensabwehr)</td></tr>
<tr><td>aktiv</td><td>passiv</td></tr>
<tr><td>proaktiv</td><td colspan="2">reaktiv</td></tr>
<tr><td colspan="3">Krisenmanagement</td></tr>
</table>

Je weiträumiger und zeitlich vorgreifender der Horizont des betrieblichen Issue Managements ist, um so stärker nähert es sich der strategischen Kontrolle an; je kurzfristiger es angelegt wird, um so deutlicher treten seine rhetorisch-kommunikativen Elemente hervor. Aufgrund der Ausrichtung dieses Sammelbandes ist primär das Adhoc-Krisenbewältigungspotenzial des Issue Managements von Interesse. Damit findet einerseits natürlich eine Beschneidung seiner Wirkungskraft statt, denn dieser Fokus evoziert eine Verengung auf das kurzfristige Reagieren auf fremdgesetzte Themen; das gezielte Themensetting bleibt hingegen außer acht. Andererseits entspricht dieser Blickwinkel durchaus der Realität zumindest in Deutschland, denn bislang empfangen nur wenige Unternehmen in Deutschland systematisch Schwache Signale bzw. setzen aktiv Themen. Dieses Defizit spiegelt sich also nicht zufällig auch in den oben aufgeführten Beispielen wider – die genannten Unternehmen waren allesamt Getriebene einer von ihnen nicht ausgelösten, ja häufig nicht einmal erahnten Entwicklung.

2 Zum Wirkungshintergrund des Issue Managements

Ein **Issue** ist ein Sachverhalt von öffentlichem – zumeist medialen – Interesse, der als Konsequenz aus der nicht nur ökonomischen, sondern eben auch gesellschaftlich-politischen Einbettung eines Unternehmens in seine Umwelt entsteht, Konfliktpotenzial in sich bergen kann und somit einer aktiven Behandlung seitens des Unternehmens bedarf. Der Bekanntheits- oder Konkretisierungsgrad eines Themas oder Anliegens ist für die Einordnung als „Issue" nicht entscheidend, ansonsten wäre die Lösung einer **akuten** Unternehmenskrise (= Ad-hoc-Krisenbewältigung) durch Issue Management logisch ausgeschlossen (abweichende Meinungen sehen Issues zwingend als Schwaches Signal).[5] Als darauf aufbauendes Handlungskonzept ist das gezielte Management von Issues ein Reflex auf zwei Entwicklungen: der aufgrund der zunehmenden Umweltkomplexität und -dynamik reduzierten betrieblichen Planungssicherheit einerseits und der seit den 80er Jahren verstärkt geforderten gesellschaftsbezogenen Verantwortung der Unternehmensführung – mitsamt dem daraus resultierenden Legitimationsdruck – andererseits.[6]

Nachdem es Ende 1981 in Washington zur Gründung der **Issues Management Association** gekommen war, hielt das Thema in den deutschsprachigen Raum mit einer etwa zehnjährigen Verzögerung Einzug. Ein Rückgriff auf die amerikanische Literatur war dabei nur bedingt möglich, denn diese lehnt sich sehr stark an praktische Kalküle an und ist zudem nur begrenzt auf deutsche Verhältnisse übertragbar. (Der Gründungsort der **Issues Management Association** deutet bereits die dortige Hauptstoßrichtung an: es geht vor allem um „government relations", „political affairs" und „lobbying", also handfeste politische Einflussnahme.[7]

Im Vergleich hierzu ist das Issue Management-Konzept in Europa wesentlich stärker unternehmensethisch aufgeladen. In Europa wird z.B. wesentlich deutlicher als in den USA betont, dass ein Unternehmen nicht nur seinen Shareholdern, sondern insgesamt einer wesentlich größeren Zahl von Anspruchsgruppen (Stakeholdern) gegenüber verantwortlich ist. Die enge Verkettung des offenen Systems Unternehmung mit seinen Kunden, Arbeitnehmern, Gläubigern, Investoren, Zulieferern, Handelspartnern und staatlichen wie kommunalen Stellen erzeugt letztlich eine kritische Öffentlichkeit, die aufgrund des ihr innewohnenden Sanktionspotenzials das betriebliche Management in der Definition seiner Ziele und Mittel mehr oder minder beschränkt. Extrempunkte sind dabei implizite moralische Orientierungsmuster (Kann- oder Soll-Normen) auf der einen Seite, und rechtsverbindliche Normen in Form von Richtlinien oder Gesetzen auf der anderen Seite.

Signifikante Diskrepanzen zwischen Unternehmensverhalten und öffentlicher Erwartung führen in diesem Sinne zu Legitimationsdefiziten, was auf seiten des betroffenen Unternehmens in die Wahrnehmung eines krisenhaften Handlungsdrucks münden kann. Empirische Befunde bestätigen diesen Gedanken; sie zeigen, dass fast jede zweite Unternehmenskrise durch externe Gruppen – Politik, Bürgerinitiativen, Medienberichterstattung etc. – ausgelöst wird.[8] Die dem öffentlichen Protest zugrunde liegenden Grundhaltungen sind dabei häufig alles andere als neu; in den meisten Fällen unterschätzen die Unternehmen jedoch die praktisch-normative Kraft, die diese Grundhaltungen bei individuellem oder kollektivem Zuwiderhandeln entfalten können.

Um derartige Fehleinschätzungen zu vermeiden, ist eine genauere Kenntnis der Genese und Entwicklung von Trends und Themen notwendig. Die aus dem betriebswirtschaftlichen Innovationsmanagement bekannte **Diffusionsforschung** bietet diesbezüglich eine wertvolle Hilfestellung; sie untersucht, wie sich bestimmte Ideen und Ansichten in sozialen Systemen ausbreiten. In diesem Sinne besitzen auch Issues einen idealtypischen Lebenszyklus (vgl. Abbildung 2-1). Dieser kovariiert in der Regel mit dem Entwicklungsgang gesellschaftlicher Erwartungen.

Abbildung 2-1: *Idealtypischer Issue-Lebenszyklus*

Quelle: LÜTGENS, S.: Issues Management [2001], S. 65.

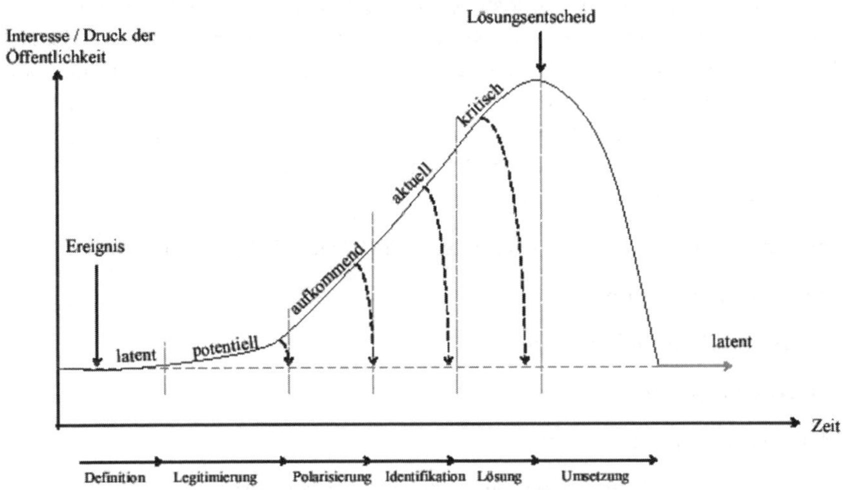

Es lassen sich fünf Entwicklungsphasen unterscheiden:

1. **Latente Issues:** Es handelt sich hierbei um episodische Einzelereignisse, die nur bei wenigen Personen oder Betroffenen Aufmerksamkeit finden.

2. **Potentielle Issues:** Latente Issues werden durch Definition (im Sinne einer öffentlichen Artikulation) zu potentiellen Issues. Das betreffende Thema gewinnt an Popularität und wird allmählich zum Trend. Vergrößert und multipliziert wird das entsprechende Interesse zumeist durch fachspezifische Medien.

3. **Aufkommende Issues:** Potentielle Issues werden durch öffentliche Legitimierung zu aufkommenden Issues. Dies geschieht dergestalt, dass durch entsprechende Meinungsführer (Aktivisten, Massenmedien, Politiker etc.) das Issue zum Bestandteil der öffentlichen Meinung wird. Spätestens in dieser Phase bilden sich konkrete Ansprüche und Forderungen heraus, welche sich im Zeitablauf dann zunehmend verfestigen.

4. **Aktuelle Issues:** Aufkommende Issues werden durch inhaltliche Polarisierung zu aktuellen Issues. In der Regel machen sich einflussreiche Interessengruppen das Thema (relativ einseitig) zu Eigen – gegenläufige Darstellungen verlieren an Akzeptanz und erscheinen der Mehrheit als kaum mehr glaubhaft. In diesem Stadium bleiben den Unternehmen nur noch sehr begrenzte Einflussmöglichkeiten.

5. **Kritische Issues:** Aktuelle Issues werden durch Identifikation schliesslich zu kritischen Issues. Diesen wohnt in aller Regel ein deutliches Bedrohungsniveau inne. Durch Eingehen auf die gesellschaftlichen Erwartungen ist möglicherweise in einem Verhandlungsakt die Auflösung kritischer Issues möglich. Sollte die Verhandlungslösung scheitern, wird eine Klärung in der Regel über staatliche Hoheitsakte herbeigeführt (u.a. durch gesetzliche Vorschriften wie z.B. bei der Rücknahmeverpflichtung von Pfandflaschen oder der zwangsweisen Bereitstellung betrieblicher Lehrstellen). Die allseits befriedigende Umsetzung lösender Entscheidungen lässt aus kritischen wieder latente Issues werden. (Die allerdings weiter schlummern, denn „im Grunde 'sterben' Issues nie“[9]).

In eine ähnliche Richtung weist das Modell von DYLLICK[10] das die Phasen der

Latenz (Problemerkennung),

der Emergenz (Problemdefinition),

des Aufschwungs (Öffentlichkeit),

der Reife (Lösungsfindung) sowie

des Abschwungs (Lösungsvollzug) eines Themas differenziert.

Beiden Modellen liegt die Annahme zugrunde, dass analog zum Issue-Lebenszyklus hintergründige gesellschaftliche Veränderungen in ihrem kollektiven Normierungsgrad ebenfalls eine Entwicklung durchmachen.

Um zielgefährdende Fehleinschätzungen zu vermeiden, ist neben der Kenntnis der Entstehung bzw. des Entwicklungsverlaufs von Themen oder Anliegen also auch die Abschätzung ihrer handlungsbezogenen Verbindlichkeit wichtig. Denn sowohl der potenzielle Krisengehalt eines Issue als auch die betriebliche Einwirkungsmöglichkeit auf diesen varrieren letztlich mit dessen Lebenszyklusphase (vgl. Abbildung 2-2). Dementsprechend wächst die Aufmerksamkeit der Öffentlichkeit mit der fortschreitenden Reifung eines Issues und hat den medialen Höhepunkt zumeist bereits überschritten, wenn es zum lösenden Akt kommt. Spätestens hier erlahmt das allgemeine Interesse in der Regel wieder (idealtypisch zu beobachten beim angesichts der vorherigen Aufregung frappierenden öffentlichen Desinteresse an den ersten behördlichen Erlassen zur Haltung von Kampfhunden).

Abbildung 2-2: *Issue-Aufmerksamkeitswert und Issue-Konsequenzen*
Quelle: Liebl, F.: Management von Issues [2000], S. 22.

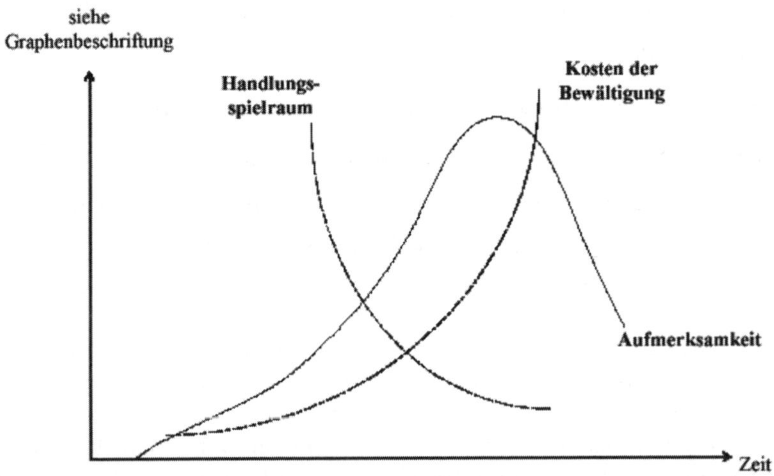

Des Weiteren gilt: Mit fortschreitender Diffusion eines Issue schrumpft nicht nur der Handlungsspielraum eines Unternehmens (vor allem als Resultat der steigenden Aufmerksamkeit und Meinungsbildung), sondern wächst zugleich auch der Aufwand einer adäquaten Aktion. Staatliche oder gesellschaftliche Erwartungen an ein Unternehmen können letztlich so manifest sein, dass das Unternehmen zu bestimmten Schritten faktisch gezwungen wird. Relevante gesellschaftliche Themen sollten folglich bereits in ihrer Latenzphase identifiziert werden. Im Fall eines bereits manifesten, kritischen Issue in der Reife- oder gar Abschwungphase verlagert sich der Arbeitsschwerpunkt des Issue Management hingegen in Richtung **operative Krisenkommunikation.**[11] Diese Verlagerung verändert den Issue Management-Prozess bzw. akzentuiert in ihm andere Instrumente.

3 Prozess, Instrumente und Implementierung des Issue Managements

3.1 Prozess

Ein effektives Issue Management ermöglicht der Unternehmensführung sowohl eine pro-aktive als auch eine reaktive Auseinandersetzung mit potenziell konflikthaltigen Sachverhalten. Aus dieser Aufgabe ergeben sich folgende Prozess-Schritte des betrieblichen Issue Managements:[12]

Suche und Identifikation unternehmenszielrelevanter Issues,

Analyse und Priorisierung der Issues,

Strategieentwicklung zur Behandlung / Lösung der prioritären Issues,

Planung von konkreten Aktions- bzw. Kommunikationsmaßnahmen sowie

Ergebniskontrolle und weiteres Monitoring der (nunmehr latenten) Issues.

Da sich dieser Beitrag primär mit der ex post-Reaktion auf bereits manifeste Sachverhalte beschäftigt, erübrigen sich zu den ersten Schritten detaillierte Überlegungen. Anzumerken bleibt, dass das Reagieren des Unternehmens auf bereits manifeste Themen und Anliegen in der Regel zu einer Beeinträchtigung der Unternehmensreputation führt, was zumeist nur langfristig und unter großem Kostenaufwand wieder behoben werden kann. Dessen ungeachtet vermag auch ein rein reaktives Issue Management einen bedeutenden Beitrag zur Ad-hoc-Bewältigung von Unternehmenskrisen zu leisten. Hierzu ist es allerdings erforderlich, den Issue Management-Prozess bereits im Vorfeld möglichst detailliert zu durchdenken und ggf. Entscheidungen „auf Vorrat" zu treffen (s.u.).

3.2 Instrumente

Zwar erübrigt sich in einem kurzfristigen Issue Management sowohl das Scanning der Unternehmensumwelt (mitsamt seinen entsprechenden Einzelaktivitäten wie z.B. dem Medien-Monitoring) als auch die Priorisierung der Issues nach Handlungsdringlichkeit, dafür rückt aber die konkrete Issue-Analyse und -Folgenabschätzung stärker in den Vordergrund. Die Analyse manifester Issues kann dabei u.a. durch ein Issue-Portfolio unterstützt werden.[13] Abbildung 3-1 zeigt ein solches Issue-Portfolio, das seine einzelnen Felder entlang der Dimensionen „Erwartungshaltung der Öffentlichkeit" und „issuespezifische Kompetenz des Unternehmens" bildet.

Abbildung 3-1: *Issue-Portfolio zur analytischen Themenstrukturierung*
Quelle: Eigene Darstellung.

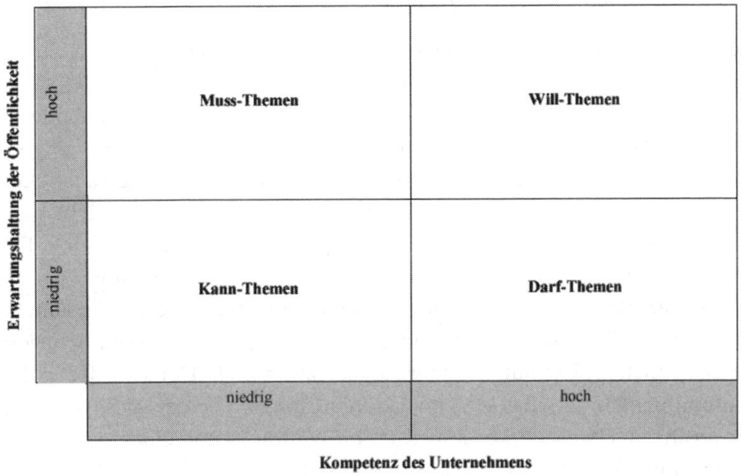

Sieht sich das Issue Management im Dienst einer reaktiven Krisenbewältigung, dann sind ausgeprägte öffentliche Erwartungen und Ansprüche die Regel; folglich verfügt das Unternehmen nur noch über Muss-Themen oder Will-Themen. Stehen zur Bewältigung einer bereits akuten Unternehmenskrise mehrere Optionen zur Verfügung, dann sollte das Unternehmen naturgemäß diejenigen Themen wählen, bei denen es über eine hohe Kompetenz verfügt. Insofern gehört zur Analyse eines bestimmten Sachthemas immer auch das Wissen um die eigenen Kenntnisse.

Der ungünstigste Fall ist ein dem Unternehmen extern oktroyiertes Muss-Thema (sog. „event-driven-issue"[14]). In diesem Fall ist nicht nur die eigene inhaltliche Kompetenz schwach, sondern auch der Handlungs- und Zeitdruck sehr hoch. Soll Issue Management dann noch effizient ausgeübt werden, muss in der Regel mit bereits im Vorfeld erarbeiteten Eventual- und Notfallplänen operiert werden. Ein Beispiel sind sogenannte Darksides, also Internet-Webseiten, die vorproduziert werden und im Fall des Kriseneintritts sofort freigeschaltet werden können.[15]

Vorbereitung ist bei der operativen Krisenkommunikation letztlich „die halbe Miete". Und dass „operativ" keineswegs „ungeplant" bedeutet, zeigt auch das Beispiel Daimler. Da relativ viele Prominente mit Autos dieses Konzern unterwegs sind, ist man für den Fall der Fälle durch einen Notfallplan gewappnet, der exakt regelt, was angesichts eines Unfalls einer Berühmtheit mit einem Mercedes zu tun ist. Bekanntlich wurde dieser Eventualplan u.a. beim Unfall von Lady Diana im August 1997 in Paris benötigt: Innerhalb weniger Stunden hatten Experten von Daimler den Unfallhergang rekonstruiert und konnten so rasch ausschließen, dass Fahrzeugmängel für das Unglück verantwortlich waren. Ähnlich gut vorbereitet ist Proctor & Gamble – eines der wenigen Unternehmen, das regelmäßig Krisen simuliert und das richtige Verhalten seiner Mitarbeiter in Ausnahmesituationen einübt.[16]

Eine effektive Krisenkommunikation setzt zudem eingespielte Kontakte zu führenden Journalisten und (Massen)Medien voraus. Nur so kann „im Ernstfall" sichergestellt werden, dass die Stimme des Unternehmens im Sturm der widerstreitenden Meinungen und Bewertungen rechtzeitig und unverfälscht gehört wird. Eine stetige und ausgewogene PR-Arbeit ist also ein Instrument, das nicht nur Langfristeffekte besitzt, sondern ebenso zur reaktiven Krisenbewältigung taugt. Dies gilt nicht weniger für einen anderen immateriellen Asset: die jeweilige Unternehmensreputation. Diese wird vor allem dann wichtig, wenn das in die Kritik geratene Unternehmen den betreffenden Sachverhalt nicht mehr beeinflussen kann. Inwieweit dieser Umstand dann zu einem wirklichen ökonomischen Schaden führt, hängt ganz wesentlich vom Image bzw. der marktlichen Reputation einer Organisation ab.[17] Der Fall der in ihrer Testphase verunglückten „A-Klasse" von DaimlerChrysler belegt, wie sehr Reputation und ein positives Unternehmensimage – im Verbund mit einer effizienten Unternehmenskommunikation – krisenkompensierend wirken können. Ob das Unternehmen einen derartigen Asset in der Vergangenheit aufbauen konnte, hängt allerdings wiederum u.a. von der Effektivität seines Issue Managements ab.

Issue Management beinhaltet letzten Endes in praxi ein ganzes Bündel von Einzelmaßnahmen. Bei Coppenrath & Wiese integrierte der Instrumente-Mix u.a. interne Recherchen von Lebensmittelchemikern und Produktionsexperten, die rasche Abstimmung mit der eigenen PR-Agentur, die Kontaktaufnahme zur Landesregierung, die Einrichtung einer Telefon-Hotline, die Publikation einer klärenden Pressemitteilung, das Abstellen von Personal zur Bearbeitung journalistischer Anfragen sowie – last but not least – die laufende Aktualisierung der Internet-Homepage.

3.3 Implementierung

Die allgegenwärtigen Krisen deutscher Firmen, die häufig tatsächlich eher „spontanen" Charakters sind, lassen vermuten, dass Issue Management nicht in dem Umfang professionalisiert ist, wie dies im Sinne einer modernen Unternehmensführung wünschenswert wäre. Entsprechende Befragungen zeigen diesbezüglich ein nahezu identisches Bild: Die überragende Mehrheit aller Topmanager gibt an, systematische Umfeldanalysen für wichtig zu halten; in praxi führt jedoch lediglich eine Minderheit der

Unternehmen diese Umfeldanalysen auch tatsächlich durch.[18] Ein ähnliches Bild ergibt sich in der Schweiz: Lediglich acht Prozent der befragten Unternehmen geben an, dass Issue Management fest implementiert sei, und in den 1.000 größten Unternehmen in der Schweiz haben zwei von fünf Kommunikationsverantwortlichen den Begriff noch nie gehört.[19]

Detaillierte Überlegungen zur organisatorischen Verankerung des Issue Managements würden den hier vorgegebenen Rahmen sprengen; daher nur einige grundsätzliche Anmerkungen. Hinsichtlich makrostruktureller Optionen ist vor allem eine objektorientierte Divisionalorganisation mit eigenständigen Geschäftseinheiten in der Lage, von der Einrichtung professioneller Issue Manager zu profitieren. Durch den hohen Erfolgsdruck der Spartenleiter entsteht in der Praxis oft die Neigung, den Spartenprofit kurzfristig zu Lasten einer langfristigen Perspektive (Investitionen, Reputation) zu verbessern. In diesem Bestreben geraten vor allem ethische Belange wie eine ausreichende Ökologieorientierung oder Aspekte des Verbraucherschutzes ins Hintertreffen. Wird dem Spartenmanager ein Issue Manager dergestalt an die Seite gestellt, dass ersterer dem Issue-Verantwortlichen bezüglich der gesellschaftlichen Auswirkungen seiner unternehmerischen Entscheidungen zumindest auskunfts- wenn nicht rechenschaftspflichtig ist, dann verbessert sich die Möglichkeit, die langfristige Reputation des Unternehmens und den legitimen ökonomischen Kurzfristerfolg im Blick zu behalten.

Dementsprechend sollte ein professioneller Issue Manager insbesondere auch über Kenntnisse und Erfahrungen im Bereich der Strategie- und Technologiefolgenabschätzung verfügen. Die zunehmende Komplexität gesellschaftlicher Issues dürfte von daher interdisziplinäre Kompetenzen und Generalisten fördern: „These issues research and information resource people will have a wide variety of backgrounds, from law to literature, library science to technical sciences, political science to policy analysis, public relations to public policy planning“[20]. Um diesbezügliche Überforderungen zu vermeiden, sollten funktionsübergreifende Teamstrukturen die Arbeit einzelner Issue-Experten flankieren.

Auch hinsichtlich des Issue Managements gilt letztlich der klassische Grundsatz der Organisationstheorie: die organisatorische Übereinstimmung von Aufgaben, Fähigkeiten und Ressourcen. Soll das Issue Management zur Wahrnehmung seiner Beratungs- und Kontrollfunktion tatsächlich imstande sein, dann müssen die erforderlichen materiellen und immateriellen Mittel zur Verfügung stehen. Dies meint nicht nur Geld, sondern außerdem die Anbindung des Issue Managements an den relevanten innerbetrieblichen Informationsstrom sowie die ständige Weiterbildung der Experten in entsprechenden Personalentwicklungsmaßnahmen. Die ebenfalls notwendige methodische Professionalität, die u.a. den Einsatz neuester Planungs- und Prognoseverfahren beinhaltet, wird durch die enge Einbindung des Issue Managements in die Prozesse der strategischen Unternehmensplanung erreicht.

Darüber hinaus sollte im Sinne einer generellen Kompetenzregelung die Korrekturmöglichkeit der Issue Management-Verantwortlichen geklärt sein. Gestattet man diesen eine direkte Einflussnahme auf die Unternehmenspolitik, so setzt dies nicht nur die erwähnte fachliche, methodische und finanzielle Ausstattung voraus, sondern – ein häufig unterschätzter immaterieller Faktor – auch eine ausreichende innerbetriebliche Legitimation. Die Akzeptanz sowie praktische Unterstützung durch das Top Management ist hierfür eine wesentliche Vorbedingung.

Ein Dauerbrenner ist die Frage, inwieweit das Issue Management direkt dem Vorstand angehört bzw. überhaupt ein eigenständiges Issue Management-Ressort existieren sollte. Ein Verzicht auf eine eigenständige Abteilung könnte damit begründet werden, dass sich die Berücksichtigung gesellschaftlicher Themen und Probleme wie ein „roter Faden durch die verschiedensten Bereiche"[21] zieht und insofern kein Bedarf an einem eigenständigen Ressort besteht. Darüber hinaus bestünde die zumindest latente Gefahr, dass die Profit Center-Leiter die gesellschaftliche Verantwortung für ihre Entscheidungen einfach auf die Issue Manager abwälzen; diese Problematik wäre typisch für Stab-Linie-Beziehungen und würde insbesondere dann auftreten, wenn es dem Issue Manager an formaler Weisungsbefugnis mangelt.

Auf der anderen Seite kann der Verzicht auf eine klare Institutionalisierung des Issue Managements zu einer weitgehenden Ignoranz langfristiger Themen und Trends führen. Wie so häufig zu beobachten, reagieren (oder überreagieren) Unternehmen dann auf bestimmte Symptome und übersehen die fundamentalen Ursachen und Hintergründe der jeweiligen Entwicklung.[22] Unabhängig von der Frage einer eigenständigen Issue Management-Abteilung ist vom Top-Management jedoch sicherzustellen, dass eine direkte Kooperation zwischen den Issue Management-Verantwortlichen und den einzelnen Linienmanagern zustande kommt.[23]

4 Zusammenfassung

Ohne die dezidierte Berücksichtigung der gesellschaftlichen Rahmenbedingungen ist ein langfristiger Unternehmenserfolg heute kaum noch denkbar. Darüber hinaus muss das Top-Management in der Lage sein, kurzfristigen Beeinträchtigungen und Glaubwürdigkeitsproblemen wirkungsvoll entgegenzutreten. Beides macht deutlich, dass Issue Management eine funktionenübergreifende Querschnittsaufgabe zwischen Planung, Kontrolle und Unternehmenskommunikation ist.

Das systematische Aufspüren, Beobachten, Beeinflussen und Setzen relevanter Issues wird bei zunehmender Themenkomplexität sinnvollerweise Spezialisten übertragen, wodurch das Linienpersonal – schon aufgrund seiner marktlichen Kontakte – jedoch nicht grundsätzlich von dieser Verantwortung befreit wird. Abstrakt formuliert besteht die Hauptaufgabe aller am Issue Management-Prozess Beteiligten letztlich darin, die Funktion eines Frühwarnsystems zu erfüllen und durch die nachdrückliche Initiierung geeigneter Gegenmaßnahmen dem Unternehmen Handlungsspielräume zu erhalten. Bei der Planung flexibilitätssichernder Maßnahmen ist jedoch auch der komplementäre Wirkungskreis im Auge zu behalten: in Zeiten abnehmender Planungssicherheit muss die Planung selbst in ihren Methoden und Ergebnissen flexibel bleiben.[24]

Dass dieser Aufgabe zunehmend schwieriger nachzukommen ist, liegt zum einen an der wachsenden Sensibilität moderner Bürgergesellschaften, zum anderen an der zunehmenden Vielfalt und Schnelligkeit moderner Medien – eine einzige Mail, in der über Herzschädigungen nach dem Konsum des Partygetränks „Red Bull" berichtet wurde, trat z.B. umgehend eine in ihrer Tragweite unabsehbare Lawine weiterer Mails, Vorwürfe, Verdächtigungen und Boykottaufrufe los. Insbesondere für Branchen wie die Chemie- und Automobilindustrie, Tabakkonzerne, aber auch für Lebensmittelproduzenten oder Energieerzeuger wird ein effektives Issue Management im Falle akuter Krisenvorfälle nicht selten zu einem medialen Rettungsanker.

Dessen ungeachtet ist der gegenwärtige Implementierungsgrad des Issue Managements in Deutschland stark verbesserungsbedürftig. Von einigen Ausnahmen (z.B. Bertelsmann, wo sich weltweit zwischen 60 und 80 Mitarbeiter um das Aufspüren heraufziehender Themen kümmern) abgesehen, tritt das strategische wie operative Management von problembeladenen Themen eher in der Form des Lippenbekenntnisses auf. In sehr viel stärkerem Maße existieren in den USA z.B. themenspezifische Arbeitskreise, mit denen versucht wird, Issues nicht nur frühzeitig aufzuklären, sondern zur Durchsetzung eigener Interessen auch konkret in politische Entscheidungsprozesse einzubringen.

Trotz der ethischen Problematik, die mit einer solchen Aktivität zwangsläufig verbunden ist, sollten sich deutsche Unternehmen insgesamt stärker mit dem Konzept des proaktiven wie reaktiven Issue Managements befassen, denn prinzipiell kann es sowohl zur langfristigen Erfolgssicherung als auch zur kurzfristigen Schadensabwehr beitragen. Als ureigene Melange aus externer Rechenschaftslegung, strategischer Kontrolle und operativer Krisenkommunikation entspricht es exakt den heutigen Anforderungen an die Unternehmensführung.

Anmerkungen

1 Vgl. OELSNITZ, D. von der: Krisenmanagement [1994], S. 144 ff.

2 Vgl. CHASE, W. H.: Public Issue Management [1977] und Issue Management [1984].

3 HAINSWORTH, B. / MENG, M.: Issue Management [1988], S. 18.

4 Zu diesem hier vernachlässigten Spezialaspekt vgl. ausführlicher LIEBL, F.: Management von Issues [2000], S. 43 ff. und LÜTGENS, S.: Unternehmenskommunikation [2002].

5 Vgl. z.B. GEIßLER, U.: Issue Management [2001], S. 210.

6 Zur „Idee der gesellschaftlichen Exponiertheit von Unternehmungen" vgl. DYLLICK, T.: Management [1990].

7 Vgl. HARRISON, S.: Crisis [1999]; HILLMAN, A. / HITT, M.: Political Strategy [1999].

8 Vgl. ROSELIEB, F.: Unternehmenskommunikation [1999], S. 91 f.

9 LÜTGENS, S.: Issue Management [2001], S. 64; ähnlich BECKER U.: Risikowahrnehmung [1993].

10 Vgl. DYLLICK, T.: Management [1990], S. 243 ff.

11 Vgl. dazu speziell PUCHLEITNER, K.: Public Relations [1994]; HERBST, D.: Krisen [1999]

12 Vgl. ähnlich JONES, B. / CHASE, W. H.: Public Policy [1979], S. 11; HAINSWORTH, B.: Distributions [1990]; LÜTGENS, S.: Issue Management [2001], S. 64.

13 Vgl. GIGER, N.: Issue Management [2002], S. 35.

14 Vgl. MAST, C.: Unternehmenskommunikation [2002], S. 92.

15 Vgl. KINTER, A.: Öffentlichkeitsarbeit [2002], S. 113.

16 Vgl. NÖCKER, R.: Schnelligkeit [2003], S. 18.

17 Vgl. zur Wirkung von Reputation grundsätzlich SCHWALBACH, J.: Unternehmensreputation [2001].

18 Vgl. z.B. die neuesten Erhebungen von LIEBL, F.: Trendmanagement [2003], S. 2.

19 Vgl. RÖTTGER, U.: Issues Management [2001], S. 12.

20 Vgl. RENFRO, W.: Issues Management [1993], S. 122.

21 LIEBL, F.: Trendmanagement [2003], S. 4.

22 Vgl. JONES, B. / CHASE, W. H.: Public Policy [1979], S. 3.

23 Vgl. VAN RIEL, C.: Communication [1992], S. 142 f.

24 Vgl. dazu ausführlicher OELSNITZ, D. von der: Unternehmensplanung [1993] und zur strategischen Flexibilität speziell BURMANN, C.: Strategiewechsel [2002].

Literatur

BECKER, U.: Risikowahrnehmung der Öffentlichkeit und neue Konzepte unternehmerischer Risikokommunikation; in: Bayerische Rückversicherung (Hrsg.): Risiko ist ein Konstrukt; München: Knesebeck; 1993; S. 343 - 359.

BURMANN, C.: Strategische Flexibilität und Strategiewechsel als Determinanten des Unternehmenswertes; Wiesbaden: Deutscher Universitäts-Verlag; 2002.

CHASE, W. H.: Public Issue Management – The new Science; in: Public Relations Journal; Nr. 10; 33. Jahrgang; 1977; S. 25 - 26.

CHASE, W. H.: Issue Management – Origins of the Future; Stanford; 1984.

DYLLICK, T.: Management der Umweltbeziehungen – Öffentliche Auseinandersetzung als Herausforderung; Wiesbaden: Gabler; 1990.

GEIßLER, U.: Frühaufklärung durch Issues Management – Der Beitrag der Public Relations; in: RÖTTGER, U. (Hrsg.): Issues-Management; Wiesbaden: Westdt.Verlag; 2001; S. 207 - 215.

GIGER, N.: Issue Management als Instrument der strategischen Führung; Bern; 2002.

HAINSWORTH, B.: The Distributions of Advantages and Disadvantages; in: Public Relations Review; Nr.1; 16. Jahrgang; 1990; S. 33 - 39.

HAINSWORTH, B. / MENG, M.: How Corporations Define Issues Management; in: Public Relations Review; Nr. 4; 14. Jahrgang; 1988; S. 18 - 30.

HARRISON, S. (Hrsg.): Desasters and the Media – Managing Crises Communications; Houndmills et al: Macmillan; 1999.

HERBST, D.: Krisen meistern durch PR; Neuwied et al: Luchterhand; 1999.

HILLMAN, A. / HITT, M.: Corporate Political Strategy Formulation – The Model of Approach Participation and Strategy Decisions; in: Academy of Management Review; Nr. 4; 24. Jahrgang; 1999; S. 825 - 842.

JONES, B. / CHASE, W. H.: Managing Public Policy Issues; in: Public Relations Review; Nr. 2; 5. Jahrgang; 1979; S. 3 - 23.

KINTER, A.: Risiken in der Öffentlichkeitsarbeit erfolgreich managen; in: Die Bank, Nr. 2; 2002; S. 110 - 115.

LIEBL, F.: Der Schock des Neuen – Entstehung und Management von Issues und Trends; München: Gerling-Akademie-Verlag; 2000.

LIEBL, F.: Tendenz: paradox – Über den Status quo im Trendmanagement; in: THEXIS; Nr. 1; 20. Jahrgang; 2003; S. 2 - 9.

LÜTGENS, S.: Das Konzept des Issues Management – Paradigma strategischer Public Relations; in: RÖTTGER, U. (Hrsg.): Issues-Management; Wiesbaden: Westdt. Verlag; 2001; S. 59 - 77.

LÜTGENS, S.: Potentiellen Krisen rechtzeitig begegnen – Themen aktiv gestalten. Strategische Unternehmenskommunikation durch Issues; Schifferstadt: mtVerlag; 2002.

MAST, C.: Unternehmenskommunikation – Ein Leitfaden; Stuttgart: Lucius und Lucius; 2002.

NÖCKER, R.: Schnelligkeit und Offenheit sind das A und O; in: Frankfurter Allgemeine Zeitung vom 14.01.2003; Nr. 11; S. 18.

OELSNITZ, D. von der: Unternehmensplanung und Unternehmensflexibilität – Eine Analyse der wechselseitigen Wirkungszusammenhänge zwischen Planung und Flexibilität; in: Zeitschrift für Planung; Nr. 4; 4. Jahrgang; 1993; S. 349 - 362.

OELSNITZ, D. von der: Prophylaktisches Krisenmanagement durch antizipative Unternehmensflexibilisierung; Bergisch Gladbach: Eul; 1994

OTWAY, H. / WYNN, B.: Risk Communication: Paradigm and Paradox; in: Risk Analysis; Nr. 2; 9. Jahrgang; 1989; S. 141 - 145.

PUCHLEITNER, K.: Public Relations in Krisenzeiten – Das Handbuch für situationsorientierte Öffentlichkeitsarbeit; Wien: Signum; 1994

RENFRO, W.: Issues Management in Strategic Planning; Westport: Quorom Books; 1993.

ROSELIEB, F.: Empirische Befunde zur Frühwarnung in der internen und externen Unternehmenskommunikation; in: HENKEL v. DONNERSMARCK/ SCHATZ, R. (Hrsg.): Frühwarnsysteme; Bonn et al.: InnoVatio-Verlag; 1999; S. 85 - 105.

RÖTTGER, U.: Issues-Management – Mode, Mythos oder Managementfunktion?; in: RÖTTGER, U. (Hrsg.): Issues-Management; Wiesbaden: Westdt. Verlag; 2001; S. 11 - 39.

SCHWALBACH, J.: Unternehmensreputation als Erfolgsfaktor; Berlin: Humboldt Universität; 2001.

VAN RIEL, C.: Principals of Corporate Communication; London: Prentice-Hall; 1992.

Alexander Nill

Konfliktmanagement in Ad-hoc-Krisen

1 Problemstellung ... 557

2 Konfliktanalyse in turbulenten Zeiten ... 558
2.1 Destruktive versus konstruktive Konflikte ... 558
2.2 Klassifizierung von Konflikten ... 558
2.3 Konflikte in globalen Märkten ... 561

3 Konfliktmanagement ... 562
3.1 Dominierende, auf Konfrontation setzende Maßnahmen des Konfliktmanagements ... 562
3.2 Ignorierende, auf Vermeidung setzende Maßnahmen des Konfliktmanagements ... 564
3.3 Konstruktive, auf Kooperation bauende Maßnahmen des Konfliktmanagements ... 565
3.4 Dynamische Stakeholdermatrix als Instrument präventiven Konfliktmanagements ... 566

1 Problemstellung

Wenn zwei oder mehr Personen oder Personengruppen unterschiedliche Ziele verfolgen, die gleiche aber knappe Ressource anstreben, oder unterschiedliche Wert-, Norm- und Glaubensvorstellungen haben, dann kann die Beziehung zwischen diesen Personen inkompatibel und inkonsistent und in Folge zum Konflikt werden. „A conflict exists whenever incompatible activities occur."[1] Konflikte von Managern und Mitarbeitern innerhalb eines Unternehmens wie auch Konflikte des Unternehmens mit Stakeholdern außerhalb des Unternehmens sind häufig als Bestandteil, Folge oder sogar als Ursache von Unternehmenskrisen im allgemeinen und Ad-hoc-Krisen im speziellen zu beobachten. Konfliktmanagement kann daher potenziell einen Beitrag zur Überwindung von Unternehmenskrisen leisten.

Nachdem McDonald's sein erstes und zugleich weltweit größtes Restaurant mit großem Erfolg in Russland im Jahr 1990 eröffnet hatte, konnte sich das Unternehmen starker Wachstumsraten in den neunziger Jahren erfreuen.[2] Durch geschickte Marketingpolitik und Öffentlichkeitsarbeit gelang es McDonald's schnell das Image einer Firma aufzubauen, die dem Wohlergehen seiner russischen Kunden und Mitarbeiter äußerste Priorität einräumt. Eine Arbeitsstelle bei McDonald's Russia, die Ihre Angestellten mit Rubel über dem am Arbeitsmarkt üblichen Lohnniveau bezahlte, war hoch angesehen.[3] Der plötzliche und drastische Verfall des russischen Rubels in 1998, ein typisches Beispiel einer externen Ad-hoc-Krise, hat zu einem starken Einkommens- und Vertrauensverlust in der Bevölkerung, und in Folge zu einem drastischen Geschäftsrückgang bei McDonald's Restaurants in Russland geführt. Um wenigstens einige Kunden halten zu können, hat ein aus den oberen Führungsrängen gebildetes Krisenmanagement versucht Kosten und Preise zu senken. Die Angestellten von McDonald's, die in Rubel bezahlt wurden hatten aufgrund der hohen Inflation Realeinkommensverluste von über fünfzig Prozent zu erleiden während die Gehälter des Top Managements, die in U.S.$ bezahlt wurden, weitgehend unberührt blieben. Einige der Mitarbeiter haben daraufhin gegen ihren Arbeitgeber vor Gericht gegen unwürdige Arbeitsbedingungen geklagt, andere haben gegen die ausdrückliche Missbilligung des Managements eine Gewerkschaft gegründet.[4] Der Konflikt zwischen Mitarbeitern und Management, der Arbeitsmoral und Loyalität auf einen Tiefpunkt sinken ließ, hat auch dazu geführt, dass Aktivistengruppen dem Firmenruf abträgliche Public Relations Maßnahmen organisiert haben. Weiterhin wurde McDonald's zunehmend in der russischen Presse kritisiert und teilweise sogar als russenfeindliches Unternehmen karikiert. Dies wiederum stand McDonald's ursprünglichem Ziel der Krisenbewältigung, seine Kunden trotz erheblich schlechterer wirtschaftlicher Bedingungen zu halten, entgegen. Das Beispiel verdeutlicht die oftmals enge und komplexe Verstrickung zwischen Ursache und Wirkungsbeziehungen von Konflikten in Krisensituationen.

2 Konfliktanalyse in turbulenten Zeiten

Eine erfolgreiche Bewältigung oder sogar Vermeidung von Unternehmenskrisen hängt oftmals von der Bereitschaft und Fähigkeit des Unternehmens ab, Konfliktpotenziale frühzeitig erkennen und einordnen zu können.

2.1 Destruktive versus konstruktive Konflikte

Die meisten Klassiker der Organisationstheorie wie TAYLOR[5], FAYOL[6] und WEBER haben Konflikten prinzipiell negative Folgen zugeschrieben und dementsprechend versucht, diese durch das Schaffen mechanistischer oder bürokratischer Organisationsstrukturen zu vermeiden. Auch Neoklassiker wie MAYO[7] sahen Konflikte als dysfunktional und Symptom mangelnder Sozialkompetenz im Unternehmen. Diese Sichtwiese übersieht die potenziell innovationsfördernde und konstruktive Kraft von Konflikten. Empirische Studien belegen sogar, ein gewisses Maß an Konflikten leistungssteigernd und kreativitätsfördernd wirkt.[8] In der moderneren Literatur besteht heute überwiegend Einheit, Konflikte sowohl konstruktive als auch destruktive Auswirkungen haben können.[9] Konfliktmanagement sollte daher nicht auf eine prinzipielle Eliminierung von Konfliktpotenzialen abzielen, sondern versuchen zwischen positiven und negativen Auswirkungen von Konflikten abzuwägen. „The central theme in conflict management is that too little conflict might encourage stagnancy, mediocrity, and groupthink but too much conflict may lead to organizational disintegration."[10]

2.2 Klassifizierung von Konflikten

Wie am obigen Beispiel von McDonald's in Russland gezeigt, können Ad-hoc-Krisen sowohl zu Konflikten innerhalb des Unternehmens als auch zu Konflikten des Unternehmens mit Stakeholdern außerhalb des Unternehmens führen. Konflikte lassen sich bezüglich der beteiligten Personen oder Personengruppen wie auch der dem Konflikt zugrunde liegenden Divergenzen analysieren.

Intrapersonelle Konflikte zeichnen sich dadurch aus, Mitarbeiter des Unternehmens in ihrer Rolle als Organisationsmitglieder sich unter Druck gesetzt fühlen entgegen ihren persönlichen Interessen, Wert- oder Normvorstellungen handeln zu müssen. Diese Art von Konflikten ist meist als destruktiv zu klassifizieren, da überwiegend negative Folgen für das Unternehmen in der Form von höherer Fluktuationsrate, geringerer Produktivität bis hin zur inneren Kündigung und für den Mitarbeiter in der Form von Frustration und Arbeitsunzufriedenheit zu erwarten sind.[11] Unternehmenskrisen und die damit einhergehende Erfordernis schneller und oft unpopulärer Entscheidungen führen bei Managern zu vermehrtem Stress[12] und einem erhöhtem Risiko von intraindividuellen Konflikten. Ein Mission Statement, das die Ziel- und Wertvorstellungen sowie das Verhältnis des Unternehmens zu seinen Stakeholdern definiert und auch klar auf allen Ebenen des Unternehmens kommuniziert, kann Managern eine Orientierungshilfe bei Entscheidungen unter Zeitdruck in Krisensituationen geben. Es ist dabei von entscheidender Bedeutung, das Mission Statement von den Mitarbeitern und Managern des Unternehmens akzeptiert, verinnerlicht und auch gelebt wird. Ein Mission Statement, das lediglich die Webseite des Unternehmens ziert aber nicht durch einen anhaltenden unternehmensinternen Dialog Bestandteil der täglichen Unternehmenspraxis ist, wird kaum dazu beitragen können, intraindividuelle Konflikte zu verringern.

Als interpersonelle Konflikte sind inkompatibele und unvereinbare Handlungstendenzen von Personen oder Personengruppen innerhalb des Unternehmens oder mit Stakeholdern außerhalb des Unternehmens zu verstehen. Empirische Studien aus den USA[13] und Europa[14] zeigen, dass Krisen zu einer Reduzierung der Anzahl von Entscheidungsträgern führen. Die Entscheidungsfindung konzentriert sich meist auf die obere Managementebene. Da gerade bei Ad-hoc-Krisen Entscheidungen meist unter erheblichem Zeitdruck getroffen werden müssen, ist es einem zentralisierten Krisenmanagement nicht oder nur schwer möglich, im Sinne einer kooperativen Konfliktlösung die anstehenden Entscheidungen mit Mitarbeitern abzustimmen. Dieses Kommunikationsdefizit kann, wie im obigen McDonald's Russia Beispiel gezeigt, dazu führen, dass Mitarbeiter die Entscheidungen des Krisenmanagements nicht mittragen. Die von den Mitarbeitern zu erleidende Absenkung der Reallöhne hätte nur durch eine drastische Anhebung der Preise aufgehalten werden können, was wiederum das Überleben von McDonald's in Russland bedroht hätte. Die überwiegend russischen Angestellten bei McDonald's Russia sind weder in die Entscheidungsfindung des Krisenmanagements einbezogen worden noch wurden ihnen die ökonomischen Auswirkungen der Rubelkrise hinreichend erklärt. Die kurz darauf zu beobachtenden Auseinandersetzungen von McDonald's mit russischen Regierungsbehörden, Aktivistengruppen, der Presse und einigen Kundengruppen können als unternehmensexterne Konflikte, die oftmals Bestandteil oder Folge von Ad-hoc-Krisen sind, klassifiziert werden.

Zur Lösung und Management von Konflikten zwischen dem Unternehmen und seinen Stakeholdern ist es weiterhin zweckdienlich, zwischen Sach-, Interessen- und Wertkonflikten zu unterscheiden.[15] Sachkonflikte zeichnen sich dadurch aus, dass sich die Parteien zwar über das zu erstrebende Ziel, nicht aber über den besten Weg dieses zu erreichen, einig sind. Beispielsweise dürften die Mitarbeiter ebenso wie das Management von McDonald's das Ziel verfolgen, möglichst viele Kunden zu halten, um so das Überleben des Unternehmens zu sichern. Während das Management dies durch Preissenkungen und massive Kosteneinsparungen erreichen will, halten Mitarbeiter andere Maßnahmen, wie eine Veränderung der angebotenen Speisen und Finanzhilfen von dem Mutterunternehmen für zweckdienlicher. Zur Lösung von Sachkonflikten bietet sich grundsätzlich ein dialogorientiertes, auf Kooperation bauendes Vorgehen an, wenn die dem Konflikt zugrunde liegende Auseinandersetzung für das Unternehmend wichtig ist, die beteiligten Stakeholder potenziell hohen Einfluss auf das Unternehmen haben und die Lösung des Konflikts unter keinem allzu großem Zeitdruck steht. Im vorliegenden Fall jedoch, der wohl schnelles Handeln erfordert, kann eine auf rationale Argumentation bauende pragmatische Entscheidungsfindung sinnvoller sein. Dies bedeutet, dass das Management seine Vorgehensweise unter Berücksichtigung der von Mitarbeitern vorgebrachten Argumente argumentativ erklären und begründen sollte. Das Management könnte beispielsweise die direkten Auswirkungen des Rubelverfalls erklären und darauf hinweisen, dass eine Veränderung der Speisekarte McDonald's Marktpositionierung gefährlich verschieben würde. Es wäre dabei zwar im Sinne einer Verbesserung der kooperativen Beziehung zu den Mitarbeitern wünschenswert, aber nicht unbedingt erforderlich, die Mitarbeiter in die Entscheidung einzubinden. Der Schwerpunkt der Konfliktlösung dürfte in einer auf sachliche Argumente fußenden Erklärung der Entscheidung liegen.

Ein Interessenkonflikt liegt vor, wenn sich die beteiligten Parteien zwar über die grundsätzliche Zielsetzung so wie Situationsanalyse einig sind, aber der Verfolgung eigener Interessen Priorität einräumen. Beispielsweise könnten Management und Mitarbeiter durchaus die Dringlichkeit von Kosteneinsparungen anerkennen, keine Partei will aber Einbußen auf das eigene Gehalt hinnehmen. Dieser Konflikt ließe sich dann auf einen typischen Verteilungskonflikt zurückführen, der ohne das Eingreifen der darüberstehenden Führungsebene oft von der Macht und dem politischem Geschick der einzelnen Beteiligten bestimmt wird. Es besteht daher die Gefahr, dass die Beteiligten durch politisches Taktieren und Intrigieren versuchen, ihren eigenen Interessen zu dienen, auch wenn dies für das Unternehmen insgesamt schädlich ist. Die beschriebene Situation ähnelt damit der als Prisoner Dilemma oder Social Traps charakterisierten Problematik. Als Social Traps werden Situationen gekennzeichnet bei denen die individuelle Verfolgung der Eigeninteressen zu einer Schlechterstellung aller Beteiligten führt.[16] So wäre es durchaus für jeden einzelnen Mitarbeiter bei McDonald's im Sinne der Verfolgung eigener Interessen eine Gehaltseinbußen zu verweigern, da das einzelne Gehalt sicherlich für den wirtschaftlichen Erfolg des Unternehmens nicht entscheidend ist. Wenn aber alle Mitarbeiter dieser Logik folgen, dann mag in der Tat das Überleben des Unternehmens bedroht sein. Ein schnelles Eingreifen der oberen Führungsebene ist bei solchen Interessenkonflikten, die ein nicht zu unterschätzendes Destruktionspotenzial bergen, oftmals geboten. Im vorliegenden Fall könnte die oberste Führungsebene versuchen, im Sinne eines auf Dominanz setzenden Konfliktmanagements eine klare und transparente Entscheidung herbeizuführen. Es wäre dabei zum einen die Notwendigkeit, Kosten zu senken als gemeinsames Ziel deutlich herauszustellen. Zum andern wäre auch die Belastungen, die von den Kosteneinsparungen für Mitarbeiter und Manager zu erwarten sind, offen darzulegen. Einen Teil der Manager in U.S.$ zu bezahlen während alle anderen Mitarbeiter in

Rubel bezahlt wurden und damit den Auswirkungen des Rubelverfalls ausgesetzt waren, hat sicherlich nicht zu besserer Transparenz und Verständnis der Entscheidung beigetragen. Vielmehr wäre es im Sinne einer Konfliktverringerung sinnvoll gewesen, das gemeinsame Ziel, das Überleben des Unternehmens zu sichern, zu betonen, Einbußen und Belastungen gemeinsam zu schultern und somit die Kohäsion der Organisationsmitglieder zu stärken.

Divergierende Norm- und Werthaltungen könnten auch Teil der Ursache der Auseinandersetzung zwischen McDonald's Management und Mitarbeitern sein. In diesem Fall, der als Wertkonflikt zu klassifizieren wäre, bestünde zwar Einigkeit über die Situationsanalyse und die prinzipielle Zielsetzung, die Beteiligten besitzen aber unterschiedliche Wertvorstellungen. Konstruktive, auf Kooperation setzende Maßnahmen des Konfliktmanagements könnten dazu beitragen den Konflikt langfristig zu lösen. Zuerst wären die dem Konflikt zu Grunde liegenden Werthaltungen zu erkennen und offenzulegen. In einem zweiten Schritt können die Werthaltungen dann im Rahmen eines konstruktiven Dialoges zu Diskussion gestellt werden. Das Ziel eines solchen Dialoges ist es nicht, die jeweils andere Partei von der Überlegenheit der eigenen Normen zu überzeugen, sondern das gegenseitige Verständnis und die Bereitschaft andere Werthaltungen zu akzeptieren zu fördern, um somit eine Lösung zu finden, die für beide Parteien akzeptabel ist. Wertkonflikte sind eher zu erwarten, wenn wie im vorliegenden Beispiel die Beteiligten aus unterschiedlichen Kulturen stammen. In der Tat entspricht es weit eher den Werthaltungen der amerikanischen als der russischen Kultur, große Einkommensunterschiede zu akzeptieren, die Lohn und Einstellungspolitik flexibel zu gestalten (hire and fire), individuelle Karrierechancen zu betonen und dem Stakeholder Shareholder Priorität einzuräumen.

2.3 Konflikte in globalen Märkten

Die Veränderung der technologischen, ökonomischen und politischen Umwelt der letzten 20 Jahre hat zu einer zunehmenden Internationalisierung der meisten Märkte geführt. „Even when companies stay at home, sooner or later they learn from hard experience that there are no longer any domestic markets."[17] Die voranschreitende Globalisierung von Märkten und Unternehmen ist sowohl für das Entstehen als auch für die Bewältigung von Konflikten in Ad-hoc-Krisen von nicht zu unterschätzender Bedeutung. Zum einen breiten sich Krisen oftmals heute mit erheblicher Geschwindigkeit über Landesgrenzen hinweg aus und betreffen damit eine größere Anzahl von Firmen. Zum andern sind die mit Ad-hoc-Krisen einhergehenden Konflikte zunehmend von interkulturellem Charakter. Empirische Studien[18] belegen, dass die Beurteilung der Ursachen, sowie Maßnahmen zur Überwindung von Unternehmenskrisen von Managern aus unterschiedlichen Kulturkreisen unterschiedlich eingeschätzt werden. Während beispielsweise Manager aus den USA und England die Wahrscheinlichkeit, dass ihre Firma im nächsten Jahr einer Krise ausgesetzt sein wird mit, über 50% angeben, schätzen deutsche Manager dieses Risiko nur auf etwa 10% ein.[19]

Kulturelle Unterschiede beeinflussen die Wahrnehmung, so wie den Umgang mit Konflikten.[20] Vertreter kollektivistischer Kulturen, die der Gemeinschaft und dem Bestreben sich in diese Gemeinschaft einzufügen einen hohen Stellenwert einräumen, sind weit weniger bereit Konflikte offen anzugehen, als Vertreter individualistischer Kulturen, die den Einzelnen und das Bestreben sich von der Gemeinschaft abzuheben betonen.[21] Weiterhin ist es in kollektivistischen Kulturen mehr üblich, unabhängige Vermittler in der Konfliktlösung einzusetzen. Zum einen wird dadurch eine direkte Konfrontation der Konfliktparteien vermieden, zum anderen wird in den Vermittlern in geringerem Maß ein Eingriff in die Privatsphäre gesehen, als dies in individualistischen Kulturen der Fall ist. Ein weiterer Unterschied liegt in der Selbsteinschätzung der Beteiligten. In individualistischen Kulturen schätzen sich die Beteiligten eines Konflikts als fairer ein, sehen die Schuld des Konflikts mehr bei der anderen Partei und nehmen Kritik seltener an als in kollektivistischen Kulturen.[22]

Traditionelle Ansätze des Konfliktmanagements greifen oftmals zu kurz, wenn die Bedeutung kultureller Unterschiede für die Perzeption von Konflikten sowie die den Konflikten zugrunde liegenden Wertvorstellungen weitgehend ignoriert werden. In der Tat wurden die meisten Konfliktlösungs- und Verhandlungsstrategien im Kontext westlicher Kulturen entwickelt und getestet.[23] „This cultural myopia, significant in normal times, can become of critical significance when planning for dealing with a crisis."[24]

3 Konfliktmanagement

Prinzipiell kann Konflikten zwischen dem Unternehmen und seinen Stakeholdern mit dominierenden, auf Konfrontation bauenden, mit ignorierenden, auf Vermeidung abzielenden oder mit konstruktiven, auf Kooperation setzenden Maßnahmen begegnet werden.

3.1 Dominierende, auf Konfrontation setzende Maßnahmen des Konfliktmanagements

Diese Art des Konfliktmanagements wird von Unternehmen ergriffen, die versuchen ihre Position gegenüber den Interessen anderer Stakeholder durchzusetzen: „Standing up for one's rights and / or defending a position that the party believes to be correct"[25]. So hat beispielsweise McDonald's an seiner Personalpolitik trotz des Widerstands von

Mitarbeitern, Aktivistengruppen und der russischen Regierung festgehalten, so dass, wie es oft bei einem auf Konfrontation bauendem Konfliktmanagement der Fall ist, die Auseinandersetzung zu einen Rechtsstreit geführt hat. In der Tat wird gerade in den litigationsfreudigen USA von Unternehmensanwälten überwiegend empfohlen, im Krisenfall jegliche Kommunikation mit den Stakeholdern auf ein Minimum zu begrenzen, Vorwürfe abzustreiten und Informationen nur dann preiszugeben, wenn man dazu gezwungen ist. Die Logik eines solchen Vorgehens ist, jegliche Information vor Gericht im Zweifelsfalle gegen das Unternehmen verwendet werden kann.[26]

Einige der bemerkenswertesten Public Relations Desaster, wie der Ford Pinto[27] oder Exxon Valdez Fall[28], sind dieser Denkweise zuzuschreiben. Weiterhin ist zu berücksichtigen, dass, selbst wenn das Unternehmen seine Position vor Gericht durchsetzen kann, dies nicht unbedingt Erfolg garantiert. Zum einen ist ein auf Konfrontation und dem Rechtsweg bauendes Konfliktmanagement meist sehr langwierig und kostenintensiv.[29] Die Kosten für Rechtsstreitigkeiten, die als Folge von ungelösten Konflikten des Unternehmens mit seinen Stakeholdern zu sehen sind, werden für Unternehmen in den USA auf mehr als 300 Milliarden U.S.$ pro Jahr geschätzt.[30] Zum anderen wirkt sich ein Konfrontationskurs oft nachteilig auf das Firmenimage und die Reputation des Unternehmens aus, selbst wenn sich am Ende, wie bei Audi in den USA Ende der 80er Jahre, herausstellen sollte, dass das Unternehmen zu Recht Beschuldigungen zurückgewiesen hat. Audi wurde vorgeworfen, ein Fehler in der Antriebstechnik führe in einigen Modellen dazu, dass das Fahrzeug ungewollt in Bewegung gesetzt würde. Einige Personen seien dadurch zum Teil schwer verletzt worden. Audi wies daraufhin alle Beschuldigungen zurück und konnte nach jahrelangen kostenintensiven Prozessen eine Entscheidung bei Gericht erwirken, die bestätigte, dass in der Tat kein Fabrikations- oder Konstruktionsfehler vorliege.[31] Während die ursprünglichen Vorwürfe so wie Audis abstreitende Haltung große Schlagzeilen verursacht haben, wurde das Gerichtsurteil von der Öffentlichkeit kaum beachtet. Der durch den Imageverlust und die darauf folgenden über fast eine Dekade dauernden Verkaufseinbußen hervorgerufene finanzielle Schaden war immens. Kunden lassen sich eben kaum dadurch halten und gewinnen, indem man darauf besteht Recht zu haben. Die Perzeption des Kunden, nicht die tatsächlichen Fakten sind für seine Kaufentscheidung von Bedeutung. „What is relevant is what the public feel and believe. It does not matter if a crisis follows scientific guidelines, logical structures or rational thinking, emotions are empirically evident and one will have to deal with them."[32]

Dominierende, auf Konfrontation setzende Maßnahmen des Konfliktmanagements können sinnvoll sein, wenn ein Festhalten an der eigenen Position für den Unternehmenserfolg als wichtig eingestuft wird, wenn, wie es bei Interessenkonflikten oft der Fall ist, wenig Aussicht auf eine kooperative Lösung besteht und wenn der potenzielle Einfluss der Stakeholder, mit denen der Konflikt besteht, als gering eingeschätzt wird.

3.2 Ignorierende, auf Vermeidung setzende Maßnahmen des Konfliktmanagements

Einem auf Ignorieren setzendem Konfliktmanagement liegt die Hoffnung zu Grunde, dass sich eine bestehende Auseinandersetzung mit der Zeit von selbst lösen oder sich zumindest nicht negativ auf den Unternehmenserfolg auswirken wird. In der Tat kann es sinnvoller sein, Ansprüchen einzelner Stakeholder, sofern diese unberechtigt erscheinen, keine Bedeutung beizumessen, als durch aggressives Vorgehen, diesen Stakeholdern Publizität und sogar eine gewisse Legitimität zukommen zu lassen. Beispielsweise hatte eine Gruppe von fünf Aktivisten in London 1985 Flugblätter verteilt, die McDonald's unter anderem unwürdige Arbeitsbedingungen und Kinderarbeit vorwarfen. Wahrend drei der Aktivisten, den Drohungen von McDonald's Folge leistend, sich unmittelbar entschuldigt haben, blieben die übrigen zwei, ein Bartender und ein arbeitsloser Briefträger, bei ihren Vorwürfen. McDonald's ist daraufhin gerichtlich gegen die zwei Aktivisten vorgegangen. Nach zwölfjährigem Rechtsstreit, der regelmäßig von der Presse aufgegriffen wurde und McDonald's 16 Millionen U.S.$ gekostet hat, wurden die Aktivisten zu $98.000 verurteilt. McDonald's hätte sich wohl viel Zeit, Geld und negative Presse ersparen können, wenn es nicht so aggressiv gegen die zwei Aktivisten vorgegangen wäre.[33]

Eine rationale Prüfung von Stakeholderansprüchen stellt jedoch keine hinreichende Entscheidungshilfe dar, um festzulegen, ob auf Vermeidung des Konflikts gerichtete Maßnahmen sinnvoll sind. Selbst wenn die dem Konflikt zu Grunde liegenden Ansprüche nicht gerechtfertigt sind, bedeutet dies nicht notwendigerweise, der Konflikt keine nachhaltige Bedrohung für das Unternehmen darstellt. Anfang der 90er Jahre wurde Nike zur Zielscheibe von Aktivisten in Indonesien. Nike wurde beschuldigt, in den Fabrikationsstädten in Indonesien durch unzureichende Sicherheitsstandards die Gesundheit der Arbeiter zu bedrohen und zudem zu geringe Löhne zu zahlen. Nikes erste Reaktion bestand darin, jegliche Kritik mit dem Argument von sich zu weisen, dass Nike, das selbst keine Produktionsstätten besitzt oder betreibt, nicht für die Arbeitsbedingungen seiner Zulieferer verantwortlich gemacht werden könne. Die Kritik hat aber entgegen Nikes Erwartung nicht langsam an Schwung verloren, sondern sogar zunehmend über die indonesischen Landesgrenzen hinaus an öffentlicher Aufmerksamkeit gewonnen. Nike hat in der folgenden Zeit schrittweise eine Mitverantwortung für seine Zulieferbetriebe öffentlich eingeräumt und weiterhin versucht, mit rationalen Argumenten die Vorwürfe zu entkräften.[34] Zulieferer wurden von Nike verpflichtet, sichere Arbeitsbedingungen zur Verfügung zu stellen. Eine unabhängige Auditfirma wurde zur Überwachung beauftragt und mehrere Kommissionen bestätigten, dass das von den Zulieferern gezahlte Lohnniveau sogar über dem Ortsniveau liege. Diese inkrementale und zögerliche Vorgehensweise konnte aber das sich anbahnende Public Relations Desaster nicht mehr abwenden, mit der Folge, dass Nikes Produkte in den USA sogar zum Teil boykottiert wurden.[35]

Die Frage welchen Konflikten sich die Unternehmung stellen soll und welche besser zu ignorieren sind zeigt sich als äußerst komplex und sollte nicht nur in Abhängigkeit davon getroffen werden, ob die jeweiligen Ansprüche berechtigt sind. Wenn aber die Entscheidung getroffen wurde auf den Konflikt zu reagieren, dann empfiehlt sich ein möglichst schnelles und entschlossenes Vorgehen gegenüber einer abwartenden und zögerlichen Haltung. Warren Buffet gibt dazu den prägnanten Rat: „One's objective should be to get it right, get it quick, get it out, and get it over. You see, your problem won't improve with age“[36].

3.3 Konstruktive, auf Kooperation bauende Maßnahmen des Konfliktmanagements

Konstruktive, auf Kooperation bauende Maßnahmen des Konfliktmanagements zielen auf Verständigung und Interessenausgleich ab. Ziel ist es, den Konflikt und dessen Ursachen zu bekämpfen aber nicht sich gegenseitig. „It involves collaboration between the parties, that is openness, exchange of information, and examination of differences to reach a solution acceptable to both parties.“[37] Dies erfordert in einem ersten Schritt die Ursachen des vorliegenden Konflikts offenzulegen und zu erkennen. Liegt ein Sach-, Interessen- oder Wertkonflikt vor? Weiterhin wären die Absichten und Interessen, die hinter den Positionen der Konfliktparteien liegen, zu klären und jeweilige Gemeinsamkeiten und Unterschiede festzulegen. In einem zweiten Schritt, der als Problemlösung bezeichnet werden kann, wäre eine Lösung zu finden, die für die Beteiligten zumindest akzeptabel ist.

Ein offener Dialog zwischen den Beteiligten bietet sich als Instrument für ein auf Kooperation setzendes Konfliktmanagement an. Es wäre hier APELS Forderung Folge zu leisten: „Konflikte zwischen Menschen sollten nicht durch Gewalt oder Gewaltandrohung, ja überhaupt nicht durch strategische Verhandlungen, die zur Unterdrückung berechtigter Interessen führen (also auch nicht etwa durch Agreements der Konfliktpartner auf Kosten dritter Betroffener) geregelt werden. Sie sollen vielmehr nur durch argumentative Diskurse geregelt werden, welche die berechtigten Interessen aller Betroffenen zur Geltung bringen – derart, dass die zu erwartenden Folgen der Konfliktregelung für alle Betroffenen konsensfähig sind.“[38] Ein echter Dialog lässt sich im Unterschied zu einem Disput, dessen Ziel es ist die andere Partei von der eigenen Position zu überzeugen, charakterisieren als: „a sustained collective inquiry into the process, assumptions, and certainties that compose everyday experience“[39]. Beteiligte des Dialoges wären demnach angehalten, ihre Position, sowie hinter dieser Position stehende Interessen und Werthaltungen offen zur Diskussion zu stellen, um von sich, den anderen Teilnehmern und den dem Konflikt zugrunde liegenden Divergenzen ein besseres Verständnis zu erlangen. Ein ernsthafter Dialog kann darüber hinaus helfen eine Vertrauensbasis zwischen den Teilnehmern aufzubauen, die es erleichtert, bestehende

Divergenzen zu überwinden.[40] Der Dialog ist so zu gestalten, dass alle Teilnehmer die gleichen Rechte haben und den freien Austausch von Argumenten ohne Ausübung von Gewalt zulassen, so dass der zwanglose Zwang des besseren Arguments als Leitschnur zur Führung des Dialoges dient.[41] Ziel des Dialoges ist es schließlich, eine Lösung des Konflikts zu erarbeiten, die für alle Teilnehmer des Dialoges verständlich und akzeptabel ist.

Konfliktmanagement, das auf Kooperation und Dialog aufgebaut ist kann sinnvoll sein, wenn der Gegenstand des Konflikts für den Unternehmenserfolg als wichtig und der potenzielle Einfluss der Stakeholder, mit denen der Konflikt besteht, als hoch eingeschätzt wird. Es gilt dabei allerdings zu bedenken, dass kommunikatives Konfliktmanagement prinzipiell ressourcenaufwendig und zeitintensiv ist. Hat es das Unternehmen versäumt eine auf kommunikative Verständigung beruhende Beziehung mit seinen Stakeholdern aufzubauen, ist dies, sobald dann tatsächlich eine Krise eingetreten ist, oftmals nicht mehr möglich. „Once the battle is running, no dialogue with the adversary is possible".[42] Gerade bei Konflikten in der Folge von Ad-hoc-Krisen, die per Definition plötzlich auftreten, dürfte dem Unternehmen nicht genug Zeit bleiben einen konstruktiven Dialog aufzubauen. Kooperatives Konfliktmanagement setzt die Bereitschaft des Unternehmens voraus, mit seinen Stakeholdern eine kommunikative Beziehung aufzubauen bevor es zur Krise kommt. „It is instructive here to recall that Noah started building the ark before it began to rain,"[43]

3.4 Dynamische Stakeholdermatrix als Instrument präventiven Konfliktmanagements

Eine dynamische Stakeholdermatrix kann hilfreich sein, potenzielle Konflikte und deren Tragweite frühzeitig zu erkennen, um somit geeignete Maßnahmen des Konfliktmanagements einleiten zu können. Die Stakeholder der Unternehmung, also „any group or individual who can affect or is affected by the achievement of the organization's objectives"[44], haben unterschiedliche und zu Teil nicht kompatible Interessen, die zu Konfliktpotenzialen führen können. Während beispielsweise Mitarbeiter prinzipiell an hohen Löhnen und hoher Arbeitsplatzsicherheit interessiert sein dürften, präferieren Investoren niedrige Kosten und hohen Gewinne. Je höher der potenzielle Einfluss des einzelnen Stakholders auf das Unternehmen, desto wichtiger ist die Erfüllung seiner Interessen für den Unternehmenserfolg. Das relative Einflusspotenzial der Stakeholder stellt gleichzeitig eine Chance für wie auch eine Bedrohung dar. Es bedeutet eine Chance, wenn die Stakeholder zur Kooperation mit dem Unternehmen gewonnen werden, während es eine Bedrohung darstellt, wenn die Aktionen der Stakeholder den Unternehmenserfolg beeinträchtigen. Die vertikale Achse der Stakeholdermatrix kennzeichnet die Bedeutung der Stakeholder, die jedoch immer in Abhängigkeit von den

Ansprüchen und Gegenständen, die dem Konfliktpotenzial zugrunde liegen zu sehen ist.

Eine statische Analyse des Konfliktpotenzials zwischen der Unternehmung und seinen Stakeholdern greift gerade im Krisenfall zu kurz. Während im obigen Beispiel vor der Rubelkrise russische Aktivistengruppen und die Presse ein nur geringes Bedrohungspotenzial – die Presse hat regelmäßig positiv von McDonald's berichtet – dargestellt haben, hat sich die Situation unmittelbar nach der Krise deutlich geändert. Der Konflikt mit Aktivistengruppen und der Presse hat schließlich erheblich zu dem starken Verkaufsrückgang bei McDonald's in Russland beigetragen. Weiterhin ist zu berücksichtigen, dass sich Stakeholder in einer von schnellen Änderungen geprägten Umwelt nicht statisch in Kategorien wie Bedrohung oder Kooperation einordnen lassen. Die Stadt Moskau beispielsweise, die aufgrund ihrer Kapitalbeteiligung als natürlicher Kooperationspartner von McDonald's Russia einzustufen gewesen wäre, hat sich im Laufe der Krise als potenter Gegenspieler herausgestellt. „In today's fragmented, fast-moving global business environment neither the stakeholders nor their claims can be known for sure".[45]

Abbildung 3-1: *Dynamische Stakeholdermatrix*

Quelle: Eigene Darstellung.

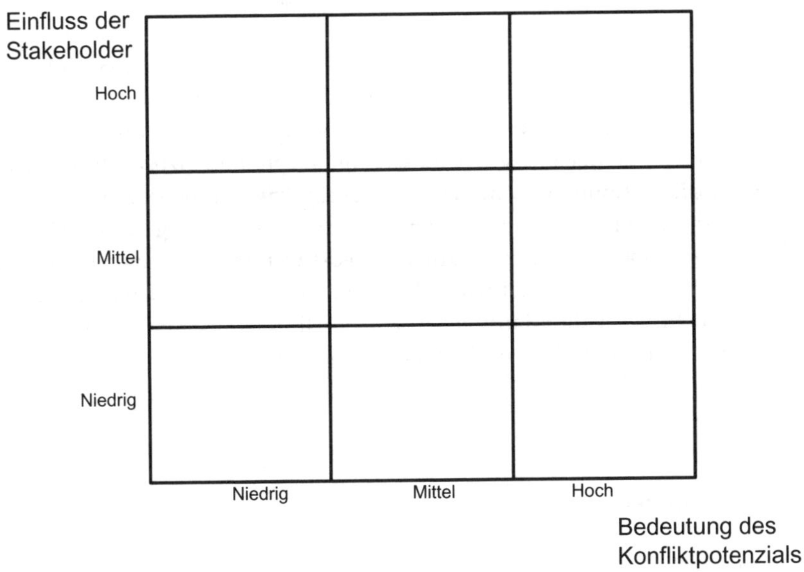

Unter zunehmend turbulenteren Umweltbedingungen erweist es sich als zweckmäßig, in einer dynamischen Betrachtung den Stakeholdern potenzielle Konfliktgegenstände (horizontale Achse der Matrix) zuzuordnen. Einfluss sowie Kooperation und Bedrohungspotenzial einzelner Stakeholder sind abhängig von den Gegenständen und Ansprüchen, die den Konflikten zugrunde liegen. Während sich das Auftreten von Ad-hoc-Krisen wohl kaum voraussagen oder berechnen lässt, kann versucht werden das aus diesen Krisen resultierende Konfliktpotenzial bezüglich seiner Tragweite für das Unternehmen zu analysieren. Dazu ist es zum einen erforderlich abzuschätzen, welche Stakeholder in welchem Ausmaß betroffen sind. Zum andern wäre zu prüfen, ob die Ansprüche der Stakeholder berechtigt, plausibel, emotionell ansprechbar und pressefreundlich sind.[46] Je mehr diese Fragen mit ja zu beantworten sind, desto höhere Bedeutung sollte den Ansprüchen und den hinter diesen Ansprüchen stehenden Stakeholdern beigemessen werden. Eine dementsprechende Analyse hätte beispielsweise bei McDonald's Russia ergeben, dass in einer kollektivistischen Kultur starke Reallohnsenkungen ein erhebliches Konfliktpotenzial nicht nur mit Mitarbeitern, sondern auch 05t Aktivisten, Presse und Regierungsbehörden darstellen. Demzufolge wären den Ansprüchen der Mitarbeiter eine höhere Bedeutung beizumessen gewesen. Weiterhin hätte das Management versuchen können, umgehend mit allen betroffenen Stakeholdern in einen Dialog einzutreten, noch bevor es zu einer offenen Auseinandersetzung kommt.

Anders wäre die Bedeutung des Konfliktpotenzials mit den oben beschriebenen Aktivisten in London, die McDonald's unwürdige Arbeitsbedingungen und Kinderarbeit vorwarfen, zu beurteilen. Eine Analyse hätte ergeben, dass das direkte Einflusspotenzial der Aktivisten gering war, keine Stakeholder sich direkt betroffen fühlten (beispielsweise lagen keine Klagen von Mitarbeitern über die Arbeitsbedingungen vor) und dass die Ansprüche der Aktivisten kaum berechtigt oder plausibel waren. Damit war auch das Interesse der Presse für diesen Fall als gering einzuschätzen. Das Einflusspotenzial dieses Konflikts wäre damit als gering zu beurteilen gewesen, so dass ein weitgehendes Ignorieren der Aktivisten und ihrer Ansprüche gerechtfertigt gewesen wäre. Es soll jedoch nicht der Eindruck erweckt werden, dass aus der hier vorgestellten dynamischen Stakeholdermatrix konkrete Handlungsempfehlungen abzuleiten sind. Vielmehr dient die Matrix als mögliche Hilfestellung für das Management um Bedeutung und Tragweite von Konfliktpotenzialen mit Stakeholdern besser abschätzen zu können.

Anmerkungen

1 DEUTSCH, M.: Conflicts [1969], S. 7.

2 Vgl. BELTON, C.: Mc Donald's [2000].

3 Vgl. SALLOT, J.: Muscovites to set records [1990].

4 Vgl. CHARLTON, A.: McDonald's Heartburn [1999].

5 TAYLOR, F.: Scientific Management [1947].

6 FAYOL, H.: Industrial Management [1963].

7 Vgl. MAYO, E.: Industrial civilization [1933].

8 Vgl. ANDERSON, K.: Arousal [1990].

9 Vgl. KAYSER, T.: Team Power [1994]; RAHIM, A.: Managing Conflict [1992].

10 RAHIM, A.: Managing Conflict [1992], S. 10.

11 NILL, A.: Unternehmensführung [1994].

12 Vgl. BOOTH, S.: Crisis [1993].

13 Vgl. MEYERS, G. / HOLUSHA J.: Crisis [1988].

14 Vgl. BOOTH, S.: Crisis [1993].

15 Vgl. NILL, A.: Konfliktmanagement [1999].

16 Vgl. PLATT, J.: Traps [1973]; DAWES, R.: Dilemmas [1980].

17 ROOT, F.: Strategies [1987], S. 2.

18 Vgl. PAUCHANT, T. / MIRTOFF, I.: Crisis [1992].

19 Vgl. BOOTH, S.: Crisis [1993], S. 165.

20 Vgl. KOZAN, M.: Value differences [1999]; TING-TOOMEY, S.: Interpersonal Conflict [1991].

21 Vgl. REDDING, S. / NORMAN, A. / SCHLANDER, A.: Attachement [1994].

22 Vgl. GELFAND, M.: Fairness [2002].

23 Vgl. PRUITT, D. / CARNEVALE, P.: Social Conflict [1993].

24 BOOTH, S.: Crisis [1993], S. 16.

25 RAHIM, A.: Managing Conflict [1992], S. 25.

26 Vgl. STEGER, U.: Diplomacy [2003].

27 Vgl. WALL STREET JOURNAL: Pinto Jury [1978], S. A3.

28 Vgl. BOWEN, M. / POWER, C.: Moral Manager [1993].

29 Vgl. GROSSMAN, J.: Conflict [2002].

30 Vgl. GRUBE, L.: Litigation [1995], S. 56.

31 Vgl. FREEDMAN, E.: Audi Class Suit [1997].

32 STEGER, U.: Diplomacy [2003], S. 220.

33 Vgl. WINTER, M.: Managing Pressure [1998].

34 Vgl. RUSHFORD, G.: Nike [1997], S. A14.

35 Vgl. CLEELAND, N.: Sweatshop [1999], S. C1.

36 BUFFET, W. in: AUGUSTINE, N.: Crisis [2000], S. 22.

37 RAHIM, A.: Managing Conflict [1992], S. 23.

38 APEL, K.-O.: Verantwortung [1992], S. 225.

39 ISAACS, W.: Organizational Learning [1993], S. 25.

40 Vgl. NILL, A.: Marketing Ethics [2003].
41 Vgl. APEL, K.-O.: Verantwortung [1992].
42 STEGER, U.: Diplomacy [2003], S. 233.
43 AUGUSTINE, N.: Crisis [2000], S. 11.
44 FREEDMAN, E.: Audi Class Suit [1997], S. 46.
45 STEGER, U.: Diplomacy [2003], S. 114.
46 Vgl. WINTER, M.: Managing Pressure [1998], S. 33 - 79; STEGER, U.: Diplomacy [2003], S. 133.

Literatur

ANDERSON, K. J.: Arousal and the Inverted – U Hypothesis – A critique of Neiss's Reconceptualizing Arousal; in: Psychological Bulletin; 107; 1990; S. 96 - 100.

APEL, K-O.: Diskurs und Verantwortung – Das Problem des Übergangs zur postkonventionellen Moral; Fankfurt am Main: Suhrkamp Verlag; 1992.

AUGUSTINE, N.: Managing The Crisis You Tried to Prevent; in: Harvard Business Review on Crisis Management; Boston: Harvard Business School Press; 2000.

BELTON, C.: McDonald's Russia Marks 10 Years; in: Moscow Times; 1. Februar 2000.

BOOTH, S.: Crisis Management Strategy – Competition and Change in Modern Enterprises; London et al: Routledge; 1993.

BOWEN, M. / POWER C.: The Moral Manager – Communicative Ethics and the Exxon Valdez Disaster; in: Business Ethics Quarterly; Nr. 2; 3. Jahrgang; 1993; S. 97 - 115.

CHARLTON, A.: Natalya Gracheva Is Giving McDonald's Heartburn; in: The Associated Press; 23. Juni 1999; S. 1 - 2.

CLEELAND, N.: Students Give Sweatshop Fight the College Try; in: Los Angeles Times; 22. April 1999; S. C1.

DAWES, R. M.: Social Dilemmas; in: Annual Review of Psychology; 31. Jahrgang; 1980; S. 169 - 193.

DEUTSCH, M.: Conflicts – Productive and Destructive; in: Journal of Social Issues; Nr.1; 25. Jahrgang; 1969; S. 7 - 41.

DEWEY, J.: Human Nature and Conduct; New York: Modern Library; 1957.

FAYOL, H.: General and Industrial Management; London: Pitman; 1963.

FREEDMAN, E.: Illinois Court Revives Part of Audi Class Suit; in: Automotive News; Nr. 5733; 71. Jahrgang; 1997; S. 19.

FREEMAN, E.: Strategic Management – A Stakeholder Approach; Boston: Pitman; 1984.

GELFAND, M. / HIGGINS, M. / NISHII, L. / RAVER, J. / DOMINGUEZ, A. / MURAKAMI, F. / YAMAGUCHI, S. / TOYAMA, M.: Culture and Egocentric Perceptions of Fairness in Conflict Negotiations; in: Journal of Applied Psychology; Nr. 5; 87. Jahrgang; 2002; S. 833 - 845.

GROSSMAN, J.: Minimizing Conflict; in: Camagazine; Mai 2002; S. 37 - 38.

GRUBE, L.: Litigation – Cost of Litigation to U.S. Businesses; in: Chief Executive; 19. Jahrgang; 1995; S. 56.

ISAACS, W.: Dialogue, Collective Thinking and Organizational Learning; in: Organizational Dynamics; 22. Jahrgang; 1993; S. 24 - 39.

KAYSER, T.: Building Team Power – How to Unleash the Collaborative Genius of Work Teams; New York: Irwin; 1994.

KOZAN, K. / ERGIN, C.: The influence of intra-cultural value differences on conflict management practices; in: The International Journal of Conflict Management; Nr. 3; 10. Jahrgang; 1999; S. 249 - 267.

MAYO, E.: The human problems of an industrial civilization; New York: Macmillan; 1933.

MEYERS, G. / HOLUSHA, J.: Crisis Management; London: Unwin; 1988.

NILL, A.: Strategische Unternehmensführung aus ethischer Perspektive; Münster et al.: LIT Verlag; 1994.

NILL, A.: Kommunikatives Konfliktmanagement in international diversifizierten Unternehmen; in: HINTERHUBER., H. (Hrsg.): Die Zukunft der diversifizierten Unternehmung; München: Franz Vahlen Verlag; 1999.

NILL, A.: Global Marketing Ethics – A Communicative Approach; in: Journal of Macromarketing; 23. Jahrgang; 2003; S. 90 - 105.

PAUCHANT, T. / MIRTOFF, I.: Transforming the Crisis Prone Organization; San Francisco: Jossey-Bass; 1992.

PLATT, J.: Social Traps; in: American Psychologist; 28. August 1973; S. 441 - 451.

PRUITT, D. / CARNEVALE, P.: Negotiation in Social Conflict; Buckingham: Open University Press; 1993.

RAHIM, A.: Managing Conflict in Organizations; Westport: Praeger Publishers; 1992.

REDDING, S. / NORMAN, A. / SCHLANDER, A.: The nature of individual attachement to the organization; in: A review of East Asians Variations; in: TRIANDIS, H. / DUNNETTE, M. / HOUGH, L. (Hrsg.); in: Handbook of Industrial Organizational Psychology; 4. Jahrgang; Palo Alto: Consulting Psychologists Press; 1994; S. 647 - 688.

ROOT, F.: Entry Strategies for International Markets; Lexington: Lexington; 1987.

RUSFORD, G.: Nike lets critics kick it around; in: The Wall Street Journal; 12. Mai 1997; S. A14.

SALLOT, J.: McDonald's expects Muscovites to set records at new restaurant; in: The Toronto Globe and Mail; 27. Januar 1990; S. B6.

SCHOPENHAUER, A.: Aphorismen zur Lebensweisheit; Frankfurt am Main: Insel Verlag; 1991.

STEGER, U.: Corporate diplomacy – the strategy for a volatile, fragmented business environment; Chichester: Wiley; 2003.

TAYLOR, F.: Scientific Management; London: Harper and Row; 1947.

TING-TOOMEY, S / GAO, G. / TRUBISKY, P. / YANG, Z. / KIM, H. / LIN, S. / NISHIDA, T.: Culture, face maintenance, and styles of handling interpersonal conflict – A study of fife cultures; in: The International Journal of Conflict Management; Nr. 3; 29. Jahrgang; 1991; S. 275 - 296.

The Wall Street Journal: Why the Pinto Jury Felt Ford Deserved $125 Million Penalty; 14. Februar 1978; S. A3.

WINTER, M. / STEGER, U.: Managing Outside Pressure; Chichester: John Wiley & Suns Ltd.; 1998.

Georg Müller-Christ

Die Professionalisierung des gemeinnützigen Handelns

Soziale Nachhaltigkeit als Krisenprävention

1 Einführung ... 575

2 Krise als Ressourcenzugangsproblematik ... 575

3 Gemeinnütziges Handeln professionalisieren durch Corporate Social Responsibility? ... 577

4 Soziale Nachhaltigkeit aus ressourcenorientierter Perspektive ... 579
4.1 Der Ressourcenbegriff ... 579
4.2 Unternehmen als ressourcenabhängige Systeme ... 580

5 Soziale Nachhaltigkeit, Systemstabilität und Krisenprävention ... 582
5.1 Moderatorfunktion sozialer Ressourcen ... 583
5.2 Krisenprävention durch soziale Nachhaltigkeit ... 584

1 Einführung

Es wird gegenwärtig sehr viel von Seiten der Wirtschaft veröffentlicht und von der Wissenschaft diskutiert zum Themenkomplex „Soziale Verantwortung von Unternehmen"[1]. Dabei ist das Thema seit über 30 Jahren ein Gegenstand der Managementforschung. Warum aber ist das Thema plötzlich wieder so aktuell? Und gibt es neue strategische Konzepte für die Berücksichtigung der sozialen Verantwortung von Unternehmen?

In der Praxis zeigt es sich, dass die meisten Unternehmen kein klares Konzept für ihr sozialverantwortliches Handeln besitzen. Dies bedeutet, dass sie nicht systematisch in gemeinnützliche Projekte investieren, um beabsichtigte Wirkungen hervorzurufen. Vielmehr entstehen die meisten Projekte aus Vorlieben der Unternehmer oder des Managements, durch Druck von Nichtregierungsorganisationen oder durch ein Bekenntnis zu ethischen Werten.[2] Mit anderen Worten: Hinter sozialen Projekten steckt in den meisten Fällen keine kohärente Strategie. Dieses Manko können auch die modisch formulierten – im Kern aber alten – Konzepte wie Corporate Social Responsibility (CSR) oder Corporate Citizienship nicht heilen. Der Beitrag zeigt dies am Beispiel von CSR auf. Strategisch eingesetzt werden kann soziale Verantwortung nur, wenn sie auf einer differenzierten Betrachtung der Rückwirkungen des Handelns auf das Unternehmen bewertet wird. Dann lässt sich soziale Verantwortung als Krisenprävention begreifen in dem Sinne, dass möglichst viele negative Rückwirkungen des betrieblichen Handelns vermieden werden können. Als axiomatisches Fundament hierzu kann das Konzept der sozialen Nachhaltigkeit aus ressourcenorientierter Perspektive dienen.

2 Krise als Ressourcenzugangsproblematik

Krisen sind Situationen, die von extremer Ambivalenz der Entwicklungsmöglichkeiten gekennzeichnet sind.[3] Die Ambivalenz liegt in der Möglichkeit, eine neue Entwicklungsrichtung zu realisieren zu können oder unterzugehen. Die Problematik hierbei ist, dass Krisen eine außergewöhnliche, akute Entscheidungssituation darstellen, die von Bedrohung, Überraschung und Zeitdruck gekennzeichnet sind. In dieser Situation gibt es zumeist weniger Handlungsoptionen und ihre Realisierung ist ressourcenintensiv, weil schnell gehandelt werden muss.

Wie kommt es zu einer Krise? Aus systemtheoretischer Perspektive beschreibt Krise eine Störung des Systems von innen oder außen, die das System nicht mehr ohne Veränderung seines Zustandes abfangen kann. Das System wird instabil, weil es zentrale Variablen nicht innerhalb bestimmter Toleranzgrenzen halten kann.[4] Diese Zustandsveränderung mag für ökologische Systeme kein Problem darstellen, weil sie keine Zwecke verfolgen. Für soziale Systeme sind derartige Krisensituationen jedoch ein großes Problem, weil sie absichtsgeleitet (intentional) handeln. Eine Krise stellt also immer die Zweckerreichung in Frage und damit den Bestand. Geht ein soziales System unter, gehen auch die Leistungen, die es für andere Systeme erbringt unter. Schon kann das nächste System in eine Krise gestürzt werden.

Wie können Krisen von sozialen Systemen – und hier ganz besonders von Unternehmen – verhindert werden? Jedes System wird laufend mit Störungen von außen konfrontiert. Stabile oder gesunde Systeme sind der Lage, diese Störungen so zu bewältigen, dass keine gravierende Systemveränderung nötig ist. Resilienz nennt man systemtheoretisch das Maß für die Menge an Veränderungen oder Störungen, die ein System absorbieren kann, ohne seine Grundstruktur zu verändern.[5]

Krisenprävention bedeutet folglich zweierlei:

1. Die Fähigkeit des Systems, mit den unumgänglichen Störungen umzugehen, kann gesteigert werden. Da man jedoch nie wissen kann, welche Störung in welchem Ausmaß auf das System zukommt, gibt es auch keine absolute Krisenprävention. Das System kann nur relativ in seiner Fähigkeit zunehmen, Krisen zu bewältigen.

2. Alle sozialen Systeme sind Zweck-Mittel-Systeme. Störungen können also entweder die Zweckerreichung oder den Mittelzufluss treffen. Die meisten Krisen wurden bislang als Krisen im Mittelzufluss gedeutet. Werden von der Umwelt des Systems aber dessen Zwecke in Frage gestellt, kommt es auch zu einer Störung des Mittelzuflusses, so dass Krisen für Zweck-Mittel-Systeme letztlich immer eine Störung des Mittelzuflusses darstellen. In diesem Sinne bedeutet Krisenprävention, frühzeitig den Störungen des Mittelzuflusses entgegenzuwirken.

Der Beitrag beschäftigt sich mit der Notwendigkeit, den Mittelzufluss antizipativ sicherzustellen. In der Managementlehre werden gegenwärtig zwei Konzepte diskutiert, die direkt oder indirekt den Mittelzufluss des Unternehmens sichern sollen. Diese sind: Corporate Social Responsibility (CSR) und soziale Nachhaltigkeit. Mit der folgenden Analyse soll festgestellt werden, welches Konzept tragfähiger ist, um die Nebenwirkungen des betrieblichen Handelns in die Richtung zu steuern, dass der Mittelzufluss gesichert bleibt.

3 Gemeinnütziges Handeln professionalisieren durch Corporate Social Responsibility?

Weltweit scheint es für exponierte Unternehmen ein großes Problem zu sein, systematisch ihre sogenannte „Soziale Verantwortung" wahrzunehmen. Der Aufruf zur Professionalisierung des gemeinnützigen Handelns ist daher naheliegend und verständlich.[6] Was aber sind die konzeptionellen Bezugspunkte für die Professionalisierung? Im Konzept des CSR ist es der Verantwortungsbegriff.

Verantwortung übernehmen bedeutet Rechenschaft abzulegen für das eigene Handeln. Dieses Rechenschaft ablegen wird natürlich immer nur dann relevant, wenn Handeln nicht zur erwünschten Hauptwirkung oder zu unerwünschten Nebenwirkungen führt. Für das Konzept des CSR interessieren vor allem die Nebenwirkungen. Derjenige, der verantwortlich ist, muss auf die Nebenwirkungen „antworten", was letztlich bedeutet, für die Beseitigung der Nebenwirkungen zu sorgen. Insofern ist die Diskussion um die soziale Verantwortung von Unternehmen eine logische Reaktion auf die Zunahme unerwünschter gesellschaftlicher und ökologischer Nebenwirkungen des betrieblichen Handelns. Hier müssen jedoch Unterschiede gemacht werden:

- Auf globaler Ebene werden Unternehmen dafür angegriffen, dass sie **kulturell bedingte Kostenvorteilen** ausnutzen: Kinderarbeit, absolute Niedrigstlöhne für Frauen, geringere Umweltstandards etc.
- Auf nationaler Ebene werden Unternehmen dafür angegriffen, dass sie dem **Druck zur Kostenexternalisierung** auf Natur und Gesellschaft zu stark nachgeben (hierzu gehört auch die Haltung, Steuerzahlungen durch Ertragsverschiebungen zu minimieren) oder die **Nebenwirkungen der Produktnutzung** in die Verantwortung der Konsumenten zu delegieren.

In dieser Perspektive entstehen Nebenwirkungen durch den wettbewerblichen Druck, die Kosten gering zu halten. Umso erstaunlicher ist die Definition von CSR durch die Europäische Kommission: „Corporate Social Responsibility ist ein Konzept, das den Unternehmen als Grundlage dient, auf freiwilliger Basis soziale Belange und Umweltbelange in ihre Unternehmenstätigkeit und in die Wechselbeziehungen mit den Stakeholdern zu integrieren, da sie zunehmend erkennen, dass verantwortliches Handeln zu nachhaltigem Unternehmenserfolg führt"[7].

Während der Wettbewerb von Unternehmen verlangt, Kosten so niedrig wie möglich zu halten, um erfolgreich zu sein, schlägt die EU-Kommission in ihrem Konzept CSR vor, auf freiwilliger Basis Geld auszugeben, um den dauerhaften Erfolg zu sichern. Hier treffen zwei unterschiedliche Zeithorizonte des Erfolgs aufeinander und produzieren einen Widerspruch, der für die Wirtschaft gegenwärtig schwer zu bewältigen ist: Für den Ausweis schneller Erfolge rechnet sich kurzfristig jede Kostenexternalisierung, langfristig rechnet sich die heutige Investition in die Verhinderung unerwünschter Nebenwirkungen des betrieblichen Handelns.[8]

Die Bewältigungsform des Widerspruchs, die im Konzept angelegt ist, ist die der Freiwilligkeit. Freiwillig höhere Kosten in Kauf zu nehmen, ist schon terminologisch keine ökonomische Argumentation. Sie kann also nur auf außerökonomische Entscheidungen gerichtet sein wie die Verteilungspolitik des Unternehmens. Freiwilligkeit zielt vermutlich auf die Verteilung des Gewinns und meint, dass ein Teil des Gewinns in gemeinnützige Projekte fließen sollte. Und dies – so wird durchgängig formuliert – aus ethischen Gründen.[9] Mit dieser Lösungsprämisse wird allerdings das Zwei-Welten-Konzept von Ökonomie und Ethik gefestigt. Ethik bleibt das Korrektiv von Ökonomie.

Welchen Beitrag kann das Konzept des CSR nun zur Krisenprävention leisten? Krisenprävention – so wurde oben herausgearbeitet – bedeutet, heute in die Sicherung des Mittelzuflusses von morgen zu investieren. Die Rückwirkungen des sozialverantwortlichen Handelns werden häufig als Imagestabilisierung oder -gewinn bezeichnet. Wenn der einzige Nutzen der Sozialverantwortung für Unternehmen aber Imageerhaltung oder Imagegewinn ist, eignet sich das Konzept der CSR nur bedingt zur Krisenprävention. Image ist ein zu schwieriges Konstrukt, um es mit der Sicherung der zukünftigen Mittelzuflüsse kausal zu verknüpfen. Image ist sehr gegenwartsbezogen und allzu schnell ist ein gutes Image verspielt und wirkt nicht mehr gegen Belastungen von morgen.

Des Weiteren lassen sich aus dem Konzept des CSR kaum Entscheidungskriterien ableiten, welches sozialverantwortliche Handeln heute unter den vielen Optionen ausgesucht werden soll: Sowohl ein Zuschuss zur Reintegration straffälliger Jugendlicher als auch die Stiftung eines Kulturpreises oder die Aufforstung eines Hektar Regenwaldes kann einen Beitrag zum Image des Unternehmens leisten. Schließlich lässt sich mit einigen wenigen auffälligen Aktionen ein gutes Image erzeugen, welches in keiner Relation steht zu den tatsächlichen gesellschaftlichen Nebenwirkungen, die das Unternehmen hervorruft. Genau in diese Lücke stoßen dann die gesellschaftlichen Institutionen, die permanent versuchen herauszufinden, ob das unternehmerische Bekenntnis zu seiner sozialen Verantwortung auch auf breiter Front gelebt wird.[10]

Das Grundproblem von CSR ist folglich, dass es keine kausale Verknüpfung zwischen Bekenntnissen zur Sozialverantwortung, ausgewählten gemeinnützigen Projekten und der Sicherung des zukünftigen Mittelzuflusses gibt. Aus **ethischer Perspektive** ist diese Kausalität auch gar nicht notwendig. Rücksichtnahme aus ethisch-moralischen Beweggründen akzeptiert und fördert das Gegenüber ohne den ökonomischen Gedanken des Nutzens für einen selbst. Ein funktionaler Bezug zur Krisenprävention ist damit nicht gegeben. Zur Professionalisierung des gemeinnützigen Handelns wird also ein Konzept benötigt, welches die Reduzierung der Nebenwirkungen des betrieblichen Handelns **rational** begründen kann – aus Eigeninteresse des Unternehmens. Ein solches Konzept ist das der sozialen Nachhaltigkeit aus ressourcenorientierter Perspektive.

4 Soziale Nachhaltigkeit aus ressourcenorientierter Perspektive

Vielfach wird davon ausgegangen, dass eine nachhaltige Entwicklung das Ziel hat, die ökologischen, sozialen und ökonomischen Wirkungen des Wirtschaftens auf allen Ebenen zu integrieren. Auch unter dem Oberbegriff soziale Nachhaltigkeit wird wie bei CSR häufig Verantwortung konkret eingefordert für die Einhaltung der Menschenrechte weltweit, für das Verbot von Kinderarbeit, für die Gewährung anerkannter Arbeitsbedingungen oder für die Rechte indigener Völker. National sollen Unternehmen mehr Verantwortung für Vielfalt und Chancengleichheit übernehmen, für Ausbildung und lebenslanges Lernen, für die Verbesserung der Regionalentwicklung, für Gesundheit, Sicherheit u.a.m. Dieses alles sind gesellschaftliche Normen. Unternehmen sollen demnach einen Beitrag leisten zur Verbesserung der Lebensbedingungen der Menschen, deren Ausprägung normativ ausgehandelt wird.[11]

Soziale Nachhaltigkeit wird in diesem Beitrag dagegen als eine rationale Handlungsweise verstanden, in der Unternehmen sich frühzeitig darum kümmern, dass ihre sozialen oder humanen Ressourcen permanent reproduziert werden.[12] Diese Sichtweise wird im Weiteren skizziert.

4.1 Der Ressourcenbegriff

Mit dem Begriff der Ressourcen werden gängigerweise natürliche Rohstoffe assoziiert (Synonym). Die Betriebswirtschaftslehre umschreibt darüber hinaus mit Ressourcen alle Hilfsmittel, die zur Produktion von Gütern und Dienstleistungen benötigt werden (Sammelbegriff). Die Managementlehre hat mit dem Resource-based View einen Ressourcenbegriff eingeführt, der eng an den des Erfolgspotenzials angelehnt ist. Zentrale Ressource sind hier die organizational capabilities: Organisationsfähigkeiten, die sich auf den komplexen Märkten in unterscheidbare Kompetenzen ummünzen lassen (abstrakter Begriff).

Betriebswirtschaft ist eine Wissenschaft, die nach Zweck-Mittel-Relationen fragt. Mit der Vorgabe des Formalziels Gewinn ist es Aufgabe der BWL unter sich verändernden Bedingungen die adäquaten Mittel zu dieser Zielerreichung zu erforschen. Hierbei konnte sie lange davon ausgehen, dass Mittel in jeder Qualität und Quantität, zu jedem Zeitpunkt und an jedem Ort zur Verfügung stehen. Der Resource-based View hat diese Annahme bereits relativiert, in dem der Mittel des betrieblichen Erfolgs im Unternehmen selber sucht. Die Beschaffenheit der Mittel ist indes immer noch eher konkret und manifest: Sie werden auf einen bestimmten (Markt-)Zweck hin gedacht.

Ressourcen im abstrakten Zweck-Mittel-Denken der BWL können als latente und / oder abstrakte Mittel verstanden werden. Erdöl beispielsweise ist in Bezug auf seine Verwendung als Energieträger ein Produktionsfaktor. Erdöl ist eine Ressource, wenn es noch latente Möglichkeiten zur Erreichung von wirtschaftlichen Zwecken hat, die gegenwärtig noch nicht bekannt oder nicht genutzt werden. Der Mensch wird nicht mehr als Produktionsfaktor betrachtet, sondern in jeder Sonntagsrede als die wichtigste Ressource des Unternehmens bezeichnet, seitdem deutlich wird, dass er der Träger zukünftiger und noch nicht bekannter Problemlösungen ist.[13]

Die sozialen Ressourcen des Unternehmens sind die immateriellen Mittel, die der Mensch (auch als Vertreter einer Institution) dem Unternehmen zur Verfügung stellt: Wissen und Fertigkeiten als Arbeitskraft, Vertrauen als Konsument, Legitimation als Bürger, Rechtssicherheit als Gesetzgeber, Werte als Religionsvertreter usw.

4.2 Unternehmen als ressourcenabhängige Systeme

Die Ressourcenperspektive lenkt den Blick auf die zentrale Bedeutung von Ressourcen – in ihren vielfältigen Erscheinungsformen – für die Lebens-, Funktions- und Entwicklungsfähigkeit von natürlichen und anthropogenen-gesellschaftlichen Systemen. Dies gilt sowohl für Gesellschaften als Ganzes als auch für Institutionen als einzelwirtschaftliche Organisationen. Sie hängen von einem beständigen Zufluss an Ressourcen ab, um sich am Leben zu erhalten, ihre Zwecke zu erfüllen und selbstgesetzte Ziele zu erreichen. Da alle offenen Systeme ressourcenabhängige Systeme sind, tauschen sie miteinander Ressourcen aus. Systeme nehmen folglich von ihren Ressourcenquellen Ressourcen auf und geben an andere Systeme Ressourcen ab. Jedes System ist somit abhängig von Ressourcen anderer Systeme und zugleich Ressourcenquelle für andere Systeme. Diese vitalen Ressourcenströme werden immer dann gestört, wenn ein System in seiner Funktionsfähigkeit so behindert wird, dass es als Ressourcenquelle für andere Systeme ausfällt. In dieser Perspektive wird es für Systeme wieder rational, sich für den Erhalt ihrer Ressourcenquellen einzusetzen, indem sie die Eigengesetzlichkeiten ihrer Ressourcenquellen und ressourcenaufnehmenden Systeme beachten. Derart rücksichtsvolle Beziehungen folgen der Rationalität der Nachhaltigkeit.[14] Diese Zusammenhänge sind in der folgenden Abbildung dargestellt.

Abbildung 4-1: *Das Unternehmen als ressourcenabhängiges System*

Quelle: MÜLLER-CHRIST, G.: *Nachhaltiges Ressourcenmanagement [2003], S. 93.*

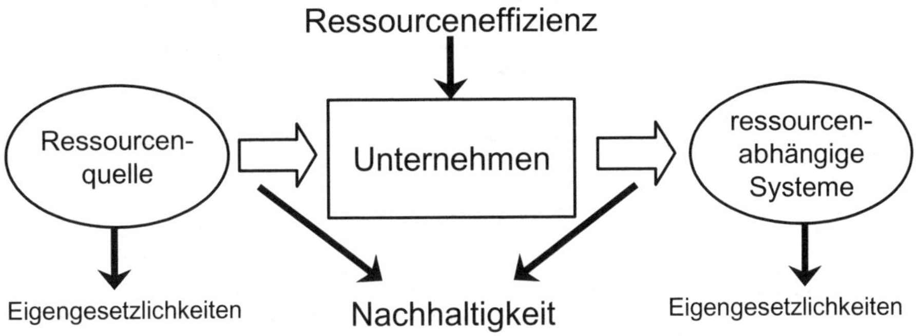

Die Ressourcenperspektive ist nicht neu. Sie drängt sich in der Managementlehre mittlerweile wieder in den Vordergrund, weil Unternehmen feststellen, dass Ressourcen, von denen sie elementar abhängig sind, plötzlich absolut knapp werden. Solange diese Knappheit nicht zu beobachten war, es also keine Engpässe im Zufluss von Ressourcen gab, konnten sich die Unternehmen auf die effiziente Verwertung der beschafften Ressourcen konzentrieren. Nun muss sich der Blickwinkel ändern. Das herrschende Bild von einem Unternehmen als ein wertschöpfendes System muss ergänzt werden um das Bild von einem Unternehmen als ressourcenabhängiges System (vgl. Abbildung 4-1). Der wesentliche Unterschied liegt in einem veränderten Umweltbild sowie der Möglichkeit, Beziehungen zu den Umwelten nicht allein unter der Effizienzrationalität zu gestalten.

Abbildung 4-2: *Das Bild des wertschöpfenden und ressourcenabhängigen Unternehmens im Vergleich*

Quelle: MÜLLER-CHRIST, G.: Nachhaltiges Ressourcenmanagement [2003], S. 94.

	Das Unternehmen als wertschöpfendes System	**Das Unternehmen als ressourcenabhängiges System**
Zweckvorstellung	gewinnbringende Produktion von Gütern und Dienstleistungen	Produktion von Ressourcen für die Umwelt
Umweltbild	Umwelten als Ressourcenpool	Umwelten als Ressourcenquellen
Beziehungsgestaltung	Beziehungen als Machtarena (Resource-Dependence-Approach)	Beziehungen als wechselseitige Ressourcenaustauschbeziehungen
Rationalität	Effizienz	Nachhaltigkeit
Engpassfaktor	Absatz als Engpass	Ressourcennachschub als Engpass

Zusammenfassend gilt: Ein effizientes Unternehmen setzt die aus der Umwelt bezogenen Ressourcen sparsam ein, ein nachhaltiges Unternehmen setzt sich intensiv für die Reproduktion der Ressourcen ein, von denen es abhängig ist. Letztlich muss jedes Unternehmen beide Aufgaben erfüllen, um erfolgreich zu sein.[15]

5 Soziale Nachhaltigkeit, Systemstabilität und Krisenprävention

Wenn Unternehmen in den Nachschub an Ressourcen investieren, sichern sie dauerhaft ihren Mittelzufluss. Von daher hat Engagement für Nachhaltigkeit einen engen Bezug zu Krisenprävention. Da Unternehmen ihre Ressourcen zum großen Teil nicht selbst reproduzieren, sondern diese Aufgabe ihre Umsysteme übernehmen, müssen sie mit diesen rücksichtsvoll umgehen, um deren Funktionsfähigkeit zu erhalten. Bezugspunkt für diese Rücksichtsnahme sind jedoch nun weniger gesellschaftliche Normen als eine Systemvernunft, die die Auswirkungen des betrieblichen Handelns anhand der Rückwirkungen auf das Unternehmen selbst bewertet. Die Stärke des sozialen Nachhaltigkeitsansatzes aus ressourcenorientierter Perspektive ist es folglich, klarere Kriterien für die Auswahl von sozialem Engagement zu liefern. Der Versicherungskonzern Allianz beispielsweise hat einen Lehrstuhl für islamisch-jüdische Studien gestiftet, weil die Allianz als internationales Unternehmen von Spannungen und Konflikten zwischen Staaten und Kulturen oft auch in ihren Geschäftsaktivitäten betroffen ist. Mit dem Stiftungslehrstuhl, der alternierend an Dozenten aus dem islamischen und dem jüdischen Kulturkreis vergeben wird, möchte die Allianz einen Beitrag dazu leisten, den interkulturellen Dialog zu fördern und so zu mehr Verständnis zwischen den Kulturen beizutragen.[16] Dieses Beispiel verdeutlicht, dass das Denken in Rückwirkungen auf das Unternehmen wesentlich komplexere Ursache-Wirkungs-Beziehungen entscheidbar machen muss, als ein ethisches fundiertes Engagement.

Da die sozialen Ressourcen nicht direkt in den Wertschöpfungsprozess von Unternehmen eingehen, stellt sich die Frage, welchen Beitrag sie zur Sicherung des materiellen Ressourcenzuflusses leisten können.

5.1 Moderatorfunktion sozialer Ressourcen

Alle immateriellen Ressourcen des betrieblichen Handelns können aufgrund der Systemrationalität nicht substituiert werden. Dies liegt an ihrer besonderen Eigenschaft für den betrieblichen Wertschöpfungsprozess. Erste modellhafte Überlegungen kommen zu dem Ergebnis, dass immaterielle Ressourcen wie Vertrauen, Legitimation oder Image den Zugang zu den materiellen Ressourcen moderieren. Mit anderen Worten: Immaterielle Ressourcen gehen nicht in den Wertschöpfungsprozess ein, sondern spielen den Moderator der Wirkmechanismen zwischen materiellem Ressourcenzufluss und Wertschöpfung. Verspielt ein Unternehmen beispielsweise sein Vertrauen der Konsumenten, ist der Geldzufluss nicht mehr gesichert. Abbildung 5-1 illustriert diesen Zusammenhang aus salutogenetischer Perspektive: Ein Unternehmen ist dann gesund, wenn es genügend Problemlösungspotenzial hat, um die immer wieder kehrenden Belastungen im Ressourcenzufluss zu bewältigen. Seine ausreichenden immateriellen Ressourcen sichern ihm dabei den ständigen Zufluss an materiellen Ressourcen.[17]

Abbildung 5-1: *Moderatorfunktion der immateriellen Ressourcen*
Quelle: Müller-Christ, G.: Salutogenese [2004], S. 33.

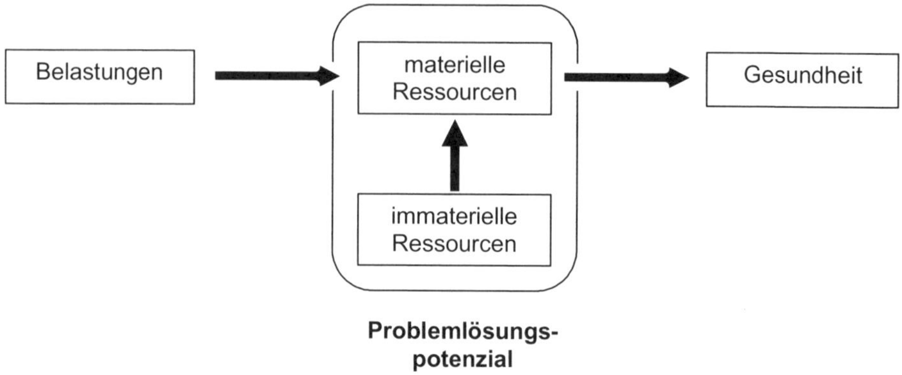

5.2 Krisenprävention durch soziale Nachhaltigkeit

Soziale Nachhaltigkeit aus ressourcenorientierter Perspektive ist die Rationalität für eine kohärente Strategie zur Krisenprävention. Die Professionalisierung des gemeinnützigen Engagements braucht einen kausalen Zusammenhang zwischen sozialer Investition und positiver Rückwirkung auf das Unternehmen. Diese positive Rückwirkung stellt die Sicherung des zukünftigen Mittelzuflusses dar.

Ethisch motiviertes soziales Engagement bleibt durchaus relevant für Unternehmen. Es folgt jedoch einer anderen Logik und führt damit auch zu anderen Wirkungen als Investitionen in die soziale Nachhaltigkeit.

Was müssen Unternehmen nun tun, um durch soziales Engagement Krisenprävention zu betreiben? Grundsätzlich geht es darum, die Funktionsfähigkeit der Ressourcenquellen zu sichern. Unternehmen brauchen also ein Ressourcencontrolling, welches aufgrund des Wissens über die Eigengesetzlichkeiten der Ressourcenquelle die vom Unternehmen ausgehenden Störwirkungen auf diese überwacht. Zumeist wird dies eine Aufgabe sein, die kooperativ von Unternehmen einer Branche oder über Branchen hinweg organisiert werden muss. Hierzu ein Beispiel: Zu Beginn der 90er Jahre habe viele Unternehmen massiv Naturwissenschaftler und Ingenieure aus Effizienzgründen entlassen. Seit Anfang dieses Jahrzehnts sind Naturwissenschaftler und Ingenieure auf dem Arbeitsmarkt absolut knapp. Der Zufluss der Ressource technische Bildung ist nicht mehr gesichert. Ursache hierfür waren die Unternehmen selbst: Sie haben bei ihren Entlassungen ohne Rücksicht auf die Eigengesetzlichkeiten der Ressourcenquelle Universität gehandelt. Wird die Ressource technische Bildung vorübergehend nicht nachgefragt und in ihrem Wert reduziert, produzieren Universitäten fünf bis sieben Jahre später erheblich weniger naturwissenschaftlich-technische Absolventen als zuvor.

Verbände können hier eine ganz neue Aufgabe übernehmen, indem sie nicht mehr nur die Eigengesetzlichkeiten ihrer Klientel als dominant in den Vordergrund stellen und die daraus abgeleiteten Interessen versuchen machtvoll durchzusetzen. Sie könnten sich auch für die Vermittlung zwischen den Eigengesetzlichkeiten der Umsysteme und denen ihrer Klientel einsetzen

Die soziale Ressource, die gegenwärtig neben der Bildung am meisten Aufmerksamkeit hervorruft, ist Vertrauen. Vertrauen ist die Zuversicht in die Zuverlässigkeit des Vertrauensempfängers, opportunistische Handlungsspielräume nicht gegen den Vertrauensgeber auszunutzen. Die Vertrauensdiskussion ist sicherlich deswegen entstanden, weil Unternehmen in der Ausnutzung kulturbedingter Kostenvorteile sich gerade opportunistisch verhalten und der Gesellschaft im Heimatstandort Nachteile aufbürden.

Die Eigengesetzlichkeiten der Vertrauensbildung sind nun sehr komplex. Übereinstimmend betont wird der dynamische Charakter des Vertrauens, der durch einen Vertrauensvorschuss eines Partners und das dadurch erzeugte Commitment beim anderen Partner in Gang gesetzt wird. Da es jedoch zahlreiche Einflussgrößen der Vertrauensbildung gibt, müssen Unternehmen ihr Handeln auf allen Ebenen und gegenüber allen Ressourcenquellen anhand der Rückwirkungen auf Vertrauen bewerten.

Anmerkungen

1 Vgl. die vielen Beispiele auf der Internetseite http://www.umweltdialog.de [Mai 2004].

2 Vgl. GAZDAR, K. / KIRCHHOFF, K. R.: Unternehmerische Wohltaten [2004], S. 6 ff.

3 Vgl. KRYSTEK, U.: Unternehmenskrisen [1987], S. 3.

4 Vgl. zum Krisenbegriff die Ausführungen von HÜLSMANN, M.: Kommunale Krisen [2002], S. 11 ff.

5 Ähnliche Begriffe für die Absorptionsfähigkeit von Störungen sind: Robustheit, Selbststabilisierungsfähigkeit, Elastizität, Gesundheit, Fehlerfreundlichkeit, Verletzlichkeit.

6 So beispielsweise von OTTO, M., Vorstandsvorsitzender vom Otto-Versand in: GAZDAR, K. / KIRCHHOFF, K. R.: Unternehmerische Wohltaten [2004], S. 3.

7 Europäische Kommission: Soziale Verantwortung [2002].

8 Ausführlicher zu diesem faktisch vorhandenen Widerspruch: MÜLLER-CHRIST, G. / HÜLSMANN, M.: Nachhaltiges Management [2003].

9 GAZDAR, K. / KIRCHHOFF, K .R.: Unternehmerische Wohltaten [2004], S. 66.

10 Das Engagement international tätiger Konzerne für soziale Belange ihrer Mitarbeiter und von Anwohnern der Unternehmensstandorte ist oft nicht mehr als ein Feigenblatt und dient im Wesentlichen der Imagepflege. Zu diesem Ergebnis kommt die britische Entwicklungshilfeorganisation Christian Aid in einer neuen Studie. Die Autoren nahmen Aktivitäten zu Corporate Social Responsibility (CSR) der Unternehmen Shell, Britisch American Tobacco und Coca Cola unter die Lupe. Resultat: Bekenntnisse zu CSR dienen häufig dazu, die Heimat-Regierungen davon zu überzeugen, dass freiwillige soziale Maßnahmen Erfolg versprechender sind als politische Vorgaben. Das sei ein Irrglaube, so die Organisation. Damit Konzerne sozialverträglich wirtschaften, seien vielmehr international bindende und überprüfbare Standards notwendig.
Vgl. www.christianaid.org.uk [Mai 2004].

11 Vgl. MÜLLER-CHRIST, G.: Unternehmensbeziehungen [2003].

12 Vgl. zu Herleitung des ressourcenorientierten Nachhaltigkeitsverständnis: MÜLLER-CHRIST, G.: Ressourcenmanagement [2001].

13 Vgl. ausführlich: MÜLLER-CHRIST, G.: Nachhaltiges Ressourcenmanagement [2003].

14 Vgl. ausführlich: MÜLLER-CHRIST, G.: Ressourcenmanagement [2001].

15 Vgl. MÜLLER-CHRIST, G. / HÜLSMANN, M.: Nachhaltiges Management [2003].

16 Vgl. www.allianzgroup.com [März 2004].

17 Zur ausführlichen Herleitung dieses Modells vgl. MÜLLER-CHRIST, G.: Salutogenese [2004].

Literatur

Europäische Kommission: Mitteilungen der Kommission – Die soziale Verantwortung der Unternehmen; Juli 2002.

GAZDAR, K. /KIRCHHOFF, K. R.: Unternehmerische Wohltaten – Last oder Lust?; Neuwied: Luchterhand; 2004.

HÜLSMANN, M.: Kennzahlen-gestützte Intensitätsmessung kommunaler Krisen; in: Sofia-Studien zur Institutionenanalyse; Nr. 2; 1. Jahrgang; Darmstadt: Sofia; 2002.

KRYSTEK, U.: Unternehmenskrisen – Beschreibung, Vermeidung und Bewältigung überlebenskritischer Prozesse in Unternehmungen; Wiesbaden: Gabler; 1987.

MÜLLER-CHRIST, G.: Nachhaltigkeit und Salutogenese – Zwei innovative Denkwelten für ein strategisches Ressourcenmanagement; in: MÜLLER-CHRIST, G. / HÜLSMANN, M. (Hrsg.): Modernisierung des Managements – Festschrift für Andreas Remer; Wiesbaden: Deutscher Universitäts-Verlag; 2004; S. 1 - 43.

MÜLLER-CHRIST, G.: Nachhaltige Unternehmensbeziehungen – normativ oder rational?; in: UmweltWirtschaftsForum; Nr. 4; 11. Jahrgang; 2003; S. 4 - 9.

MÜLLER-CHRIST, G.: Nachhaltiges Ressourcenmanagement oder Wo ist der Ort der strategischen Initiative; in: SCHMIDT, M. / SCHWEGLER, R. (Hrsg.): Umweltschutz und strategisches Handeln – Ansätze zur Integration in das betriebliche Management; Wiesbaden: Gabler; 2003; S. 91 - 123.

MÜLLER-CHRIST, G.: Ressourcencontrolling zur Steuerung des strategischen Umweltschutzes; in: UmweltWirtschaftsForum; Nr. 2; 11. Jahrgang; 2003; S. 32 - 36.

MÜLLER-CHRIST, G. / HÜLSMANN, M.: Erfolgsbegriff eines nachhaltigen Managements; in: LINNE, E. / SCHWARZ, M. (Hrsg.): Handbuch nachhaltige Entwicklung – Wie ist nachhaltiges Wirtschaften machbar?; Opladen: Leske und Budrich; 2003; S. 245 - 256.

MÜLLER-CHRIST, G.: Nachhaltiges Ressourcenmanagement – Eine wirtschaftsökologische Fundierung; Marburg: Metropolis Verlag; 2001.